普通高等教育“十二五”重点规划教材配套辅导

国家工科数学教学基地　国家级精品课程使用教材配套辅导

Nucleus 新核心

理工基础教材

高等代数解题方法与技巧

武同锁　林　鹄　编著

上海交通大學出版社
SHANGHAI JIAO TONG UNIVERSITY PRESS

内容提要

本书共6章,主要包括矢量代数与解析几何,一元多项式与行列式,矩阵及其在线性方程组和二次型理论中的应用,线性空间与线性变换,双线性函数与二次型,域上多元多项式环等内容.本书通过解答典型例题,阐释基本理论、思维方式和解题技巧;特别强调代数和几何的结合,强调各个知识点之间的联系和整合.在强调思想方法的同时,也重视技巧的训练,将思维与方法渗入到例题与习题中,使读者在学习高等代数知识的同时,掌握高等代数的思维方法,提高运用综合知识解决问题的能力和技巧.

本书适合理工科本科生使用,也适合有较好基础的数学爱好者.

图书在版编目(CIP)数据

高等代数解题方法与技巧 / 武同锁,林鹄编著.
—上海:上海交通大学出版社,2016(2024重印)
ISBN 978-7-313-14161-3

Ⅰ.①高… Ⅱ.①武… ②林… Ⅲ.①高等代数—高等学校—题解 Ⅳ.①O15-44

中国版本图书馆CIP数据核字(2015)第287712号

高等代数解题方法与技巧

编　　著:武同锁　林　鹄
出版发行:上海交通大学出版社　　地　　址:上海市番禺路951号
邮政编码:200030　　电　　话:021-64071208
印　　制:江苏凤凰数码印务有限公司　　经　　销:全国新华书店
开　　本:710 mm×1000 mm　1/16　　印　　张:18.75
字　　数:331千字
版　　次:2016年5月第1版　　印　　次:2024年7月第5次印刷
书　　号:ISBN 978-7-313-14161-3
定　　价:46.00元

前　言

学习高等代数的过程大体上可以分为两个阶段：第一个阶段，常见于一个51学时的工科线性代数教程，其核心在于理解概念(向量组的秩和矩阵的秩，矩阵的等价、相似与合同，等等)，重点是计算(解方程组、求逆矩阵、计算行列式，用相似对角化方法求部分矩阵的矩阵多项式、用Cayley-Hamilton定理求一般矩阵的矩阵多项式，以及化二次型为标准型(亦即实对称矩阵的正交相似对角化)等)，掌握Gauss消元法的各种应用，逐步掌握一些基本的矩阵技巧(包括矩阵分块技巧). 第二个阶段，在第一阶段扎实的基础上，学习和深刻理解线性空间(包括内积空间)、线性变换(包括正交变换)、Jordan标准型理论，以及学习和了解一元和多元多项式的基本理论和技巧.

对于工科学生来说，由于课时限制，通常没有机会进入第二阶段的学习. 另一方面，对于学时相对较多的学生(例如数学系和交大致远学院的学生)来说，由于高等代数的体系庞大，且高等代数第二阶段的内容具有相当的抽象性以及"不接地气"(相对于高等数学和数学分析来说)，他们往往在学习过程中也会有很多困惑和疑虑. 编写本书的目的，就是针对这两种现象，为学生们进一步学习、复习和提高提供一些素材，也提供一些思考的方法和技巧. 在本书中，我们尝试强调代数和几何的结合，强调各个知识点之间的联系和整合(例如，强调Gauss消元法在第一阶段的几乎所有计算中的类似应用；强调正定矩阵和实空间内积的本质联系；强调矩阵和线性变换的本质联系；强调正交矩阵与正交线性变换、标准正交基、欧式空间的内积的本质联系，等等)；我们在强调思想方法的同时，也重视技巧的训练. 这些想法已被渗透到书中各个具体的例子中，希望读者通过这些具体例子，在技巧上得到进一步的训练和提高，在思想方法上有所升华.

本书是在编者十余年来为上海交通大学致远学院、数学系和其他学院本科生讲课所积累素材的基础上编写的,为此要感谢历届听课的同学,他(她)们的热情和追求经常使得教学过程成为一种享受;他们的独立思考和提问,不时闪现智慧的火花,促成教学相长的实现,同时也直接或间接地促成了本书中的一些想法或例题的产生.本书第二作者主要负责前三章的部分编写工作,完成了全部校稿.本书的编写还得到了上海交大数学系和上海交大出版社的大力支持和帮助,编者就此机会表示感谢.

本书作者尽力使内容准确可靠.欢迎读者提出宝贵的建议,或指出书中的错误与不妥,有关问题可发电子邮件至 tswu@sjtu.edu.cn

编者

2016 年 1 月

常 用 符 号

$=:$或$\triangleq$: 定义，或记为；

C_n^i 或$\begin{bmatrix} n \\ i \end{bmatrix}$:从给定的 n 个元素中任取 i 个元素的取法(组合数)；

$\deg f(x)$:多项式 $f(x)$的次数；

$\boldsymbol{A}(i)$:矩阵 $\boldsymbol{A}$ 的第 i 列；

$(i)\boldsymbol{A}$:矩阵 $\boldsymbol{A}$ 的第 i 行；

$|\boldsymbol{A}|$或 $\det(\boldsymbol{A})$:方阵 $\boldsymbol{A}$ 的行列式；

$\boldsymbol{A}^*$:方阵 $\boldsymbol{A}$ 的伴随矩阵,其(i, j)位置元为 a_{ji}在$\boldsymbol{A}$ 中的代数余子式 A_{ji}；

$\boldsymbol{A}^{\mathrm{T}}$:矩阵 $\boldsymbol{A}$ 的转置矩阵；

$\overline{\boldsymbol{A}}$:矩阵 $\boldsymbol{A} = (a_{ij})_{n\times n}$ 的共轭$\overline{\boldsymbol{A}} =: (\overline{a_{ij}})_{n\times n}$；

$\boldsymbol{A}^{\star}$:$\overline{\boldsymbol{A}}^{\mathrm{T}}$；

$\boldsymbol{\sigma}^{\star}$:内积空间 $\mathbf{V}$ 上线性变换$\boldsymbol{\sigma}$ 的共轭线性变换,满足

$$[\boldsymbol{\sigma}(\boldsymbol{\alpha}), \boldsymbol{\beta}] = [\boldsymbol{\alpha}, \boldsymbol{\sigma}^{\star}(\boldsymbol{\beta})], \boldsymbol{\alpha}, \boldsymbol{\beta} \in \mathbf{V};$$

$\mathrm{diag}\{a_1, \cdots, a_n\}$:对角矩阵；

$\mathrm{diag}\{\boldsymbol{A}_1, \cdots, \boldsymbol{A}_n\}$:分块对角矩阵；

$GL_n(\mathbf{F})$:数域 $\mathbf{F}$ 上的所有 n 阶可逆矩阵全体；

$M_n(\mathbf{F})$或 $\mathbf{F}^{n\times n}$: 数域 $\mathbf{F}$ 上的所有 n 阶矩阵全体；

$O_n(\mathbf{F})$:数域 $\mathbf{F}$ 上的所有 n 阶正交矩阵全体；

$U_n(\mathbf{F})$:数域 $\mathbf{F}$ 上的所有 n 阶酉矩阵全体；

$\mathbf{F}^{n\times 1}$或 $\mathbf{F}^n$:数域 $\mathbf{F}$ 上 n 维列向量全体；

$\boldsymbol{\alpha}_1, \cdots, \boldsymbol{\alpha}_u \overset{l}{\Rightarrow} \boldsymbol{\beta}_1, \cdots, \boldsymbol{\beta}_v$:每个向量 $i=1, \cdots, v$,$\boldsymbol{\beta}_i$ 都可由向量组$\boldsymbol{\alpha}_1, \cdots, \boldsymbol{\alpha}_u$ 线性表出；

$\mathbf{V}_{\boldsymbol{A}}^{\lambda}$ 或 $\mathbf{V}_{\lambda}^{\boldsymbol{A}}$:方阵 $\boldsymbol{A}$ 的属于特征值λ 的特征子空间,$\mathbf{V}_{\boldsymbol{A}}^{\lambda} =: \{\boldsymbol{\alpha} \mid \boldsymbol{A}\boldsymbol{\alpha} = \lambda\boldsymbol{\alpha}\}$(简记为 $\mathbf{V}_{\lambda}$)；

$\dim({}_{\mathbf{F}}\mathbf{V})$:数域 $\mathbf{F}$ 上的线性空间 $\mathbf{V}$ 的维数；

$\mathrm{r}(\boldsymbol{A})$：矩阵 $\boldsymbol{A}$ 的秩；

$im(\boldsymbol{\sigma})$或 $\boldsymbol{\sigma}(\boldsymbol{V})$：线性空间 $\boldsymbol{V}$ 上线性变换 $\boldsymbol{\sigma}$ 的像子空间；

$ker(\boldsymbol{\sigma})$：线性空间 $\boldsymbol{V}$ 上线性变换 $\boldsymbol{\sigma}$ 的核子空间：

$$ker(\boldsymbol{\sigma}) =: \{\boldsymbol{\alpha} \in \boldsymbol{V} \mid \boldsymbol{\sigma}(\boldsymbol{\alpha}) = 0_V\}$$

$\boldsymbol{\beta} \perp \boldsymbol{W}$：欧氏空间中的向量 $\boldsymbol{\beta}$ 与子空间 $\boldsymbol{W}$ 中所有向量正交；

$\mathrm{r}(\boldsymbol{\sigma})$：线性变换 $\boldsymbol{\sigma}$ 的秩，亦即 $\dim({}_F im(\boldsymbol{\sigma}))$；

$N\deg(\boldsymbol{\sigma})$：线性变换 $\boldsymbol{\sigma}$ 的零化度(null degree)，亦即 $\dim({}_F ker(\boldsymbol{\sigma}))$；

$\mathrm{r}\{\boldsymbol{\alpha}_1, \boldsymbol{\alpha}_2, \cdots, \boldsymbol{\alpha}_t\}$：向量组 $\boldsymbol{\alpha}_1, \boldsymbol{\alpha}_2, \cdots, \boldsymbol{\alpha}_t$ 的秩；

$\boldsymbol{U} \oplus \boldsymbol{V}$：线性空间 $\boldsymbol{U}$ 与 $\boldsymbol{V}$ 的直和.

目　　录

1　矢量代数与解析几何 ………………………………………… 1

1.1　主要概念与公式……………………………………………… 1

1.2　例题与解答…………………………………………………… 4

2　一元多项式与行列式……………………………………………… 29

2.1　数域上的一元多项式理论 ……………………………………… 29

2.2　矩阵初步·行列式 ……………………………………………… 34

2.3　行列式与方阵的特征多项式 …………………………………… 71

3　矩阵及其在线性方程组、二次型理论中的应用 ………………… 81

3.1　重要概念以及一些基本事实 …………………………………… 81

3.2　重要定理 ……………………………………………………… 82

3.3　重要公式 ……………………………………………………… 84

3.4　例题与解答 …………………………………………………… 85

4　线性空间与线性变换 ……………………………………………… 168

4.1　基本概念 ……………………………………………………… 168

4.2　重要定理……………………………………………………… 168

4.3　重要公式……………………………………………………… 172

4.4　例题与解答…………………………………………………… 173

5　双线性函数与二次型 ……………………………………………… 244

5.1　概念与基本事实……………………………………………… 244

5.2　主要定理……………………………………………………… 245

5.3　典型例子……………………………………………………… 246

5.4　关于 **F** 上线性空间 $\boldsymbol{M}_n$(**F**) 及其对偶空间 $\boldsymbol{M}_n$(**F**)* ………………… 258

6 域上多元多项式环 F$[x_1, x_2, \cdots, x_n]$ …… 260
6.1 概念和主要定理 …… 260
6.2 例题 …… 270
附录 …… 279
参考文献 …… 289

1 矢量代数与解析几何

1.1 主要概念与公式

1.1.1 矢量代数

1. 点积(内积)

$\boldsymbol{a}\cdot\boldsymbol{b}=|\boldsymbol{a}|\cdot|\boldsymbol{b}|\cdot\cos(\theta)$，其中，$\theta$ 为两矢量的夹角.约定 $0\leqslant\theta\leqslant\pi$. $\boldsymbol{a}\cdot\boldsymbol{b}$ 是矢量 $\boldsymbol{a}$ 的长度乘以矢量 $\boldsymbol{b}$ 在 $\boldsymbol{a}$ 上投影矢量的代数长.

2. 叉积

$\boldsymbol{a}\times\boldsymbol{b}=|\boldsymbol{a}|\cdot|\boldsymbol{b}|\cdot\sin(\theta)\cdot\boldsymbol{d}$，其中，$\theta$ 为两矢量的夹角，$|\boldsymbol{d}|=1$，$\boldsymbol{d}\perp\boldsymbol{a}$，$\boldsymbol{d}\perp\boldsymbol{b}$，且三个矢量 $\boldsymbol{a}$，$\boldsymbol{b}$，$\boldsymbol{d}$ 构成右手系.注意叉积具有如下的反交换性：

$$\boldsymbol{a}\times\boldsymbol{b}=-\boldsymbol{b}\times\boldsymbol{a}.$$

在右手直角坐标系$[O,\ \boldsymbol{i},\ \boldsymbol{j},\ \boldsymbol{k}]$下，若 $\boldsymbol{a}$ 与 $\boldsymbol{b}$ 的分量分别是$(x_1,\ y_1,\ z_1)$与$(x_2,\ y_2,\ z_2)$，则有如下计算叉积的(行列式)公式：

$$\boldsymbol{a}\times\boldsymbol{b}=\begin{vmatrix}\boldsymbol{i}&\boldsymbol{j}&\boldsymbol{k}\\x_1&y_1&z_1\\x_2&y_2&z_2\end{vmatrix}=\begin{vmatrix}y_1&z_1\\y_2&z_2\end{vmatrix}\boldsymbol{i}-\begin{vmatrix}x_1&z_1\\x_2&z_2\end{vmatrix}\boldsymbol{j}+\begin{vmatrix}x_1&y_1\\x_2&y_2\end{vmatrix}\boldsymbol{k}.$$

3. 混合积

$[\boldsymbol{a},\ \boldsymbol{b},\ \boldsymbol{c}]=\boldsymbol{a}\cdot(\boldsymbol{b}\times\boldsymbol{c})$.

混合积的绝对值是由三矢量(起点放在同一点后)所确定的平行六面体的体积.混合积具有如下的周期性：

$$[\boldsymbol{a},\ \boldsymbol{b},\ \boldsymbol{c}]=[\boldsymbol{b},\ \boldsymbol{c},\ \boldsymbol{a}]=[\boldsymbol{c},\ \boldsymbol{a},\ \boldsymbol{b}].$$

在右手直角坐标系$[O,\ \boldsymbol{i},\ \boldsymbol{j},\ \boldsymbol{k}]$之下，如果 $\boldsymbol{\alpha}_i$ 的分量是$(x_i,\ y_i,\ z_i)$，则有如下计算混合积的(行列式)公式：

$$[\boldsymbol{\alpha}_1,\ \boldsymbol{\alpha}_2,\ \boldsymbol{\alpha}_3]=\begin{vmatrix}x_1&y_1&z_1\\x_2&y_2&z_2\\x_3&y_3&z_3\end{vmatrix}.$$

1.1.2 若干重要的标准方程

1. 直线

$$\boldsymbol{r}=\boldsymbol{r}_0+t\boldsymbol{v};$$

$$\frac{x-x_0}{u}=\frac{y-y_0}{v}=\frac{z-z_0}{w}.$$

其中，$\boldsymbol{v}=(u,v,w)$ 是直线的方向矢量.

2. 平面

$$\boldsymbol{n}\cdot(\boldsymbol{r}-\boldsymbol{r}_0)=0,$$

或

$$Ax+By+Cz+D=0.$$

其中，$\boldsymbol{n}=(A,B,C)$ 是平面的法矢量，它垂直于平面上的任一矢量.

3. 柱面

$\frac{x^2}{a^2}+\frac{y^2}{b^2}=1$（椭圆柱面）；

$\frac{x^2}{a^2}-\frac{y^2}{b^2}=1$（双曲柱面）；

$y^2=2px$（抛物柱面）.

4. 锥面

$\frac{x^2}{a^2}+\frac{y^2}{b^2}-\frac{z^2}{c^2}=0$（二次锥面，由一条直线绕另一条相交直线旋转而得到）.

5. 椭球面

$\frac{x^2}{a^2}+\frac{y^2}{b^2}+\frac{z^2}{c^2}=1.$

6. 单叶双曲面

$\frac{x^2}{a^2}+\frac{y^2}{b^2}-\frac{z^2}{c^2}=1.$

7. 双叶双曲面

$-\frac{x^2}{a^2}-\frac{y^2}{b^2}+\frac{z^2}{c^2}=1.$

8. 抛物面

$$\frac{x^2}{a^2}+\frac{y^2}{b^2}=2z.$$

9. 双曲抛物面(马鞍面)

$$\frac{x^2}{a^2}-\frac{y^2}{b^2}=2z.$$

1.1.3 距离公式

1. 点 P_1 到直线 L: $\boldsymbol{r}=\boldsymbol{r}_0+t\boldsymbol{v}$ 的距离为

$$d=\left|(\boldsymbol{r}_1-\boldsymbol{r}_0)\times\frac{\boldsymbol{v}}{|\boldsymbol{v}|}\right|.$$

2. 两条直线 L_i: $\boldsymbol{r}=\boldsymbol{r}_i+t\boldsymbol{v}_i$ 为异面直线(不相交也不平行),充要条件为 $[\boldsymbol{r}_1-\boldsymbol{r}_2, \boldsymbol{v}_1, \boldsymbol{v}_2]\neq 0$. 异面时,二直线的距离公式为

$$d=\frac{|[\boldsymbol{r}_1-\boldsymbol{r}_2, \boldsymbol{v}_1, \boldsymbol{v}_2]|}{|\boldsymbol{v}_1\times\boldsymbol{v}_2|}=\frac{1}{|\boldsymbol{v}_1\times\boldsymbol{v}_2|}\left|\begin{vmatrix} x_1-x_2 & y_1-y_2 & z_1-z_2 \\ u_1 & v_1 & w_1 \\ u_2 & v_2 & w_2 \end{vmatrix}\right|.$$

3. 点 P_0 到平面 π: $Ax+By+Cz+D=0$ 的距离公式为

$$d=\frac{|Ax_0+By_0+Cz_0+D|}{\sqrt{A^2+B^2+C^2}}=(\boldsymbol{r}_1-\boldsymbol{r}_0)\cdot\frac{\boldsymbol{n}}{|\boldsymbol{n}|}.$$

1.1.4 直纹面

在所有二次曲面中,有一类曲面是由直线族生成的,称作直纹面. 柱面与锥面显然是直纹面;单叶双曲面和马鞍面也是直纹面. 值得注意的是,只有单叶双曲面上有平行(而不重合)的直线.

1.1.5 注记

可用配方法或者直角坐标变换法将二次型化为标准形(不含交叉项). 值得注意的是,配方法所对应的是仿射坐标变换;而求直角坐标变换 $X=\boldsymbol{P}Y$($\boldsymbol{P}$ 是正交矩阵)涉及求实对称矩阵的特征值、特征向量,以及 Schmidt 正交化和单位化过程. 详见第 3 章有关内容.

1.2 例题与解答

例 1.1 求证：平行四边形的两条对角线的交点平分两条对角线.

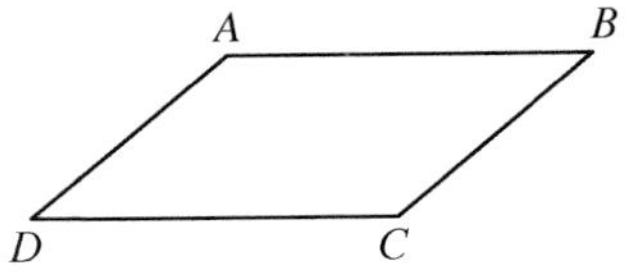

图 1-1

证明 如图 1-1 所示，考虑平行四边形□$ABCD$：假设线段 AC, BD 的中点分别为 M, N，则有

$$\boldsymbol{DM}=\boldsymbol{DC}+\frac{1}{2}\boldsymbol{CA}=\boldsymbol{DC}+\frac{1}{2}(\boldsymbol{CD}+\boldsymbol{DA})=\frac{1}{2}(\boldsymbol{DC}+\boldsymbol{DA})=\boldsymbol{DN},$$

因此有 $M=N$.

例 1.2 假设 A, B 为空间中不同的两点，O 为任意一点. 则：

(1) 点 C 在 A, B 确定的直线上，当且仅当存在满足 $\lambda+\mu=1$ 的实数 λ, μ，使得 $\boldsymbol{OC}=\lambda\boldsymbol{OA}+\mu\boldsymbol{OB}$.

(2) 点 C 在 A, B 确定的线段上，当且仅当存在满足 $\lambda+\mu=1$, $0\leqslant\lambda\leqslant 1$ 的实数 λ, μ，使得 $\boldsymbol{OC}=\lambda\boldsymbol{OA}+\mu\boldsymbol{OB}$.

(3) 如果点 C 在 A, B 确定的直线上，且 $C\neq B$，则有 $\dfrac{AC}{CB}=\dfrac{\mu}{\lambda}$（$(\lambda,\mu)$ 称作点 C 关于点 A, B 的重心坐标）.

证明 如图 1-2 所示.

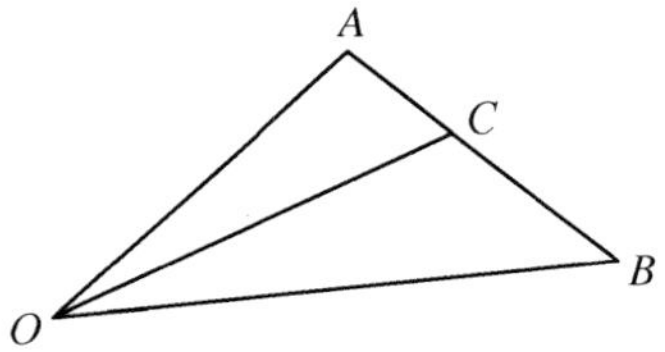

图 1-2

必要性 假设 $\boldsymbol{OC}=\lambda\boldsymbol{OA}+\mu\boldsymbol{OB}$，其中 $\lambda+\mu=1$，则有

$$\boldsymbol{AC}=\boldsymbol{AO}+\boldsymbol{OC}=(\lambda-1)\boldsymbol{OA}+\mu\boldsymbol{OB}=\mu\boldsymbol{AB}.$$

因此，C 在 A, B 确定的直线上.

充分性 假设 $\boldsymbol{AC}=k\boldsymbol{AB}$，则有

$$\boldsymbol{OC}=\boldsymbol{OA}+\boldsymbol{AC}=\boldsymbol{OA}+k(\boldsymbol{OB}-\boldsymbol{OA})=(1-k)\boldsymbol{OA}+k\boldsymbol{OB}.$$

因此取 $\lambda=1-k$, $\mu=k$，则完成(1)的证明.

注意，$C\neq B\Leftrightarrow 1-k\neq 0$，所以 $C\neq B$ 时，有

$$\frac{\mu}{\lambda}=\frac{k\cdot AB}{(1-k)\cdot AB}=\frac{AC}{CB}.$$

这就证明了(3).

(2)显然成立.

例 1.3 假设 A, B, C 为空间中不共线的三点,O 为任意一点. 则:

(1) 点 C 在 A, B, C 确定的平面上,当且仅当存在满足 $\lambda+\mu+\eta=1$ 的实数 λ, μ, η,使得 $\boldsymbol{OC}=\lambda\boldsymbol{OA}+\mu\boldsymbol{OB}+\eta\boldsymbol{OC}$.

(2) 点 C 在 A, B, C 确定的三角形内,当且仅当存在满足 $\lambda+\mu+\eta=1$, $0\leqslant\lambda, \mu, \eta\leqslant 1$ 的实数 λ, μ, η,使得 $\boldsymbol{OC}=\lambda\boldsymbol{OA}+\mu\boldsymbol{OB}$.

证明 思路完全同于前例,可使用图 1-3. 需注意:点 D 在不共线的三点 A, B, C 确定的平面 π 上,当且仅当 $\boldsymbol{AD}$ 是矢量 $\boldsymbol{AB}$, $\boldsymbol{AC}$, $\boldsymbol{BC}$ 的一个线性组合.

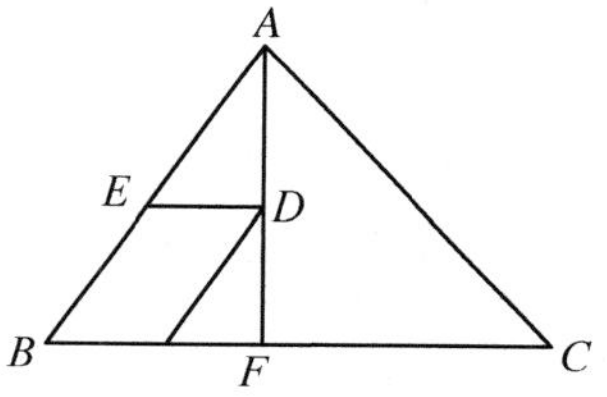

图 1-3

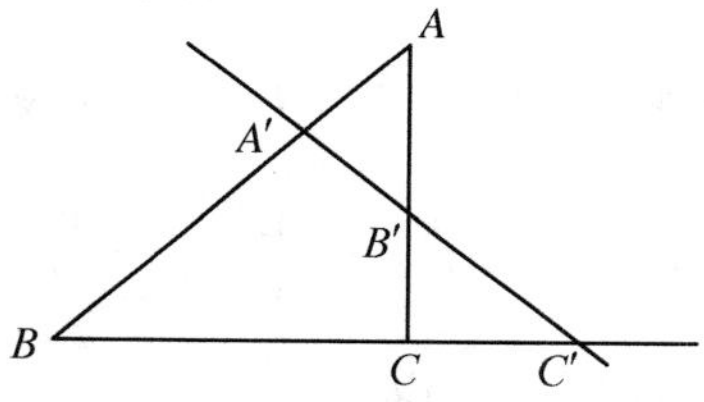

图 1-4

例 1.4 (Menelaus 定理)假设 $XY=-YX$, $\triangle ABC$ 是任意给定的三角形,而 A', B', C'分别是三条边所在直线上的三个两两互异的点(见图 1-4),则三点 A', B', C'共线,当且仅当有

$$\frac{CB'}{B'A}\cdot\frac{AA'}{A'B}\cdot\frac{BC'}{C'C}=-1.$$

证明 在 A, B, C 所确定的平面外任意选定一点 O. 假设以 O 为起点,以 A, B, C, A', B', C'为终点的矢量分别为 $\boldsymbol{a}$, $\boldsymbol{b}$, $\boldsymbol{c}$, $\boldsymbol{a}'$, $\boldsymbol{b}'$, $\boldsymbol{c}'$,则空间中任意矢量可以表达成 $\boldsymbol{a}$, $\boldsymbol{b}$, $\boldsymbol{c}$ 的唯一一个线性组合. 根据例 1.2 可知,存在 λ_i, μ_i,使得 $\lambda_i+\mu_i=1$, 且有

$$\begin{aligned}\boldsymbol{a}'&=\lambda_1\boldsymbol{a}+\mu_1\boldsymbol{b},\\ \boldsymbol{b}'&=\lambda_2\boldsymbol{a}+\mu_2\boldsymbol{c},\\ \boldsymbol{c}'&=\lambda_3\boldsymbol{b}+\mu_3\boldsymbol{c}.\end{aligned}$$

则有 A', B', C'三点共线$\Leftrightarrow$存在数 λ, μ 使得 $\lambda+\mu=1$, $\boldsymbol{b}'=\lambda\boldsymbol{a}'+\mu\boldsymbol{c}'$$\Leftrightarrow$存在数 λ, μ 使得

$$\lambda+\mu=1,\ \lambda_2\boldsymbol{a}+\mu_2\boldsymbol{c}=\lambda\lambda_1\boldsymbol{a}+(\lambda\mu_1+\mu\lambda_3)\boldsymbol{b}+\mu\mu_3\boldsymbol{c}$$

$\Leftrightarrow$存在数 λ, μ 使得

$$\begin{cases}\lambda+\mu=1\\ \lambda\lambda_1=\lambda_2\\ \lambda\mu_1+\mu\lambda_3=0\\ \mu\mu_3=\mu_2\end{cases},\tag{1-1}$$

注意到 $\dfrac{AA'}{A'B}=\dfrac{\mu_1}{\lambda_1}$ 等式子成立,所以有

$$\frac{CB'}{B'A}\cdot\frac{AA'}{A'B}\cdot\frac{BC'}{C'C}=\frac{\lambda_2}{\mu_2}\cdot\frac{\mu_1}{\lambda_1}\cdot\frac{\mu_3}{\lambda_3}.$$

必要性 如果 A', B', C'共线,则有

$$\frac{CB'}{B'A}\cdot\frac{AA'}{A'B}\cdot\frac{BC'}{C'C}=\frac{\lambda\lambda_1}{\mu\mu_3}\cdot\frac{\mu_1}{\lambda_1}\cdot\frac{\mu_3}{\lambda_3}=-1.$$

充分性 假设有

$$\frac{CB'}{B'A}\cdot\frac{AA'}{A'B}\cdot\frac{BC'}{C'C}=-1,$$

亦即有 $\dfrac{\lambda_2}{\mu_2}\cdot\dfrac{\mu_1}{\lambda_1}\cdot\dfrac{\mu_3}{\lambda_3}=-1$. 此时 $x=\dfrac{\lambda_2}{\lambda_1}$, $y=\dfrac{\mu_2}{\mu_3}$ 是线性方程组

$$\begin{cases}x+y=1\\ x\lambda_1=\lambda_2\\ x\mu_1+y\lambda_3=0\\ y\mu_3=\mu_2\end{cases}\tag{1-2}$$

的一个解. 事实上,式(1-2)中的后三式显然成立. 至于第一个式子,有

$$1=\lambda_2+\mu_2=x\lambda_1+y\mu_3+(x\mu_1+y\lambda_3)=x+y.$$

因此,A', B', C'共线.

例 1.5 (余弦定理)求证:在三角形$\triangle ABC$中,有

$$c^2=a^2+b^2-2ab\cdot\cos(C).$$

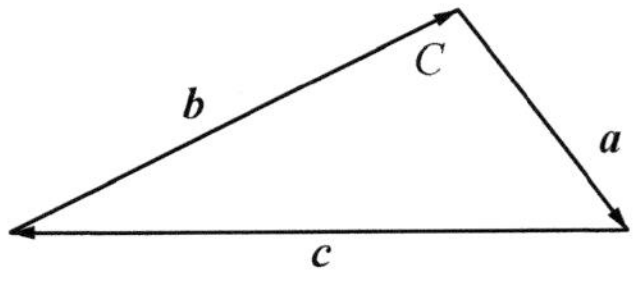

图 1-5

证明 如图 1-5 所示.

由 $\boldsymbol{c}=\boldsymbol{b}-\boldsymbol{a}$、内积的定义以及性质可得

$$\begin{aligned} c^2 &= \boldsymbol{c}^2 = (-\boldsymbol{a}-\boldsymbol{b})^2 = a^2+b^2-2\boldsymbol{a}\cdot(-\boldsymbol{b}) \\ &= a^2+b^2-2ab\cdot\cos(C). \end{aligned}$$

例 1.6 (1) 求证：$(\boldsymbol{a}-\boldsymbol{b})(\boldsymbol{d}-\boldsymbol{c})+(\boldsymbol{b}-\boldsymbol{c})(\boldsymbol{d}-\boldsymbol{a})+(\boldsymbol{c}-\boldsymbol{a})(\boldsymbol{d}-\boldsymbol{b})=0$.
(2) 利用(1)的结果求证：三角形三边上的高交于一点(垂心).

证明 (1) 利用分配律、交换律直接计算即得.

(2) 如图 1-6 所示.

在空间中任取一点 O,并记 $\boldsymbol{OA}=\boldsymbol{a}$ 等，由于

$$\boldsymbol{MB}\cdot\boldsymbol{AC}=0,\ \boldsymbol{CB}\cdot\boldsymbol{AM}=0,$$

所以有

$$(\boldsymbol{c}-\boldsymbol{a})(\boldsymbol{m}-\boldsymbol{b})+(\boldsymbol{b}-\boldsymbol{c})(\boldsymbol{m}-\boldsymbol{a})=0.$$

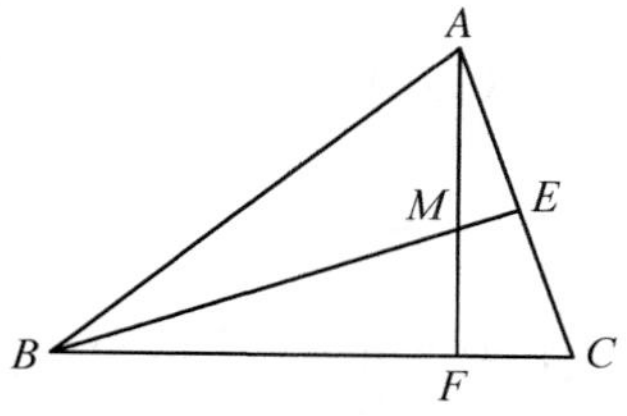

图 1-6

由(1)立即得到 $(\boldsymbol{a}-\boldsymbol{b})(\boldsymbol{m}-\boldsymbol{c})=0$,亦即 $\boldsymbol{BA}\cdot\boldsymbol{CM}=0$,从而 $\boldsymbol{BA}\perp\boldsymbol{CM}$.

例 1.7 (正弦定理)求证：在三角形$\triangle ABC$ 中,有

$$\frac{a}{\sin(A)}=\frac{b}{\sin(B)}=\frac{c}{\sin(C)}.$$

证明 如图 1-7 所示. $\boldsymbol{c}=\boldsymbol{a}+\boldsymbol{b}$,
所以,$\boldsymbol{a}\times\boldsymbol{c}=\boldsymbol{a}\times(\boldsymbol{a}+\boldsymbol{b})=\boldsymbol{a}\times\boldsymbol{b}=(\boldsymbol{c}-\boldsymbol{b})\times\boldsymbol{b}=(-\boldsymbol{c})\times(-\boldsymbol{b})$.
对于上述三个向量取长度得到

$$ac\cdot\sin(B)=ab\cdot\sin(C)=bc\cdot\sin(A),$$

除以 abc 即得正弦定理.

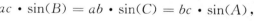

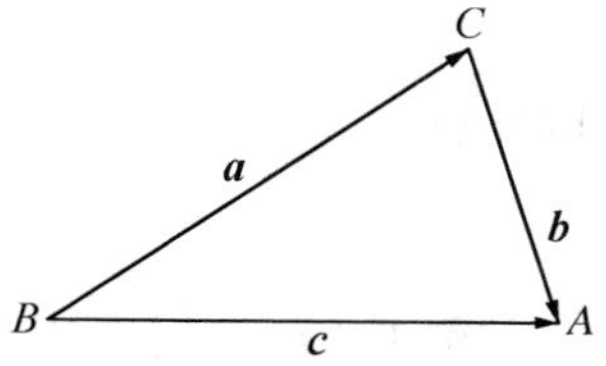

图 1-7

例 1.8 以平行四边形的对角线为相邻两边得到的新平行四边形,其面积是原平行四边形面积的两倍.

证明 如果原平行四边形的相邻两边的矢量为 $\boldsymbol{a}$, $\boldsymbol{b}$,则平行四边形的面积为

$$|\boldsymbol{a}\times\boldsymbol{b}|=ab\cdot\sin(\boldsymbol{a},\boldsymbol{b}).$$

而新四边形的相邻两边的矢量为 $\boldsymbol{a}\pm\boldsymbol{b}$, 所以新平行四边形的面积为

$$|(\boldsymbol{a}+\boldsymbol{b})\times(\boldsymbol{a}-\boldsymbol{b})|=2|\boldsymbol{a}\times\boldsymbol{b}|.$$

例 1.9 (1) 验证：$(\boldsymbol{a}\times\boldsymbol{b})^2=\boldsymbol{a}^2\boldsymbol{b}^2-(\boldsymbol{a}\boldsymbol{b})^2$.

(2) 使用(1)的等式验证 Heron 公式：

$$T^2=s(s-a)(s-b)(s-c),$$

其中，T 是三角形的面积；s 是三角形周长的一半；而 $a,\ b,\ c$ 分别是三边的长度.

证明 (1) $\boldsymbol{a}^2\boldsymbol{b}^2-(\boldsymbol{a}\boldsymbol{b})^2=\boldsymbol{a}^2\cdot\boldsymbol{b}^2\cdot(1-\cos^2(\langle\boldsymbol{a},\ \boldsymbol{b}\rangle))$

$=\boldsymbol{a}^2\boldsymbol{b}^2\cdot\sin^2(\langle\boldsymbol{a},\ \boldsymbol{b}\rangle)=(\boldsymbol{a}\times\boldsymbol{b})^2$.

(2) 可设 $\boldsymbol{c}=\boldsymbol{a}-\boldsymbol{b}$，则有 $c^2=\boldsymbol{c}\boldsymbol{c}=(\boldsymbol{a}-\boldsymbol{b})^2=a^2+b^2-2\boldsymbol{a}\boldsymbol{b}$，因此有

$$\boldsymbol{a}\boldsymbol{b}=\frac{1}{2}(a^2+b^2-c^2).$$

按照外积的定义和(1)中的等式有

$$\begin{aligned}4T^2=(\boldsymbol{a}\times\boldsymbol{b})^2&=a^2b^2-\frac{1}{4}(a^2+b^2-c^2)^2\\&=\frac{1}{4}[2ab+a^2+b^2-c^2][2ab-a^2-b^2+c^2]\\&=\frac{1}{4}[(a+b)^2-c^2][c^2-(a-b)^2]\\&=\frac{1}{4}(a+b+c)(a+b-c)(c+a-b)(c-a+b).\end{aligned}$$

因此有

$$T^2=s(s-c)(s-b)(s-a).$$

例 1.10 对于不共面的矢量 $\boldsymbol{a},\ \boldsymbol{b},\ \boldsymbol{c}$，定义其混合积为 $(\boldsymbol{a}\times\boldsymbol{b})\cdot\boldsymbol{c}$，并记之为 $[\boldsymbol{a},\ \boldsymbol{b},\ \boldsymbol{c}]$，建立仿射坐标系 $(O,\ \boldsymbol{e}_1,\ \boldsymbol{e}_2,\ \boldsymbol{e}_3)$. 求证：

(1) 当 $(O,\ \boldsymbol{a},\ \boldsymbol{b},\ \boldsymbol{c})$ 依先后次序构成右手系时，$[\boldsymbol{a},\ \boldsymbol{b},\ \boldsymbol{c}]>0$，且它是这三个向量所确定的平行六面体的体积；而当 $\boldsymbol{a},\ \boldsymbol{b},\ \boldsymbol{c}$ 依先后次序构成左手系时，混合积 $[\boldsymbol{a},\ \boldsymbol{b},\ \boldsymbol{c}]<0$.

(2) $[\boldsymbol{a},\ \boldsymbol{b},\ \boldsymbol{c}]=[\boldsymbol{b},\ \boldsymbol{c},\ \boldsymbol{a}]=[\boldsymbol{c},\ \boldsymbol{a},\ \boldsymbol{b}]=-[\boldsymbol{b},\ \boldsymbol{a},\ \boldsymbol{c}]$. 特别的，如果 $\boldsymbol{a},\ \boldsymbol{b},\ \boldsymbol{c}$ 中有二者平行，则 $[\boldsymbol{a},\ \boldsymbol{b},\ \boldsymbol{c}]=0$.

(3) 如果 $\boldsymbol{a}_i=x_{i1}\boldsymbol{e}_1+x_{i2}\boldsymbol{e}_2+x_{i3}\boldsymbol{e}_3$，则有

$$[\boldsymbol{a}_1,\ \boldsymbol{a}_2,\ \boldsymbol{a}_3]=\begin{vmatrix}x_{11}&x_{12}&x_{13}\\x_{21}&x_{22}&x_{23}\\x_{31}&x_{32}&x_{33}\end{vmatrix}\cdot[\boldsymbol{e}_1,\ \boldsymbol{e}_2,\ \boldsymbol{e}_3].$$

(4) 假设 $\boldsymbol{e}_1$, $\boldsymbol{e}_2$, $\boldsymbol{e}_3$ 不共面且$[O, \boldsymbol{e}_1, \boldsymbol{e}_2, \boldsymbol{e}_3]$构成右手系，并假设

$$\begin{pmatrix}\boldsymbol{a}_1\\ \boldsymbol{a}_2\\ \boldsymbol{a}_3\end{pmatrix} = \boldsymbol{A}\begin{pmatrix}\boldsymbol{e}_1\\ \boldsymbol{e}_2\\ \boldsymbol{e}_3\end{pmatrix}.$$

则有：

① $\boldsymbol{a}_1$, $\boldsymbol{a}_2$, $\boldsymbol{a}_3$ 不共面当且仅当 $|\boldsymbol{A}| \neq 0$；② $\boldsymbol{a}_1$, $\boldsymbol{a}_2$, $\boldsymbol{a}_3$ 构成右(左)手系当且仅当 $|\boldsymbol{A}| > 0(|\boldsymbol{A}| < 0)$；③ 进一步假设 $\boldsymbol{e}_1$, $\boldsymbol{e}_2$, $\boldsymbol{e}_3$ 构成右手直角坐标系，则 $\boldsymbol{a}_1$, $\boldsymbol{a}_2$, $\boldsymbol{a}_3$ 构成右(左)手直角坐标系，当且仅当 $\boldsymbol{A}$ 是正交矩阵且 $|\boldsymbol{A}| > 0(|\boldsymbol{A}| < 0)$. 此时，

$$[\boldsymbol{a}_1, \boldsymbol{a}_2, \boldsymbol{a}_3] = \begin{vmatrix} x_{11} & x_{12} & x_{13}\\ x_{21} & x_{22} & x_{23}\\ x_{31} & x_{32} & x_{33}\end{vmatrix}.$$

证明 (1) 假设 $\boldsymbol{a}, \boldsymbol{b}, \boldsymbol{c}$ 依先后次序构成右手系，则它唯一确定一个平行六面体，如图 1-8 所示.

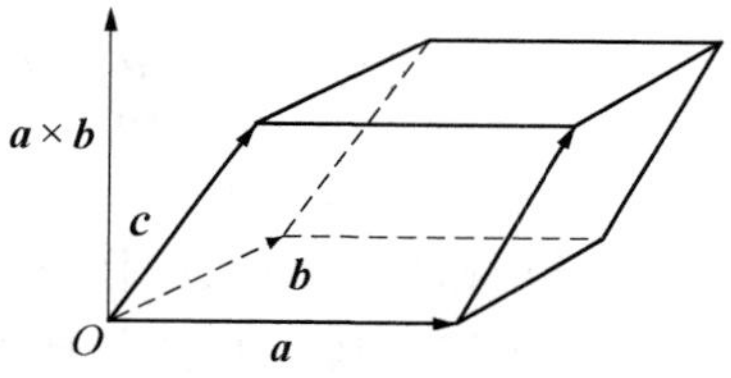

图 1-8

用 $\boldsymbol{\eta}$ 表示与 $\boldsymbol{a} \times \boldsymbol{b}$ 同向的单位向量. 依照定义，任意两个向量的夹角介于 0～180°之间. 因此夹角 $(\boldsymbol{\eta}, \boldsymbol{c}) < 90°$，从而有

$$[\boldsymbol{a}, \boldsymbol{b}, \boldsymbol{c}] = |\boldsymbol{a} \times \boldsymbol{b}| \cdot \boldsymbol{\eta}\boldsymbol{c} = (ab \cdot \sin(\boldsymbol{a}, \boldsymbol{b})) \cdot (c \cdot \cos(\boldsymbol{\eta}, \boldsymbol{c})) > 0,$$

且它是该平行六面体的体积.

当 $\boldsymbol{a}, \boldsymbol{b}, \boldsymbol{c}$ 依先后次序构成左手系时，$\boldsymbol{b}, \boldsymbol{a}, \boldsymbol{c}$ 依先后次序构成右手系，因此有

$$[\boldsymbol{a}, \boldsymbol{b}, \boldsymbol{c}] = -[\boldsymbol{b}, \boldsymbol{a}, \boldsymbol{c}] < 0.$$

(2) 如果 $\boldsymbol{a}, \boldsymbol{b}, \boldsymbol{c}$ 依先后次序构成右(左)手系，则易见 $\boldsymbol{b}, \boldsymbol{c}, \boldsymbol{a}$ 依先后次序也构成右(左)手系. 因此根据(1)的结果即得.

(3) 由于 $\boldsymbol{a} \times \boldsymbol{a} = \boldsymbol{0}$，所以有

$$\begin{aligned}\boldsymbol{a}_1 \times \boldsymbol{a}_2 &= (x_{11}\boldsymbol{e}_1 + x_{12}\boldsymbol{e}_2 + x_{13}\boldsymbol{e}_3) \times (x_{21}\boldsymbol{e}_1 + x_{22}\boldsymbol{e}_2 + x_{23}\boldsymbol{e}_3)\\ &= \begin{vmatrix} x_{12} & x_{13}\\ x_{22} & x_{23}\end{vmatrix}(\boldsymbol{e}_2 \times \boldsymbol{e}_3) - \begin{vmatrix} x_{11} & x_{13}\\ x_{21} & x_{23}\end{vmatrix}(\boldsymbol{e}_3 \times \boldsymbol{e}_1) + \begin{vmatrix} x_{11} & x_{12}\\ x_{21} & x_{22}\end{vmatrix}(\boldsymbol{e}_1 \times \boldsymbol{e}_2).\end{aligned}$$

而由(1)的结果可得,当 i, j, k 中有二者相同时,恒有 $[e_i, e_j, e_k]=\mathbf{0}$, 因此根据行列式按行展开的性质有

$$\begin{aligned}[\boldsymbol{a}_1, \boldsymbol{a}_2, \boldsymbol{a}_3] &= (\boldsymbol{a}_1\times\boldsymbol{a}_2)\cdot\boldsymbol{a}_3\\ &= x_{31}\begin{vmatrix} x_{12} & x_{13}\\ x_{22} & x_{23}\end{vmatrix}(\boldsymbol{e}_2\times\boldsymbol{e}_3)\boldsymbol{e}_1 - x_{32}\begin{vmatrix} x_{11} & x_{13}\\ x_{21} & x_{23}\end{vmatrix}(\boldsymbol{e}_3\times\boldsymbol{e}_1)\boldsymbol{e}_2\\ &\quad + x_{33}\begin{vmatrix} x_{11} & x_{12}\\ x_{21} & x_{22}\end{vmatrix}(\boldsymbol{e}_1\times\boldsymbol{e}_2)\boldsymbol{e}_3\\ &= \begin{vmatrix} x_{11} & x_{12} & x_{13}\\ x_{21} & x_{22} & x_{23}\\ x_{31} & x_{32} & x_{33}\end{vmatrix}\cdot[\boldsymbol{e}_1, \boldsymbol{e}_2, \boldsymbol{e}_3].\end{aligned}$$

进一步地,当$(O, \boldsymbol{e}_1, \boldsymbol{e}_2, \boldsymbol{e}_3)$是右手直角坐标系时,有 $[\boldsymbol{e}_1, \boldsymbol{e}_2, \boldsymbol{e}_3]=1$, 从而有

$$[\boldsymbol{a}_1, \boldsymbol{a}_2, \boldsymbol{a}_3] = \begin{vmatrix} x_{11} & x_{12} & x_{13}\\ x_{21} & x_{22} & x_{23}\\ x_{31} & x_{32} & x_{33}\end{vmatrix}.$$

(4) 略去详细验证. 作为练习留给读者.

此例(2)和(3)中的式子具有一般重要性,在本部分的后文将多次用到.

例 1.11 求证:

(1) $(\boldsymbol{a}\times\boldsymbol{b})^2=\boldsymbol{a}^2\boldsymbol{b}^2-(\boldsymbol{a}\boldsymbol{b})^2$.

(2) $(\boldsymbol{a}\times\boldsymbol{b})\times\boldsymbol{a}=(\boldsymbol{a}^2)\boldsymbol{b}-(\boldsymbol{b}\boldsymbol{a})\boldsymbol{a}$.

(3) $(\boldsymbol{a}\times\boldsymbol{b})\times\boldsymbol{c}=(\boldsymbol{a}\boldsymbol{c})\boldsymbol{b}-(\boldsymbol{b}\boldsymbol{c})\boldsymbol{a}$.

证明 (1) 此为 1.9(1),证明详见例 1.9(1).

虽然(2)是(3)的特例,但是(2)较为容易,故先验证(2),然后用之验证(3).

(2) 如果 $\boldsymbol{a}, \boldsymbol{b}$ 平行,则不妨假设 $\boldsymbol{a}=k\boldsymbol{b}$. 此时易见两侧均为零. 下设 $\boldsymbol{a}, \boldsymbol{b}$ 不共线,则有 $\boldsymbol{a}\times\boldsymbol{b}\neq\mathbf{0}$. 假设

$$(\boldsymbol{a}\times\boldsymbol{b})\times\boldsymbol{a}=\boldsymbol{d},$$

则 $\boldsymbol{d}\perp\boldsymbol{a}\times\boldsymbol{b}$,于是 $\boldsymbol{a}, \boldsymbol{b}, \boldsymbol{d}$ 共面(因为三者都垂直于非零矢量 $\boldsymbol{a}\times\boldsymbol{b}$).

由于 $\boldsymbol{a}, \boldsymbol{b}$ 不共线,所以可设 $\boldsymbol{d}=x\boldsymbol{a}+y\boldsymbol{b}$, 亦即

$$(\boldsymbol{a}\times\boldsymbol{b})\times\boldsymbol{a}=x\boldsymbol{a}+y\boldsymbol{b}.$$

两侧同时与 $\boldsymbol{a}$ 做内积得到

$$\mathbf{0}=[\boldsymbol{a},\ \boldsymbol{a},\ \boldsymbol{a}\times\boldsymbol{b}]=[\boldsymbol{a}\times\boldsymbol{b},\ \boldsymbol{a},\ \boldsymbol{a}]=x\cdot\boldsymbol{aa}+y(\boldsymbol{ba}).$$

据此可设 $\boldsymbol{d}=t[(-\boldsymbol{ba})\boldsymbol{a}+(\boldsymbol{aa})\boldsymbol{b}]$，亦即

$$(\boldsymbol{a}\times\boldsymbol{b})\times\boldsymbol{a}=t[(-\boldsymbol{ba})\boldsymbol{a}+\boldsymbol{a}^2\boldsymbol{b}].$$

两侧同时与 $\boldsymbol{b}$ 做内积得到

$$(\boldsymbol{a}\times\boldsymbol{b})^2=[\boldsymbol{a},\ \boldsymbol{b},\ \boldsymbol{a}\times\boldsymbol{b}]=[\boldsymbol{a}\times\boldsymbol{b},\ \boldsymbol{a},\ \boldsymbol{b}]=t[-(\boldsymbol{ab})^2+\boldsymbol{a}^2\boldsymbol{b}^2].$$

根据例 1.9(1)的等式得到 $t=1$，最后得到 $(\boldsymbol{a}\times\boldsymbol{b})\times\boldsymbol{a}=(\boldsymbol{a}^2)\boldsymbol{b}-(\boldsymbol{ba})\boldsymbol{a}$.

(3) 如果 $\boldsymbol{a}$, $\boldsymbol{b}$ 平行，则不妨假设 $\boldsymbol{a}=k\boldsymbol{b}$. 此时易见两侧均为零. 下设 $\boldsymbol{a}$, $\boldsymbol{b}$ 不共线，则有 $\boldsymbol{a}\times\boldsymbol{b}\neq\mathbf{0}$. 此时向量 $\boldsymbol{a}$, $\boldsymbol{b}$, $\boldsymbol{a}\times\boldsymbol{b}$ 不共面，从而任意 $\boldsymbol{c}$ 可写成 $\boldsymbol{a}$, $\boldsymbol{b}$, $\boldsymbol{a}\times\boldsymbol{b}$ 的一个线性组合，因此只需验证：对于 $\boldsymbol{c}\in\{\boldsymbol{a},\ \boldsymbol{b},\ \boldsymbol{a}\times\boldsymbol{b}\}$，等式成立. 而当 $\boldsymbol{c}\in\{\boldsymbol{a},\ \boldsymbol{b}\}$ 时，由(2) 式立得. $\boldsymbol{c}=\boldsymbol{a}\times\boldsymbol{b}$ 时，所有三项全为零，等式自然成立.

例 1.12 求证：

(1) Jacobi 恒等式：$(\boldsymbol{a}\times\boldsymbol{b})\times\boldsymbol{c}+(\boldsymbol{b}\times\boldsymbol{c})\times\boldsymbol{a}+(\boldsymbol{c}\times\boldsymbol{a})\times\boldsymbol{b}=\mathbf{0}$.

(2) Lagrange 恒等式：$(\boldsymbol{a}\times\boldsymbol{b})\cdot(\boldsymbol{c}\times\boldsymbol{d})=(\boldsymbol{ac})(\boldsymbol{bd})-(\boldsymbol{ad})(\boldsymbol{bc})$.

(3) $[\boldsymbol{b},\ \boldsymbol{c},\ \boldsymbol{d}]\boldsymbol{a}-[\boldsymbol{a},\ \boldsymbol{c},\ \boldsymbol{d}]\boldsymbol{b}+[\boldsymbol{a},\ \boldsymbol{b},\ \boldsymbol{d}]\boldsymbol{c}-[\boldsymbol{a},\ \boldsymbol{b},\ \boldsymbol{c}]\boldsymbol{d}=\mathbf{0}$.

证明 (1) 将例 1.11(3)中等式代入三个二重叉积，直接验证得到.

(2) 根据混合积的周期性以及例 1.11(3)，有

$$(\boldsymbol{a}\times\boldsymbol{b})\cdot(\boldsymbol{c}\times\boldsymbol{d})=[\boldsymbol{a},\ \boldsymbol{b},\ \boldsymbol{c}\times\boldsymbol{d}]=[\boldsymbol{c}\times\boldsymbol{d},\ \boldsymbol{a},\ \boldsymbol{b}]$$

$$=[(\boldsymbol{c}\times\boldsymbol{d})\times\boldsymbol{a}]\cdot\boldsymbol{b}=[(\boldsymbol{ca})\boldsymbol{d}-(\boldsymbol{ad})\boldsymbol{c}]\cdot\boldsymbol{b}=(\boldsymbol{ac})(\boldsymbol{bd})-(\boldsymbol{ad})(\boldsymbol{bc}).$$

(3) 根据例 1.11(3)的等式有

$$\begin{aligned}[\boldsymbol{a},\ \boldsymbol{c},\ \boldsymbol{d}]\boldsymbol{b}-[\boldsymbol{b},\ \boldsymbol{c},\ \boldsymbol{d}]\boldsymbol{a}&=(\boldsymbol{a}\times\boldsymbol{b})\times(\boldsymbol{c}\times\boldsymbol{d})=-(\boldsymbol{c}\times\boldsymbol{d})\times(\boldsymbol{a}\times\boldsymbol{b})\\&=-\{[\boldsymbol{a},\ \boldsymbol{b},\ \boldsymbol{c}]\boldsymbol{d}-[\boldsymbol{a},\ \boldsymbol{b},\ \boldsymbol{d}]\boldsymbol{c}\}=[\boldsymbol{a},\ \boldsymbol{b},\ \boldsymbol{d}]\boldsymbol{c}-[\boldsymbol{a},\ \boldsymbol{b},\ \boldsymbol{c}]\boldsymbol{d}.\end{aligned}$$

移项即得

$$[\boldsymbol{b},\ \boldsymbol{c},\ \boldsymbol{d}]\boldsymbol{a}-[\boldsymbol{a},\ \boldsymbol{c},\ \boldsymbol{d}]\boldsymbol{b}+[\boldsymbol{a},\ \boldsymbol{b},\ \boldsymbol{d}]\boldsymbol{c}-[\boldsymbol{a},\ \boldsymbol{b},\ \boldsymbol{c}]\boldsymbol{d}=\mathbf{0}.$$

例 1.13 求证：$(\boldsymbol{bd})\boldsymbol{a}\times\boldsymbol{c}-(\boldsymbol{bc})\boldsymbol{a}\times\boldsymbol{d}+(\boldsymbol{ab})\boldsymbol{c}\times\boldsymbol{d}-[\boldsymbol{a},\ \boldsymbol{c},\ \boldsymbol{d}]\boldsymbol{b}=\mathbf{0}$.

证明 考虑 $\boldsymbol{a}\times[\boldsymbol{b}\times(\boldsymbol{c}\times\boldsymbol{d})]$. 一方面有

$$\boldsymbol{a}\times[\boldsymbol{b}\times(\boldsymbol{c}\times\boldsymbol{d})]=-[\boldsymbol{b}\times(\boldsymbol{c}\times\boldsymbol{d})]\times\boldsymbol{a}=-(\boldsymbol{ab})(\boldsymbol{c}\times\boldsymbol{d})+[\boldsymbol{a},\ \boldsymbol{c},\ \boldsymbol{d}]\boldsymbol{b};$$

另一方面，有

$$\boldsymbol{a}\times[\boldsymbol{b}\times(\boldsymbol{c}\times\boldsymbol{d})]=\boldsymbol{a}\times[-(\boldsymbol{bc})\boldsymbol{d}+(\boldsymbol{bd})\boldsymbol{c}]=-(\boldsymbol{bc})\boldsymbol{a}\times\boldsymbol{d}+(\boldsymbol{bd})\boldsymbol{a}\times\boldsymbol{c}.$$

因此有

$$-(\boldsymbol{bc})\boldsymbol{a}\times\boldsymbol{d}+(\boldsymbol{bd})\boldsymbol{a}\times\boldsymbol{c}=-(\boldsymbol{ab})(\boldsymbol{c}\times\boldsymbol{d})+[\boldsymbol{a},\boldsymbol{c},\boldsymbol{d}]\boldsymbol{b}.$$

移项即得欲证之等式.

例 1.14 求证:(1) 在一般仿射坐标系 $(O, \boldsymbol{e}_1, \boldsymbol{e}_2, \boldsymbol{e}_3)$ 下,平面 π 的方程为

$$Ax+By+Cz+D=0,$$

其中, $\boldsymbol{n}=(A, B, C)\neq\boldsymbol{0}$.

(2) 如果不区分(1)中向量 (A, B, C, D) 与 $k(A, B, C, D)(k\neq 0)$,则平面 π 的方程与坐标轴方向矢 $\boldsymbol{e}_1, \boldsymbol{e}_2, \boldsymbol{e}_3$ 的选取无关.

(3) 如果 $(O, \boldsymbol{e}_1, \boldsymbol{e}_2, \boldsymbol{e}_3)$ 是直角坐标系,则 $\boldsymbol{n}$ 与平面 π 上的所有向量垂直,称 $\boldsymbol{n}$ 为平面 π 的**法向量**.

证明 (1) 对于给定的平面 π,在其上取不共线的三点 P_i,并假设点 P_i 在仿射坐标系 $(O, \boldsymbol{e}_1, \boldsymbol{e}_2, \boldsymbol{e}_3)$ 下的坐标为 $x_{i1}, x_{i2}, \boldsymbol{x}_{i3}$,亦即有

$$\boldsymbol{OP}_i=\sum_{j=1}^{3}x_{ij}\boldsymbol{e}_j.$$

记 $\boldsymbol{a}=\boldsymbol{P}_1\boldsymbol{P}_2$, $\boldsymbol{b}=\boldsymbol{P}_1\boldsymbol{P}_3$,根据假设可知,矢量 $\boldsymbol{a}$ 与矢量 $\boldsymbol{b}$ 不平行.

对于空间中任意一点 X,假设

$$\boldsymbol{OX}=x\boldsymbol{e}_1+y\boldsymbol{e}_2+z\boldsymbol{e}_3,$$

则点 X 在平面 π 上,当且仅当向量 $\boldsymbol{P}_1\boldsymbol{X}, \boldsymbol{a}, \boldsymbol{b}$ 共面,当且仅当 $[\boldsymbol{P}_1\boldsymbol{X}, \boldsymbol{a}, \boldsymbol{b}]=0$. 根据例 1.10(3)可知,点 Z 在平面 π 上,当且仅当

$$\begin{vmatrix} x-x_{11} & y-x_{12} & z-x_{13} \\ x_{21}-x_{11} & x_{22}-x_{12} & x_{23}-x_{13} \\ x_{31}-x_{11} & x_{32}-x_{12} & x_{33}-x_{13} \end{vmatrix}=0. \tag{1-3}$$

按照第一行展开,即得 π 的方程: $Ax+By+Cz+D=0$,其中

$$A=\begin{vmatrix} x_{22}-x_{12} & x_{23}-x_{13} \\ x_{32}-x_{12} & x_{33}-x_{13} \end{vmatrix},$$

$$B=\begin{vmatrix} x_{21}-x_{11} & x_{23}-x_{13} \\ x_{31}-x_{11} & x_{33}-x_{13} \end{vmatrix},$$

$$C=\begin{vmatrix} x_{21}-x_{11} & x_{22}-x_{12} \\ x_{31}-x_{11} & x_{32}-x_{12} \end{vmatrix},$$

$$D=-\begin{vmatrix} x_{11} & x_{12} & x_{13} \\ x_{21} & x_{22} & x_{23} \\ x_{31} & x_{32} & x_{33} \end{vmatrix}.$$

$(A, B, C) \neq \mathbf{0}$，这是因为 $\boldsymbol{a}$ 与 $\boldsymbol{b}$ 不平行.

(2) 假设开始时选定另一个仿射坐标系 $(O, \boldsymbol{e}_1', \boldsymbol{e}_2', \boldsymbol{e}_3')$，点 P_i，X 在仿射坐标系 $(O, \boldsymbol{e}_1', \boldsymbol{e}_2', \boldsymbol{e}_3')$ 下的坐标分别为 x_{i1}'，x_{i2}'，x_{i3}' 与 x'，y'，z'. 假设

$$\begin{bmatrix} \boldsymbol{e}_1 \\ \boldsymbol{e}_2 \\ \boldsymbol{e}_3 \end{bmatrix} = \boldsymbol{P} \begin{bmatrix} \boldsymbol{e}_1' \\ \boldsymbol{e}_2' \\ \boldsymbol{e}_3' \end{bmatrix},$$

$\boldsymbol{P}$ 是可逆矩阵. 由

$$(\boldsymbol{x}, \boldsymbol{y}, \boldsymbol{z})\boldsymbol{P} \begin{bmatrix} \boldsymbol{e}_1' \\ \boldsymbol{e}_2' \\ \boldsymbol{e}_3' \end{bmatrix} = (\boldsymbol{x}, \boldsymbol{y}, \boldsymbol{z}) \begin{bmatrix} \boldsymbol{e}_1 \\ \boldsymbol{e}_2 \\ \boldsymbol{e}_3 \end{bmatrix} = \overrightarrow{OX} = (\boldsymbol{x}', \boldsymbol{y}', \boldsymbol{z}') \begin{bmatrix} \boldsymbol{e}_1' \\ \boldsymbol{e}_2' \\ \boldsymbol{e}_3' \end{bmatrix}$$

得到

$$(\boldsymbol{x}', \boldsymbol{y}', \boldsymbol{z}') = (\boldsymbol{x}, \boldsymbol{y}, \boldsymbol{z})\boldsymbol{P}.$$

由此即得

$$\begin{bmatrix} x'-x_{11}' & y'-x_{12}' & z'-x_{13}' \\ x_{21}'-x_{11}' & x_{22}'-x_{12}' & x_{23}'-x_{13}' \\ x_{31}'-x_{11}' & x_{32}'-x_{12}' & x_{33}'-x_{13}' \end{bmatrix} = \begin{bmatrix} x-x_{11} & y-x_{12} & z-x_{13} \\ x_{21}-x_{11} & x_{22}-x_{12} & x_{23}-x_{13} \\ x_{31}-x_{11} & x_{32}-x_{12} & x_{33}-x_{13} \end{bmatrix} \boldsymbol{P}.$$

两侧分别取行列式即得

$$A'x'+B'y'+C'z'+D' = |\boldsymbol{P}| \cdot (Ax+By+Cz+D)$$

因此，$(A', B', C', D') = |\boldsymbol{P}|(A, B, C, D)$，换句话说，在不同坐标系下（原点相同），两个方程只差了 $|\boldsymbol{P}|$ 倍.

在同样的意义下，在 (1) 的证明中，如果选取 π 上不同的不共线三点 P_i'，确定出的方程与原方程只差一个非零的倍数.

(3) 如果 $(O, \boldsymbol{e}_1, \boldsymbol{e}_2, \boldsymbol{e}_3)$ 是直角坐标系，任取 π 上两点

$$P_i = (x_{i1}, x_{i2}, x_{i3}) \begin{bmatrix} \boldsymbol{e}_1 \\ \boldsymbol{e}_2 \\ \boldsymbol{e}_3 \end{bmatrix},$$

根据(1)则有 $Ax_{i1}+Ax_{i2}+Ax_{i3}+D=0$. 两式相减得到 $\boldsymbol{n}\cdot\boldsymbol{P}_1\boldsymbol{P}_2$，说明 $\boldsymbol{n}$ 垂直于 π 上一切向量.

例 1.15 在平面直角坐标系下给定点 $A(a_1, a_2)$, $B(b_1, b_2)$, $C(c_1, c_2)$.

(1) 证明：A, B, C 不共线的充要条件是矩阵 $\boldsymbol{M}=\begin{bmatrix}a_1 & a_2 & 1\\ b_1 & b_2 & 1\\ c_1 & c_2 & 1\end{bmatrix}$ 的秩为 3.

(2) 若 A, B, C 三点不共线，且都是有理点（即坐标均为有理数），说明过该三点的圆周的圆心也是有理点.

证明 (1) A, B, C 三点不共线，当且仅当向量 (a_1-c_1, a_2-c_2) 与向量 (a_1-b_1, a_2-b_2) 不成比例（亦即线性无关）. 对于 $\boldsymbol{M}$ 做两次初等行变换化为 $\boldsymbol{N}=\begin{bmatrix}a_1-c_1 & a_2-c_2 & 0\\ b_1-c_1 & b_2-c_2 & 0\\ c_1 & c_2 & 1\end{bmatrix}$，而 $\boldsymbol{N}$ 的秩为 3，当且仅当 $\boldsymbol{N}$ 的前两行不成比例，当且仅当三点 A, B, C 不共线.

(2)（用向量的内积和解线性方程组语言）如图 1－9 所示，假设 $P(x, y)$ 为圆心，则有

$$\boldsymbol{PA}\cdot\boldsymbol{CA}=\boldsymbol{PC}\cdot\boldsymbol{AC},\ \boldsymbol{PA}\cdot\boldsymbol{BA}=\boldsymbol{PB}\cdot\boldsymbol{AB},$$

其中 $\boldsymbol{PA}=(a_1-x, a_2-y)^{\mathrm{T}}$, $\boldsymbol{CA}=(a_1-c_1. a_2-c_2)^{\mathrm{T}}\in\mathbf{Q}^{2\times 1}$ 等. 因此有

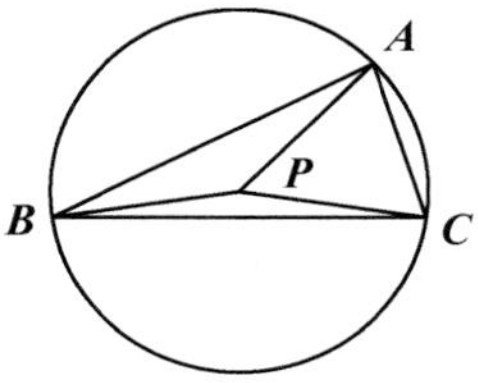

图 1－9

$$(\boldsymbol{PA}+\boldsymbol{PC})\cdot\boldsymbol{CA}=0,\ (\boldsymbol{PA}+\boldsymbol{PB})\cdot\boldsymbol{BA}=0.$$

据此得到有理数域 $\mathbf{Q}$ 上的有唯一解的关于 x, y 的方程组（含有两个方程）. 其解 $(x, y)^{\mathrm{T}}$ 当然属于 $\mathbf{Q}^{2\times 1}$，这就说明了点 $P(x, y)$ 是有理点.

例 1.16 记 $\boldsymbol{A}=\begin{bmatrix}\cos\theta & -\sin\theta\\ \sin\theta & \cos\theta\end{bmatrix}$. 试说明：线性变换

$$\sigma_A:\ \mathbf{R}^2\rightarrow\mathbf{R}^2,\ \alpha\rightarrow\boldsymbol{A}\alpha$$

是平面上角度为 θ 的旋转.

证明 任意向量 $\boldsymbol{OP}$ 的极坐标若为 (r, α)，则其直角坐标为 $\begin{bmatrix}r\cos\alpha\\ r\sin\alpha\end{bmatrix}$，于是

$$\boldsymbol{AOP}=\begin{bmatrix}r\cos\theta\cos\alpha-r\sin\theta\sin\alpha\\ r\sin\theta\cos\alpha+r\cos\theta\sin\alpha\end{bmatrix}=\begin{bmatrix}r\cos(\theta+\alpha)\\ r\sin(\theta+\alpha)\end{bmatrix},$$

其极坐标为 $(r,\ \theta+\alpha)$，这就说明了 σ_A 是角度为 θ 的一个旋转.

例 1.17 考虑平面上由角度为 θ 的逆时针旋转所确定的直角坐标变换. 试确定坐标变换的公式.

证明 用 OXY 表示旧的直角坐标系，而用 $OX'Y'$ 表示逆时针旋转 θ 角度后得到的新坐标系. 假设 $\boldsymbol{OP}$ 是平面上的任意向量，并设其在新、旧坐标系下的坐标分别为 $(x,\ y)$ 和 $(x',\ y')$，考虑图 1-10 易见：

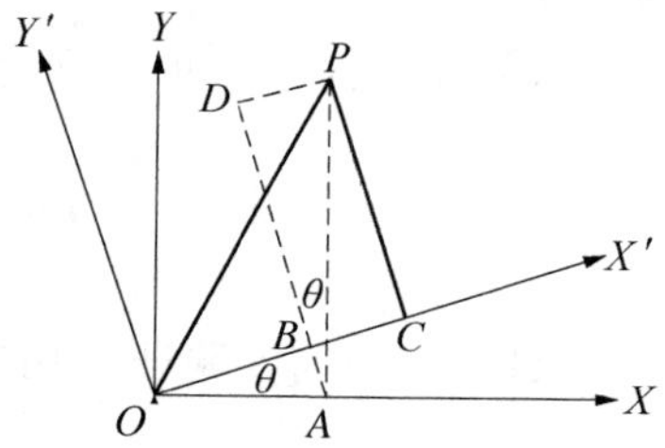

图 1-10

$$x' = OC = OB + DP = x\cos\theta + y\sin\theta,$$

$$y' = PC = DA - BA = y\cos\theta - x\sin\theta.$$

因此坐标变换公式为

$$\begin{bmatrix} x' \\ y' \end{bmatrix} = \boldsymbol{A}^{\mathrm{T}} \begin{bmatrix} x \\ y \end{bmatrix},$$

其中，$\boldsymbol{A}^{\mathrm{T}} = \begin{bmatrix} \cos\theta & \sin\theta \\ -\sin\theta & \cos\theta \end{bmatrix}$，恰好为例 1.16 中 $\boldsymbol{A}$ 的转置矩阵.

例 1.18 （两条直线之间的关系）对于给定的直线 l_i：$\boldsymbol{r} = \boldsymbol{r}_i + t_i \boldsymbol{v}_i (i = 1,\ 2)$，求证：

(1) $l_1 = l_2 \Leftrightarrow \boldsymbol{v}_1 \times \boldsymbol{v}_2 = \boldsymbol{0} = \boldsymbol{v}_1 \times (\boldsymbol{r}_2 - \boldsymbol{r}_1)$.

(2) $l_1 \parallel l_2$ 但不重合 $\Leftrightarrow \boldsymbol{v}_1 \times \boldsymbol{v}_2 = \boldsymbol{0}$ 且 $\boldsymbol{v}_1 \times (\boldsymbol{r}_2 - \boldsymbol{r}_1) \neq \boldsymbol{0}$.

(3) l_1 与 l_2 交于一点 $\Leftrightarrow \boldsymbol{v}_1 \times \boldsymbol{v}_2 \neq \boldsymbol{0}$ 且 $[\boldsymbol{v}_1,\ \boldsymbol{v}_2,\ \boldsymbol{r}_2 - \boldsymbol{r}_1] = \boldsymbol{0}$.

(4) l_1 与 l_2 是异面直线 $\Leftrightarrow [\boldsymbol{v}_1,\ \boldsymbol{v}_2,\ \boldsymbol{r}_2 - \boldsymbol{r}_1] \neq \boldsymbol{0}$.

证明 l_1 与 l_2 重合，当且仅当 $\boldsymbol{v}_1,\ \boldsymbol{v}_2,\ \boldsymbol{r}_2 - \boldsymbol{r}_1$ 相互平行；而 l_1 与 l_2 平行但不重合当且仅当 $\boldsymbol{v}_1,\ \boldsymbol{v}_2$ 平行，但是 v_1 不平行于 $\boldsymbol{r}_2 - \boldsymbol{r}_1$，这就证明了(1)和(2).

l_1 与 l_2 相交于一点当且仅当二者共面但是不平行，这就证明了(3).

关于(4)，因为两条直线之间的位置关系只有四种可能，所以(4)由前三条得到.

例 1.19 （直线与平面之间的关系）假设已给直线 l：$\boldsymbol{r} = \boldsymbol{r}_0 + t\boldsymbol{v}$ 和平面 π：$\boldsymbol{n} \cdot (\boldsymbol{r} - \boldsymbol{r}_1) = 0$. 求证：

(1) 直线 l 在平面 π 上，当且仅当 $\boldsymbol{n} \cdot \boldsymbol{v} = \boldsymbol{0}$ 且 $\boldsymbol{n} \cdot (\boldsymbol{r}_1 - \boldsymbol{r}_0) = \boldsymbol{0}$.

(2) 直线 l 不在平面 π 上,但是直线 l 平行于 π ，当且仅当 $\boldsymbol{n}\cdot\boldsymbol{v}=\boldsymbol{0}$ 而 $\boldsymbol{n}\cdot(\boldsymbol{r}_1-\boldsymbol{r}_0)\neq\boldsymbol{0}$.

(3) 直线 l 与平面 π 交于一点 P ,当且仅当 $\boldsymbol{n}\cdot\boldsymbol{v}\neq\boldsymbol{0}$. 此时,

$$\boldsymbol{OP}=\boldsymbol{r}_0+\frac{\boldsymbol{n}\cdot(\boldsymbol{r}_0-\boldsymbol{r}_1)}{\boldsymbol{n}\cdot\boldsymbol{v}}\boldsymbol{v}.$$

证明 只需要验证(3)的最后一句话. 假设 $\boldsymbol{n}\cdot\boldsymbol{v}\neq\boldsymbol{0}$. 考虑方程组

$$\begin{cases}\boldsymbol{n}\cdot\boldsymbol{r}=\boldsymbol{n}\cdot\boldsymbol{r}_1\\ \boldsymbol{n}\cdot\boldsymbol{r}=\boldsymbol{n}\cdot(\boldsymbol{r}_0+t(\boldsymbol{n}\cdot\boldsymbol{v}))\end{cases},$$

其解为

$$t=\frac{\boldsymbol{n}\cdot(\boldsymbol{r}_0-\boldsymbol{r}_1)}{\boldsymbol{n}\cdot\boldsymbol{v}}.$$

因而交点的矢量为

$$\boldsymbol{OP}=\boldsymbol{r}_0+\frac{\boldsymbol{n}\cdot(\boldsymbol{r}_0-\boldsymbol{r}_1)}{\boldsymbol{n}\cdot\boldsymbol{v}}\boldsymbol{v}.$$

例 1.20 (两个平面之间的关系)假设已给两个平面

$$\pi_i: A_i x+B_i y+C_i z+D_i=0.$$

求证:

(1) $\pi_1=\pi_2$ 当且仅当两向量 (A_i, B_i, C_i, D_i) 成比例.

(2) $\pi_1\parallel\pi_2$ 但 $\pi_1\neq\pi_2$, 当且仅当两向量 (A_i, B_i, C_i, D_i) 不成比例, 但是两向量 (A_i, B_i, C_i) 成比例.

(3) π_1 与 π_2 交于一条直线,当且仅当两向量 (A_i, B_i, C_i) 不成比例. 此时, 交线方程可通过解三元线性方程组

$$\begin{cases}A_1x+B_1y+C_1z+D_1=0\\ A_2x+B_2y+C_2z+D_2=0\end{cases}\tag{1-4}$$

得到.

证明 此题由定义直接验证可得,留作习题.

例 1.21 (三个平面之间的关系)给定三个平面 π: $A_ix+B_iy+C_iz+D_i=0$. 用 $\boldsymbol{L}$ 表示系数矩阵,用 $\widetilde{\boldsymbol{L}}$ 表示增广矩阵. 下面根据两矩阵的秩来讨论三平面

的位置关系：

(1) $\mathrm{r}(\boldsymbol{A})=1$ 时，共有三种位置关系：① 共面；② 其中两个共面而与第三者平行；③ 彼此平行.

(2) $\mathrm{r}(\boldsymbol{A})=2$ 时，共有三种位置关系：

(i) 两两彼此交于一条直线. 此时共有三条面交平行直线，这是因为如果其中有两条面交直线不平行，将意味着三平面交于唯一交点.

(ii) 两面重合而与第三面交于一条直线.

(iii) 两面平行而与第三面交于一条直线.

如图 1－11 所示，其中情形 (i) 和(3) 说明方程组无解，情形(2)说明有无限多个解(自由未知量个数为 1).

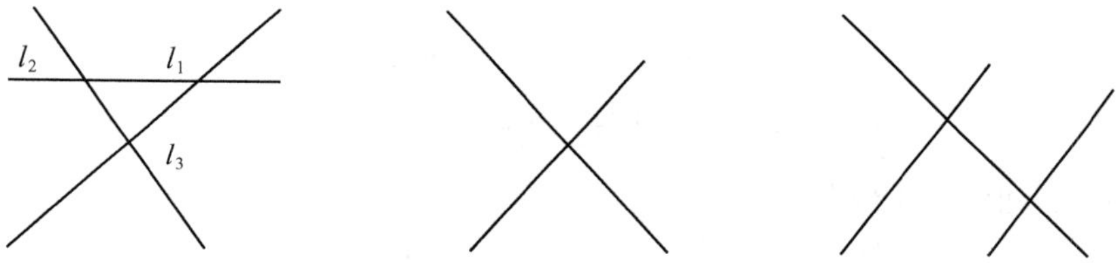

图 1－11

(3) $\mathrm{r}(\boldsymbol{A})=3$ 时，三面交于一点. 此时交点通常可取为新坐标系原点，而三交线可作为新的仿射坐标系的坐标轴.

例 1.22 (异面直线之间的距离)对于给定的两异面直线 l_i：$\boldsymbol{r}=\boldsymbol{r}_i+t\boldsymbol{v}_i$ $(i=1,2)$，求它们之间的距离以及公垂线方程.

证明 如果 P_i 是两直线上的点使得 $\boldsymbol{P}_1\boldsymbol{P}_2 \perp \boldsymbol{v}_i$，则 $|\boldsymbol{P}_1\boldsymbol{P}_2|$ 就是两直线之间的距离. 注意 $\boldsymbol{P}_2\boldsymbol{P}_1 \parallel \boldsymbol{v}_1\times\boldsymbol{v}_2$. 现在假设 $\boldsymbol{OP}_i=\boldsymbol{r}_i+t_i\boldsymbol{v}_i$，其中，$\boldsymbol{r}_i=\boldsymbol{OQ}_2$，并记

$$\boldsymbol{u}=\boldsymbol{P}_2\boldsymbol{P}_1=\boldsymbol{r}_1-\boldsymbol{r}_2+t_1\boldsymbol{v}_1-t_2\boldsymbol{v}_2,\ \boldsymbol{e}=\frac{\boldsymbol{v}_1\times\boldsymbol{v}_2}{|\boldsymbol{v}_1\times\boldsymbol{v}_2|}.$$

(1) 先求距离：

$$\pm|\boldsymbol{P}_2\boldsymbol{P}_1|\cdot\boldsymbol{e}=\boldsymbol{P}_2\boldsymbol{P}_1=\boldsymbol{r}_1-\boldsymbol{r}_2+t_1\boldsymbol{v}_1-t_2\boldsymbol{v}_2.$$

两边各与 $\boldsymbol{e}$ 做内积. 注意到 $[\boldsymbol{v}_1,\boldsymbol{v}_2,\boldsymbol{v}_1]=\boldsymbol{0}$，因而得到

$$|\boldsymbol{P}_2\boldsymbol{P}_1|=|(\boldsymbol{r}_2-\boldsymbol{r}_1)\cdot\boldsymbol{e}|=\frac{|[\boldsymbol{r}_2-\boldsymbol{r}_1,\boldsymbol{v}_1,\boldsymbol{v}_2]|}{|\boldsymbol{v}_1\times\boldsymbol{v}_2|}.$$

此公式有另一个有趣解释,如图 1-12 所示.其中,$\boldsymbol{c}=\boldsymbol{Q}_1\boldsymbol{Q}_2$,而 $\boldsymbol{r}_i=\boldsymbol{OQ}_i$,从图中可以看出 $|\boldsymbol{P}_1\boldsymbol{P}_2|$ 恰为平行六面体的高(这是因为 $\boldsymbol{P}_1\boldsymbol{P}_2$ 垂直于底平面从而垂直于顶平面;又 P_1 在 l_1 上从而在底平面上,而点 P_2 则在顶平面上). 而已知平行六面体的体积为 $|[\boldsymbol{r}_2-\boldsymbol{r}_1,\boldsymbol{v}_1,\boldsymbol{v}_2]|$,此体积除以底面积 $|\boldsymbol{v}_1\times\boldsymbol{v}_2|$ 后即为高度.

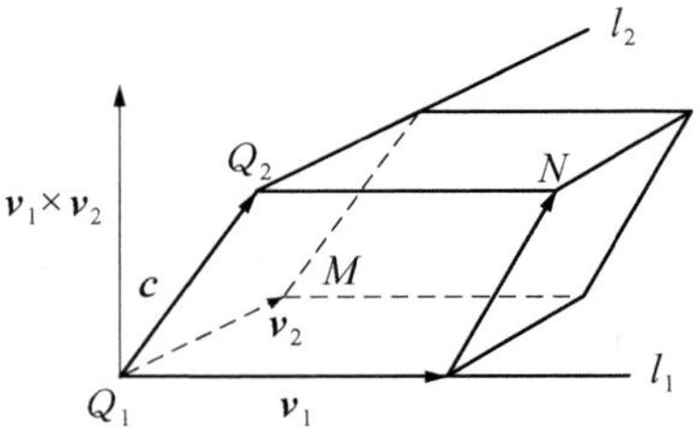

图 1-12

(2) 再求公垂线方程:

$$\boldsymbol{0}=(\boldsymbol{v}_1\times\boldsymbol{v}_2)\times\boldsymbol{u}=(\boldsymbol{u}\boldsymbol{v}_1)\boldsymbol{v}_2-(\boldsymbol{u}\boldsymbol{v}_2)\boldsymbol{v}_1.$$

因此有 $\boldsymbol{u}\boldsymbol{v}_1=\boldsymbol{u}\boldsymbol{v}_2=\boldsymbol{0}$,亦即

$$\begin{cases}(\boldsymbol{r}_1-\boldsymbol{r}_2)\boldsymbol{v}_1+t_1\boldsymbol{v}_1^2-t_2\boldsymbol{v}_1\boldsymbol{v}_2=\boldsymbol{0}\\(\boldsymbol{r}_1-\boldsymbol{r}_2)\boldsymbol{v}_2+t_1\boldsymbol{v}_1\boldsymbol{v}_2-t_2\boldsymbol{v}_2^2=\boldsymbol{0}\end{cases}$$

由例 1.11 和例 1.12 得到

$$\begin{cases}t_1=\dfrac{[(\boldsymbol{r}_1-\boldsymbol{r}_2)\times\boldsymbol{v}_2]\times(\boldsymbol{v}_1\times\boldsymbol{v}_2)}{(\boldsymbol{v}_1\times\boldsymbol{v}_2)^2}\\t_2=\dfrac{[(\boldsymbol{r}_1-\boldsymbol{r}_2)\times\boldsymbol{v}_1]\times(\boldsymbol{v}_1\times\boldsymbol{v}_2)}{(\boldsymbol{v}_1\times\boldsymbol{v}_2)^2}\end{cases}.$$

将 t_1 代入下式

$$\boldsymbol{r}=(\boldsymbol{r}_1+t_1\boldsymbol{v}_1)+t(\boldsymbol{v}_1\times\boldsymbol{v}_2).$$

得到公垂线方程.

例 1.23 (点到直线之间的距离)假设 $\boldsymbol{r}_1=\boldsymbol{OP}$. 求证:点 P 到直线 l:$\boldsymbol{r}=\boldsymbol{r}_0+t\boldsymbol{v}$(见图 1-13)的距离为

$$d=\frac{|\boldsymbol{v}\times(\boldsymbol{r}_1-\boldsymbol{r}_0)|}{|\boldsymbol{v}|}.$$

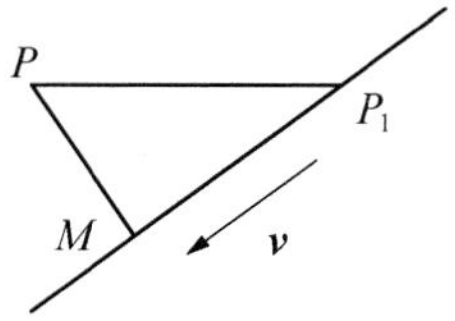

图 1-13

证明 此题由定义直接验证可得,留作习题.

例 1.24 (点到面之间的距离)在直角坐标系下,假设点 P 的坐标为 (x_0,y_0,z_0),并假设平面 π 的方程为 $Ax+By+Cz+D=0$. 求证:点 P 到平面 π 的距离公式为

$$d=\frac{|Ax_0+By_0+Cz_0+D|}{\sqrt{A^2+B^2+C^2}}.$$

证明 平面 π 的单位法向量为

$$\boldsymbol{n}=\frac{1}{\sqrt{A^2+B^2+C^2}}(A,\ B,\ C).$$

对于 π 上任意一点 $M(x,\ y,\ z)$，假设

$$\boldsymbol{MP}=\boldsymbol{MM}_1+\boldsymbol{M}_1\boldsymbol{P},$$

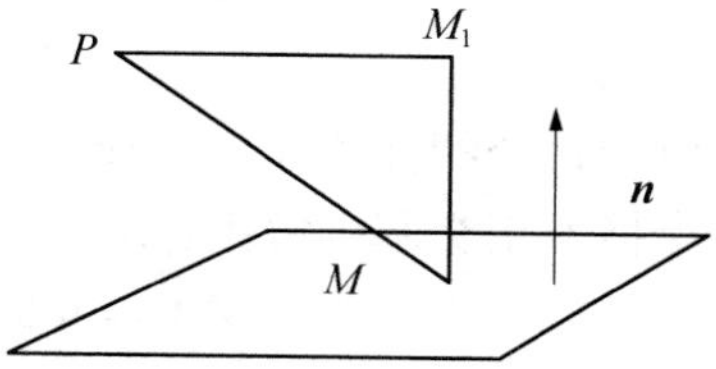

图 1-14

其中，$\boldsymbol{MM}_1 \mathbin{/\mkern-5mu/} \boldsymbol{n}$（见图 1-14）. 则有 $\boldsymbol{MM}_1=\pm(\boldsymbol{MP}\cdot\boldsymbol{n})\boldsymbol{n}$. 由于采用了直角坐标系，所以有

$$\begin{aligned}d&=|\boldsymbol{MM}_1|=\frac{1}{\sqrt{A^2+B^2+C^2}}|A(x_0-x)+B(y_0-y)+C(z_0-z)|\\&=\frac{|Ax_0+By_0+Cz_0+D|}{\sqrt{A^2+B^2+C^2}}.\end{aligned}$$

例 1.25 分别求仿射与直角坐标变换，将以下二次曲面方程化为标准型，并说明它是什么样的二次曲面：

(1) $f(x,\ y,\ z)=x^2+y^2+z^2-2xz-1=0$；

(2) $f(x,\ y,\ z)=2xy+2xz+y^2+z^2=0$.

解 (1) (i) 作仿射坐标变换（要求 $\boldsymbol{X}_1=\boldsymbol{PX}$ 中的三阶矩阵 $\boldsymbol{P}$ 可逆）：

$$\begin{cases}x_1=x-z\\y_1=y\\z_1=z\end{cases}$$

得到二次曲面 $f=0$ 的标准方程

$$x_1^2+y_1^2=1$$

它表示的是一个圆柱面.

(ii)（直角坐标变换法）首先写出二次曲面的二次项部分的矩阵

$$A=\begin{bmatrix}1&0&-1\\0&1&0\\-1&0&1\end{bmatrix}.$$

然后求出特征值：

$$0=|\lambda\boldsymbol{E}-\boldsymbol{A}|=\begin{vmatrix}\lambda-1 & 0 & 1\\ 0 & \lambda-1 & 0\\ 1 & 0 & \lambda-1\end{vmatrix}=\lambda(\lambda-1)(\lambda-2).$$

对于每个特征值 λ_i，用 Schmidt 正交化和单位化过程求出 $(\lambda_i\boldsymbol{E}-\boldsymbol{A})\boldsymbol{X}=\boldsymbol{0}$ 的一个标准正交基础解系：

对于 $l_1=0$，$-\boldsymbol{AX}=\boldsymbol{0}$ 的一个标准正交基础解系为向量 $\boldsymbol{\alpha}_1$，其中 $\boldsymbol{\alpha}_1$ 的转置为 $\boldsymbol{\alpha}_1^{\mathrm{T}}=\dfrac{1}{\sqrt{2}}(1,0,1)$.

对于 $l_2=1$，$(\boldsymbol{E}-\boldsymbol{A})\boldsymbol{X}=\boldsymbol{0}$ 的一个标准正交基础解系为向量 $\boldsymbol{\alpha}_2$，其中 $\boldsymbol{\alpha}_2$ 的转置为 $\boldsymbol{\alpha}_2^{\mathrm{T}}=(0,1,0)$.

对于 $l_3=2$，$(2\boldsymbol{E}-\boldsymbol{A})\boldsymbol{X}=\boldsymbol{0}$ 的一个标准正交基础解系为向量 $\boldsymbol{\alpha}_3$，其中 $\boldsymbol{\alpha}_3$ 的转置为 $\boldsymbol{\alpha}_3^{\mathrm{T}}=\dfrac{1}{\sqrt{2}}(-1,0,1)$.

最后做直角坐标变换

$$\begin{bmatrix}x\\y\\z\end{bmatrix}=\begin{bmatrix}\frac{1}{\sqrt{2}} & 0 & -\frac{1}{\sqrt{2}}\\ 0 & 1 & 0\\ \frac{1}{\sqrt{2}} & 0 & \frac{1}{\sqrt{2}}\end{bmatrix}\begin{bmatrix}x_1\\y_1\\z_1\end{bmatrix},$$

得到二次曲面 $f=0$ 的标准方程

$$\frac{y_1^2}{2}+\frac{z_1^2}{1}=\frac{1}{2},$$

它是一个椭圆柱面.

(2) (i) 用配方法求出仿射坐标变换：

$$f(x,y,z)=(x+y)^2+(x+z)^2-2x^2.$$

作仿射(即可逆)坐标变换

$$\begin{cases}x_1=x+y\\y_1=x+z,\\z_1=x\end{cases}$$

得到二次曲面 $f=0$ 的标准方程

$$x_1^2+y_1^2-z_1^2=0,$$

它是一个二次锥面(圆锥面).

(ii)(直角坐标变换法)记

$$\boldsymbol{X}^{\mathrm{T}}=(x,\ y,\ z),\ \boldsymbol{X}_1^{\mathrm{T}}=(x_1,\ y_1,\ z_1),\ \boldsymbol{A}=\begin{bmatrix}0&1&1\\1&1&0\\1&0&1\end{bmatrix}.$$

则 $f(X)=\boldsymbol{X}^{\mathrm{T}}\boldsymbol{A}\boldsymbol{X}$,考虑

$$0=|\lambda\boldsymbol{E}-\boldsymbol{A}|=\begin{vmatrix}\lambda&-1&-1\\-1&\lambda-1&0\\-1&0&\lambda-1\end{vmatrix}=(\lambda-2)\begin{vmatrix}1&-1&-1\\1&\lambda-1&0\\1&0&\lambda-1\end{vmatrix}$$
$$=(\lambda-2)(\lambda-1)(\lambda+1).$$

分别解出属于特征值 2, 1, -1 的单位特征向量 $\boldsymbol{\alpha}_i$,从而得到正交矩阵

$$\boldsymbol{P}=(\boldsymbol{\alpha}_1,\ \boldsymbol{\alpha}_2,\ \boldsymbol{\alpha}_3)=\begin{bmatrix}\frac{1}{\sqrt{3}}&0&\frac{-2}{\sqrt{6}}\\\frac{1}{\sqrt{3}}&\frac{1}{\sqrt{2}}&\frac{1}{\sqrt{6}}\\\frac{1}{\sqrt{3}}&\frac{1}{\sqrt{2}}&\frac{1}{\sqrt{6}}\end{bmatrix}.$$

得出结论:二次型 $f(X)=\boldsymbol{X}^{\mathrm{T}}\boldsymbol{A}\boldsymbol{X}$ 经过直角坐标变换 $\boldsymbol{X}=\boldsymbol{P}\boldsymbol{X}_1$,成为标准形

$$f=2x_1^2+y_1^2-z_1^2$$

所以 $f(x,\ y,\ z)=0$ 是一个椭圆锥面.

注记 在直角坐标变换下,将一个直角坐标系变到另一个直角坐标系,二次曲面的形状未曾改变(实际上这里的意思是说"坐标"所代表的曲面性质).而在仿射坐标变换下,与直角坐标变换下得到的方程有所不同,会产生一些弹性形变.但是根据二次型理论部分的惯性定理,任何方式的坐标变换都不可能将一个锥面方程变为柱面方程.

例 1.26 问:直角坐标变换与正交线性变换有何不同?

解 (1)直角坐标变换指的是从旧直角坐标系出发通过选择合适的新直角

坐标系，从而达到简化曲面（曲线等）方程的一个过程，在这个过程中，坐标满足方程的点所组成的图形本身并未改变. 经过选择合适的新直角坐标系（包括原点的挪移、旋转与翻转）得到组成图形的点在新直角坐标系下其坐标所满足简洁的新方程. 简言之，直角坐标变换只是坐标系的变化而图不变. 直角坐标变换的核心不在于原点的挪移，而在于齐次线性的旧、新坐标替换（coordinate substitution）过程.

而正交线性变换通常包含两种类型——点变换与向量变换，二者都是映射. 这里的点映射要求具有保距性，亦即保持任意两点之间距离不变；而关于向量的映射则具有线性性且保持向量长度不变. 映射是一个较为高级的数学手段，即在正交点变换（orthogonal linear map）之下，将同一直角坐标系下的图形上的点映射到另一位置端正的"全等"图形上的点. 任意保距点映射以常规方式诱导出一个关于向量的正交线性映射. 二者与直角坐标变换（不包括原点挪移）的共同点在于，三者都涉及一个三阶正交矩阵 $\boldsymbol{P}$.

（2）例如，例 1.25 中的二次曲面 $f(x, y, z) = 2xy + 2xz + y^2 + z^2 = 0$ 表示由点组成的集合，经过直角坐标变换 $\boldsymbol{X} = \boldsymbol{P}\boldsymbol{X}_1$，变到标准形

$$f = 2x_1^2 + y_1^2 - z_1^2.$$

由于后一坐标系取得较好，所以容易看出 $2x_1^2 + y_1^2 - z_1^2 = 0$ 是一个椭圆锥面. 注意前后方程中未知元的差异，这个差异反映的恰好是坐标系的不同.

而从另一种观点看，对于前述的正交矩阵 $\boldsymbol{P}$，考虑三维真实空间中点的映射：

$$\varphi: \mathbf{R}^3 \to \mathbf{R}^3,\ M \to PM$$

其中，$\boldsymbol{M}^{\mathrm{T}} = (x, y, z)$，$\boldsymbol{M}$ 是点 P 在某个取定直角坐标系 $(O, \boldsymbol{e}_1, \boldsymbol{e}_2, \boldsymbol{e}_3)$ 下的坐标. 该映射将点 P 映射到点 P_1，其中 P_1 在坐标系 $(O, \boldsymbol{e}_1, \boldsymbol{e}_2, \boldsymbol{e}_3)$ 下的坐标为 $\boldsymbol{PM}$. 注意三维真实空间中点的全体并不构成数学意义上的线性空间（没有运算），但是它显然以如下方式诱导出线性空间 $\mathbf{R}^{3\times 1}$ 到自身的线性映射.

定义：

$$\psi(\boldsymbol{M}_1\boldsymbol{M}_2) = \varphi(M_2) - \varphi(M_1) = \boldsymbol{P}\begin{bmatrix} x_2 - x_1 \\ y_2 - y_1 \\ z_2 - z_1 \end{bmatrix}.$$

由此不难验证：点映射 $\varphi: \mathbf{R}^3 \to \mathbf{R}^3,\ M \to PM$ 保持任意两点距离不变. 这个点的映射将三维真实空间中点的集合（二次曲面）

$$C_1: 0 = f(x, y, z) = 2xy + 2xz + y^2 + z^2 = \boldsymbol{X}^{\mathrm{T}}\boldsymbol{A}\boldsymbol{X}$$

映射到另外一个二次曲面

$$C_2: 0 = \boldsymbol{X}^{\mathrm{T}}(\boldsymbol{P}^{\mathrm{T}}\boldsymbol{A}\boldsymbol{P})\boldsymbol{X} = 2x^2 + y^2 - z^2.$$

注意：C_1 与 C_2 所用的未知元记号相同，表明是在同一直角坐标系下. C_2 因为所处位置好，所以易于看出它的特性（椭圆锥面）. 由此看出，保距点映射与向量的正交线性映射（又称为正交线性变换）都是**高级**数学手段，是在高中阶段不曾接触过的知识点.

例 1.27 （二次曲面中的直纹面）由一组直线产生的曲面称为**直纹(曲)面**. 例如柱面与锥面显然都是直纹面，而椭球面、抛物面与双叶双曲面均不是直纹面，其上甚至没有一条完整直线. 下面主要说明单叶双曲面

$$\frac{x^2}{a^2} + \frac{y^2}{b^2} - \frac{z^2}{c^2} = 1$$

与双曲抛物面（马鞍面）

$$\frac{x^2}{a^2} - \frac{y^2}{b^2} = 2z$$

都是直纹面.

证明 将双曲抛物面 Γ 的方程进行分解：

$$\left(\frac{x}{a} + \frac{y}{b}\right)\left(\frac{x}{a} - \frac{y}{b}\right) = 2z.$$

它等价于：

$$\frac{\frac{x}{a} - \frac{y}{b}}{2} = \frac{z}{\frac{x}{a} + \frac{y}{b}} (= t).$$

$\left(\text{注意当 } \frac{x}{a} + \frac{y}{b} = 0 \text{ 时，这里假定了 } z = 0 \text{ 同时成立.}\right)$

考虑方程

$$\begin{cases} \frac{x}{a} - \frac{y}{b} = 2t \\ z = t\left(\frac{x}{a} + \frac{y}{b}\right) \end{cases},$$

对于每一个数 $t=t_0$，它确定唯一的直线，记为 l_{t_0}. 对于直线 l_{t_0} 上的任意一点 (x_0, y_0, z_0)，有

$$2z_0=2t_0\left(\frac{x_0}{a}+\frac{y_0}{b}\right)=\left(\frac{x_0}{a}-\frac{y_0}{b}\right)\left(\frac{x_0}{a}+\frac{y_0}{b}\right)=\frac{x_0^2}{a^2}-\frac{y_0^2}{b^2},$$

说明点 (x_0, y_0, z_0) 在曲面 Γ 上. 因此，直线 l_{t_0} 上的所有点显然满足原马鞍面 Γ 的方程，因而该直线在马鞍面 Γ 上. 当 t_0 变化时，即得到 Γ 上的一组直线. 下面将说明这组直线和直线

$$\begin{cases}\dfrac{x}{a}+\dfrac{y}{b}=0\\ z=0\end{cases}$$

构成的直线族遍历 Γ 上的所有点.

对于马鞍面 Γ 上任意一点 (x_0, y_0, z_0)，显然有

$$\frac{\dfrac{x_0}{a}-\dfrac{y_0}{b}}{2}=\frac{z_0}{\dfrac{x_0}{a}+\dfrac{y_0}{b}}.$$

如果 $\dfrac{x_0}{a}+\dfrac{y_0}{b}\neq 0$，命该比值为 t_1，则说明点 (x_0, y_0, z_0) 在如下直线 l_{t_1} 上：

$$\begin{cases}\dfrac{x}{a}-\dfrac{y}{b}=2t_1\\ z=t_1\left(\dfrac{x}{a}+\dfrac{y}{b}\right)\end{cases}.$$

如果 $\dfrac{x_0}{a}+\dfrac{y_0}{b}=0$，易见 $z_0=0$. 此时，可记 $t_2=\dfrac{x_0}{a}-\dfrac{y_0}{b}$. 当 $t_2=0$ 时，点 (x_0, y_0, z_0) 在如下直线 l_0 上：

$$\begin{cases}\dfrac{x}{a}-\dfrac{y}{b}=0\\ z=0\end{cases}.$$

当 $t_2\neq 0$ 时，点 (x_0, y_0, z_0) 在如下直线上：

$$\begin{cases} \dfrac{x}{a}+\dfrac{y}{b}=0 \\ z=0 \end{cases}$$

上. 这就完成了本题的验证.

对于单叶双曲面可以进行类似证明.

注记 例 1.27 双曲抛物面(马鞍面)

$$\frac{x^2}{a^2}-\frac{y^2}{b^2}=2z$$

上还有另一族直线,它由直线

$$\begin{cases} \dfrac{x}{a}-\dfrac{y}{b}=0 \\ z=0 \end{cases}$$

与方程组

$$\begin{cases} \dfrac{x}{a}+\dfrac{y}{b}=2t_0 \\ z=t_0\left(\dfrac{x}{a}-\dfrac{y}{b}\right) \end{cases}$$

($t_0 \in \mathbf{R}$) 所代表的直线族构成.

例 1.28 求经过三平行直线 L_1: $x=y=z$, L_2: $x-1=y=z+1$, L_3: $x=y+1=z-1$ 的圆柱面的方程. (首届中国大学生数学竞赛赛区试卷第一题)

解 由已知条件易知,圆柱面母线的单位方向是 $\boldsymbol{n}=\dfrac{1}{\sqrt{3}}(1, 1, 1)$. 同时注意到圆柱面经过原点 $O(0, 0, 0)$. 而过点 O 且以 $\boldsymbol{n}$ 为法向量的平面 π 的方程为 $x+y+z=0$. 下面首先求出圆柱面与该面 π 的相切圆的圆心 C 的坐标.

容易看出 π 与三已知直线的交点分别为 O, $P_2(1, 0, -1)$, $P_3(0, -1, 1)$. 注意到在 π 上,圆心为线段 $\boldsymbol{OP}_2$, $\boldsymbol{OP}_3$ 的垂直平分线的交点,亦即三平面 π, π_2, π_3 之交点,其中平面 π_3 以向量 $\boldsymbol{OP}_3$ 为法向量且过中点 $\left(0, \dfrac{-1}{2}, \dfrac{1}{2}\right)$, 所以 π_2 的方程为 $-y+z=1$. 同理易得 π_2 的方程为 $x-z=1$. 联立三个线性方程立得: 点 C 的坐标为 $(1, -1, 0)$.

对圆柱面上任意一点 $M(x, y, z)$, 有

$$|\boldsymbol{n}\times\boldsymbol{CM}|=|\boldsymbol{n}\times\boldsymbol{CO}|.$$

因此，$(-y+z-1)^2+(x-z-1)^2+(-x+y+2)^2=6$，所以，所求圆柱面的方程为：$x^2+y^2+z^2-xy-xz-yz-3x+3y=0$.

例 1.29 已给两条直线 L：$x=y=z$ 与 L'：$\dfrac{x}{1}=\dfrac{y}{a}=\dfrac{z-b}{1}$.

(1) 参数 a, b 满足什么条件时，直线 L 与 L' 是异面直线？

(2) 当 L 与 L' 不重合时，求 L' 绕 L 旋转所产生的旋转面的方程，并说明其类型.(首届全国大学生数学竞赛决赛第六题)

证明 (1) L 与 L' 是异面直线，当且仅当 $[v_1, v_2, r_2-r_1]\neq 0$，从而 L 与 L' 是异面直线，当且仅当 $\begin{vmatrix}1&1&1\\1&a&1\\0&0&b\end{vmatrix}\neq 0$，当且仅当 $a\neq 1$ 且 $b\neq 0$.

(2) 直线 L 与 L' 重合，当且仅当 $a=1$ 且 $b=0$. 以下假设 L 与 L' 不重合. 此时假设 $P(x, y, z)$ 为旋转面上的任意一点，则过该点且与 L 垂直的平面 π 方程为

$$X+Y+Z=x+y+z,$$

π 与 L' 的交点为 $Q(t, at, b+t)$，其中 $t=\dfrac{x+y+z-b}{2+a}$. 注意到两点 P, Q 到直线 L 的距离相等，若记 $\boldsymbol{v}=\dfrac{(1, 1, 1)}{\sqrt{3}}$，则有

$$|\boldsymbol{v}\times(x, y, z)|=|\boldsymbol{v}\times(t, at, b+t)|,\ t=\frac{x+y+z-b}{2+a}.$$

从而有：$|(1, 1, 1)\times(x, y, z)|=|(1, 1, 1)\times(t, at, b+t)|$. 由于

$$(1, 1, 1)\times(x, y, z)=\begin{vmatrix}i&j&k\\1&1&1\\x&y&z\end{vmatrix},$$

因此得到

$$x^2+y^2+z^2-xy-yz-xz=(a-1)^2t^2-b(a-1)t+b^2.$$

将 $t=\dfrac{x+y+z-b}{2+a}$ 代入得到所求旋转面的方程：

$$(2a+1)(x^2+y^2+z^2)-(a^2+2)(xy+yz+xz)+ \\ ab(a-1)(x+y+z)-b^2(a^2+a+1)=0.$$

最后,按照 a, b 的取值分别进行讨论.

例 1.30 已知非退化二次曲面 Σ 过以下 9 点:

$$A(1,0,0), B(1,1,2), C(1,-1,-2), D(3,0,0),$$

$$E(3,1,2), F(3,-2,-4), G(0,1,4), H(3,-1,-2), I(5,2\sqrt{2},8).$$

问 Σ 是哪一类曲面?(第二届中国大学生数学竞赛预赛第五题)

证明 可以观察到 Σ 上有两条平行但是不重合的直线 ABC, DEF. 所以它是直纹面. 由于非退化,只能是单叶双曲面或者马鞍面,但是马鞍面上无平行而不重合直线,所以只能是单页双曲面.

例 1.31 求与椭球面 $4x^2+5y^2+6z^2=1$ 的交为圆周的所有平面.(第二届全国大学生数学竞赛决赛第一题)

解 根据对称性可以假设所交的圆周在球面 $x^2+y^2+z^2=r^2$ 上,则有

$$\left(4-\frac{1}{r^2}\right)x^2+\left(5-\frac{1}{r^2}\right)y^2+\left(6-\frac{1}{r^2}\right)z^2=0.$$

这种二次曲面只有当其中一项为零,而其余两项异号时才为一对平面,即当且仅当 $r^2=\frac{1}{5}$ 时,圆周才有可能为一个平面与该椭圆的交. 此时两个平面分别为 $x=z$ 与 $x=-z$.

例 1.32 求通过直线

$$L:\begin{cases}2x+y-3z+2=0\\5x+5y-4z+3=0\end{cases}$$

的两个相互垂直的平面 π_1 和 π_2,使其中一个平面过点 $(4,-3,1)$.(第四届全国大学生数学竞赛上海赛区预赛试题(非数学类))

解 提示:过该直线的平面束方程为

$$\lambda(2x+y-3z+2)+u(5x+5y-4z+3)=0.$$

例 1.33 已知四点 $A(1,2,7)$, $B(4,3,3)$, $C(5,-1,6)$, $D(7,7,0)$, 试求过这四点的球面方程.(第三届中国大学生数学竞赛赛区第一题)

解 求出球面的中心与半径即可. 可通过联立方程,然后解线性方程组得到中心的坐标.

例 1.34 假设 $\boldsymbol{\Gamma}$ 为椭圆抛物面 $z=3x^2+4y^2+1$. 从原点做 $\boldsymbol{\Gamma}$ 的切锥面,求切锥面的方程.(第四届全国大学生数学竞赛上海赛区预赛试题(数学类第一题))

解 提示:假设 (x, y, z) 为切锥面上任意一点,则有唯一的实数 t,使得 (tx, ty, tz) 在椭圆抛物面 $z=3x^2+4y^2+1$ 上,代入得到 $0=t^2(3x^2+4y^2)-tz+1$. 由于 t 是唯一的,所以有 $z^2-4(3x^2+4y^2)=0$,这即是切锥面的方程.

例 1.35 过直线

$$L:\begin{cases}10x+2y-2z=27\\ x+y+z=0\end{cases}$$

做曲面 $3x^2+y^2-z^2=27$ 的切平面,求此切平面的方程.(第四届全国大学生数学竞赛决赛试题第一(5)题(非数学类))

解 提示:在曲面的任意一点上,曲面的法向量平行于切平面的法向量,而切平面是由两平面所确定的平面束中的一个平面.

例 1.36 假设 $(O, \boldsymbol{e}_1, \boldsymbol{e}_2, \boldsymbol{e}_3)$ 构成三维实空间的一个右手直角坐标系. 假设

$$\begin{cases}\boldsymbol{\varepsilon}_1=a_{11}\boldsymbol{e}_1+a_{21}\boldsymbol{e}_1+a_{31}\boldsymbol{e}_1\\ \boldsymbol{\varepsilon}_2=a_{12}\boldsymbol{e}_1+a_{22}\boldsymbol{e}_1+a_{32}\boldsymbol{e}_1,\\ \boldsymbol{\varepsilon}_3=a_{13}\boldsymbol{e}_1+a_{23}\boldsymbol{e}_1+a_{33}\boldsymbol{e}_1\end{cases}$$

简记为 $(\boldsymbol{\varepsilon}_1, \boldsymbol{\varepsilon}_2, \boldsymbol{\varepsilon}_3)=(\boldsymbol{e}_1, \boldsymbol{e}_2, \boldsymbol{e}_3)\boldsymbol{A}$. 求证:

(1) $\boldsymbol{\varepsilon}_1, \boldsymbol{\varepsilon}_2, \boldsymbol{\varepsilon}_3$ 是一个右手直角坐标系的底矢,当且仅当 $\boldsymbol{A}$ 是一个正交矩阵(也即满足 $\boldsymbol{A}^{\mathrm{T}}\boldsymbol{A}=\boldsymbol{E}$).

(2) $(O, \boldsymbol{\varepsilon}_1, \boldsymbol{\varepsilon}_2, \boldsymbol{\varepsilon}_3)$ 是右(左)手直角坐标系,当且仅当 $\boldsymbol{A}$ 是行列式为 1 或 -1 的正交矩阵.

证明 (1) $\boldsymbol{\varepsilon}_1, \boldsymbol{\varepsilon}_2, \boldsymbol{\varepsilon}_3$ 是一个右手直角坐标系的底矢,当且仅当

$$\boldsymbol{\varepsilon}_i\cdot\boldsymbol{\varepsilon}_j=\boldsymbol{\delta}_{ij},\ 1\leqslant i, j\leqslant 3.$$

而

$$\boldsymbol{\varepsilon}_i\cdot\boldsymbol{\varepsilon}_j=a_{1i}b_{1j}+a_{2i}b_{2j}+a_{3i}b_{3j}=\boldsymbol{A}(i)^{\mathrm{T}}\cdot\boldsymbol{A}(j),$$

其中,$\boldsymbol{A}(i)$ 表示矩阵 $\boldsymbol{A}$ 的第 i 列(列向量). 因此,$\boldsymbol{\varepsilon}_1, \boldsymbol{\varepsilon}_2, \boldsymbol{\varepsilon}_3$ 是一个右手直角坐标系的底矢,当且仅当 $E=\begin{bmatrix}\boldsymbol{A}(1)^{\mathrm{T}}\\ \boldsymbol{A}(2)^{\mathrm{T}}\\ \boldsymbol{A}(3)^{\mathrm{T}}\end{bmatrix}(\boldsymbol{A}(1), \boldsymbol{A}(2), \boldsymbol{A}(3))=\boldsymbol{A}^{\mathrm{T}}\boldsymbol{A}$.

(2) 正交矩阵的行列式平方等于 1. 于是第二个结果可由例 1.10 直接得到.

2 一元多项式与行列式

2.1 数域上的一元多项式理论

2.1.1 内容提要与主要定理

多项式理论与行列式的计算、矩阵的特征值(特征向量)、线性空间的直和分解、线性变换及其不变子空间、λ 矩阵等内容之间有紧密的联系,且有重要的应用.

定理 2.1 (带余除法) 对于数域 $\mathbf{K}$ 上的任意两个非零多项式 $f(x)$, $g(x)$, 存在唯一的一对 $q(x)$, $r(x) \in \mathbf{K}[x]$, 使得

$$f(x) = q(x)g(x) + r(x),$$

其中, $r(x)$ 为零多项式或者 $\deg(r(x)) < \deg(g(x))$.

$g(x)$ 称为**除式**, $q(x)$ 称为**商式**, $r(x)$ 称为**余式**,还可以规定零多项式的次数是 $-\infty$.

注记 带余除法虽然证明简单,但它却是一元多项式理论中的最基本的武器之一.

对于 $f(x)$, $g(x) \in \mathbf{K}[x]$, 定义它们在 $\mathbf{K}[x]$ 的**最大公因式** $d(x)$ 为 $\mathbf{K}[x]$ 内具有如下性质的首一公因式:它被 f, g 在 $\mathbf{K}[x]$ 内的任意公因式整除.记为 $\gcd(f, g)$或(f, g).

定理 2.2 $\mathbf{K}[x]$ 中任意两个不全为零的多项式 $f(x)$ 与 $g(x)$ 有唯一的最大公因式,而且存在 $u(x)$, $v(x) \in \mathbf{K}[x]$, 使得

$$(f, g) = f(x)u(x) + g(x)v(x).$$

证明 (1) 唯一性 注意到最大公因式是首一的,故利用次数这一工具容易得到唯一性:如果 $d_i(x)$ 都是 $f(x)$ 与 $g(x)$ 的 gcd,则有 $h_i(x) \in \mathbf{K}[x]$, 使得

$$d_1(x) = d_1(x)h_1(x), \ d_2(x) = d_1(x)h_2(x).$$

因此, $d_1(x) = d_1(x) \cdot h_1(x)h_2(x)$, 于是有

$$\deg(d_1(x)) = \deg(d_1(x)) + \deg(h_1(x)) + \deg(h_2(x)).$$

因此有 $\deg h_1(x) = 0$, $h_1(x) = 1$，从而 $d_1(x) = d_2(x)$.

(2) *存在性* 不妨假设 $\deg(f(x)) \geqslant \deg(g(x))$，反复用带余除法得到 $\mathbf{K}[x]$ 中的 $q_i(x)$, $r_j(x)$ 使得:

$$f(x) = q_0(x)g(x) + r_0(x),\ \deg(r_0) < \deg(g),$$

$$g(x) = q_1(x)r_0(x) + r_1(x),\ \deg(r_1) < \deg(r_0),$$

$$r_0(x) = q_2(x)r_1(x) + r_2(x),\ \deg(r_2) < \deg(r_1),$$

$$r_1(x) = q_3(x)r_2(x) + r_3(x),\ \deg(r_3) < \deg(r_2),$$

$$\cdots\cdots$$

$$r_m(x) = q_{m+2}(x)r_{m+1}(x) + r_{m+2}(x),\ \deg(r_{m+2}) < \deg(r_{m+1}),$$

$$r_{m+1}(x) = q_{m+3}(x)r_{m+2}(x),$$

其中，$r_i(x)$ 均不是零多项式，$0 \leqslant i \leqslant m+2$，注意到当

$$f(x) = q(x)g(x) + r(x) \text{ 时},$$

容易直接验证 (f, g) 与 (g, r) 互相整除，且其中之一若存在，则另一个也存在. 因此，当 (g, r) 存在时，必有 $(f, g) = (g, r)$. 易见 (r_{m+1}, r_{m+2}) 存在(且等于 $r_{m+2}(x)$ 乘以其首项系数的倒数). 于是从上述辗转相除过程(依次由后向前)得到

$$(r_{m+1}, r_{m+2}) = (r_m, r_{m+1}) = \cdots = (r_0, r_1) = (g, r_0) = (f, g).$$

此外，注意到 (f, g) 等于 $r_{m+2}(x)$ 除以其首项系数，故而从倒数第二个式子开始(从后往前)，依次回代，最后可得所要求的 $u(x)$, $v(x) \in K[x]$，使得

$$d(x) = f(x)u(x) + g(x)v(x).$$

注记 1 上述方法一般称为**辗转相除法**，英文书中称为 Euclidean Algorithm. 注意这个证明本身的确是一个很好的程序(algorithm). 尽管本定理可以有更为简明的证明，但是从计算的观点看，本证明仍是一个最好的证明: 因为它在证明一个结论的同时，提供了一个很好的算法.

注记 2 如果两个数域 $\mathbf{F}$, $\mathbf{K}$ 有关系 $\mathbf{F} \subseteq \mathbf{K}$，则对于 $f(x)$, $g(x) \in \mathbf{F}[x]$，二者在 $\mathbf{K}[x]$ 中的 gcd 等同于其在 $\mathbf{F}[x]$ 中的 gcd，这由 gcd 的唯一性以及定理 2 得到.

如果 $(f, g)=1$，则称 $f(x)$ 与 $g(x)$ **互素**. 如下重要结论是定理 2 的直接推论：

推论 1　对于 $f(x), g(x) \in \mathbf{K}[x]$，$(f(x), g(x))=1$，当且仅当存在 $\mathbf{K}[x]$ 中的多项式 $u(x)$ 与 $v(x)$，使得 $f(x)u(x)+g(x)v(x)=1$.

互素、整除是多项式之间的两个极其重要的关系. 它们具有如下的重要性质：

性质 1　若 $(f, g)=1$ 且 $(f, h)=1$，则 $(f, gh)=1$.

性质 2　若 $(f, g)=1$ 且 $f \mid gh$，则 $f \mid h$.

性质 3　若 $(f_1, f_2)=1$ 且 $f_i \mid g(i=1, 2)$，则 $f_1 f_2 \mid g$.

注意　域上一元多项式理论与整数理论有不少相通之处.

2.1.2　例题

例 2.1　如果 $n>1$ 是正整数，而 $f(x) \mid f(x^n)$，求证：$f(x)$ 的根只能是零或者单位根.

证明　对于 $f(x)$ 的一个根 r，由于 $f(x) \mid f(x^n)$，因此

$$r^n,\ (r^n)^n=r^{n^2},\ (r^{n^2})^n=r^{n^3},\ \cdots$$

也是 $f(x)$ 的根. 由于 $f(x)$ 只有有限个根，故而有 $m_1>m_2 \geqslant 1$，使得 $r^{n^{m_2}}=r^{n^{m_1}}$，亦即

$$r^{n^{m_2}}(1-r^{n^{m_1}-n^{m_2}})=0,$$

所以 r 只能是零或者单位根.

例 2.2　如果 $x^2+x+1 \mid f_1(x^3)+x f_2(x^3)$，求证：

$$x-1 \mid (f_1(x), f_2(x)).$$

证明　假设 $\omega^3=1, \omega \neq 1$. 则有方程组

$$\begin{cases} f_1(1)+\omega f_2(1)=0 \\ f_1(1)+\omega^2 f_2(1)=0 \end{cases}.$$

如果把 $f_i(1)$ 看成未知数，则上述齐次线性方程组的系数矩阵行列式为 $\begin{vmatrix} 1 & \omega \\ 1 & \omega^2 \end{vmatrix}$，这是一个范德蒙行列式，它不等于零(这是因为 $\omega^2=\overline{\omega} \neq \omega$). 因此必有 $f_i(1)=0$，从而 $x-1 \mid (f_1(x), f_2(x))$.

例 2.3　求一个次数不超过 n 的多项式 $g(x)$，使得

$$g(k)=\frac{k}{k+1},\quad k=0,1,2,\cdots,n.$$

分析 当然本题可以假设 $f(x)=\sum_{i=0}^{n}a_i x^i$，然后利用 Cramer 法则和范德蒙行列式的现成结果进行求解，但是这样做的过程过于繁琐. 故而可以采用插值的方法求解.

解 命 $f(x)=(n+1)!(-1)^{n-1}+(x-1)(x-2)\cdots(x-n)$，则有 $f(-1)=0$，亦即有

$$x+1\mid(n+1)!(-1)^{n-1}+(x-1)(x-2)\cdots(x-n),$$

所以下面函数 $g(x)$ 是次数为 n 的一个多项式且满足本题要求：

$$g(x)=\frac{x[(n+1)!(-1)^{n-1}+(x-1)(x-2)\cdots(x-n)]}{(n+1)!(-1)^{n-1}(x+1)}.$$

例 2.4 对于任意非负整数 n，令 $f_n(x)=x^{n+2}-(x+1)^{2n+1}$. 求证：

$$(x^2+x+1,\ f_n(x))=1.$$

（北京大学 2002 年研究生入学考试试题）

分析 注意：

$$x^3-1=(x^2+x+1)(x-1).$$

$$\begin{aligned}&[x^{n+2}-(x+1)^{2n+1}][x^{2n+1}+(x+1)^{n+2}]\\&=x^{3n+3}-(x+1)^{3n+3}+[x(x+1)]^{n+2}-[x(x+1)]^{2n+1}.\end{aligned}$$

证明 假设 $(x^2+x+1,\ f_n(x))\neq 1$，则有 $x^2+x+1=0$ 的根 ω 使得 $f_n(\omega)=0$. 注意 $\omega^3=1$，$(\omega^2)^3=1$，$\omega+1=-\omega^2$，$\omega^2+\omega=-1$. 此时根据上述等式，有

$$\begin{aligned}0&=\omega^{3n+3}-(\omega+1)^{3n+3}+[\omega(\omega+1)]^{n+2}-[\omega(\omega+1)]^{2n+1}\\&=2+2\cdot(-1)^{n+2}.\end{aligned}$$

所以当 n 为偶数时，产生矛盾. 如果 n 是奇数，在恒等式

$$\begin{aligned}&[x^{n+2}-(x+1)^{2n+1}][x^{2n+1}-(x+1)^{n+2}]\\&=x^{3n+3}+(x+1)^{3n+3}-[x(x+1)]^{n+2}-[x(x+1)]^{2n+1}\end{aligned}$$

中命 $x=\omega$，可以得到矛盾等式 $0=4$.

例 2.5 $m,\ p,\ q$ 满足什么条件时，有 $x^2+mx-1\mid x^3-px+q$?

解 假设 $f(x)=x^3-px+q=(x^2+mx-1)(x+a)$. 则有:

$$\begin{cases}q=f(0)=-a\\1-p+q=f(1)=m(a+1)\\-1+p+q=f(-1)=-m(a-1)\end{cases}.$$

由此得到 $q=-a=m$, $p=1-ma=1+m^2$, 而

$$x^3-(1+m^2)x+m=(x-m)(x^2+mx-1).$$

所以, $x^2+mx-1\mid x^3-px+q\Leftrightarrow q=m,\ p=1+m^2(m\in\mathbf{R})$.

例 2.6 如果 $(x-1)^2\mid Ax^4+Bx^2+1$, 求 A, B.

解 $(x-1)^2\mid Ax^4+Bx^2+1\Leftrightarrow$

$$\begin{cases}0=A+B+1\\0=4A+2B\end{cases}\Leftrightarrow A=1,\ B=-2.$$

例 2.7 求 t 的值使得 $f(x)=x^3+3x^2+tx+1$ 有重根.

解 $f(x)$ 有重根 r 当且仅当 $f(r)=0$, $f'(r)=0$. 考虑方程组:

$$\begin{cases}r^3+3r^2+tr+1=0\\3r^2+6r+t=0\end{cases}.$$

由此得到 $2r(t-3)=t-3$.

(1) $t=3$ 时, $f(x)=x^3+3x^2+3x+1=(x+1)^3$ 有重根 $x=-1$.

(2) $t\neq 3$ 时, $f(x)$ 有重根 r, 重根必为 $r=\dfrac{1}{2}$. 此时,

$$t=-3\cdot\left(\frac{1}{2}\right)^2-6\cdot\frac{1}{2}=-\frac{15}{4}.$$

而 $\left(\dfrac{1}{2}\right)^3+3\cdot\left(\dfrac{1}{2}\right)^2-\dfrac{15}{4}\cdot\dfrac{1}{2}+1=0$, 此时 $f(x)$ 有重根 $x=\dfrac{1}{2}$.

结论: $f(x)=x^3+3x^2+tx+1$ 有重根 $\Leftrightarrow t=3$ 或 $t=-\dfrac{15}{4}$.

例 2.8 假设 $f(x)=a_nx^n+a_{n-1}x^{n-1}+\cdots+a_0$ 是整系数的 n 次多项式. 求证: 对于任意整系数多项式 $g(x)$, 存在最小的非负整数 k 以及唯一的一对多项式 $q(x)$, $r(x)\in\mathbf{Z}[x]$, 使得

$$a_n^k g(x)=q(x)f(x)+r(x),\ \deg r(x)<\deg f(x).$$

证明 存在性 对于 m 用归纳法，其中 $m = \deg g(x)$. 当 $m < n$ 时，取

$$k = 0,\ q(x) = 0,\ r(x) = g(x)$$

即可. 下设 $m \geqslant n$，并设 $g(x)$ 的首项系数为 b_m. 此时

$$a_n g(x) - b_m x^{m-n} f(x) \in \mathbf{Z}[x],$$

且其次数小于 m. 根据归纳假设，存在非负整数 l 以及 $q_1(x)$，$r_1(x) \in \mathbf{Z}[x]$，使得

$$a^l(a_n g(x) - b_m x^{m-n} f(x)) = q_1(x) f(x) + r(x),\ \deg r(x) < \deg f(x).$$

于是有

$$a_n^{l+1} g(x) = (q_1(x) + a^l b_m x^{m-n}) f(x) + r(x),\ \deg r(x) < \deg f(x).$$

唯一性 根据存在性，最小的非负整数 k 是存在且唯一的，然后根据 $\mathbf{Q}[x]$ 中的带余除法，即知 $q(x)$，$r(x) \in \mathbf{Z}[x]$ 的唯一性.

2.2 矩阵初步·行列式

2.2.1 矩阵及其基本运算(加法、减法、数乘，乘法、转置)

由 $m \times n$ 个元素 a_{ij} 组成的一张表格称为一个 $m \times n$ **矩阵**，记为

$$\mathbf{A} \overset{\text{or}}{=} \mathbf{A}_{m\times n} \overset{\text{or}}{=} (a_{ij})_{m\times n} \overset{\text{i. e.}}{=} \begin{bmatrix} a_{11} & a_{12} & \cdots & a_{1n} \\ a_{21} & a_{22} & \cdots & a_{2n} \\ \vdots & \vdots & \ddots & \vdots \\ a_{m1} & a_{m2} & \cdots & a_{mn} \end{bmatrix},$$

其中，a_{ij} 是取自某个数域中的数，也可以是一些符号.

形为 $m \times 1$ 的矩阵称为 m 维**列向量**，而形为 $1 \times n$ 的矩阵称为 n 维**行向量**.

(1) 如下规定两个矩阵 $\mathbf{A} \overset{\text{i. e.}}{=} (a_{ij})_{m\times n}$ 与 $\boldsymbol{B} \overset{\text{i. e.}}{=} (b_{ij})_{r\times s}$ 的相等：

$$\mathbf{A} = \boldsymbol{B} \Leftrightarrow m = r,\ n = s,\ a_{ij} = b_{ij},\quad i,\ j \text{ 为任意}.$$

(2) 矩阵的运算：

(i) 加法(addition) $(a_{ij})_{m\times n} + (b_{ij})_{m\times n} = (a_{ij} + b_{ij})_{m\times n}$

(ii) 数乘(scalar multiplication) $k\mathbf{A} \overset{\text{i. e.}}{=} k \cdot (a_{ij})_{m\times n} = (ka_{ij})_{m\times n}$

(iii) 乘法(multiplication)$\boldsymbol{A}_{m\times \boxed{n}}\boldsymbol{B}_{\boxed{n}\times r}=\boldsymbol{C}_{m\times r}$，其中

$$c_{ij}=a_{i1}b_{1j}+a_{i2}b_{2j}+\cdots+a_{in}b_{nj}$$

(iv) 转置(transpose)$\boldsymbol{A}_{m\times n}^{\mathrm{T}}=\boldsymbol{D}_{n\times m}$，其中 $d_{ij}=a_{ji}$

(3) 运算律：$\boldsymbol{A}(\boldsymbol{BC})=(\boldsymbol{AB})\boldsymbol{C}$，$(\boldsymbol{AB})^{\mathrm{T}}=\boldsymbol{B}^{\mathrm{T}}\boldsymbol{A}^{\mathrm{T}}$.（略去其他常见运算律）

(4) 线性方程组的 3 种常见表达形式：

(i)
$$\begin{cases}a_{11}x_1+a_{12}x_2+\cdots+a_{1n}x_n=b_1\\ a_{21}x_1+a_{22}x_2+\cdots+a_{2n}x_n=b_2\\ \qquad\cdots\quad\cdots\\ a_{m1}x_1+a_{m2}x_2+\cdots+a_{mn}x_n=b_m\end{cases}.$$

(ii)
$$x_1\alpha_1+x_2\alpha_2+\cdots+x_n\alpha_n=\beta.$$

(iii)
$$\boldsymbol{AX}=\boldsymbol{\beta},$$

其中，

$$\boldsymbol{X}=\begin{bmatrix}x_1\\x_2\\\vdots\\x_n\end{bmatrix},\ \boldsymbol{\beta}=\begin{bmatrix}b_1\\b_2\\\vdots\\b_m\end{bmatrix},\ \boldsymbol{\alpha}_i=\begin{bmatrix}a_{1i}\\a_{2i}\\\vdots\\a_{mi}\end{bmatrix},$$

$$\boldsymbol{A}=\begin{bmatrix}a_{11}&a_{12}&\cdots&a_{1n}\\a_{21}&a_{22}&\cdots&a_{2n}\\\vdots&\vdots&\ddots&\vdots\\a_{m1}&a_{m2}&\cdots&a_{mn}\end{bmatrix}=(\boldsymbol{\alpha}_1,\ \boldsymbol{\alpha}_2,\ \cdots,\ \boldsymbol{\alpha}_n).$$

(5) 矩阵的初等行(列)变换与初等矩阵，解线性方程组的 Gauss 消元法；向量组的线性关系(线性相关与线性无关)、向量组的极大无关组与秩；用矩阵列向量组的秩定义矩阵的秩：详见第 3 章.

2.2.2　行列式的定义、重要例子与性质

1. 关于行列式的定义

方阵的行列式(determinant)定义有很多种，下面阐述常见的 3 种定义并予以简短点评.

定义 2.1　(归纳法)先直接定义二阶行列式

$$\begin{vmatrix} a & b \\ c & d \end{vmatrix} = ad - bc,$$

然后对于一般 n 阶方矩阵 $\boldsymbol{A} = (a_{ij})$，如下归纳定义 $\boldsymbol{A}$ 的行列式

$$|\boldsymbol{A}| = a_{11}A_{11} + a_{12}A_{12} + \cdots + a_{1n}A_{1n},$$

其中，$A_{1r} = (-1)^{1+r}M_{1r}$ 称为a_{1r} 在矩阵$\boldsymbol{A}$ 中的代数余子式，而 M_{1r} 是a_{1r} 在矩阵 $\boldsymbol{A}$ 中的余子式(co-minor)，也即划去矩阵 $\boldsymbol{A}$ 的第 1 行和第 r 列所有元素后所得 $n-1$ 阶方阵的行列式.

定义 2.2 （映射的观点）对于数域 $\mathbf{F}$，用 $\boldsymbol{M}_n(\mathbf{F})$ 表示 $\mathbf{F}$ 上所有 n 阶方阵的全体. 如果存在映射

$$d: \boldsymbol{M}_n(\mathbf{F}) \to \mathbf{F},\ A \to d(\boldsymbol{A})$$

满足以下 3 个条件，则称映射 d 是一个行列式映射，而称 $d(\boldsymbol{A})$ 为矩阵 $\boldsymbol{A}$ 的行列式：

(1) $d(\boldsymbol{E}) = 1$，其中 $\boldsymbol{E}$ 是n 阶单位矩阵.

(2) 映射 d 关于第一行的行向量具有线性性质：

$$d\begin{bmatrix} k\alpha_1 + l\beta_1 \\ \alpha_2 \\ \vdots \\ \alpha_n \end{bmatrix} = k \cdot d\begin{bmatrix} \alpha_1 \\ \alpha_2 \\ \vdots \\ \alpha_n \end{bmatrix} + l \cdot d\begin{bmatrix} \beta_1 \\ \alpha_2 \\ \vdots \\ \alpha_n \end{bmatrix}.$$

(3) 若交换矩阵 $\boldsymbol{A}$ 的第一行与另外一行位置，所得矩阵记为 $\boldsymbol{B}$，必有

$$d(\boldsymbol{B}) = -d(\boldsymbol{A}).$$

定义 2.3 （组合定义：$n!$ 项的代数和）对于 n 阶方矩阵 $\boldsymbol{A}$，其行列式 $\det(\boldsymbol{A})$ 是 $n!$ 项的代数和，其中每一项都是取自矩阵 $\boldsymbol{A}$ 的不同行、不同列的 n 个元素的乘积，该项的符号依照如下法则确定，各 a_{ij} 的位置以行指标自然升序排列：

$$a_{1i_1}a_{2i_2}\cdots a_{ni_n},$$

列指标排列 $i_1i_2\cdots i_n$ 的奇、偶性确定该项的负、正性. 换句话说，

$$\det((a_{ij})_{n\times n}) = \sum_{i_1i_2\cdots i_n}(-1)^{\tau(i_1i_2\cdots i_n)}a_{1i_1}a_{2i_2}\cdots a_{ni_n},$$

其中，$\tau(i_1i_2\cdots i_n)$ 是 1，2，…，n 的排列 $i_1i_2\cdots i_n$ 中的逆序对的个数，比如

$$\tau(n(n-1)\cdots 21)=(n-1)+(n-2)+\cdots 2+1=\frac{n(n-1)}{2}=\left[\frac{n}{2}\right].$$

注记 归纳法定义自然而又中规中矩. 中国的教材大多采用第三种定义，其本质在于排列的逆序数的计算，所以在有关行列式的性质论证和推理过程中，往往归结为逆序数的计算问题(参见本章例 2.9(1)～2.9(3))，因此可称此种定义为组合的；其优点是严谨、完美且理论体系较强，缺点是不利于初学者掌握. 第二种定义是欧美教材采用较多的定义，公理化的思路，具有较高的观点；其优点是在引进初等变换、初等矩阵以及矩阵的秩(用向量组的秩定义)后，对行列式的讨论本质上全部归纳为 Gauss 消元法，与解线性方程组的 Gauss 消元法如出一辙，也较为简单和人性化(详见本章的例 2.9). 第二种定义的缺点在于对其存在性问题的处理较难，往往又会回到第三种定义；尽管如此，可以看出，验证第三种定义的行列式 det 满足第二种定义的 3 个条件是比较容易的(主要是验证 det 满足第二定义的第 3 个条件，详见例 2.9(1)).

行列式的英文是 determinant，由动词 determine 演化而来. 虽然它是线性代数中的一个重要工具，其本身也有一套深刻理论，但是其在整个线性代数中“起决定性作用的”地位早就不在. 事实上，在线性代数理论中，Gauss 消元法无论是在理论上，还是在应用上都比行列式更为重要. 关于行列式的处理可参见蓝以中编《简明高等代数》(上、下册)，或者参见 MIT 教授 Gilbert Strang 所编教材《Linear Algebra and its Applications》(4’th Ed.).

2. 关于行列式的性质和范德蒙行列式

在行列式的诸多性质中，第二定义的 3 个条件无疑是最本质最重要的性质. 在数字行列式的计算中，如下性质也是十分重要的：对于方阵 $\boldsymbol{A}$ 做一次第三种初等行变换(亦即将某行的若干倍加到另外一行)，所得的矩阵行列式等于 $|\boldsymbol{A}|$. 另外，$|\boldsymbol{A}^{\mathrm{T}}|=|\boldsymbol{A}|$ 也是一条重要性质，它体现了矩阵中行(向量组)与列(向量组)的对称性.

行列式的计算往往涉及较强的技巧，可以说是一个技术活. 其流程大体上就是使用行列式的性质，间杂归纳法，或者降阶(或者升阶)，将行列式化为一个上三角矩阵. 行列式具有如下的 5 个(关于行的)最重要的性质.

(1) 交换方阵的两个行(列)向量的位置，行列式值变号.

(2) 行列式对于任意一行的行向量具有线性性质(参照第二定义的条件(2)).

(3) 将矩阵某一行向量的若干倍数加到另外一个行向量，矩阵的行列式不

改变.

(4) $|\boldsymbol{A}^{\mathrm{T}}|=|\boldsymbol{A}|$.

(5) $|\boldsymbol{AB}|=|\boldsymbol{A}|\cdot|\boldsymbol{B}|$.

(6) Laplace 定理(按一行或者多行的展开式).

(7) $\boldsymbol{AA}^{*}=|\boldsymbol{A}|\boldsymbol{E}$,其中 $\boldsymbol{A}^{*}$ 是 $\boldsymbol{A}$ 的伴随矩阵.(详见第 3 章)

n 阶范德蒙矩阵与范德蒙行列式:

$$\begin{vmatrix} 1 & 1 & 1 & \cdots & 1 \\ a_1 & a_2 & a_3 & \cdots & a_n \\ a_1^2 & a_2^2 & a_3^2 & \cdots & a_n^2 \\ \vdots & \vdots & \vdots & \ddots & \vdots \\ a_1^{n-1} & a_2^{n-1} & a_3^{n-1} & \cdots & a_n^{n-1} \end{vmatrix} = \prod_{1\leqslant i<j\leqslant n}(a_j-a_i).$$

范德蒙行列式是一类非常重要的行列式.特别的,上述范德蒙行列式不为零,当且仅当 $a_1, a_2, \cdots, a_n$ 两两互异.

2.2.3 关于行列式的主要定理与重要公式

定理 2.1 (1) Laplace 定理(行列式按照第 i 行(第 j 列)的展开式):对于 n 阶矩阵 $\boldsymbol{A}=(a_{ij})$,恒有

$$|\boldsymbol{A}|=\sum_{r=1}^{n}a_{ir}A_{ir},\quad |\boldsymbol{A}|=\sum_{r=1}^{n}a_{rj}A_{rj},$$

其中,$A_{ir}=(-1)^{i+r}M_{ir}$,而 M_{ir} 是 a_{ir} 在 $\boldsymbol{A}$ 中的余子式,亦即划去矩阵 $\boldsymbol{A}$ 的第 i 行和第 r 列所有元素后所得 $n-1$ 阶方阵的行列式.

(2) 对于 n 阶方阵 $\boldsymbol{A}=(a_{ij})$,记

$$\boldsymbol{A}^{*}=\begin{bmatrix} A_{11} & A_{21} & \cdots & A_{n1} \\ A_{12} & A_{22} & \cdots & A_{n2} \\ \vdots & \vdots & \ddots & \vdots \\ A_{1n} & A_{2n} & \cdots & A_{nn} \end{bmatrix},$$

并称之为 $\boldsymbol{A}$ 的伴随矩阵.则有 $\boldsymbol{AA}^{*}=|\boldsymbol{A}|\cdot\boldsymbol{E}=\boldsymbol{A}^{*}\boldsymbol{A}$.

(3) Laplace 定理(行列式按照多行展开):取定矩阵 $\boldsymbol{A}$ 的 r 行.假设这 r 行中产生的所有 r 阶子式(minor)为 $M_i(1\leqslant i\leqslant l=C_n^r)$,而 M_i 在 $\boldsymbol{A}$ 中的代数余子式为 N_i.则有

$$|\boldsymbol{A}|=\sum_{i=1}^{l}M_i N_i.$$

作为定理 2.1(2)的等价写法,以下两个恒等式组无疑具有一般的重要性:

$$\sum_{j=1}^{n}a_{kj}A_{ij}=\delta_{ik}|\boldsymbol{A}|,\ \sum_{j=1}^{n}a_{jk}A_{ji}=\delta_{ik}|\boldsymbol{A}|,\quad 1\leqslant k,\ i\leqslant n.$$

注意前面的 n^2 个等式恰为 $\boldsymbol{AA}^*=|\boldsymbol{A}|\boldsymbol{E}$,后者则为 $\boldsymbol{A}^*\boldsymbol{A}=|\boldsymbol{A}|\boldsymbol{E}$.

定理 2.2 (Binet-Cauchy 定理)假设 $\boldsymbol{C}_{m\times n}=\boldsymbol{A}_{m\times s}\boldsymbol{B}_{s\times n}$. 则对于任意一个满足 $k\leqslant\min\{m,n,s\}$ 的 k,用 $\boldsymbol{A}(i_1,\cdots,i_k;j_1,\cdots,j_k)$ 表示 $\boldsymbol{A}$ 由第 $i_1,\cdots,i_k$ 行、$j_1,\cdots,j_k$ 列所确定的 k 阶子矩阵,则有

$$\begin{aligned}&|\boldsymbol{C}(i_1,i_2,\cdots,i_k;j_1,\cdots,j_k)|\\=&\sum_{1\leqslant r_1<\cdots<r_k\leqslant s}|\boldsymbol{A}(i_1,i_2,\cdots,i_k;r_1,\cdots,r_k)|\cdot|\boldsymbol{B}(r_1,r_2,\cdots,r_k;j_1,\cdots,j_k)|.\end{aligned}$$

2.2.4 几条重要性质的验证

例 2.9(A) (i) 试利用行列式的第三种定义验证:若交换方阵 $\boldsymbol{A}$ 的两行位置,相应行列式 det 改变符号.

(ii) 试证明:行列式映射 d (第二定义)若存在,则必定唯一.

(iii) 试验证:det 满足行列式映射(第二定义)的 3 个条件.

证明 (i) 若按照行列式的归纳法定义求证,过程似乎并不容易. 以下按照行列式的第 3 种定义来证明.

只需要证明:假设交换 $\boldsymbol{A}$ 的第一行与第 k 行,得矩阵 $\boldsymbol{B}$,则必有 $|\boldsymbol{B}|=-|\boldsymbol{A}|$.(这是因为 3 次这样的对换位置,可将其他任意两行位置对调)

记 $\boldsymbol{B}=(b_{kl})_{n\times n}$,则依据 det 的定义有

$$\begin{aligned}|\boldsymbol{B}|&=\sum_{i_1i_2\cdots i_n}(-1)^{\tau(i_1i_2\cdots i_n)}\boxed{b_{1i_1}}\cdots b_{k-1i_{k-1}}\boxed{b_{ki_k}}\,b_{k+1i_{k+1}}\cdots b_{ni_n}\\&=\sum_{i_1i_2\cdots i_n}(-1)^{\tau(i_1i_2\cdots i_n)}\boxed{a_{ki_1}}\,a_{2i_2}\cdots a_{k-1i_{k-1}}\boxed{a_{1i_k}}\,a_{k+1i_{k+1}}\cdots a_{ni_n}\\&=\sum_{i_ki_2\cdots i_{k-1}i_1i_{k+1}\cdots i_n}(-1)^{\tau(i_1i_2\cdots i_n)}\boxed{a_{1i_k}}\,a_{2i_2}\cdots a_{k-1i_{k-1}}\boxed{a_{ki_1}}\,a_{k+1i_{k+1}}\cdots a_{ni_n}.\end{aligned}$$

方框内的元素进行了对调,因此根据行列式的第 3 种定义,要说明 $|\boldsymbol{B}|=-|\boldsymbol{A}|$,

问题归结为说明

$$(-1)^{\tau(i_1 i_2 \cdots i_n)} = -(-1)^{\tau(\boxed{i_k} i_2 \cdots i_{k-1} \boxed{i_1} i_{k+1} \cdots i_n)}, \tag{2-1}$$

而这只需要说明：

对换某个排列中两元素的位置，结果改变排列的逆序数的奇偶性.

事实上，如果两位置相邻，则相应两逆序数相差 ± 1. 如果中间相隔 r 个位置，则可经过 $r+1$ 次相邻对换将前者换到后者位置，然后再经过 r 次相邻对换将后者再换到前者位置. 这就完成了证明.

(ii) 唯一性的证明类似于例题 2.9(4)第一个等式的验证. 此处略.

(iii) 定义 2.2 的条件(3)和条件(1)明显成立. (i)则表明映射 det 满足定义 2.2 的条件(3).

例 2.9(B) Laplace 定理(按一行展开).

假设 $\boldsymbol{A}=(a_{ij})$ 是一个 $n\times n$ 矩阵，$\boldsymbol{A}_{ij}$ 是 a_{ij} 的代数余子式. 则有

$$|\boldsymbol{A}| = a_{i1}\boldsymbol{A}_{i1} + a_{i2}\boldsymbol{A}_{i2} + \cdots + a_{in}\boldsymbol{A}_{in}.$$

证明 方法一(按照第三种定义论证)：

将 $|\boldsymbol{A}|$ 按照第 i 行写成 n 个行列式的和：

$$|\boldsymbol{A}| = \begin{vmatrix} a_{11} & a_{12} & \cdots & a_{1n} \\ \vdots & \vdots & \ddots & \vdots \\ a_{i-1,1} & a_{i-1,2} & \cdots & a_{i-1,n} \\ a_{i1} & 0 & \cdots & 0 \\ a_{i+1,1} & a_{i+1,2} & \cdots & a_{i+1,n} \\ \vdots & \vdots & \ddots & \vdots \\ a_{n1} & a_{n2} & \cdots & a_{nn} \end{vmatrix} + \begin{vmatrix} a_{11} & a_{12} & a_{13} & \cdots & a_{1n} \\ \vdots & \vdots & \vdots & \ddots & \vdots \\ a_{i-1,1} & a_{i-1,2} & a_{i-1,3} & \cdots & a_{i-1,n} \\ 0 & a_{i2} & 0 & \cdots & 0 \\ a_{i+1,1} & a_{i+1,2} & a_{i+1,3} & \cdots & a_{i+1,n} \\ \vdots & \vdots & \vdots & \ddots & \vdots \\ a_{n1} & a_{n2} & a_{n3} & \cdots & a_{nn} \end{vmatrix} +$$

$$\cdots + \begin{vmatrix} a_{11} & a_{12} & \cdots & a_{1n-1} & a_{1n} \\ \vdots & \vdots & \ddots & \vdots & \vdots \\ a_{i-1,1} & a_{i-1,2} & \cdots & a_{i-1,n-1} & a_{i-1,n} \\ 0 & 0 & \cdots & 0 & a_{in} \\ a_{i+1,1} & a_{i+1,2} & \cdots & a_{i+1,n-1} & a_{i+1,n} \\ \vdots & \vdots & \ddots & \vdots & \vdots \\ a_{n1} & a_{n2} & \cdots & a_{n,n-1} & a_{nn} \end{vmatrix}.$$

于是只需要证明：

$$D_j \overset{\text{i.e.}}{=} \begin{vmatrix} a_{11} & \cdots & a_{1j-1} & a_{1j} & a_{1j+1} & \cdots & a_{1n} \\ \vdots & \ddots & \vdots & \vdots & \vdots & \ddots & \vdots \\ a_{i-1,1} & \cdots & a_{i-1,j-1} & a_{i-1,j} & a_{i-1,j+1} & \cdots & a_{i-1,n} \\ 0 & \cdots & 0 & a_{ij} & 0 & \cdots & 0 \\ a_{i+1,1} & \cdots & a_{i+1,j-1} & a_{i+1,j} & a_{i+1,j+1} & \cdots & a_{i+1,n} \\ \vdots & \ddots & \vdots & \vdots & \vdots & \ddots & \vdots \\ a_{n1} & \cdots & a_{n,j-1} & a_{nj} & a_{n,j+1} & \cdots & a_{nn} \end{vmatrix} = a_{ij}A_{ij}, \quad (2-2)$$

其中，D_j 的第 j 行只有 (i, j) 位置 a_{ij} 可能不为零元.

依行列式的定义，有

$$\begin{aligned} D_j &= \sum_{k_1\cdots k_{i-1}k_{i+1}\cdots k_n} (-1)^{\tau(k_1\cdots k_{i-1}jk_{i+1}\cdots k_n)} a_{1k_1}\cdots a_{i-1,k_{i-1}} \boxed{a_{ij}}\, a_{i+1,k_{i+1}}\cdots a_{nk_n} \\ &= a_{ij}\sum_{k_1\cdots k_{i-1}k_{i+1}\cdots k_n} (-1)^{\tau(k_1\cdots k_{i-1}jk_{i+1}\cdots k_n)} a_{1k_1}\cdots a_{i-1,k_{i-1}} a_{i+1,k_{i+1}}\cdots a_{nk_n} \\ &= a_{ij}\sum_{k_1\cdots k_{i-1}k_{i+1}\cdots k_n} (-1)^{\tau(k_1\cdots k_{i-1}k_{i+1}\cdots k_n)+r} a_{1k_1}\cdots a_{i-1,k_{i-1}} a_{i+1,k_{i+1}}\cdots a_{nk_n}, \end{aligned} \quad (2-3)$$

其中，$r = \tau(k_1\cdots k_{i-1}jk_{i+1}\cdots k_n) - \tau(k_1\cdots k_{i-1}k_{i+1}\cdots k_n)$.

于是如果能证明如下事实：

对于 $1, 2, \cdots, j-1, j+1, \cdots, n$ 的任一排列 $k_1\cdots k_{i-1}k_{i+1}\cdots k_n$，有 $(-1)^r = (-1)^{i+j}$，就可根据行列式的第三种定义得到

$$\begin{aligned} \text{式}(2-3) &= a_{ij}(-1)^{i+j}\sum_{k_1\cdots k_{i-1}k_{i+1}\cdots k_n} (-1)^{\tau(k_1\cdots k_{i-1}k_{i+1}\cdots k_n)} a_{1k_1}\cdots a_{i-1,k_{i-1}} a_{i+1,k_{i+1}}\cdots a_{nk_n} \\ &= a_{ij}(-1)^{i+j}M_{ij} = a_{ij}A_{ij}, \end{aligned}$$

其中，M_{ij} 是 a_{ij} 在 D 中的余子式.

事实上，由于

$$r = \tau(k_1\cdots k_{i-1}jk_{i+1}\cdots k_n) - \tau(k_1\cdots k_{i-1}k_{i+1}\cdots k_n),$$

显然有 $r = s+t$，其中 t 是 $k_{i+1}\cdots k_n$ 中比 j 小的数的个数，而 s 则是 $k_1\cdots k_{i-1}$ 中比 j 大的数的个数. 注意到 $k_1\cdots k_{i-1}k_{i+1}\cdots k_n$ 为 $1, 2, \cdots, j-1, j+1, \cdots, n$ 的一个排列，故其中比 j 小的数有 $j-1$ 个. 假设 $k_{i+1}\cdots k_n$ 中比 j 小的数有 t 个，则 $k_1\cdots k_{i-1}$ 中比 j 小的数有 $j-1-t$，从而 $k_1\cdots k_{i-1}$ 中比 j 大的数的个数 s 为 $(i-1)-(j-1-t) = i-j+t$，最后由

$r=s+t=t+(i-j+t)\equiv i+j \pmod 2$ 得知该事实的确成立.

方法二(按照第二种定义论证):

根据第二定义,问题归结为验证方法 1 中的式(2-2).

注意到

$$D_j=a_{ij}\begin{vmatrix} a_{11} & \cdots & a_{1j-1} & 0 & a_{1j+1} & \cdots & a_{1n} \\ \vdots & \ddots & \vdots & \vdots & \vdots & \ddots & \vdots \\ a_{i-1,\,1} & \cdots & a_{i-1,\,j-1} & 0 & a_{i-1,\,j+1} & \cdots & a_{i-1,\,n} \\ 0 & \cdots & 0 & 1 & 0 & \cdots & 0 \\ a_{i+1,\,1} & \cdots & a_{i+1,\,j-1} & 0 & a_{i+1,\,j+1} & \cdots & a_{i+1,\,n} \\ \vdots & \ddots & \vdots & \vdots & \vdots & \ddots & \vdots \\ a_{n1} & \cdots & a_{n,\,j-1} & 0 & a_{n,\,j+1} & \cdots & a_{nn} \end{vmatrix}.$$

首先经过 $i-1$ 次相邻行的对换,将后者的第 i 行换到第一行;然后将第 j 列经过 $j-1$ 次相邻列的对换换到第一列,得到

$$D_j=a_{ij}(-1)^{(i-1)+(j-1)}\begin{vmatrix} 1 & 0 \\ 0 & M \end{vmatrix},$$

其中,$|M|=M_{ij}$. 由此用类似于例 2.9(D)的讨论可知

$$D_j=a_{ij}(-1)^{i+j}\,|M|=a_{ij}A_{ij}.$$

例 2.9(C) 试用行列式的第三定义验证:$|\boldsymbol{A}^{\mathrm{T}}|=|\boldsymbol{A}|$.

证明 如果采用归纳法定义或者第二定义,推理过程都非常简单.

采用第三种定义的推理过程类似于前例. 事实上,记 $\boldsymbol{B}=\boldsymbol{A}^{\mathrm{T}}$. 根据定义有

$$\begin{aligned}|(a_{ij})^{\mathrm{T}}| &= \sum_{i_1 i_2\cdots i_n}(-1)^{\tau(i_1 i_2\cdots i_n)}b_{1i_1}b_{2i_2}\cdots b_{ni_n} \\ &= \sum_{i_1 i_2\cdots i_n}(-1)^{\tau(i_1 i_2\cdots i_n)}a_{i_1 1}a_{i_2 2}\cdots a_{i_n n}.\end{aligned}$$

假设通过若干次两两对调 $a_{i_r r}$ 在乘积项 $a_{i_1 1}a_{i_2 2}\cdots a_{i_n n}$ 中的位置,将此项调换为 $a_{1j_1}a_{2j_2}\cdots a_{nj_n}$.

注意到当 $i_1 i_2\cdots i_n$ 遍历 $1,2,\cdots,n$ 的所有排列时,$j_1 j_2\cdots j_n$ 遍历 $1,2,\cdots,n$ 的所有排列,所以问题归结为验证

$$\tau(i_1 i_2\cdots i_n)\equiv\tau(j_1 j_2\cdots j_n)\pmod 2$$

也即

$$\tau(i_1 i_2 \cdots i_n) + \tau(12\cdots n) \equiv \tau(12\cdots n) + \tau(j_1 j_2 \cdots j_n) \pmod 2.$$

为此,只需要验证一个更强的结果:假设 $i_1 i_2 \cdots i_n$ 与 $j_1 j_2 \cdots j_n$ 是 1, 2, …, n 的两个排列. 在乘积 $a_{i_1 j_1} a_{i_2 j_2} \cdots a_{i_n j_n}$ 中,对调任意两项的位置,设得到的结果为 $a_{k_1 l_1} a_{k_2 l_2} \cdots a_{k_n l_n}$,则必有

$$\tau(i_1 i_2 \cdots i_n) + \tau(j_1 j_2 \cdots j_n) \equiv \tau(k_1 k_2 \cdots k_n) + \tau(l_1 l_2 \cdots l_n) \pmod 2.$$

这由前例 2.9(A)证明过程中所得结果式(2-1)可立即得到.

例 2.9(D) 试用行列式的第二种定义求证:

$$|\boldsymbol{A}^{\mathrm{T}}| = |\boldsymbol{A}_n|, \ |\boldsymbol{AB}| = |\boldsymbol{A}| \cdot |\boldsymbol{B}|.$$

证明 (1) 如果 $\mathrm{r}(\boldsymbol{A}) < n$, 则易知 $|\boldsymbol{A}| = 0 = |\boldsymbol{A}^{\mathrm{T}}|$. 如果 $\mathrm{r}(\boldsymbol{A}) = n$, 则有初等阵 $\boldsymbol{P}_i$, 使得 $\boldsymbol{A} = \boldsymbol{P}_1 \boldsymbol{P}_2 \cdots \boldsymbol{P}_s \boldsymbol{E}$. 假设其中第一类初等阵有 u 个,涉及的非零数分别为 λ_1, …, λ_u; 而第二类初等阵有 v 个. 则根据行列式的第二定义可知 $|\boldsymbol{A}| = (-1)^v \lambda_1 \cdots \lambda_u$. 由于

$$\boldsymbol{A}^{\mathrm{T}} = \boldsymbol{P}_s^{\mathrm{T}} \boldsymbol{P}_{s-1}^{\mathrm{T}} \cdots \boldsymbol{P}_1^{\mathrm{T}},$$

其中, $\boldsymbol{P}_i^{\mathrm{T}}$ 与 $\boldsymbol{P}_i$ 为同一类初等阵,且对于第一和第二类初等阵有 $\boldsymbol{P}_i^{\mathrm{T}} = \boldsymbol{P}_i$, 因此有 $|\boldsymbol{A}^{\mathrm{T}}| = (-1)^v \lambda_1 \cdots \lambda_u = |\boldsymbol{A}|$.

(2) 对于 $\boldsymbol{AB}$, 易见 $\mathrm{r}(\boldsymbol{AB}) = n \Leftrightarrow \mathrm{r}(\boldsymbol{A}) = n = \mathrm{r}(\boldsymbol{B})$. 因此,当 $\mathrm{r}(\boldsymbol{AB}) < n$ 时,有 $|\boldsymbol{AB}| = 0 = |\boldsymbol{A}| \cdot |\boldsymbol{B}|$. 如果 $\mathrm{r}(\boldsymbol{AB}) = n$, 仿照本题(1)的证明过程,易见有

$$\begin{aligned} |\boldsymbol{AB}| &= (-1)^{v_1+v_2} a_1 \cdots a_{u_1} b_1 \cdots b_{u_2} \\ &= (-1)^{v_1} a_1 \cdots a_{u_1} \cdot (-1)^{v_2} b_1 \cdots b_{u_2} = |\boldsymbol{A}| |\boldsymbol{B}|. \end{aligned}$$

例 2.10 求证如下的克莱姆法则(Cramer's Rule):

假设 $\boldsymbol{A} = [\alpha_1, \cdots, \alpha_n]$ 是一个 n 阶方阵,而 $\boldsymbol{\beta}$ 是一个 n 维列向量. 令 $D = |\boldsymbol{A}|$, $D_i = |\boldsymbol{A}_i|$, 其中 $\boldsymbol{A}_i$ 是将 $\boldsymbol{A}$ 的第 i 列 α_i 换为 β 后所得方阵. 如果 $D \neq 0$, 则方程组 $\boldsymbol{AX} = \boldsymbol{\beta}$ 有唯一的解 $\boldsymbol{X}$, 其中 $\boldsymbol{X}^{\mathrm{T}} = \left[\dfrac{D_1}{D}, \dfrac{D_2}{D}, \cdots, \dfrac{D_n}{D}\right]$.

证明 这个重要定理的验证方法很多. 下面使用等式 $\boldsymbol{A}^* \boldsymbol{A} = |\boldsymbol{A}| \boldsymbol{E} = \boldsymbol{AA}^*$, 以及矩阵乘法的结合律,给出一个较为简短的验证过程.

首先,方程组 $\boldsymbol{AX} = \boldsymbol{\beta}$ 的解当然都是 $(\boldsymbol{A}^* \boldsymbol{A})\boldsymbol{X} = \boldsymbol{A}^* \boldsymbol{\beta}$ 的解;反过来,由于在等式 $\boldsymbol{A}^* \boldsymbol{AX} = \boldsymbol{A}^* \boldsymbol{\beta}$ 两端同时左乘以矩阵 $\boldsymbol{A}$ 可得到 $|\boldsymbol{A}|(\boldsymbol{AX}) = |\boldsymbol{A}| \boldsymbol{\beta}$, 而

$|\boldsymbol{A}|\neq 0$，这就证明了：$(\boldsymbol{A}^*\boldsymbol{A})\boldsymbol{X}=\boldsymbol{A}^*\boldsymbol{\beta}$的解也是方程组$\boldsymbol{AX}=\boldsymbol{\beta}$的解. 因此，两个方程组 $\boldsymbol{AX}=\boldsymbol{\beta}$ 与 $(\boldsymbol{A}^*\boldsymbol{A})\boldsymbol{X}=\boldsymbol{A}^*\boldsymbol{\beta}$ 有同解.

再看方程组 $(\boldsymbol{A}^*\boldsymbol{A})\boldsymbol{X}=\boldsymbol{A}^*\boldsymbol{\beta}$，也即

$$|\boldsymbol{A}|\boldsymbol{X}=\boldsymbol{A}^*\boldsymbol{\beta}=\begin{bmatrix}A_{11}b_1+A_{21}b_2+\cdots A_{n1}b_n\\A_{12}b_1+A_{22}b_2+\cdots A_{n2}b_n\\\vdots\\A_{1n}b_1+A_{2n}b_2+\cdots A_{nn}b_n\end{bmatrix}=\begin{bmatrix}D_1\\D_2\\\vdots\\D_n\end{bmatrix},$$

也就是 $\boldsymbol{X}^{\mathrm{T}}=\left[\dfrac{D_1}{D},\dfrac{D_2}{D},\cdots,\dfrac{D_n}{D}\right]$，这就同时验证了解的存在性和唯一性.

2.2.5 典型例题

例 2.11 若 α,β,γ 为方程 $x^3+px+q=0$ 的 3 个根，求行列式 $\begin{vmatrix}\alpha&\beta&\gamma\\\gamma&\alpha&\beta\\\beta&\gamma&\alpha\end{vmatrix}$.

知识点 根与系数的关系（韦达定理）；行列式性质.

解 由 $x^3+px+q=(x-\alpha)(x-\beta)(x-\gamma)$，得到 $\alpha+\beta+\gamma=0$ 和 $q=-\alpha\beta\gamma$，$p=\alpha\beta+\alpha\gamma+\beta\gamma$. 进一步可得

$$\begin{vmatrix}\alpha&\beta&\gamma\\\gamma&\alpha&\beta\\\beta&\gamma&\alpha\end{vmatrix}=(\alpha+\beta+\gamma)\begin{vmatrix}1&\beta&\gamma\\1&\alpha&\beta\\1&\gamma&\alpha\end{vmatrix}=0.$$

例 2.12 假设 $\boldsymbol{A}_n=(a_{ij})$ 是 n 阶方阵，而 $c\neq 0$. 令 $b_{ij}=c^{i-j}a_{ij}$，$\boldsymbol{B}_n=(b_{ij})$. 试证明：$|\boldsymbol{B}|=|\boldsymbol{A}|$.

证明 根据定义，有

$$\begin{aligned}|\boldsymbol{B}|&=\sum_{j_1j_2\cdots j_n}(-1)^{\tau(j_1j_2\cdots j_n)}b_{1j_1}b_{2j_2}\cdots b_{nj_n}\\&=\sum_{j_1j_2\cdots j_n}(-1)^{\tau(j_1j_2\cdots j_n)}(-1)^{(1+2+\cdots+n)-(j_1+j_2+\cdots+j_n)}a_{1j_1}a_{2j_2}\cdots a_{nj_n}\\&=\sum_{j_1j_2\cdots j_n}(-1)^{\tau(j_1j_2\cdots j_n)}a_{1j_1}a_{2j_2}\cdots a_{nj_n}=|\boldsymbol{A}|.\end{aligned}$$

例 2.13 求行列式 D 的值,其中

$$D=\begin{vmatrix} x_1 & a_2 & a_3 & \cdots & a_n \\ a_1 & x_2 & a_3 & \cdots & a_n \\ a_1 & a_2 & x_3 & \cdots & a_n \\ \vdots & \vdots & \vdots & \ddots & \vdots \\ a_1 & a_2 & a_3 & \cdots & x_n \end{vmatrix}.$$

解 将第一行的 -1 倍分别加到其余各行,得到

$$D=\begin{vmatrix} x_1 & a_2 & a_3 & \cdots & a_n \\ a_1-x_1 & x_2-a_2 & 0 & \cdots & 0 \\ a_1-x_1 & 0 & x_3-a_3 & \cdots & 0 \\ \vdots & \vdots & \vdots & \ddots & \vdots \\ a_1-x_1 & 0 & 0 & \cdots & x_n-a_n \end{vmatrix}$$

(这是一个特殊的三线行列式,关于三线行列式的一般解法也可见例 2.13)

$$=\left(\prod_{i=1}^{n}(x_i-a_i)\right)\cdot\begin{vmatrix} \frac{x_1}{x_1-a_1} & \frac{a_2}{x_2-a_2} & \frac{a_3}{x_3-a_3} & \cdots & \frac{a_n}{x_n-a_n} \\ -1 & 1 & 0 & \cdots & 0 \\ -1 & 0 & 1 & \cdots & 0 \\ \vdots & \vdots & \vdots & \ddots & \vdots \\ -1 & 0 & 0 & \cdots & 1 \end{vmatrix}$$

(将第一行后的各列加到第一列)

$$=\left(\prod_{i=1}^{n}(x_i-a_i)\right)\cdot\begin{vmatrix} \frac{x_1}{x_1-a_1}+\sum_{j=2}^{n}\frac{a_j}{x_j-a_j} & \frac{a_2}{x_2-a_2} & \frac{a_3}{x_3-a_3} & \cdots & \frac{a_n}{x_n-a_n} \\ 0 & 1 & 0 & \cdots & 0 \\ 0 & 0 & 1 & \cdots & 0 \\ \vdots & \vdots & \vdots & \ddots & \vdots \\ 0 & 0 & 0 & \cdots & 1 \end{vmatrix}$$

$$=\left(\prod_{i=1}^{n}(x_i-a_i)\right)\cdot\left(1+\sum_{j=1}^{n}\frac{a_j}{x_j-a_j}\right).$$

例 2.14 三线行列式

$$D=\begin{vmatrix} a_1 & a_2 & \cdots & a_n \\ c_2 & b_2 & & \\ \vdots & \vdots & \ddots & \vdots \\ c_n & \cdots & \cdots & b_n \end{vmatrix}_n .$$

当 $\prod_{i=2}^{n} b_i \neq 0$ 时,有 $D=b_2\cdots b_n\left(a_1-\sum_{i=2}^{n}\frac{a_i c_i}{b_i}\right)$;

当 $b_i=0$ 时, $D=-b_2\cdots b_{i-1}(a_i c_i)b_{i+1}\cdots b_n$.

提示 当 $\prod_{i=2}^{n} b_i \neq 0$ 时,将第二、第三,…,第 n 列的适当倍数加到第一列,得到一个上三角形行列式. 当某个 $b_i=0$ 时,将行列式按照第 i 行展开即得最终结果.

例 2.15 求证: $|\boldsymbol{A}^*|=|\boldsymbol{A}|^{n-1}$.

证明 由于 $\boldsymbol{A}\boldsymbol{A}^*=|\boldsymbol{A}|\boldsymbol{E}$, 有 $|\boldsymbol{A}||\boldsymbol{A}^*|=|\boldsymbol{A}\boldsymbol{A}^*|=|\boldsymbol{A}|^n|\boldsymbol{E}|=|\boldsymbol{A}|^n$.

(1) 如果 $|\boldsymbol{A}|\neq 0$, 则已经有 $|\boldsymbol{A}^*|=|\boldsymbol{A}|^{n-1}$.

(2) 假设 $|\boldsymbol{A}|=0$. 如果 $|\boldsymbol{A}^*|\neq 0$, 则 $\boldsymbol{A}^*$ 是可逆矩阵. 由 $\boldsymbol{A}\boldsymbol{A}^*=|\boldsymbol{A}|\boldsymbol{E}=\boldsymbol{0}$, 得到 $\boldsymbol{A}=\boldsymbol{A}\boldsymbol{A}^*(\boldsymbol{A}^*)^{-1}=\boldsymbol{0}$. 但是如果 $\boldsymbol{A}=\boldsymbol{0}$, 明显有 $\boldsymbol{A}^*=\boldsymbol{0}$, 矛盾.

例 2.16 求行列式 D 的值,其中 D 为下列行列式之一.

(1) $$\begin{vmatrix} 1 & 2 & 3 & \cdots & n-1 & n \\ 2 & 3 & 4 & \cdots & n & 1 \\ 3 & 4 & 5 & \cdots & 1 & 2 \\ \vdots & \vdots & \vdots & \ddots & \vdots & \vdots \\ n-2 & n-1 & n & \cdots & n-2 & n-3 \\ n-1 & n & 1 & \cdots & n-1 & n-2 \\ n & 1 & 2 & \cdots & n-2 & n-1 \end{vmatrix};$$

(2) $$\begin{vmatrix} 1 & 2 & 3 & \cdots & n \\ n & 1 & 2 & \cdots & n-1 \\ n-1 & n & 1 & \cdots & n-2 \\ \vdots & \vdots & \vdots & \ddots & \vdots \\ 3 & 4 & 5 & \cdots & 2 \\ 2 & 3 & 4 & \cdots & 1 \end{vmatrix}.$$

解 (1) 先将所有列加到第一列,然后提出公因数.

$$D=\frac{n(n+1)}{2}\begin{vmatrix}1&2&3&\cdots&n-1&n\\1&3&4&\cdots&n&1\\1&4&5&\cdots&1&2\\\vdots&\vdots&\vdots&\ddots&\vdots&\vdots\\1&n-1&n&\cdots&n-2&n-3\\1&n&1&\cdots&n-3&n-2\\1&1&2&\cdots&n-1&n-1\end{vmatrix}\overset{\text{denote}}{=}\frac{n(n+1)}{2}D_1.$$

对于行列式 D_1，依照逆顺序依次将第 $n-1$ 行的 -1 倍加到第 n 行，然后将第 $n-2$ 行的 -1 倍加到第 $n-1$ 行，…，最后将第 1 行的 -1 倍加到第 2 行，得到

$$D=\frac{n(n+1)}{2}\begin{vmatrix}1&2&3&\cdots&n-1&n\\0&1&1&\cdots&1&1-n\\0&1&1&\cdots&1-n&1\\\vdots&\vdots&\vdots&\ddots&\vdots&\vdots\\0&1&1-n&\cdots&1&1\\0&1-n&1&\cdots&1&1\end{vmatrix}$$

$$=\frac{n(n+1)}{2}\begin{vmatrix}1&1&\cdots&1&1-n\\1&1&\cdots&1-n&1\\\vdots&\vdots&\ddots&\vdots&\vdots\\1-n&1&\cdots&1&1\end{vmatrix}_{n-1}$$

$$=\frac{n(n+1)}{2}\begin{vmatrix}1&1&\cdots&1&1-n\\0&0&\cdots&-n&n\\0&0&\cdots&0&n\\\vdots&\vdots&\ddots&\vdots&\vdots\\-n&0&\cdots&0&n\end{vmatrix}_{n-1}$$

$$=\frac{n(n+1)}{2}\begin{vmatrix}1&1&\cdots&1&-1\\0&0&\cdots&-n&0\\0&0&\cdots&0&0\\\vdots&\vdots&\ddots&\vdots&\vdots\\-n&0&\cdots&0&0\end{vmatrix}_{n-1}$$

$$=(-1)^{\frac{n(n-1)}{2}}n^{n-2}\frac{n(n+1)}{2}\overset{\text{i. e.}}{=}(-1)^{\binom{n}{2}}\frac{1}{2}(n+1)n^{n-1}.$$

(2)

$$\begin{vmatrix} 1 & 2 & 3 & \cdots & n \\ n & 1 & 2 & \cdots & n-1 \\ n-1 & n & 1 & \cdots & n-2 \\ \vdots & \vdots & \vdots & \ddots & \vdots \\ 3 & 4 & 5 & \cdots & 2 \\ 2 & 3 & 4 & \cdots & 1 \end{vmatrix}$$

$$= (-1)^{\binom{n-1}{2}} \begin{vmatrix} 1 & 2 & 3 & \cdots & n-1 & n \\ 2 & 3 & 4 & \cdots & n & 1 \\ 3 & 4 & 5 & \cdots & 1 & 2 \\ \vdots & \vdots & \vdots & \ddots & \vdots & \vdots \\ n-2 & n-1 & n & \cdots & n-2 & n-3 \\ n-1 & n & 1 & \cdots & n-1 & n-2 \\ n & 1 & 2 & \cdots & n-2 & n-1 \end{vmatrix}$$

$$= (-1)^{n-1} \frac{1}{2}(n+1)n^{n-1}.$$

例 2.17 计算 n 阶行列式：$D_n = |(\delta_{ij} + a_i + b_j)_{n\times n}|$.

解 $$D_n = \begin{vmatrix} 1 & b_1 & b_2 & \cdots & b_n \\ 0 & 1+a_1+b_1 & a_1+b_2 & \cdots & a_1+b_n \\ 0 & a_2+b_1 & 1+a_2+b_2 & \cdots & a_2+b_n \\ \vdots & \vdots & \vdots & \ddots & \vdots \\ 0 & a_n+b_1 & a_n+b_2 & \cdots & 1+a_n+b_n \end{vmatrix}_{n+1}$$

（下面是行变换）

$$= \begin{vmatrix} 1 & b_1 & b_2 & \cdots & b_{n-1} & b_n \\ -1 & 1+a_1 & a_1 & \cdots & a_1 & a_1 \\ -1 & a_2 & 1+a_2 & \cdots & a_2 & a_2 \\ \vdots & \vdots & \vdots & \ddots & \vdots & \vdots \\ -1 & a_n & a_n & \cdots & a_n & 1+a_n \end{vmatrix}_{n+1}$$

（下面是一系列的列变换）

$$= \begin{vmatrix} 1 & b_1 - b_n & b_2 - b_n & \cdots & b_{n-1} - b_n & b_n \\ -1 & 1 & 0 & \cdots & 0 & a_1 \\ -1 & 0 & 1 & \cdots & 0 & a_2 \\ \vdots & \vdots & \vdots & \cdots & \vdots & \vdots \\ -1 & -1 & -1 & \cdots & -1 & 1 + a_n \end{vmatrix}_{n+1}$$

（下面是行变换）

$$= \begin{vmatrix} 1 & b_1 - b_n & b_2 - b_n & \cdots & b_{n-1} - b_n & b_n \\ -1 & 1 & 0 & \cdots & 0 & a_1 \\ -1 & 0 & 1 & \cdots & 0 & a_2 \\ \vdots & \vdots & \vdots & \vdots & \vdots & \vdots \\ -n & 0 & 0 & \cdots & 0 & 1 + \sum_{i=1}^{n} a_i \end{vmatrix}_{n+1}$$

（下面是列变换）

$$= \begin{vmatrix} 1 & b_1 - b_n & b_2 - b_n & \cdots & b_{n-1} - b_n & b_n - \sum_{j=1}^{n-1} a_j (b_j - b_n) \\ -1 & 1 & 0 & \cdots & 0 & 0 \\ -1 & 0 & 1 & \cdots & 0 & 0 \\ \vdots & \vdots & \vdots & \cdots & \vdots & \vdots \\ -1 & 0 & 0 & \cdots & 1 & 0 \\ -n & 0 & 0 & \cdots & 0 & 1 + \sum_{i=1}^{n} a_i \end{vmatrix}_{n+1}.$$

然后，根据三线行列式的结论可以得到最后的结果，具体可参见前例 2.14.

例 2.18 求行列式 D 的值，其中 $a \neq b$，

$$D = \begin{vmatrix} t_1 & a & a & \cdots & a \\ b & t_2 & a & \cdots & a \\ \vdots & \vdots & \vdots & \cdots & \vdots \\ b & b & b & \cdots & t_n \end{vmatrix}_n.$$

解 解法一

$$D=\begin{vmatrix} b & a & a & \cdots & a \\ b & t_2 & a & \cdots & a \\ \vdots & \vdots & \vdots & \ddots & \vdots \\ b & b & b & \cdots & t_n \end{vmatrix}_n + \begin{vmatrix} t_1-b & a & a & \cdots & a \\ 0 & t_2 & a & \cdots & a \\ \vdots & \vdots & \vdots & \ddots & \vdots \\ 0 & b & b & \cdots & t_n \end{vmatrix}_n$$

$$=b\begin{vmatrix} 1 & a & a & \cdots & a \\ 0 & t_2-a & 0 & \cdots & 0 \\ \vdots & \vdots & \vdots & \ddots & \vdots \\ 0 & b-a & b-a & \cdots & t_n-a \end{vmatrix}_n + (t_1-b)\begin{vmatrix} 1 & 0 & 0 & \cdots & 0 \\ 0 & t_2 & a & \cdots & a \\ \vdots & \vdots & \vdots & \ddots & \vdots \\ 0 & b & b & \cdots & t_n \end{vmatrix}_n$$

$$=b\prod_{j=2}^{n}(t_j-a)+(t_1-b)K.$$

而若对于行进行对偶的操作，可得

$$D=a\prod_{i=2}^{n}(t_i-b)+(t_1-a)K,$$

联立上面两式即可解出 K，最终得到：

$$D=\frac{b\prod_{j=1}^{n}(t_j-a)-a\prod_{i=1}^{n}(t_i-b)}{b-a}.$$

解法二　如下构造一个关于 x 的多项式 $f(x)$：

$$f(x)=\begin{vmatrix} t_1+x & a+x & a+x & \cdots & a+x \\ b+x & t_2+x & a+x & \cdots & a+x \\ \vdots & \vdots & \vdots & \ddots & \vdots \\ b+x & b+x & b+x & \cdots & t_n+x \end{vmatrix}_n.$$

根据行列式的性质，它可以写成 2^n 个多项式的和，其中大多数行列式中有两列分量全为 x，于是有

$$f(x)=D+\sum_{i=1}^{n}\begin{vmatrix} t_1 & \cdots & x & \cdots & a \\ b & \cdots & x & \cdots & a \\ \vdots & \ddots & \ddots & \ddots & \vdots \\ b & \cdots & x & \cdots & t_n \end{vmatrix}_n=D+xL.$$

所以 $f(x)$ 是 x 的一次多项式，$f(-b)=D-bL$，$f(-a)=D-aL$，而且由 $f(x)$ 的构造知道

$$f(-a)=\prod_{j=1}^{n}(t_j-a),\ f(-b)=\prod_{i=1}^{n}(t_i-b).$$

所以由 $af(-b)-bf(-a)=(a-b)D$，可以得到：

$$D=\frac{af(-b)-bf(-a)}{a-b}=\frac{b\prod_{j=1}^{n}(t_j-a)-a\prod_{i=1}^{n}(t_i-b)}{b-a}.$$

解法三　直接计算法.

$$D=\begin{vmatrix} t_1-b & a-b & \cdots & a-b & a-t_n \\ 0 & t_2-b & \cdots & a-b & a-t_n \\ \vdots & \vdots & \ddots & \vdots & \vdots \\ 0 & 0 & \cdots & t_{n-1}-b & a-t_n \\ b & b & \cdots & b & t_n \end{vmatrix}_n$$

（然后将第一行的适当倍数加到最后一行）

$$=\begin{vmatrix} t_1-b & a-b & \cdots & a-b & a-t_n \\ 0 & t_2-b & \cdots & a-b & a-t_n \\ \vdots & \vdots & \ddots & \vdots & \vdots \\ 0 & 0 & \cdots & t_{n-1}-b & a-t_n \\ b-b\,\dfrac{t_1-b}{a-b} & 0 & \cdots & 0 & t_n-b\,\dfrac{a-t_n}{a-b} \end{vmatrix}_n$$

（然后按照最后一行展开）

$$=\left(t_n-b\,\frac{a-t_n}{a-b}\right)\begin{vmatrix} t_1-b & a-b & \cdots & a-b & a-t_n \\ 0 & t_2-b & \ddots & \cdots & a-t_n \\ \vdots & \vdots & \ddots & \ddots & \vdots \\ 0 & 0 & \cdots & t_{n-1}-b & a-t_n \\ 0 & 0 & \cdots & 0 & 1 \end{vmatrix}_n+$$

$$\left(b-b\,\frac{t_1-b}{a-b}\right)\begin{vmatrix} t_1-b & a-b & \cdots & a-b & a-t_n \\ 0 & t_2-b & \ddots & \cdots & a-t_n \\ \vdots & \vdots & \ddots & \ddots & \vdots \\ 0 & 0 & \cdots & t_{n-1}-b & a-t_n \\ 1 & 0 & \cdots & 0 & 0 \end{vmatrix}_n$$

$$= a\frac{t_n - b}{a - b}\prod_{i=1}^{n-1}(t_i - b) - b\frac{t_1 - a}{a - b}H, \qquad (2-4)$$

其中，

$$H = (-1)^{n+1}\begin{vmatrix} a-b & a-b & \cdots & a-b & a-t_n \\ t_2-b & a-b & \cdots & a-b & a-t_n \\ 0 & t_3-b & \ddots & \vdots & a-t_n \\ \vdots & \vdots & \ddots & \vdots & \vdots \\ 0 & 0 & \cdots & t_{n-1}-b & a-t_n \end{vmatrix}_{n-1}$$

$$= (-1)^{n+1}\begin{vmatrix} a-b & a-b & \cdots & a-b & a-b & a-t_n \\ t_2-a & 0 & \cdots & 0 & 0 & 0 \\ b-a & t_3-a & \ddots & \vdots & 0 & 0 \\ \vdots & \vdots & \ddots & \vdots & \vdots & \vdots \\ b-a & b-a & \cdots & t_{n-2}-a & 0 & 0 \\ b-a & b-a & \cdots & b-a & t_{n-1}-a & 0 \end{vmatrix}_{n-1},$$

$$= (-1)^{n+1+n}(a - t_n)(t_2 - a)\cdots(t_n - a).$$

代入式(2-4)，经整理，最后得到

$$D = \frac{b\prod_{j=1}^{n}(t_j - a) - a\prod_{i=1}^{n}(t_i - b)}{b - a}.$$

例 2.19 计算行列式

$$D = \begin{vmatrix} (a_1+b_1)^2 & (a_1+b_2)^2 & (a_1+b_3)^2 \\ (a_2+b_1)^2 & (a_2+b_2)^2 & (a_2+b_3)^2 \\ (a_3+b_1)^2 & (a_3+b_2)^2 & (a_3+b_3)^2 \end{vmatrix}.$$

解 根据行列式的性质，D 为 3^3 个行列式的和. 但是注意其中大部分行列式中有两列成比例，故而为零.

$$D = \begin{vmatrix} a_1^2+2a_1b_1+b_1^2 & a_1^2+2a_1b_2+b_2^2 & a_1^2+2a_1b_3+b_3^2 \\ a_2^2+2a_2b_1+b_1^2 & a_2^2+2a_2b_2+b_2^2 & a_2^2+2a_2b_3+b_3^2 \\ a_3^2+2a_3b_1+b_1^2 & a_3^2+2a_3b_2+b_2^2 & a_3^2+2a_3b_3+b_3^2 \end{vmatrix}$$

$$= 2b_2b_3^2\begin{vmatrix} a_1^2 & a_1 & 1 \\ a_2^2 & a_2 & 1 \\ a_3^2 & a_3 & 1 \end{vmatrix} + 2b_3b_2^2\begin{vmatrix} a_1^2 & 1 & a_1 \\ a_2^2 & 1 & a_2 \\ a_3^2 & 1 & a_3 \end{vmatrix} + 2b_1b_3^2\begin{vmatrix} a_1 & a_1^2 & 1 \\ a_2 & a_2^2 & 1 \\ a_3 & a_3^2 & 1 \end{vmatrix} +$$

$$2b_1b_2^2\begin{vmatrix} a_1 & 1 & a_1^2 \\ a_2 & 1 & a_2^2 \\ a_3 & 1 & a_3^2 \end{vmatrix} + 2b_3b_1^2\begin{vmatrix} a_1 & 1 & a_1^2 \\ a_2 & 1 & a_2^2 \\ a_3 & 1 & a_3^2 \end{vmatrix} + 2b_2b_1^2\begin{vmatrix} 1 & a_1 & a_1^2 \\ 1 & a_2 & a_2^1 \\ 1 & a_3 & a_3^2 \end{vmatrix}$$

$$= 2[b_2b_3(b_2-b_3)+b_1b_3(b_3-b_1)+b_1b_2(b_1-b_2)]\cdot\Big[\prod_{1\leqslant i<j\leqslant 3}(a_j-a_i)\Big].$$

例 2.20　如果 $\boldsymbol{A}=(a_{ij})_{2n\times 2n}$，$\boldsymbol{B}=(b_{ij})_{2n\times 2n}$，而且有

$$b_{ij}=\sum_{k=1}^{n}\begin{vmatrix} a_{i,\,2k-1} & a_{j,\,2k-1} \\ a_{i,\,2k} & a_{j,\,2k} \end{vmatrix},$$

求证：$|\boldsymbol{B}|=|\boldsymbol{A}^2|$.

分析　$|\boldsymbol{A}^2|=|\boldsymbol{A}||\boldsymbol{A}^{\mathrm{T}}|$，而

$$b_{ij}=a_{i1}a_{j2}-a_{i2}a_{j1}+a_{i3}a_{j4}-a_{i4}a_{j3}+\cdots+a_{i,\,2n-1}a_{j,\,2n}-a_{i,\,2n}a_{j,\,2n-1}.$$

证明　根据矩阵乘法的定义知 $\boldsymbol{B}$ 即为如下矩阵

$$\begin{bmatrix} a_{11} & a_{12} & a_{13} & a_{14} & \cdots \\ a_{i1} & a_{i2} & a_{i3} & a_{i4} & \cdots \\ a_{2n,\,1} & a_{2n,\,2} & a_{2n,\,3} & a_{2n,\,4} & \cdots \end{bmatrix}\cdot\begin{bmatrix} a_{12} & \cdots & a_{j2} & \cdots & a_{2n,\,2} \\ -a_{11} & \cdots & -a_{j1} & \cdots & -a_{2n,\,1} \\ a_{14} & \cdots & a_{j4} & \cdots & a_{2n,\,4} \\ -a_{13} & \cdots & -a_{j3} & \cdots & -a_{2n,\,3} \\ \vdots & \cdots & \vdots & \ddots & \vdots \\ a_{1,\,2n} & \cdots & a_{j,\,2n} & \cdots & a_{2n,\,2n} \\ -a_{1,\,2n-1} & \cdots & -a_{j,\,2n-1} & \cdots & -a_{2n,\,2n-1} \end{bmatrix}.$$

注意到第二个矩阵是如下得到的：对于所有的 $i=1,2,\cdots,n$，交换 $\boldsymbol{A}^{\mathrm{T}}$ 的第 $2i$ 行和第 $2i-1$ 行，然后所有偶数行乘以 -1. 根据行列式的性质，最终得到 $|\boldsymbol{B}|=|\boldsymbol{A}|\cdot|\boldsymbol{A}^{\mathrm{T}}|=|\boldsymbol{A}^2|$.

例 2.21(A)　假设 $i_1i_2\cdots i_n$ 是 $0,1,2,\cdots,n-1$ 的一个排列. 求证：

$$D=\begin{vmatrix} a_1^{i_1}, & \cdots, & a_1^{i_n} \\ a_2^{i_1}, & \cdots, & a_2^{i_n} \\ \vdots & \ddots & \vdots \\ a_n^{i_1}, & \cdots, & a_n^{i_n} \end{vmatrix}=(-1)^{\tau(i_1 i_2 \cdots i_n)}\cdot\prod_{1\leqslant i<j\leqslant n}(a_j-a_i).$$

证明 可作如下理解 $\tau(i_1 i_2 \cdots i_n)$：$\tau(i_1 i_2 \cdots i_n)=r_0+r_1+\cdots+r_{n-2}$，其中，$r_0$ 是排列 $i_1 i_2 \cdots i_n$ 中第二个数为 0 的逆序对的个数，r_1 是排列 $i_1 i_2 \cdots i_n$ 中第二个数为 1 的逆序对的个数，以此类推. 于是对于行列式 D 作 r_0 次列变换(交换两列的位置)，可以将 a_1^0 所在的列调到第一列，而其余列的位置关系不变. 于是根据归纳法可知经过 $r_0+r_1+\cdots+r_{n-2}$ 次列变换(交换两列的位置)，可以将 D 变为

$$\begin{vmatrix} a_1^0, & a_1^1, & \cdots, & a_1^{n-1} \\ a_2^0, & a_2^1, & \cdots, & a_2^{n-1} \\ \vdots & \vdots & \ddots & \vdots \\ a_n^0, & a_n^1, & \cdots, & a_n^{n-1} \end{vmatrix},$$

最后根据行列式的性质和范德蒙行列式的结果可得到本题结论.

例 2.21(B) 试计算 n 阶行列式

$$D=\begin{vmatrix} 1 & 1 & 1 & \cdots & 1 \\ a_1 & a_2 & a_3 & \cdots & a_n \\ a_1^2 & a_2^2 & a_3^2 & \cdots & a_n^2 \\ \vdots & \vdots & \vdots & \ddots & \vdots \\ a_1^{n-2} & a_2^{n-2} & a_3^{n-2} & \cdots & a_n^{n-2} \\ a_1^n & a_2^n & a_3^n & \cdots & a_n^n \end{vmatrix}.$$

解 对于未知元 x，考虑 $n+1$ 阶范德蒙行列式

$$\begin{vmatrix} 1 & 1 & 1 & \cdots & 1 & 1 \\ a_1 & a_2 & a_3 & \cdots & a_n & x \\ a_1^2 & a_2^2 & a_3^2 & \cdots & a_n^2 & x^2 \\ \vdots & \vdots & \vdots & \ddots & \vdots & \vdots \\ a_1^{n-2} & a_2^{n-2} & a_3^{n-2} & \cdots & a_n^{n-2} & x^{n-2} \\ a_1^{n-1} & a_2^{n-1} & a_3^{n-1} & \cdots & a_n^{n-1} & x^{n-1} \\ a_1^n & a_2^n & a_3^n & \cdots & a_n^n & x^n \end{vmatrix}=\prod_{i=1}^{n}(x-a_i)\cdot\prod_{1\leqslant i<j\leqslant n}(a_j-a_i).$$

如果将上式左端按照最后一列展开，注意到 $(-1)^{2n+1}D$ 恰为 x^{n-1} 的系数，再与右侧 x^{n-1} 的次数比较即得

$$D=\Big(\sum_{i=1}^{n}a_i\Big)\prod_{1\leqslant i<j\leqslant n}(a_j-a_i).$$

例 2.22 对于 $k=0,1,2,\cdots,n-1$，计算行列式 $|D_k|$，其中，

$$D_k=(d_{ij})_{n\times n},\ d_{ij}=(a_i+b_j)^k.$$

解 解此题前，应仔细研究例 2.11 与范德蒙行列式.

$$|D_k|=\begin{vmatrix}\sum_{i_1=0}^{k}C_k^{i_1}a_1^{i_1}b_1^{k-i_1}, & \cdots, & \sum_{i_n=0}^{k}C_k^{i_n}a_1^{i_n}b_n^{k-i_n}\\ \sum_{i_1=0}^{k}C_k^{i_1}a_2^{i_1}b_1^{k-i_1}, & \cdots, & \sum_{i_n=0}^{k}C_k^{i_n}a_2^{i_n}b_n^{k-i_n}\\ \vdots & \ddots & \vdots\\ \sum_{i_1=0}^{k}C_k^{i_1}a_n^{i_1}b_1^{k-i_1}, & \cdots, & \sum_{i_n=0}^{k}C_k^{i_n}a_n^{i_n}b_n^{k-i_n}\end{vmatrix}$$

$$=\sum_{i_1=0}^{k}\cdots\sum_{i_n=0}^{k}(C_k^{i_1}b_1^{k-i_1})\cdots(C_k^{i_n}b_n^{k-i_n})\begin{vmatrix}a_1^{i_1}, & \cdots, & a_1^{i_n}\\ a_2^{i_1}, & \cdots, & a_2^{i_n}\\ \vdots & \ddots & \vdots\\ a_n^{i_1}, & \cdots, & a_n^{i_n}\end{vmatrix}.$$

如果 $1\leqslant k\leqslant n-2$，则 $i_1,i_2,\cdots,i_n$ 中至少有两个数相同. 根据行列式性质知道上述的行列式全为零，从而 $|D_k|=0$. 以下假设 $k=n-1$，此时根据行列式的性质和定义有：

$$|D_{n-1}|=\sum_{i_1i_2\cdots i_n}(C_k^{i_1}b_1^{k-i_1})\cdots(C_k^{i_n}b_n^{k-i_n})\begin{vmatrix}a_1^{i_1}, & \cdots, & a_1^{i_n}\\ a_2^{i_1}, & \cdots, & a_2^{i_n}\\ \vdots & \ddots & \vdots\\ a_n^{i_1}, & \cdots, & a_n^{i_n}\end{vmatrix},$$

其中，$k=n-1$，而 $i_1i_2\cdots i_n$ 取遍 $0,1,2,\cdots,n-1$ 的所有排列. 令

$$a_0=\prod_{1\leqslant i<j\leqslant n}(a_j-a_i),$$

则有

$$|D_{n-1}| = a_0 \cdot \sum_{i_1 i_2 \cdots i_n} (-1)^{\tau(i_1 i_2 \cdots i_n)} (C_k^{i_1} b_1^{k-i_1}) \cdots (C_k^{i_n} b_n^{k-i_n})$$

$$= a_0 \cdot (\prod_{i=0}^{k} C_k^i) \cdot \left[\sum_{i_1 i_2 \cdots i_n} (-1)^{\tau(i_1 i_2 \cdots i_n)} b_1^{k-i_1} \cdots b_n^{k-i_n} \right]$$

$$= \left[\prod_{1 \leqslant i < j \leqslant n} (a_j - a_i) \right] \cdot (\prod_{i=0}^{n-1} C_{n-1}^i) \cdot [(b_1 b_2 \cdots b_n)^{n-1}] \cdot \left[\sum_{i_1 i_2 \cdots i_n} (-1)^{\tau(i_1 i_2 \cdots i_n)} \frac{1}{b_1^{i_1} \cdots b_n^{i_n}} \right],$$

其中，$i_1 i_2 \cdots i_n$ 取遍 0，1，2，…，$n-1$ 的所有排列.

例 2.23 假设 a_1，a_2，…，a_n 是非零整数. 求证：存在 n 阶行列式 $|\boldsymbol{A}|$，它的 n^2 个元素全为整数而且使得

(1) $\boldsymbol{A}$ 的第一行为 a_1，a_2，…，a_n；

(2) $|\boldsymbol{A}| = (a_1, a_2, \cdots, a_n)$（最大公因数）.

证明 假设 $d_n = (a_1, a_2, \cdots, a_n)$，根据假设 $d_n > 0$. 下面对 n 用归纳法.

$n = 1$，2 时，结论明显成立. 以下假设已经有 $n-1$ 阶整数方阵使得

$$d_{n-1} = \begin{vmatrix} a_1 & a_2 & \cdots & a_{n-1} \\ \cdots & & & \end{vmatrix}.$$

按照第一行展开，设为

$$d_{n-1} = a_1 A_1 + a_2 A_2 + \cdots + a_{n-1} A_{n-1},$$

其中的 A_i 是整数. 由此得到

$$1 = (a_1/d_{n-1})A_1 + (a_2/d_{n-1})A_2 + \cdots + (a_{n-1}/d_{n-1})A_{n-1},$$

因此存在整数 $t_i = a_i/d_{n-1}$ 使得 $1 = t_1 A_1 + t_2 A_2 + \cdots + t_{n-1} A_{n-1}$. 根据 $d_n = (d_{n-1}, a_n)$，可以假设 $d_n = v d_{n-1} + u a_n$，其中 u，v 是整数. 令

$$\boldsymbol{A} = \begin{bmatrix} a_1 & a_2 & \cdots & a_{n-1} & a_n \\ & & & & 0 \\ \vdots & \vdots & \ddots & \vdots & \vdots \\ & & & & 0 \\ b_1 & b_2 & \cdots & b_{n-1} & v \end{bmatrix},$$

并按最后一列展开得到：

$$|\mathbf{A}| = (-1)^{n+1}a_n \begin{vmatrix} \cdots & & & \\ & & & \vdots \\ & & & \\ b_1 & b_2 & \cdots & b_{n-1} \end{vmatrix} + vd_{n-1}$$

$$= vd_{n-1} - a_n(b_1A_1 + b_2A_2 + \cdots + b_{n-1}A_{n-1}).$$

所以只要取

$$b_1 = -t_1u,\ \cdots,\ b_{n-1} = -t_{n-1},\ u \in \mathbf{Z},$$

则可得到

$$|\mathbf{A}| = vd_{n-1} + a_n u(t_1A_1 + t_2A_2 + \cdots + t_{n-1}A_{n-1}) = vd_{n-1} + a_n u = d_n.$$

例 2.24　计算三线行列式

$$D_n = \begin{vmatrix} a & b & 0 & 0 & \cdots & 0 & 0 \\ b & a & b & 0 & \cdots & 0 & 0 \\ 0 & b & a & b & \ddots & 0 & 0 \\ \vdots & \vdots & \vdots & \vdots & \ddots & \vdots & \vdots \\ 0 & 0 & 0 & & & b & 0 \\ 0 & 0 & 0 & 0 & & a & b \\ 0 & 0 & 0 & 0 & \cdots & b & a \end{vmatrix}.$$

解答　将行列式按照第一行展开，得到 $D_n = aD_{n-1} - b^2D_{n-2}$，其中 $n \geqslant 3$. 注意到 $D_2 = a^2 - b^2$，$D_1 = a$.

考虑差分方程

$$D_{n+1} - x_1D_n = x_2(D_n - x_1D_{n-1}) \tag{2-5}$$

由此易得

$$D_{n+1} - x_2D_n = x_1(D_n - x_2D_{n-1}).$$

因此，

$$(x_1 - x_2)D_n = x_1(D_n - x_2D_{n-1}) - x_2(D_n - x_1D_{n-1})$$
$$= x_1^{n-2}(D_2 - x_2D_1) - x_2^{n-2}(D_2 - x_1D_1).$$

注意式(2-5)即为 $D_n = (x_1 + x_2)D_{n-1} - x_1x_2D_{n-2}$，因此应该有

$$x_1+x_2=a,\ x_1x_2=b^2,$$

亦即 x_1，x_2 为差分方程 $D_n-x_1D_{n-1}=x_2(D_{n-1}-x_1D_{n-2})$ 的特征方程 $x^2-ax+b^2=0$ 的根：

$$x_1=\frac{a-\sqrt{a^2-4b^2}}{2},\ x_2=\frac{a+\sqrt{a^2-4b^2}}{2}.$$

(i) 易见 $a\neq\pm 2b\Leftrightarrow x_1-x_2\neq 0$. 而当 $a\neq\pm 2b$ 时有

$$D_n=\frac{x_1^{n-2}}{x_1-x_2}(D_2-x_2D_1)-\frac{x_2^{n-2}}{x_1-x_2}(D_2-x_1D_1).$$

(ii) $a=\pm 2b$ 时,转变为数字行列式的计算.

例 2.25 著名的斐波那契(Fibonacci)数列

$$1,1,2,3,5,8,\cdots,u,v,u+v,\cdots$$

的第 n 项通项可以用行列式表示为一个 n 阶行列式

$$F_n=\begin{vmatrix}1&0&1&0&1&0&1&\cdots\\1&1&0&1&0&1&0&\cdots\\0&1&1&0&1&0&1&\cdots\\0&0&1&1&0&1&0&\cdots\\\vdots&\vdots&\vdots&\vdots&\vdots&\vdots&\vdots&\vdots\end{vmatrix}_n.$$

证明 首先验证 $F_1=F_2=1$，$F_3=2$. 对于 $n\geqslant 3$，按照最后一行展开立即得到 $F_n=F_{n-1}+F_{n-2}$.

例 2.26 假设 $\boldsymbol{A}$ 的全部元素均为 1 或 -1. 如果 $\boldsymbol{A}$ 还满足 $\boldsymbol{A}\boldsymbol{A}^{\mathrm{T}}=n\boldsymbol{E}_n$，则称 $\boldsymbol{A}$ 为一个 n 阶**哈达玛矩阵(Hadamard matrix)**. 注意：对于 m 阶 Hadamard 矩阵 $\boldsymbol{A}$，$\frac{1}{\sqrt{m}}\boldsymbol{A}$ 是正交矩阵.

求证：(1) 2^n 阶 Hadamard 矩阵存在.

(2) 如果 m 阶 Hadamard 矩阵存在,则其行列式绝对值等于 $m^{\frac{m}{2}}$.

证明 (1) 2 阶哈达玛矩阵显然存在,例如 $\begin{bmatrix}1&1\\1&-1\end{bmatrix}$ 即为一个 2 阶哈达玛矩阵. 一般的,假设 2^n 阶哈达玛矩阵 $\boldsymbol{A}$ 已经构造出，则 $\begin{bmatrix}\boldsymbol{A}&\boldsymbol{A}\\-\boldsymbol{A}&\boldsymbol{A}\end{bmatrix}$ 即为一个 2^{n+1}

阶哈达玛矩阵.

(2) 由 $AA^{\mathrm{T}} = mE$ 得到 $|A|^2 = m^m |E| = m^m$.

例 2.27 (循环矩阵的行列式)对于给定的 n 个数 a_i，存在一个自然的 n 阶循环方阵

$$A = \begin{bmatrix} a_1 & a_2 & a_3 & \cdots & a_n \\ a_n & a_1 & a_2 & \cdots & a_{n-1} \\ a_{n-1} & a_n & a_1 & \cdots & a_{n-2} \\ \vdots & \vdots & \vdots & \ddots & \vdots \\ a_2 & a_3 & a_4 & \cdots & a_1 \end{bmatrix}.$$

试给出行列式 $|A|$ 的计算公式.

解答 记

$$\eta = e^{\frac{2\pi i}{n}},\ \eta_k = \eta^k,$$

则 $\eta_1, \eta_2, \cdots, \eta_n(\eta_n = 1)$ 是多项式 $x^n - 1$ 在 $\mathbf{C}$ 中的全部两两互异的根. 考虑多项式 $f(x) = a_1 + a_2 x + \cdots + a_n x^{n-1}$，易见

$$\begin{cases} f(\eta_k) = a_1 + a_2\eta_k + a_3\eta_k^2 + \cdots + a_n\eta_k^{n-1} \\ \eta_k f(\eta_k) = a_n + a_1\eta_k + a_2\eta_k^2 + \cdots + a_{n-1}\eta_k^{n-1} \\ \eta_k^2 f(\eta_k) = a_{n-1} + a_n\eta_k + a_1\eta_k^2 + \cdots + a_{n-2}\eta_k^{n-1} \\ \quad\cdots\cdots \\ \eta_k^{n-1} f(\eta_k) = a_2 + a_3\eta_k + a_4\eta_k^2 + \cdots + a_1\eta_k^{n-1} \end{cases}.$$

若记 $\boldsymbol{\alpha}_k^{\mathrm{T}} = (1, \eta_k, \eta_k^2, \cdots, \eta_k^{n-1})$，则上式为

$$f(\eta_k)\boldsymbol{\alpha}_k = A\boldsymbol{\alpha}_k.$$

记 $B = (\alpha_1, \cdots, \alpha_n)$ (注意 $|B|$ 是一个范德蒙行列式且其值不为零)，因此有

$$AB = (A\boldsymbol{\alpha}_1, \cdots, A\boldsymbol{\alpha}_n) = (f(\eta_1)\boldsymbol{\alpha}_1, \cdots, f(\eta_n)\boldsymbol{\alpha}_n),$$

从而有

$$|A| \cdot |B| = |AB| = [f(\eta_1)f(\eta_2)\cdots f(\eta_n)] \cdot |B|,$$

最后得到

$$|\boldsymbol{A}|=\prod_{i=1}^{n}[a_1+a_2\eta^j+\cdots+a_n(\eta^j)^{n-1}].$$

注记 关于这个行列式的另外一种求法可参见本章“特征多项式”部分的例题.

例 2.28 将 x^2+x+1 的一个根记为 ω，并用 i 表示虚数单位 ($\mathrm{i}^2=-1$)，则有

$$\begin{vmatrix} a & b & c \\ c & a & b \\ b & c & a \end{vmatrix}=(a+b+c)(a+b\omega+c\overline{\omega})(a+b\overline{\omega}+c\omega),$$

$$\begin{vmatrix} a & b & c & d \\ d & a & b & c \\ c & d & a & b \\ b & c & d & a \end{vmatrix}=(a+b+c+d)(a-b+c-d)(a+b\mathrm{i}-c-d\mathrm{i})(a-b\mathrm{i}-c+d\mathrm{i}).$$

例 2.29 假设 n 阶方阵 $\boldsymbol{A}$ 的元素绝对值为 2，并记 $d=|\boldsymbol{A}|$. 求证：对于 $n\geqslant 3$，恒有 $|d|\leqslant\dfrac{2^{n+1}}{3}\cdot n!$.

（第四届全国大学生数学竞赛决赛试题，数学类第三题，15 分）

证明 根据行列式的性质，该问题可归结为证明：如果 $\boldsymbol{A}$ 的元素全为 ±1，则 $\dfrac{2}{3}\cdot n!$ 是 $|\boldsymbol{A}|$ 的绝对值的一个上界. 下面使用归纳法予以证明，只需考虑 $|\boldsymbol{A}|\neq0$ 情形.

$n=3$ 时，根据行列式的列性质可假设 $\boldsymbol{A}$ 的第一行为 $(1,1,1)$. 由于必要时可以用 -1 乘以第二行，不妨假设其为 $(1,1,-1)$，此时，

$$|\boldsymbol{A}|=\begin{vmatrix} 1 & 1 & 1 \\ 0 & 0 & -2 \\ \pm1 & \pm1 & \pm1 \end{vmatrix}.$$

其行列式的绝对值不超过 4. 因此 $n=3$ 时，待证命题成立. 下面设 $n>3$，并假设 $n-1$ 阶情形成立. 特别的，对于 n 阶这样的矩阵 $\boldsymbol{A}$，其代数余子式的绝对值不超过 $\dfrac{2}{3}\cdot(n-1)!$，对于这样的 n 阶矩阵 $\boldsymbol{A}$，将行列式 $\boldsymbol{A}$ 按照第一行展开，得到

$$|d| \leqslant |A_{11}| + \cdots + |A_{1n}| \leqslant n \cdot \left(\frac{2}{3} \cdot (n-1)!\right) = \frac{2}{3} \cdot n!.$$

注记 归纳过程过于强悍，因此本题给出的上界很大（$n=3$ 时是上确界）. 猜测 2^{n-1} 是 n 阶具有此性质矩阵的上确界.

例 2.30 设 n 阶方阵 $\boldsymbol{B}(t)$ 与 $n \times 1$ 矩阵 $\boldsymbol{\beta}(t)$ 的元均为关于未知元 t 的实系数多项式. 用 $\boldsymbol{B}_i(t)$ 表示将矩阵 $\boldsymbol{B}(t)$ 的第 i 列换为 $\boldsymbol{\beta}(t)$ 后的矩阵. 记

$$d(t) = |\boldsymbol{B}(t)|, \ d_i(t) = |\boldsymbol{B}_i(t)|.$$

若多项式 $|d(t)|$ 有实根 t_0，且 $\boldsymbol{B}(t_0)\boldsymbol{X} = \boldsymbol{\beta}(t_0)$ 是关于 X 的相容线性方程组，求证：关于 t 的多项式 $d(t)$，$d_1(t)$，…，$d_n(t)$ 有次数 $\geqslant 1$ 的公因式.

（第五届全国大学生数学竞赛决赛试题(数学类第二题，10 分)）

分析 根据行列式的定义有 $d(t_0) = |\boldsymbol{B}(t_0)|$，从而所给条件表明 $t - t_0$ 是 $d(t)$ 的因式. 因此可以大胆猜测：$t - t_0$ 也是 $d_i(t)$ 的因式，亦即 $|\boldsymbol{B}_i(t_0)| = 0$；而后者成立，当且仅当矩阵 $\boldsymbol{B}_i(t_0)$ 的秩 $< n$.

证明 对于 $\boldsymbol{B}(t_0)$ 进行分块：$\boldsymbol{B}(t_0) = (\boldsymbol{\alpha}_1(t), \cdots, \boldsymbol{\alpha}_n(t))$，则 $|\boldsymbol{B}(t_0)| = 0$ 意味着 $r\{\boldsymbol{\alpha}_1(t_0), \cdots, \boldsymbol{\alpha}_n(t_0)\} < n$；而假设"$\boldsymbol{B}(t_0)\boldsymbol{X} = \boldsymbol{\beta}(t_0)$ 是关于 $\boldsymbol{X}$ 的相容线性方程组"，意味着向量 $\boldsymbol{\beta}(t_0)$ 可由 $\boldsymbol{\alpha}_1(t_0)$，…，$\boldsymbol{\alpha}_n(t_0)$ 线性表出.

证法一 （反证法＋多项式互素）：反设 $(d(t), d_1(t), \cdots, d_n(t)) = 1$，则存在实系数多项式 $u_i(t)$，使得 $u_0(t)d(t) + u_1(t)d_1(t) + \cdots + u_n(t)d_n(t) = 1$. 根据行列式性质，有

$$\begin{aligned} 1 = & u_0(t)d(t) + u_1(t) \mid (\beta(t), \alpha_2, \cdots, \alpha_n) \mid + \cdots + \\ & u_n(t) \mid (\alpha_1, \cdots, \alpha_{n-1}, \beta(t)) \mid. \end{aligned}$$

命 $t = t_0$，即得 $1 = 0$：这是因为根据假设 $d(t_0) = 0$，从而条件"$\boldsymbol{B}(t_0)\boldsymbol{X} = \boldsymbol{\beta}(t_0)$ 是关于 $\boldsymbol{X}$ 的相容线性方程组"成立，意味着 $\boldsymbol{\beta}(t_0)$ 可由 $\boldsymbol{\alpha}_1(t_0)$，…，$\boldsymbol{\alpha}_n(t_0)$ 线性表出，从而将 $t = t_0$ 代入后得到 $0 = |(\boldsymbol{\beta}(t_0), \boldsymbol{\alpha}_2(t_0), \cdots, \boldsymbol{\alpha}_n(t_0))| = \cdots = |(\boldsymbol{\alpha}_1(t_0), \cdots, \boldsymbol{\alpha}_{n-1}(t_0), \boldsymbol{\beta}(t_0))|$.

证法二 根据假设有

$$\mathrm{r}\{\boldsymbol{\alpha}_1(t_0), \cdots, \boldsymbol{\alpha}_n(t_0), \boldsymbol{\beta}(t_0)\} = \mathrm{r}\{\boldsymbol{\alpha}_1(t_0), \cdots, \boldsymbol{\alpha}_n(t_0)\} < n.$$

因此由

$$\boldsymbol{B}_i(t_0) = (\boldsymbol{\alpha}_1(t_0), \cdots, \boldsymbol{\alpha}_{i-1}(t_0), \boldsymbol{\beta}(t_0), \boldsymbol{\alpha}_{i+1}(t_0), \cdots, \boldsymbol{\alpha}_n(t_0)),$$

可知 $\mathrm{r}(\boldsymbol{B}_i(t_0)) < n$，因此有 $d_i(t_0) = 0$，亦即 $t - t_0$ 是 $d(t)$，$d_1(t)$，…，$d_n(t)$ 的

公因式.

证法三 (反证法＋方程组有解判定定理)：下面用反证法说明 $t-t_0$ 是 $d(t)$, $d_1(t)$, …, $d_n(t)$ 的公因式.事实上不妨反设 $d_1(t_0)\neq 0$，对于

$$(\boldsymbol{B}(t_0),\ \boldsymbol{\beta}(t_0))=(\boldsymbol{\alpha}_1(t_0),\ \boldsymbol{\alpha}_2(t_0),\ \cdots,\ \boldsymbol{\alpha}_n(t_0),\ \boldsymbol{\beta}(t_0)),$$

交换第一列与第 $n+1$ 列位置，即得 $(\boldsymbol{B}_1(t_0),\ \boldsymbol{\alpha}_1(t_0))$. 由于 $0\neq d_1(t_0)=|\boldsymbol{B}_1(t_0)|$，因此有 $\mathrm{r}(\boldsymbol{B}(t_0),\ \boldsymbol{\beta}(t_0))=n$. 而假设"$\boldsymbol{B}(t_0)\boldsymbol{X}=\boldsymbol{b}(t_0)$ 是关于 $\boldsymbol{X}$ 的相容线性方程组"意味着秩

$$\mathrm{r}(\boldsymbol{B}(t_0),\ \boldsymbol{\beta}(t_0))=\mathrm{r}(\boldsymbol{B}(t_0)).$$

最后由 $|\boldsymbol{B}(t_0)|=0$，得到 $\mathrm{r}(\boldsymbol{B}(t_0),\ \boldsymbol{\beta}(t_0))<n$，矛盾！

例 2.31 假设 $\boldsymbol{A}$ 是数域 $\mathbf{F}$ 上的三阶矩阵，且有 $\mathbf{F}$ 上的向量 $\boldsymbol{\alpha}$ 使得 $\boldsymbol{\alpha}$, $\boldsymbol{A\alpha}$, $\boldsymbol{A}^2\boldsymbol{\alpha}$ 线性无关，而 $\boldsymbol{A}^3\boldsymbol{\alpha}=5\boldsymbol{A}^2\boldsymbol{\alpha}-6\boldsymbol{A\alpha}$. 求 $\boldsymbol{A}^2+\boldsymbol{E}$ 的行列式，其中 $\boldsymbol{E}$ 是三阶单位矩阵.

解 解法一

$$\boldsymbol{A}^4\boldsymbol{\alpha}=5\boldsymbol{A}^3\boldsymbol{\alpha}-6\boldsymbol{A}^2\boldsymbol{\alpha}=5(5\boldsymbol{A}^2\boldsymbol{\alpha}-6\boldsymbol{A\alpha})-6\boldsymbol{A}^2\boldsymbol{\alpha}=19\boldsymbol{A}^2\boldsymbol{\alpha}-30\boldsymbol{A\alpha}.$$

记 $\boldsymbol{B}=(\boldsymbol{\alpha},\ \boldsymbol{A\alpha},\ \boldsymbol{A}^2\boldsymbol{\alpha})$. 根据假设知 $|\boldsymbol{B}|\neq 0$. 而

$$\begin{aligned}(\boldsymbol{A}^2+\boldsymbol{E})\boldsymbol{B}&=(\boldsymbol{A}^2\boldsymbol{\alpha}+\boldsymbol{\alpha},\ \boldsymbol{A}^3\boldsymbol{\alpha}+\boldsymbol{A\alpha},\ \boldsymbol{A}^4\boldsymbol{\alpha}+\boldsymbol{A}^2\boldsymbol{\alpha}),\\&=(\boldsymbol{A}^2\boldsymbol{\alpha}+\boldsymbol{\alpha},\ 5\boldsymbol{A}^2\boldsymbol{\alpha}-5\boldsymbol{A\alpha},\ 20\boldsymbol{A}^2\boldsymbol{\alpha}-30\boldsymbol{A\alpha}).\end{aligned}$$

根据行列式的性质有

$$\begin{aligned}|\boldsymbol{A}^2+\boldsymbol{E}|\cdot|\boldsymbol{B}|&=|(\boldsymbol{A}^2\boldsymbol{\alpha}+\boldsymbol{\alpha},\ 5\boldsymbol{A}^2\boldsymbol{\alpha}-5\boldsymbol{A\alpha},\ 20\boldsymbol{A}^2\boldsymbol{\alpha}-30\boldsymbol{A\alpha})|\\&=|(\boldsymbol{\alpha},\ 5\boldsymbol{A}^2\boldsymbol{\alpha},\ -30\boldsymbol{A\alpha})|+|(\boldsymbol{\alpha},\ -5\boldsymbol{A\alpha},\ 20\boldsymbol{A}^2\boldsymbol{\alpha})|\\&=-150\,|(\boldsymbol{\alpha},\ \boldsymbol{A}^2\boldsymbol{\alpha},\ \boldsymbol{A\alpha})|-100\,|(\boldsymbol{\alpha},\ \boldsymbol{A\alpha},\ \boldsymbol{A}^2\boldsymbol{\alpha})|\\&=(150-100)\cdot|\boldsymbol{B}|\end{aligned}$$

由此即得到

$$|\boldsymbol{A}^2+\boldsymbol{E}|=50.$$

解法二 记 $\boldsymbol{B}=(\boldsymbol{\alpha},\ \boldsymbol{A\alpha},\ \boldsymbol{A}^2\boldsymbol{\alpha})$. 根据假设知 $\boldsymbol{B}$ 可逆，而

$$\boldsymbol{AB}=(\boldsymbol{A\alpha},\ \boldsymbol{A}^2\boldsymbol{\alpha},\ \boldsymbol{A}^3\boldsymbol{\alpha})=(\boldsymbol{A\alpha},\ \boldsymbol{A}^2\boldsymbol{\alpha},\ 5\boldsymbol{A}^2\boldsymbol{\alpha}-6\boldsymbol{A\alpha})=\boldsymbol{B}\begin{bmatrix}0&0&0\\1&0&-6\\0&1&5\end{bmatrix}.$$

因此 $\boldsymbol{A}^2$ 相似于矩阵 $\boldsymbol{C}^2$，其中，

$$\boldsymbol{C}=\begin{bmatrix}0 & 0 & 0\\ 1 & 0 & -6\\ 0 & 1 & 5\end{bmatrix}.$$

易于计算出 $\boldsymbol{C}$ 的特征值为 0、2、3，所以有

$$|\boldsymbol{A}^2+\boldsymbol{E}|=|\boldsymbol{C}^2+\boldsymbol{E}|=(0+1)(4+1)(9+1)=50.$$

解法三　记 $\boldsymbol{B}=(\boldsymbol{\alpha},\boldsymbol{A\alpha},\boldsymbol{A}^2\boldsymbol{\alpha})$. 根据假设知 $\boldsymbol{B}$ 可逆，而根据

$$(\boldsymbol{A}^3-5\boldsymbol{A}^2+6\boldsymbol{A})\boldsymbol{\alpha}=\boldsymbol{0},$$

易知

$$(\boldsymbol{A}^3-5\boldsymbol{A}^2+6\boldsymbol{A})\boldsymbol{A\alpha}=\boldsymbol{0},\ (\boldsymbol{A}^3-5\boldsymbol{A}^2+6\boldsymbol{A})\boldsymbol{A}^2\boldsymbol{\alpha}=\boldsymbol{0},$$

从而有 $(\boldsymbol{A}^3-5\boldsymbol{A}^2+6\boldsymbol{A})\boldsymbol{B}=\boldsymbol{0}$，因此有 $\boldsymbol{A}^3-5\boldsymbol{A}^2+6\boldsymbol{A}=\boldsymbol{0}$. 注意到

$$x^3-5x^2+6x=x(x-2)(x-3),$$

可知 $\boldsymbol{A}$ 的特征值为 0，2，3，最后得到 $|\boldsymbol{A}^2+\boldsymbol{E}|=50$.

例 2.32　假设 $P_i(x_i,y_i)$ 是平面上不共线的 3 点，其中 x_1,x_2,x_3 互不相同. 求证：以平行于 y 轴的直线为对称轴且过这 3 点的抛物线方程为

$$\begin{vmatrix}y & x^2 & x & 1\\ y_1 & x_1^2 & x_1 & 1\\ y_2 & x_2^2 & x_2 & 1\\ y_3 & x_3^2 & x_3 & 1\end{vmatrix}=0.$$

证明　证法一　将 P_i 的坐标依次代入方程中，根据行列式的性质，即可知三点 P_i 的坐标均满足方程. 换句话说，三点 P_i 均在方程所代表的曲线上.

另外一方面，将方程左端依照第一行展开，得到方程

$$Dy-D_1x^2+D_2x-D_3=0,$$

其中，

$$D=\begin{vmatrix}x_1^2 & x_1 & 1\\ x_2^2 & x_2 & 1\\ x_3^2 & x_3 & 1\end{vmatrix},\ D_1=\begin{vmatrix}y_1 & x_1 & 1\\ y_2 & x_2 & 1\\ y_3 & x_3 & 1\end{vmatrix},$$

$$D_2=\begin{vmatrix} y_1 & x_1^2 & 1 \\ y_2 & x_2^2 & 1 \\ y_3 & x_3^2 & 1 \end{vmatrix},\ D_3=\begin{vmatrix} y_1 & x_1^2 & x_1 \\ y_2 & x_2^2 & x_2 \\ y_3 & x_3^2 & x_3 \end{vmatrix}.$$

由于 x_1，x_2，x_3 两两互异，所以有 $D\neq 0$；而三点 P_i 不共线，等价于 $D_1\neq 0$. 因此，方程确实代表一条对称轴平行于 y 轴的抛物线，这就说明方程是所给三点 P_i 所确定的抛物线方程.

证法二 可假设该抛物线的方程为 $y=a_1x^2+a_2x+a_3$，其中 a_i 待定，则得到关于未知元 a_i 的线性方程组

$$\begin{cases} y_1=a_1x_1^2+a_2x_1+a_3 \\ y_2=a_1x_2^2+a_2x_2+a_3. \\ y_3=a_1x_3^2+a_2x_3+a_3 \end{cases}$$

根据 Cramer's Rule，可得其解为 $a_i=\dfrac{D_i}{D}$，其中 D 为三阶范德蒙行列式，

$$D=\begin{vmatrix} x_1^2 & x_1 & 1 \\ x_2^2 & x_2 & 1 \\ x_3^2 & x_3 & 1 \end{vmatrix},\ D_1=\begin{vmatrix} y_1 & x_1 & 1 \\ y_2 & x_2 & 1 \\ y_3 & x_3 & 1 \end{vmatrix},$$

$$D_2=\begin{vmatrix} x_1^2 & y_1 & 1 \\ x_2^2 & y_2 & 1 \\ x_3^2 & y_3 & 1 \end{vmatrix},\ D_3=\begin{vmatrix} x_1^2 & x_1 & y_1 \\ x_2^2 & x_2 & y_2 \\ x_3^2 & x_3 & y_3 \end{vmatrix}.$$

由于 x_1，x_2，x_3 两两互异，所以 $D\neq 0$；而三点 P_i 不共线，等价于 $D_1\neq 0$，所以该抛物线的方程为

$$Dy-D_1x^2-D_2x-D_3=0,$$

其左侧恰好是行列式

$$\begin{vmatrix} y & x^2 & x & 1 \\ y_1 & x_1^2 & x_1 & 1 \\ y_2 & x_2^2 & x_2 & 1 \\ y_3 & x_3^2 & x_3 & 1 \end{vmatrix}$$

按照第一行的展开式.

证法二同时论证了：满足条件的三点唯一确定对称轴平行于 y 轴的一个抛物线. 证法二优于证法一.

例 2.33 已知平面上 3 条直线的方程分别为

$$l_1: ax+2by+3c=0,$$
$$l_2: bx+2cy+3a=0,$$
$$l_3: cx+2ay+3b=0.$$

求证：三条直线交于一点的充分必要条件为 $a+b+c=0$.

证明 *必要性* 假设 $a+b+c=0$，则有 $b^2=a^2+c^2+2ac$. 此时，$ac\neq b^2$ 必须成立(因为若不成立，则有 $a^2+b^2+c^2=0$). 注意此时方程组

$$\begin{cases} ax+2by+3c=0 \\ bx+2cy+3a=0 \\ cx+2ay+3b=0 \end{cases} \tag{1}$$

与方程组

$$\begin{cases} ax+2by+3c=0 \\ bx+2cy+3a=0 \end{cases} \tag{2}$$

有同解. 而根据克莱姆法则可知，后者有唯一的解 (x_0, y_0)，这就说明三条直线交于一点 $P_0(x_0, y_0)$.

充分性 假设三条直线交于一点. 此时，方程组(1)有解，可假设 (x, y) 是其一解. 又反设 $a+b+c\neq 0$；将方程组(1)中三式相加得到 $x+2y=-3$，而由 $x+2y=-3$ 与 $ax+2by=-3c$ 得到

$$2(b-a)y=3(a-c),$$

由 $x+2y=-3$ 与 $bx+2cy=-3a$ 得到

$$2(c-b)y=3(b-a).$$

而由 $x+2y=-3$ 与 $cx+2ay=-3b$ 得到

$$2(a-c)y=3(c-b).$$

所以，如果 $a=b$，则有 $a=b=c$，说明三条直线是同一条直线，与假设矛盾.

以下假设 $a\neq b$. 此时由 $2(c-b)y=3(b-a)$ 得到 $b\neq c$，从而再由

$$2(a-c)y=3(c-b) \text{ 得到 } a\neq c.$$

换句话说，a，b，c 两两互异. 此时，进一步通过 y 得到

$$\frac{a-c}{b-a}=\frac{b-a}{c-b}=\frac{c-b}{a-c}.$$

由此得到

$$(a-c)^2=(b-a)(c-b).$$

因而有

$$a^2-a(c+b)+(b^2+c^2-bc)=0.$$

如果把它看成关于 a 的一元二次方程，则其判别式为

$$\Delta=(c+b)^2-4(b^2+c^2-bc)=-3(b-c)^2<0,$$

从而产生矛盾. 这就完成了证明.

注记　(1) 题目中给定的直线 l_1，l_2，l_3 有公共点，当且仅当它们或为同一条重合直线 ($a=b=c\neq 0$ 时)，或交于一点 ($a+b+c=0$ 时).

(2) 从证明过程可以看出，题目中的向量 (1，2，3) 可换成任意一个分量全不为零的向量 (u, v, w).

例 2.34　求证：$D=\begin{vmatrix} x_1 & -x_2 & -x_3 & -x_4 \\ x_2 & x_1 & -x_4 & x_3 \\ x_3 & x_4 & x_1 & -x_2 \\ x_4 & -x_3 & x_2 & x_1 \end{vmatrix}=(x_1^2+x_2^2+x_3^2+x_4^2)^2.$

证明

因为 $DD^{\mathrm{T}}=\begin{vmatrix} \sum_{i=1}^4 x_i^2 & 0 & 0 & 0 \\ 0 & \sum_{i=1}^4 x_i^2 & 0 & 0 \\ 0 & 0 & \sum_{i=1}^4 x_i^2 & 0 \\ 0 & 0 & 0 & \sum_{i=1}^4 x_i^2 \end{vmatrix}=\left(\sum_{i=1}^4 x_i^2\right)^4,$

所以 $D=\pm\left(\sum_{i=1}^4 x_i^2\right)^2$. 从 D 的主对角线元素乘积即可看出 $D=\sum_{i=1}^4 x_i^2$.

例 2.35　假设 $b_{jk}=a_{j1}+a_{j2}+\cdots+a_{jn}-\lambda a_{jk}$，$\boldsymbol{A}_n=(a_{ij})$，$\boldsymbol{B}_n=(b_{ij})$. 求证：$|\boldsymbol{B}|=(-\lambda)^{n-1}(n-\lambda)\cdot|\boldsymbol{A}|$.

证明　注意到

$$b_{jk}=a_{j1}+\cdots+a_{j,k-1}+(1-\lambda)a_{jk}+a_{j,k+1}+\cdots+a_{jn},$$

代入到 $\boldsymbol{B}$ 中得 $\boldsymbol{B}=\boldsymbol{AC}$，其中

$$\boldsymbol{C}=\begin{bmatrix}1-\lambda & 1 & 1 & \cdots & 1 & 1\\ 1 & 1-\lambda & 1 & \cdots & 1 & 1\\ 1 & 1 & 1-\lambda & \cdots & 1 & 1\\ \vdots & \vdots & \vdots & \ddots & \vdots & \vdots\\ 1 & 1 & 1 & \cdots & 1-\lambda & 1\\ 1 & 1 & 1 & \cdots & 1 & 1-\lambda\end{bmatrix}.$$

所以 $|\boldsymbol{B}|=|\boldsymbol{A}|\cdot|\boldsymbol{C}|=(-1)^n\lambda^{n-1}(n-\lambda)\cdot|\boldsymbol{A}|$.

例 2.36 假设

$$\boldsymbol{A}_n=\begin{bmatrix}x & 1 & 0 & 0 & \cdots & 0 & 0\\ -n & x-2 & 2 & 0 & \cdots & 0 & 0\\ 0 & -(n-1) & x-4 & 3 & \cdots & 0 & 0\\ \vdots & \vdots & \vdots & \vdots & \ddots & \vdots & \vdots\\ 0 & 0 & 0 & 0 & \cdots & x-2(n-1) & n\\ 0 & 0 & 0 & 0 & \cdots & -1 & x-2n\end{bmatrix}.$$

(1) 求证：$(x-n)\,|\,|\boldsymbol{A}_n|\ (n\geqslant 1)$；

(2) 对于 $n=1,2,3$，计算 $|\boldsymbol{A}_n|$；

(3) 计算 $|\boldsymbol{A}_n|$.

解 (1) 将其他各行均加到第一行，即可提出公因式 $x-n$. 因此有

$$(x-n)\,|\,|\boldsymbol{A}_n|.$$

(2)

$$|\boldsymbol{A}_1|=\begin{vmatrix}x & 1\\ -1 & x-2\end{vmatrix}=(x-1)^2.$$

$$|\boldsymbol{A}_2|=\begin{vmatrix}x & 1 & 0\\ -2 & x-2 & 2\\ 0 & -1 & x-4\end{vmatrix}=(x-2)\begin{vmatrix}1 & 1 & 1\\ -2 & x-2 & 2\\ 0 & -1 & x-4\end{vmatrix}$$

$$=(x-2)\begin{vmatrix}1 & 1 & 1\\ 0 & x & 4\\ 0 & -1 & x-4\end{vmatrix}=(x-2)^3.$$

$$|\boldsymbol{A}_3|=\begin{vmatrix} x & 1 & 0 & 0 \\ -3 & x-2 & 2 & 0 \\ 0 & -2 & x-4 & 3 \\ 0 & 0 & -1 & x-6 \end{vmatrix}$$
$$=(x-3)\begin{vmatrix} 1 & 1 & 1 & 1 \\ -3 & x-2 & 2 & 0 \\ 0 & -2 & x-4 & 3 \\ 0 & 0 & -1 & x-6 \end{vmatrix}$$
$$=(x-3)\begin{vmatrix} 1 & 1 & 1 & 1 \\ 0 & x+1 & 5 & 3 \\ 0 & -2 & x-4 & 3 \\ 0 & 0 & -1 & x-6 \end{vmatrix}$$
$$=(x-3)\begin{vmatrix} x+1 & 5 & 3 \\ -2 & x-4 & 3 \\ 0 & -1 & x-6 \end{vmatrix}$$
$$=(x-3)\begin{vmatrix} x+1 & 5 & 5x-27 \\ -2 & x-4 & x^2-10x+27 \\ 0 & -1 & 0 \end{vmatrix}$$
$$=(x-3)\begin{vmatrix} x-3 & (x-3)(2x-9) \\ -2 & x^2-10x+27 \end{vmatrix}$$
$$=(x-3)^2\begin{vmatrix} 1 & 2x-9 \\ -2 & x^2-10x+27 \end{vmatrix}=(x-3)^4.$$

(3) $|\boldsymbol{A}_n|=(x-n)^{n+1}$.

受 $|\boldsymbol{A}_3|$ 的计算过程的启发,可先将 $n+1$ 阶行列式 $|\boldsymbol{A}_n|$ 的后 n 行加到第一行,提出第一行的 $(x-n)$,再将第一行的 n 倍加到第二行,最后按照第一列展开,得到 $|\boldsymbol{A}_n|=(x-n)\cdot|\boldsymbol{B}|$,其中 $|\boldsymbol{B}|$ 是如下的 n 阶行列式

$$\begin{vmatrix} x-2+n & 2+n & n & n & \cdots & n & n & n \\ -(n-1) & x-4 & 3 & 0 & \cdots & 0 & 0 & 0 \\ 0 & -(n-2) & x-6 & 4 & \cdots & 0 & 0 & 0 \\ \vdots & \vdots & \vdots & \vdots & \cdots & \vdots & \vdots & \vdots \\ 0 & 0 & 0 & 0 & \cdots & x-2(n-2) & (n-1) & 0 \\ 0 & 0 & 0 & 0 & \cdots & -2 & x-2(n-1) & n \\ 0 & 0 & 0 & 0 & \cdots & 0 & -1 & x-2n \end{vmatrix}.$$

对于 $i=2,3,\cdots,n$，将 $|\boldsymbol{B}|$ 的第 i 行的 i 倍分别加到第一行，得到的第一行为

$$(x-n,\ 2(x-n),\ \cdots,\ n(x-n)),$$

从而有 $|\boldsymbol{A}_n|=(x-n)^2\cdot|\boldsymbol{C}|$，其中 n 阶行列式 $|\boldsymbol{C}|$ 为

$$\begin{vmatrix} 1 & 2 & 3 & 4 & \cdots & n-2 & n-1 & n \\ -(n-1) & x-4 & 3 & 0 & \cdots & 0 & 0 & 0 \\ 0 & -(n-2) & x-6 & 4 & \cdots & 0 & 0 & 0 \\ \vdots & \vdots & \vdots & \vdots & \cdots & \vdots & \vdots & \vdots \\ 0 & 0 & 0 & 0 & \cdots & x-2(n-2) & (n-1) & 0 \\ 0 & 0 & 0 & 0 & \cdots & -2 & x-2(n-1) & n \\ 0 & 0 & 0 & 0 & \cdots & 0 & -1 & \end{vmatrix}.$$

对于 $|\boldsymbol{C}|$，将第一行的 $n-1$ 倍加到第二行，然后按照第一列展开，得到一个阶数为 $n-1$ 的矩阵 $\boldsymbol{D}$. 分别将 $\boldsymbol{D}$ 的第二行的 3 倍，第三行的 4 倍，……，第 $n-1$ 行的 n 倍加到第一行，得到的第一行为

$$(x-n,\ 2(x-n),\ \cdots,\ (n-1)(x-n)).$$

继续这一过程，最终得到 $|\boldsymbol{A}_n|=(x-n)^{n+1}$.

例 2.37 求证：严格对角占优的数字方阵一定可逆.（所谓严格对角占优，是指 $2|a_{ii}|>\sum_{j=1}^{n}|a_{ij}|$，对于任意 i.）

证明 可以采用反证法. 如果 $\boldsymbol{A}$ 是严格对角占优的数字方阵且 $|\boldsymbol{A}|=0$，则 $\boldsymbol{AX}=\boldsymbol{0}$ 有非零解 $\boldsymbol{X}$，其中 $\boldsymbol{X}^{\mathrm{T}}=(x_1,\cdots,x_n)$. 不妨假设

$$|x_1|=\max\{|x_i|\mid 1\leqslant i\leqslant n\},$$

则有 $|x_1|>0$. 因此将有如下矛盾式：

$$\left|\sum_{i=2}^{n}a_{1i}x_i\right|=|a_{11}|\cdot|x_1|>\left(\sum_{i=2}^{n}|a_{1i}|\right)|x_1|\geqslant\left|\sum_{i=2}^{n}a_{1i}x_i\right|.$$

例 2.38 用归纳法证明如下的 Burnside 定理：

当 n 为奇数时，域 $\mathbf{F}$ 上 n 阶反对称矩阵 (a_{ij}) 的行列式是零；当 n 为偶数时，记 $n=2m$. 则有

$$|(a_{ij})|=\Big[\sum_{\substack{i_1i_2i_3i_4\cdots i_{2m-1}i_{2m}\\ i_1<i_2,\cdots,i_{2m-1}<i_{2m}}}(-1)^{\tau(i_1i_2i_3i_4\cdots i_{2m-1}i_m)}a_{i_1i_2}a_{i_3i_4}\cdots a_{i_{2m-1}i_{2m}}\Big]^2.$$

提示 n 为偶数时，如果 $\boldsymbol{A}$ 的第一行为零行，显然欲证等式右端为零. 以下不妨假设 $a_{12}\neq 0$. 用初等行变换将 a_{12} 的正下方元素全部化为零，然后用相应的初等列变换将 $-a_{12}$ 正右方的元素全部化为零，得到一个反对称矩阵 $\boldsymbol{B}$. 然后对于前两行使用 Laplace 定理(按照前两行展开)，得到

$$|\boldsymbol{A}|=\begin{vmatrix}0 & a_{12}\\ -a_{12} & 0\end{vmatrix}\cdot|\boldsymbol{C}|.$$

再对于 $\boldsymbol{C}$ 使用归纳法，就可以完成论证.

例 2.39 用归纳方法计算如下矩阵 $\boldsymbol{A}_n$ 的行列式 $|\boldsymbol{A}_n|$：

$$\boldsymbol{A}_n=\begin{bmatrix}1 & 1 & 1 & \cdots & 1 & 1\\ \mathrm{C}_1^1 & \mathrm{C}_2^1 & \mathrm{C}_3^1 & \cdots & \mathrm{C}_{n-1}^1 & \mathrm{C}_n^1\\ \mathrm{C}_2^2 & \mathrm{C}_3^2 & \mathrm{C}_4^2 & \cdots & \mathrm{C}_n^2 & \mathrm{C}_{n+1}^2\\ \vdots & \vdots & \vdots & \ddots & \vdots & \vdots\\ \mathrm{C}_{n-2}^{n-2} & \mathrm{C}_{n-1}^{n-2} & \mathrm{C}_n^{n-2} & \cdots & \mathrm{C}_{2n-4}^{n-2} & \mathrm{C}_{2n-3}^{n-2}\\ \mathrm{C}_{n-1}^{n-1} & \mathrm{C}_n^{n-1} & \mathrm{C}_{n+1}^{n-1} & \cdots & \mathrm{C}_{2n-3}^{n-1} & \mathrm{C}_{2n-2}^{n-1}\end{bmatrix}.$$

提示与解答 易见 $n=1, 2$ 时有 $|\boldsymbol{A}|=1$. 对于 $n\geqslant 3$，根据 $\mathrm{C}_n^k-\mathrm{C}_{n-1}^{k-1}=\mathrm{C}_{n-1}^k$，可依次将 $\boldsymbol{A}$ 的第 $n-1$ 行的 -1 倍加到第 n 行，将 $\boldsymbol{A}$ 的第 $n-2$ 行的 -1 倍加到第 $n-1$ 行，……，将 $\boldsymbol{A}$ 的第 1 行的 -1 倍加到第 2 行；然后按照第一列展开，得到

$$|\boldsymbol{A}_n|=\begin{vmatrix}1 & \mathrm{C}_2^1 & \mathrm{C}_3^1 & \cdots & \mathrm{C}_{n-2}^1 & \mathrm{C}_{n-1}^1\\ 1 & \mathrm{C}_3^2 & \mathrm{C}_4^2 & \cdots & \mathrm{C}_{n-1}^2 & \mathrm{C}_n^2\\ \vdots & \vdots & \vdots & \ddots & \vdots & \vdots\\ 1 & \mathrm{C}_{n-1}^{n-2} & \mathrm{C}_n^{n-2} & \cdots & \mathrm{C}_{2n-5}^{n-2} & \mathrm{C}_{2n-4}^{n-2}\\ 1 & \mathrm{C}_n^{n-1} & \mathrm{C}_{n+1}^{n-1} & \cdots & \mathrm{C}_{2n-4}^{n-1} & \mathrm{C}_{2n-3}^{n-1}\end{vmatrix}_{n-1}\overset{\text{denote}}{=}|\boldsymbol{B}_{n-1}|.$$

对于所得矩阵 $\boldsymbol{B}_{n-1}$，对于相应的列重复上述的一系列运作，根据恒等式

$$\mathrm{C}_n^i-\mathrm{C}_{n-1}^i=\mathrm{C}_{n-1}^{i-1}$$

得到

$$|\boldsymbol{B}_{n-1}| = \begin{vmatrix} 1 & 1 & 1 & \cdots & 1 & 1 \\ 1 & C_2^1 & C_3^1 & \cdots & C_{n-2}^1 & C_{n-1}^1 \\ 1 & C_3^2 & C_4^2 & \cdots & C_{n-1}^2 & C_n^2 \\ \vdots & \vdots & \vdots & \ddots & \vdots & \vdots \\ 1 & C_{n-2}^{n-3} & C_{n-1}^{n-3} & \cdots & C_{2n-6}^{n-3} & C_{2n-5}^{n-3} \\ 1 & C_{n-1}^{n-2} & C_n^{n-2} & \cdots & C_{2n-5}^{n-2} & C_{2n-4}^{n-2} \end{vmatrix}_{n-1} \overset{\text{i.e.}}{=} |\boldsymbol{A}_{n-1}|.$$

最后用归纳法得到 $|\boldsymbol{A}_n| = |\boldsymbol{B}_{n-1}| = |\boldsymbol{A}_{n-1}| = 1$.

2.3 行列式与方阵的特征多项式

对于数域 $\mathbf{F}$ 上的 n 阶方阵 $\boldsymbol{A}$，首项系数为 1 的 n 次多项式

$$f(x) = |x\boldsymbol{E} - \boldsymbol{A}| \in \mathbf{F}[x]$$

称为 $\boldsymbol{A}$ 的**特征多项式(eigenpolynomial)**. $f(x)$ 在 $\mathbf{C}$ 中的根称为 $\boldsymbol{A}$ 的特征根(eigenvalue). 易见：相似矩阵具有相同的特征多项式，从而有相同的特征根(重根的重数也相同). 根据定义，特征值都是特征根；反过来，当数域 $\mathbf{F} = \mathbf{C}$ 时，二者是相同的概念.

例 2.40 对于 n 阶矩阵 $\boldsymbol{A} = (a_{ij})_{n\times n}$，证明或解释：

$$|x\boldsymbol{E} - \boldsymbol{A}| = x^n - b_1 x^{n-1} + b_2 x^{n-2} + \cdots + (-1)^{n-1} b_{n-1} x + (-1)^n b_n, \tag{2-6}$$

其中，b_i 为矩阵 $\boldsymbol{A}$ 的所有 i 阶主子式的和.

特别的，在复数域 $\mathbf{C}$ 上有：

(1) $b_1 = \mathrm{tr}(\boldsymbol{A}) \overset{\text{i.e.}}{=} \sum_{j=1}^{n} a_{jj}$，从而 $\mathrm{tr}(\boldsymbol{A})$ 是 $\boldsymbol{A}$ 的所有特征值之和.

(2) $b_n = |\boldsymbol{A}|$，从而 $|\boldsymbol{A}|$ 是 $\boldsymbol{A}$ 的所有特征值的乘积.

(3) $b_r = \sum_{1\leqslant i_1<i_2<\cdots<i_r\leqslant n} l_{i_1} l_{i_2} \cdots \lambda_{i_r}$，其中 $\lambda_1, \cdots, \lambda_n$ 是 $\boldsymbol{A}$ 在 $\mathbf{C}$ 中的全部特征值.

证明 (1) 根据行列式的定义，

$$|x\boldsymbol{E} - \boldsymbol{A}| = \begin{vmatrix} x - a_{11} & -a_{12} & -a_{13} & \cdots & -a_{1n} \\ -a_{21} & x - a_{22} & -a_{23} & \cdots & -a_{2n} \\ -a_{31} & -a_{32} & x - a_{33} & \cdots & -a_{3n} \\ \vdots & \vdots & \vdots & \ddots & \vdots \\ -a_{n1} & -a_{n2} & -a_{n3} & \cdots & x - a_{nn} \end{vmatrix}$$

是 $n!$ 项的代数和，每一项皆是 $|xE-A|$ 取自不同行、不同列的 n 个元素的乘积. 显然此行列式的值为一个关于 x 的 n 次多项式，其首项系数为 1，而常数项为 $|-A|=(-1)^n|A|$.

对于 $1\leqslant i\leqslant n-1$，考虑 x^{n-i} 的系数. 可断言：在行列式 $|xE-A|$ 的展开式中，x^{n-i} 的系数一定为矩阵 $xE-A$ 的 C_n^i 项 i 阶主子式当 $x=0$ 时的值之和. 事实上，假设 x^{n-i} 出现在 $|xE-A|$ 的展开式中某项的因子

$$(x-a_{j_1j_1})(x-a_{j_2j_2})\cdots(x-a_{j(n-i)}j_{n-i})$$

中，则其系数为由

$$\{1,2,\cdots,n\}\backslash\{j_1,j_2,\cdots,j_{n-i}\}$$

所确定的 i 阶主子式的全部 $i!$ 项之和. 这就完成式(2-6)的证明.

(2) 假设 A 的全部特征值为 $\lambda_1,\lambda_2,\cdots,\lambda_n(\lambda_i\in\mathbf{C})$. 则有

$$\begin{aligned}&x^n-b_1x^{n-1}+b_2x^{n-2}+\cdots+(-1)^{n-1}b_{n-1}x+(-1)^nb_n\\&=|xE-A|=(x-\lambda_1)(x-\lambda_2)\cdots(x-\lambda_n).\end{aligned}$$

比较上式两端各项的系数，自然有：

(i) $\operatorname{tr}(A)$ 是 A 的所有特征值的和；

(ii) $|A|$ 是 A 的所有特征值的乘积；

(iii) $$b_r=\sum_{1\leqslant i_1<i_2<\cdots<i_r\leqslant n}l_{i_1}l_{i_2}\cdots\lambda_{i_r},$$

二者都是 x^{n-r} 在 $f(x)$ 中的系数，其中 $\lambda_1,\cdots,\lambda_n$ 是 A 在 $\mathbf{C}$ 中的全部特征根.

例 2.41 对于三阶方阵 $A=(a_{ij})_{3\times3}$，用 A^* 表示其伴随矩阵，则 A 的特征多项式有如下展开式：

$$|xE-A|=x^3-\operatorname{tr}(A)\cdot x^2+\operatorname{tr}(A^*)\cdot x-|A|.$$

证明 留作练习题.

例 2.42 求下面多项式的根：

$$f(x)=\begin{vmatrix}x-a_1^2&-a_1a_2&\cdots&-a_1a_n\\-a_2a_1&x-a_2^2&\cdots&-a_2a_n\\\vdots&\vdots&\ddots&\vdots\\-a_na_1&-a_na_2&\cdots&x-a_n^2\end{vmatrix}.$$

解 解法一 下面的第一个等式是用行的性质，而第二个等式是用列的性质：

$$f(x)=a_1a_2\cdots a_n\begin{vmatrix}\dfrac{x}{a_1}-a_1 & -a_2 & \cdots & -a_n\\ -a_1 & \dfrac{x}{a_2}-a_2 & \cdots & -a_n\\ \vdots & \vdots & \ddots & \vdots\\ -a_1 & -a_2 & \cdots & \dfrac{x}{a_n}-a_n\end{vmatrix}$$

$$=\begin{vmatrix}x-a_1^2 & -a_2^2 & \cdots & -a_n^2\\ -a_1^2 & x-a_2^2 & \cdots & -a_n^2\\ \vdots & \vdots & \ddots & \vdots\\ -a_1^2 & -a_2^2 & \cdots & x-a_n^2\end{vmatrix}$$

$$=\begin{vmatrix}x-\sum_{i=1}^n a_i^2 & -a_2^2 & \cdots & -a_n^2\\ x-\sum_{i=1}^n a_i^2 & x-a_2^2 & \cdots & -a_n^2\\ \vdots & \vdots & \ddots & \vdots\\ x-\sum_{i=1}^n a_i^2 & -a_2^2 & \cdots & x-a_n^2\end{vmatrix}$$

$$=\left(x-\sum_{i=1}^n a_i^2\right)x^{n-1}.$$

所以 $f(x)$ 的根为 $\sum_{i=1}^n a_i^2$ 与 $0(n-1$ 重根).

解法二 令 $\boldsymbol{A}=\boldsymbol{\alpha}^{\mathrm{T}}\boldsymbol{\alpha}$，其中 $\alpha=(a_1, a_2, \cdots, a_n)$，则有 $f(x)=|x\boldsymbol{E}-\boldsymbol{A}|$. 由于矩阵 $\boldsymbol{A}$ 的特征值为 $a_1^2+a_2^2+\cdots+a_n^2$，$0(n-1$ 重根)，于是 $f(x)=0$ 的全部根为 $x_1=a_1^2+a_2^2+\cdots+a_n^2, x_2=x_3=\cdots=x_n=0(n-1$ 重根).

解法三

$$f(x)=\begin{vmatrix}x-a_1a_1 & 0-a_1a_2 & \cdots & 0-a_1a_n\\ 0-a_2a_1 & x-a_2a_2 & \cdots & 0-a_2a_n\\ \vdots & \vdots & \ddots & \vdots\\ 0-a_na_1 & 0-a_na_2 & \cdots & x-a_na_n\end{vmatrix}.$$

根据行列式的性质，上述行列式可以写成 $2^n=C_n^0+C_n^1+\cdots+C_n^n$ 个行列式的和，其中，C_n^i 表示行列式中含 i 列形为 $k(a_1, a_2, \cdots, a_n)^T$ 的行列式的个数. 于是有

$$f(x) = x^n + \sum_{i=1}^{n} \begin{vmatrix} x & 0 & \cdots & 0 & -a_1a_i & 0 & \cdots & 0 \\ 0 & x & \cdots & 0 & -a_2a_i & 0 & \cdots & 0 \\ \vdots & \vdots & & & & & & \\ 0 & 0 & \cdots & 0 & -a_ia_i & 0 & \cdots & 0 \\ \vdots & \vdots & & & & & & \\ 0 & 0 & \cdots & 0 & -a_na_i & 0 & \cdots & x \end{vmatrix}$$

$$= x^n - x^{n-1}\sum_{i=1}^{n} a_i^2 = x^{n-1}\left(x - \sum_{i=1}^{n} a_i^2\right).$$

解法四　构作 $n+1$ 阶行列式，然后使用行列式性质进行计算

$$f(x) = \begin{vmatrix} 1 & a_1 & a_2 & \cdots & \alpha_n \\ 0 & x-a_1^2 & -a_1a_2 & \cdots & -a_1a_n \\ 0 & -a_2a_1 & x-a_2^2 & \cdots & -a_2a_n \\ \vdots & \vdots & \vdots & \ddots & \vdots \\ 0 & -a_na_1 & -a_na_2 & \cdots & x-a_n^2 \end{vmatrix} = \begin{vmatrix} 1 & a_1 & a_2 & \cdots & \alpha_n \\ a_1 & x & 0 & \cdots & 0 \\ a_2 & 0 & x & \cdots & 0 \\ \vdots & \vdots & \vdots & \ddots & \vdots \\ a_n & 0 & 0 & \cdots & x \end{vmatrix}$$

$$= x^{n-1}\left(x - \sum_{i=1}^{n} a_i^2\right).$$

例 2.43　假设 **F** 上矩阵 $\boldsymbol{A}_n$ 的全部特征根为 $\lambda_1, \lambda_2, \cdots, \lambda_n$（其中可能有重根）.

（1）对于 **F** 上的 m 次多项式 $g(x)$，求证：$g(\boldsymbol{A})$ 的全部特征根为

$$g(\lambda_1), g(\lambda_2), \cdots, g(\lambda_n)$$

（其中可能有重根）.

（2）如果 $\boldsymbol{A}$ 可逆，求证：$\boldsymbol{A}^{-1}$ 的全部特征根为 $\dfrac{1}{\lambda_1}, \dfrac{1}{\lambda_2}, \cdots, \dfrac{1}{\lambda_n}$.

证明　（1）**证法一**　用 Jordan 标准形，马上得到要证结果.

证法二　记 $f(\lambda) = |\lambda\boldsymbol{E} - \boldsymbol{A}| = \prod_{i=1}^{n}(\lambda - \lambda_i)$，并假设

$$g(x) = a(x-c_1)(x-c_2)\cdots(x-c_m).$$

则有 $g(\lambda_i) = a\prod_{j=1}^{m}(\lambda_i - c_j)$. 而

$$g(\boldsymbol{A}) = a(\boldsymbol{A} - c_1\boldsymbol{E})(\boldsymbol{A} - c_2\boldsymbol{E})\cdots(\boldsymbol{A} - c_m\boldsymbol{E}).$$

于是

$$
\begin{aligned}
|g(\boldsymbol{A})| &= a^n(-1)^{mn}\prod_{j=1}^{m}|c_j\boldsymbol{E}-\boldsymbol{A}| = (-1)^{nm}a^n\prod_{j=1}^{m}\prod_{i=1}^{n}(c_j-\lambda_i)\\
&= (-1)^{nm}a^n\prod_{i=1}^{n}\prod_{j=1}^{m}(c_j-\lambda_i) = \prod_{i=1}^{n}\left[a\prod_{j=1}^{m}(\lambda_i-c_j)\right] = \prod_{i=1}^{n}g(\lambda_i)\\
&= g(\lambda_1)g(\lambda_2)\cdots g(\lambda_n).
\end{aligned}
$$

在等式

$$|g(\boldsymbol{A})| = g(\lambda_1)g(\lambda_2)\cdots g(\lambda_n)$$

中用多项式 $\lambda-g(x)$ 代替多项式 $g(x)$（先将 λ 看作常数），即得到，对于任意常数 λ，恒有

$$|\lambda\boldsymbol{E}-g(\boldsymbol{A})| = [\lambda-g(\lambda_1)][\lambda-g(\lambda_2)]\cdots[\lambda-g(\lambda_n)].$$

上式对于所有 λ 均成立，因此 λ 可看成变元，说明 $g(\boldsymbol{A})$ 的全部特征值为

$$g(\lambda_1),\ g(\lambda_2),\ \cdots,\ g(\lambda_n).$$

（2）根据假设有 $|x\boldsymbol{E}-\boldsymbol{A}| = \prod_{i=1}^{n}(x-\lambda_i)$，其中 $|\boldsymbol{A}| = \lambda_1\cdots\lambda_n$. 因此有 $|\boldsymbol{A}^{-1}| = \dfrac{1}{\lambda_1\cdots\lambda_n}$，从而 $|x\boldsymbol{A}^{-1}-\boldsymbol{E}| = |\boldsymbol{A}^{-1}|\cdot|x\boldsymbol{E}-\boldsymbol{A}| = \prod_{i=1}^{n}\left(\dfrac{x}{\lambda_i}-1\right)$. 由此即得

$$\left|\frac{1}{x}\boldsymbol{E}-\boldsymbol{A}^{-1}\right| = (-1)^n\frac{1}{x^n}|x\boldsymbol{A}^{-1}-\boldsymbol{E}| = \prod_{i=1}^{n}\left(\frac{1}{x}-\frac{1}{\lambda_i}\right).$$

在上式中命 $y=\dfrac{1}{x}$，即得 $|y\boldsymbol{E}-\boldsymbol{A}^{-1}| = \prod_{i=1}^{n}\left(y-\dfrac{1}{\lambda_i}\right)$.

注记 例题 2.43 的结果比如下命题强得多：对于多项式 $g(x)$，如果矩阵 $\boldsymbol{A}$ 有特征值 λ，则 $g(\lambda)$ 是矩阵 $g(\boldsymbol{A})$ 的特征值.

例 2.44 求证：循环矩阵

$$\boldsymbol{A} = \begin{bmatrix} a_1 & a_2 & a_3 & \cdots & a_n \\ a_n & a_1 & a_2 & \cdots & a_{n-1} \\ a_{n-1} & a_n & a_1 & \cdots & a_{n-2} \\ \vdots & \vdots & \vdots & \ddots & \vdots \\ a_2 & a_3 & a_4 & \cdots & a_1 \end{bmatrix}$$

的特征根为 $f(\eta_1)$, …, $f(\eta_n)$, 其中

$$f(x)=a_1+a_2x+\cdots+a_nx^{n-1},$$

而 η_1, …, η_n 是 n 个两两互异的单位根. 因此, $|\boldsymbol{A}|=f(\eta_1)f(\eta_2)\cdots f(\eta_n)$.

证明 在 $\boldsymbol{A}$ 中,命 $a_i=1$, 而命其余 $a_j=0$, 得到矩阵(0, 1)矩阵 $\boldsymbol{B}_i$. 特别的,记 $\boldsymbol{B}=\boldsymbol{B}_2$. 通过计算可以得到

$$\boldsymbol{B}_3=\boldsymbol{B}^2,\ \boldsymbol{B}_4=\boldsymbol{B}^3,\ \cdots,\ \boldsymbol{B}_n=\boldsymbol{B}^{n-1},\ \boldsymbol{E}=\boldsymbol{B}^n.$$

因此有

$$\boldsymbol{A}=a_1\boldsymbol{E}+a_2\boldsymbol{B}+a_3\boldsymbol{B}^2+\cdots+a_n\boldsymbol{B}^{n-1}=f(\boldsymbol{B}),$$

其中, $f(x)=a_1+a_2x+\cdots+a_nx^{n-1}$. 根据前例的结果,为证明本题,只需要说明

$$|x\boldsymbol{E}-\boldsymbol{B}|=x^n-1\overset{\text{i.e.}}{=}(x-\eta_1)(x-\eta_2)\cdots(x-\eta_n).$$

例 2.45 (1) 已给 $m\times n$ 矩阵 $\boldsymbol{A}$ 与 $n\times m$ 矩阵 $\boldsymbol{B}$, 求证:

$$|x\boldsymbol{E}-\boldsymbol{AB}|=x^{m-n}|x\boldsymbol{E}-\boldsymbol{B}|.$$

(2) 对于 n 阶方阵 $\boldsymbol{A}$, $\boldsymbol{B}$, 求证: $\boldsymbol{AB}$ 和 $\boldsymbol{BA}$ 有相同的特征多项式,从而有相同的特征根(重根有相同的重数).

证明 (1) 构造 $m+n$ 阶分块矩阵 $\begin{bmatrix}x\boldsymbol{E}_m & \boldsymbol{A}\\ \boldsymbol{B} & \boldsymbol{E}_n\end{bmatrix}$, 并对其进行块的初等行、列变换,并考虑行列式. 依据 Laplace 定理(按多行展开)得到

$$|x\boldsymbol{E}_m-\boldsymbol{AB}|=\begin{vmatrix}x\boldsymbol{E}_m-\boldsymbol{AB} & \boldsymbol{A}\\ 0 & \boldsymbol{E}_n\end{vmatrix}\overset{\cdot}{\underset{\cdot}{=}}\begin{vmatrix}x\boldsymbol{E}_m & \boldsymbol{A}\\ \boldsymbol{B} & \boldsymbol{E}_n\end{vmatrix}\overset{\cdot}{=}x^m\begin{vmatrix}\boldsymbol{E}_m & x^{-1}\boldsymbol{A}\\ \boldsymbol{B} & \boldsymbol{E}_n\end{vmatrix}$$

$$\underset{\cdot}{=}x^{m-n}\begin{vmatrix}\boldsymbol{E}_m & \boldsymbol{A}\\ \boldsymbol{B} & x\boldsymbol{E}_n\end{vmatrix}\underset{\cdot}{=}x^{m-n}\begin{vmatrix}\boldsymbol{E}_m & 0\\ \boldsymbol{B} & x\boldsymbol{E}_n-\boldsymbol{BA}\end{vmatrix}=|x\boldsymbol{E}_m-\boldsymbol{BA}|.$$

(2) 由 (1) 得到.

例 2.46(A) (Cayley-Hamilton 定理) 设方阵 $\boldsymbol{A}_n$ 的特征多项式

$$f(x)=|x\boldsymbol{E}-\boldsymbol{A}|=x^n+a_1x^{n-1}+\cdots+a_{n-1}x+a_n.$$

则 $f(x)$ 零化 $\boldsymbol{A}$, 亦即

$$f(\boldsymbol{A})\overset{\text{i.e.}}{=}\boldsymbol{A}^n+a_1\boldsymbol{A}^{n-1}+\cdots+a_{n-1}\boldsymbol{A}+a_n\boldsymbol{E}=0.$$

注记　证明详见第 3 章例 3.6. 对于 $\mathbf{F}$ 上的方阵 $\boldsymbol{A}$, Cayley-Hamilton 定理是计算多项式矩阵 $g(\boldsymbol{A})$ 的利器(其中 $g(x)\in \mathbf{F}[x]$). 事实上,记 $\boldsymbol{A}$ 的特征多项式为 $f(x)$. 根据带余除法,存在唯一的一对多项式 $q(x)$, $r(x)\in \mathbf{F}[x]$ 使得

$$g(x)=q(x)f(x)+r(x),\ \deg(r(x))<n.$$

由于 $f(\boldsymbol{A})=0$, 所以有 $g(\boldsymbol{A})=r(\boldsymbol{A})$. 这样,对于 $g(\boldsymbol{A})$ 计算归结为对于一个次数不超过 $n-1$ 的多项式 $r(x)$, 计算 $r(\boldsymbol{A})$ 的问题.

当然对于相似于对角阵的方阵 $\boldsymbol{A}$, 通过计算 $\boldsymbol{A}$ 的特征值 λ_i 与特征向量,可以找到可逆矩阵 $\boldsymbol{P}$ 使得 $g(\boldsymbol{A})=\boldsymbol{P}\cdot \operatorname{diag}\{g(\lambda_i),\ g(\lambda_2),\ \cdots,\ g(\lambda_n)\}\cdot \boldsymbol{P}^{-1}$. 这样的公式无疑使得计算 $g(\boldsymbol{A})$ 变得更加简单,且有章可循.

例 2.46(B)　求证:(1) 如果多项式 $g(x)$ 零化方阵 $\boldsymbol{A}$, 则 $\boldsymbol{A}$ 的特征根均为 $g(x)$ 的根.

(2) 如果 $\boldsymbol{\alpha}$ 是 $\boldsymbol{A}$ 的特征向量,则对于任意一个多项式 $g(x)$, $\boldsymbol{\alpha}$ 也是 $g(\boldsymbol{A})$ 的特征向量.

证明　假设 λ 是 $\boldsymbol{A}$ 的特征值,而 α 是相应的特征向量,则有 $\boldsymbol{A\alpha}=\lambda\boldsymbol{\alpha}$, 从而有 $g(\boldsymbol{A})\boldsymbol{\alpha}=g(\lambda)\boldsymbol{\alpha}$. 这说明 $\boldsymbol{\alpha}$ 是矩阵 $g(\boldsymbol{A})$ 的属于特征值 $g(\boldsymbol{\lambda})$ 的特征向量. 这就证明了(2).

如果进一步假设多项式 $g(x)$ 零化方阵 $\boldsymbol{A}$, 则有 $g(\boldsymbol{A})=\boldsymbol{0}$, 从而有

$$\boldsymbol{0}=g(\boldsymbol{A})\boldsymbol{\alpha}=g(\lambda)\boldsymbol{\alpha}.$$

由于 $\boldsymbol{\alpha}\neq 0$, 必有 $g(\lambda)=0$. 这就证明了(1).

例 2.47　("几何重数 $\leqslant$ 代数重数")假设 $\boldsymbol{A}$ 是 $\mathbf{F}$ 上的 n 阶矩阵,而 $\lambda\in\mathbf{F}$ 是 $\boldsymbol{A}$ 的一个特征值. 记

$$V_\lambda=\{\alpha\in\mathbf{F}^{n\times 1}\mid \boldsymbol{A\alpha}=\lambda\boldsymbol{\alpha}\},$$

亦即 $\boldsymbol{V}_\lambda$ 表示 $\boldsymbol{A}$ 的属于特征值 λ 的特征子空间,并假设

$$s=r(V_\lambda)=n-r(\lambda\boldsymbol{E}-\boldsymbol{A}).$$

一般称 s 为 λ 在 $\boldsymbol{A}$ 中的几何重数. 用 r 表示因式 $x-\lambda$ 在 $\boldsymbol{A}$ 的特征多项式 $f(x)=|x\boldsymbol{E}-\boldsymbol{A}|$ 的标准分解式中的重数, 亦即 $(x-\lambda)^r\mid f(x)$ 且 $(x-\lambda)^{r+1}\nmid f(x)$. 一般称 r 为 λ 在 $\boldsymbol{A}$ 中的代数重数. 求证: $s\leqslant r$, 亦即"几何重数 $\leqslant$ 代数重数".

证明 取定 $\mathbf{V}_\lambda$ 的一个线性无关的极大向量组 $\boldsymbol{\alpha}_1, \cdots, \boldsymbol{\alpha}_s$，其中

$$s = n - r(\lambda\boldsymbol{E} - \boldsymbol{A}),$$

并扩充成 $\mathbf{F}^{n\times 1}$ 的一个极大线性无关组

$$\boldsymbol{\alpha}_1, \cdots, \boldsymbol{\alpha}_s, \boldsymbol{\alpha}_{s+1}, \cdots, \boldsymbol{\alpha}_n.$$

命 $\boldsymbol{P} = (\boldsymbol{\alpha}_1, \cdots, \boldsymbol{\alpha}_s, \boldsymbol{\alpha}_{s+1}, \cdots, \boldsymbol{\alpha}_n)$，则 $\boldsymbol{P}$ 可逆且有

$$\begin{aligned}\boldsymbol{AP} &= (\boldsymbol{A\alpha}_1, \cdots, \boldsymbol{A\alpha}_s, \boldsymbol{A\alpha}_{s+1}, \cdots, \boldsymbol{A\alpha}_n)\\ &= (\boldsymbol{\alpha}_1, \cdots, \boldsymbol{\alpha}_s, \boldsymbol{\alpha}_{s+1}, \cdots, \boldsymbol{\alpha}_n)\begin{bmatrix}\lambda\boldsymbol{E}_s & \boldsymbol{B}\\ \mathbf{0} & \boldsymbol{D}\end{bmatrix} = \boldsymbol{P}\begin{bmatrix}\lambda\boldsymbol{E}_s & \boldsymbol{B}\\ \mathbf{0} & \boldsymbol{D}\end{bmatrix}.\end{aligned}$$

因此 $\boldsymbol{P}^{-1}\boldsymbol{AP} = \begin{bmatrix}\lambda\boldsymbol{E}_s & \boldsymbol{B}\\ \mathbf{0} & \boldsymbol{D}\end{bmatrix}$. 由此即得到

$$|x\boldsymbol{E} - \boldsymbol{A}| = \left|x\boldsymbol{E} - \begin{bmatrix}\lambda\boldsymbol{E}_s & \boldsymbol{B}\\ \mathbf{0} & \boldsymbol{D}\end{bmatrix}\right| = (x-\lambda)^s \cdot |x\boldsymbol{E} - \boldsymbol{D}|.$$

故而 $s \leqslant r$.

例 2.48 假设 $\boldsymbol{A}$，$\boldsymbol{B}$ 都是 n 阶方阵. 求证：$\begin{bmatrix}\boldsymbol{A} & \boldsymbol{B}\\ \boldsymbol{B} & \boldsymbol{A}\end{bmatrix}$ 的特征根恰为 $\boldsymbol{A}+\boldsymbol{B}$ 的特征根全体并上 $\boldsymbol{A}-\boldsymbol{B}$ 的全体特征根.

特别的，如果 $\boldsymbol{A}_n$ 有特征根 $\lambda_1, \cdots, \lambda_n$ 且满足 $\lambda_i \neq \pm\lambda_j$，则 $2n$ 阶方阵 $\begin{bmatrix}\boldsymbol{E} & \boldsymbol{A}\\ \boldsymbol{A} & \boldsymbol{E}\end{bmatrix}$ 与 $\begin{bmatrix}\boldsymbol{A} & \boldsymbol{E}\\ \boldsymbol{E} & \boldsymbol{A}\end{bmatrix}$ 均具有 $2n$ 个两两互异的特征根.

注记 对本题的理解当然可以从集合角度进行思考，但是最强的结果是理解为

$$\left|x\boldsymbol{E} - \begin{bmatrix}\boldsymbol{A} & \boldsymbol{B}\\ \boldsymbol{B} & \boldsymbol{A}\end{bmatrix}\right| = |x\boldsymbol{E} - (\boldsymbol{A}+\boldsymbol{B})| \cdot |x\boldsymbol{E} - (\boldsymbol{A}-\boldsymbol{B})|.$$

证明 (1)

$$\begin{aligned}\left|x\boldsymbol{E} - \begin{bmatrix}\boldsymbol{A} & \boldsymbol{B}\\ \boldsymbol{B} & \boldsymbol{A}\end{bmatrix}\right| &= \begin{vmatrix}x\boldsymbol{E}-\boldsymbol{A} & -\boldsymbol{B}\\ -\boldsymbol{B} & x\boldsymbol{E}-\boldsymbol{A}\end{vmatrix}\\ &\overset{\text{行}}{=} \begin{vmatrix}x\boldsymbol{E}-(\boldsymbol{A}+\boldsymbol{B}) & x\boldsymbol{E}-(\boldsymbol{B}+\boldsymbol{A})\\ -\boldsymbol{B} & x\boldsymbol{E}-\boldsymbol{A}\end{vmatrix}\end{aligned}$$

$$\overset{\text{列}}{=}\begin{vmatrix} x\boldsymbol{E}-(\boldsymbol{A}+\boldsymbol{B}) & \boldsymbol{0} \\ -\boldsymbol{B} & x\boldsymbol{E}-(\boldsymbol{A}-\boldsymbol{B}) \end{vmatrix}$$

$$=|x\boldsymbol{E}-(\boldsymbol{A}+\boldsymbol{B})|\cdot|x\boldsymbol{E}-(\boldsymbol{A}-\boldsymbol{B})|.$$

(2) 根据(1)的结果可知 $\begin{bmatrix}\boldsymbol{E} & \boldsymbol{A}\\ \boldsymbol{A} & \boldsymbol{E}\end{bmatrix}$ 的全部特征根为 $1\pm\lambda_i$, $1\leqslant i\leqslant n$. 根据假设 $\lambda_i\neq\pm\lambda_j$, 可知这 $2n$ 个数两两互异.

例 2.49 假设 $\boldsymbol{A}$, $\boldsymbol{B}$, $\boldsymbol{C}$ 均为 n 阶正实矩阵,命 $f(t)=|\boldsymbol{A}t^2+\boldsymbol{B}t+\boldsymbol{C}|$, 并假设 λ 是 $f(t)$ 的一个根. 求证: λ 的实部小于零.(第四届全国大学生数学竞赛上海赛区预赛试题(数学类第四题))

证明 命 $\boldsymbol{D}=\boldsymbol{A}\lambda^2+\boldsymbol{B}\lambda+\boldsymbol{C}$, 则 $f(\lambda)=0$ 说明 $\boldsymbol{DX}=\boldsymbol{0}$ 有非零解 $\alpha\in\mathbf{C}^{n\times1}$. 于是,关于 t 的二元一次方程

$$(\overline{\boldsymbol{\alpha}}^{\mathrm{T}}\boldsymbol{A}\boldsymbol{\alpha})t^2+(\overline{\boldsymbol{\alpha}}^{\mathrm{T}}\boldsymbol{B}\boldsymbol{\alpha})\,t+(\overline{\boldsymbol{\alpha}}^{\mathrm{T}}\boldsymbol{C}\boldsymbol{\alpha})=\boldsymbol{0}$$

有非零解 $\lambda=\dfrac{-b\pm\sqrt{b^2-4ac}}{2}$, 其中 $a=\overline{\boldsymbol{\alpha}}^{\mathrm{T}}\boldsymbol{A}\boldsymbol{\alpha}$, $b\overline{\boldsymbol{\alpha}}^{\mathrm{T}}\boldsymbol{B}\boldsymbol{\alpha}$, $c=\overline{\boldsymbol{\alpha}}^{\mathrm{T}}\boldsymbol{C}\boldsymbol{\alpha}$. 根据 $\boldsymbol{A}$, $\boldsymbol{B}$, $\boldsymbol{C}$ 的正定性可知, a, b, c 均为大于零的实数.

如果 $b^2-4ac<0$, 则 λ 的实部为 $-b<0$; 如果 $b^2-4ac\geqslant0$, 由于 $b^2-4ac<b^2$, 故而 λ 的实部为 $\dfrac{-b\pm\sqrt{b^2-4ac}}{2}<0$.

例 2.50 假设 $\boldsymbol{A}_n$ 与 $\boldsymbol{B}_m$ 都是数域 $\mathbf{F}$ 上的方阵, 并假设 $\boldsymbol{A}$, $\boldsymbol{B}$ 的特征多项式分别为 $f(x)$ 与 $g(x)$. 求证: $f(x)$ 的复数根均不是 $g(x)$ 的根,当且仅当 $f(\boldsymbol{B})$ 为可逆矩阵.

证明 必要性 假设 $f(x)$ 的复数根均不是 $g(x)$ 的根, 则有 $(f(x), g(x))=1$, 从而存在 $\mathbf{F}[x]$ 中的多项式 $u(x)$ 与 $v(x)$ 使得

$$f(x)u(x)+g(x)v(x)=1.$$

根据 Cayley-Hamilton 定理可知 $g(\boldsymbol{B})=0$, 于是有 $f(\boldsymbol{B})\cdot u(\boldsymbol{B})=\boldsymbol{E}$, 从而 $f(\boldsymbol{B})$ 可逆,且 $f(\boldsymbol{B})^{-1}=u(\boldsymbol{B})$. 注意,此时 $g(\boldsymbol{A})$ 也可逆.

充分性 假设 m 阶方阵 $\boldsymbol{B}$ 在 $\mathbf{C}$ 中的全部特征根为 λ_1, …, λ_m, 则已知 $f(\boldsymbol{B})$ 的全部特征根为 $f(\lambda_1)$, …, $f(\lambda_m)$. 由于假设了 $f(\boldsymbol{B})$ 可逆, 所以有 $f(\lambda_i)\neq0$, 对于任意 i. 而 $f(x)=|x\boldsymbol{E}-\boldsymbol{A}|$, 这就说明 $\boldsymbol{A}_n$ 与 $\boldsymbol{B}_m$ 没有相同的特征根.(必要性部分也可采用同样方法论证.)

例 2.51 假设 $n>1$. 对于实数 $a_0, a_1, \cdots, a_{n-1}$，考虑矩阵

$$A=\begin{bmatrix} 0 & 1 & 0 & 0 & \cdots & 0 & 0 \\ 0 & 0 & 1 & 0 & \cdots & 0 & 0 \\ 0 & 0 & 0 & 1 & \cdots & 0 & 0 \\ \vdots & \vdots & \vdots & \vdots & \ddots & \vdots & \vdots \\ 0 & 0 & 0 & 0 & \cdots & 1 & 0 \\ 0 & 0 & 0 & 0 & \cdots & 0 & 1 \\ -a_0 & -a_1 & -a_2 & -a_3 & \cdots & -a_{n-2} & -a_{n-1} \end{bmatrix}.$$

（1）试计算 $\boldsymbol{A}$ 的特征多项式 $f(x)$.

（2）如果 $f(x)$ 没有重根，试求可逆的复矩阵 $\boldsymbol{P}$ 使得 $\boldsymbol{P}^{-1}\boldsymbol{AP}$ 为对角矩阵.

（3）$a_0, a_1, \cdots, a_{n-1}$ 满足什么条件时，$\boldsymbol{A}$ 可以酉相似于对角阵？在酉相似于对角阵时，求相应的酉矩阵.

解 （1）利用行列式的性质或定义不难计算出：

$$f(x)=|x\boldsymbol{E}-\boldsymbol{A}|=x^n+a_{n-1}x^{n-1}+\cdots+a_1x+a_0.$$

（2）如果 λ 是 $f(x)$ 的根，则有 $\lambda^n=-(a_0\cdot 1+a_1\cdot\lambda+\cdots+a_{n-1}\cdot\lambda^{n-1})$. 由此即知，向量 $\boldsymbol{\alpha}_\lambda$ 是 $\boldsymbol{A}$ 的属于特征值 λ 的特征向量，其中

$$\boldsymbol{\alpha}_\lambda^{\mathrm{T}}=(1, \lambda, \lambda^2, \cdots, \lambda^{n-1}).$$

现在假设 $\lambda_1, \cdots, \lambda_n$ 是 $f(x)$ 的全部两两互异的根，设 $\boldsymbol{\alpha}_i$ 是相应于特征值 λ_i 的特征向量，其中

$$\boldsymbol{\alpha}_i^{\mathrm{T}}=(1, \lambda_i, \lambda_i^2, \cdots, \lambda_i^{n-1}).$$

命 $\boldsymbol{P}=(\boldsymbol{\alpha}_1, \boldsymbol{\alpha}_2, \cdots, \boldsymbol{\alpha}_n)$，则有 $\boldsymbol{P}^{-1}\boldsymbol{AP}=\mathrm{diag}\{\lambda_1, \cdots, \lambda_n\}$. 注意到 $\boldsymbol{P}$ 恰为一个范德蒙矩阵.

（3）根据已有理论（参见第 3 章的定理 7）可知，$\boldsymbol{A}$ 酉相似于对角阵当且仅当 $\boldsymbol{AA}^{\mathrm{T}}=\boldsymbol{A}^{\mathrm{T}}\boldsymbol{A}$. 经过计算并比较 $\boldsymbol{AA}^{\mathrm{T}}$ 与 $\boldsymbol{A}^{\mathrm{T}}\boldsymbol{A}$ 的对角线上相应位置元素，可知 $\boldsymbol{A}$ 酉相似于对角阵，当且仅当

$$a_0=\pm 1, a_1=\cdots=a_{n-1}=0.$$

当 $a_0=\pm 1, a_1=\cdots=a_{n-1}=0$ 时，设 $\lambda_1, \cdots, \lambda_n$ 是 $f(x)=x^n\pm 1$ 的全部根. 命 $\boldsymbol{\beta}_i$ 是相应于特征值 λ_i 的单位特征向量，亦即 $\boldsymbol{\beta}_i=\dfrac{1}{n}\boldsymbol{\alpha}_i$，其中的 $\boldsymbol{\alpha}_i$ 如前所述. 则 $\boldsymbol{U}=(\boldsymbol{\beta}_1, \boldsymbol{\beta}_2, \cdots, \boldsymbol{\beta}_n)=\dfrac{1}{n}\boldsymbol{P}$ 即为所求.

3 矩阵及其在线性方程组、二次型理论中的应用

3.1 重要概念以及一些基本事实

(1) 矩阵 $\boldsymbol{A}$ 的秩 $\mathrm{r}(\boldsymbol{A})$.

$\mathrm{r}(\boldsymbol{A}) = \max\{r \mid \boldsymbol{A}$ 有非零的 r 阶子式,但是所有 $r+1$ 阶子式全都为零$\}$.

(2) 向量组 $\{\boldsymbol{\alpha}_1, \cdots, \boldsymbol{\alpha}_s\}$ 的秩 $\mathrm{r}\{\boldsymbol{\alpha}_1, \cdots, \boldsymbol{\alpha}_s\}$：指该向量组中任意一个极大线性无关组所包含的向量的个数.

(3) 对于矩阵的 3 种初等行(列)变换与相应初等矩阵：对于单位矩阵进行一次下列所述的初等行(列)变换,得到的矩阵称为相应的Ⅰ、Ⅱ、Ⅲ型**初等矩阵**.

第Ⅰ型：以某个非零的数 k 乘以矩阵的某行(列)；

第Ⅱ型：交换某两行(列)的位置；

第Ⅲ型：将某行(列)的若干倍数加到另外一行(列).

例如,以下 3 个矩阵为初等矩阵

$$\begin{bmatrix} 2 & 0 & 0 \\ 0 & 1 & 0 \\ 0 & 0 & 1 \end{bmatrix}, \begin{bmatrix} 0 & 1 & 0 \\ 1 & 0 & 0 \\ 0 & 0 & 1 \end{bmatrix}, \begin{bmatrix} 1 & 0 & 0 \\ 0 & 1 & 0 \\ -3 & 0 & 1 \end{bmatrix}.$$

(4) 对于矩阵 $\boldsymbol{A}_{m\times n}$ 做一次初等行变换,所得矩阵等于相应的 m 阶初等阵乘以 $\boldsymbol{A}$；而对于 $\boldsymbol{A}_{m\times n}$ 做一次初等列变换,所得矩阵等于 $\boldsymbol{A}$ 乘以相应的 n 阶初等阵.

(5) 方阵 $\boldsymbol{P}$ 可逆,当且仅当它是若干个初等阵的乘积.

(6) 对于 $\boldsymbol{A}$ 做一次初等行(或列)变换,保持矩阵的秩不变. 因此,对于可逆矩阵 $\boldsymbol{P}_m$, $\boldsymbol{Q}_n$, 恒有 $\mathrm{r}(\boldsymbol{PAQ}) = \mathrm{r}(\boldsymbol{PA}) = \mathrm{r}(\boldsymbol{AQ}) = \mathrm{r}(\boldsymbol{A})$.

(7) 几种重要矩阵：

(i) 实对称矩阵 $\boldsymbol{A}$：$\boldsymbol{A}^{\mathrm{T}} = \boldsymbol{A} \in \mathbf{R}^{n\times n}$；

(ii) 额尔米特(Hermite)矩阵 $\boldsymbol{A}_n$：$\overline{\boldsymbol{A}}^{\mathrm{T}} = \boldsymbol{A} \in \mathbf{C}^{n\times n}$；

(iii) 酉阵 A_n：$\overline{\boldsymbol{A}}^{\mathrm{T}}\boldsymbol{A} = \boldsymbol{E}_n$, 实的酉阵称为正交阵；

(iv) 正规阵 $\boldsymbol{A}_n$：$\overline{\boldsymbol{A}}^{\mathrm{T}}\boldsymbol{A} = \boldsymbol{A}\overline{\boldsymbol{A}}^{\mathrm{T}}$.

3.2 重要定理

定理 3.1 对于数域 $\mathbf{F}$ 上的任意 $m\times n$ 矩阵 $\boldsymbol{A}$，存在 $\mathbf{F}$ 上的 m 阶可逆矩阵 $\boldsymbol{P}$ 与 n 阶可逆矩阵 $\boldsymbol{Q}$，使得 $\boldsymbol{PAQ}=\begin{bmatrix}\boldsymbol{E}_r & \mathbf{0}\\ \mathbf{0} & \mathbf{0}\end{bmatrix}$.

定理 3.2 对于 $\mathbf{F}$ 上的 $m\times n$ 矩阵 $\mathbf{A}$，以下数值都相等(称为 **$\mathbf{A}$ 的秩，记** $\mathrm{r}(\mathbf{A})$)：

(1) A 的行向量组的秩，简称为 $\mathbf{A}$ 的行秩；

(2) A 的标准阶梯性中非零行的行数；

(3) A 的转置矩阵 $\mathbf{A}^{\mathrm{T}}$ 的行秩；

(4) 定理 1 中的数 r.

(5) 非负整数 r：$\mathbf{A}$ 有非零的 r 阶子式，但是所有 $r+1$ 阶子式全都为零.

定理 3.3 (基础解系基本定理)对于数域 $\mathbf{F}$ 上的任意 $m\times n$ 矩阵 $\mathbf{A}$，方程组 $\mathbf{AX}=\mathbf{0}$ 在 $\mathbf{F}^{n\times 1}$ 中的基础解系含有 $n-\mathrm{r}(\mathbf{A})$ 个向量. 换言之，方程组 $\mathbf{AX}=\mathbf{0}$ 的解空间

$$V_A=\{\alpha\in\mathbf{F}^{n\times 1}\mid \mathbf{A}\boldsymbol{\alpha}=\mathbf{0}\}$$

在 $\mathbf{F}$ 上的维数为 $n-\mathrm{r}(\mathbf{A})$：$\dim_{\mathbf{F}}V_{\mathbf{A}}=n-\mathrm{r}(\mathbf{A})$.

定理 3.4 (Cramer's Rule)对于方程组 $\mathbf{AX}=\boldsymbol{\beta}$，其中 $\mathbf{A}=(\boldsymbol{\alpha}_1,\cdots,\boldsymbol{\alpha}_n)$ 是可逆矩阵，命 $D=|\mathbf{A}|$，$D_i=|\mathbf{A}_i|$，其中 $\mathbf{A}_i$ 是将 $\mathbf{A}$ 的第 i 列 $\boldsymbol{\alpha}_i$ 换为 $\boldsymbol{\beta}$ 后所得的矩阵，则方程组 $\mathbf{AX}=\boldsymbol{\beta}$ 有唯一的解 $\mathbf{X}$：$\mathbf{X}^{\mathrm{T}}=\left[\frac{D_1}{D},\frac{D_2}{D},\cdots,\frac{D_n}{D}\right]$.

定理 3.5 (Cayley-Hamilton 定理)若记 $|x\mathbf{E}-\mathbf{A}|=f(x)$，则 $f(\mathbf{A})=0$. 换言之，方阵 $\mathbf{A}$ 的特征多项式零化 $\mathbf{A}$.

相关简单事实：$\mathbf{A}$ 的最小多项式 $m_A(x)$ 整除 $f(x)$. 此外，如果多项式 $g(x)$ 零化矩阵 $\mathbf{A}$，则 $\mathbf{A}$ 的特征根均为 $g(x)$ 的根；另一方面，$\mathbf{A}$ 的特征向量均为 $g(\mathbf{A})$ 的特征向量.

定理 3.6 对于数域 $\mathbf{F}$ 上的方阵 $\mathbf{A}_n$，以下条件等价：

(1) $\mathbf{A}$ 在 $\mathbf{F}$ 上相似于对角阵，亦即存在 $\mathbf{F}$ 上的可逆矩阵 $\boldsymbol{P}$ 使得 $\boldsymbol{P}^{-1}\boldsymbol{AP}$ 为 $\mathbf{F}$ 上的对角阵.

(2) $\mathbf{A}$ 的特征根(亦即特征多项式 $|x\mathbf{E}-\mathbf{A}|$ 在 $\mathbf{C}$ 内的根)全在 $\mathbf{F}$ 中，而且 $\mathbf{A}$ 有 n 个线性无关的特征向量.

(3) $\mathbf{A}$ 的最小多项式 $m_{\mathbf{A}}(x)$ 在 $\mathbf{F}[x]$ 中可分解为首一的一次因式的乘积，且无

重根. 换言之，$m_{\mathbf{A}}(x)=\prod_{i=1}^{r}(x-\lambda_i)$，其中 $\lambda_i \in \mathbf{F}$ 且 $\lambda_i \neq \lambda_j$，对于任意 $i \neq j$.

(4) $\mathbf{A}$ 的特征根全在 $\mathbf{F}$ 中，且有

$$n=\sum_{i=1}^{r}[n-r(\lambda_i \boldsymbol{E}-\mathbf{A})],$$

其中，λ_1，…，λ_r 是 $\mathbf{A}$ 的所有互异特征根.

(5) $\mathbf{A}$ 的特征根全在 $\mathbf{F}$ 中，而且每个特征根在 $\mathbf{A}$ 中的代数重数等于几何重数.

定理 3.7 (1) Hermite 矩阵的特征根均为实数. 特别的，实对称阵的特征根均为实数.

(2) 正交阵的属于不同特征值的特征向量正交.

(3) 一个方阵在复数域上酉相似于一个对角阵，当且仅当其为正交阵(亦即满足 $\overline{\mathbf{A}}^{\mathrm{T}}\mathbf{A}=\mathbf{A}\overline{\mathbf{A}}^{\mathrm{T}}$). 特别的，实对称阵总正交相似于一个实对角阵.

(4) 假设 $\mathbf{F}$ 上的方阵 $\mathbf{A}$ 的特征根全在 $\mathbf{F}$ 中，则 $\mathbf{A}$ 在 $\mathbf{F}$ 上酉相似于一个对角阵，当且仅当其为正交阵.

定理 3.8 (Jordan 标准形基本定理)(1) 对于数域 $\mathbf{F}$ 上 的方阵 $\mathbf{A}$，若特征多项式 $|x\boldsymbol{E}-\mathbf{A}|$ 的根都在 $\mathbf{F}$ 中，则 $\mathbf{A}$ 在 $\mathbf{F}$ 上相似于如下一个准对角阵(称为 **Jordan 标准形**)：

$$\begin{bmatrix} \boldsymbol{J}_1 & 0 & 0 & \cdots & 0 & 0 \\ 0 & \boldsymbol{J}_2 & 0 & \cdots & 0 & 0 \\ 0 & 0 & \boldsymbol{J}_3 & & 0 & 0 \\ \vdots & \vdots & \vdots & \ddots & \vdots & \vdots \\ 0 & 0 & 0 & \cdots & \boldsymbol{J}_{r-1} & 0 \\ 0 & 0 & 0 & \cdots & 0 & \boldsymbol{J}_r \end{bmatrix},$$

其中，$\boldsymbol{J}_i$ 是由一个特征值 λ_i 确定的某个 k_i 阶矩阵(称为 **Jordan 块形矩阵**)：

$$\begin{bmatrix} \lambda_i & 1 & 0 & \cdots & 0 & 0 \\ 0 & \lambda_i & 1 & \cdots & 0 & 0 \\ 0 & 0 & \lambda_i & & 0 & 0 \\ \vdots & \vdots & \vdots & \ddots & \vdots & \vdots \\ 0 & 0 & 0 & \cdots & \lambda_i & 1 \\ 0 & 0 & 0 & \cdots & 0 & \lambda_i \end{bmatrix}.$$

(2) 在 $\boldsymbol{A}$ 的若当标准形中,如果不计较 Jordan 块的排列次序,则其 Jordan 标准形是唯一的.

(3) 特别的, $\mathbf{C}$ 上的方阵都相似于唯一一个 Jordan 标准形矩阵.(这里的唯一性是指在不考虑 Jordan 块摆放次序的前提下的唯一性.)

3.3 重要公式

(1) 矩阵乘法不满足的运算律:

(i) 交换律(通常 $\boldsymbol{AB}=\boldsymbol{BA}$ 不成立);

(ii) 左(或者右)消去律,亦即 $\boldsymbol{AB}=\boldsymbol{AC}\not\Rightarrow\boldsymbol{B}=\boldsymbol{C}$.

(iii) 二项式定律.(但是注意: 如果 $\boldsymbol{AB}=\boldsymbol{BA}$, 则有$(\boldsymbol{A}+\boldsymbol{B})^m=\sum\limits_{i=0}^{m}\mathrm{C}_m^i\boldsymbol{A}^i\boldsymbol{B}^{m-i}$. 特别的,对于 $\boldsymbol{A}=k\boldsymbol{E}$, 上述二项式定律成立.)

(2) 矩阵乘法满足结合律、分配律(乘法与加法运算和谐);矩阵乘法和数乘运算也是协调的.

(3) $\boldsymbol{AA}^*=\boldsymbol{A}^*\boldsymbol{A}=|\boldsymbol{A}|\cdot\boldsymbol{E}$. 特别的,当 $|\boldsymbol{A}|\neq 0$ 时,有 $\boldsymbol{A}^{-1}=\dfrac{1}{|\boldsymbol{A}|}\boldsymbol{A}^*$, 其中 $\boldsymbol{A}^*$ 是 $\boldsymbol{A}$ 的伴随矩阵,

$$\boldsymbol{A}^*=\begin{bmatrix}A_{11} & A_{21} & \cdots & A_{n1}\\ A_{12} & A_{22} & \cdots & A_{n2}\\ \vdots & \vdots & \ddots & \vdots\\ A_{1n} & A_{2n} & \cdots & A_{nn}\end{bmatrix},$$

其中的 $A_{ij}=(-1)^{i+j}M_{ij}$, 而 M_{ij} 是 $\boldsymbol{A}$ 中 (i,j) 位置元的余子式.

(4)

$$(\boldsymbol{CD})^{\mathrm{T}}=\boldsymbol{D}^{\mathrm{T}}\boldsymbol{C}^{\mathrm{T}},\ (\boldsymbol{AB})^{-1}=\boldsymbol{B}^{-1}\boldsymbol{A}^{-1},$$

$$(\boldsymbol{A}^{\mathrm{T}})^{-1}=(\boldsymbol{A}^{-1})^{\mathrm{T}},\ (\boldsymbol{CD})^*=\boldsymbol{D}^*\boldsymbol{C}^*.$$

(5) 在 $\mathbf{F}^{n\times 1}$ 中(更一般的,在线性空间 ${}_{\mathbf{F}}\boldsymbol{V}$ 中), 如果有

$$\boldsymbol{\alpha}_1,\ \cdots,\ \boldsymbol{\alpha}_r\overset{1}{\Rightarrow}\boldsymbol{\beta}_1,\ \cdots,\ \boldsymbol{\beta}_s$$

成立, 其中 $\boldsymbol{\beta}_1,\ \cdots,\ \boldsymbol{\beta}_s$ 线性无关,则必有 $r\geqslant s$.

(6) 可逆矩阵的两种重要分解式($\boldsymbol{LU}$ 分解与 $\boldsymbol{QR}$ 分解): 对于可逆矩阵 $\boldsymbol{A}$,

(i) 存在置换矩阵 $\boldsymbol{P}$, 使得 $\boldsymbol{PA}$ 有分解式 $\boldsymbol{PA}=\boldsymbol{LU}$, 其中 $\boldsymbol{L}$ 是对角线元素为

1 的下三角阵，而 $\boldsymbol{U}$ 是上三角阵. 此外，如果 $\boldsymbol{A}$ 有这样的分解，则分解式是唯一的.

(ii) $\boldsymbol{A}$ 可分解为 $\boldsymbol{A}=\boldsymbol{QR}$，其中 $\boldsymbol{Q}$ 是酉矩阵，而 $\boldsymbol{R}$ 是上三角阵且其对角元均为大于零的实数. 此外，这样的分解式是唯一的.

(7) 分块矩阵的运算：假设 $\boldsymbol{B}_{n\times t}$ 的列向量依次为 $\boldsymbol{\beta}_1, \cdots, \boldsymbol{\beta}_t$. 假设

$$\boldsymbol{C}=(\boldsymbol{\beta}_1, \cdots, \boldsymbol{\beta}_r),\ \boldsymbol{D}=(\boldsymbol{\beta}_{r+1}, \cdots, \boldsymbol{\beta}_t).$$

亦即 $\boldsymbol{B}=(\boldsymbol{\beta}_1, \cdots, \boldsymbol{\beta}_t)=(\boldsymbol{C}, \boldsymbol{D})$. 则对于矩阵 $\boldsymbol{A}_{m\times n}$，有

$$(\boldsymbol{A\beta}_1, \cdots, \boldsymbol{A\beta}_t)=\boldsymbol{A}(\boldsymbol{\beta}_1, \cdots, \boldsymbol{\beta}_t)=\boldsymbol{AB}=\boldsymbol{A}(\boldsymbol{C}, \boldsymbol{D})=(\boldsymbol{AC}, \boldsymbol{AD}).$$

(8) Schmidt 正交化过程：对于内积空间中的给定线性无关组 $\boldsymbol{\alpha}_1, \cdots, \boldsymbol{\alpha}_m$，存在一个标准程序(施密特正交化)去求得与 $\boldsymbol{\alpha}_1, \cdots, \boldsymbol{\alpha}_m$ 等价的正交向量组：

$$\boldsymbol{\beta}_1=\boldsymbol{\alpha}_1,$$
$$\boldsymbol{\beta}_2=\boldsymbol{\alpha}_2-\frac{[\boldsymbol{\beta}_1, \boldsymbol{\alpha}_2]}{[\boldsymbol{\beta}_1, \boldsymbol{\beta}_1]}\boldsymbol{\beta}_1,$$
$$\boldsymbol{\beta}_3=\boldsymbol{\alpha}_3-\frac{[\boldsymbol{\beta}_2, \boldsymbol{\alpha}_3]}{[\boldsymbol{\beta}_2, \boldsymbol{\beta}_2]}\boldsymbol{\beta}_2-\frac{[\boldsymbol{\beta}_1, \boldsymbol{\alpha}_3]}{[\boldsymbol{\beta}_1, \boldsymbol{\beta}_1]}\boldsymbol{\beta}_1,$$
$$\cdots\cdots$$
$$\boldsymbol{\beta}_m=\boldsymbol{\alpha}_m-\sum_{i=1}^{m-1}\frac{[\boldsymbol{\beta}_i, \boldsymbol{\alpha}_m]}{[\boldsymbol{\beta}_i, \boldsymbol{\beta}_i]}\boldsymbol{\beta}_i.$$

注记 与正交化过程相伴的是单位化，亦即将每个 $\boldsymbol{\beta}_i$ 单位化，得与 $\boldsymbol{\beta}_i$ 同方向的单位向量 $\boldsymbol{\gamma}_i=\dfrac{1}{|\boldsymbol{\beta}_i|}\boldsymbol{\beta}_i$，所得向量组 $\boldsymbol{\gamma}_1, \cdots, \boldsymbol{\gamma}_m$ 是标准正交组.

(9) 对于矩阵 $\boldsymbol{A}, \boldsymbol{B}, \boldsymbol{C}, \boldsymbol{D}$，如果 $\boldsymbol{AB}$，$\boldsymbol{C}+\boldsymbol{D}$ 有意义，则有

$$\mathrm{r}(\boldsymbol{A})+\mathrm{r}(\boldsymbol{B})-n\leqslant \mathrm{r}(\boldsymbol{AB})\leqslant \min\{\mathrm{r}(\boldsymbol{A}), \mathrm{r}(\boldsymbol{B})\},$$
$$\mathrm{r}(\boldsymbol{C}+\boldsymbol{D})\leqslant \mathrm{r}(\boldsymbol{C})+\mathrm{r}(\boldsymbol{D}),$$

其中，n 是矩阵 $\boldsymbol{A}$ 的列数.

(10) 如果 $\boldsymbol{AB}=\boldsymbol{0}$，则 $\mathrm{r}(\boldsymbol{A})+\mathrm{r}(\boldsymbol{B})\leqslant n$，其中 n 是矩阵 $\boldsymbol{A}$ 的列数.

(11) 如果 $\boldsymbol{AB}$，$\boldsymbol{BC}$ 有意义，则有 $\mathrm{r}(\boldsymbol{AB})+\mathrm{r}(\boldsymbol{BC})\leqslant \mathrm{r}(\boldsymbol{ABC})+\mathrm{r}(\boldsymbol{B})$.

3.4 例题与解答

例 3.1(A) 求证：矩阵乘法满足结合律，亦即：如果 $\boldsymbol{AB}$ 和 $\boldsymbol{BC}$ 有意义，则

有 $\boldsymbol{A}(\boldsymbol{BC})=(\boldsymbol{AB})\boldsymbol{C}$.

证明 对于矩阵 $\boldsymbol{A}_{m\times n}$, $\boldsymbol{B}_{n\times r}$, 假设 $\boldsymbol{B}=(\boldsymbol{\beta}_1, \cdots, \boldsymbol{\beta}_r)$（亦即：$\boldsymbol{\beta}_i$ 是 $\boldsymbol{B}$ 的第 i 个列向量，记为 $\boldsymbol{B}(i)$），则根据矩阵乘积的定义不难验证

$$\boldsymbol{AB}=\boldsymbol{A}(\boldsymbol{\beta}_1, \cdots, \boldsymbol{\beta}_s)=(\boldsymbol{A\beta}_1, \cdots, \boldsymbol{A\beta}_r).$$

由此不难验证

$$\boldsymbol{A}(\boldsymbol{B}+\boldsymbol{D})=\boldsymbol{AB}+\boldsymbol{AD}, \boldsymbol{A}(k\boldsymbol{B})=k(\boldsymbol{AB})=(k\boldsymbol{A})\boldsymbol{B}.$$

对于 $\boldsymbol{A}_{m\times n}$, $\boldsymbol{B}_{n\times r}$, $\boldsymbol{C}_{r\times s}$, 为了证明 $(\boldsymbol{AB})\boldsymbol{C}=\boldsymbol{A}(\boldsymbol{BC})$，若已经知道下式恒成立

$$\boldsymbol{A}(\boldsymbol{BX})=(\boldsymbol{AB})\boldsymbol{X}, \quad \boldsymbol{X}\in \mathbf{F}^{r\times 1}, \tag{3-1}$$

则有

$$\begin{aligned}\boldsymbol{A}(\boldsymbol{BC})&=\boldsymbol{A}(\boldsymbol{B}\cdot\boldsymbol{C}(1), \boldsymbol{B}\cdot\boldsymbol{C}(2), \cdots, \boldsymbol{B}\cdot\boldsymbol{C}(s))\\&=(\boldsymbol{A}(\boldsymbol{B}\cdot\boldsymbol{C}(1)), \cdots, \boldsymbol{A}(\boldsymbol{B}\cdot\boldsymbol{C}(s)))\\&=((\boldsymbol{AB})\cdot\boldsymbol{C}(1), \cdots, (\boldsymbol{AB})\cdot\boldsymbol{C}(s))\\&=(\boldsymbol{AB})(\boldsymbol{C}(1), \cdots, \boldsymbol{C}(s))=(\boldsymbol{AB})\boldsymbol{C}.\end{aligned}$$

下面补证式(3-1)：

对任意 $\boldsymbol{X}^{\mathrm{T}}=(\boldsymbol{k}_1, \cdots, \boldsymbol{k}_r)$，由于 $\boldsymbol{X}=x_1\varepsilon_1+\cdots+x_r\varepsilon_r$，且有 $\boldsymbol{B}\varepsilon_i=\boldsymbol{B}(i)$，所以将 $\boldsymbol{X}=x_1\varepsilon_1+\cdots+x_r\varepsilon_r$ 代入即得到

$$\begin{aligned}\boldsymbol{A}(\boldsymbol{BX})&=\boldsymbol{A}(x_1\boldsymbol{B}\varepsilon_1+\cdots+x_r\boldsymbol{B}\varepsilon_r)=\boldsymbol{A}(x_1\boldsymbol{B}_1)+\cdots\boldsymbol{A}(x_r\boldsymbol{B}(r))\\&=x_1(\boldsymbol{AB}(1))+\cdots+x_r(\boldsymbol{AB}(r))=(\boldsymbol{AB}(1), \cdots, \boldsymbol{AB}(r))\begin{bmatrix}x_1\\x_2\\\vdots\\x_r\end{bmatrix}\\&=(\boldsymbol{A}(\boldsymbol{B}(1), \cdots, \boldsymbol{B}(r)))\boldsymbol{X}=(\boldsymbol{AB})\boldsymbol{X}.\end{aligned}$$

例 3.1(B) 假设 $\boldsymbol{A}+\boldsymbol{B}=\boldsymbol{AB}$，求证：

(1) $\boldsymbol{A}-\boldsymbol{E}$ 可逆并求其逆.

(2) $\boldsymbol{AB}=\boldsymbol{BA}$.

证明 (1) $\boldsymbol{E}=\boldsymbol{AB}-\boldsymbol{B}-\boldsymbol{A}+\boldsymbol{E}=(\boldsymbol{A}-\boldsymbol{E})\boldsymbol{B}-(\boldsymbol{A}-\boldsymbol{E})=(\boldsymbol{A}-\boldsymbol{E})(\boldsymbol{B}-\boldsymbol{E})$. 于是 $\boldsymbol{A}-\boldsymbol{E}$ 可逆并有 $(\boldsymbol{A}-\boldsymbol{E})^{-1}=\boldsymbol{B}-\boldsymbol{E}$.

(2) 根据(1)的结果，有 $(\boldsymbol{B}-\boldsymbol{E})(\boldsymbol{A}-\boldsymbol{E})=\boldsymbol{E}$. 于是 $\boldsymbol{BA}=\boldsymbol{A}+\boldsymbol{B}=\boldsymbol{AB}$.

例 3.1(C) 假设三阶可逆方阵 $\boldsymbol{A}$ 的每一行元素的和都等于同一个数 k，求

证：$\boldsymbol{A}^{-1}$ 的每一行元素的和都等于 $1/k$.

证明 根据假设有 $\boldsymbol{A}\begin{bmatrix}1\\1\\1\end{bmatrix}=k\begin{bmatrix}1\\1\\1\end{bmatrix}$，于是有 $\boldsymbol{A}^{-1}\begin{bmatrix}1\\1\\1\end{bmatrix}=\frac{1}{k}\begin{bmatrix}1\\1\\1\end{bmatrix}$. 这就说明 $\boldsymbol{A}^{-1}$ 的每一行元素的和都等于 $1/k$.

例 3.2(A) 如何理解分块矩阵的乘法？

解 理解分块矩阵的乘法是一个较难的事情，可以遵循由易到难的原则逐步学会.

(i) 对于 $\boldsymbol{C}_{m\times r}=\boldsymbol{A}_{m\times\boxed{n}}\boldsymbol{B}_{\boxed{n}\times r}$，假设 $\boldsymbol{B}$ 的各列依次为 $\boldsymbol{\beta}_1, \cdots, \boldsymbol{\beta}_r$，亦即有 $\boldsymbol{B}=(\boldsymbol{\beta}_1, \cdots, \boldsymbol{\beta}_r)$. 根据矩阵乘法的定义可知，$\boldsymbol{AB}$ 的第 1 列为 $\boldsymbol{A\beta}_1$，而第 i 列为 $\boldsymbol{A\beta}_i$，从而有

$$\boldsymbol{A}(\boldsymbol{\beta}_1, \cdots, \boldsymbol{\beta}_r)=\boldsymbol{AB}=(\boldsymbol{A\beta}_1, \boldsymbol{A\beta}_2, \cdots, \boldsymbol{A\beta}_r).$$

由此可知，如果 $\boldsymbol{B}=(\boldsymbol{C}, \boldsymbol{D})$，其中

$$\boldsymbol{C}=(\boldsymbol{\beta}_1, \cdots, \boldsymbol{\beta}_t), \ \boldsymbol{D}=(\boldsymbol{\beta}_{t+1}, \cdots, \boldsymbol{\beta}_r),$$

则将有

$$\boxed{\boldsymbol{A}(\boldsymbol{C}, \boldsymbol{D})=\boldsymbol{AB}=(\boldsymbol{AC}, \boldsymbol{AD}).}$$

这是因为

$$\boldsymbol{AC}=\boldsymbol{A}(\boldsymbol{\beta}_1, \cdots, \boldsymbol{\beta}_t)=(\boldsymbol{A\beta}_1, \cdots, \boldsymbol{A\beta}_t), \ \boldsymbol{AD}=(\boldsymbol{A\beta}_{t+1}, \cdots, \boldsymbol{A\beta}_r).$$

(ii) 同理，如果 $\boldsymbol{A}=\begin{bmatrix}\boldsymbol{F}\\\boldsymbol{G}\end{bmatrix}$，则有

$$\boxed{\begin{bmatrix}\boldsymbol{F}\\\boldsymbol{G}\end{bmatrix}\boldsymbol{B}=\boldsymbol{AB}=\begin{bmatrix}\boldsymbol{FB}\\\boldsymbol{GB}\end{bmatrix}.}$$

(iii) 假设 $\boldsymbol{AB}$ 有意义，并假设

$$\boldsymbol{A}=[\boldsymbol{A}_1, \boldsymbol{A}_2], \ \boldsymbol{B}=\begin{bmatrix}\boldsymbol{B}_1\\\boldsymbol{B}_2\end{bmatrix}$$

已经给定，其中 $\boldsymbol{A}_1\boldsymbol{B}_1$ 有意义(从而 $\boldsymbol{A}_2\boldsymbol{B}_2$ 也有意义)，则可直接用矩阵乘法以及矩阵相等的定义，验证下式成立

$$\boxed{[\boldsymbol{A}_1, \boldsymbol{A}_2] \cdot \begin{bmatrix} \boldsymbol{B}_1 \\ \boldsymbol{B}_2 \end{bmatrix} = \boldsymbol{AB} = \boldsymbol{A}_1\boldsymbol{B}_1 + \boldsymbol{A}_2\boldsymbol{B}_2}.$$

(iv) 假设 $\boldsymbol{AB}$ 有意义,并假设

$$\boldsymbol{A} = \begin{bmatrix} \boldsymbol{A}_1 & \boldsymbol{A}_2 \\ \boldsymbol{A}_3 & \boldsymbol{A}_4 \end{bmatrix},\ \boldsymbol{B} = \begin{bmatrix} \boldsymbol{B}_1 & \boldsymbol{B}_2 \\ \boldsymbol{B}_3 & \boldsymbol{B}_4 \end{bmatrix}.$$

记

$$\boldsymbol{L}_1 = (\boldsymbol{A}_1, \boldsymbol{A}_2),\ \boldsymbol{L}_2 = (\boldsymbol{A}_3, \boldsymbol{A}_4),\ \boldsymbol{H}_1 = \begin{bmatrix} \boldsymbol{B}_1 \\ \boldsymbol{B}_3 \end{bmatrix},\ \boldsymbol{H}_2 = \begin{bmatrix} \boldsymbol{B}_2 \\ \boldsymbol{B}_4 \end{bmatrix},$$

则有

$$\boldsymbol{A} = \begin{bmatrix} \boldsymbol{L}_1 \\ \boldsymbol{L}_2 \end{bmatrix},\ \boldsymbol{B} = (\boldsymbol{H}_1, \boldsymbol{H}_2).$$

从而得到

$$\boldsymbol{AH}_1 = \begin{bmatrix} \boldsymbol{L}_1 \\ \boldsymbol{L}_2 \end{bmatrix}\boldsymbol{H}_1 = \begin{bmatrix} \boldsymbol{L}_1\boldsymbol{H}_1 \\ \boldsymbol{L}_2\boldsymbol{H}_1 \end{bmatrix} = \begin{bmatrix} \boldsymbol{A}_1\boldsymbol{B}_1 + \boldsymbol{A}_2\boldsymbol{B}_3 \\ \boldsymbol{A}_3\boldsymbol{B}_1 + \boldsymbol{A}_4\boldsymbol{B}_3 \end{bmatrix},$$

以及

$$\begin{bmatrix} \boldsymbol{A}_1 & \boldsymbol{A}_2 \\ \boldsymbol{A}_3 & \boldsymbol{A}_4 \end{bmatrix} \cdot \begin{bmatrix} \boldsymbol{B}_1 & \boldsymbol{B}_2 \\ \boldsymbol{B}_3 & \boldsymbol{B}_4 \end{bmatrix} = \boldsymbol{A}(\boldsymbol{H}_1, \boldsymbol{H}_2) = (\boldsymbol{AH}_1, \boldsymbol{AH}_2),$$

从而有

$$\boxed{\begin{bmatrix} \boldsymbol{A}_1 & \boldsymbol{A}_2 \\ \boldsymbol{A}_3 & \boldsymbol{A}_4 \end{bmatrix}\begin{bmatrix} \boldsymbol{B}_1 & \boldsymbol{B}_2 \\ \boldsymbol{B}_3 & \boldsymbol{B}_4 \end{bmatrix} = \begin{bmatrix} \boldsymbol{A}_1\boldsymbol{B}_1 + \boldsymbol{A}_2\boldsymbol{B}_3 & \boldsymbol{A}_1\boldsymbol{B}_2 + \boldsymbol{A}_2\boldsymbol{B}_4 \\ \boldsymbol{A}_3\boldsymbol{B}_1 + \boldsymbol{A}_4\boldsymbol{B}_3 & \boldsymbol{A}_3\boldsymbol{B}_2 + \boldsymbol{A}_4\boldsymbol{B}_4 \end{bmatrix}}.$$

例 3.2(B) 如何进行矩阵的分块?

提示 对于矩阵进行分块,一般来讲要比处理分块矩阵的运算更难些. 分块的原则,一是便于运算,二是分块时要使得涉事各方均有意义. 更具体的运作,可参看后面提供的若干例子.

比矩阵分块更难一些的,是利用已知矩阵进行堆块,得到更大的矩阵,目的都是为了解决问题方便. 例如,在解释为什么用高斯消元法求逆矩阵的方法合理

时，就构造了分块矩阵 $(\boldsymbol{P},\ \boldsymbol{E})$，通过

$$\boldsymbol{P}^{-1}(\boldsymbol{P},\ \boldsymbol{E})=(\boldsymbol{P}^{-1},\ \boldsymbol{P}^{-1}\boldsymbol{E})=(\boldsymbol{E},\ \boldsymbol{P}^{-1})$$

以及“可逆矩阵可分解为初等矩阵之积”的事实，就很好地解释了合理性. 再比如，为了证明 $|x\boldsymbol{E}-\boldsymbol{A}_n\boldsymbol{B}_n|=|x\boldsymbol{E}-\boldsymbol{B}\boldsymbol{A}|$，就可构造更大的分块矩阵

$$\begin{bmatrix} x\boldsymbol{E} & \boldsymbol{B} \\ \boldsymbol{A} & \boldsymbol{E} \end{bmatrix}.$$

详见例 2.45.

当然这些构造都具有很高的技巧性，而这种技巧只有通过不断练习才可以体会和掌握.

例 3.3(A) （置换矩阵定义）置换矩阵是由 0，1 构成的方阵，其每行每列中恰有一个位置元素为 1，其余位置为零. 求证或说明：

(1) n 阶置换阵共有 $n!$ 个.

(2) 每个置换矩阵 $\boldsymbol{P}$ 是正交矩阵，从而有 $\boldsymbol{P}^{-1}=\boldsymbol{P}^{\mathrm{T}}$. 因此，置换矩阵的逆也是置换矩阵.

(3) 两个同阶置换矩阵的乘积还是置换矩阵.

证明 留作习题.

例 3.3(B) (1) 对于单位矩阵 $\boldsymbol{E}_n$ 的两行换位，得到的矩阵称为初等置换矩阵(即为第Ⅱ型初等矩阵). 求证：$\boldsymbol{P}$ 是置换矩阵当且仅当 $\boldsymbol{P}$ 是有限个初等置换矩阵的乘积.

(2) 说明置换矩阵是正交矩阵.

证明 (1) *必要性* 假设 $\boldsymbol{P}=\boldsymbol{P}_1\cdots\boldsymbol{P}_s$，则 $\boldsymbol{P}=\boldsymbol{P}_1\cdots\boldsymbol{P}_s\boldsymbol{E}$，亦即 $\boldsymbol{P}$ 是对于 $\boldsymbol{E}$ 经过连续 s 次第Ⅱ型初等行变换后得到的，因此易见 $\boldsymbol{A}$ 是一个置换矩阵.

充分性 假设 P 是一个置换矩阵，亦即 $\boldsymbol{P}$ 是一个可逆的 0，1 矩阵，其中每行、每列恰含一个 1，其余为 0. 假设 $\boldsymbol{A}$ 的第一列中的 1 出现在第 i 行，则交换 1，i 行的位置，相当于左乘一个初等置换矩阵 $\boldsymbol{P}_1$. $\boldsymbol{P}_1\boldsymbol{A}$ 的第一列中 (1，1) 位置为 1，其余为零. 注意到第一行除了 (1，1) 位置外，其余均为零. 然后考虑 $\boldsymbol{P}_1\boldsymbol{A}$ 第二列中 1 所在的位置，它当然不在 (1，2) 位. 同理存在初等置换矩阵 $\boldsymbol{P}_2$ 使得 $\boldsymbol{P}_2\boldsymbol{P}_1\boldsymbol{A}$ 中 (1，1)，(2，2) 位置全为 1. 继续这一过程，至经过 $n-1$ 步，得到 $\boldsymbol{E}$. 于是有 $\boldsymbol{P}_s\cdots\boldsymbol{P}_1\boldsymbol{A}=\boldsymbol{E}$. 注意到 $\boldsymbol{P}_i$ 均为对称矩阵，且有 $\boldsymbol{P}_i^2=\boldsymbol{E}$. 所以有 $\boldsymbol{A}=\boldsymbol{P}_1\cdots\boldsymbol{P}_s$.

(2) 初等置换矩阵均为实对称的正交阵，所以置换矩阵均为正交阵.

注意 1 置换矩阵的逆矩阵也是置换矩阵；两个置换矩阵的乘积也是置换

矩阵. 因此,所有 n 阶置换矩阵的全体关于矩阵乘法做成一个群,称为**置换矩阵群**,记为 $\mathrm{Perm}(n)$.

除了置换矩阵群外,我们还已经有了如下几个由矩阵得到的群: 由可逆矩阵组成的一般线性群 $GL_n(\mathbf{F})$, 由行列式为 1 的矩阵组成的特殊线性群 $SL_n(\mathbf{F})$, 由正交矩阵组成的正交群 $O_n(\mathbf{F})$, 以及由可逆(且对角线元素为 1)的上三角矩阵组成的两个群.

注意 2 n 阶置换矩阵全体与 1, 2, …, n 单位置换(亦即双射)全体 S_n 之间存在保乘法的双射. 特别的,共有 $n!$ 个 n 阶置换矩阵.

例 3.3(C) (**置换矩阵的推广**)考虑集合

$$\boldsymbol{T}_n=\{(a_{ij})_{n\times n}\mid(|a_{ij}|)_{n\times n}\text{ 是置换矩阵}\}.$$

求证或说明:

(1) $|\boldsymbol{T}_n|=n!\cdot 2^n$.

(2) $\boldsymbol{T}_n$ 中的每个矩阵 $\boldsymbol{P}$ 是正交矩阵,从而有 $\boldsymbol{P}^{-1}=\boldsymbol{P}^{\mathrm{T}}$. 因此,集合 $\boldsymbol{T}_n$ 关于矩阵取逆具有封闭性.

(3) $\boldsymbol{T}_n$ 中的任意两个矩阵的乘积仍在 $\boldsymbol{T}_n$ 中,因此 $\boldsymbol{T}_n$ 关于矩阵乘法构成群.

(4) 对于置换 $\boldsymbol{P}_n$ 以及 $\boldsymbol{Q}\in\boldsymbol{T}_n$, $\boldsymbol{Q}^{-1}\boldsymbol{P}\boldsymbol{Q}$ 未必也是置换矩阵.

证明 留作习题.

例 3.4 (1) 求证: $(k\boldsymbol{A})^*=k^{n-1}\boldsymbol{A}^*$, 其中 n 是 $\boldsymbol{A}$ 的阶数.

(2) 求 $\boldsymbol{D}$ 的逆矩阵 $\boldsymbol{D}^{-1}$, 其中

$$D=\begin{bmatrix}1&2&3&\cdots&n-2&n-1&n\\n&1&2&\cdots&n-3&n-2&n-1\\n-1&n&1&\cdots&n-4&n-3&n-2\\\vdots&\vdots&\vdots&\ddots&\vdots&\vdots&\vdots\\4&5&6&\cdots&1&2&3\\3&4&5&\cdots&n&1&2\\2&3&4&\cdots&n-1&n&1\end{bmatrix}.$$

证明 (1) $k\boldsymbol{A}$ 的 (i, j) 位置元素的代数余子式为 $k^{n-1}A_{ij}$, 其中 A_{ij} 是 $\boldsymbol{A}$ 的 (i, j) 位置元素的代数余子式. 由伴随矩阵的定义,得到 $(k\boldsymbol{A})^*=k^{n-1}\boldsymbol{A}^*$.

(2) 构做 $n\times 2n$ 矩阵 $(\boldsymbol{D}, \boldsymbol{E})$, 并依次将第 $n-1$ 行的 -1 倍加到第 n 行,将第 $n-2$ 的 -1 倍加到第 $n-1$ 行,……,

$$(\boldsymbol{D}, \boldsymbol{E}_n)\rightarrow$$

$$
\begin{bmatrix}
1 & 2 & \cdots & n-1 & n & 1 & 0 & 0 & \cdots & 0 & 0 & 0 \\
n-1 & -1 & \cdots & -1 & -1 & -1 & 1 & 0 & \cdots & 0 & 0 & 0 \\
-1 & n-1 & \cdots & -1 & -1 & 0 & -1 & 1 & \cdots & 0 & 0 & 0 \\
\vdots & \vdots & \ddots & \vdots & \vdots & \vdots & \vdots & \vdots & \ddots & \vdots & \vdots & \vdots \\
-1 & -1 & \cdots & \cdots & -1 & 0 & 0 & 0 & \cdots & 1 & 0 & 0 \\
-1 & -1 & \cdots & -1 & -1 & 0 & 0 & 0 & \cdots & -1 & 1 & 0 \\
-1 & -1 & \cdots & n-1 & -1 & 0 & 0 & 0 & \cdots & 0 & -1 & 1
\end{bmatrix}
$$

将其后 $n-2$ 行加到其第 2 行得到

$$
\rightarrow
\begin{bmatrix}
1 & 2 & \cdots & n-1 & n & 1 & 0 & 0 & \cdots & 0 & 0 \\
1 & 1 & \cdots & +1 & 1-n & -1 & 0 & 0 & \cdots & 0 & 1 \\
-1 & n-1 & \cdots & -1 & -1 & 0 & -1 & 1 & \cdots & 0 & 0 \\
\vdots & \ddots & \ddots & \vdots & \vdots & \vdots & \vdots & \vdots & \ddots & \vdots & \vdots \\
-1 & -1 & \cdots & -1 & -1 & 0 & 0 & 0 & \cdots & 0 & 0 \\
-1 & -1 & \cdots & -1 & -1 & 0 & 0 & 0 & \cdots & 1 & 0 \\
-1 & -1 & \cdots & n-1 & -1 & 0 & 0 & 0 & \cdots & -1 & 1
\end{bmatrix}
$$

将第 2 行加到后面各行得到

$$
\rightarrow
\begin{bmatrix}
1 & 2 & \cdots & \cdots & n & 1 & 0 & 0 & \cdots & 0 & 0 & \\
1 & 1 & 1 & \cdots & 1 & 1-n & -1 & 0 & 0 & \cdots & 0 & 1 \\
0 & n & 0 & \cdots & 0 & -n & -1 & -1 & 1 & \cdots & 0 & 1 \\
\vdots & \vdots & \vdots & \ddots & \ddots & \vdots & \vdots & \vdots & \vdots & \ddots & \vdots & \vdots \\
0 & 0 & 0 & \cdots & 0 & -n & -1 & 0 & 0 & \cdots & 0 & 1 \\
0 & 0 & 0 & \cdots & 0 & -n & -1 & 0 & 0 & \cdots & 1 & 1 \\
0 & 0 & 0 & \cdots & n & -n & -1 & 0 & 0 & \cdots & -1 & 2
\end{bmatrix}
$$

将第二行的-1倍加到第一行,然后交换两行的位置;用$\frac{1}{n}$乘以后$n-2$行的每一行得到

$$\to\begin{bmatrix} 1 & 1 & 1 & \cdots & 1 & 1-n & -1 & 0 & 0 & \cdots & 0 & 1 \\ 0 & 1 & 2 & \cdots & n-2 & 2n-1 & 2 & 0 & 0 & \cdots & 0 & -1 \\ 0 & 1 & 0 & \cdots & 0 & -1 & \frac{-1}{n} & \frac{-1}{n} & \frac{1}{n} & \cdots & 0 & \frac{1}{n} \\ \vdots & \vdots & \vdots & \ddots & \vdots & \vdots & \vdots & \vdots & \vdots & \ddots & \vdots & \vdots \\ 0 & 0 & 0 & \cdots & 0 & -1 & \frac{-1}{n} & 0 & 0 & \cdots & 0 & \frac{1}{n} \\ 0 & 0 & 0 & \cdots & 0 & -1 & \frac{-1}{n} & 0 & 0 & \cdots & \frac{1}{n} & \frac{1}{n} \\ 0 & 0 & 0 & \cdots & 1 & -1 & \frac{-1}{n} & 0 & 0 & \cdots & \frac{-1}{n} & \frac{2}{n} \end{bmatrix},$$

将后$n-2$行各行的若干倍分别加到第一行和第二行,得到

$$\to\begin{bmatrix} 1 & 0 & 0 & \cdots & 0 & -1 & \frac{-2}{n} & \frac{1}{n} & 0 & \cdots & 0 & \frac{1}{n} \\ 0 & 0 & 0 & \cdots & 0 & \frac{n(n+1)}{2} & \frac{n^2+n+2}{2n} & \frac{1}{n} & \frac{1}{n} & \cdots & \frac{1}{n} & -\frac{2n^2-3n+2}{2n} \\ 0 & 1 & 0 & \cdots & 0 & -1 & \frac{-1}{n} & \frac{-1}{n} & \frac{1}{n} & \cdots & 0 & \frac{1}{n} \\ \vdots & \vdots & \vdots & \ddots & \vdots & \vdots & \vdots & \vdots & \vdots & \ddots & \vdots & \vdots \\ 0 & 0 & 0 & \cdots & 0 & -1 & \frac{-1}{n} & 0 & 0 & \cdots & 0 & \frac{1}{n} \\ 0 & 0 & 0 & \cdots & 0 & -1 & \frac{-1}{n} & 0 & 0 & \cdots & \frac{1}{n} & \frac{1}{n} \\ 0 & 0 & 0 & \cdots & 1 & -1 & \frac{-1}{n} & 0 & 0 & \cdots & \frac{-1}{n} & \frac{2}{n} \end{bmatrix},$$

将第二行与后面各行依次换位，然后将最后一行乘以$\frac{2}{n(n+1)}$得到

$$\begin{bmatrix}
1 & 0 & 0 & \cdots & 0 & 0 & -1 & \frac{-2}{n} & \frac{1}{n} & 0 & 0 & \cdots & 0 & \frac{1}{n} \\
0 & 1 & 0 & \cdots & 0 & 0 & -1 & \frac{-1}{n} & \frac{-1}{n} & \frac{1}{n} & 0 & \cdots & 0 & \frac{1}{n} \\
0 & 0 & 1 & \cdots & 0 & 0 & -1 & \frac{-1}{n} & 0 & \frac{-1}{n} & \frac{1}{n} & \cdots & 0 & \frac{1}{n} \\
\vdots & \vdots & \vdots & \cdots & \vdots & \vdots & \vdots & \vdots & \vdots & \vdots & \vdots & \ddots & \vdots & \vdots \\
\vdots & \vdots & \vdots & \cdots & \vdots & \vdots & \vdots & \vdots & \ddots & \vdots & \vdots & \ddots & \vdots & \vdots \\
0 & 0 & 0 & \cdots & 1 & 0 & -1 & \frac{-1}{n} & 0 & 0 & 0 & \cdots & \frac{1}{n} & \frac{1}{n} \\
0 & 0 & 0 & \cdots & 0 & 1 & -1 & \frac{-1}{n} & 0 & 0 & 0 & \cdots & \frac{-1}{n} & \frac{2}{n} \\
0 & 0 & 0 & \cdots & \cdots & 0 & 1 & \frac{n^2+n+2}{n^2(n+1)} & \frac{2}{n^2(n+1)} & \frac{2}{n^2(n+1)} & \cdots & \cdots & \frac{2}{n^2(n+1)} & -\frac{2n^2-3n+2}{n^2(n+1)}
\end{bmatrix},$$

$$\to (\boldsymbol{E} \quad \boldsymbol{D}^{-1})$$

其中最后一步是将最后一行依次加到前面各行得到的.

$$所以\ \boldsymbol{D}^{-1} = \frac{1}{n^2(n+1)}\begin{bmatrix}
u_3 & u_1 & 2 & 2 & \cdots & 2 & u_5 \\
2 & u_3 & u_1 & 2 & \cdots & 2 & u_5 \\
2 & 2 & u_3 & u_1 & \cdots & 2 & u_5 \\
\vdots & \vdots & \vdots & \vdots & \ddots & \vdots & \vdots \\
2 & 2 & 2 & \cdots & \cdots & u_1 & u_5 \\
2 & 2 & 2 & \cdots & \cdots & u_3 & u_4 \\
u_1 & 2 & 2 & 2 & \cdots & 2 & u_2
\end{bmatrix},$$

其中

$$u_1 = n^2+n+2,\ u_2 = -2n^2-3n+2,$$
$$u_3 = -(n+2)(n-1),\ u_4 = -3n+2,\ u_5 = -n^2-4n+2.$$

例 3.5 对于数域 $\mathbf{F}$ 上的 $m \times n$ 矩阵 $\boldsymbol{A}$，n 元齐次线性方程组 $\boldsymbol{AX} = \boldsymbol{0}$ 的解集合的一个极大无关组称为 $\boldsymbol{AX} = \boldsymbol{0}$ 的一个**基础解系**. 求证如下的**基础解系基本定理**:

$\boldsymbol{AX} = \boldsymbol{0}$ 的任意一个基础解系中含有 $n - \mathrm{r}(\boldsymbol{A})$ 个向量，换言之，$\boldsymbol{AX} = \boldsymbol{0}$ 的解空间 $\boldsymbol{V}_A$ 在 $\mathbf{F}$ 上的维数是 $n - \mathrm{r}(\boldsymbol{A})$.

证明 下述证明过程提供了求基础解系的标准方法. 读者应仔细研究证明过程，以便于在实际中灵活应用. 基础解系基本定理是线性代数中的核心定理之一.后面的多个例子中将反复展示其形形色色的应用.

为了叙述简便,不妨假设 $\boldsymbol{A}$ 经过一系列的初等行变换化为如下的标准阶梯形:

$$\boldsymbol{B}=\begin{bmatrix}\boldsymbol{E}_r & \boldsymbol{\beta}_1 & \cdots & \boldsymbol{\beta}_{n-r}\\ \boldsymbol{0} & \boldsymbol{0} & \cdots & \boldsymbol{0}\end{bmatrix},$$

其中,$\boldsymbol{\beta}_i$ 均为 r 维的列向量.注意 $\boldsymbol{AX}=\boldsymbol{0}$ 与 $\boldsymbol{BX}=\boldsymbol{0}$ 有同解(解集合相等).

(1) 考虑如下的 $n-r$ 个线性无关的 n 维向量

$$\boldsymbol{\gamma}_1=\begin{bmatrix}\beta_1\\-1\\0\\\vdots\\0\end{bmatrix},\ \boldsymbol{\gamma}_2=\begin{bmatrix}\beta_2\\0\\-1\\\vdots\\0\end{bmatrix},\ \cdots,\ \boldsymbol{\gamma}_{n-r}=\begin{bmatrix}\beta_{n-r}\\0\\0\\\vdots\\-1\end{bmatrix}.$$

不难验证它们都是 $\boldsymbol{BX}=\boldsymbol{0}$ 的解(其线性无关性由 $n-r$ 维向量 $\boldsymbol{\varepsilon}_1,\cdots,\boldsymbol{\varepsilon}_{n-r}$ 的线性无关性得到).

(2) 对于 $\boldsymbol{BX}=\boldsymbol{0}$ 的任意一个解 $\boldsymbol{\alpha}$,假设 $\boldsymbol{\alpha}^{\mathrm{T}}=(k_1,\cdots,k_r,l_1,\cdots,l_{n-r})$,注意到

$$\boldsymbol{B}=\begin{bmatrix}\boldsymbol{\varepsilon}_1 & \cdots & \boldsymbol{\varepsilon}_r & \boldsymbol{\beta}_1 & \cdots & \boldsymbol{\beta}_{n-r}\\ \boldsymbol{0} & \boldsymbol{0} & \boldsymbol{0} & \boldsymbol{0} & \cdots & \boldsymbol{0}\end{bmatrix},$$

因此有

$$\boldsymbol{0}=k_1\boldsymbol{\varepsilon}_1+\cdots+k_r\boldsymbol{\varepsilon}_r+l_1\boldsymbol{\beta}_1+\cdots+l_{n-r}\boldsymbol{\beta}_{n-r},$$

亦即有

$$-\sum_{i=1}^{n-r}l_i\boldsymbol{\beta}_i=-(l_1\boldsymbol{\beta}_1+\cdots+l_{n-r}\boldsymbol{\beta}_{n-r})=\begin{bmatrix}k_1\\\vdots\\k_r\end{bmatrix}.$$

由此即得到

$$-(l_1\gamma_1+\cdots+l_{n-r}\gamma_{n-r})=-\left(l_1\begin{bmatrix}\beta_1\\-1\\0\\\vdots\\0\end{bmatrix}+l_2\begin{bmatrix}\beta_2\\0\\-1\\\vdots\\0\end{bmatrix}+\cdots+l_{n-r}\begin{bmatrix}\beta_{n-r}\\0\\0\\\vdots\\-1\end{bmatrix}\right)$$

$$= \begin{bmatrix} -\sum_{i=1}^{n-r} l_i \beta_i \\ l_1 \\ \vdots \\ l_{n-r} \end{bmatrix} = \boldsymbol{\alpha}.$$

这说明 $\boldsymbol{BX}=\boldsymbol{0}$ 的任一解均可由 $\boldsymbol{\gamma}_1, \cdots, \boldsymbol{\gamma}_{n-r}$ 线性表出，亦即：$\boldsymbol{\gamma}_1, \cdots, \boldsymbol{\gamma}_{n-r}$ 是齐次线性方程组 $\boldsymbol{AX}=\boldsymbol{0}$ 的解集合的一个极大无关组（基础解系）.

例 3.6 （Cayley-Hamilton 定理）对于数域 $\mathbf{F}$ 上的 n 阶方阵 $\mathbf{A}$，如果用 $f(x)$ 表示 A 的特征多项式 $|x\boldsymbol{E}-\mathbf{A}|$，则有 $f(\mathbf{A})=0$. 换言之，方阵 $\mathbf{A}$ 的特征多项式零化 $\mathbf{A}$.

证明 证法一 使用 Jordan 标准形定理（详略）.

证法二 使用伴随矩阵以及多项式环上的矩阵

考虑矩阵 $\mathbf{A}$ 的特征矩阵 $\boldsymbol{B}=x\boldsymbol{E}-\mathbf{A}\in M_n(\mathbf{F}[x])$ 及其伴随矩阵 $\boldsymbol{B}^*=(B_{ij})\in \boldsymbol{M}_n(\mathbf{F}[x])$. 根据代数余子式的定义可知，每个 B_{ij} 是关于 x 的次数为 $n-1$ 或 $n-2$ 的多项式. 因此有

$$x\boldsymbol{E}-\boldsymbol{B}=B_{n-1}x^{n-1}+B_{n-2}x^{n-2}+\cdots+B_1x+B_0,$$

其中 $B_i\in M_n(\mathbf{F})$，都是 $\mathbf{F}$ 上的矩阵（不含 x）. 记

$$|x\boldsymbol{E}-\mathbf{A}|=x_n+a_1x^{n-1}+\cdots+a_{n-1}x+a_n.$$

则有 $R[x]$ 中的多项式等式（其中 $R=M_n(\mathbf{F})$）：

$$\begin{aligned}&\boldsymbol{E}x^n+a_1\boldsymbol{E}x^{n-1}+\cdots+a_{n-1}\boldsymbol{E}x+a_n\boldsymbol{E}=|x\boldsymbol{E}-\mathbf{A}|\,\boldsymbol{E}\\&=(x\boldsymbol{E}-\mathbf{A})(x\boldsymbol{E}-\mathbf{A})^*=(x\boldsymbol{E}-\mathbf{A})(\boldsymbol{B}_{n-1}x^{n-1}+\boldsymbol{B}_{n-2}x^{n-2}+\cdots+\boldsymbol{B}_1x+\boldsymbol{B}_0).\\&=\boldsymbol{B}_{n-1}x^n+(\boldsymbol{B}_{n-2}-\boldsymbol{AB}_{n-1})x^{n-1}+\cdots+(\boldsymbol{B}_0-\boldsymbol{AB}_1)x+(-\boldsymbol{AB}_0).\end{aligned}$$

比较两端的 x^i 的系数矩阵，得到：

$$\begin{cases}\boldsymbol{B}_{n-1}=\boldsymbol{E}\\ \boldsymbol{B}_{n-2}-\boldsymbol{AB}_{n-1}=a_1\boldsymbol{E}\\ \boldsymbol{B}_{n-3}-\boldsymbol{AB}_{n-2}=a_2\boldsymbol{E}\\ \cdots\cdots\\ (\boldsymbol{B}_0-\boldsymbol{AB}_1)=a_{n-1}\boldsymbol{E}\\ -\boldsymbol{AB}_0=a_n\boldsymbol{E}.\end{cases}, \tag{3-2}$$

用 $\mathbf{A}$ 左乘第一行等式两侧，然后加到式（3-2）中第二行得到

$$B_{n-2}=a_1E+A;$$

然后用 A 左乘它的等式两侧加到前述式(3-2)中第二个等式时得到

$$B_{n-3}=a_2E+a_1A+A^2;$$

继续这一过程,得到

$$B_0=a_{n-1}E+a_{n-2}A+\cdots+a_2A^{n-3}+a_1A^{n-2}+A^{n-1},$$

最后等式两侧左乘以矩阵 A，加到前述式(3-2)中最后一行即得

$$f(A)=a_nE+a_{n-1}A+\cdots+a_2A^{n-2}+a_1A^{n-1}+A^n=0.$$

注记 Cayley-Hamilton 定理不仅在理论上很重要,它在计算 A_n 的多项式 $g(A)$ 时也很有效.事实上,对于特征多项式 $f(x)=|xE-A|$,根据多项式的带余除法，存在 $q(x)$，$r(x)\in \mathbf{F}[x]$，使得 $g(x)=q(x)f(x)+r(x)$，其中

$$r(x)=b_{n-1}x^{n-1}+b_{n-2}x^{n-2}+\cdots+b_1x+b_0.$$

由于 $f(A)=0$，所以有

$$g(A)=r(A)=b_{n-1}A^{n-1}+b_{n-2}A^{n-2}+\cdots+b_1A+b_0E.$$

特别的,它说明 $\mathbf{F}$ 上的线性空间

$$\mathbf{F}[A]\overset{\text{i.e.}}{=}\{g(A)\mid g(x)\in\mathbf{F}[x]\}$$

是 $\mathbf{F}$ 上由 E，A，$\cdots$，A^{n-1} 生成的线性空间，其维数不超过 n.

例 3.7 试计算 A^{100},其中:

(1) $A=\begin{bmatrix}4&-1&-1\\4&0&-2\\-2&1&3\end{bmatrix}$;

(2) $A=\begin{bmatrix}2&-1&-1\\2&-1&-2\\-1&1&2\end{bmatrix}$.

解 (1) 解法一 线计算 A 的特征多项式

$$f(x)=|xE-A|=\begin{vmatrix}x-4&1&1\\-4&x&2\\2&-1&x-3\end{vmatrix}=(x-2)\begin{vmatrix}1&1&1\\1&x&2\\1&-1&x-3\end{vmatrix}$$

$$=(x-2)^2(x-3).$$

所以 A 的全部特征根为 2，3. 将 $x=2$ 带回到 $(x\boldsymbol{E}-\boldsymbol{A})\boldsymbol{X}=\boldsymbol{0}$，解出 $(2\boldsymbol{E}-\boldsymbol{A})\boldsymbol{X}=\boldsymbol{0}$ 的基础解系

$$\boldsymbol{\alpha}_1^{\mathrm{T}}=(1,\ 1,\ 1),\ \boldsymbol{\alpha}_2^{\mathrm{T}}=(0,\ 1,\ -1).$$

而属于特征值 $x=3$ 的基础解系为 $\boldsymbol{\alpha}_3^{\mathrm{T}}=(1,\ 2,\ -1)$. 若记 $\boldsymbol{P}=(\boldsymbol{\alpha}_1,\ \boldsymbol{\alpha}_2,\ \boldsymbol{\alpha}_3)$，则有

$$\boldsymbol{P}^{-1}\boldsymbol{A}\boldsymbol{P}=\operatorname{diag}\{2,\ 2,\ 3\},\ \boldsymbol{P}^{-1}=\begin{bmatrix}-1 & 1 & 1\\ -3 & 2 & 1\\ 2 & -1 & -1\end{bmatrix},$$

从而若记 $k=\left(\dfrac{3}{2}\right)^{100}$，则有 $\boldsymbol{A}^{100}=\boldsymbol{P}\cdot(2^{100}\cdot\operatorname{diag}\{1,\ 1,\ k\})\cdot\boldsymbol{P}^{-1}$，亦即

$$\begin{aligned}\boldsymbol{A}^{100}&=2^{100}\cdot\begin{bmatrix}1 & 0 & 1\\ 1 & 1 & 2\\ 1 & -1 & -1\end{bmatrix}\begin{bmatrix}1 & 0 & 0\\ 0 & 1 & 0\\ 0 & 0 & k\end{bmatrix}\begin{bmatrix}-1 & 1 & 1\\ -3 & 2 & 1\\ 2 & -1 & -1\end{bmatrix}\\&=2^{100}\cdot\begin{bmatrix}1 & 0 & 1\\ 1 & 1 & 2\\ 1 & -1 & -1\end{bmatrix}\begin{bmatrix}-1 & 1 & 1\\ -3 & 2 & 1\\ 2k & -k & -k\end{bmatrix}\\&=2^{100}\cdot\begin{bmatrix}2k-1 & 1-k & 1-k\\ -4+4k & 3-2k & 2-2k\\ 2-2k & -1+k & k\end{bmatrix}.\end{aligned}$$

解法二　归纳法. 详细过程略去.

解法三　注意到 $\boldsymbol{A}=2\boldsymbol{E}+\begin{bmatrix}2 & -1 & -1\\ 4 & -2 & -2\\ -2 & 1 & 1\end{bmatrix}$，可命

$$\boldsymbol{\beta}^{\mathrm{T}}=(2,\ -1,\ -1),\ \alpha^{\mathrm{T}}=(1,\ 2,\ -1).$$

则有

$$\boldsymbol{A}=2\boldsymbol{E}+\boldsymbol{B},\ \boldsymbol{B}=\boldsymbol{\alpha}\boldsymbol{\beta}^{\mathrm{T}},\ \boldsymbol{\beta}^{\mathrm{T}}\boldsymbol{\alpha}=1,\text{所以 }\boldsymbol{B}^2=\boldsymbol{B}.$$

然后可以使用二项式定律进行计算(详细过程略去).

解法四　待定系数法.

经计算，$\boldsymbol{A}$ 的特征多项式为 $f(x)=(x-2)^2(x-3)$. 猜测：$\boldsymbol{A}$ 的最小多项式为 $g(x)=(x-2)(x-3)$. 经验证，猜测成立. 所以用待定系数法得到

$$x^{100}=q(x)g(x)+(3^{100}-2^{100})x+(3\times 2^{100}-2\times 3^{100}).$$

因此有 $\boldsymbol{A}^{100}=(3^{100}-2^{100})\boldsymbol{A}+(3\times 2^{100}-2\times 3^{100})\boldsymbol{E}=\boldsymbol{C}$，其中 $\boldsymbol{C}$ 如解法一.

解法五　待定系数法+Caylay-Hamilton 定理.

$\boldsymbol{A}$ 的特征多项式为 $f(x)=(x-2)^2(x-3)$.

设 $x^{100}=q(x)f(x)+ax^2+bx+c$. 将 $x=2$，3 分别代入，得到两个方程；对两侧分别求导，然后代入 $x=2$，联立 3 个方程，解出

$$a=3^{100}-2^{100}-100\times 2^{99},\ b=-4\times 3^{100}+4\times 2^{100}+500\times 2^{99},$$
$$c=4\times 3^{100}-3\times 2^{100}+300\times 2^{99}.$$

所以 $\boldsymbol{A}^{100}=a\cdot\boldsymbol{A}^2+b\cdot\boldsymbol{A}+c\cdot\boldsymbol{E}_4$，整理后得到解法一中的最终结果 $\boldsymbol{C}$.

（2）记 $\boldsymbol{B}=\begin{bmatrix}1\\2\\-1\end{bmatrix}\cdot[1,-1,-1]$. 注意到

$$\boldsymbol{B}^2=0,\ \boldsymbol{A}=\begin{bmatrix}2&-1&-1\\2&-1&-2\\-1&1&2\end{bmatrix}=\boldsymbol{E}+\begin{bmatrix}1&-1&-1\\2&-2&-2\\-1&1&1\end{bmatrix}=\boldsymbol{E}+\boldsymbol{B},$$

根据二项式定理即得

$$\boldsymbol{A}^{100}=\boldsymbol{E}+100\cdot\boldsymbol{B}.$$

例 3.8(A)　假设 $\boldsymbol{A}$ 是数域 $\mathbf{F}$ 上的一个 n 阶矩阵. 根据 Cayley-Hamilton 定理，可知矩阵 $\boldsymbol{A}$ 的特征多项式 $f(x)=|x\boldsymbol{E}-\boldsymbol{A}|$ 零化 $\boldsymbol{A}$，亦即 $f(\mathbf{A})=0$. 注意到 $f(x)\in\mathbf{F}[x]$ 且首项系数为 1，所以存在 $\mathbf{F}[x]$ 中次数最低的零化 $\boldsymbol{A}$ 的首一多项式 $m(x)$.

（1）利用带余除法求证：这样的多项式 $m(x)$ 还是唯一的. 称之为 $\boldsymbol{A}$ 在 $\mathbf{F}[x]$ 中的**最小多项式**，记成 $m_{\mathbf{A}}(x)$.

（2）求证：在 $\mathbf{F}$ 上相似的矩阵具有相同的最小多项式.

（3）如果 $B=\mathrm{diag}\{A_1,\cdots,A_t\}$，则有

$$m_B(x)=\mathrm{lcm}[m_{A_1}(x),\cdots,m_{A_t}(x)].$$

（4）对于 Jordan 块矩阵 $\boldsymbol{J}_m$，验证：$m_J(x)=(x-\lambda)^m$，其中

$$J=\begin{bmatrix}\lambda & 1 & 0 & 0 & \cdots & 0 & 0\\ 0 & \lambda & 1 & 0 & \cdots & 0 & 0\\ 0 & 0 & \lambda & 1 & \cdots & 0 & 0\\ \vdots & \vdots & \vdots & \vdots & \ddots & \vdots & \vdots\\ 0 & 0 & 0 & \cdots & 0 & \lambda & 1\\ 0 & 0 & 0 & \cdots & 0 & 0 & \lambda\end{bmatrix}.$$

证明 留作习题.

例 3.8(B) 求证：对于任意包含 $\mathbf{F}$ 的数域 $\mathbf{E}$，$\boldsymbol{A}$ 在 $\mathbf{E}[x]$ 中的最小多项式等于其在 $\mathbf{F}[x]$ 中的最小多项式 $m_A(x)$.

证明 (1) 首先,对于任意的矩阵 $\boldsymbol{B}\in\mathbf{F}^{r\times s}$，若齐次线性方程组 $\boldsymbol{BX}=\mathbf{0}$ 在 $\mathbf{E}^{s\times 1}$ 中有非零解,则其在 $\mathbf{F}^{s\times 1}$ 中也有非零解.

事实上,由于 $\boldsymbol{B}\in\mathbf{E}^{r\times s}$，而齐次线性方程组 $\boldsymbol{BX}=\mathbf{0}$ 在 $\mathbf{E}^{s\times 1}$ 中有非零解 $\Leftrightarrow$ $r(\boldsymbol{B})<s\Leftrightarrow$ 齐次线性方程组 $\boldsymbol{BX}=\mathbf{0}$ 在 $\mathbf{F}^{s\times 1}$ 中有非零解.

(2) 假设 $\boldsymbol{A}$ 在 $\mathbf{E}[x]$ 中的最小多项式为 $\varphi(x)=a_0+a_1x+\cdots+a_ux^u$，其中 $a_u=1$，$a_i\in\mathbf{E}$. 由于 $\mathbf{F}\subseteq\mathbf{E}$，所以 $\varphi(x)$ 的次数 u 满足 $0\leqslant u\leqslant m_A(x)$ 的次数. 下面将证明二者次数相等.

假设 $\boldsymbol{A}$ 的方幂 $\boldsymbol{A}^k=(a_{ij}^{(k)})_{n\times n}$，亦即 $\boldsymbol{A}^k$ 的 $(i,\ j)$ 位置元为 $a_{ij}^{(k)}(k=0,\ 1,\ \cdots,\ u)$，则由

$$a_0\boldsymbol{A}^0+a_1\boldsymbol{A}^1+\cdots+a_u\boldsymbol{A}^u=0$$

得到 n^2 个等式

$$a_0a_{ij}^{(0)}+a_1a_{ij}^{(1)}+\cdots+a_ua_{ij}^{(u)}=0,$$

这意味着 $\mathbf{F}$ 上由 n^2 个方程

$$a_{ij}^{(0)}y_0+a_{ij}^{(1)}y_1+\cdots+a_{ij}^{(u)}y_u=0\quad(1\leqslant i,\ j\leqslant n)$$

组成的方程组在 $\mathbf{E}^{(u+1)\times 1}$ 中有非零解

$$(a_0,\ a_1,\ \cdots,\ a_{u-1},\ 1)^{\mathrm{T}}\in\mathbf{E}^{(u+1)\times 1},$$

于是该方程组在 $\mathbf{F}^{(u+1)\times 1}$ 中也有非零解. 假设一个非零解为

$$(b_0,\ b_1,\ \cdots,\ b_u)^{\mathrm{T}}\in\mathbf{F}^{(u+1)\times 1}.$$

逆转上述讨论,得到

$$b_0\boldsymbol{A}^0+b_1\boldsymbol{A}^1+\cdots+b_u\boldsymbol{A}^u=0,$$

亦即次数不超过 u 的非零多项式 $b_0x^0+b_1x^1+\cdots+b_ux^u\in \mathbf{F}[x]$ 零化 $\boldsymbol{A}$. 因此 $m_A(x)$ 的次数 $\leqslant u$，从而 $m_A(x)$ 与 $\varphi(x)$ 具有相同次数 u. 根据定义，两个首一多项式 $m_A(x)$ 与 $\varphi(x)$ 均为 $\boldsymbol{A}$ 在 $E[x]$ 中的最小多项式，因此必有 $m_A(x)=\varphi(x)$.

例 3.9 假设 $\boldsymbol{A}$ 的 Jordan 标准形为 $J=\mathrm{diag}\{J_1, J_2, \cdots, J_s\}$，其中 J_i 是属于特征值 λ_i 的 n_i 阶 Jordan 块矩阵，则 $\boldsymbol{A}$ 的最小多项式为 s 个多项式

$$(x-\lambda_i)^{n_i}(1\leqslant i\leqslant s)$$

的最小公倍式

$$f(x)=[(x-\lambda_1)^{n_1}, (x-\lambda_2)^{n_2}, \cdots, (x-\lambda_s)^{n_s}].$$

注意这里并未假设 $\lambda_i\neq\lambda_j$.

证明 (1) 经过直接计算可知，属于特征值 λ_i 的 n_i 阶 Jordan 块矩阵 J_i 的最小多项式为 $(x-\lambda_i)^{n_i}$；

(2) 相似矩阵有相同的最小多项式；

(3) 由于 $(x-\lambda_i)^{n_i}\mid f(x)$，所以有 $f(J_i)=0$，因此

$$f(A)=f(J)=\mathrm{diag}\{f(J_1), f(J_2), \cdots, f(J_s)\}=\mathrm{diag}\{0, 0, \cdots, 0\},$$

由此可知

$$m_A(x)\mid f(x);$$

(4) 由 $0=m_A(\boldsymbol{A})=m_A(\boldsymbol{J})=\mathrm{diag}\{m_A(J_1, \cdots, m_A(J_s))\}$，知 $m_A(\boldsymbol{J}_i)=0$，从而 $\boldsymbol{J}_i$ 的最小多项式 $(x-\lambda_i)^{n_i}$ 整除 $m_A(x)$，因此有 $f(x)\mid m_A(x)$.

最后由于两个首一的多项式 $f(x)$ 与 $m_A(x)$ 互相整除，所以二者相等.

例 3.10 假设 $\boldsymbol{A}_n$ 满足 $\boldsymbol{A}^2-5\boldsymbol{A}+6\boldsymbol{E}=0$. 求使得 $\boldsymbol{A}+k\boldsymbol{E}$ 可逆的数 k 的范围.

解 解法一 由条件得到

$$\mathbf{0}=(\boldsymbol{A}-2\boldsymbol{E})(\boldsymbol{A}-3\boldsymbol{E})=(\boldsymbol{A}-3\boldsymbol{E})(\boldsymbol{A}-2\boldsymbol{E}),$$

所以根据基础解系基本定理，有

$$\mathrm{r}(\boldsymbol{A}-2\boldsymbol{E})+\mathrm{r}(\boldsymbol{A}-3\boldsymbol{E})\leqslant \mathrm{r}(\boldsymbol{E})=n.$$

又有 $(A-2\boldsymbol{E})-(A-3\boldsymbol{E})=\boldsymbol{E}$，所以

$$\mathrm{r}(\boldsymbol{A}-2\boldsymbol{E})+\mathrm{r}(\boldsymbol{A}-3\boldsymbol{E})\geqslant \mathrm{r}(\boldsymbol{E})=n,$$

从而得到 $\mathrm{r}(\boldsymbol{A}-2\boldsymbol{E})+\mathrm{r}(\boldsymbol{A}-3\boldsymbol{E})=\mathrm{r}(\boldsymbol{E})=n$. 根据

$$\mathbf{0}=(\boldsymbol{A}-2\boldsymbol{E})(\boldsymbol{A}-3\boldsymbol{E}),$$

$\boldsymbol{A}$ 至少有 $\mathrm{r}(\boldsymbol{A}-3\boldsymbol{E})$ 个线性无关的特征向量属于特征值 2；同理，根据

$$\mathbf{0}=(\boldsymbol{A}-3\boldsymbol{E})(\boldsymbol{A}-2\boldsymbol{E}),$$

$\boldsymbol{A}$ 至少有 $\mathrm{r}(\boldsymbol{A}-2\boldsymbol{E})$ 个线性无关的特征向量属于特征值 3，所以 $\boldsymbol{A}$ 有 n 个线性无关的特征向量，分别属于特征值 2 和 3，故而 $\boldsymbol{A}$ 相似于对角矩阵

$$\mathrm{diag}\{2,\ 2,\ \cdots,\ 2,\ 3,\ \cdots,\ 3\}.$$

因此，对于一切异于 -2，-3 的 k，$\boldsymbol{A}+k\boldsymbol{E}$ 均可逆.

解法二　由 $\boldsymbol{A}^2-5\boldsymbol{A}+6\boldsymbol{E}=\mathbf{0}$，可知最小多项式 $m_A(x)$ 是 x^2-5x+6 的因式，从而 $m_A(x)$ 没有重根，且其根都在 $\mathbf{F}$ 中. 所以 $\boldsymbol{A}$ 相似于对角矩阵 $\begin{bmatrix}2\boldsymbol{E}_r & \mathbf{0}\\ \mathbf{0} & 3\boldsymbol{E}_s\end{bmatrix}$，其中 $r+s=n$，$0\leqslant r\leqslant n$，$0\leqslant s\leqslant n$. 因此，对于一切异于 -2，-3 的 k，$\boldsymbol{A}+k\boldsymbol{E}$ 均可逆.

解法三

$$\begin{aligned}(\boldsymbol{A}+k\boldsymbol{E})[\boldsymbol{A}-(5+k)\boldsymbol{E}]&=(\boldsymbol{A}^2-5\boldsymbol{A}+6\boldsymbol{E})-(k^2+5k+6)\boldsymbol{E}\\&=-(k^2+5k+6)\boldsymbol{E}.\end{aligned}$$

由此即得到当 $k\neq-2$，-3 时，$\boldsymbol{A}+k\boldsymbol{E}$ 可逆且其逆为

$$\frac{-1}{k^2+5k+6}[\boldsymbol{A}-(5+k)\boldsymbol{E}].$$

例 3.11　(1) 求证：$\mathrm{r}\left(\begin{bmatrix}\boldsymbol{A} & \mathbf{0}\\ \mathbf{0} & \boldsymbol{B}\end{bmatrix}\right)=\mathrm{r}(\boldsymbol{A})+\mathrm{r}(\boldsymbol{B})$.

(2) 求证：$\mathrm{r}\left(\begin{bmatrix}\boldsymbol{A} & \boldsymbol{C}\\ \mathbf{0} & \boldsymbol{B}\end{bmatrix}\right)\geqslant\mathrm{r}(\boldsymbol{A})+\mathrm{r}(\boldsymbol{B})$.

证明　(1) (a) 定义法：具体参见本例(2)的证明.

(b) 初等变换法：假设 $\mathrm{r}(\boldsymbol{A})=r$，$\mathrm{r}(\boldsymbol{B})=s$，则有可逆矩阵 $\boldsymbol{P}_i$，$\boldsymbol{Q}_j$ 使得

$$\boldsymbol{P}_1\boldsymbol{A}\boldsymbol{Q}_1=\begin{bmatrix}\boldsymbol{E}_r & \mathbf{0}\\ \mathbf{0} & \mathbf{0}\end{bmatrix},\ \boldsymbol{P}_2\boldsymbol{B}\boldsymbol{Q}_2=\begin{bmatrix}\boldsymbol{E}_s & \mathbf{0}\\ \mathbf{0} & \mathbf{0}\end{bmatrix}.$$

命

$$P=\begin{bmatrix}P_1 & 0\\ 0 & P_2\end{bmatrix},\ Q=\begin{bmatrix}Q_1 & 0\\ 0 & Q_2\end{bmatrix}.$$

则 P 与 Q 均为可逆矩阵，且使得

$$P\begin{bmatrix}A & 0\\ 0 & B\end{bmatrix}Q=\begin{bmatrix}E_r & 0 & 0 & 0\\ 0 & 0 & 0 & 0\\ 0 & 0 & E_s & 0\\ 0 & 0 & 0 & 0\end{bmatrix},$$

因而有 $\mathrm{r}\left(\begin{bmatrix}A & 0\\ 0 & B\end{bmatrix}\right)=r+s=\mathrm{r}(A)+\mathrm{r}(B)$.

(2) 定义法：需要说明：$\begin{bmatrix}A & 0\\ 0 & B\end{bmatrix}$ 有一个 $\mathrm{r}(A)+\mathrm{r}(B)$ 阶非零子式，而所有 $\mathrm{r}(A)+\mathrm{r}(B)+1$ 阶子式全为零. 详略.

另一种证法可参见(1)的第二种证明.

注意　(2)中的不等式有可能成立. 例如对于 $A=\begin{bmatrix}1 & 0\\ 0 & 0\end{bmatrix}$, $B=\begin{bmatrix}1 & 0\\ 0 & 0\end{bmatrix}$, $C=\begin{bmatrix}0 & 0\\ 0 & 1\end{bmatrix}$, 有

$$\mathrm{r}(A)+\mathrm{r}(B)=2,\ \begin{bmatrix}A & C\\ 0 & B\end{bmatrix}=3.$$

例 3.12　假设 A 是 $m\times n$ 矩阵.

(1) 求证：矩阵 A 是列满秩的，当且仅当存在可逆矩阵 P_m 使得 $PA=\begin{bmatrix}E_n\\ 0\end{bmatrix}$. (换言之，$A$ 列满秩当且仅当它可以经过一系列的初等行变换化为标准形.)

(2) 求证：如果矩阵 A 是列满秩的且有 $AB=0$, 则必有 $B=0$.

(3) 求证：$\mathrm{r}(A)=r$, 当且仅当存在 $m\times r$ 阶列满秩矩阵 B 和 $r\times n$ 阶行满秩矩阵 C, 使得 $A=BC$.

证明　(1) *充分性*　若存在可逆矩阵 P_m 使得 $PA=\begin{bmatrix}E_n\\ 0\end{bmatrix}$, 则有 $\mathrm{r}(A)=\mathrm{r}(PA)=n$, 说明 A 列满秩.

必要性　假设 $\mathrm{r}(A)=n$, 则由定义可知，A 有 n 阶子式不为零. 因此存在置

换矩阵 $\boldsymbol{P}_1$ 使得 $\boldsymbol{P}_1\boldsymbol{A}=\begin{bmatrix}\boldsymbol{A}_1\\ \boldsymbol{A}_2\end{bmatrix}$，其中 $|\boldsymbol{A}_1|\neq 0$，而 $\boldsymbol{P}_1$ 是有限个第二型初等矩阵的乘积，这里的所谓第二型初等矩阵是对于 $\boldsymbol{E}_n$ 交换两行位置得到的初等矩阵. 命 $\boldsymbol{P}=\begin{bmatrix}\boldsymbol{A}_1^{-1} & \boldsymbol{0}\\ -\boldsymbol{A}_2\boldsymbol{A}_1^{-1} & \boldsymbol{E}\end{bmatrix}\boldsymbol{P}_1$，则 $\boldsymbol{P}$ 可逆且使得

$$\boldsymbol{PA}=\begin{bmatrix}\boldsymbol{A}_1^{-1} & \boldsymbol{0}\\ -\boldsymbol{A}_2\boldsymbol{A}_1^{-1} & \boldsymbol{E}\end{bmatrix}\begin{bmatrix}\boldsymbol{A}_1\\ \boldsymbol{A}_2\end{bmatrix}=\begin{bmatrix}\boldsymbol{E}_n\\ \boldsymbol{0}\end{bmatrix}.$$

(2) 假设矩阵 $\boldsymbol{A}$ 是列满秩的且有 $\boldsymbol{AB}=\boldsymbol{0}$. 根据(1)知道，存在可逆矩阵 $\boldsymbol{P}$ 使得 $\boldsymbol{PA}=\begin{bmatrix}\boldsymbol{E}_n\\ \boldsymbol{0}\end{bmatrix}$，由此得到

$$\begin{bmatrix}\boxed{0}\\ 0\end{bmatrix}=(\boldsymbol{PA})\boldsymbol{B}=\begin{bmatrix}\boldsymbol{E}_n\\ \boldsymbol{0}\end{bmatrix}\boldsymbol{B}=\begin{bmatrix}\boxed{\boldsymbol{B}}\\ \boldsymbol{0}\end{bmatrix}.$$

由此即得到 $\boldsymbol{B}=\boldsymbol{0}$.

(3) *必要性* 假设 $\mathrm{r}(\boldsymbol{A})=r$，则有可逆阵 $\boldsymbol{P}_m$，$\boldsymbol{Q}_n$，使得 $\boldsymbol{PAQ}=\begin{bmatrix}\boldsymbol{E}_r & \boldsymbol{0}\\ \boldsymbol{0} & \boldsymbol{0}\end{bmatrix}$. 命 $\boldsymbol{B}_{m\times r}=\boldsymbol{P}\begin{bmatrix}\boldsymbol{E}_r\\ \boldsymbol{0}\end{bmatrix}$，$\boldsymbol{C}_{r\times n}=(\boldsymbol{E}_r\quad \boldsymbol{0})\boldsymbol{Q}$，则可以直接验证 $\boldsymbol{A}=\boldsymbol{BC}$. 而 $r=\mathrm{r}(\boldsymbol{B})=\mathrm{r}(\boldsymbol{C})$ 是明显的.

充分性 假设存在 $m\times r$ 阶矩阵 $\boldsymbol{B}$ 和 $r\times n$ 阶矩阵 $\boldsymbol{C}$，使得 $\boldsymbol{A}=\boldsymbol{BC}$，而且 $r=\mathrm{r}(\boldsymbol{B})=\mathrm{r}(\boldsymbol{C})$. 根据本例(1)即知，存在可逆阵 $\boldsymbol{P}_m$，$\boldsymbol{Q}_n$，使得 $\boldsymbol{PB}=\begin{bmatrix}\boldsymbol{E}_r\\ \boldsymbol{0}\end{bmatrix}$，使得 $\boldsymbol{CQ}=(\boldsymbol{E}_r\quad \boldsymbol{0})$. 于是 $\boldsymbol{PAQ}=\begin{bmatrix}\boldsymbol{E}_r & \boldsymbol{0}\\ \boldsymbol{0} & \boldsymbol{0}\end{bmatrix}$. 最后得到 $\mathrm{r}(\boldsymbol{A})=\mathrm{r}(\boldsymbol{PAQ})=r$.

注记 对于(3)，$r=1$ 的情形尤为简单且有趣：“$\mathrm{r}(\boldsymbol{A}_{m\times n})=1\Leftrightarrow$ 存在非零的 $m\times 1$ 列向量 $\boldsymbol{\alpha}$ 与非零的 $n\times 1$ 列向量 $\boldsymbol{\beta}$，使得 $\boldsymbol{A}=\boldsymbol{\alpha\beta}^{\mathrm{T}}$”；当 $m=n$ 时，计算这种矩阵的乘方、特征值、特征向量都较为简单，详见后面的例 3.13(1)～(3).

例 3.13(A) 假设 $\boldsymbol{\alpha}$，$\boldsymbol{\beta}$ 都是 n 维非零实列向量，命 $\boldsymbol{A}=\boldsymbol{\alpha\beta}^{\mathrm{T}}$，$\lambda_1=\boldsymbol{\beta}^{\mathrm{T}}\boldsymbol{\alpha}$.

(1) 如果 $\lambda_1=0$，求证 $\boldsymbol{A}$ 的特征根全是 0. 此时 $\boldsymbol{A}$ 一定不相似于对角矩阵.

(2) 如果 $\lambda_1\neq 0$，求证 $\boldsymbol{A}$ 的全部特征值为 λ_1，0，…，0($n-1$ 个)，而且此时 $\boldsymbol{A}$ 相似于对角阵.

(3) 如果 $\boldsymbol{\alpha}=\boldsymbol{\beta}$ 且为实向量，则 $\boldsymbol{\alpha}\boldsymbol{\alpha}^{\mathrm{T}}$ 正交相似于对角阵 $\mathrm{diag}\{\boldsymbol{\alpha}^{\mathrm{T}}\boldsymbol{\alpha}, \mathbf{0}, \cdots, \mathbf{0}\}$.

(4) 求 $\boldsymbol{A}$ 的最小多项式 $m_A(x)$.

证明 证法一 首先

$$\boldsymbol{A}\boldsymbol{\alpha}=\boldsymbol{\alpha}(\boldsymbol{\beta}^{\mathrm{T}}\boldsymbol{\alpha})=(\boldsymbol{\beta}^{\mathrm{T}}\boldsymbol{\alpha})\boldsymbol{\alpha}=\lambda_1\boldsymbol{\alpha},$$

说明 $\boldsymbol{\alpha}$ 是 $\boldsymbol{A}$ 的属于特征值 λ_1 的特征向量.

现在假设 $\boldsymbol{A}$ 有非零的特征根 μ，并假设 $\boldsymbol{A}\boldsymbol{\gamma}=\mu\boldsymbol{\gamma}$，其中 $0\neq\boldsymbol{\gamma}\in\mathbf{C}^{n\times 1}$，即有

$$\mu\boldsymbol{\gamma}=\boldsymbol{A}\boldsymbol{\gamma}=(\boldsymbol{\alpha}\boldsymbol{\beta}^{\mathrm{T}})\boldsymbol{\gamma}=(\boldsymbol{\beta}^{\mathrm{T}}\boldsymbol{\gamma})\boldsymbol{\alpha}.$$

因此 $\boldsymbol{\gamma}=\dfrac{\boldsymbol{\beta}^{\mathrm{T}}\boldsymbol{\gamma}}{\mu}\cdot\boldsymbol{\alpha}$，从而得

$$\mu\boldsymbol{\gamma}=\boldsymbol{A}\boldsymbol{\gamma}=\frac{\boldsymbol{\beta}^{\mathrm{T}}\boldsymbol{\gamma}}{\mu}\cdot\boldsymbol{A}\boldsymbol{\alpha}=\lambda_1\left(\frac{\boldsymbol{\beta}^{\mathrm{T}}\boldsymbol{\gamma}}{\boldsymbol{\mu}}\alpha\right)=\lambda_1\boldsymbol{\gamma}.$$

因此 $\mu=\lambda_1$，说明此 $\boldsymbol{A}$ 的非零特征根只可能是 λ_1.

(1) 上述推理表明，如果 $\lambda_1=0$，则 $\boldsymbol{A}$ 的特征根全为零. 此时由于 $\boldsymbol{A}\neq\mathbf{0}$，所以 $\boldsymbol{A}$ 不相似于任何对角矩阵.

(2) 现在假设 $\lambda_1\neq 0$，考虑方程组

$$\boldsymbol{\alpha}(\boldsymbol{\beta}^{\mathrm{T}}\boldsymbol{X})=\boldsymbol{A}\boldsymbol{X}=\mathbf{0}.$$

显然 $\boldsymbol{\beta}^{\mathrm{T}}\boldsymbol{X}=\mathbf{0}$ 有 $n-1$ 个线性无关的解，且不妨取一组为 $\boldsymbol{\alpha}_1, \boldsymbol{\alpha}_2, \cdots, \boldsymbol{\alpha}_{n-1}$. 他们都是 $\boldsymbol{A}\boldsymbol{X}=\mathbf{0}$ 的解. 由于 $\boldsymbol{\alpha}_1, \boldsymbol{\alpha}_2, \cdots, \boldsymbol{\alpha}_{n-1}$ 是 $\boldsymbol{A}$ 的属于特征值 0 的线性无关特征向量，所以 $\boldsymbol{\alpha}, \boldsymbol{\alpha}_1, \boldsymbol{\alpha}_2, \cdots, \boldsymbol{\alpha}_{n-1}$ 是线性无关组. 这就证明了 $\boldsymbol{A}$ 有 n 个线性无关的特征向量分别属于特征值 0 和 $\lambda_1=\boldsymbol{\beta}^{\mathrm{T}}\boldsymbol{\alpha}$. 若命 $\boldsymbol{P}=(\boldsymbol{\alpha}, \boldsymbol{\alpha}_1, \boldsymbol{\alpha}_2, \cdots, \boldsymbol{\alpha}_{n-1})$，则有

$$\boldsymbol{P}^{-1}\boldsymbol{A}\boldsymbol{P}=\mathrm{diag}\{\lambda_1, 0, \cdots, 0\}.$$

因此 $\boldsymbol{A}=\boldsymbol{\alpha}\boldsymbol{\beta}^{\mathrm{T}}$ 的全部特征值为

$$\lambda_1=\boldsymbol{\beta}^{\mathrm{T}}\boldsymbol{\alpha}, \lambda_2=\cdots=\lambda_n=0.$$

(也可用反证法直接证明 $\boldsymbol{\alpha}, \boldsymbol{\alpha}_1, \cdots, \boldsymbol{\alpha}_{n-1}$ 线性无关：假设 $\boldsymbol{\alpha}, \boldsymbol{\alpha}_1, \cdots, \boldsymbol{\alpha}_{n-1}$ 线性相关，则必有

$$\boldsymbol{\alpha}=k_1\boldsymbol{\alpha}_1+k_2\boldsymbol{\alpha}_2+\cdots+k_{n-1}\boldsymbol{\alpha}_{n-1},$$

从而得到 $\boldsymbol{\beta}^{\mathrm{T}}\boldsymbol{\alpha}=\sum_{i=1}^{n-1}k_i\boldsymbol{\beta}^{\mathrm{T}}\boldsymbol{\alpha}_i=0$，与假设矛盾.)

证法二 注意到 $\boldsymbol{A}^2=\lambda-\boldsymbol{A}$，且 $\mathrm{r}(\boldsymbol{A})=1$. 所以当 $\lambda_1\neq 0$ 时，$\boldsymbol{A}$ 相似于对角

阵 $\mathrm{diag}\{\lambda_1, 0\cdots, 0\}$. 而当 $\lambda_1 = 0$ 时，$\boldsymbol{A}^2 = \boldsymbol{0}$，所以 $\boldsymbol{A}$ 不可能相似于任何对角阵（否则导出 $\boldsymbol{A} = \boldsymbol{0}$）. 这就证明了(1)与(2).

(3) 如果 $\boldsymbol{\alpha} \neq \boldsymbol{0}$，则有 $\boldsymbol{\alpha}^{\mathrm{T}}\boldsymbol{\alpha} \neq 0$. 故由前面(2)得到本结论.（如果 $\boldsymbol{\alpha} = \boldsymbol{0}$，结论也显然成立.）

(4) 如果 $\lambda_1 = 0$，则 $\boldsymbol{A}$ 的特征多项式为 x^n，而最小多项式为 x^2.

若 $\lambda_1 \neq 0$，则 $\boldsymbol{A}$ 的特征多项式为 $x^{n-1}(x-\lambda_1)$；而由于 $\boldsymbol{A}^2 = \lambda_1\boldsymbol{A}$，所以 $\boldsymbol{A}$ 的最小多项式为 $x(x-\lambda_1)$.

例 3.13(B) 假设 $\boldsymbol{\alpha}, \boldsymbol{\beta}$ 都是 n 维列向量并令 $\boldsymbol{A} = \boldsymbol{\beta}\overline{\boldsymbol{\alpha}}^{\mathrm{T}}$. 求证：$\boldsymbol{A}$ 酉相似于一个对角阵，当且仅当 $\boldsymbol{\alpha}$ 与 $\boldsymbol{\beta}$ 线性相关.

证明 *必要性* 在所给条件下，可以假设 $\boldsymbol{\beta} = k\boldsymbol{\alpha}$，则 $\boldsymbol{A} = k\boldsymbol{\alpha}\overline{\boldsymbol{\alpha}}^{\mathrm{T}}$，且易见 $\boldsymbol{A}$ 是正规阵，从而 $\boldsymbol{A}$ 酉相似于一个对角阵（具体可参见例 3.56).

充分性 不妨假设 $\boldsymbol{A} \neq \boldsymbol{0}$，并记 $\lambda_1 = \overline{\boldsymbol{\alpha}}^{\mathrm{T}}\boldsymbol{\beta}$. 若 $\boldsymbol{A}$ 酉相似于一个对角阵，则已知 $\lambda_1 \neq 0$，且有 $\boldsymbol{A}\overline{\boldsymbol{A}}^{\mathrm{T}} = \overline{\boldsymbol{A}}^{\mathrm{T}}\boldsymbol{A}$，亦即 $|\boldsymbol{\alpha}|^2\boldsymbol{\beta}\overline{\boldsymbol{\beta}}^{\mathrm{T}} = |\boldsymbol{\beta}|^2\boldsymbol{\alpha}\overline{\boldsymbol{\alpha}}^{\mathrm{T}}$. 两边右乘以 $\boldsymbol{\beta}$，消去 $|\boldsymbol{\beta}|^2$ 后得到 $\boldsymbol{\beta} = \dfrac{\lambda_1}{|\boldsymbol{\alpha}|^2}\boldsymbol{\alpha}$，从而 $\boldsymbol{\alpha}$ 与 $\boldsymbol{\beta}$ 线性相关.

例 3.13(C) 假设 $\boldsymbol{\alpha}, \boldsymbol{\beta}$ 都是 n 维实列向量，并令 $\boldsymbol{A} = \boldsymbol{\alpha}\boldsymbol{\beta}^{\mathrm{T}}$，$\lambda_1 = \boldsymbol{\beta}^{\mathrm{T}}\boldsymbol{\alpha}$，则 $\boldsymbol{A}$ 正交相似于对角阵，当且仅当 $\boldsymbol{\beta}$ 与 $\boldsymbol{\alpha}$ 线性相关，当且仅当 $\boldsymbol{A}$ 是对称阵.

证明 留作习题.

注记 将本例结果与例 3.13(A)进行比较，即可看出正交相似条件要比相似条件强很多.

例 3.13(D) 假设 $\mu_1, \cdots, \mu_n$ 是实数 $\lambda_1, \cdots, \lambda_n$ 的一个排列. 求一个 n 阶正交矩阵 $\boldsymbol{P}$ 使得

$$\boldsymbol{P}^{-1}\mathrm{diag}\{\lambda_1, \lambda_2, \cdots, \lambda_n\}\boldsymbol{P} = \mathrm{diag}\{\mu_1, \mu_2, \cdots, \mu_n\}.$$

解 *解法一* 由于 $\mu_1, \mu_2, \cdots, \mu_n$ 是实数 $\lambda_1, \lambda_2, \cdots, \lambda_n$ 的一个排列，故而不妨设

$$(\mu_1, \mu_2, \cdots, \mu_n) = (\lambda_{i_1}, \lambda_{i_2}, \cdots, \lambda_{i_n}).$$

命 $\boldsymbol{\alpha}_j$ 是一个 n 维列向量，其第 i_j 个分量为 1，其余分量为零，则有

$$\mathrm{diag}\{\lambda_1, \lambda_2, \cdots, \lambda_n\}\alpha_{i_1} = \lambda_{i_1}\alpha_{i_1} = \mu_1\alpha_{i_1}.$$

因此若命 $\boldsymbol{P} = (\alpha_{i_1}, \alpha_{i_2}, \cdots, \alpha_{i_n})$，则 $\boldsymbol{P}$ 是一个置换矩阵，从而是一个正交矩阵，它使得

$$\begin{aligned}\operatorname{diag}\{\lambda_1, \lambda_2, \cdots, \lambda_n\}\boldsymbol{P} &= (\mu_1\alpha_{i_1}, \mu_2\alpha_{i_2}, \cdots, \mu_n\alpha_{i_n})\\ &= \boldsymbol{P}\cdot\operatorname{diag}\{\mu_1, \mu_2, \cdots, \mu_n\}.\end{aligned}$$

故此置换矩阵 $\boldsymbol{P}$ 即为所求.

注意:

$$\boldsymbol{P}^{\mathrm{T}}\begin{bmatrix}\lambda_1\\ \lambda_2\\ \vdots\\ \lambda_n\end{bmatrix} = \begin{bmatrix}\mu_1\\ \mu_2\\ \vdots\\ \mu_n\end{bmatrix},$$

亦即

$$\begin{bmatrix}\lambda_1\\ \lambda_2\\ \vdots\\ \lambda_n\end{bmatrix} = \boldsymbol{P}\begin{bmatrix}\mu_1\\ \mu_2\\ \vdots\\ \mu_n\end{bmatrix}.$$

解法二　由于 $\mu_1, \mu_2, \cdots, \mu_n$ 是实数 $\lambda_1, \lambda_2, \cdots, \lambda_n$ 的一个排列，故而存在置换矩阵 $\boldsymbol{P}$ 使得

$$\boldsymbol{P}\begin{bmatrix}\mu_1\\ \mu_2\\ \vdots\\ \mu_n\end{bmatrix} = \begin{bmatrix}\lambda_1\\ \lambda_2\\ \vdots\\ \lambda_n\end{bmatrix}.$$

此矩阵 $\boldsymbol{P}$ 即为所求.

例 3.14　假设 $\boldsymbol{A}$ 是 n 阶方阵，$n \geqslant 2$. 求证：

$$\mathrm{r}(\boldsymbol{A}^*) = \begin{cases} n, & \text{当 } \mathrm{r}(\boldsymbol{A}) = n \text{ 时},\\ 1, & \text{当 } \mathrm{r}(\boldsymbol{A}) = n-1 \text{ 时},\\ 0, & \text{当 } \mathrm{r}(\boldsymbol{A}) < n-1 \text{ 时}.\end{cases}$$

证明　$\boldsymbol{AA}^* = |\boldsymbol{A}|\boldsymbol{E}$.

如果 $\mathrm{r}(\boldsymbol{A}) = n$，则 $|\boldsymbol{A}| \neq 0$. 根据 $\boldsymbol{AA}^* = |\boldsymbol{A}|\boldsymbol{E}$ 知道 $\boldsymbol{A}^*$ 可逆，$\mathrm{r}(\boldsymbol{A}^*) = n$;

如果 $\mathrm{r}(\boldsymbol{A}) < n-1$，则 $\boldsymbol{A}$ 的所有 $n-1$ 阶子式为零，从而根据 $\boldsymbol{A}^*$ 的定义知道 $\boldsymbol{A}^* = 0$，此时 $\mathrm{r}(\boldsymbol{A}^*) = 0$.

如果 $\mathrm{r}(\boldsymbol{A}) = n-1$，则 $|\boldsymbol{A}| = 0$，而且 $\boldsymbol{A}$ 至少有一个 $n-1$ 阶子式不为零，所以 $\mathrm{r}(\boldsymbol{A}^*) \geqslant 1$. 此外，由于 $\boldsymbol{AA}^* = \boldsymbol{0}$，所以有

$$n \geqslant r(\boldsymbol{A}) + r(\boldsymbol{A}^*) = n - 1 + r(\boldsymbol{A}^*).$$

最后得到 $r(\boldsymbol{A}^*) = 1$.

注记 首先,此例中结论的核心部分由 $\boldsymbol{A}\boldsymbol{A}^* = |\boldsymbol{A}|\boldsymbol{E}$ 以及基础解系基本定理得到. 此外,根据前例的证明过程, $\boldsymbol{A}^*$ 的结构已经比较清楚:

$$\boldsymbol{A}^* = \begin{cases} |\boldsymbol{A}|\boldsymbol{A}^{-1}, & \text{当 } r(\boldsymbol{A}) = n \text{ 时}, \\ \boldsymbol{\alpha}\boldsymbol{\beta}^{\mathrm{T}}(\text{其中 } \boldsymbol{\alpha}, \boldsymbol{\beta} \text{ 是非零 } n \text{ 维列向量}), & \text{当 } r(\boldsymbol{A}) = n-1 \text{ 时}, \\ \boldsymbol{0}, & \text{当 } r(\boldsymbol{A}) \leqslant n-2 \text{ 时}. \end{cases}$$

此外,当 $r(\boldsymbol{A}) = n-1$ 时, n 元线性方程组 $\boldsymbol{A}\boldsymbol{X} = \boldsymbol{0}$ 的解空间

$$\boldsymbol{V}_A = \{\alpha \in \mathbf{P}^n \mid \boldsymbol{A}\boldsymbol{\alpha} = \boldsymbol{0}\}$$

由 $\boldsymbol{A}^*$ 的列向量所生成,而 $\boldsymbol{A}^*$ 的每一个非零列向量都是 $\boldsymbol{A}\boldsymbol{X} = \boldsymbol{0}$ 的一个基础解系,即解空间 $\boldsymbol{V}_A$ 的一个基.

例 3.15 求证:对于 $m \times n$ 阶矩阵 $\boldsymbol{A}$ 与 $n \times q$ 阶矩阵 $\boldsymbol{B}$, 恒有

(1) $\min\{r(\boldsymbol{A}), r(\boldsymbol{B})\} \geqslant r(\boldsymbol{A}\boldsymbol{B}) \geqslant r(\boldsymbol{A}) + r(\boldsymbol{B}) - n$;

(2) 如果 $\boldsymbol{A}\boldsymbol{B} = \boldsymbol{0}$, 则有 $r(\boldsymbol{A}) + r(\boldsymbol{B}) \leqslant n$;

(3) $r(\boldsymbol{A}\boldsymbol{B}) + r(\boldsymbol{B}\boldsymbol{C}) \leqslant r(\boldsymbol{A}\boldsymbol{B}\boldsymbol{C}) + r(\boldsymbol{B})$.

分析 我们先来分析一下各题之间的逻辑关系. 首先,在(3)中令 $\boldsymbol{B} = \boldsymbol{E}$, 即得到关系式

$$r(\boldsymbol{A}\boldsymbol{C}) \geqslant r(\boldsymbol{A}) + r(\boldsymbol{C}) - n.$$

而在此式中,若还有条件 $\boldsymbol{A}\boldsymbol{B} = \boldsymbol{0}$, 即得到 (2).

此外,根据

$$\min\{r(\boldsymbol{A}), r(\boldsymbol{B})\} \geqslant r(\boldsymbol{A}\boldsymbol{B}) \geqslant r(\boldsymbol{A}) + r(\boldsymbol{B}) - n$$

可知,如果 $\boldsymbol{A}$ 列满秩而 $\boldsymbol{B}$ 行满秩,则有 $r(\boldsymbol{A}\boldsymbol{B}) = n$. 这就给出了例 3.12(C)的另一种推证.

证明 (1) 先证明 $r(\boldsymbol{A}\boldsymbol{B}) \geqslant r(\boldsymbol{A}) + r(\boldsymbol{B}) - n$. 我们采用多种方法证明这一并不明显的结论.

证法一(放大矩阵的方法) 考虑分块矩阵:

$$\begin{bmatrix} \boldsymbol{B} & \boldsymbol{E}_n \\ \boldsymbol{0} & \boldsymbol{A} \end{bmatrix} \to \begin{bmatrix} \boldsymbol{A} & \boldsymbol{E} \\ -\boldsymbol{A}\boldsymbol{B} & \boldsymbol{0} \end{bmatrix} \to \begin{bmatrix} \boldsymbol{0} & \boldsymbol{E} \\ -\boldsymbol{A}\boldsymbol{B} & \boldsymbol{0} \end{bmatrix}.$$

根据例 3.11 的结果,有

$$\mathrm{r}(\boldsymbol{A})+\mathrm{r}(\boldsymbol{B})\leqslant \mathrm{r}\begin{bmatrix}\boldsymbol{A} & \boldsymbol{C}\\ \boldsymbol{0} & \boldsymbol{B}\end{bmatrix}=\mathrm{r}\begin{bmatrix}\boldsymbol{0} & \boldsymbol{E}\\ -\boldsymbol{AB} & \boldsymbol{0}\end{bmatrix}=n+\mathrm{r}(\boldsymbol{AB}).$$

于是 $\mathrm{r}(\boldsymbol{AB})\geqslant \mathrm{r}(\boldsymbol{A})+\mathrm{r}(\boldsymbol{B})-n$.

如果从矩阵 $\begin{bmatrix}\boldsymbol{BC} & \boldsymbol{B}\\ \boldsymbol{0} & \boldsymbol{AB}\end{bmatrix}$ 出发进行完全类似的讨论,即得到(3)式.

证法二(分块矩阵法) 首先存在可逆矩阵 $\boldsymbol{P}$, $\boldsymbol{Q}$ 使得 $\boldsymbol{PAQ}=\begin{bmatrix}\boldsymbol{E}_r & \boldsymbol{0}\\ \boldsymbol{0} & \boldsymbol{0}\end{bmatrix}$, 其中 $r=\mathrm{r}(\boldsymbol{A})$. 此时命 $\boldsymbol{B}_1=\boldsymbol{Q}^{-1}\boldsymbol{B}$, 则有 $\mathrm{r}(\boldsymbol{B}_1)=\mathrm{r}(\boldsymbol{B})$, $\mathrm{r}(\boldsymbol{PAB})=\mathrm{r}(\boldsymbol{AB})$, 而

$$\boldsymbol{PAB}=\boldsymbol{PAQ}\cdot\boldsymbol{B}_1=\begin{bmatrix}\boldsymbol{B}_2\\ \boldsymbol{0}\end{bmatrix},$$

其中 $\boldsymbol{B}_1=\begin{bmatrix}\boldsymbol{B}_2\\ \boldsymbol{B}_3\end{bmatrix}$, $\boldsymbol{B}_2$ 是 $r\times q$ 矩阵,而 $\boldsymbol{B}_3$ 是 $(n-r)\times q$ 矩阵. 注意到 $\boldsymbol{B}_2$ 与 $\boldsymbol{B}_3$ 的各一个极大行向量组一起线性表出 $\boldsymbol{B}_1$ 的行向量组,所以

$$\mathrm{r}(\boldsymbol{B})=\mathrm{r}(\boldsymbol{B}_1)\leqslant \mathrm{r}(\boldsymbol{B}_2)+\mathrm{r}(\boldsymbol{B}_3)\leqslant \mathrm{r}(\boldsymbol{B}_2)+(n-r)=\mathrm{r}(\boldsymbol{PAB})+(n-\mathrm{r}(\boldsymbol{A})),$$

从而 $\mathrm{r}(\boldsymbol{AB})\geqslant \mathrm{r}(\boldsymbol{A})+\mathrm{r}(\boldsymbol{B})-n$.

证法三(线性方程组法) 假设 $\boldsymbol{B}=(\boldsymbol{\beta}_1,\cdots,\boldsymbol{\beta}_q)$, 记 $\boldsymbol{AB}=\boldsymbol{C}=(\boldsymbol{\gamma}_1,\cdots,\boldsymbol{\gamma}_q)$, 由于

$$\boldsymbol{AB}=(\boldsymbol{A\beta}_1,\cdots,\boldsymbol{A\beta}_q),$$

故有 $\boldsymbol{\gamma}_i=\boldsymbol{A\beta}_i(1\leqslant i\leqslant q)$.

假设 $\boldsymbol{C}$ 的秩为 s, 并不妨假设 $\boldsymbol{\gamma}_1,\cdots,\boldsymbol{\gamma}_s$ 是 $\boldsymbol{C}$ 的列向量组的一个极大无关组. 则对于任意的 j, 恒有 k_i 使得 $\boldsymbol{\gamma}_j=k_1\boldsymbol{\gamma}_1+\cdots+k_s\boldsymbol{\gamma}_s$. 注意到

$$\boldsymbol{A\beta}_j=\boldsymbol{\gamma}_j=\boldsymbol{A}(k_1\boldsymbol{\beta}_1+\cdots+k_s\boldsymbol{\beta}_s),\text{所以 }\boldsymbol{A}(\boldsymbol{\beta}_j-k_1\boldsymbol{\beta}_1-\cdots-k_s\boldsymbol{\beta}_s)=\boldsymbol{0},$$

如果取定 $\boldsymbol{AX}=\boldsymbol{0}$ 的一个基础解系 $\boldsymbol{\theta}_1,\cdots,\boldsymbol{\theta}_{n-r(A)}$, 则 $\boldsymbol{\theta}_1,\cdots,\boldsymbol{\theta}_{n-r(A)},\boldsymbol{\beta}_1,\cdots,\boldsymbol{\beta}_s$ 可以线性表出 $\boldsymbol{B}$ 的所有列向量 $\boldsymbol{\beta}_j$. 因此有

$$\begin{aligned}\mathrm{r}(\boldsymbol{B})&=\mathrm{r}\{\boldsymbol{\beta}_1,\cdots,\boldsymbol{\beta}_q\}\leqslant \mathrm{r}\{\boldsymbol{\theta}_1,\cdots,\boldsymbol{\theta}_{n-r(A)},\boldsymbol{\beta}_1,\cdots,\boldsymbol{\beta}_s\}\\ &\leqslant (n-\mathrm{r}(\boldsymbol{A}))+s=n-\mathrm{r}(\boldsymbol{A})+\mathrm{r}(\boldsymbol{AB}).\end{aligned}$$

最后得到 $\mathrm{r}(\boldsymbol{AB})\geqslant \mathrm{r}(\boldsymbol{A})+\mathrm{r}(\boldsymbol{B})-n$.

(2) 再证明 $\min\{\mathrm{r}(\boldsymbol{A}),\mathrm{r}(\boldsymbol{B})\}\geqslant \mathrm{r}(\boldsymbol{AB})$.

证法一（初等变换法） 首先存在可逆矩阵 $\boldsymbol{P}$, $\boldsymbol{Q}$ 使得 $\boldsymbol{PAQ}=\begin{bmatrix}\boldsymbol{E}_r & \boldsymbol{0}\\ \boldsymbol{0} & \boldsymbol{0}\end{bmatrix}$，其中 $r=\mathrm{r}(\boldsymbol{A})$. 此时，假设 $\boldsymbol{PAB}=(\boldsymbol{\gamma}_1, \boldsymbol{\gamma}_2, \cdots, \boldsymbol{\gamma}_q)$，假设 $\boldsymbol{Q}^{-1}\boldsymbol{B}=(\boldsymbol{\beta}_1, \boldsymbol{\beta}_2, \cdots, \boldsymbol{\beta}_q)$，其中 $\boldsymbol{\beta}_i$ 是 $\boldsymbol{Q}^{-1}\boldsymbol{B}$ 的第 i 列，则有

$$(\boldsymbol{\gamma}_1, \boldsymbol{\gamma}_2, \cdots, \boldsymbol{\gamma}_q)=\boldsymbol{PAB}=(\boldsymbol{PAQ})(\boldsymbol{Q}^{-1}\boldsymbol{B})=\begin{bmatrix}\boldsymbol{E}_r & \boldsymbol{0}\\ \boldsymbol{0} & \boldsymbol{0}\end{bmatrix}(\boldsymbol{\beta}_1, \boldsymbol{\beta}_2, \cdots, \boldsymbol{\beta}_q),$$

所以有 $\boldsymbol{\gamma}_1=\boldsymbol{\beta}_1, \cdots, \boldsymbol{\gamma}_r=\boldsymbol{\beta}_r, \boldsymbol{\gamma}_{r+1}=\cdots \boldsymbol{\gamma}_q=\boldsymbol{0}$. 最后得到

$$\mathrm{r}(\boldsymbol{AB})=\mathrm{r}(\boldsymbol{PAB})=\mathrm{r}\{\gamma_1, \cdots \gamma_r\}\leqslant r=\mathrm{r}(\boldsymbol{A}).$$

另外一方面，$\mathrm{r}(\boldsymbol{AB})=\mathrm{r}(\boldsymbol{B}^{\mathrm{T}}\boldsymbol{A}^{\mathrm{T}})\leqslant \mathrm{r}(\boldsymbol{B}^{\mathrm{T}})=\mathrm{r}(\boldsymbol{B})$. 这就证明了

$$\min\{\mathrm{r}(\boldsymbol{A}), \mathrm{r}(\boldsymbol{B})\}\geqslant \mathrm{r}(\boldsymbol{AB}).$$

证法二（向量组法） 假设 $\boldsymbol{AB}=(\boldsymbol{\gamma}_1, \boldsymbol{\gamma}_2, \cdots, \boldsymbol{\gamma}_q)$，假设 $\boldsymbol{B}=(b_{ij})_{n\times q}$，并假设 $\boldsymbol{A}=(\boldsymbol{\beta}_1, \boldsymbol{\beta}_2, \cdots, \boldsymbol{\beta}_n)$，则由

$$(\boldsymbol{\gamma}_1, \boldsymbol{\gamma}_2, \cdots, \boldsymbol{\gamma}_q)=(\boldsymbol{\beta}_1, \boldsymbol{\beta}_2, \cdots, \boldsymbol{\beta}_n)(b_{ij})_{n\times q},$$

得到 $\boldsymbol{\gamma}_1=b_{11}\boldsymbol{\beta}_1+b_{21}\boldsymbol{\beta}_2+\cdots+b_{n1}\boldsymbol{\beta}_n$ 等 q 个等式. 这说明

$$\boldsymbol{\beta}_1, \boldsymbol{\beta}_2, \cdots, \boldsymbol{\beta}_n \overset{l}{\Rightarrow} \boldsymbol{\gamma}_1, \boldsymbol{\gamma}_2, \cdots, \boldsymbol{\gamma}_q.$$

于是，$\mathrm{r}(\boldsymbol{A})=\mathrm{r}\{\boldsymbol{\beta}_1, \boldsymbol{\beta}_2, \cdots, \boldsymbol{\beta}_n\}\geqslant \mathrm{r}\{\boldsymbol{\gamma}_1, \boldsymbol{\gamma}_2, \cdots, \boldsymbol{\gamma}_q\}=\mathrm{r}(\boldsymbol{AB})$. 最后根据

$$\mathrm{r}(\boldsymbol{AB})=\mathrm{r}(\boldsymbol{B}^{\mathrm{T}}\boldsymbol{A}^{\mathrm{T}})\leqslant \mathrm{r}(\boldsymbol{B}^{\mathrm{T}})=\mathrm{r}(\boldsymbol{B}),$$

得到 $\min\{\mathrm{r}(\boldsymbol{A}), \mathrm{r}(\boldsymbol{B})\}\geqslant \mathrm{r}(\boldsymbol{AB})$.

(2)和(3)留作习题.

例 3.16 求证：对于数域 $\mathbf{F}$ 上的 n 阶方阵 $\boldsymbol{A}$, $\boldsymbol{B}$，如果 $\boldsymbol{AB}=\boldsymbol{BA}$，则恒有

$$\mathrm{r}(\boldsymbol{A})+\mathrm{r}(\boldsymbol{B})\geqslant \mathrm{r}(\boldsymbol{AB})+\mathrm{r}\begin{pmatrix}\boldsymbol{A}\\ \boldsymbol{B}\end{pmatrix}.$$

证明 证法一（基础解系法） 考虑 3 个线性方程组

$$\begin{pmatrix}\boldsymbol{A}\\ \boldsymbol{B}\end{pmatrix}\boldsymbol{X}=\boldsymbol{0}, \boldsymbol{BX}=\boldsymbol{0}, (\boldsymbol{AB})\boldsymbol{X}=\boldsymbol{0}.$$

取定 $\begin{pmatrix}\boldsymbol{A}\\ \boldsymbol{B}\end{pmatrix}\boldsymbol{X}=\boldsymbol{0}$ 的一个基础解系 $\boldsymbol{\alpha}_1, \cdots, \boldsymbol{\alpha}_r$，其中 $r=n-\mathrm{r}\begin{pmatrix}\boldsymbol{A}\\ \boldsymbol{B}\end{pmatrix}$. 将它分别扩充

成 $\boldsymbol{AX}=\mathbf{0}$ 与 $\boldsymbol{BX}=\mathbf{0}$ 的各一个基础解系

$$\boldsymbol{\alpha}_1,\ \cdots,\ \boldsymbol{\alpha}_r,\ \boldsymbol{\beta}_1,\ \cdots,\ \boldsymbol{\beta}_s,$$
$$\boldsymbol{\alpha}_1,\ \cdots,\ \boldsymbol{\alpha}_r,\ \boldsymbol{\gamma}_1,\ \cdots,\ \boldsymbol{\gamma}_t,$$

其中 $r+s=n-\mathrm{r}(\boldsymbol{A})$，$r+t=n-\mathrm{r}(\boldsymbol{B})$. 由于 $\boldsymbol{AB}=\boldsymbol{BA}$，所以

$$\boldsymbol{\alpha}_1,\ \cdots,\ \boldsymbol{\alpha}_r,\ \boldsymbol{\beta}_1,\ \cdots,\ \boldsymbol{b}_s,\ \boldsymbol{\gamma}_1,\ \cdots,\ \boldsymbol{\gamma}_t$$

是 $\boldsymbol{ABX}=\mathbf{0}$ 的解，且容易验证它是一个线性无关组.

如果

$$\sum_{i=1}^{r}x_i\boldsymbol{\alpha}_i+\sum_{j=1}^{b}y_j\boldsymbol{\beta}_j+\sum_{k=1}^{t}z_k\boldsymbol{\gamma}_k=\mathbf{0},$$

左乘以 $\boldsymbol{A}$ 得到 $\boldsymbol{A}(\sum_{k=1}^{t}z_k\boldsymbol{\gamma}_k)=\mathbf{0}$. 它说明 $\sum_{k=1}^{t}z_k\boldsymbol{\gamma}_k$ 是 $\begin{pmatrix}\boldsymbol{A}\\ \boldsymbol{B}\end{pmatrix}\boldsymbol{X}=\mathbf{0}$ 的一解. 因此，$\boldsymbol{z}_k=\mathbf{0}$，对于任意 k. 回代即得到 $x_i=y_j=0$.

因此有

$$r+s+t\leqslant n-\mathrm{r}(\boldsymbol{AB}),$$

从而有 $n-\mathrm{r}(\boldsymbol{A})+n-\mathrm{r}(\boldsymbol{B})\leqslant n+r-\mathrm{r}(\boldsymbol{AB})=2n-\mathrm{r}\begin{pmatrix}\boldsymbol{A}\\ \boldsymbol{B}\end{pmatrix}-\mathrm{r}(\boldsymbol{AB})$. 最后得到

$$\mathrm{r}(\boldsymbol{A})+\mathrm{r}(\boldsymbol{B})\geqslant\mathrm{r}(\boldsymbol{AB})+\mathrm{r}\begin{pmatrix}\boldsymbol{A}\\ \boldsymbol{B}\end{pmatrix}.$$

证法二 （使用维数公式） 记 $\boldsymbol{D}=\begin{pmatrix}\boldsymbol{A}\\ \boldsymbol{B}\end{pmatrix}$

用 $\boldsymbol{V}_A$ 表示 $\boldsymbol{AX}=\mathbf{0}$ 的解空间，则 $\boldsymbol{V}_A$ 是 $\mathbf{F}^{n\times 1}$ 的子空间.

易见 $\boldsymbol{V}_A\cap\boldsymbol{V}_B=\boldsymbol{V}_D$. 而由于 $\boldsymbol{AB}=\boldsymbol{BA}$，所以有 $\boldsymbol{V}_A+\boldsymbol{V}_B\leqslant\boldsymbol{V}_{AB}$. 现在使用维数公式得到

$$\dim_{\mathbf{F}}\boldsymbol{V}_{AB}\geqslant\dim_{\mathbf{F}}(\boldsymbol{V}_A+\boldsymbol{V}_B)=\dim_{\mathbf{F}}\boldsymbol{V}_A+\dim_{\mathbf{F}}\boldsymbol{V}_B-\dim_{\mathbf{F}}\boldsymbol{V}_D.$$

由 $\dim_{\mathbf{F}}\boldsymbol{V}_A=n-\mathrm{r}(\boldsymbol{A})$ 即得

$$\mathrm{r}(\boldsymbol{A})+\mathrm{r}(\boldsymbol{B})\geqslant\mathrm{r}(\boldsymbol{AB})+\mathrm{r}(\boldsymbol{D}).$$

例 3.17 假设 $\boldsymbol{A}$ 是 n 阶方阵. 试使用基础解系基本定理和秩公式，求证：

$$\boldsymbol{A}^2=3\boldsymbol{A}\Leftrightarrow\mathrm{r}(\boldsymbol{A})+\mathrm{r}(\boldsymbol{A}-3\boldsymbol{E})=n.$$

证明 必要性 假设 $\boldsymbol{A}^2=3\boldsymbol{A}$. 因为 $\boldsymbol{A}+(3\boldsymbol{E}-\boldsymbol{A})=3\boldsymbol{E}$, 所以有

$$n=\mathrm{r}(3\boldsymbol{E})\leqslant \mathrm{r}(\boldsymbol{A})+\mathrm{r}(\boldsymbol{A}-3\boldsymbol{E}).$$

而由 $\boldsymbol{A}(\boldsymbol{A}-3\boldsymbol{E})=\boldsymbol{0}$, 可知 $\boldsymbol{A}-3\boldsymbol{E}$ 的列向量均为 $\boldsymbol{AX}=\boldsymbol{0}$ 的解,从而

$$\mathrm{r}(\boldsymbol{A})+\mathrm{r}(\boldsymbol{A}-3\boldsymbol{E})\leqslant n,$$

最后得到 $\mathrm{r}(\boldsymbol{A})+\mathrm{r}(\boldsymbol{A}-3\boldsymbol{E})=n$.

充分性 假设 $\mathrm{r}(\boldsymbol{A})+\mathrm{r}(\boldsymbol{A}-3\boldsymbol{E})=n$, 则由 $\mathrm{r}(\boldsymbol{A})=n-\mathrm{r}(\boldsymbol{A}-3\boldsymbol{E})$ 可知方程组 $(\boldsymbol{A}-3\boldsymbol{E})\boldsymbol{X}=\boldsymbol{0}$ 的基础解系中含有 $\mathrm{r}(\boldsymbol{A})$ 个向量. 同理,方程组 $\boldsymbol{AX}=\boldsymbol{0}$ 的基础解系中含有 $\mathrm{r}(\boldsymbol{A}-3\boldsymbol{E})$ 个向量. 假设 $\boldsymbol{\alpha}_1, \cdots, \boldsymbol{\alpha}_{r(A)}$ 为 $(\boldsymbol{A}-3\boldsymbol{E})\boldsymbol{X}=\boldsymbol{0}$ 的一个基础解系,而 $\boldsymbol{\beta}_1, \cdots, \boldsymbol{\beta}_{r(\boldsymbol{A}-3\boldsymbol{E})}$ 为 $\boldsymbol{AX}=\boldsymbol{0}$ 的一个基础解系. 由于 $\boldsymbol{A}(\boldsymbol{A}-3\boldsymbol{E})=\boldsymbol{A}^2-3\boldsymbol{A}=(\boldsymbol{A}-3\boldsymbol{E})\boldsymbol{A}$, 所以 n 个向量

$$\boldsymbol{\alpha}_1, \cdots, \boldsymbol{\alpha}_{r(A)}, \boldsymbol{\beta}_1, \cdots, \boldsymbol{\beta}_{r(\boldsymbol{A}-3\boldsymbol{E})}$$

均为 $(\boldsymbol{A}^2-3\boldsymbol{A})\boldsymbol{X}=\boldsymbol{0}$ 的解. 注意到属于不同特征值的特征向量线性无关,因而根据基础解系基本定理可得到 $\boldsymbol{A}^2-3\boldsymbol{A}=\boldsymbol{0}$. 下面给出这 n 个向量线性无关的一个直接验证:

假设

$$k_1\boldsymbol{\alpha}_1+\cdots+k_r\boldsymbol{\alpha}_{r(A)}+l_1\boldsymbol{\beta}_1+\cdots+l_s\boldsymbol{\beta}_{r(\boldsymbol{A}-3\boldsymbol{E})}=\boldsymbol{0}. \tag{3-3}$$

用 $\boldsymbol{A}-3\boldsymbol{E}$ 左乘之得到 $-3(l_1\boldsymbol{\beta}_1+\cdots+l_s\boldsymbol{\beta}_{r(\boldsymbol{A}-3\boldsymbol{E})})=\boldsymbol{0}$, 从而 $\boldsymbol{l}_1=\cdots=\boldsymbol{l}_s=\boldsymbol{0}$; 回代入式(3-3)得到所有 k_j 为零. 这就说明了 n 个向量

$$\boldsymbol{\alpha}_1, \cdots, \boldsymbol{\alpha}_{r(A)}, \boldsymbol{\beta}_1, \cdots, \boldsymbol{\beta}_{r(\boldsymbol{A}-3\boldsymbol{E})} \text{ 线性无关.}$$

注 充分性也可由前例得到.

例 3.18 若 $(\boldsymbol{c}_1, \boldsymbol{c}_2, \cdots, \boldsymbol{c}_n)^{\mathrm{T}}$ 是下面齐次线性方程组的一个非零解,求 $c_1:c_n$.

$$\begin{bmatrix} 1 & 1 & \cdots & 1 \\ 1 & 2 & \cdots & n \\ 1^2 & 2^2 & \cdots & n^2 \\ \vdots & \vdots & \ddots & \vdots \\ 1^{n-2} & 2^{n-2} & \cdots & n^{n-2} \end{bmatrix}\begin{bmatrix} x_1 \\ x_2 \\ \vdots \\ x_n \end{bmatrix}=\begin{bmatrix} 0 \\ 0 \\ \vdots \\ 0 \end{bmatrix}.$$

证明 根据假设得到

$$\begin{bmatrix} 1 & 1 & \cdots & 1 \\ 1 & 2 & \cdots & n-1 \\ 1^2 & 2^2 & \cdots & (n-1)^2 \\ \vdots & \vdots & \ddots & \vdots \\ 1^{n-2} & 2^{n-2} & \cdots & (n-1)^{n-2} \end{bmatrix} \begin{bmatrix} c_1 \\ c_2 \\ \vdots \\ c_{n-1} \end{bmatrix} = \begin{bmatrix} 1c_n \\ nc_n \\ \vdots \\ n^{n-2}c_n \end{bmatrix}.$$

根据 Cramer 法则得到 $c_1 = \dfrac{\boldsymbol{D}_1}{\boldsymbol{D}}$，其中

$$\boldsymbol{D} = \begin{vmatrix} 1 & 1 & \cdots & 1 \\ 1 & 2 & \cdots & n-1 \\ 1^2 & 2^2 & \cdots & (n-1)^2 \\ \vdots & \vdots & \ddots & \vdots \\ 1^{n-2} & 2^{n-2} & \cdots & (n-1)^{n-2} \end{vmatrix} = \prod_{i=1}^{n-1}(n-i-1)!,$$

而

$$\boldsymbol{D}_1 = \begin{vmatrix} c_n & 1 & \cdots & 1 \\ nc_n & 2 & \cdots & n-1 \\ n^2c_n & 2^2 & \cdots & (n-1)^2 \\ \vdots & \vdots & \ddots & \vdots \\ n^{n-2}c_n & 2^{n-2} & \cdots & (n-1)^{n-2} \end{vmatrix} = (-1)^{n-2}c_n\prod_{i=1}^{n-1}(n-i)!.$$

所以 $c_1 : c_n = (-1)^n$.

例 3.19 假设向量组 $\boldsymbol{\alpha}_1, \boldsymbol{\alpha}_2, \cdots, \boldsymbol{\alpha}_s$ 的秩为 r，则在其中任取 m 个向量组成的向量组的秩不小于 $r+m-s$.

证明 用集合计数的方法. 记 $\boldsymbol{A} = \{\boldsymbol{\alpha}_1, \boldsymbol{\alpha}_2, \cdots, \boldsymbol{\alpha}_s\}$，并设 $\boldsymbol{B}$ 为 $\boldsymbol{A}$ 的一个极大线性无关组，$\boldsymbol{C}$ 是 $\boldsymbol{A}$ 中任意 m 个向量组成的集合，则 $\boldsymbol{C}\cap\boldsymbol{B}$ 的向量是线性无关组. $|\boldsymbol{C}\cap\boldsymbol{B}| = |\boldsymbol{C}| + |\boldsymbol{B}| - |\boldsymbol{C}\cup\boldsymbol{B}| = m + r - |\boldsymbol{C}\cup\boldsymbol{B}| \geqslant m+r-s$.

例 3.20(A) 假设 $\boldsymbol{A}$ 是三阶实对称矩阵. 假设三元二次型 $f(\boldsymbol{X}) = \boldsymbol{X}^{\mathrm{T}}\boldsymbol{A}\boldsymbol{X}$ 经过正交线性替换 $\boldsymbol{X} = \boldsymbol{Q}\boldsymbol{Y}$ 变为标准形 $f = y_1^2 + y_2^2 - 2y_3^2$，其中 $\boldsymbol{Q}$ 的第三列为 $\boldsymbol{\alpha}_3 = \dfrac{1}{\sqrt{3}}(1, 1, 1)^{\mathrm{T}}$.

(1) 试求一对这样的 $\boldsymbol{Q}$ 与 $\boldsymbol{A}$；

(2) $\boldsymbol{Q}$ 与 $\boldsymbol{A}$ 都是唯一确定的吗？

分析 实对称矩阵属于不同特征值的特征向量是正交的. 另外，所给条件表

明 $\boldsymbol{A}$ 的特征值为 1，1，-2，且 $(1, 1, 1)$ 是 $\boldsymbol{A}$ 的属于特征值 -2 的特征向量. 由于 1 是 $\boldsymbol{A}$ 的二重特征根，所以 $\boldsymbol{Q}$ 的前两列的取法有无限多种——只要二者是彼此正交的单位向量且与 $\boldsymbol{\alpha}_3$ 正交即可.

证明 可取彼此正交的单位向量

$$\boldsymbol{\alpha}_1 = \frac{1}{\sqrt{2}}(1, 0, -1)^{\mathrm{T}},\ \boldsymbol{\alpha}_2 = \frac{1}{\sqrt{6}}(1, -2, 1)^{\mathrm{T}},$$

则 $\boldsymbol{Q} = (\boldsymbol{\alpha}_1, \boldsymbol{\alpha}_2, \boldsymbol{\alpha}_3)$ 满足要求. 此时有

$$\boldsymbol{A} = \boldsymbol{Q} \cdot \mathrm{diag}\{1, 1, -2\} \cdot \boldsymbol{Q}^{\mathrm{T}} = \boldsymbol{Q}(\boldsymbol{E} + \mathrm{diag}\{0, 0, -3\})\boldsymbol{Q}^{\mathrm{T}} = \boldsymbol{E} - 3\boldsymbol{\alpha}_3\boldsymbol{\alpha}_3^{\mathrm{T}}.$$

这就说明：$\boldsymbol{A}$ 是由 $\boldsymbol{\alpha}_3$ 唯一确定的.

而 $\boldsymbol{Q}$ 则有无限多种取法. 例如，还可取 $\boldsymbol{Q} = (\boldsymbol{\beta}_1, \boldsymbol{\beta}_2, \boldsymbol{\alpha}_3)$，其中

$$\boldsymbol{\beta}_1 = \frac{1}{\sqrt{2}}(1, -1, 0)^{\mathrm{T}},\ \boldsymbol{\beta}_2 = \frac{1}{\sqrt{6}}(1, 1, -2)^{\mathrm{T}}.$$

例 3.20(B) 假设三阶实对称方阵 $\boldsymbol{A}$ 的三个特征值为 6，3，3，用 $\boldsymbol{V}_6$ 表示 $\boldsymbol{A}$ 的属于特征值 6 的特征子空间. 求证：

(1) $\mathbf{R}^3 = \boldsymbol{V}_6 \oplus \boldsymbol{V}_3$；

(2) $\boldsymbol{V}_3 = \boldsymbol{V}_6^{\perp}$；

(3) 如果 $\boldsymbol{A}$ 还有属于特征值 6 的特征向量 $\boldsymbol{\alpha}_1 = (1, 1, 1)^{\mathrm{T}}$，试求一个 $\boldsymbol{A}$ 并说明 $\boldsymbol{A}$ 的唯一性.

分析 此题所给条件类似于前例，只是所要解决的问题有所不同. 所以思路上必然有相似之处.

证明 (1) 假设 $\boldsymbol{\alpha}_1$ 是 $\boldsymbol{A}$ 的属于特征值 6 的任意单位特征向量，假设 $\boldsymbol{\alpha}_2$ 与 $\boldsymbol{\alpha}_3$ 是 $\boldsymbol{A}$ 的属于特征值 3 的线性无关的特征向量，则已经知道 $\boldsymbol{\alpha}_1, \boldsymbol{\alpha}_2, \boldsymbol{\alpha}_3$ 线性无关. 从而有：$\mathbf{R}^3 = L(\boldsymbol{\alpha}_1, \boldsymbol{\alpha}_2, \boldsymbol{\alpha}_3) = L(\boldsymbol{\alpha}_1) \oplus L(\boldsymbol{\alpha}_2, \boldsymbol{\alpha}_3) = \boldsymbol{V}_6 \oplus \boldsymbol{V}_3$.

(2) 下面证明 $\boldsymbol{V}_3$ 是 $\boldsymbol{V}_6$ 的正交补子空间 $\boldsymbol{V}_6^{\perp}$. 根据已知结果，实对称阵的属于不同特征值之特征向量彼此正交，因此已有 $\boldsymbol{V}_3 \subseteq (\boldsymbol{V}_6)^{\perp}$. 反过来，如果 $\boldsymbol{\beta} = k_1\boldsymbol{\alpha}_1 + k_2\boldsymbol{\alpha}_2 + k_3\boldsymbol{\alpha}_3 \in \boldsymbol{V}_6^{\perp}$，则有 $0 = [\boldsymbol{\beta}, \boldsymbol{\alpha}_1] = k_1[\boldsymbol{\alpha}_1, \boldsymbol{\alpha}_1]$，于是 $k_1 = 0$. 所以 $\boldsymbol{V}_6^{\perp} \subseteq \boldsymbol{V}_3$，因此有 $\boldsymbol{V}_3 = \boldsymbol{V}_6^{\perp}$.

(3) 将 α_1 单位化得到单位向量 $\boldsymbol{\beta}_1 = \frac{1}{\sqrt{3}} \cdot \boldsymbol{\alpha}_1$，根据(2)可知，

$$\boldsymbol{\beta}_2=\frac{1}{\sqrt{2}}(1,\ -1,\ 0)^{\mathrm{T}},\ \boldsymbol{\beta}_3=\frac{1}{\sqrt{6}}(1,\ 1,\ -2)^{\mathrm{T}}$$

是 $\boldsymbol{A}$ 的属于特征值 3 的正交的单位特征向量. 于是 $\boldsymbol{\beta}_1,\ \boldsymbol{\beta}_2,\ \boldsymbol{\beta}_3$ 是 $\mathbf{R}^3$ 的标准正交基. 命 $\boldsymbol{P}=(\boldsymbol{\beta}_1,\ \boldsymbol{\beta}_2,\ \boldsymbol{\beta}_3)$，则 $\boldsymbol{P}$ 是正交矩阵(亦即满足 $\boldsymbol{A}\boldsymbol{A}^{\mathrm{T}}=\boldsymbol{E}$)，且有 $\boldsymbol{P}^{\mathrm{T}}\boldsymbol{A}\boldsymbol{P}=\mathrm{diag}\{6,\ 3,\ 3\}$. 因此得到

$$\begin{aligned}\boldsymbol{A}&=\boldsymbol{P}\cdot\mathrm{diag}\{6,\ 3,\ 3\}\cdot\boldsymbol{P}^{\mathrm{T}}=\boldsymbol{P}(3\boldsymbol{E})\boldsymbol{P}^{\mathrm{T}}+\boldsymbol{P}\mathrm{diag}\{3,\ 0,\ 0\}\boldsymbol{P}^{\mathrm{T}}\\&=3\boldsymbol{E}+(\boldsymbol{\beta}_1,\ \boldsymbol{\beta}_2,\ \boldsymbol{\beta}_3)\cdot\begin{bmatrix}3&0&0\\0&0&0\\0&0&0\end{bmatrix}\cdot\begin{bmatrix}\boldsymbol{\beta}_1^{\mathrm{T}}\\\boldsymbol{\beta}_2^{\mathrm{T}}\\\boldsymbol{\beta}_3^{\mathrm{T}}\end{bmatrix}\\&=3\boldsymbol{E}+3\boldsymbol{\beta}_1\boldsymbol{\beta}_1^{\mathrm{T}}=3\boldsymbol{E}+\boldsymbol{\alpha}_1\boldsymbol{\alpha}_1^{\mathrm{T}}=\begin{bmatrix}4&3&3\\3&4&3\\3&3&4\end{bmatrix}.\end{aligned}$$

由此看到，如果 $\boldsymbol{\alpha}_1$ 给定，则相应的 $\boldsymbol{A}$ 由 $\boldsymbol{\alpha}_1$ 唯一确定，所以具有唯一性.

例 3.21 求证：n 阶正交矩阵 $\boldsymbol{A}$ 的实特征根为 ±1；复特征根的模为 1，且(非实数的)复特征根按照共轭关系成对出现，从而 $\mathrm{tr}(\boldsymbol{A})$ 是不超过 n 的实数.

证明 (1) 假设 $\boldsymbol{A}\boldsymbol{\alpha}=\lambda\boldsymbol{\alpha}$，其中 $\mathbf{0}\neq\boldsymbol{\alpha}\in\mathbf{C}^n$. 则有 $\boldsymbol{A}\overline{\boldsymbol{\alpha}}=\overline{\boldsymbol{A}\boldsymbol{\alpha}}=\overline{\lambda}\overline{\boldsymbol{\alpha}}$. 所以如果 $\boldsymbol{\lambda}$ 不是实数，则 $\boldsymbol{\lambda}$ 与 $\overline{\boldsymbol{\lambda}}$ 是 $\boldsymbol{A}$ 的不同特征根.

(2) 首先有

$$\overline{\boldsymbol{\alpha}}^{\mathrm{T}}\boldsymbol{\alpha}=\overline{\boldsymbol{\alpha}}^{\mathrm{T}}(\boldsymbol{A}^{\mathrm{T}}\boldsymbol{A})\boldsymbol{\alpha}=(\boldsymbol{A}\overline{\boldsymbol{\alpha}})^{\mathrm{T}}\boldsymbol{A}\boldsymbol{\alpha}=(\boldsymbol{\lambda}\overline{\boldsymbol{\lambda}})(\overline{\boldsymbol{\alpha}}^{\mathrm{T}}\boldsymbol{\alpha}).$$

如果 $\boldsymbol{\alpha}=(\boldsymbol{a}_1,\ \boldsymbol{a}_2,\ \cdots,\ \boldsymbol{a}_n)^{\mathrm{T}}$，其中 $\boldsymbol{a}_i\in\mathbf{C}$ 不全为零，则有

$$\overline{\boldsymbol{\alpha}}^{\mathrm{T}}\boldsymbol{\alpha}=\sum_{i=1}^{n}\overline{\boldsymbol{a}_i}\boldsymbol{a}_i>0.$$

因此有 $\lambda\overline{\lambda}=1$，即 λ 的模的平方为 1. 特别的，如果 λ 为实数，则 $\lambda=\pm1$.

最后，根据 $\mathrm{tr}(\boldsymbol{A})=\sum_{i=1}^{n}\lambda_i$，即知 $\mathrm{tr}(\boldsymbol{A})$ 是不超过 n 的实数.

例 3.22 假设 $\boldsymbol{A}$ 是 n 阶正交矩阵.

(1) 如果 $|\boldsymbol{A}|=1$ 且 n 为奇数，则 $\boldsymbol{A}$ 必然有特征值 1；

(2) 如果 $|\boldsymbol{A}|=-1$，则 $\boldsymbol{A}$ 必然有特征值 -1.

证明 假设 $\boldsymbol{A}$ 的全部特征值为 $\lambda_i(i=1,\ 2,\ \cdots,\ n)$，则

$$|\boldsymbol{A}| = \lambda_1\lambda_2\cdots\lambda_n = 1^r \cdot (-1)^s \cdot \left(\prod_{j=1}^{t} \overline{\lambda_{i_j}}\lambda_{i_j}\right),$$

其中 $r+s+2t=n$. 根据例 3.21 的结果,如果 n 是奇数且 $|\boldsymbol{A}|=1$, 则 $r\neq 0$, 即 $\boldsymbol{A}$ 必然有特征值 1. 如果 $|\boldsymbol{A}|=-1$, 则 s 为奇数, 亦即 $\boldsymbol{A}$ 必然有奇数个特征值 -1.

例 3.23 假设 $\boldsymbol{\alpha}=(a_1, a_2, \cdots, a_n)^{\mathrm{T}}$ 是 n 维单位实向量. 记 $\boldsymbol{A}=\boldsymbol{E}_n-2\boldsymbol{\alpha}\boldsymbol{\alpha}^{\mathrm{T}}$.

(1) 求证: $\boldsymbol{A}$ 是实对称正交矩阵;

(2) 求 $\boldsymbol{A}$ 的全部特征值与特征向量;

(3) 求证: $|\boldsymbol{A}|=-1$, $\mathrm{tr}(\boldsymbol{A})=n-2$;

(4) 求正交矩阵 $\boldsymbol{P}$ 使得 $\boldsymbol{P}^{\mathrm{T}}\boldsymbol{A}\boldsymbol{P}$ 为对角阵.

证明 (1) 记 $\boldsymbol{B}=\boldsymbol{\alpha}\boldsymbol{\alpha}^{\mathrm{T}}$, 则有 $\boldsymbol{B}^{\mathrm{T}}=\boldsymbol{B}$, $\boldsymbol{B}^2=\boldsymbol{\alpha}(\boldsymbol{\alpha}^{\mathrm{T}}\boldsymbol{\alpha})\boldsymbol{\alpha}^{\mathrm{T}}=\boldsymbol{\alpha}\boldsymbol{\alpha}^{\mathrm{T}}=\boldsymbol{B}$. 于是有 $\boldsymbol{A}^{\mathrm{T}}=(\boldsymbol{E}-2\boldsymbol{B})^{\mathrm{T}}=\boldsymbol{A}$, $\boldsymbol{A}^2=\boldsymbol{E}-4\boldsymbol{B}+4\boldsymbol{B}=\boldsymbol{E}$, 所以 $\boldsymbol{A}$ 是实对称正交矩阵,也是一个对合阵(即满足 $\boldsymbol{A}^2=\boldsymbol{E}$).

(2) 首先求 $\boldsymbol{B}$ 的特征值. 因为 $r(\boldsymbol{B})=1$, $\boldsymbol{B}\boldsymbol{\alpha}=\boldsymbol{\alpha}(\boldsymbol{\alpha}^{\mathrm{T}}\boldsymbol{\alpha})=\boldsymbol{\alpha}$, 所以 $\boldsymbol{B}$ 相似于对角阵 $\mathrm{diag}\{1, 0, \cdots, 0\}$, 所以 $\boldsymbol{A}=\boldsymbol{E}-2\boldsymbol{B}$ 的全部特征值为 $-1, 1, 1, \cdots, 1$. 由此马上得到 $|\boldsymbol{A}|=-1$, $\mathrm{tr}(\boldsymbol{A})=n-2$.

其次,在 $L(\boldsymbol{\alpha})^{\perp}$ 中取一组标准正交基 $\boldsymbol{\beta}_1, \boldsymbol{\beta}_2, \cdots, \boldsymbol{\beta}_{n-1}$ (例如,这可以通过解方程组 $\boldsymbol{\alpha}^{\mathrm{T}}\boldsymbol{X}=\boldsymbol{0}$ 的一个基础解系,然后用 Schmidt 正交化、单位化过程得到),并命 $\boldsymbol{P}=(\boldsymbol{\alpha}, \boldsymbol{\beta}_1, \boldsymbol{\beta}_2, \cdots, \boldsymbol{\beta}_{n-1})$, 则 $\boldsymbol{P}$ 是正交矩阵使得

$$\boldsymbol{P}^{\mathrm{T}}\boldsymbol{A}\boldsymbol{P}=\mathrm{diag}\{-1, 1, \cdots, 1\}.$$

注记 这样的正交矩阵称为**镜面反射矩阵**,对应的正交变换称为**镜面反射**,更多信息可参见第 4 章的有关内容(例 4.23).

例 3.24 假设一个秩数为 2 的 3 阶实对称矩阵 $\boldsymbol{A}$ 和两个 3 维列向量 $\boldsymbol{v}_1$ 和 $\boldsymbol{v}_2$ 满足

$$\boldsymbol{A}=\boldsymbol{v}_1\cdot\boldsymbol{v}_1^{\mathrm{T}}+\boldsymbol{v}_2\cdot\boldsymbol{v}_2^{\mathrm{T}}, \tag{3-4}$$

在已经知道 $\boldsymbol{A}$ 时,如何求 $\boldsymbol{v}_1$ 和 $\boldsymbol{v}_2$?

解 对于任意实对称矩阵 $\boldsymbol{A}$, 存在一个正交阵 $\boldsymbol{P}$, 使得

$$\boldsymbol{P}\boldsymbol{A}\boldsymbol{P}^{\mathrm{T}}=\begin{bmatrix}\lambda & 0 & 0\\ 0 & \mu & 0\\ 0 & 0 & 0\end{bmatrix}.$$

记 $\boldsymbol{\alpha}=\boldsymbol{P}\boldsymbol{v}_1=(a, b, c)^{\mathrm{T}}$，$\beta=\boldsymbol{P}\boldsymbol{v}_2=(x, y, z)^{\mathrm{T}}$，则矩阵方程式(3-4)变形为

$$\begin{bmatrix}\lambda & 0 & 0\\ 0 & \mu & 0\\ 0 & 0 & 0\end{bmatrix}=\boldsymbol{\alpha}\boldsymbol{\alpha}^{\mathrm{T}}+\boldsymbol{\beta}\boldsymbol{\beta}^{\mathrm{T}}, \tag{3-5}$$

其中，$\boldsymbol{\alpha}=\boldsymbol{P}\boldsymbol{v}_1$，$\boldsymbol{\beta}=\boldsymbol{P}\boldsymbol{v}_2$. 由(3-5)易得到

$$\lambda=a^2+x^2,\ \mu=b^2+y^2,\ 0=c^2+z^2,$$

因此有 $c=z=0$，$\lambda>0$ 和 $\mu>0$，从而矩阵方程式(3-5)等价于如下方程

$$\begin{bmatrix}1 & 0\\ 0 & 1\end{bmatrix}=\boldsymbol{Q}\begin{bmatrix}\lambda & 0\\ 0 & \mu\end{bmatrix}\boldsymbol{Q}^{\mathrm{T}}=\boldsymbol{V}_1\cdot\boldsymbol{V}_1^{\mathrm{T}}+\boldsymbol{V}^2\cdot\boldsymbol{V}_2^{\mathrm{T}}, \tag{3-6}$$

其中 $\boldsymbol{Q}=\begin{bmatrix}\frac{1}{\sqrt{\lambda}} & 0\\ 0 & \frac{1}{\sqrt{\mu}}\end{bmatrix}$，$\boldsymbol{V}_1=\boldsymbol{Q}\begin{bmatrix}a\\ b\end{bmatrix}$，$\boldsymbol{V}_2=\boldsymbol{Q}\begin{bmatrix}x\\ y\end{bmatrix}$. 现在假设

$$\boldsymbol{V}_1=\begin{bmatrix}x_1\\ x_2\end{bmatrix},\ \boldsymbol{V}_2=\begin{bmatrix}y_1\\ y_2\end{bmatrix},$$

则矩阵方程式(3-6)等价于如下方程

$$x_1^2+y_1^2=1,$$
$$x_2^2+y_2^2=1,$$
$$x_1x_2+y_1y_2=0.$$

最后可以假设

$$x_1=\cos(\theta),\ x_2=\cos(\varphi),$$

则

$$y_1=\pm\sin(\theta),\ y_2=\mp\sin(\varphi),$$

其中

$$\theta+\varphi=\frac{\pi}{2}+r\pi,\ r=0, 1.$$

如果矩阵 $\boldsymbol{A}$ 已经给定，则相应的 $\boldsymbol{P}$ 与 $\boldsymbol{Q}$ 就都确定了下来，则式(3-4)的所有解都由 $\boldsymbol{P}$，$\boldsymbol{Q}$ 以及上述的 x_i，y_j 所确定.

例 3.25 设 $\boldsymbol{A}$ 为奇数阶正交矩阵，且 $|\boldsymbol{A}|=1$. 求证：$\boldsymbol{E}-\boldsymbol{A}$ 不是可逆矩阵.

证明 因为 $\boldsymbol{A}^{\mathrm{T}}(\boldsymbol{E}-\boldsymbol{A})=\boldsymbol{A}^{\mathrm{T}}-\boldsymbol{E}=-(\boldsymbol{E}-\boldsymbol{A})^{\mathrm{T}}$，所以

$$|\boldsymbol{E}-\boldsymbol{A}|=|\boldsymbol{A}|\cdot|\boldsymbol{E}-\boldsymbol{A}|=-|\boldsymbol{E}-\boldsymbol{A}|.$$

因此，$|\boldsymbol{E}-\boldsymbol{A}|=0$，$\boldsymbol{E}-\boldsymbol{A}$ 不可逆.

例 3.26 对于数域 $\mathbf{F}$ 上的 $n\times n$ 矩阵 $\boldsymbol{A}$，如果 $\mathrm{tr}(\boldsymbol{A})=0$，求证：存在 n 阶可逆矩阵 $\boldsymbol{P}\in \boldsymbol{GL}_n(\mathbf{F})$，使得 $\boldsymbol{P}^{-1}\boldsymbol{A}\boldsymbol{P}$ 的主对角线元素全部为零.

证明 如果对于任意 n 维非零向量 $\boldsymbol{\alpha}$，$\boldsymbol{\alpha}$ 与 $\boldsymbol{A}\boldsymbol{\alpha}$ 均线性相关，则易证存在 k 使得

$$\boldsymbol{A}\boldsymbol{\alpha}=k\boldsymbol{\alpha},\quad \boldsymbol{\alpha}\in\mathbf{F}^n,$$

因此有 $\boldsymbol{A}=\boldsymbol{A}\boldsymbol{E}=k\boldsymbol{E}$，即 $\boldsymbol{A}$ 是数量矩阵，从而 $\boldsymbol{A}=\boldsymbol{0}$. 此时结论当然成立.

事实上，假设 $\boldsymbol{A}\boldsymbol{\varepsilon}_i=k_i\boldsymbol{\varepsilon}_i$，其中 $\boldsymbol{\varepsilon}_i$ 表示第 i 个位置是 1、其余位置均为 0 的列向量. 再假设 $\boldsymbol{A}(\boldsymbol{\varepsilon}_1+\boldsymbol{\varepsilon}_i)=l_i(\boldsymbol{\varepsilon}_1+\boldsymbol{\varepsilon}_i)$. 由此易得 $k_1=l_i=k_i$. 因此存在 k 使得 $\boldsymbol{A}\boldsymbol{\varepsilon}_i=k\boldsymbol{\varepsilon}_i$，从而有

$$\boldsymbol{A}\boldsymbol{\alpha}=k\boldsymbol{\alpha},\ \boldsymbol{\alpha}\in\mathbf{F}^n.$$

以下假设存在非零向量 $\boldsymbol{\beta}$ 使得 $\boldsymbol{\beta}$ 与 $\boldsymbol{A}\boldsymbol{\beta}$ 线性无关. 此时有可逆矩阵 $\boldsymbol{P}$ 使得 $\boldsymbol{P}=(\boldsymbol{\beta},\ \boldsymbol{A}\boldsymbol{\beta},\ \cdots)$，则有

$$\boldsymbol{A}\boldsymbol{P}=(\boldsymbol{A}\boldsymbol{\beta},\ \boldsymbol{A}^2\boldsymbol{\beta},\ \cdots)=(\boldsymbol{\beta},\ \boldsymbol{A}\boldsymbol{\beta},\ \cdots)\begin{bmatrix}0, & \cdots\\ 1, & \cdots\\ 0, & \cdots\\ \vdots & \\ 0, & \cdots\end{bmatrix}=\boldsymbol{P}\begin{bmatrix}0, & \cdots\\ 1, & \cdots\\ 0, & \cdots\\ \vdots & \\ 0, & \cdots\end{bmatrix}.$$

因此 $\boldsymbol{P}^{-1}\boldsymbol{A}\boldsymbol{P}=\begin{bmatrix}0 & *\\ \boldsymbol{\varepsilon}_1 & \boldsymbol{B}\end{bmatrix}$，其中 $\boldsymbol{\varepsilon}_1^{\mathrm{T}}=(1,\ 0,\ \cdots,\ 0)$，$\boldsymbol{B}$ 是 $n-1$ 阶矩阵，且 $\mathrm{tr}(\boldsymbol{B})=0$. 根据归纳假设，存在 $n-1$ 阶可逆矩阵 $\boldsymbol{Q}_1$ 使得 $\boldsymbol{Q}_1^{-1}\boldsymbol{B}\boldsymbol{Q}_1$ 的主对角线元素全为零. 此时命 $\boldsymbol{P}_1=\begin{bmatrix}1 & \boldsymbol{0}\\ \boldsymbol{0} & \boldsymbol{Q}_1\end{bmatrix}\boldsymbol{P}$，则 $\boldsymbol{P}_1^{-1}\boldsymbol{A}\boldsymbol{P}_1$ 的主对角线元素全为零.

例 3.27 马尔科夫矩阵(Markof Matrix)是非负数字方阵，其每列中所有数的和为 1，马尔科夫矩阵 $\boldsymbol{A}$ 最重要的性质如下：

(1) 1 是其特征值，而相应的一个特征向量为非负向量；

(2) 其他特征值 λ 满足 $|\lambda|\leqslant 1$. 如果存在 r 使得 $\boldsymbol{A}^r$ 是正矩阵，则所有这些 $|\lambda|$ 小于 1.

证明 留作习题.

例 3.28 假设 $\boldsymbol{A}$, $\boldsymbol{B}$ 都是 n 阶正交矩阵,且 $|\boldsymbol{AB}|=-1$. 求证:$|\boldsymbol{A}+\boldsymbol{B}|=0$.

证明 因为 $\boldsymbol{A}+\boldsymbol{B}=\boldsymbol{A}(\boldsymbol{A}+\boldsymbol{B})^{\mathrm{T}}\boldsymbol{B}$, 所以 $|\boldsymbol{A}+\boldsymbol{B}|=-|\boldsymbol{A}+\boldsymbol{B}|$. 因此,

$$|\boldsymbol{A}+\boldsymbol{B}|=0.$$

例 3.29 证明:矩阵 $\boldsymbol{A}$ 只与自己相似的充要条件是 $\boldsymbol{A}$ 为数量矩阵.

分析 对于任意方阵 $\boldsymbol{A}=(a_{ij})_{n\times n}$, 有:$\boldsymbol{A}=\sum_{1\leqslant i,\ j\leqslant n}a_{ij}\boldsymbol{E}_{ij}$, 用线性空间的语言来说, n^2 个矩阵 $\{\boldsymbol{E}_{ij}\mid 1\leqslant i,\ j\leqslant n\}$ 是数域 $\boldsymbol{P}$ 上的线性空间 $\boldsymbol{P}^{n\times n}$ 的一个基.

证明 充分性是明显成立的. 反过来,对于一切可逆矩阵 $\boldsymbol{P}$, 有 $\boldsymbol{PA}=\boldsymbol{AP}$, 特别的有 $\boldsymbol{A}(\boldsymbol{E}+\boldsymbol{E}_{ij})=(\boldsymbol{E}+\boldsymbol{E}_{ij})\boldsymbol{A}$. 所以有 $\boldsymbol{AE}_{ij}=\boldsymbol{E}_{ij}\boldsymbol{A}$, 这里 $\boldsymbol{E}_{ij}$ 除了 $(i,\ j)$ 位置为 1 外,其他位置全为零. 假设 $\boldsymbol{A}=(a_{kl})_{n\times n}$. $\boldsymbol{E}_{ij}\boldsymbol{A}$ 除了第 i 行外,其他行全为零,而第 i 行为

$$(a_{j1},\ a_{j2},\ \cdots,\ a_{jn}).$$

$\boldsymbol{E}_{ij}\boldsymbol{A}$ 的 $(i,\ j)$ 位置元为 a_{jj}. $\boldsymbol{AE}_{ij}$ 除了第 j 列外,其他列全为零,而第 j 列为

$$(a_{1i},\ a_{2i},\ \cdots,\ a_{ni})^{\mathrm{T}}.$$

$\boldsymbol{AE}_{ij}$ 的 $(i,\ j)$ 位置元为 a_{ii}. 所以有 $a_{ii}=a_{jj}(i,\ j=1,\ 2,\ \cdots,\ n)$, $a_{ki}=0$ $(k\neq i)$. 这就证明了 $\boldsymbol{A}$ 为数量矩阵.

注记 n 阶方阵 $\boldsymbol{A}$ 与任意 n 阶可逆矩阵关于乘法都可以交换,当且仅当 $\boldsymbol{A}$ 是一个数量矩阵.

例 3.30 求证:对于实对称矩阵 $\boldsymbol{A}_n$, 以下 4 个命题等价:

(1) $\boldsymbol{A}$ 是正定矩阵:$\boldsymbol{\alpha}^{\mathrm{T}}\boldsymbol{A}\boldsymbol{\alpha}>0$, $\boldsymbol{0}\neq\boldsymbol{\alpha}\in\mathbf{R}^n$.

(2) $\boldsymbol{A}$ 的特征值全部大于零;

(3) $\boldsymbol{A}$ 合同于单位矩阵;

(4) 存在实可逆阵 $\boldsymbol{M}$ 使得 $\boldsymbol{A}=\boldsymbol{M}^{\mathrm{T}}\boldsymbol{M}$;

(5) 存在实对称可逆矩阵 $\boldsymbol{N}$ 使得 $\boldsymbol{A}=\boldsymbol{N}^2$.

证明 (1)⇒(2). 假设 $\boldsymbol{A}$ 是正定矩阵,则 $\boldsymbol{A}$ 作为一个实对称阵,其特征值都是实数,从而 $\boldsymbol{A}$ 的特征向量都是实向量. 假设 λ 是 $\boldsymbol{A}$ 的特征值,并假设 $\boldsymbol{A}\boldsymbol{\alpha}=\lambda\boldsymbol{\alpha}$, 其中 $\boldsymbol{0}\neq\boldsymbol{\alpha}\in\mathbf{R}^n$, 则 $0<\boldsymbol{\alpha}^{\mathrm{T}}\boldsymbol{A}\boldsymbol{\alpha}=\lambda\boldsymbol{\alpha}^{\mathrm{T}}\boldsymbol{\alpha}$. 而对于非零实向量 $\boldsymbol{\alpha}$, $\boldsymbol{\alpha}^{\mathrm{T}}\boldsymbol{\alpha}=|\boldsymbol{\alpha}|^2>0$, 所以 $\lambda>0$.

(2)⇒(3). 对于实对称矩阵 $\boldsymbol{A}$, 存在正交矩阵 $\boldsymbol{U}$ 使得

$$\boldsymbol{U}^{\mathrm{T}}\boldsymbol{A}\boldsymbol{U}=\mathrm{diag}\{\lambda_1,\ \lambda_2,\ \cdots,\ \lambda_n\}.$$

如果 $\boldsymbol{A}$ 的特征值全部大于零，则 $\lambda_i > 0$. 命 $\boldsymbol{D} = \mathrm{diag}\{\sqrt{\lambda_1}, \sqrt{\lambda_2}, \cdots, \sqrt{\lambda_n}\}$，则有 $(\boldsymbol{UD})^{\mathrm{T}}\boldsymbol{A}(\boldsymbol{UD}) = \boldsymbol{E}$，即 $\boldsymbol{A}$ 合同于单位阵.

(3)⇒(4)与(5)⇒(4)，明显.

(4)⇒(1). 假设存在实可逆阵 $\boldsymbol{M}$ 使得 $\boldsymbol{A} = \boldsymbol{M}^{\mathrm{T}}\boldsymbol{M}$，则首先 $\boldsymbol{A}$ 是实对称阵. 其次，对于非零实向量 $\boldsymbol{\alpha}$，有 $\boldsymbol{M\alpha} \neq \boldsymbol{0}$. 于是有 $\boldsymbol{\alpha}^{\mathrm{T}}\boldsymbol{A\alpha} = (\boldsymbol{M\alpha})^{\mathrm{T}}(\boldsymbol{M\alpha}) > 0$. 根据正定矩阵的定义知道 $\boldsymbol{A}$ 是正定矩阵.

(1)⇒(5). 对于实对称矩阵 $\boldsymbol{A}$，存在正交矩阵 $\boldsymbol{U}$ 使得

$$\boldsymbol{U}^{\mathrm{T}}\boldsymbol{AU} = \mathrm{diag}\{\lambda_1, \lambda_2, \cdots, \lambda_n\}.$$

如果 $\boldsymbol{A}$ 正定，则 $\boldsymbol{A}$ 的特征值全部大于零，即 $\lambda_i > 0$. 命

$$\boldsymbol{D} = \mathrm{diag}\{\sqrt{\lambda_1}, \sqrt{\lambda_2}, \cdots, \sqrt{\lambda_n}\},$$

则有

$$\boldsymbol{A} = (\boldsymbol{UDU}^{\mathrm{T}})(\boldsymbol{UDU}^{\mathrm{T}}),\ (\boldsymbol{UDU}^{\mathrm{T}})^{\mathrm{T}} = \boldsymbol{UDU}^{\mathrm{T}}.$$

因此只要取 $\boldsymbol{N} = \boldsymbol{UDU}^{\mathrm{T}}$，则得证.

例 3.31 设 $\boldsymbol{A}_n$ 为实对称矩阵，且满足 $\boldsymbol{A}^2 - 3\boldsymbol{A} + 2\boldsymbol{E} = \boldsymbol{0}$. 求证：$\boldsymbol{A}$ 是正定矩阵.

证明 证法一 由于

$$(\boldsymbol{A} - 2\boldsymbol{E})(\boldsymbol{A} - \boldsymbol{E}) = \boldsymbol{0},\ (\boldsymbol{A} - \boldsymbol{E}) - (\boldsymbol{A} - 2\boldsymbol{E}) = \boldsymbol{E},$$

所以 $\mathrm{r}(\boldsymbol{A} - 2\boldsymbol{E}) + \mathrm{r}(\boldsymbol{A} - \boldsymbol{E}) = n$，从而 $\boldsymbol{A}$ 正交相似于对角阵 $\mathrm{diag}\{2, \cdots, 2, 1, \cdots, 1\}$. 所以 $\boldsymbol{A}$ 的特征值全大于零，$\boldsymbol{A}$ 为正定矩阵.

证法二 由于多项式 $x^2 - 3x - 2$ 零化 $\boldsymbol{A}$，则 $\boldsymbol{A}$ 的特征根都是一元二次方程 $x^2 - 3x - 2 = 0$ 的根，亦即 $\boldsymbol{A}$ 的特征值是 2 或者 1，均大于零，从而 $\boldsymbol{A}$ 是正定矩阵.

证法三 对于任意非零实向量 $\boldsymbol{X}$，$\boldsymbol{X}^{\mathrm{T}}\boldsymbol{A}^2\boldsymbol{X} = (\boldsymbol{AX})^{\mathrm{T}}(\boldsymbol{AX}) \geqslant 0$. 所以

$$\boldsymbol{X}^{\mathrm{T}}\boldsymbol{AX} = \frac{1}{3}(2\boldsymbol{X}^{\mathrm{T}}\boldsymbol{X} + \boldsymbol{X}^{\mathrm{T}}\boldsymbol{A}^2\boldsymbol{X}) \geqslant \frac{1}{3}(2\boldsymbol{X}^{\mathrm{T}}\boldsymbol{X}) > 0,$$

从而 $\boldsymbol{A}$ 是正定矩阵.

例 3.32(A) 设 $\boldsymbol{A}$ 为正定矩阵，设 $b_i \neq 0$，$i = 1, 2, \cdots, n$. 求证：$\boldsymbol{C} = (a_{ij}b_ib_j)_{n\times n}$ 也是正定矩阵.

证明 $\boldsymbol{C} = \boldsymbol{B}^{\mathrm{T}}\boldsymbol{AB}$，其中 $\boldsymbol{B} = \mathrm{diag}\{b_1, b_2, \cdots, b_n\}$ 是可逆矩阵. 所以 $\boldsymbol{C}$ 是合同于 $\boldsymbol{A}$ 的实矩阵. 合同的矩阵有相同的正定性.

注意 (1) 根据惯性定理或者根据定义知,合同的矩阵有相同的正定性;但是合同的矩阵未必有相同的特征值.

(2) 两个相似的实对称矩阵有相同的正定性(从特征值角度考虑).

例 3.32(B) 假设 n 维欧氏空间 $\boldsymbol{V}$ 带有内积 $[-,-]$,假设 $\boldsymbol{A}$ 是 n 阶实对称矩阵,而 $\boldsymbol{\alpha}, \boldsymbol{\beta} \in \boldsymbol{V}$ 是给定的两个线性无关的向量. 命

$$f(t) = [\boldsymbol{\alpha}, \boldsymbol{\alpha}] + 2t[\boldsymbol{\alpha}, \boldsymbol{\beta}] + t^2[\boldsymbol{\beta}, \boldsymbol{\beta}].$$

求证: $f(\boldsymbol{A})$ 是一个正定矩阵.

证明 证法一 由于 $\boldsymbol{A}$ 是实对称阵,因此其特征根均为实数. 假设 $\boldsymbol{A}$ 的全部特征值为 $\lambda_1, \cdots, \lambda_n$, 则 $f(\boldsymbol{A})$ 的全部特征根为 $f(\lambda_1), \cdots, f(\lambda_n)$. 注意到 $f(\boldsymbol{A})$ 是实对称矩阵,要说明 $f(\boldsymbol{A})$ 是正定阵,只需要说明 $f(\lambda_i)$ 均为正实数.

事实上,由于 $\boldsymbol{\alpha}$ 与 $\boldsymbol{\beta}$ 线性无关,所以 $\boldsymbol{\alpha} + \lambda_i \boldsymbol{\beta} \neq \boldsymbol{0}_V$, 因此有

$$0 < [\boldsymbol{\alpha} + \lambda_i \boldsymbol{\beta}, \alpha + \lambda_i \boldsymbol{\beta}] = f(\lambda_i).$$

证法二 根据假设,知存在正交矩阵 $\boldsymbol{U}$ 使得 $\boldsymbol{U}^{\mathrm{T}}\boldsymbol{A}\boldsymbol{U} = \mathrm{diag}\{\lambda_1, \cdots, \lambda_n\}$. 又易见 $f(\boldsymbol{A})$ 是实对称矩阵,从而 $f(\boldsymbol{A})$ 正定当且仅当 $\boldsymbol{U}^{\mathrm{T}} f(\boldsymbol{A})\boldsymbol{U}$ 正定. 而经过计算易于得到

$$\boldsymbol{U}^{\mathrm{T}} f(\boldsymbol{A})\boldsymbol{U} = \mathrm{diag}\{f(\lambda_1), f(\lambda_2), \cdots, f(\lambda_n)\},$$

其中

$$0 < [\boldsymbol{\alpha} + \lambda_i \boldsymbol{\beta}, \boldsymbol{\alpha} + \lambda_i \boldsymbol{\beta}] = f(\lambda_i).$$

于是 $f(\boldsymbol{A})$ 是一个正定矩阵.

注意 $\boldsymbol{V}$ 是一个抽象的欧氏空间; 即使 $\boldsymbol{V} = \mathbf{R}^{n\times 1}$, $[\boldsymbol{\alpha}, \boldsymbol{\beta}]$ 也不一定是 $\boldsymbol{\alpha}^{\mathrm{T}}\boldsymbol{\beta}$.

例 3.33(A) 设 $\boldsymbol{A}, \boldsymbol{B}$ 为 n 阶实对称矩阵,而且 $\boldsymbol{A}$ 是正定矩阵. 求证: 存在可逆矩阵 $\boldsymbol{P}$, 使得 $\boldsymbol{P}^{-1}\boldsymbol{A}\boldsymbol{P}$ 与 $\boldsymbol{P}^{-1}\boldsymbol{B}\boldsymbol{P}$ 同时为对角矩阵.

证明 存在可逆矩阵 $\boldsymbol{U}$, 使得 $\boldsymbol{U}^{\mathrm{T}}\boldsymbol{A}\boldsymbol{U} = \boldsymbol{E}$, 其中 $\boldsymbol{U}$ 为一个正交矩阵和一个对角矩阵的乘积. 此时, $\boldsymbol{U}^{\mathrm{T}}\boldsymbol{B}\boldsymbol{U}$ 仍为 n 阶实对称矩阵,所以存在正交矩阵 $\boldsymbol{V}$, 使得

$$\boldsymbol{V}^{\mathrm{T}}\boldsymbol{U}^{\mathrm{T}}\boldsymbol{B}\boldsymbol{U}\boldsymbol{V} = \mathrm{diag}\{\lambda_1, \lambda_2, \cdots, \lambda_n\},$$

它是对角矩阵. 取 $\boldsymbol{P} = \boldsymbol{U}\boldsymbol{V}$, 则 $\boldsymbol{P}^{\mathrm{T}}\boldsymbol{A}\boldsymbol{P} = \boldsymbol{E}$, $\boldsymbol{P}^{\mathrm{T}}\boldsymbol{B}\boldsymbol{P} = \mathrm{diag}\{\lambda_1, \lambda_2, \cdots, \lambda_n\}$.

例 3.33(B) 对于 n 阶方阵 $\boldsymbol{A}$ 和 m 阶方阵 $\boldsymbol{B}$, 记 $\boldsymbol{C} = \begin{bmatrix} \boldsymbol{A} & \boldsymbol{0} \\ \boldsymbol{0} & \boldsymbol{B} \end{bmatrix}$, 则 $\boldsymbol{C}$ 相似于

对角阵当且仅当 $\boldsymbol{A}$ 与 $\boldsymbol{B}$ 均相似于对角阵.

证明 只需要证明必要性.

假设存在 $n+m$ 阶可逆矩阵 $\boldsymbol{P}$ 使得 $\boldsymbol{P}^{-1}\boldsymbol{C}\boldsymbol{P}=\begin{bmatrix}\boldsymbol{\Lambda}_1 & \boldsymbol{0}\\ \boldsymbol{0} & \boldsymbol{\Lambda}_2\end{bmatrix}$, 其中

$$\boldsymbol{\Lambda}_1=\mathrm{diag}\{\lambda_1,\cdots,\lambda_n\},\ \boldsymbol{\Lambda}_2=\mathrm{diag}\{\mu_1,\cdots,\mu_n\}$$

均为对角阵. 对于 $\boldsymbol{P}$ 进行如下分块

$$\boldsymbol{P}=\begin{bmatrix}\boldsymbol{\alpha}_1 & \cdots & \boldsymbol{\alpha}_n & \boldsymbol{\delta}_1 & \cdots & \boldsymbol{\delta}_m\\ \boldsymbol{\gamma}_1 & \cdots & \boldsymbol{\gamma}_n & \boldsymbol{\beta}_1 & \cdots & \boldsymbol{\beta}_m\end{bmatrix},$$

则由

$$\begin{bmatrix}\boldsymbol{A} & \boldsymbol{0}\\ \boldsymbol{0} & \boldsymbol{B}\end{bmatrix}\begin{bmatrix}\boldsymbol{\alpha}_1 & \cdots & \boldsymbol{\alpha}_n & \boldsymbol{\delta}_1 & \cdots & \boldsymbol{\delta}_m\\ \boldsymbol{\gamma}_1 & \cdots & \boldsymbol{\gamma}_n & \boldsymbol{\beta}_1 & \cdots & \boldsymbol{\beta}_m\end{bmatrix}$$
$$=\begin{bmatrix}\boldsymbol{\alpha}_1 & \cdots & \boldsymbol{\alpha}_n & \boldsymbol{\delta}_1 & \cdots & \boldsymbol{\delta}_m\\ \boldsymbol{\gamma}_1 & \cdots & \boldsymbol{\gamma}_n & \boldsymbol{\beta}_1 & \cdots & \boldsymbol{\beta}_m\end{bmatrix}\begin{bmatrix}\boldsymbol{\Lambda}_1 & \boldsymbol{0}\\ \boldsymbol{0} & \boldsymbol{\Lambda}_2\end{bmatrix}$$

得到

$$\boldsymbol{A}\boldsymbol{\alpha}_1=\lambda_1\boldsymbol{\alpha}_1,\ \cdots,\ \boldsymbol{A}\boldsymbol{\alpha}_n=\lambda_n\boldsymbol{\alpha}_n,\ \boldsymbol{A}\boldsymbol{\delta}_1=\mu_1\boldsymbol{\delta}_1,\ \cdots,\ \boldsymbol{A}\boldsymbol{\delta}_m=\mu_m\boldsymbol{\delta}_m$$

以及

$$\boldsymbol{B}\boldsymbol{\gamma}_1=\lambda_1\boldsymbol{\gamma}_1,\ \cdots,\ \boldsymbol{B}\boldsymbol{\gamma}_n=\lambda_n\boldsymbol{\gamma}_n,\ \boldsymbol{B}\boldsymbol{\beta}_1=\mu_1\boldsymbol{\beta}_1,\ \cdots,\ \boldsymbol{B}\boldsymbol{\beta}_m=\mu_m\boldsymbol{\beta}_m.$$

由于 $\boldsymbol{P}$ 可逆,所以其由前 n 行组成的子矩阵 $\boldsymbol{P}_1$ 行秩为 n, 于是向量组

$$\boldsymbol{\alpha}_1,\ \cdots,\ \boldsymbol{\alpha}_n,\ \boldsymbol{\delta}_1,\ \cdots,\ \boldsymbol{\delta}_m$$

的秩(即 $\boldsymbol{P}_1$ 的列秩)也为 n. 因此 n 阶矩阵 $\boldsymbol{A}$ 有 n 个线性无关的特征向量,从而 $\boldsymbol{A}$ 相似于对角阵. 同理可知 $\boldsymbol{B}$ 也相似于对角阵.

例 3.34 假设 $\boldsymbol{A}$, $\boldsymbol{B}$ 都是数域 $\mathbf{K}$ 上的 n 阶方阵且 $\boldsymbol{AB}=\boldsymbol{BA}$, 并假设方阵 $\boldsymbol{A}$ 有 n 个两两互异的特征值 $\lambda_i\in\mathbf{K}$. 求证: $\boldsymbol{B}$ 在数域 $\mathbf{K}$ 上相似于对角矩阵,且 $\boldsymbol{A}$, $\boldsymbol{B}$ 可以同时对角化.

证明 证法一 根据假设, $\boldsymbol{A}$ 在 $\mathbf{K}$ 上相似于对角阵 $\mathrm{diag}\{\lambda_1,\lambda_2,\cdots,\lambda_n\}$. 因此 $\mathbf{K}^n=\mathbf{V}_{\lambda_1}\oplus\cdots\mathbf{V}_{\lambda_n}$, 其中特征子空间 $\mathbf{V}_{\lambda_i}$ 都是一维子空间. 假设 $\mathbf{V}_{\lambda_i}=\mathbf{K}\boldsymbol{\alpha}_i$. 由于 $\boldsymbol{AB}=\boldsymbol{BA}$, 所以 $\mathbf{V}_{\lambda_i}$ 是 $\mathbf{K}^n$ 的 $\boldsymbol{B}$ 一不变子空间,即 $\boldsymbol{B}(\mathbf{V}_{\lambda_i})\subseteq\mathbf{V}_{\lambda_i}$. 于是 $\boldsymbol{B}\boldsymbol{\alpha}_i=k_i\boldsymbol{\alpha}_i$. 命

$$\boldsymbol{P}=(\boldsymbol{\alpha}_1, \boldsymbol{\alpha}_2, \cdots, \boldsymbol{\alpha}_n),$$

则有

$$\boldsymbol{P}^{-1}\boldsymbol{AP}=\operatorname{diag}\{\lambda_1, \cdots, \lambda_n\}, \boldsymbol{P}^{-1}\boldsymbol{BP}=\operatorname{diag}\{k_1, \cdots, k_n\}.$$

证法二 由于$\boldsymbol{A}$有n个两两互异的特征值$\lambda_i\in\mathbf{K}$，故而有$\mathbf{K}$上的可逆矩阵$\boldsymbol{P}$使得

$$\boldsymbol{A}=\boldsymbol{P}^{-1}\cdot\operatorname{diag}\{\lambda_1, \lambda_2, \cdots, \lambda_n\}\boldsymbol{P}.$$

代入到$\boldsymbol{AB}=\boldsymbol{BA}$中，马上得到

$$\operatorname{diag}\{\lambda_1, \cdots, \lambda_n\}\cdot(\boldsymbol{P}^{-1}\boldsymbol{BP})=(\boldsymbol{P}^{-1}\boldsymbol{BP})\cdot\operatorname{diag}\{\lambda_1, \cdots, \lambda_n\},$$

由于$\lambda_1, \lambda_2, \cdots, \lambda_n$两两互异，所以矩阵$\boldsymbol{P}^{-1}\boldsymbol{BP}$是对角阵.

例 3.35 假设$\boldsymbol{AB}=\boldsymbol{BA}$，并假设$\boldsymbol{A}$, $\boldsymbol{B}$都可以相似对角化(例如，$\boldsymbol{A}$, $\boldsymbol{B}$同时为对称矩阵且$\boldsymbol{AB}=\boldsymbol{BA}$时). 证明：$\boldsymbol{A}$, $\boldsymbol{B}$可以同时相似对角化(2002年上海交通大学数学系硕士入学考试题最后一题).

证明 如果$\boldsymbol{A}$是数量阵，结果明显成立. 以下假设$\boldsymbol{A}$不是数量矩阵. 根据假设，$\boldsymbol{A}$的特征根中至少有两个互异.

(1) 若$\boldsymbol{AB}=\boldsymbol{BA}$，则$\boldsymbol{A}$的特征子空间是$\boldsymbol{B}$一不变子空间：事实上，如果有$\boldsymbol{\alpha}\in\boldsymbol{V}_\lambda$，则有$\boldsymbol{A}(\boldsymbol{B\alpha})=\boldsymbol{BA}(\boldsymbol{\alpha})=\lambda(\boldsymbol{B\alpha})$，因此$\boldsymbol{B\alpha}\in\boldsymbol{V}_\lambda$；

(2) 假设$\mathbf{K}^n=\boldsymbol{V}_{\lambda_1}\oplus\cdots\boldsymbol{V}_{\lambda_s}$，其中$s\geqslant 2$. 对于每个$i$，取$\boldsymbol{V}_{\lambda_i}$的一个基

$$\boldsymbol{\alpha}_{i1}, \boldsymbol{\alpha}_{i2}, \cdots, \boldsymbol{\alpha}_{ir_i},$$

并按顺序堆积一个n阶可逆方阵

$$\boldsymbol{P}=(\alpha_{11}, \alpha_{12}, \cdots, \alpha_{1r_1}, \cdots, \alpha_{s1}, \alpha_{s2}, \cdots, \alpha_{sr_s}).$$

则有

$$\boldsymbol{P}^{-1}\boldsymbol{AP}=\begin{bmatrix}\lambda_1\boldsymbol{E}_{r_1} & & & \\ & \lambda_2\boldsymbol{E}_{r_2} & & \\ & & \ddots & \\ & & & \lambda_s\boldsymbol{E}_{r_s}\end{bmatrix}.$$

由于$\lambda_1, \lambda_2, \cdots, \lambda_s$两两互异，根据$(\boldsymbol{P}^{-1}\boldsymbol{AP})(\boldsymbol{P}^{-1}\boldsymbol{BP})=(\boldsymbol{P}^{-1}\boldsymbol{BP})(\boldsymbol{P}^{-1}\boldsymbol{AP})$对$\boldsymbol{P}^{-1}\boldsymbol{BP}$进行分块，并得到

$$(\boldsymbol{P}^{-1}\boldsymbol{BP}) = \begin{bmatrix} \boldsymbol{B}_1 & & & \\ & \boldsymbol{B}_2 & & \\ & & \ddots & \\ & & & \boldsymbol{B}_s \end{bmatrix}.$$

此时可以假设 $\boldsymbol{Q}_i^{-1}\boldsymbol{B}_i\boldsymbol{Q}_i$ 为对角阵. 命

$$\boldsymbol{Q} = \begin{bmatrix} \boldsymbol{Q}_1 & & & \\ & \boldsymbol{Q}_2 & & \\ & & \ddots & \\ & & & \boldsymbol{Q}_s \end{bmatrix},$$

最后得到 $(\boldsymbol{PQ})^{-1}\boldsymbol{A}(\boldsymbol{PQ})$ 与 $(\boldsymbol{PQ})^{-1}\boldsymbol{B}(\boldsymbol{PQ})$ 都是对角阵.

例 3.36 假设数域 $\mathbf{F}$ 上的 n 阶方阵 $\boldsymbol{A}$，$\boldsymbol{B}$ 均可在 $\mathbf{F}$ 上相似对角化. 求证：$\boldsymbol{A}$ 与 $\boldsymbol{B}$ 可以同时相似对角化，当且仅当 $\boldsymbol{AB} = \boldsymbol{BA}$.

(关于此结论的线性变换语言的叙述和证明，可参见第 4 章的例 4.18(1).)

证明 证法一 必要性 直接验证即可.

充分性 在例 3.35 中，已经提供了一种证明. 下面提供另外一种证法：

证法二 直接计算法. 假设

$$\boldsymbol{P}^{-1}\boldsymbol{AP} = \mathrm{diag}\{d_1\boldsymbol{E}_{r_1}, \cdots, d_s\boldsymbol{E}_{r_s}\},$$

其中 $d_1, \cdots, d_s$ 是两两互异的数. 由于 $\boldsymbol{P}^{-1}\boldsymbol{BP}$ 也相似于一个对角阵，且

$$\boldsymbol{P}^{-1}\boldsymbol{AP}\cdot\boldsymbol{P}^{-1}\boldsymbol{BP} = \boldsymbol{P}^{-1}\boldsymbol{BP}\cdot\boldsymbol{P}^{-1}\boldsymbol{AP},$$

所以可以假设 $\boldsymbol{A}$ 是对角阵且 $\boldsymbol{A} = \mathrm{diag}\{d_1\boldsymbol{E}_{r_1}, \cdots, d_s\boldsymbol{E}_{r_s}\}$，$\boldsymbol{AB} = \boldsymbol{BA}$. 将 $\boldsymbol{B}$ 进行相应分块，假设 $\boldsymbol{B} = \begin{bmatrix} B_{11} & B_{12} & \cdots & B_{1s} \\ B_{21} & B_{22} & \cdots & B_{2s} \\ \cdots & & & \\ B_{s1} & B_{s2} & \cdots & B_{ss} \end{bmatrix}$，则由 $\boldsymbol{AB} = \boldsymbol{BA}$ 得到，

$$\begin{bmatrix} d_1B_{11} & d_1B_{12} & \cdots & d_1B_{1s} \\ d_2B_{21} & d_2B_{22} & \cdots & d_2B_{2s} \\ \cdots & & & \\ d_sB_{s1} & d_sB_{s2} & \cdots & d_sB_{ss} \end{bmatrix} = \begin{bmatrix} d_1B_{11} & d_2B_{12} & \cdots & d_sB_{1s} \\ d_1B_{21} & d_2B_{22} & \cdots & d_sB_{2s} \\ \cdots & & & \\ d_1B_{s1} & d_2B_{s2} & \cdots & d_sB_{ss} \end{bmatrix},$$

从而有 $\boldsymbol{B} = \mathrm{diag}\{B_{11}, B_{22}, \cdots, B_{ss}\}$. 因为 B 相似于对角阵，此时易于验证 B_{ii} 均

相似于对角阵(参见例 3.33(B)). 进一步,可设 $Q_i^{-1}B_{ii}Q_i$ 为对角阵. 最后,命 $Q=\mathrm{diag}\{Q_1, Q_2, \cdots, Q_s\}$, 然后直接计算得到 $Q^{-1}AQ=A$, 同时 $Q^{-1}BQ$ 为对角阵.

例 3.37 设 B_n 为实对称矩阵, A_n 是正定矩阵. 如果 $|xA-B|=0$ 的根全是 1, 则 $A=B$.

证明 证法一 对于正定矩阵 A 和实对称矩阵 B, 存在可逆矩阵 P, 使得

$$P^{\mathrm{T}}AP=E,\ P^{\mathrm{T}}BP=\mathrm{diag}\{\lambda_1, \lambda_2, \cdots, \lambda_n\}.$$

根据条件, $|xA-B|=0$ 的根全是 1, 而

$$\begin{aligned}0&=|P^{\mathrm{T}}|\cdot|xA-B|\cdot|P|=|xE-\mathrm{diag}\{\lambda_1, \lambda_2, \cdots, \lambda_n\}|\\&=|\mathrm{diag}\{x-\lambda_1, x-\lambda_2, \cdots, x-\lambda_n\}|,\end{aligned}$$

且它与 $|xA-B|=0$ 有相同的根. 所以 $\lambda_1=\cdots=\lambda_n=1$. 最后由 $P^{\mathrm{T}}AP=E=P^{\mathrm{T}}BP$ 易得 $A=B$.

证法二 因为 A 是正定矩阵,所以存在可逆矩阵 P 使得 $P^{\mathrm{T}}AP=E$. 根据假设可知 $|xE-P^{\mathrm{T}}BP|=0$ 的根全是 1. 注意到 $P^{\mathrm{T}}BP$ 是实对称矩阵,因此存在正交矩阵 U 使得 $U^{\mathrm{T}}(P^{\mathrm{T}}BP)U=E$. 由此立即得到 $P^{\mathrm{T}}BP=UEU^{\mathrm{T}}=E$, 从而有 $B=(P^{\mathrm{T}})^{-1}P^{-1}=A$.

例 3.38 A, B 是同阶正定矩阵,并假设 $AB=BA$. 求证: AB 也是正定矩阵.

证明 首先, $(AB)^{\mathrm{T}}=B^{\mathrm{T}}A^{\mathrm{T}}=BA=AB$, 所以 AB 是实对称矩阵. 其次,对于 AB 的特征值 λ, λ 是实数. 假设 $(AB)\boldsymbol{\alpha}=\lambda\boldsymbol{\alpha}$, 其中 $\boldsymbol{\alpha}$ 是非零实向量,则有 $\boldsymbol{\alpha}^{\mathrm{T}}B\boldsymbol{\alpha}>0$, 而 BAB 是正定矩阵. 从而

$$0<\boldsymbol{\alpha}^{\mathrm{T}}(BAB)\boldsymbol{\alpha}=\lambda\boldsymbol{\alpha}^{\mathrm{T}}B\boldsymbol{\alpha},\ 所以\ \lambda>0.$$

所以 AB 是正定矩阵.

例 3.39 设 A, B 为同阶正定矩阵. 求证:

(1) AB 的特征值都是实数;

(2) AB 的特征值均大于零.

证明 对于 AB 的特征值 $\lambda\in\mathbf{C}$, 假设 $(AB)\boldsymbol{\alpha}=\lambda\boldsymbol{\alpha}$, 其中 $\boldsymbol{\alpha}\in\mathbf{C}^n$, 则由于 $B=M^{\mathrm{T}}M$,所以 $\overline{\boldsymbol{\alpha}}^{\mathrm{T}}B\boldsymbol{\alpha}$ 是实数且有 $\overline{\boldsymbol{\alpha}}^{\mathrm{T}}B\boldsymbol{\alpha}>0$. 同理,有 $0<\overline{\boldsymbol{\alpha}}^{\mathrm{T}}(BAB)\boldsymbol{\alpha}$. 根据

$$0<\overline{\boldsymbol{\alpha}}^{\mathrm{T}}(BAB)\boldsymbol{\alpha}=\lambda\overline{\boldsymbol{\alpha}}^{\mathrm{T}}B\boldsymbol{\alpha},$$

易知 $\lambda>0$ 是正实数.

例 3.40 假设 $A^2=A$, $B^2=B$, 且 $A+B-E$ 可逆. 求证: $\mathrm{r}(A)=\mathrm{r}(B)$.

证明 由于 $A(A+B-E)=AB$, $(A+B-E)B=AB$, 而 $A+B-E$ 可逆,

所以有 $r(\boldsymbol{A}) = r[\boldsymbol{A}(\boldsymbol{A}+\boldsymbol{B}-\boldsymbol{E})] = r(\boldsymbol{AB}) = r[(\boldsymbol{A}+\boldsymbol{B}-\boldsymbol{E})\boldsymbol{B}] = r(\boldsymbol{B})$.

例 3.41 若 $\boldsymbol{A}$ 是 n 阶可逆矩阵,而 $\boldsymbol{\alpha}$, $\boldsymbol{\beta}$ 都是 $n\times 1$ 矩阵. 记 $k = 1+\boldsymbol{\beta}^{\mathrm{T}}\boldsymbol{A}^{-1}\boldsymbol{\alpha}$.

(1) 试求证: $\boldsymbol{A}+\boldsymbol{\alpha\beta}^{\mathrm{T}}$ 可逆, 当且仅当 $k\neq 0$.

(2) 当 $\boldsymbol{A}+\boldsymbol{\alpha\beta}^{\mathrm{T}}$ 可逆时求其逆矩阵.

证明 证法一(初等变换法+扩矩阵法)

(1) 如下构造 $n+1$ 阶方阵 $\boldsymbol{B}$ 并对之作如下各一次块的初等行、列变换:

$$\boldsymbol{B} = \begin{bmatrix} \boldsymbol{A} & \boldsymbol{\alpha} \\ -\boldsymbol{\beta}^{\mathrm{T}} & 1 \end{bmatrix} \xrightarrow{\text{行}} \begin{bmatrix} \boldsymbol{A} & \boldsymbol{\alpha} \\ \boldsymbol{0} & 1+\boldsymbol{\beta}^{\mathrm{T}}\boldsymbol{A}^{-1}\boldsymbol{\alpha} \end{bmatrix} \xrightarrow[\text{列}]{} \begin{bmatrix} \boldsymbol{A} & \boldsymbol{0} \\ \boldsymbol{0} & 1+\boldsymbol{\beta}^{\mathrm{T}}\boldsymbol{A}^{-1}\boldsymbol{\alpha} \end{bmatrix}$$

$$\boldsymbol{B} = \begin{bmatrix} \boldsymbol{A} & \boldsymbol{\alpha} \\ -\boldsymbol{\beta}^{\mathrm{T}} & 1 \end{bmatrix} \xrightarrow[\text{列}]{} \begin{bmatrix} \boldsymbol{A}+\boldsymbol{\alpha\beta}^{\mathrm{T}} & \boldsymbol{\alpha} \\ \boldsymbol{0} & 1 \end{bmatrix} \xrightarrow{\text{行}} \begin{bmatrix} \boldsymbol{A}+\boldsymbol{\alpha\beta}^{\mathrm{T}} & \boldsymbol{0} \\ \boldsymbol{0} & 1 \end{bmatrix}.$$

由此即知,矩阵 $\boldsymbol{A}+\boldsymbol{\alpha\beta}^{\mathrm{T}}$ 可逆, 当且仅当矩阵 $\begin{bmatrix} \boldsymbol{A}+\boldsymbol{\alpha\beta}^{\mathrm{T}} & \boldsymbol{0} \\ \boldsymbol{0} & 1 \end{bmatrix}$ 可逆, 当且仅当矩阵 $\begin{bmatrix} \boldsymbol{A} & \boldsymbol{0} \\ \boldsymbol{0} & 1+\boldsymbol{\beta}^{\mathrm{T}}\boldsymbol{A}^{-1}\boldsymbol{\alpha} \end{bmatrix}$ 可逆,当且仅当 $k \overset{\text{i.e.}}{=} 1+\boldsymbol{\beta}^{\mathrm{T}}\boldsymbol{A}^{-1}\boldsymbol{\alpha}\neq 0$ 可逆.

(2) 由上述过程还可得到

$$\begin{bmatrix} \boldsymbol{A}+\boldsymbol{\alpha\beta}^{\mathrm{T}} & \boldsymbol{\alpha} \\ \boldsymbol{0} & 1 \end{bmatrix}\begin{bmatrix} \boldsymbol{E}_n & \boldsymbol{0} \\ -\boldsymbol{\beta}^{\mathrm{T}} & 1 \end{bmatrix} = \begin{bmatrix} \boldsymbol{A} & \boldsymbol{\alpha} \\ -\boldsymbol{\beta}^{\mathrm{T}} & 1 \end{bmatrix}$$

$$= \begin{bmatrix} \boldsymbol{E}_n & \boldsymbol{0} \\ -\boldsymbol{\beta}^{\mathrm{T}}\boldsymbol{A}^{-1} & 1 \end{bmatrix}\begin{bmatrix} \boldsymbol{A} & \boldsymbol{\alpha} \\ \boldsymbol{0} & 1+\boldsymbol{\beta}^{\mathrm{T}}\boldsymbol{A}^{-1}\boldsymbol{\alpha} \end{bmatrix}.$$

由此易得

$$\begin{bmatrix} \boldsymbol{A}+\boldsymbol{\alpha\beta}^{\mathrm{T}} & \boldsymbol{\alpha} \\ \boldsymbol{0} & 1 \end{bmatrix}^{-1} = \left[\begin{bmatrix} \boldsymbol{E}_n & \boldsymbol{0} \\ -\boldsymbol{\beta}^{\mathrm{T}}\boldsymbol{A}^{-1} & 1 \end{bmatrix}\begin{bmatrix} \boldsymbol{A} & \boldsymbol{\alpha} \\ \boldsymbol{0} & 1+\boldsymbol{\beta}^{\mathrm{T}}\boldsymbol{A}^{-1}\boldsymbol{\alpha} \end{bmatrix}\begin{bmatrix} \boldsymbol{E}_n & \boldsymbol{0} \\ \boldsymbol{\beta}^{\mathrm{T}} & 1 \end{bmatrix}\right]^{-1},$$

亦即

$$\begin{bmatrix} (\boldsymbol{A}+\boldsymbol{\alpha\beta}^{\mathrm{T}})^{-1} & -(\boldsymbol{A}+\boldsymbol{\alpha\beta}^{\mathrm{T}})^{-1}\boldsymbol{\alpha} \\ \boldsymbol{0} & 1 \end{bmatrix}$$

$$= \begin{bmatrix} \boldsymbol{E}_n & \boldsymbol{0} \\ -\boldsymbol{\beta}^{\mathrm{T}} & 1 \end{bmatrix}\begin{bmatrix} \boldsymbol{A}^{-1} & -\dfrac{1}{k}\boldsymbol{A}^{-1}\boldsymbol{\alpha} \\ \boldsymbol{0} & \dfrac{1}{k} \end{bmatrix}\begin{bmatrix} \boldsymbol{E}_n & \boldsymbol{0} \\ \boldsymbol{\beta}^{\mathrm{T}}\boldsymbol{A}^{-1} & 1 \end{bmatrix}$$

$$= \begin{bmatrix} \boldsymbol{A}^{-1}+\dfrac{1}{k}\boldsymbol{A}^{-1}\boldsymbol{\alpha\beta}^{\mathrm{T}}\boldsymbol{A}^{-1} & -\dfrac{1}{k}\boldsymbol{A}^{-1}\boldsymbol{\alpha} \\ \boldsymbol{0} & 1 \end{bmatrix}.$$

由此即得

$$(\boldsymbol{A}+\boldsymbol{\alpha}\boldsymbol{\beta}^{\mathrm{T}})^{-1}=\boldsymbol{A}^{-1}+\frac{1}{\boldsymbol{\beta}^{\mathrm{T}}\boldsymbol{A}^{-1}\boldsymbol{\alpha}+1}\boldsymbol{A}^{-1}\boldsymbol{\alpha}\boldsymbol{\beta}^{\mathrm{T}}\boldsymbol{A}^{-1}.$$

证法二　首先有

$$\boldsymbol{\beta}^{\mathrm{T}}\boldsymbol{A}^{-1}(\boldsymbol{A}+\boldsymbol{\alpha}\boldsymbol{\beta}^{\mathrm{T}})=\boldsymbol{\beta}^{\mathrm{T}}\boldsymbol{E}+\boldsymbol{\beta}^{\mathrm{T}}\boldsymbol{A}^{-1}\boldsymbol{\alpha}\boldsymbol{\beta}^{\mathrm{T}}=(1+\boldsymbol{\beta}^{\mathrm{T}}\boldsymbol{A}^{-1}\boldsymbol{\alpha})\boldsymbol{\beta}^{\mathrm{T}}.$$

如果 $\boldsymbol{\beta}^{\mathrm{T}}\boldsymbol{A}^{-1}\boldsymbol{\alpha}+1\neq 0$，则有

$$\boldsymbol{\beta}^{\mathrm{T}}=\frac{1}{\boldsymbol{\beta}^{\mathrm{T}}\boldsymbol{A}^{-1}\boldsymbol{\alpha}+1}\boldsymbol{\beta}^{\mathrm{T}}\boldsymbol{A}^{-1}(\boldsymbol{A}+\boldsymbol{\alpha}\boldsymbol{\beta}^{\mathrm{T}}),$$

$$\begin{aligned}\boldsymbol{E}&=(\boldsymbol{E}+\boldsymbol{A}^{-1}\boldsymbol{\alpha}\boldsymbol{\beta}^{\mathrm{T}})-\boldsymbol{A}^{-1}\boldsymbol{\alpha}\boldsymbol{\beta}^{\mathrm{T}}=\boldsymbol{A}^{-1}(\boldsymbol{A}+\boldsymbol{\alpha}\boldsymbol{\beta}^{\mathrm{T}})-\boldsymbol{A}^{-1}\boldsymbol{\alpha}\boldsymbol{\beta}^{\mathrm{T}}\\&=\boldsymbol{A}^{-1}\left(\boldsymbol{E}+\frac{1}{\boldsymbol{\beta}^{\mathrm{T}}\boldsymbol{A}^{-1}\boldsymbol{\alpha}+1}\boldsymbol{\alpha}\boldsymbol{\beta}^{\mathrm{T}}\boldsymbol{A}^{-1}\right)(\boldsymbol{A}+\boldsymbol{\alpha}\boldsymbol{\beta}^{\mathrm{T}}).\end{aligned}$$

由此即知 $\boldsymbol{A}+\boldsymbol{\alpha}\boldsymbol{\beta}^{\mathrm{T}}$ 可逆，而且有

$$\begin{aligned}(\boldsymbol{A}+\boldsymbol{\alpha}\boldsymbol{\beta}^{\mathrm{T}})^{-1}&=\boldsymbol{A}^{-1}\left(\boldsymbol{E}+\frac{1}{\boldsymbol{\beta}^{\mathrm{T}}\boldsymbol{A}^{-1}\boldsymbol{\alpha}+1}\boldsymbol{\alpha}\boldsymbol{\beta}^{\mathrm{T}}\boldsymbol{A}^{-1}\right)\\&=\boldsymbol{A}^{-1}+\frac{1}{\boldsymbol{\beta}^{\mathrm{T}}\boldsymbol{A}^{-1}\boldsymbol{\alpha}+1}\boldsymbol{A}^{-1}\boldsymbol{\alpha}\boldsymbol{\beta}^{\mathrm{T}}\boldsymbol{A}^{-1}.\end{aligned}$$

另一方面，如果 $k=0$，亦即 $\boldsymbol{\beta}^{\mathrm{T}}\boldsymbol{A}^{-1}\boldsymbol{\alpha}=-1$，可反设 $(\boldsymbol{A}+\boldsymbol{\alpha}\boldsymbol{\beta}^{\mathrm{T}})\boldsymbol{B}=\boldsymbol{E}$，则有

$$\boldsymbol{\beta}^{\mathrm{T}}\boldsymbol{A}^{-1}=\boldsymbol{\beta}^{\mathrm{T}}\boldsymbol{A}^{-1}(\boldsymbol{A}+\boldsymbol{\alpha}\boldsymbol{\beta}^{\mathrm{T}})\boldsymbol{B}=(\boldsymbol{\beta}^{\mathrm{T}}+(\boldsymbol{\beta}^{\mathrm{T}}\boldsymbol{A}^{-1}\boldsymbol{\alpha})\boldsymbol{\beta}^{\mathrm{T}})\boldsymbol{B}=0,$$

因此 $\boldsymbol{\beta}^{\mathrm{T}}=\boldsymbol{0}$，与假设 $\boldsymbol{\beta}^{\mathrm{T}}\boldsymbol{A}^{-1}\boldsymbol{\alpha}=-1$ 相矛盾.

将两方面综合起来，即完成解答.

例 3.42　对于 n 阶方阵 $\boldsymbol{A}$ 和 $\boldsymbol{B}$，证明 $(\boldsymbol{AB})^*=\boldsymbol{B}^*\boldsymbol{A}^*$，其中 $\boldsymbol{A}^*$ 表示 $\boldsymbol{A}$ 的伴随矩阵.

(关于本结论的另一种解答法，可参见第 6 章(多元多项式)相关例子(如例 6.7).)

证明　(1) 如果 $\boldsymbol{A}$，$\boldsymbol{B}$ 均为可逆矩阵，则有

$$(\boldsymbol{AB})^*=|\boldsymbol{AB}|(\boldsymbol{AB})^{-1}=|\boldsymbol{A}|\cdot|\boldsymbol{B}|\boldsymbol{B}^{-1}\boldsymbol{A}^{-1}=\boldsymbol{B}^*\boldsymbol{A}^*.$$

(2) 如果 $\boldsymbol{A}$ 是可逆矩阵，则存在第三型初等矩阵 $\boldsymbol{P}_i$ (亦即存在 $j\neq r$，使得 $\boldsymbol{P}_i=\boldsymbol{E}_n+k\boldsymbol{E}_{rj}$)，且存在可逆对角阵 $\boldsymbol{D}$，使得 $\boldsymbol{A}=\boldsymbol{DP}_1\cdots\boldsymbol{P}_r$. 因此，根据(1)的结果，为了证明 $(\boldsymbol{AB})^*=\boldsymbol{B}^*\boldsymbol{A}^*$，只需要验证：

(i) 对于初等矩阵 $\boldsymbol{P}=\boldsymbol{E}_n+k\boldsymbol{E}_{ij}(i\neq j)$ 以及任意方阵 $\boldsymbol{B}$, 有 $(\boldsymbol{PB})^*=\boldsymbol{B}^*\boldsymbol{P}^*$.

(ii) 对于可逆对角阵 $\boldsymbol{D}$ 以及任意方阵 $\boldsymbol{B}$, 有 $(\boldsymbol{DB})^*=\boldsymbol{B}^*\boldsymbol{D}^*$.

详细验证过程在这里略去,请读者自己完成.

(3) 如果 $\boldsymbol{B}$ 是可逆矩阵,由于 $(\boldsymbol{C}^{\mathrm{T}})^*=(\boldsymbol{C}^*)^{\mathrm{T}}$, 根据(2)的结果易知此时等式也成立. 以下假设 $\boldsymbol{A}$, $\boldsymbol{B}$ 均不可逆.

(4) 如果 $\mathrm{r}(\boldsymbol{A})<n-1$, 则 $\mathrm{r}(\boldsymbol{AB})<n-1$. 于是 $\boldsymbol{A}^*=\boldsymbol{0}=(\boldsymbol{AB})^*$, 此时已经成立 $(\boldsymbol{AB})^*=\boldsymbol{B}^*\boldsymbol{A}^*$.

(5) 假设 $\boldsymbol{A}=\begin{bmatrix}\boldsymbol{E}_{n-1} & \boldsymbol{0}\\ \boldsymbol{0} & \boldsymbol{0}\end{bmatrix}$. 此时,直接计算得到

$$(\boldsymbol{AB})^*=\begin{bmatrix}0 & \cdots & 0 & \boldsymbol{B}_{n1}\\ 0 & \cdots & 0 & \boldsymbol{B}_{n2}\\ \vdots & \ddots & \vdots & \\ 0 & \cdots & 0 & \boldsymbol{B}_{nn}\end{bmatrix}=\boldsymbol{B}^*\boldsymbol{A}^*.$$

(6) 最后假设 $\mathrm{r}(\boldsymbol{A})=n-1$, 则有可逆矩阵 $\boldsymbol{P}$, $\boldsymbol{Q}$ 使得 $\boldsymbol{PAQ}=\begin{bmatrix}\boldsymbol{E}_{n-1} & \boldsymbol{0}\\ \boldsymbol{0} & \boldsymbol{0}\end{bmatrix}$.

此时,根据前述结果得到

$$\begin{aligned}(\boldsymbol{AB})^*&=(\boldsymbol{P}^{-1}\boldsymbol{PAB})^*=(\boldsymbol{PAB})^*(\boldsymbol{P}^{-1})^*=[(\boldsymbol{PAQ})(\boldsymbol{Q}^{-1}\boldsymbol{B})]^*(\boldsymbol{P}^{-1})^*\\&=(\boldsymbol{Q}^{-1}\boldsymbol{B})^*(\boldsymbol{PAQ})^*(\boldsymbol{P}^{-1})^*=\boldsymbol{B}^*(\boldsymbol{Q}^{-1})^*\boldsymbol{Q}^*\boldsymbol{A}^*\boldsymbol{P}^*(\boldsymbol{P}^{-1})^*=\boldsymbol{B}^*\boldsymbol{A}^*.\end{aligned}$$

例 3.43(A) 假设 $\boldsymbol{A}$ 是 n 阶整数矩阵. 求证: $\boldsymbol{A}^{-1}$ 的元素均为整数当且仅当 $|\boldsymbol{A}|=\pm 1$. 换句话说, $\mathbf{Z}$ 上的矩阵 $\boldsymbol{A}$ 可逆当且仅当 $|\boldsymbol{A}|=\pm 1$.

证明 *必要性* 由于此时 $|\boldsymbol{A}|$ 与 $|\boldsymbol{A}^{-1}|$ 都是整数,根据 $|\boldsymbol{A}|\cdot|\boldsymbol{A}^{-1}|=1$, 即得到 $|\boldsymbol{A}|=\pm 1$.

充分性 如果 $|\boldsymbol{A}|=\pm 1$, 由于 A_{ij} 均为整数,所以 $\boldsymbol{A}^{-1}=\dfrac{1}{|\boldsymbol{A}|}\boldsymbol{A}^*=\pm\boldsymbol{A}^*$, 它当然是整数矩阵.

例 3.43(B) (1) 记 $\mathbf{Z}[\mathrm{i}]=\{a+b\mathrm{i}\mid a, b\in\mathbf{Z}\}$. 求证: $\mathbf{Z}[\mathrm{i}]$ 上的方阵 $\boldsymbol{A}$ 可逆,当且仅当 $|\boldsymbol{A}|=\pm 1, \pm\mathrm{i}$.

(2) 研究数环 $\mathbf{Z}[\sqrt{2}]$ 上方阵可逆的充分必要条件.

解 留作习题.

例 3.44 假设 a, b, c, d 是两两互异的实数. 求证:

$$A=\begin{vmatrix} a & b & c & d \\ d & a & b & c \\ c & d & a & b \\ b & c & d & a \end{vmatrix}=0,$$

当且仅当下面的一个等式成立：

(1) $a+b+c+d=0$，或者 $a+c=b+d$，或者 $a=c$ 且 $b=d$.

证明 命 $\boldsymbol{B}=\begin{bmatrix} 0 & 1 & 0 & 0 \\ 0 & 0 & 1 & 0 \\ 0 & 0 & 0 & 1 \\ 1 & 0 & 0 & 0 \end{bmatrix}$，则有 $\boldsymbol{A}=a\boldsymbol{E}+b\boldsymbol{B}+c\boldsymbol{B}^2+d\boldsymbol{B}^3$. 由于 $|\lambda\boldsymbol{E}-\boldsymbol{B}|=\lambda^4-1$，所以 $\boldsymbol{B}$ 的特征值为 ± 1，$\pm \mathrm{i}$，从而 $\boldsymbol{A}$ 的全部特征值为

$$a+b+c+d,\ a-b+c-d,\ a+b\mathrm{i}-c-d\mathrm{i},\ a-b\mathrm{i}-c+d\mathrm{i}.$$

于是

$$|\boldsymbol{A}|=(a+b+c+d)(a-b+c-d)(a+b\mathrm{i}-c-d\mathrm{i})(a-b\mathrm{i}-c+d\mathrm{i}).$$

例 3.45 对于矩阵 $\boldsymbol{A}_{m\times n}$，$\boldsymbol{B}_{r\times n}$，假设方程组 $\boldsymbol{AX}=\boldsymbol{0}$ 与 $\boldsymbol{BX}=\boldsymbol{0}$ 有同解，其中 $\boldsymbol{X}=(x_1, x_2, \cdots, x_n)^{\mathrm{T}}$. 求证：对于任意方阵 $\boldsymbol{P}_n$，$\boldsymbol{APX}=\boldsymbol{0}$ 与 $\boldsymbol{BPX}=\boldsymbol{0}$ 有同解.

证明 $\alpha\in\boldsymbol{V}_{AP}$，即 $\boldsymbol{A}(\boldsymbol{P\alpha})=\boldsymbol{0}$，根据假设恒有 $\boldsymbol{B}(\boldsymbol{P\alpha})=\boldsymbol{0}$，即有 $\boldsymbol{\alpha}\in\boldsymbol{V}_{BP}$. 这就证明了 $\boldsymbol{V}_{AP}\subseteq\boldsymbol{V}_{BP}$. 同理也有 $\boldsymbol{V}_{BP}\subseteq\boldsymbol{V}_{AP}$，所以 $\boldsymbol{V}_{AP}=\boldsymbol{V}_{BP}$.

例 3.46 假设 $r\geqslant m$. 对于矩阵 $\boldsymbol{A}_{m\times n}$，$\boldsymbol{B}_{r\times n}$ 以及由未知量组成的列向量 $\boldsymbol{X}=(x_1, x_2, \cdots, x_n)^n$，求证以下说法等价：

(1) 方程组 $\boldsymbol{AX}=\boldsymbol{0}$ 与 $\boldsymbol{BX}=\boldsymbol{0}$ 有同解；

(2) 存在列满秩矩阵 $\boldsymbol{T}_{r\times m}$，使得 $\boldsymbol{TA}=\boldsymbol{B}$；

(3) 存在一系列初等行变换，分别将 $\boldsymbol{A}$，$\boldsymbol{B}$ 化为行规范阶梯形，相应的非零行部分完全相同.

证明 根据例 3.46 的结果，易知以下包含关系成立：(2)⇒(1).

试证(3)⇒(2). 假设存在可逆矩阵 $\boldsymbol{P}_m$，$\boldsymbol{Q}_r$ 使得

$$\boldsymbol{PA}=\begin{bmatrix}\boldsymbol{S}\\ \boldsymbol{0}\end{bmatrix},\ \boldsymbol{QB}=\begin{bmatrix}\boldsymbol{S}\\ \boldsymbol{0}\end{bmatrix},$$

其中，$\boldsymbol{S}$ 是行满秩阶梯形矩阵. 根据假设 $r\geqslant m$，有 $\boldsymbol{QB}=\begin{bmatrix}\boldsymbol{PA}\\ \boldsymbol{0}\end{bmatrix}$. 因此取 $\boldsymbol{Q}$ 的前

m 行，得到的行满秩矩阵记为 $\boldsymbol{H}$，则有 $\boldsymbol{HB}=\boldsymbol{PA}$. 于是根据例 3.12 的结果，存在列满秩矩阵 $\boldsymbol{T}_{r\times m}$ 使得 $\boldsymbol{TH}=\boldsymbol{E}_m$. 此时，$(\boldsymbol{TP})\boldsymbol{A}=\boldsymbol{B}$，其中 $\boldsymbol{TP}$ 是列满秩矩阵.

又(1)⇒(3)，明显.

例 3.47(A) 假设线性方程组 $\boldsymbol{AX}=\boldsymbol{0}$ 与 $\boldsymbol{BX}=\boldsymbol{0}$ 有同解，求证：$\boldsymbol{A}$ 的行向量组与 $\boldsymbol{B}$ 的行向量组等价.

证明 本例是例 3.46 的一个推论. 下面给出两个直接证明.

证法一 首先由于

$$\begin{bmatrix}\boldsymbol{A}\\\boldsymbol{B}\end{bmatrix}\boldsymbol{X}=\begin{bmatrix}\boldsymbol{AX}\\\boldsymbol{BX}\end{bmatrix},$$

所以在本题假设之下，方程组 $\boldsymbol{AX}=\boldsymbol{0}$ 与 $\begin{bmatrix}\boldsymbol{A}\\\boldsymbol{B}\end{bmatrix}\boldsymbol{X}=\boldsymbol{0}$ 有同解，所以有

$$\mathrm{r}(\boldsymbol{A})=\mathrm{r}\left(\begin{bmatrix}\boldsymbol{A}\\\boldsymbol{B}\end{bmatrix}\right).$$

此外，$\begin{bmatrix}\boldsymbol{A}\\\boldsymbol{B}\end{bmatrix}$ 的行向量组显然可以线性表出 $\boldsymbol{B}$ 的行向量组，所以 $\begin{bmatrix}\boldsymbol{A}\\\boldsymbol{B}\end{bmatrix}$ 的行向量组与 $\boldsymbol{A}$ 的行向量组等价. 特别的，$\boldsymbol{A}$ 的行向量组可以线性表出 $\boldsymbol{B}$ 的行向量组. 类似可以证明：$\boldsymbol{B}$ 的行向量组可以线性表出 $\boldsymbol{A}$ 的行向量组. 因此 $\boldsymbol{A}$ 的行向量组与 $\boldsymbol{B}$ 的行向量组等价.

证法二 用 $\boldsymbol{V}_A$ 表示 $\boldsymbol{AX}=\boldsymbol{0}$ 的解空间，并用 $\boldsymbol{L}(\boldsymbol{A})$ 表示由 $\boldsymbol{A}^{\mathrm{T}}$ 的列向量组生成的子空间，则有 $\boldsymbol{L}(\boldsymbol{A})=\boldsymbol{V}_A^{\perp}=\boldsymbol{L}(\boldsymbol{B})$. 由此即得知，$\boldsymbol{A}$ 的行向量组与 $\boldsymbol{B}$ 的行向量组等价.

例 3.47(B) 假设 $\boldsymbol{\alpha}_0, \boldsymbol{\alpha}_1, \cdots, \boldsymbol{\alpha}_r$ 是 $\mathbf{K}^{m\times 1}$ 中线性无关的向量组. 求证：存在非齐次的线性方程组 $\boldsymbol{AX}=\boldsymbol{\beta}$，使得 $\boldsymbol{\alpha}_0, \boldsymbol{\alpha}_1, \cdots, \boldsymbol{\alpha}_r$ 均为其解，而其基础解系可由 $\boldsymbol{\alpha}_0, \boldsymbol{\alpha}_1, \cdots, \boldsymbol{\alpha}_r$ 线性表出，并求 $\boldsymbol{A}$ 的秩.

证明 (1) 命

$$\boldsymbol{B}=\begin{bmatrix}(\boldsymbol{\alpha}_1-\boldsymbol{\alpha}_0)^{\mathrm{T}}\\(\boldsymbol{\alpha}_2-\boldsymbol{\alpha}_0)^{\mathrm{T}}\\\vdots\\(\boldsymbol{\alpha}_r-\boldsymbol{\alpha}_0)^{\mathrm{T}}\end{bmatrix},$$

则由于

$$\boldsymbol{\alpha}_0, \boldsymbol{\alpha}_1, \cdots, \boldsymbol{\alpha}_r \overset{l}{\Leftrightarrow} \boldsymbol{\alpha}_0, \boldsymbol{\alpha}_1-\boldsymbol{\alpha}_0, \cdots, \boldsymbol{\alpha}_r-\boldsymbol{\alpha}_0$$

因此 $\mathrm{r}(\boldsymbol{B})=r$. 假设 $\boldsymbol{\beta}_1, \cdots, \boldsymbol{\beta}_{m-r}$ 是其一个基础解系. 命

$$\boldsymbol{A}=\begin{bmatrix}\boldsymbol{\beta}_1^{\mathrm{T}}\\ \boldsymbol{\beta}_2^{\mathrm{T}}\\ \vdots\\ \boldsymbol{\beta}_{m-r}^{\mathrm{T}}\end{bmatrix}, \boldsymbol{\beta}=\boldsymbol{A}\boldsymbol{\alpha}_0.$$

则 $\boldsymbol{AX}=\boldsymbol{\beta}$ 满足要求.

(2) 这样的 $\boldsymbol{A}$ 其秩必为 $m-r$，这是因为线性无关组 $\boldsymbol{\alpha}_0, \boldsymbol{\alpha}_1, \cdots, \boldsymbol{\alpha}_r$ 中的向量均为其解.

例 3.48(A) 一个重要引理及其应用举例.

引理 给定 n 维列向量组 $\boldsymbol{\alpha}_1, \boldsymbol{\alpha}_2, \cdots, \boldsymbol{\alpha}_m$，命 $\boldsymbol{A}=(\boldsymbol{\alpha}_1, \boldsymbol{\alpha}_2, \cdots, \boldsymbol{\alpha}_m)$. 对 $\boldsymbol{A}$ 做一次初等行变换，所得矩阵记为 $\boldsymbol{B}=(\boldsymbol{\beta}_1, \cdots, \boldsymbol{\beta}_m)$. 求证：对于任意一组数 $k_1, \cdots, k_m$，$k_1\boldsymbol{\alpha}_1+\cdots+k_m\boldsymbol{\alpha}_m=\boldsymbol{0}$ 当且仅当 $k_1\boldsymbol{\beta}_1+\cdots+k_m\boldsymbol{\beta}_m=\boldsymbol{0}$. 特别的，

(1) $\boldsymbol{\alpha}_{i_1}, \cdots, \boldsymbol{\alpha}_{i_r}$ 是向量组 $\boldsymbol{\alpha}_1, \boldsymbol{\alpha}_2, \cdots, \boldsymbol{\alpha}_m$ 的一个极大线性无关组，当且仅当向量组 $\boldsymbol{\beta}_{i_1}, \cdots, \boldsymbol{\beta}_{i_r}$ 是向量组 $\boldsymbol{\beta}_1, \cdots, \boldsymbol{\beta}_m$ 的一个极大线性无关组.

(2) 任意 $1\leqslant t\leqslant m$，$\boldsymbol{\alpha}_t=k_{i_1}\boldsymbol{\alpha}_{i_1}+\cdots+k_{i_r}\boldsymbol{\alpha}_{i_r}$ 当且仅当 $\boldsymbol{\beta}_t=k_{i_1}\boldsymbol{\beta}_{i_1}+\cdots+k_{i_r}\boldsymbol{\beta}_{i_r}$.

(本引理是一个重要结论，有一些重要应用：见例 3.48(B)、例 3.48(C)与例 3.48(D).)

证明 假设 $\boldsymbol{\alpha}_i^{\mathrm{T}}=(a_{1i}, a_{2i}, \cdots, a_{ni})$.

首先第一步验证：对于任意一组数 $k_1, \cdots, k_m$，$k_1\boldsymbol{\alpha}_1+\cdots+k_m\boldsymbol{\alpha}_m=0$ 当且仅当 $k_1\boldsymbol{\beta}_1+\cdots+k_m\boldsymbol{\beta}_m=\boldsymbol{0}$. 根据初等行变换的定义，这需要分 3 种情形分别进行验证. 以下只验证如下一种情形：假设将 $\boldsymbol{A}$ 的第 i 行的 k 倍加到了其第 j 行，其中 $i<j$，得到的矩阵为 $\boldsymbol{B}=(\boldsymbol{\beta}_1, \cdots, \boldsymbol{\beta}_m)$. 此时，有

$$k_1\boldsymbol{\beta}_1+\cdots+k_m\boldsymbol{\beta}_m=\begin{bmatrix}\sum_{r=1}^{m}k_r a_{1r}\\ \vdots\\ \boxed{\sum_{r=1}^{m}k_r a_{ir}}\\ \vdots\\ \sum_{r=1}^{m}k_r a_{jr}+k\boxed{\sum_{r=1}^{m}k_r a_{ir}}\\ \vdots\\ \sum_{r=1}^{m}k_r a_{nr}\end{bmatrix}.$$

由此看出，

$$k_1\boldsymbol{\beta}_1+\cdots+k_m\boldsymbol{\beta}_m=\mathbf{0} \iff 0=\sum_{r=1}^{m}k_r a_{tr},\quad 1\leqslant t\leqslant n$$
$$\iff k_1\boldsymbol{\alpha}_1+\cdots+k_m\boldsymbol{\alpha}_m=\mathbf{0}.$$

第二步：直接将前述充要条件应用于一个特殊的系数列（如，$k_t=1$，除 k_t，$k_{i_j}(1\leqslant j\leqslant r)$ 外，其余系数 k_l 均为零），即得(2).

为证明(1)，现在假设 $\boldsymbol{\alpha}_{i_1},\cdots,\boldsymbol{\alpha}_{i_r}$ 是向量组 $\boldsymbol{\alpha}_1,\boldsymbol{\alpha}_2,\cdots,\boldsymbol{\alpha}_m$ 的一个极大线性无关组，则当然有

$$\boldsymbol{\alpha}_{i_1},\cdots,\boldsymbol{\alpha}_{i_r}\overset{l}{\Rightarrow}\boldsymbol{\alpha}_1,\boldsymbol{\alpha}_2,\cdots,\boldsymbol{\alpha}_m,$$

根据(2)可知也有

$$\boldsymbol{\beta}_{i_1},\cdots,\boldsymbol{\beta}_{i_r}\overset{l}{\Rightarrow}\boldsymbol{\beta}_1,\boldsymbol{\beta}_2,\cdots,\boldsymbol{\beta}_m.$$

如果向量组 $\boldsymbol{\beta}_{i_1},\cdots,\boldsymbol{\beta}_{i_r}$ 不是向量组 $\boldsymbol{\beta}_1,\cdots,\boldsymbol{\beta}_m$ 的一个极大线性无关组，则向量组 $\boldsymbol{\beta}_{i_1},\cdots,\boldsymbol{\beta}_{i_r}$ 必然线性相关，从而存在不全为零的 k_i 使得

$$k_1\boldsymbol{\beta}_{i_1}+\cdots+k_r\boldsymbol{\beta}_{i_r}=\mathbf{0}.$$

而根据第一步的结论，将同时有 $k_1\boldsymbol{\alpha}_{i_1}+\cdots+k_r\boldsymbol{\alpha}_{i_r}=\mathbf{0}$，与 $\boldsymbol{\alpha}_{i_1},\cdots,\boldsymbol{\alpha}_{i_r}$ 的线性无关性相矛盾. 这就说明了(1)是成立的.

例 3.48(B)　行规范阶梯形矩阵是指满足如下条件的行阶梯形矩阵：

(i) 每行（从左向右）第一个非零数为 1（称为主元 pivot，标记为$\boxed{1}$）；

(ii) 每个主元的左方、上方、下方的元素（如果有的话）全为零.

例如，矩阵 $\begin{bmatrix}1&2&1&1&0\\1&2&0&1&1\\1&2&1&0&1\end{bmatrix}$ 经过 4 次初等行变换可化为行规范阶梯形

$$\begin{bmatrix}\boxed{1}&2&0&0&2\\0&0&\boxed{1}&0&-1\\0&0&0&\boxed{1}&-1\end{bmatrix}.$$

求证：任意矩阵都可用一系列的初等行变换化为行规范阶梯形，且每个矩阵的行规范阶梯形是唯一的（与所施行的初等行变换无关）.

证明 假设 $\boldsymbol{A}_{n\times m}=(\boldsymbol{\alpha}_1,\boldsymbol{\alpha}_2,\cdots,\boldsymbol{\alpha}_m)$. 易见可通过一系列的初等行变换将 $\boldsymbol{A}$ 化为行规范阶梯形 $\boldsymbol{B}=(\boldsymbol{\beta}_1,\cdots,\boldsymbol{\beta}_m)$. 下面证明 $\boldsymbol{B}$ 的唯一性,亦即与所施行的初等行变换无关.

不妨假设 $\boldsymbol{B}$ 中主元分别出现在第 $j_1,j_2,\cdots,j_r$ 列,其中 $j_1<j_2<\cdots<j_r$. 根据本部分引理的结论,这意味着:

(1) 如果 $j_1>1$, 则有 $\boldsymbol{\alpha}_1=\cdots=\boldsymbol{\alpha}_{j_1-1}=0$. 而 $\alpha_{j_1}\neq 0$. 因此在规范阶梯形 $\boldsymbol{B}$ 中,第一个主元所在的列 j_1 由 $\boldsymbol{A}$ 唯一确定. 注意 $\boldsymbol{\beta}_{j_1}=\boldsymbol{e}_1\triangleq(1,0,\cdots,0)^{\mathrm{T}}$.

(2) 如果 $j_2>j_1+1$, 则必有 k_t 使 $\boldsymbol{\beta}_t=k_t\cdot\boldsymbol{\beta}_{j_1}$, $j_1\leqslant t<j_2$. 根据引理,也将有

$$\boldsymbol{\alpha}_t=k_t\cdot\boldsymbol{\alpha}_{j_1},\ j_1\leqslant t<j_2,$$

说明 k_t 是由 $\boldsymbol{A}$ 确定的,与所实施的初等行变换无关. 因此在规范阶梯形 $\boldsymbol{B}$ 中,第 $j_t(j_1\leqslant t<j_2)$ 列均由 $\boldsymbol{A}$ 唯一确定. 由此还可以看出,第二个主元所在的列 j_2 也由 $\boldsymbol{A}$ 唯一确定: 事实上, $\boldsymbol{\alpha}_{j_1}$, $\boldsymbol{\alpha}_{j_2}$ 线性无关而 $\boldsymbol{\alpha}_{j_1}$, $\boldsymbol{\alpha}_t$ 均线性相关, $j_1\leqslant t<j_2$; 换句话说, j_2 是 $\boldsymbol{A}$ 中 j_1 列后第一个与 $\boldsymbol{\alpha}_{j_1}$ 线性无关的列数. 注意

$$\boldsymbol{\beta}_{j_2}=\boldsymbol{e}_2\triangleq(0,1,0,\cdots,0)^{\mathrm{T}}.$$

(3) 如果 $j_3>j_2+1$, 则可设 $\boldsymbol{\beta}_t=k_{t1}\cdot\boldsymbol{\beta}_{j_1}+k_{t2}\cdot\boldsymbol{\beta}_{j_2}$, $j_2\leqslant t<j_3$. 再次使用本部分引理,得到 $\boldsymbol{\alpha}_t=k_{t1}\cdot\boldsymbol{\alpha}_{j_1}+k_{t2}\cdot\boldsymbol{\alpha}_{j_2}$, 而且这个表达式中的 (k_1,k_2) 是由 j_1, j_2 唯一确定的,这是因为 $\boldsymbol{\beta}_{j_1}$ 与 $\boldsymbol{\beta}_{j_2}$ 的线性无关性蕴含了 $\boldsymbol{\alpha}_{j_1}$ 与 $\boldsymbol{\alpha}_{j_2}$ 的线性无关性. 因此在规范阶梯形 $\boldsymbol{B}$ 中,第 $j_t(j_2\leqslant t<j_3)$ 列均由 $\boldsymbol{A}$ 唯一确定. 这样,根据如前同样的理由,第三个主元所在的列 j_3 也由 $\boldsymbol{A}$ 唯一确定: $\boldsymbol{\alpha}_{j_1}$, $\boldsymbol{\alpha}_{j_2}$, $\boldsymbol{\alpha}_{j_3}$ 线性无关而 $\boldsymbol{\alpha}_{j_1}$, $\boldsymbol{\alpha}_{j_2}$, $\boldsymbol{\alpha}_t$ 均线性相关, $j_1\leqslant t<j_3$. 注意 $\boldsymbol{\beta}_{j_3}=\boldsymbol{e}_3$.

(4) 继续上述讨论,用归纳法即可完成证明.

例 3.48(C) 根据例 3.48(B), 可以将矩阵 $\boldsymbol{A}_{n\times m}$ 的秩 $\mathrm{r}(\boldsymbol{A})$ 定义为 $\boldsymbol{A}$ 的行规范阶梯形中非零行的行数. 求证: $\mathrm{r}(\boldsymbol{A})$ 等于 $\boldsymbol{A}$ 的行(列)向量组的秩.

证明 假设 $\boldsymbol{A}$ 的列向量组的秩(记列秩)为 r. 用初等行变换将 $\boldsymbol{A}$ 变为行规范阶梯形 $\boldsymbol{B}$. 根据例 3.48(A)之引理(1)的第一个结论,可知 $\boldsymbol{B}$ 的列秩也为 r, 且 r 是 $\boldsymbol{B}$ 中非零行的行数, 也是 $\boldsymbol{B}$ 的行秩. 于是, $\mathrm{r}(\boldsymbol{A})$ 就是 $\boldsymbol{A}$ 的列秩.

另一方面,对于 $\boldsymbol{A}=\begin{bmatrix}\eta_1\\ \vdots\\ \eta_n\end{bmatrix}$, 做一次初等行变换得到 $\boldsymbol{C}$, 则 $\boldsymbol{C}$ 共有 3 种情形:

(1) 将 $\boldsymbol{A}$ 中某两行换位得到 $\boldsymbol{C}$；

(2) 将 $\boldsymbol{A}$ 中某行乘以非零数得到 $\boldsymbol{C}$；

(3) 将 $\boldsymbol{A}$ 中某行乘以 k 倍加到第二行得到 $\boldsymbol{C}$.

例如，在 3 种情形下，$\boldsymbol{C}$ 分别为

$$\begin{bmatrix} \boxed{\eta_2} \\ \boxed{\eta_1} \\ \eta_3 \\ \vdots \\ \eta_n \end{bmatrix}, \quad \begin{bmatrix} \boxed{8\eta_1} \\ \eta_2 \\ \eta_2 \\ \vdots \\ \eta_n \end{bmatrix}, \quad \begin{bmatrix} \eta_1 \\ \boxed{\eta_2 + 8\eta_1} \\ \eta_3 \\ \vdots \\ \eta_n \end{bmatrix}.$$

由此易见，$\boldsymbol{A}$ 的行向量组等价于 $\boldsymbol{C}$ 的行向量组，从而也等价于行规范阶梯形 $\boldsymbol{B}$ 的行向量组. 而从 $\boldsymbol{B}$ 的形状易于看出 $\mathrm{r}(\boldsymbol{B}) = r$.

这就证明了：$\boldsymbol{A}$ 的列秩 $= \mathrm{r}(\boldsymbol{A}) = \boldsymbol{A}$ 的行秩.

例 3.48(D) 用 Gauss 消元法求向量组 $\boldsymbol{\alpha}_1, \boldsymbol{\alpha}_2, \boldsymbol{\alpha}_3, \boldsymbol{\alpha}_4, \boldsymbol{\alpha}_5$ 的一个极大无关组，并用它们线性表出其余的向量，其中

$$\boldsymbol{\alpha}_1 = \begin{bmatrix} 1 \\ 1 \\ 1 \end{bmatrix}, \boldsymbol{\alpha}_2 = \begin{bmatrix} 2 \\ 2 \\ 2 \end{bmatrix}, \boldsymbol{\alpha}_3 = \begin{bmatrix} 1 \\ 0 \\ 1 \end{bmatrix}, \boldsymbol{\alpha}_4 = \begin{bmatrix} 1 \\ 1 \\ 0 \end{bmatrix}, \boldsymbol{\alpha}_5 = \begin{bmatrix} 0 \\ 1 \\ 1 \end{bmatrix}.$$

解 构造矩阵 $\boldsymbol{A} = (\boldsymbol{\alpha}_1, \boldsymbol{\alpha}_2, \boldsymbol{\alpha}_3, \boldsymbol{\alpha}_4, \boldsymbol{\alpha}_5)$. 用初等行变换化作规范阶梯形：

$$\boldsymbol{A} \xrightarrow{\text{行}} \boldsymbol{B} = \begin{bmatrix} \boxed{1} & 2 & 0 & 0 & 2 \\ 0 & 0 & \boxed{1} & 0 & -1 \\ 0 & 0 & 0 & \boxed{1} & -1 \end{bmatrix} \overset{\text{记为}}{=} (\boldsymbol{\beta}_1, \boldsymbol{\beta}_2, \boldsymbol{\beta}_3, \boldsymbol{\beta}_4, \boldsymbol{\beta}_5).$$

注意 $\boldsymbol{B}$ 的主元分别出现在第 1, 3, 4 列. 根据本部分引理的结论，从 $\boldsymbol{B}$ 的列关系看出：

$\boldsymbol{\alpha}_1, \boldsymbol{\alpha}_3, \boldsymbol{\alpha}_4$ 为 $\boldsymbol{\alpha}_1, \boldsymbol{\alpha}_2, \boldsymbol{\alpha}_3, \boldsymbol{\alpha}_4, \boldsymbol{\alpha}_5$ 的一个极大无关组；且有

$$\boldsymbol{\alpha}_2 = 2\boldsymbol{\alpha}_1, \ \boldsymbol{\alpha}_5 = 2\boldsymbol{\alpha}_1 - \boldsymbol{\alpha}_3 - \boldsymbol{\alpha}_4.$$

例 3.49(A) 假设 $\boldsymbol{A}_{m\times n}$ 与 $\boldsymbol{\beta}_{m\times 1}$ 已给. 记

$$\boldsymbol{C} = \begin{bmatrix} \boldsymbol{A}^{\mathrm{T}} \\ \boldsymbol{\beta}^{\mathrm{T}} \end{bmatrix}, \ \boldsymbol{\varepsilon}_{n+1}^{\mathrm{T}} = (0, \cdots, 0, 1).$$

求证：线性方程组 $\boldsymbol{AX} = \boldsymbol{\beta}$ 有解，当且仅当方程组 $\boldsymbol{CY} = \boldsymbol{\varepsilon}_{n+1}$ 无解.

解　必要性　反设二线性方程组均有解. 进一步假设 $\boldsymbol{A}\boldsymbol{X}_0=\boldsymbol{\beta}$, $\boldsymbol{C}\boldsymbol{Y}_0=\boldsymbol{\varepsilon}_{n+1}$，则有 $\boldsymbol{\beta}^{\mathrm{T}}=\boldsymbol{X}_0^{\mathrm{T}}\boldsymbol{A}^{\mathrm{T}}$，从而 $\boldsymbol{C}\boldsymbol{Y}_0=\boldsymbol{\varepsilon}_{n+1}$ 可写成

$$\begin{bmatrix}\boldsymbol{E}_n\\ \boldsymbol{X}_0^{\mathrm{T}}\end{bmatrix}\boldsymbol{A}^{\mathrm{T}}\boldsymbol{Y}_0=\boldsymbol{\varepsilon}_{n+1}=\begin{pmatrix}\boldsymbol{0}\\ 1\end{pmatrix}.$$

在上述等式的两端同时左乘以矩阵 $\begin{bmatrix}\boldsymbol{E}_n & 0\\ -\boldsymbol{X}_0^{\mathrm{T}} & 1\end{bmatrix}$，得到 $\begin{bmatrix}\boldsymbol{A}^{\mathrm{T}}\boldsymbol{Y}_0\\ \boldsymbol{0}\end{bmatrix}=\begin{bmatrix}\boldsymbol{0}\\ 1\end{bmatrix}$，产生矛盾. 这就完成了必要性部分的论证.

充分性　若 $\boldsymbol{A}\boldsymbol{X}=\boldsymbol{\beta}$ 无解，则有可逆矩阵 $\boldsymbol{P}$ 使得

$$\boldsymbol{P}(\boldsymbol{A},\ \boldsymbol{\beta})=\begin{bmatrix}\boldsymbol{A}_1 & \boldsymbol{0}\\ \boldsymbol{0} & 1\end{bmatrix}.$$

两边取转置得到 $\boldsymbol{C}\boldsymbol{P}^{\mathrm{T}}=\begin{bmatrix}\boldsymbol{A}_1^{\mathrm{T}} & \boldsymbol{0}\\ \boldsymbol{0} & 1\end{bmatrix}$，由此看出 $\boldsymbol{C}\boldsymbol{Y}=\boldsymbol{\varepsilon}_{n+1}$ 有解 $\boldsymbol{Y}=\boldsymbol{P}^{\mathrm{T}}\begin{bmatrix}\boldsymbol{0}\\ 1\end{bmatrix}$. 这就完成了充分性部分的论证.

例 3.49(B)　已知数域 $\mathbf{R}$ 上的 $(n-1)\times n$ 矩阵 $\boldsymbol{A}$ 的秩为 $n-1$. 用 M_i 表示划去 $\boldsymbol{A}$ 的第 i 列后得到的 $n-1$ 阶行列式的值. 求证：方程组 $\boldsymbol{A}\boldsymbol{X}=\boldsymbol{0}$ 的通解为 $\boldsymbol{X}=k\boldsymbol{\alpha}_0$, $k\in\mathbf{R}$，其中

$$\boldsymbol{\alpha}_0=\begin{bmatrix}(-1)^0M_1\\ (-1)^1M_2\\ \vdots\\ (-1)^{n-1}M_n\end{bmatrix}.$$

证明　(1) 由于 $\mathrm{r}(\boldsymbol{A})=n-1$，所以 $\boldsymbol{A}\boldsymbol{X}=\boldsymbol{0}$ 的基础解系中只含有一个向量.

(2) 由于 $\mathrm{r}(\boldsymbol{A})=n-1$，所以至少有一个 $M_i\neq 0$，从而 $\boldsymbol{\alpha}_0$ 不是零向量.

(3) 根据(1)和(2)，只需要验证 $\boldsymbol{A}\boldsymbol{\alpha}_0=\boldsymbol{0}$. 事实上，根据(行列式的) Laplace 按行展开的定理(按照第一行展开)，有

$$0=\begin{vmatrix}a_{11} & a_{12} & \cdots & a_{1n}\\ a_{11} & a_{12} & \cdots & a_{1n}\\ a_{21} & a_{22} & \cdots & a_{2n}\\ \vdots & \vdots & \cdots & \vdots\\ a_{n-11} & a_{n-12} & \cdots & a_{n-1n}\end{vmatrix}=a_{11}M_1-a_{12}M_2+\cdots+(-1)^{n-1}a_{1n}M_n.$$

类似可以得到

$$a_{i1}M_1 - a_{i2}M_2 + \cdots + (-1)^{n-1}a_{in}M_n = 0 (\ i = 2, 3, \cdots, n-1).$$

这就证明了 $\boldsymbol{A\alpha}_0 = \mathbf{0}$.

例 3.50 对于 n 阶方阵 $\boldsymbol{A}$，如果存在 $s \geqslant 0$ 使得 $\mathrm{r}(\boldsymbol{A}^s) = \mathrm{r}(\boldsymbol{A}^{s+1})$，试证明：对于一切 $k \geqslant 0$，有 $\mathrm{r}(\boldsymbol{A}^s) = \mathrm{r}(\boldsymbol{A}^{s+k})$.

证明 证法一 利用例 3.45 的结果,可以马上得到本例结论.

证法二 采用基础解系的方法.

首先 $\boldsymbol{A}^s\boldsymbol{X} = \mathbf{0}$ 的解都是 $\boldsymbol{A}^{s+1}\boldsymbol{X} = \mathbf{0}$ 的解,所以根据条件 $\mathrm{r}(\boldsymbol{A}^s) = \mathrm{r}(\boldsymbol{A}^{s+1})$ 得知 $\boldsymbol{A}^s\boldsymbol{X} = \mathbf{0}$ 与 $\boldsymbol{A}^{s+1}\boldsymbol{X} = \mathbf{0}$ 有同解. 为了证明 $\mathrm{r}(\boldsymbol{A}^s) = \mathrm{r}(\boldsymbol{A}^{s+k})$，只需要证 $\boldsymbol{A}^{s+1}\boldsymbol{X} = \mathbf{0}$ 与 $\boldsymbol{A}^{s+2}\boldsymbol{X} = \mathbf{0}$ 有同解. 事实上，$\boldsymbol{A}^{s+1}\boldsymbol{X} = \mathbf{0}$ 的解明显都是 $\boldsymbol{A}^{s+2}\boldsymbol{X} = \mathbf{0}$ 的解;反过来,对于 $\boldsymbol{A}^{s+2}\boldsymbol{X} = \mathbf{0}$ 的任意解 $\boldsymbol{\beta}$, 从 $\boldsymbol{A}^{s+1}(\boldsymbol{A\beta}) = \mathbf{0}$ 知道 $\boldsymbol{\beta}$ 也是 $\boldsymbol{A}^s\boldsymbol{X} = \mathbf{0}$ 的解. 即为 $\boldsymbol{A}^{s+1}(\boldsymbol{\beta}) = \mathbf{0}$. 所以 $\boldsymbol{A}^{s+1}\boldsymbol{X} = \mathbf{0}$ 与 $\boldsymbol{A}^{s+2}\boldsymbol{X} = \mathbf{0}$ 有同解. 于是得到 $\mathrm{r}(\boldsymbol{A}^{s+1}) = \mathrm{r}(\boldsymbol{A}^{s+2})$. 同理可证 $\mathrm{r}(\boldsymbol{A}^{s+2}) = \mathrm{r}(\boldsymbol{A}^{s+3}) = \mathrm{r}(\boldsymbol{A}^{s+4}) = \cdots$.

证法三 矩阵法. 先证明：如果乘法 $\boldsymbol{ABC}$ 有意义,则有

$$\mathrm{r}(\boldsymbol{ABC}) \geqslant \mathrm{r}(\boldsymbol{AB}) + \mathrm{r}(\boldsymbol{BC}) - \mathrm{r}(\boldsymbol{B}).$$

事实上,根据

$$\begin{bmatrix} \boldsymbol{ABC} & \mathbf{0} \\ \mathbf{0} & \boldsymbol{B} \end{bmatrix} \to \begin{bmatrix} \boldsymbol{ABC} & \mathbf{0} \\ \boldsymbol{BC} & \boldsymbol{B} \end{bmatrix} \to \begin{bmatrix} \mathbf{0} & -\boldsymbol{AB} \\ \boldsymbol{BC} & \boldsymbol{B} \end{bmatrix},$$

立即得到

$$\begin{aligned} \mathrm{r}(\boldsymbol{ABC}) + \mathrm{r}(\boldsymbol{B}) &= \mathrm{r}\left(\begin{bmatrix} \boldsymbol{ABC} & \mathbf{0} \\ \mathbf{0} & \boldsymbol{B} \end{bmatrix}\right) = \mathrm{r}\left(\begin{bmatrix} \mathbf{0} & -\boldsymbol{AB} \\ \boldsymbol{BC} & \boldsymbol{B} \end{bmatrix}\right) \\ &\geqslant \mathrm{r}\left(\begin{bmatrix} \mathbf{0} & -\boldsymbol{AB} \\ \boldsymbol{BC} & \mathbf{0} \end{bmatrix}\right) = \mathrm{r}(\boldsymbol{AB}) + \mathrm{r}(\boldsymbol{BC}). \end{aligned}$$

如果 $\mathrm{r}(\boldsymbol{A}^s) = \mathrm{r}(\boldsymbol{A}^{s+1})$，则有 $\mathrm{r}(\boldsymbol{AA}^s\boldsymbol{A}) \geqslant \mathrm{r}(\boldsymbol{AA}^s) + \mathrm{r}(\boldsymbol{A}^s\boldsymbol{A}) - \mathrm{r}(\boldsymbol{A}^s) = \mathrm{r}(\boldsymbol{A}^s)$. 另外一方面显然有 $\mathrm{r}(\boldsymbol{A}^s) = \mathrm{r}(\boldsymbol{A}^{s+2})$. 一般情形可用归纳法完成.

例 3.51 对于 n 阶方阵 $\boldsymbol{A}$，试证明：对于一切 $k \geqslant 0$，有 $\mathrm{r}(\boldsymbol{A}^n) = \mathrm{r}(\boldsymbol{A}^{n+k})$.

证明 根据前例结论,只需要证明：存在 $s \leqslant n$，使得 $\mathrm{r}(\boldsymbol{A}^s) = \mathrm{r}(\boldsymbol{A}^{s+1})$.（或者证明 $\boldsymbol{A}^{n+1}\boldsymbol{X} = \mathbf{0}$ 与 $\boldsymbol{A}^n\boldsymbol{X} = \mathbf{0}$ 有同解. 注意 $\boldsymbol{A}^n\boldsymbol{X} = \mathbf{0}$ 的解恒为 $\boldsymbol{A}^{n+1}\boldsymbol{X} = \mathbf{0}$ 的解.）

证法一 根据 $\boldsymbol{A}$ 的秩分为两种情形分别进行讨论.

情形一：如果 $\mathrm{r}(\boldsymbol{A})=n$，则有 $\mathrm{r}(\boldsymbol{A}^n)=n=\mathrm{r}(\boldsymbol{A}^{n+1})$；

情形二：$\mathrm{r}(\boldsymbol{A})\leqslant n-1$. 此时考虑数列

$$n-1\geqslant \mathrm{r}(\boldsymbol{A})\geqslant \mathrm{r}(\boldsymbol{A}^2)\geqslant \mathrm{r}(\boldsymbol{A}^3)\geqslant\cdots\geqslant \mathrm{r}(\boldsymbol{A}^r)\geqslant \mathrm{r}(\boldsymbol{A}^{r+1}).$$

如果 $\mathrm{r}(\boldsymbol{A})>\mathrm{r}(\boldsymbol{A}^2)>\mathrm{r}(\boldsymbol{A}^3)>\cdots>\mathrm{r}(\boldsymbol{A}^r)$，则有

$$\mathrm{r}(\boldsymbol{A}^2)\leqslant n-2,\ \mathrm{r}(\boldsymbol{A}^3)\leqslant 3,\ \cdots,\ 0\leqslant \mathrm{r}(\boldsymbol{A}^r)\leqslant n-r\,.$$

所以一定存在 $s\leqslant n$，使得 $\mathrm{r}(\boldsymbol{A}^s)=\mathrm{r}(\boldsymbol{A}^{s+1})$. 这就完成了本题的证明.

证法二　采用反证法(向量组法).

假设 $\boldsymbol{A}^{n+1}\boldsymbol{X}=\boldsymbol{0}$ 有解 $\boldsymbol{\alpha}$，$\boldsymbol{\alpha}$ 不是 $\boldsymbol{A}^n\boldsymbol{X}=\boldsymbol{0}$ 的解，则可以直接验证由 $n+1$ 个 n 维列向量组成的向量组 $\boldsymbol{\alpha}$，$\boldsymbol{A\alpha}$，$\boldsymbol{A}^2\boldsymbol{\alpha}$，$\cdots$，$\boldsymbol{A}^n\boldsymbol{\alpha}$ 是线性无关组，矛盾.

例 3.52　一个 $m\times n$ 矩阵 $\boldsymbol{A}$ 称为左可逆，是指存在一个 $n\times m$ 矩阵 $\boldsymbol{B}$ 使得 $\boldsymbol{BA}=\boldsymbol{E}_n$（此时称 $\boldsymbol{B}$ 为 $\boldsymbol{A}$ 的一个左逆矩阵）. 求证：$\boldsymbol{A}$ 左可逆当且仅当 $\boldsymbol{A}$ 列满秩（即 $\mathrm{r}(\boldsymbol{A})=n$）.

证明　假设 $\boldsymbol{A}$ 左可逆，即有 $\boldsymbol{BA}=\boldsymbol{E}_n$. 此时 $n=\mathrm{r}(\boldsymbol{BA})\leqslant \mathrm{r}(\boldsymbol{A})\leqslant n$. 所以 $\mathrm{r}(\boldsymbol{A})=n$. 反过来，如果 $\boldsymbol{A}$ 是列满秩矩阵，则有可逆矩阵 $\boldsymbol{P}_n$ 使得 $\boldsymbol{PA}=\begin{bmatrix}\boldsymbol{E}_n\\ \boldsymbol{0}\end{bmatrix}$. 此时，取 $\boldsymbol{B}=(\boldsymbol{E}_n\quad \boldsymbol{0})P$，则有 $\boldsymbol{BA}=[\boldsymbol{E}_n\quad \boldsymbol{0}]\begin{bmatrix}\boldsymbol{E}_n\\ \boldsymbol{0}\end{bmatrix}=\boldsymbol{E}_n$.

例 3.53　(1) Hermite 阵的特征根都是实数. 特别的，对称实阵的特征根都是实数.

(2) 反 Hermite 阵的特征根实部为零. 特别的，反对称实阵的特征根实部为零(亦即或为零或为纯虚数).

(3) 酉阵的特征根模长为 1. 特别的，正交阵的实特征根为 ± 1.

注记

(i) 酉阵(a unitary matrix) $\boldsymbol{U}$：$\overline{\boldsymbol{U}}^{\mathrm{T}}\boldsymbol{U}=\boldsymbol{E}$；而正交(orthogonalo)阵即为实的酉阵.

(ii) Hermite 阵 $\boldsymbol{H}$：$\overline{\boldsymbol{H}}^{\mathrm{T}}=\boldsymbol{H}$；反 Hermite 阵 $\boldsymbol{H}$：$\overline{\boldsymbol{H}}^{\mathrm{T}}=-\boldsymbol{H}$. 典型的二阶(非实矩阵) $\boldsymbol{H}$ 阵、反 $\boldsymbol{H}$ 阵分别形为

$$\begin{bmatrix}a & c+d\mathrm{i}\\ c-d\mathrm{i} & b\end{bmatrix},\ \begin{bmatrix}a\mathrm{i} & c+d\mathrm{i}\\ -c+d\mathrm{i} & b\mathrm{i}\end{bmatrix}.$$

(iii) 正规(normal)阵 $\boldsymbol{Z}$：$\overline{\boldsymbol{Z}}^{\mathrm{T}}\boldsymbol{Z}=\boldsymbol{Z}\overline{\boldsymbol{Z}}^{\mathrm{T}}$.

(iv) 注意：$\boldsymbol{H}$ 阵与酉阵都是正规阵. 而对于 $\boldsymbol{H}$ 阵 $\boldsymbol{A}$，有 Hermite 二次型：

$\overline{\boldsymbol{X}}^{\mathrm{T}}\boldsymbol{A}\boldsymbol{X}$.

证明 (1) 假设 $\boldsymbol{A}$ 是 $\boldsymbol{H}$ 阵,而 $\boldsymbol{A}\boldsymbol{\alpha}=\lambda\boldsymbol{\alpha}$, 其中 $\boldsymbol{0}\neq\boldsymbol{\alpha}$, 则有

$$\overline{\boldsymbol{A}}^{\mathrm{T}}=\boldsymbol{A},\ \overline{\boldsymbol{\alpha}}\boldsymbol{A}=\overline{\boldsymbol{\alpha}}\cdot\overline{\boldsymbol{A}}^{\mathrm{T}}=\overline{\boldsymbol{A}\boldsymbol{\alpha}}^{\mathrm{T}}=\overline{\lambda}\cdot\overline{\boldsymbol{\alpha}}^{\mathrm{T}}.$$

由此即得到

$$\overline{\lambda}(\overline{\boldsymbol{\alpha}}^{\mathrm{T}}\boldsymbol{\alpha})=(\overline{\lambda}\,\overline{\boldsymbol{\alpha}}^{\mathrm{T}})\boldsymbol{\alpha}=(\overline{\boldsymbol{\alpha}}\boldsymbol{A})\boldsymbol{\alpha}=\lambda(\overline{\boldsymbol{\alpha}}^{\mathrm{T}}\boldsymbol{\alpha}).$$

由于 $\boldsymbol{\alpha}\neq\boldsymbol{0}$, 所以有 $\overline{\lambda}=\lambda$, 亦即 λ 是实数.

(2) 对于反 Hermite 阵 $\boldsymbol{A}$, 重复(1)的讨论即得 $\overline{\lambda}=-\lambda$, 亦即 $\lambda=b\mathrm{i}$, 其中 b 是实数.

(3) 假设 $\boldsymbol{A}$ 是酉阵,而 $\boldsymbol{A}\boldsymbol{\alpha}=\lambda\boldsymbol{\alpha}$, 其中 $\boldsymbol{0}\neq\boldsymbol{\alpha}$, 则有

$$\overline{\boldsymbol{A}}^{\mathrm{T}}\cdot\boldsymbol{A}=\boldsymbol{E},\ \overline{\boldsymbol{\alpha}}\cdot\overline{\boldsymbol{A}}^{\mathrm{T}}=\overline{\boldsymbol{A}\boldsymbol{\alpha}}^{\mathrm{T}}=\overline{\lambda}\cdot\overline{\boldsymbol{\alpha}}^{\mathrm{T}}.$$

由此即得到

$$\overline{\boldsymbol{\alpha}}^{\mathrm{T}}\boldsymbol{\alpha}=\overline{\boldsymbol{\alpha}}^{\mathrm{T}}\boldsymbol{E}\boldsymbol{\alpha}=(\overline{\boldsymbol{\alpha}}^{\mathrm{T}}\,\overline{\boldsymbol{A}}^{\mathrm{T}})\cdot(\boldsymbol{A}\boldsymbol{\alpha})=(\overline{\lambda}\cdot\overline{\boldsymbol{\alpha}}^{\mathrm{T}})(\lambda\boldsymbol{\alpha})=(\overline{\lambda}\lambda)\cdot(\overline{\boldsymbol{\alpha}}^{\mathrm{T}}\boldsymbol{\alpha}).$$

所以有 $\overline{\lambda}\cdot\lambda=1$, 亦即复数 λ 的模长为 1.

例 3.54 对于正规阵 $\boldsymbol{A}$, 如果 $\boldsymbol{A}\boldsymbol{\alpha}=\lambda\boldsymbol{\alpha}$ (其中 $\boldsymbol{\alpha}\neq\boldsymbol{0}$), 则有 $\overline{\boldsymbol{A}}^{\mathrm{T}}\boldsymbol{\alpha}=\overline{\lambda}\boldsymbol{\alpha}$. 因此,

(1) 正规阵的对应于不同特征值的特征向量是正交的.

(2) Hermite 矩阵的特征值均为实数. 特别的,实对称矩阵的特征值全为实数.

证明 现在假设 $\boldsymbol{A}\boldsymbol{\alpha}=\lambda\boldsymbol{\alpha}$, 其中 $\boldsymbol{\alpha}\neq\boldsymbol{0}$. 要说明 $(\overline{\boldsymbol{A}}^{\mathrm{T}}-\overline{\lambda}\boldsymbol{E})\boldsymbol{\alpha}$ 是零向量,只需要证明其与自身的内积

$$[\overline{(\boldsymbol{A}-\lambda\boldsymbol{E})}^{\mathrm{T}}\boldsymbol{\alpha},\ \overline{(\boldsymbol{A}-\lambda\boldsymbol{E})}^{\mathrm{T}}\boldsymbol{\alpha}]=0.$$

事实上,由于 $\overline{\boldsymbol{A}}^{\mathrm{T}}\boldsymbol{A}=\boldsymbol{A}\overline{\boldsymbol{A}}^{\mathrm{T}}$, 故而有

$$(\boldsymbol{A}-\lambda\boldsymbol{E})\,\overline{(\boldsymbol{A}-\lambda\boldsymbol{E})}=\overline{(\boldsymbol{A}-\lambda\boldsymbol{E})}^{\mathrm{T}}(\boldsymbol{A}-\lambda\boldsymbol{E}),$$

从而有

$$\begin{aligned}[\overline{(\boldsymbol{A}-\lambda\boldsymbol{E})}^{\mathrm{T}}\boldsymbol{\alpha},\ \overline{(\boldsymbol{A}-\lambda\boldsymbol{E})}^{\mathrm{T}}\boldsymbol{\alpha}]&=[\boldsymbol{\alpha},\ (\boldsymbol{A}-\lambda\boldsymbol{E})\,\overline{(\boldsymbol{A}-\lambda\boldsymbol{E})}^{\mathrm{T}}\boldsymbol{\alpha}]\\&=[\boldsymbol{\alpha},\ \overline{(\boldsymbol{A}-\lambda\boldsymbol{E})}^{\mathrm{T}}(\boldsymbol{A}-\lambda\boldsymbol{E})\boldsymbol{\alpha}]=[\boldsymbol{\alpha},\ \boldsymbol{0}]=0.\end{aligned}$$

(1) 假设 $\boldsymbol{\alpha}$, $\boldsymbol{\beta}$ 是正规阵 $\boldsymbol{A}$ 的特征向量,分别对应不同特征值 λ, μ, 则有

$$\lambda(\overline{\boldsymbol{\beta}}^{\mathrm{T}}\boldsymbol{\alpha})=\overline{\boldsymbol{\beta}}^{\mathrm{T}}(\boldsymbol{A}\boldsymbol{\alpha})=(\overline{\boldsymbol{\beta}}^{\mathrm{T}}\boldsymbol{A})\boldsymbol{\alpha}=(\overline{\overline{\boldsymbol{A}}\boldsymbol{\beta}})^{\mathrm{T}}\boldsymbol{\alpha}=(\overline{\overline{\mu}\boldsymbol{\beta}})^{\mathrm{T}}\boldsymbol{\alpha}=\mu(\overline{\boldsymbol{\beta}}^{\mathrm{T}}\boldsymbol{\alpha}).$$

由此即得 $\overline{\boldsymbol{\beta}}^{\mathrm{T}}\boldsymbol{\alpha}=\mathbf{0}$，亦即 $\boldsymbol{\alpha}\perp\boldsymbol{\beta}$.

(2) 对于 H 阵 $\boldsymbol{A}$，恒有 $\overline{\boldsymbol{A}}^{\mathrm{T}}=\boldsymbol{A}$. 因此从 $\boldsymbol{A\alpha}=\lambda\boldsymbol{\alpha}(\boldsymbol{\alpha}\neq\mathbf{0})$ 以及(1)得到 $\bar{\lambda}\boldsymbol{\alpha}=\lambda\boldsymbol{\alpha}$，从而 $\bar{\lambda}=\lambda$，亦即 λ 为实数.

例 3.55　(Schur 引理)(1) 复数域 $\mathbf{C}$ 上任意方阵必酉相似于一个上三角阵.

(2) 如果一个实矩阵的特征值都是实数，则它正交相似于一个实上三角矩阵.

(3) 如果数域 $\mathbf{F}$ 上的方阵 $\boldsymbol{A}$ 的特征根全在 $\mathbf{F}$ 中，则 $\boldsymbol{A}$ 在 $\mathbf{F}$ 上酉相似于一个上三角阵，亦即：存在 $GL_n(\mathbf{F})$ 中的酉阵 $\boldsymbol{P}$，使得 $\boldsymbol{P}^{\mathrm{T}}\boldsymbol{AP}$ 为 $M_n(\mathbf{F})$ 中的上三角形矩阵.

证明　(1) 对于 $\boldsymbol{A}$ 的阶数 n 用归纳法.

$n=1$ 时，结果显然是成立的.

以下假设 $n>1$，并假设 $n-1$ 情形已成立. 对于 $\boldsymbol{A}_n$，任意取 $\boldsymbol{A}$ 的一个特征值 λ_1，根据假设应有 $\lambda_1\in\mathbf{F}$，因而存在 $\mathbf{F}^{n\times 1}$ 中的单位列向量 $\boldsymbol{\alpha}_1$，使得 $\boldsymbol{A\alpha}_1=\lambda_1\boldsymbol{\alpha}_1$. 将 $\boldsymbol{\alpha}_1$ 补足为 $\mathbf{F}^n$ 的一个标准正交基：$\boldsymbol{\alpha}_1,\ \boldsymbol{\alpha}_2,\ \cdots,\ \boldsymbol{\alpha}_n$. 令 $\boldsymbol{T}=(\boldsymbol{\alpha}_1,\ \boldsymbol{\alpha}_2,\ \cdots,\ \boldsymbol{\alpha}_n)$. 则 $\boldsymbol{T}$ 是一个酉阵，且有

$$\begin{aligned}\boldsymbol{AT}&=(\lambda_1\boldsymbol{\alpha}_1,\ A\boldsymbol{\alpha}_2,\ \cdots,\ A\boldsymbol{\alpha}_n)\\&=(\boldsymbol{\alpha}_1,\ \boldsymbol{\alpha}_2,\ \cdots,\ \boldsymbol{\alpha}_n)\begin{bmatrix}\lambda_1 & b_{12} & \cdots & b_{1n}\\ 0 & & & \\ \vdots & & \boldsymbol{A}_1 & \\ 0 & & & \end{bmatrix}=\boldsymbol{TB}.\end{aligned}$$

于是有 $\boldsymbol{T}^{-1}\boldsymbol{AT}=\boldsymbol{B}$，其中 $\boldsymbol{T}$ 是一个酉阵. 根据归纳假设，对于 $n-1$ 阶方阵 $\boldsymbol{A}_1$，已经存在 $n-1$ 阶酉阵 $\boldsymbol{S}$ 使得 $\boldsymbol{S}^{-1}\boldsymbol{A}_1\boldsymbol{S}$ 成为上三角阵. 令 $\boldsymbol{U}=\begin{bmatrix}1 & 0\\ 0 & \boldsymbol{S}\end{bmatrix}$. 容易验证 $\boldsymbol{U}$ 是一个 n 阶酉阵，且

$$\boldsymbol{U}^{-1}\boldsymbol{BU}=\begin{bmatrix}\lambda_1 & b_{12} & \cdots & b_{1n}\\ 0 & & & \\ \vdots & & \boldsymbol{S}^{-1}\boldsymbol{A}_1\boldsymbol{S} & \\ 0 & & & \end{bmatrix}$$

是一个上三角阵. 这就证明了 $\boldsymbol{A}\overset{\boldsymbol{U}}{\sim}$ 上三角阵.

(2) 在(1)的过程中将 $\mathbf{C}$ 改为 $\mathbf{R}$. 由于实对称阵的特征值都是实数，相应特征向量自然也取为实向量，从而酉阵变成了正交阵.

(3) 完全类似于(1)的论证. 对于一般的数域 $\mathbf{F}$, 困难在于如何建立合适的内积. 因此在(1)的证明过程中,也可只要求 $\boldsymbol{\alpha}_1$ 是 $\boldsymbol{A}$ 关于 λ_1 的特征向量 ($\boldsymbol{\alpha}_i \in \mathbf{F}^{n\times 1}$), 而进一步将 $\boldsymbol{\alpha}_1$ 补充成 $\mathbf{F}^{n\times 1}$ 的一个基. 相应 T 降格为 $\mathbf{F}$ 上的一个可逆阵. 得到一个较弱的结论.

例 3.56 (1) 方阵 $\boldsymbol{A}$ 酉相似于对角阵,当且仅当 $\boldsymbol{A}$ 是正规阵.

(2) 假设数域 $\mathbf{F}$ 上的方阵 $\boldsymbol{A}$ 的特征根全在 $\mathbf{F}$ 中,则 $\boldsymbol{A}$ 在 $\mathbf{F}$ 上酉相似于一个对角矩阵,当且仅当 $\boldsymbol{A}$ 是正规阵.

(3) 如果实矩阵 $\boldsymbol{A}$ 的特征根全是实数,则 $\boldsymbol{A}$ 正交相似于一个对角实阵,当且仅当 $\boldsymbol{A}^{\mathrm{T}}\boldsymbol{A} = \boldsymbol{A}\boldsymbol{A}^{\mathrm{T}}$. 特别的,实对称矩阵总正交相似于一个实对角阵.

证明 (1) *必要性* 直接计算即得 $\overline{\boldsymbol{A}}^{\mathrm{T}}\boldsymbol{A} = \boldsymbol{A}\overline{\boldsymbol{A}}^{\mathrm{T}}$. 事实上归结为验证 $a\bar{a} = \bar{a}a$ 的问题,而这是显然成立的.

充分性 假设 $\boldsymbol{A}$ 是正规阵,亦即满足 $\boldsymbol{A}\overline{\boldsymbol{A}}^{\mathrm{T}} = \overline{\boldsymbol{A}}^{\mathrm{T}}\boldsymbol{A}$. 根据 Schur 引理,存在酉阵 $\boldsymbol{U}$ 使得 $\overline{\boldsymbol{U}}^{\mathrm{T}}\boldsymbol{A}\boldsymbol{U} = (a_{ij})$ 为上三角阵. 此时 $\overline{\boldsymbol{U}}^{\mathrm{T}}\,\overline{\boldsymbol{A}}^{\mathrm{T}}\boldsymbol{U}$ 是一个下三角阵,其 (i, j) 位置元素为 $\overline{a_{ji}}$ 且有

$$(\overline{\boldsymbol{U}}^{\mathrm{T}}\boldsymbol{A}\boldsymbol{U}) \cdot (\overline{\boldsymbol{U}}^{\mathrm{T}}\,\overline{\boldsymbol{A}}^{\mathrm{T}}\boldsymbol{U}) = (\overline{\boldsymbol{U}}^{\mathrm{T}}\,\overline{\boldsymbol{A}}^{\mathrm{T}}\boldsymbol{U}) \cdot (\overline{\boldsymbol{U}}^{\mathrm{T}}\boldsymbol{A}\boldsymbol{U}).$$

考虑两端 (1, 1) 位置元素的相等关系,得到 $\sum_{i=1}^{n} a_{1i}\overline{a_{1i}} = \overline{a_{11}}a_{11}$, 从而得到

$$a_{1i} = 0,\ 2 \leqslant i \leqslant n.$$

然后考虑两端 (2, 2) 位置元素的相等关系,得到

$$a_{2i} = 0,\ 3 \leqslant i \leqslant n.$$

继续这一过程,最终得知 $\overline{\boldsymbol{U}}^{\mathrm{T}}\boldsymbol{A}\boldsymbol{U}$ 是一个对角阵.

(2) 证明过程类似于下例,故略去详细说明. (3)是(2)的一种特例.

注记 关于正规变换的处理方法,可参见例 4.44 与例 4.43. 一般来说,线性变换版本的论证比矩阵版本更加容易,方法上也更规范一些.

例 3.57 求证: 对于正交阵 $\boldsymbol{A}$, $\boldsymbol{A}$ 的特征值全是实数,当且仅当存在正交阵 $\boldsymbol{U}$, 使得

$$\boldsymbol{A} = \boldsymbol{U} \cdot \mathrm{diag}\{1,\ \cdots,\ 1,\ -1,\ \cdots,\ -1\} \cdot \boldsymbol{U}^{\mathrm{T}},$$

当且仅当 $\boldsymbol{A}$ 为对称正交阵.

证明 只需说明必要性. 事实上,假设正交阵 $\boldsymbol{A}$ 的特征值全是实数,则根据前例结果知道,存在酉阵 $\boldsymbol{U}$, 使得

$$AU = U \cdot \mathrm{diag}\{1, \cdots, 1, -1\cdots, -1\},$$

其中有 t 个 1. 命 $U=(\alpha_1, \cdots, \alpha_n)$，则前式等价于 $A\boldsymbol{\alpha}_i=\boldsymbol{\alpha}_i$，$A\boldsymbol{\alpha}_j=-\boldsymbol{\alpha}_j$，其中 $1\leqslant i\leqslant t$，$t+1\leqslant j\leqslant n$. 这说明 $\mathrm{r}(\mathbf{V}_A^1)+\mathrm{r}(\mathbf{V}_A^{-1})=n$，其中 $\mathbf{V}_A^1$ 表示 A 在 $\mathbf{C}^{n\times 1}$ 中的属于特征值 1 的特征子空间. 由于 A 是实矩阵，$\mathbf{V}_A^1$ 与 $\mathbf{V}_A^{-1}$ 当然可以取到 $\mathbf{R}^{n\times 1}$ 中. 当然 $\mathrm{r}(\mathbf{V}_A^1)+\mathrm{r}(\mathbf{V}_A^{-1})=n$ 仍然成立. 根据 Schmidt 正交化过程，$\mathbf{R}^{n\times 1}$ 的两个子空间 $\mathbf{V}_A^1$ 与 $\mathbf{V}_A^{-1}$ 均有标准正交基，分别设为

$$\boldsymbol{\beta}_1, \cdots, \boldsymbol{\beta}_t;\ \boldsymbol{\beta}_{t+1}, \cdots, \boldsymbol{\beta}_n,$$

又由例 3.54(1)，$\mathbf{V}_A^1\perp\mathbf{V}_A^{-1}$. 所以存在正交矩阵

$$P=(\boldsymbol{\beta}_1, \cdots, \boldsymbol{\beta}_t, \boldsymbol{\beta}_{t+1}, \cdots, \boldsymbol{\beta}_n),$$

使得

$$AP = P \cdot \mathrm{diag}\{1, \cdots, 1, -1, \cdots, -1\}.$$

例 3.58(A) 假设有 $P^{-1}AP=B$，其中 A 与 B 均为数域 $\mathbf{F}$ 上的 n 阶方阵. 假设 $\lambda\in\mathbf{F}$ 是 A 的特征值. 用 $\mathbf{V}_\lambda^A$ 表示 A 关于特征值 λ 的特征子空间. 求证：

$$\varphi:\ \mathbf{V}_\lambda^B\to\mathbf{V}_\lambda^A,\ \boldsymbol{\beta}\to P\boldsymbol{\beta}$$

是线性空间同构.

证明 对于任意 $\boldsymbol{\beta}\in\mathbf{V}_\lambda^B$，有 $A(P\boldsymbol{\beta})=\lambda\cdot P\boldsymbol{\beta}$，因此 $P\boldsymbol{\beta}\in\mathbf{V}_\lambda^A$，说明 φ 是一个映射.

φ 是一个单射：对于任意 $\boldsymbol{\beta}_i\in\mathbf{V}_\lambda^B$，如果 $\varphi(\boldsymbol{\beta}_1)=\varphi(\boldsymbol{\beta}_2)$，亦即 $P\boldsymbol{\beta}_1=P\boldsymbol{\beta}_2$. 由此易见 $\boldsymbol{\beta}_1=\boldsymbol{\beta}_2$，说明 φ 是单射.

φ 是一个满射：如果 $\boldsymbol{\alpha}\in\mathbf{V}_\lambda^A$，只需说明 $P^{-1}\boldsymbol{\alpha}\in\mathbf{V}_\lambda^B$. 事实上，根据 $A\boldsymbol{\alpha}=\lambda\boldsymbol{\alpha}$，易得 $B(P^{-1}\boldsymbol{\alpha})=(P^{-1}AP)(P^{-1}\boldsymbol{\alpha})=\lambda(P^{-1}\boldsymbol{\alpha})$.

最后易于直接验证 φ 是线性映射.

例 3.58(B) 假设 $\boldsymbol{\alpha}_1, \cdots, \boldsymbol{\alpha}_n$ 都是非零的列向量，并假设方阵 A 使得

$$A\boldsymbol{\alpha}_1=\boldsymbol{\alpha}_2,\ A\boldsymbol{\alpha}_2=\boldsymbol{\alpha}_3,\ \cdots,\ A\boldsymbol{\alpha}_{n-1}=\boldsymbol{\alpha}_n,\ A\boldsymbol{\alpha}_n=\mathbf{0}.$$

(1) 求证：$\boldsymbol{\alpha}_1, \cdots, \boldsymbol{\alpha}_n$ 线性无关.

(2) 求 A 的特征值，并求 A 的特征向量的一个极大无关组.

证明 (1) 根据假设易得

$$A^i\boldsymbol{\alpha}_1=\boldsymbol{\alpha}_{i+1},\ (1\leqslant i\leqslant n-1),\ A^j\boldsymbol{\alpha}_1=\mathbf{0}(j>n-1).$$

为了说明 $\boldsymbol{\alpha}_1, \cdots, \boldsymbol{\alpha}_n$ 线性无关，只需说明：

$$x_1\boldsymbol{\alpha}_1+\cdots+x_n\boldsymbol{\alpha}_n=\mathbf{0},$$

蕴含了 $x_i=0$，事实上，假设 $x_1\boldsymbol{\alpha}_1+\cdots+x_n\boldsymbol{\alpha}_n=\mathbf{0}$. 用 $\boldsymbol{A}^{n-1}$ 左乘上式两端，得到 $k_1\boldsymbol{\alpha}_n=\mathbf{0}$. 由于 $\boldsymbol{\alpha}_n\neq\mathbf{0}$，必有 $k_1=0$. 类似递归可得 $k_2=\cdots=k_n=0$.

(2) 命 $\boldsymbol{P}=(\boldsymbol{\alpha}_1,\cdots,\boldsymbol{\alpha}_n)$，则由(1)得知 $\boldsymbol{P}$ 是可逆矩阵，且有

$$\boldsymbol{AP}=(\boldsymbol{A\alpha}_1,\boldsymbol{A\alpha}_2,\cdots,\boldsymbol{A\alpha}_n)=(\boldsymbol{\alpha}_1,\boldsymbol{\alpha}_2,\cdots,\boldsymbol{\alpha}_n)\boldsymbol{J}=\boldsymbol{PJ},$$

其中 $\boldsymbol{J}$ 是一个对角线上元素全为零的下 Jordan 块矩阵，于是 $\boldsymbol{A}$ 的全部特征根为 0(n 重根). 由于易见

$$\boldsymbol{V}_0^J=\mathbf{F}\boldsymbol{\alpha},\ \boldsymbol{\alpha}=(1,0,\cdots,0)^{\mathrm{T}},\ \boldsymbol{P\alpha}=\boldsymbol{\alpha}_1,$$

根据前例 3.58(A)，可知

$$\boldsymbol{V}_0^J=\mathbf{F}\cdot\boldsymbol{P\alpha}=\mathbf{F}\cdot\boldsymbol{\alpha}_1.$$

所以 $\boldsymbol{\alpha}_1$ 是 $\boldsymbol{A}$ 的特征向量的一个极大无关组.

例 3.58(C) 设 $\boldsymbol{A}$, $\boldsymbol{B}$ 都是 n 阶实方阵，并设 λ 为 $\boldsymbol{BA}$ 的非零特征值，仍以 $\boldsymbol{V}_\lambda^{BA}$ 表示 $\boldsymbol{BA}$ 关于特征值 λ 的特征子空间.

(1) 证明：λ 也是 $\boldsymbol{AB}$ 的特征值；

(2) 证明：维数 $\dim(\boldsymbol{V}_\lambda^{BA})=\dim(\boldsymbol{V}_\lambda^{AB})$；

(3) $\boldsymbol{\sigma}_A:\boldsymbol{V}_\lambda^{BA}\to\boldsymbol{V}_\lambda^{AB}$, $\boldsymbol{\alpha}\mapsto A\alpha$ 是线性空间同构.

(2003 年上海交通大学数学系硕士入学考试题第七题)

证明 (1) 假设 $(\boldsymbol{BA})(\boldsymbol{\alpha})=\lambda\boldsymbol{\alpha}$, $\boldsymbol{\alpha}\neq\mathbf{0}$，则有 $(\boldsymbol{AB})(\boldsymbol{A\alpha})=\lambda(\boldsymbol{A\alpha})$. 由于 $\lambda\neq0$，因此 $\boldsymbol{A\alpha}\neq\mathbf{0}$. 这就说明了 $\boldsymbol{A}(\boldsymbol{V}_\lambda^{BA})\subseteq\boldsymbol{V}_\lambda^{AB}$. 同理，此时还有 $\boldsymbol{B}(\boldsymbol{V}_\lambda^{AB})\subseteq\boldsymbol{V}_\lambda^{BA}$.

(2) 假设 $\boldsymbol{\alpha}_1,\boldsymbol{\alpha}_2,\cdots,\boldsymbol{\alpha}_r$ 是 $\boldsymbol{V}_\lambda^{BA}$ 的一个基. 如果

$$x_1\boldsymbol{A\alpha}_1+x_2\boldsymbol{A\alpha}_2+\cdots+x_r\boldsymbol{A\alpha}_r=\mathbf{0},$$

则有 $\mathbf{0}=\lambda(x_1\boldsymbol{\alpha}_1+x_2\boldsymbol{\alpha}_2+\cdots+x_r\boldsymbol{\alpha}_r)$. 由于 $\lambda\neq0$ 且 $\boldsymbol{\alpha}_1,\boldsymbol{\alpha}_2,\cdots,\boldsymbol{\alpha}_r$ 线性无关，因此 $x_i=0$. 于是 $\boldsymbol{A\alpha}_1,\boldsymbol{A\alpha}_2,\cdots,\boldsymbol{A\alpha}_r\in\boldsymbol{V}_\lambda^{AB}$ 线性无关，说明

$$\dim(\boldsymbol{V}_\lambda^{BA})\leqslant\dim(\boldsymbol{V}_\lambda^{AB}).$$

同理有 $\dim(\boldsymbol{V}_\lambda^{BA})\geqslant\dim(\boldsymbol{V}_\lambda^{AB})$.

(3) 根据(2)马上得到.

注记 根据等式 $|\lambda\boldsymbol{E}-\boldsymbol{AB}|=|\lambda\boldsymbol{E}-\boldsymbol{BA}|$，第一个等式是明显成立的. 但是如果 $\lambda=0$，第二个结论并不成立. 例如，取 $\boldsymbol{BA}=\mathbf{0}$ 而 $\boldsymbol{AB}\neq\mathbf{0}$，即得到：$\dim(\boldsymbol{V}_0^{BA})=n$, $\dim(\boldsymbol{V}_0^{AB})<n$.

例 3.59　假设 n 阶矩阵 $\boldsymbol{A}$ 可以相似对角化. 求证：矩阵 $\boldsymbol{B}=\begin{bmatrix}\boldsymbol{A} & \boldsymbol{A}^2\\ \boldsymbol{A}^2 & \boldsymbol{A}\end{bmatrix}$ 也可以相似对角化.

证明　证法一　向量组法.

假设 $\boldsymbol{\alpha}_1, \boldsymbol{\alpha}_2, \cdots, \boldsymbol{\alpha}_n$ 是 $\boldsymbol{A}$ 的线性无关的特征向量,并设 $\boldsymbol{A}\boldsymbol{\alpha}_i=\lambda_i\boldsymbol{\alpha}_i$，则有

$$\begin{bmatrix}\boldsymbol{A} & \boldsymbol{A}^2\\ \boldsymbol{A}^2 & \boldsymbol{A}\end{bmatrix}\begin{bmatrix}\boldsymbol{\alpha}_1\\ \boldsymbol{\alpha}_1\end{bmatrix}=(1+\lambda_1^2)\begin{bmatrix}\boldsymbol{\alpha}_1\\ \boldsymbol{\alpha}_1\end{bmatrix},\ \begin{bmatrix}\boldsymbol{A} & \boldsymbol{A}^2\\ \boldsymbol{A}^2 & \boldsymbol{A}\end{bmatrix}\begin{bmatrix}\boldsymbol{\alpha}_1\\ -\boldsymbol{\alpha}_1\end{bmatrix}=(1-\lambda_1^2)\begin{bmatrix}\boldsymbol{\alpha}_1\\ -\boldsymbol{\alpha}_1\end{bmatrix}.$$

此外,容易验证含 $2n$ 个向量的向量组

$$\begin{bmatrix}\boldsymbol{\alpha}_1\\ \boldsymbol{\alpha}_1\end{bmatrix}, \cdots, \begin{bmatrix}\boldsymbol{\alpha}_n\\ \boldsymbol{\alpha}_n\end{bmatrix}, \begin{bmatrix}\boldsymbol{\alpha}_1\\ -\boldsymbol{\alpha}_1\end{bmatrix}\cdots, \begin{bmatrix}\boldsymbol{\alpha}_n\\ -\boldsymbol{\alpha}_n\end{bmatrix}$$

线性无关. 因此,矩阵 $\boldsymbol{B}$ 也相似于一个对角阵.

证法二　矩阵方法. 首先注意

$$\begin{bmatrix}\boldsymbol{E} & \boldsymbol{0}\\ \boldsymbol{E} & \boldsymbol{E}\end{bmatrix}^{-1}=\begin{bmatrix}\boldsymbol{E} & \boldsymbol{0}\\ -\boldsymbol{E} & \boldsymbol{E}\end{bmatrix}.$$

其次有

$$\begin{bmatrix}\boldsymbol{E} & \boldsymbol{0}\\ -\boldsymbol{E} & \boldsymbol{E}\end{bmatrix}\begin{bmatrix}\boldsymbol{A} & \boldsymbol{A}^2\\ \boldsymbol{A}^2 & \boldsymbol{A}\end{bmatrix}\begin{bmatrix}\boldsymbol{E} & \boldsymbol{0}\\ \boldsymbol{E} & \boldsymbol{E}\end{bmatrix}=\begin{bmatrix}\boldsymbol{A}+\boldsymbol{A}^2 & \boldsymbol{A}^2\\ \boldsymbol{0} & \boldsymbol{A}-\boldsymbol{A}^2\end{bmatrix},$$

$$\begin{bmatrix}\boldsymbol{E} & \frac{1}{2}\boldsymbol{E}\\ \boldsymbol{0} & \boldsymbol{E}\end{bmatrix}\begin{bmatrix}\boldsymbol{A}+\boldsymbol{A}^2 & \boldsymbol{A}^2\\ \boldsymbol{0} & \boldsymbol{A}-\boldsymbol{A}^2\end{bmatrix}\begin{bmatrix}\boldsymbol{E} & -\frac{1}{2}\boldsymbol{E}\\ \boldsymbol{0} & \boldsymbol{E}\end{bmatrix}=\begin{bmatrix}\boldsymbol{A}+\boldsymbol{A}^2 & \boldsymbol{0}\\ \boldsymbol{0} & \boldsymbol{A}-\boldsymbol{A}^2\end{bmatrix}.$$

因为对于任意多项式 $f(x)$,矩阵 $f(\mathbf{A})$ 也相似于对角阵,因此矩阵 $\begin{bmatrix}\boldsymbol{A} & \boldsymbol{A}^2\\ \boldsymbol{A}^2 & \boldsymbol{A}\end{bmatrix}$ 也可以相似对角化.

例 3.60　假设 $\boldsymbol{A}_1, \cdots, \boldsymbol{A}_m$ 是复数域上的两两可(乘法)互换的矩阵. 求证：它们有公共的特征向量.

证明　采用线性变换法较为方便. 命 $\mathbf{V}=\mathbf{C}^{n\times 1}$，并假设 $\boldsymbol{\sigma}_i$ 是 $\boldsymbol{A}_i$ 对应的线性变换,则有 $\boldsymbol{\sigma}_i\boldsymbol{\sigma}_j=\boldsymbol{\sigma}_j\boldsymbol{\sigma}_i$,对于任意 i, j. 以下对于 n 与 m 采用双归纳法.

当 $n=1=m$ 时，结论当然成立. 以下假设 $n>1$, $m>1$. 任取 $\boldsymbol{\sigma}_1$ 的一个特征值 λ, 并考虑 $\boldsymbol{\sigma}_1$ 的属于 λ 的特征子空间 $\mathbf{V}_\lambda$. 如果 $\mathbf{V}=\mathbf{V}_\lambda$，亦即 $\boldsymbol{\sigma}_1=\lambda\cdot\boldsymbol{I}_V$，此时由归纳假设可知，$\boldsymbol{\sigma}_2, \cdots, \boldsymbol{\sigma}_m$ 有公共特征向量 $\boldsymbol{v}$，从而 $\boldsymbol{\sigma}_1, \cdots, \boldsymbol{\sigma}_m$ 有公共特

征向量 $\boldsymbol{v}$. 如果 $\boldsymbol{V}_\lambda \neq \boldsymbol{V}$，则由于 $\boldsymbol{\sigma}_1\boldsymbol{\sigma}_i = \boldsymbol{\sigma}_i\boldsymbol{\sigma}_1$，所以 $\boldsymbol{V}_\lambda$ 是 $\boldsymbol{\sigma}_i$-不变子空间，从而线性变换 $\boldsymbol{\sigma}_1, \cdots \boldsymbol{\sigma}_m$ 等均可看作 $\boldsymbol{V}_1$ 上的线性变换，而 $\dim(\boldsymbol{V}_1) < \dim(\boldsymbol{V})$. 根据归纳假设，它们在 $\boldsymbol{V}_\lambda$ 中，从而在 $\boldsymbol{V}$ 中有公共的特征向量. 证毕.

例 3.61 （正交矩阵基本定理）求证：正交阵 $\boldsymbol{A}$ 必然正交相似于准对角实阵

$$\begin{bmatrix} \boldsymbol{A}_1 & & \\ & \ddots & \\ & & \boldsymbol{A}_s \end{bmatrix},$$

这里 $\boldsymbol{A}_i$ 或者是一阶方阵 ± 1，或者是形如 $\begin{bmatrix} \cos\theta_i & -\sin\theta_i \\ \sin\theta_i & \cos\theta_i \end{bmatrix}$ 的二阶实方阵.

证明 对于 $\boldsymbol{A}$ 的阶数 n 用归纳法. $n=1$ 时，结论显然成立. 以下可以假设 $n>1$，并设 $\leqslant n-1$ 情形已经成立.

（1）假设正交阵 $\boldsymbol{A}_n$ 有实特征值 $\lambda_1(\lambda_1 = \pm 1)$，则有单位实向量 $\boldsymbol{\alpha}_1$ 使得 $\boldsymbol{A}\boldsymbol{\alpha}_1 = \lambda_1\boldsymbol{\alpha}_1$. 此时将 $\boldsymbol{\alpha}_1$ 补足为 $\mathbf{R}^n$ 的一组标准正交基 $\boldsymbol{\alpha}_1, \boldsymbol{\alpha}_2, \cdots, \boldsymbol{\alpha}_n$. 命

$$\boldsymbol{T}_1 = (\boldsymbol{\alpha}_1, \boldsymbol{\alpha}_2, \cdots, \boldsymbol{\alpha}_n).$$

此时，已经有正交阵 $\boldsymbol{T}_1$ 使得 $\boldsymbol{T}_1^{-1}\boldsymbol{A}\boldsymbol{T}_1 = \begin{bmatrix} \lambda_1 & \boldsymbol{\alpha} \\ 0 & \boldsymbol{A}_1 \end{bmatrix}$. 由于 $\boldsymbol{B} = \boldsymbol{T}_1^{-1}\boldsymbol{A}\boldsymbol{T}_1$ 是正交阵，因此直接可以算出 $\boldsymbol{\alpha} = \boldsymbol{0}$，且 $\boldsymbol{A}_1$ 是 $n-1$ 阶正交阵. 根据归纳假设，有 $n-1$ 阶正交阵 $\boldsymbol{U}_2$ 使得 $\boldsymbol{U}_2^{-1}\boldsymbol{A}_1\boldsymbol{U}_2$ 有欲证之形式. 命 $\boldsymbol{T} = \boldsymbol{T}_1\boldsymbol{T}_2$，其中 $\boldsymbol{T}_2 = \begin{bmatrix} 1 & 0 \\ 0 & \boldsymbol{U}_2 \end{bmatrix}$，则易于验证 $\boldsymbol{T}_2$ 是正交阵，从而 $\boldsymbol{T}$ 也是正交阵，且有

$$\boldsymbol{T}^{-1}\boldsymbol{A}\boldsymbol{T} = \begin{bmatrix} \boldsymbol{B}_1 & 0 & & \\ 0 & \boldsymbol{B}_2 & & \\ & & \ddots & \\ & & & \boldsymbol{B}_s \end{bmatrix},$$

这里 $\boldsymbol{B}_1 = \lambda_1$，其他 $\boldsymbol{B}_i$ 或者是一阶方阵或者是形如 $\begin{bmatrix} \cos\theta_i & -\sin\theta_i \\ \sin\theta_i & \cos\theta_i \end{bmatrix}$ 的二阶实方阵 $(i = 2, \cdots, s)$.

（2）假设 $\boldsymbol{A}$ 没有实特征值. 如果任取 $\boldsymbol{A}$ 的一个特征值 $\lambda_1 \in \mathbf{C} - \mathbf{R}$，则有 $\| \lambda_1 \| = 1$，且 $\overline{\lambda_1}$ 也是 $\boldsymbol{A}$ 的特征值. 进一步假设 $\boldsymbol{A}\boldsymbol{\eta} = \lambda_1\boldsymbol{\eta}$，则有 $\boldsymbol{A}\,\overline{\boldsymbol{\eta}} = \overline{\lambda_1}\,\overline{\boldsymbol{\eta}}$，$\boldsymbol{\eta} \perp \overline{\boldsymbol{\eta}}$. 令

$$\varepsilon_1 = \frac{1}{|\boldsymbol{\eta}+\overline{\boldsymbol{\eta}}|}(\boldsymbol{\eta}+\overline{\boldsymbol{\eta}}),\ \varepsilon_2 = \frac{1}{|\boldsymbol{\eta}-\overline{\boldsymbol{\eta}}|}(\boldsymbol{\eta}-\overline{\boldsymbol{\eta}})\mathrm{i}.$$

则 $|\boldsymbol{\eta}+\overline{\boldsymbol{\eta}}|=|\boldsymbol{\eta}-\overline{\boldsymbol{\eta}}|$，$\boldsymbol{\varepsilon}_1 \perp \boldsymbol{\varepsilon}_2$，且二者均为实向量. 此外

$$|\boldsymbol{\eta}+\overline{\boldsymbol{\eta}}|\boldsymbol{A\varepsilon}_1 = \lambda_1\boldsymbol{\eta}+\overline{\lambda_1}\,\overline{\boldsymbol{\eta}} = \frac{1}{2}[(\lambda_1+\overline{\lambda_1})(\boldsymbol{\eta}+\overline{\boldsymbol{\eta}})-(\lambda_1-\overline{\lambda_1})\mathrm{i}\cdot(\boldsymbol{\eta}-\overline{\boldsymbol{\eta}})\mathrm{i}],$$

所以有

$$2\boldsymbol{A\varepsilon}_1 = (\lambda_1+\overline{\lambda_1})\boldsymbol{\varepsilon}_1-(\lambda_1-\overline{\lambda_1})\mathrm{i}\cdot\boldsymbol{\varepsilon}_2,$$
$$2\boldsymbol{A\varepsilon}_2 = (\lambda_1-\overline{\lambda_1})\mathrm{i}\cdot\boldsymbol{\varepsilon}_1+(\lambda_1+\overline{\lambda_1})\cdot\boldsymbol{\varepsilon}_2.$$

由于 $\lambda_1\overline{\lambda_1}=1$，可设 $\lambda_1=\cos(\theta)+\mathrm{i}\sin(\theta)$. 则有

$$\boldsymbol{A\varepsilon}_1 = \cos(\theta)\boldsymbol{\varepsilon}_1+\sin(\theta)\boldsymbol{\varepsilon}_2,$$

$$\boldsymbol{A\varepsilon}_2 = -\sin(\theta)\boldsymbol{\varepsilon}_1+\cos(\theta)\boldsymbol{\varepsilon}_2.$$

将 $\boldsymbol{\varepsilon}_1, \boldsymbol{\varepsilon}_2$ 扩充成 $\mathbf{R}^n$ 的一组标准正交基 $\boldsymbol{\varepsilon}_1, \boldsymbol{\varepsilon}_2, \boldsymbol{\varepsilon}_3, \cdots, \boldsymbol{\varepsilon}_n$. 易见

$$\boldsymbol{A}(\boldsymbol{\varepsilon}_1, \boldsymbol{\varepsilon}_2, \boldsymbol{\varepsilon}_3, \cdots, \boldsymbol{\varepsilon}_n) = (\boldsymbol{\varepsilon}_1, \boldsymbol{\varepsilon}_2, \boldsymbol{\varepsilon}_3, \cdots, \boldsymbol{\varepsilon}_n)\begin{bmatrix}\boldsymbol{A}_1 & \boldsymbol{A}_2\\ \mathbf{0} & \boldsymbol{A}_4\end{bmatrix},$$

其中 $\boldsymbol{A}_1=\begin{bmatrix}\cos\theta & -\sin\theta\\ \sin\theta & \cos\theta\end{bmatrix}$. 记 $\boldsymbol{T}=(\boldsymbol{\varepsilon}_1, \boldsymbol{\varepsilon}_2, \boldsymbol{\varepsilon}_3, \cdots, \boldsymbol{\varepsilon}_n)$，则 $\boldsymbol{T}$ 是正交阵，且有

$$\boldsymbol{T}^{-1}\boldsymbol{AT} = \begin{bmatrix}\boldsymbol{A}_1 & \boldsymbol{A}_2\\ \mathbf{0} & \boldsymbol{A}_4\end{bmatrix},$$

用 $\boldsymbol{T}^{-1}\boldsymbol{AT}$ 正交条件容易算出 $\boldsymbol{A}_2=\mathbf{0}$，而 $\boldsymbol{A}_4$ 是 $n-2$ 阶实正交阵. 类似于情形(1)，用归纳法即可完成整个证明. 注意此情形 $\boldsymbol{A}$ 一定是偶数阶矩阵.

注记 1 此题结论具有很强的几何意义. 事实上，它说明对于任意正交变换 $\boldsymbol{\sigma}$，存在一组合适的正交基，使得 $\boldsymbol{\sigma}$ 有分解式 $\boldsymbol{\sigma}=\boldsymbol{\sigma}_1\cdots\boldsymbol{\sigma}_n$，其中每个 $\boldsymbol{\sigma}$ 在该组新基下或者是镜面反射(householder transformation)，或者事实上是某个平面(二维子空间)上的旋转.

注记 2 如果正交矩阵 $\boldsymbol{A}$ 和 $\boldsymbol{B}$ 是酉相似的，则二者必定正交相似.

注记 3 其另一种证明可参见第 4 章(线性空间与线性变换)例 4.24 的证明.

例 3.62 假设 $\boldsymbol{A}=\{\boldsymbol{a}_1, \boldsymbol{a}_2, \cdots, \boldsymbol{a}_n\}$，$\boldsymbol{B}=\{\boldsymbol{b}_1, \boldsymbol{b}_2, \cdots, \boldsymbol{b}_m\}(n\geqslant m)$. 试确

定从 $\boldsymbol{A}$ 到 $\boldsymbol{B}$ 的满射和从 $\boldsymbol{B}$ 到 $\boldsymbol{A}$ 单射的个数.

解 (1) 从 $\boldsymbol{B}$ 到 $\boldsymbol{A}$ 单射的个数为 $C_n^m \cdot m!$. 下面计算从 $\boldsymbol{A}$ 到 $\boldsymbol{A}$ 的满射个数.

(2) 解法一 考虑集合

$$S = \{\text{有序组}(\boldsymbol{A}_1, \boldsymbol{A}_2, \cdots, \boldsymbol{A}_m) \mid \varnothing \neq \boldsymbol{A}_i \subseteq \boldsymbol{A}, \boldsymbol{A}_i \cap \boldsymbol{A}_j = \varnothing, \boldsymbol{A} = \bigcup_{k=1}^m \boldsymbol{A}_i\}.$$

用 $\boldsymbol{T}$ 表示从 $\boldsymbol{A}$ 到 $\boldsymbol{B}$ 的满射的集合,则映射

$$\sigma: \boldsymbol{T} \to \boldsymbol{S},\ f \to (f^{-1}(b_1),\ f^{-1}(b_2),\ \cdots,\ f^{-1}(b_m))$$

是集合的单射. 它也是满射: 任意$(\boldsymbol{A}_1, \boldsymbol{A}_2, \cdots, \boldsymbol{A}_m) \in \boldsymbol{S}$, 命 $g(\boldsymbol{A}_i) = b_i$, 则有 $\sigma(g) = (\boldsymbol{A}_1, \boldsymbol{A}_2, \cdots, \boldsymbol{A}_m)$, $g \in \boldsymbol{T}$. 于是满射个数为 $|\boldsymbol{T}| = |\boldsymbol{S}|$. 而 $|\boldsymbol{S}| = m! \cdot k$, 这里 $k = |\overline{\boldsymbol{S}}|$, 其中

$$\overline{\boldsymbol{S}} = \{\text{无序组}(\boldsymbol{A}_1, \boldsymbol{A}_2, \cdots, \boldsymbol{A}_m) \mid (\boldsymbol{A}_1, \boldsymbol{A}_2, \cdots, \boldsymbol{A}_m) \in \boldsymbol{S}.$$

这里 k 可以经过计算 n 的 m 个非负整数之和的分解式个数得到. 例如当集合 $\boldsymbol{A}$, $\boldsymbol{B}'$的基数满足 $|\boldsymbol{A}| = 5$, $|\boldsymbol{B}| = 3$ 时,有

$$5 = 1 + 1 + 3,\ 5 = 1 + 2 + 2.$$

故而 $k = C_5^1 C_4^1/2 + C_5^1 C_4^2/2$. 故而 $|\boldsymbol{S}| = 3! \cdot 25 = 150$.

解法二 用 $\boldsymbol{I}$ 表示从 $\boldsymbol{A}$ 到 $\boldsymbol{B}$ 的映射的集合,则 $|\boldsymbol{I}| = m^n$. 命 $\boldsymbol{A}_i$ 表示从 $\boldsymbol{A}$ 到 $\boldsymbol{B} - \{b_i\}$ 的映射的集合,则 $\boldsymbol{T} = \overline{\boldsymbol{A}_1 \cap \boldsymbol{A}_2 \cap \cdots \cap \boldsymbol{A}_m}$, 所以

$$|\boldsymbol{T}| = m^n + (-1)^1 C_m^1 (m-1)^n + (-1)^2 C_m^2 (m-2)^n + \cdots + (-1)^{m-1} C_m^{m-1} 1^n.$$

例 3.63 假设 $\boldsymbol{A}$, $\boldsymbol{B}$ 都是数域 $\mathbf{F}$ 上的 $m \times n$ 矩阵,用 $\boldsymbol{U}$, $\boldsymbol{V}$ 分别表示方程组 $\boldsymbol{AX} = \boldsymbol{0}$ 与 $\boldsymbol{BX} = \boldsymbol{0}$ 的解空间. 如果 $\mathrm{r}(\boldsymbol{A}) = \mathrm{r}(\boldsymbol{B})$, 说明 $\boldsymbol{U}$ 与 $\boldsymbol{V}$ 同构,并证明存在 $\mathbf{F}$ 上的可逆矩阵 $\boldsymbol{T}$ 使得 $\boldsymbol{\sigma}_T: \boldsymbol{U} \to \boldsymbol{V}$, $\boldsymbol{X} \to \boldsymbol{TX}$ 为线性同构映射.

证明 根据基础解系基本定理,有

$$\dim_{\mathbf{F}} \boldsymbol{U} = n - \mathrm{r}(\boldsymbol{A}) = n - \mathrm{r}(\boldsymbol{B}) = \dim_{\mathbf{F}} \boldsymbol{V},$$

因此 $\boldsymbol{U} \cong \boldsymbol{V}$. 事实上,取 $\boldsymbol{U}$ 和 $\boldsymbol{V}$ 的各一个基 $\boldsymbol{\eta}_1, \cdots, \boldsymbol{\eta}_s$; $\boldsymbol{\delta}_1, \cdots, \boldsymbol{\delta}_s$, 则

$$\varphi: \boldsymbol{U} \to \boldsymbol{V},\ \sum_{i=1}^s k_i \boldsymbol{\eta}_i \to \sum_{i=1}^s k_i \boldsymbol{\delta}_i$$

为一个线性空间同构映射.

(1) 由 $\mathrm{r}(\boldsymbol{A}) = \mathrm{r}(\boldsymbol{B})$ 可知存在可逆矩阵 $\boldsymbol{P}_m$, $\boldsymbol{T}_n$ 使得 $\boldsymbol{B} = \boldsymbol{PAT}$, 于是对于任意 $\boldsymbol{\alpha} \in \mathbf{F}^{n \times 1}$, 有

$$\boldsymbol{\alpha} \in \boldsymbol{V} \Leftrightarrow \boldsymbol{PAT\alpha} = \boldsymbol{0} \Leftrightarrow \boldsymbol{AT\alpha} = \boldsymbol{0} \Leftrightarrow \boldsymbol{T\alpha} \in \boldsymbol{U}.$$

由此即知 $\boldsymbol{\sigma_T}: \boldsymbol{U} \to \boldsymbol{V}, \boldsymbol{X} \to \overset{-1}{\boldsymbol{T}} \boldsymbol{X}$ 为线性同构映射.

(2) 也可使用类似过渡矩阵(但不是过渡矩阵)证明第二个结论:将 $\boldsymbol{\eta}_1, \cdots, \boldsymbol{\eta}_s$; $\boldsymbol{\delta}_1, \cdots, \boldsymbol{\delta}_s$ 分别扩充成 $\mathbf{F}^{n\times 1}$ 的两个基 $\boldsymbol{\eta}_1, \cdots, \boldsymbol{\eta}_n$; $\boldsymbol{\delta}_1, \cdots, \boldsymbol{\delta}_n$, 则有可逆矩阵 $\boldsymbol{T}$ 使得

$$\boldsymbol{T}(\boldsymbol{\eta}_1, \cdots, \boldsymbol{\eta}_n) = (\boldsymbol{\delta}_1, \cdots, \boldsymbol{\delta}_n).$$

特别的有 $\boldsymbol{T}(\boldsymbol{\eta}_1, \cdots, \boldsymbol{\eta}_s) = (\boldsymbol{\delta}_1, \cdots, \boldsymbol{\delta}_s)$, 因此

$$\varphi\Big(\sum_{i=1}^{s} k_i \boldsymbol{\eta}_i\Big) = \sum_{i=1}^{s} k_i \boldsymbol{\delta}_i = T\Big(\sum_{i=1}^{s} k_i \boldsymbol{\eta}_i\Big).$$

例 3.64 假设对于实对称矩阵 $\boldsymbol{A}_n$, 存在两个实列向量 $\boldsymbol{\alpha}, \boldsymbol{\beta}$ 使得

$$\boldsymbol{\alpha}^{\mathrm{T}}\boldsymbol{A}\boldsymbol{\alpha} > 0, \ \boldsymbol{\beta}^{\mathrm{T}}\boldsymbol{A}\boldsymbol{\beta} < 0.$$

求证:存在非零实列向量 $\boldsymbol{\gamma}$ 使得 $\boldsymbol{\gamma}^{\mathrm{T}}\boldsymbol{A}\boldsymbol{\gamma} = 0$.

证明 已知对于实对称矩阵 $\boldsymbol{A}_n$, 存在正交矩阵 $\boldsymbol{P}$ 使得

$$\boldsymbol{P}^{\mathrm{T}}\boldsymbol{AP} = \mathrm{diag}\{\lambda_1, \cdots, \lambda_n\}.$$

根据条件,可以推知 $\lambda_1, \cdots, \lambda_n$ 中至少有一对异号,不妨假设 $\lambda_1 > 0, \lambda_n < 0$. 命

$$\boldsymbol{X}_0 = (\sqrt{-\lambda_n}, 0, \cdots, 0, \sqrt{\lambda_1})^{\mathrm{T}}, \ \boldsymbol{\gamma} = \boldsymbol{PX}_0.$$

则有 $\boldsymbol{\gamma} \neq \boldsymbol{0}$, 且有

$$\boldsymbol{\gamma}^{\mathrm{T}}\boldsymbol{A}\boldsymbol{\gamma} = \boldsymbol{X}_0^{\mathrm{T}} \mathrm{diag}\{\lambda_1, \cdots, \lambda_n\}\boldsymbol{X}_0 = -\lambda_n\lambda_1 + \lambda_1\lambda_n = 0.$$

例 3.65 假设 $\boldsymbol{A}, \boldsymbol{B}$ 均为 n 阶实矩阵,其中 $\boldsymbol{A}$ 还是正定矩阵.

(1) 对于任意正整数 r, 求证 $\boldsymbol{A}^r$ 是正定矩阵.

(2) 假设对于某个正整数 r, 有 $\boldsymbol{A}^r\boldsymbol{B} = \boldsymbol{B}\boldsymbol{A}^r$. 求证 $\boldsymbol{AB} = \boldsymbol{BA}$.

证明 (1) 对于实对称矩阵 $\boldsymbol{A}$, $\boldsymbol{A}$ 是正定的,当且仅当存在可逆实对称阵 $\boldsymbol{P}$ 使得 $\boldsymbol{A} = \boldsymbol{P}^2$. 由此即知(1)的结论成立(本题也可使用特征值的特性).

(2) 存在正交矩阵 $\boldsymbol{U}$ 使得 $\boldsymbol{U}^{\mathrm{T}}\boldsymbol{AU} = \mathrm{diag}\{\lambda_1, \cdots, \lambda_n\}$, 其中 λ_i 均为正实数. 另外,易见: $\boldsymbol{AB} = \boldsymbol{BA}$ 成立 $\Leftrightarrow \boldsymbol{U}^{\mathrm{T}}\boldsymbol{AU} \cdot \boldsymbol{U}^{\mathrm{T}}\boldsymbol{BU} = \boldsymbol{U}^{\mathrm{T}}\boldsymbol{BU} \cdot \boldsymbol{U}^{\mathrm{T}}\boldsymbol{AU}$, 而所给条件 $\boldsymbol{A}^r\boldsymbol{B} = \boldsymbol{B}\boldsymbol{A}^r$ 等价于

$$(\boldsymbol{U}^{\mathrm{T}}\boldsymbol{AU})^r \cdot \boldsymbol{U}^{\mathrm{T}}\boldsymbol{BU} = \boldsymbol{U}^{\mathrm{T}}\boldsymbol{BU} \cdot (\boldsymbol{U}^{\mathrm{T}}\boldsymbol{AU})^r.$$

因此不妨假设 $\boldsymbol{A}$ 是正定对角矩阵. 以下以 $n = 2$ 为例进行验证,对于一般的 n,

验证过程类似.

根据假设 $\boldsymbol{A}^r\boldsymbol{B}=\boldsymbol{B}\boldsymbol{A}^r$，可得

$$\begin{bmatrix}\lambda_1^r b_{11} & \lambda_1^r b_{12}\\ \lambda_2^r b_{21} & \lambda_2^r b_{22}\end{bmatrix}=\begin{bmatrix}\lambda_1^r b_{11} & \lambda_2^r b_{12}\\ \lambda_1^r b_{21} & \lambda_2^r b_{22}\end{bmatrix},$$

其中，$\lambda_1^r b_{12}=\lambda_2^r b_{12}$ 成立当且仅当以下情形之一成立：

① $b_{12}=0$，或② $b_{12}\neq 0$ 但是 $\lambda_1=\lambda_2$，由此即得 $\boldsymbol{AB}=\boldsymbol{BA}$.

例 3.66(A) 求证：对于正定矩阵 $\boldsymbol{A}_n$ 和反对称实矩阵 $\boldsymbol{B}_n$，恒有

$$|\boldsymbol{A}+\boldsymbol{B}|>0.$$

证明 首先可以假设 $\boldsymbol{A}=(\boldsymbol{D}^{-1})^{\mathrm{T}}\boldsymbol{D}^{-1}$，则有

$$|\boldsymbol{D}|^2\,|\boldsymbol{A}+\boldsymbol{B}|=|\boldsymbol{D}^{\mathrm{T}}|\,|\boldsymbol{A}+\boldsymbol{B}|\,|\boldsymbol{D}|=|\boldsymbol{E}+\boldsymbol{D}^{\mathrm{T}}\boldsymbol{BD}|,$$

记 $\boldsymbol{B}_1=\boldsymbol{D}^{\mathrm{T}}\boldsymbol{BD}$，则容易直接验证，$\boldsymbol{B}_1$ 还是反对称实矩阵.

(1) 如果 $a\mathrm{i}(0\neq a\in\mathbf{R})$ 是其特征值，则 $-a\mathrm{i}$ 也是其特征值. 事实上，如果 $\boldsymbol{B}_1\boldsymbol{\alpha}=\lambda\boldsymbol{\alpha}$，则有 $\boldsymbol{B}_1\overline{\boldsymbol{\alpha}}=\overline{\lambda}\,\overline{\boldsymbol{\alpha}}$.

(2) 反对称实矩阵的特征值或者是零或者是纯虚数：如果假设 $\boldsymbol{B}_1\boldsymbol{\alpha}=\lambda\boldsymbol{\alpha}$，$\boldsymbol{\alpha}\neq\boldsymbol{0}$，则由于

$$\lambda(\overline{\boldsymbol{\alpha}}^{\mathrm{T}}\boldsymbol{\alpha})=\overline{\boldsymbol{\alpha}}^{\mathrm{T}}(\boldsymbol{B}_1\boldsymbol{\alpha})=-\overline{\boldsymbol{B}_1\boldsymbol{\alpha}}^{\mathrm{T}}\boldsymbol{\alpha}=-\overline{\lambda}(\overline{\boldsymbol{\alpha}}^{\mathrm{T}}\boldsymbol{\alpha}),\ \overline{\boldsymbol{\alpha}}^{\mathrm{T}}\boldsymbol{\alpha}\neq 0,$$

所以 $\lambda=-\lambda$，即 λ 是零或者是纯虚数.

故而可以假设 $\boldsymbol{B}_1=\boldsymbol{D}^{\mathrm{T}}\boldsymbol{BD}$ 的全部特征值为

$$0,\ \cdots,\ 0,\ a_1\mathrm{i},\ -a_1\mathrm{i},\ \cdots,\ a_r\mathrm{i},\ -a_r\mathrm{i}.$$

则有

$$|\boldsymbol{A}+\boldsymbol{B}|=\frac{1}{|\boldsymbol{D}|^2}1^{n-2r}(1+a_1^2)\cdots(1+a_r^2)>0.$$

注记 (1) 如果假设 $\boldsymbol{A}$ 是负定阵，则结论为

$$|\boldsymbol{A}+\boldsymbol{B}|=\frac{1}{|\boldsymbol{D}|^2}(-1)^{n-2r}(1+a_1^2)\cdots(1+a_r^2),$$

其正负性取决于 n 的偶、奇性.

(2) 根据证明可知，本题等价于如下的结论：对于反对称实矩阵 $\boldsymbol{B}$，$\boldsymbol{E}+\boldsymbol{B}$ 的行列式 $|\boldsymbol{E}+\boldsymbol{B}|>0$.

(3) 如果去掉条件"$\boldsymbol{B}$ 是实矩阵"，则结论不能成立. 例如，取

$$\boldsymbol{B}_1=\begin{bmatrix}0 & \mathrm{i}\\ -\mathrm{i} & 0\end{bmatrix},\ \boldsymbol{B}_2=\begin{bmatrix}0 & 2\mathrm{i}\\ -2\mathrm{i} & 0\end{bmatrix},$$

则二者都是反对称矩阵.但是 $|\boldsymbol{E}+\boldsymbol{B}_1|=0$，$|\boldsymbol{E}+\boldsymbol{B}_2|<0$.

例 3.66(B)　假设 $\boldsymbol{A}$ 是 n 阶反对称实矩阵，而 $\boldsymbol{E}$ 为 n 阶单位矩阵.

(1) 求证：对于任意正的实常数 k，$\boldsymbol{E}-k\boldsymbol{A}^2$ 为正定阵；

(2) 对于 $\mathbf{R}^{n\times1}$ 中的非零向量 $\boldsymbol{\alpha}_0$ 以及非零常数 μ，按照递推公式

$$\boldsymbol{\alpha}_k=\boldsymbol{\alpha}_{k-1}+\mu\boldsymbol{A}(\boldsymbol{\alpha}_k+\boldsymbol{\alpha}_{k-1})$$

定义向量序列 $\boldsymbol{\alpha}_0,\boldsymbol{\alpha}_1,\cdots,\boldsymbol{\alpha}_m$. 求证：$|\boldsymbol{\alpha}_m|=|\boldsymbol{\alpha}_{m-1}|=\cdots=|\boldsymbol{\alpha}_0|$.

分析　反对称实矩阵的特征值或为零，或为纯虚数. 其次，由于 $\boldsymbol{A}^{\mathrm{T}}=-\boldsymbol{A}$，所以还有 $[\boldsymbol{A\alpha},\boldsymbol{\alpha}]=0$，$\alpha\in\mathbf{R}^{n\times1}$；(2) 的技巧性较强.

证明　(1) 首先，$\boldsymbol{E}-\lambda\boldsymbol{A}^2$ 是实对称阵. 其次，其特征值形为 $1-k(b\mathrm{i})^2$，是正实数. 所以 $\boldsymbol{E}-k\boldsymbol{A}^2$ 为正定阵.

当然，也可按照正定二次型的定义验证：$\boldsymbol{\beta}^{\mathrm{T}}(\boldsymbol{E}-k\boldsymbol{A}^2)\boldsymbol{\beta}>0$，$\boldsymbol{0}\neq\boldsymbol{\beta}\in\mathbf{R}^{n\times1}$.

(2)

$$\begin{aligned}[\boldsymbol{\alpha}_k,\boldsymbol{\alpha}_k]&=[\boldsymbol{\alpha}_{k-1}+\mu\boldsymbol{A}(\boldsymbol{\alpha}_k+\boldsymbol{\alpha}_{k-1}),\boldsymbol{\alpha}_k]\\&=[\boldsymbol{\alpha}_{k-1},\boldsymbol{\alpha}_k]-[\mu\boldsymbol{A}(\boldsymbol{\alpha}_k+\boldsymbol{\alpha}_{k-1}),\boldsymbol{\alpha}_{k-1}],\end{aligned}$$

而

$$\begin{aligned}[\boldsymbol{\alpha}_{k-1},\boldsymbol{\alpha}_k]&=[\boldsymbol{\alpha}_{k-1},\boldsymbol{\alpha}_{k-1}+\mu\boldsymbol{A}(\boldsymbol{\alpha}_k+\boldsymbol{\alpha}_{k-1})]\\&=[\boldsymbol{\alpha}_{k-1},\boldsymbol{\alpha}_{k-1}]+[\boldsymbol{\alpha}_{k-1},\mu\boldsymbol{A}(\boldsymbol{\alpha}_k+\boldsymbol{\alpha}_{k-1})],\end{aligned}$$

由此得到

$$[\boldsymbol{\alpha}_k,\boldsymbol{\alpha}_k]=[\boldsymbol{\alpha}_{k-1},\boldsymbol{\alpha}_{k-1}],\ 1\leqslant k\leqslant m.$$

另一种写法：

$$\begin{aligned}|\boldsymbol{\alpha}_k|^2-|\boldsymbol{\alpha}_{k-1}|^2&=[\boldsymbol{\alpha}_k-\boldsymbol{\alpha}_{k-1},\boldsymbol{\alpha}_K+\boldsymbol{\alpha}_{k-1}]\\&=[\mu\boldsymbol{A}(\boldsymbol{\alpha}_K+\boldsymbol{\alpha}_{k-1}),\boldsymbol{\alpha}_K+\boldsymbol{\alpha}_{k-1}]=0.\end{aligned}$$

例 3.67　求证：对于实矩阵 $\boldsymbol{A}_n$，

(1) 如果 $\boldsymbol{\alpha}^{\mathrm{T}}\boldsymbol{A\alpha}>0$，$\boldsymbol{0}\neq\boldsymbol{\alpha}\in\mathbf{R}^n$，则 $|\boldsymbol{A}|>0$；

(2) 如果 $\boldsymbol{\alpha}^{\mathrm{T}}\boldsymbol{A\alpha}\neq0$，$\boldsymbol{0}\neq\boldsymbol{\alpha}\in\mathbf{R}^n$，则 $|\boldsymbol{A}|\neq0$；

(3) 如果 $\boldsymbol{A}$ 不可逆，则有非零实向量 $\boldsymbol{\alpha}$，使得 $\boldsymbol{\alpha}^{\mathrm{T}}\boldsymbol{A\alpha}=0$.

证明 命 $\boldsymbol{C}=\dfrac{1}{2}(\boldsymbol{A}+\boldsymbol{A}^{\mathrm{T}})$，$\boldsymbol{D}=\dfrac{1}{2}(\boldsymbol{A}-\boldsymbol{A}^{\mathrm{T}})$，则 $\boldsymbol{C}$ 是实对称阵，而 $\boldsymbol{D}$ 是反对称实矩阵，且 $\boldsymbol{A}=\boldsymbol{C}+\boldsymbol{D}$. 此外，还有

$$\boldsymbol{\alpha}^{\mathrm{T}}\boldsymbol{C}\boldsymbol{\alpha}=\frac{1}{2}(\boldsymbol{\alpha}^{\mathrm{T}}\boldsymbol{A}\boldsymbol{\alpha}+\boldsymbol{\alpha}^{\mathrm{T}}\boldsymbol{A}^{\mathrm{T}}\boldsymbol{\alpha})=\boldsymbol{\alpha}^{\mathrm{T}}\boldsymbol{A}\boldsymbol{\alpha},\ \boldsymbol{0}\neq\boldsymbol{\alpha}\in\mathbf{R}^{n}.$$

(1) 如果 $\boldsymbol{\alpha}^{\mathrm{T}}\boldsymbol{A}\boldsymbol{\alpha}>0$，$\boldsymbol{0}\neq\boldsymbol{\alpha}\in\mathbf{R}^{n}$，则 $\boldsymbol{C}$ 是正定阵. 根据上例的结论，得到 $|\boldsymbol{A}|=|\boldsymbol{C}+\boldsymbol{D}|>0$.

(2) 如果 $\boldsymbol{\alpha}^{\mathrm{T}}\boldsymbol{A}\boldsymbol{\alpha}\neq 0$，$\boldsymbol{0}\neq\boldsymbol{\alpha}\in\mathbf{R}^{n}$，则有 $\boldsymbol{\alpha}^{\mathrm{T}}\boldsymbol{C}\boldsymbol{\alpha}\neq 0$. 根据例 3.64 的结论，$\boldsymbol{C}$ 或者是正定阵，或者是负定阵. 因此有，$|\boldsymbol{A}|=|\boldsymbol{C}+\boldsymbol{D}|\neq 0$. 事实上，如果 $\boldsymbol{C}$ 负定，则 $|\boldsymbol{A}|>0$ 当且仅当 n 是偶数.

(3) 是(2)的逆否命题，成立.

例 3.68 假设 $\boldsymbol{\alpha}_1$，…，$\boldsymbol{\alpha}_p$ 是实空间 $\mathbf{R}^{n\times 1}$ 中的标准正交组，而 λ_i 是给定的任意实数. 记 $\boldsymbol{A}=\lambda_1\boldsymbol{\alpha}_1\boldsymbol{\alpha}_1^{\mathrm{T}}+\cdots+\lambda_p\boldsymbol{\alpha}_p\boldsymbol{\alpha}_p^{\mathrm{T}}$.

(1) 求实对称阵 $\boldsymbol{A}$ 的全部特征值，并求正交阵 $\boldsymbol{U}$ 使得 $\boldsymbol{U}^{\mathrm{T}}\boldsymbol{A}\boldsymbol{U}$ 是对角矩阵；

(2) 如果 λ_i 均为正数，说明 $\boldsymbol{A}$ 是半正定矩阵.

解 将 $\boldsymbol{\alpha}_1$，…，$\boldsymbol{\alpha}_p$ 扩充为空间 $\mathbf{R}^{n\times 1}$ 的一个标准正交基 $\boldsymbol{\alpha}_1$，…，$\boldsymbol{\alpha}_p$，…，$\boldsymbol{\alpha}_n$. 则有 $\boldsymbol{A}\boldsymbol{\alpha}_i=\lambda_i\boldsymbol{\alpha}_i$，$1\leqslant i\leqslant p$ 以及 $\boldsymbol{A}\boldsymbol{\alpha}_j=\boldsymbol{0}(n\geqslant j>p)$，因此 $\boldsymbol{A}$ 有 n 个由标准正交向量组成的特征向量，$\boldsymbol{A}$ 的全部特征值为 λ_1，…，λ_p，$0(n-p$ 重). 若取 $\boldsymbol{U}=(\boldsymbol{\alpha}_1,\ \cdots,\ \boldsymbol{\alpha}_p,\ \cdots,\ \boldsymbol{\alpha}_n)$，则 $\boldsymbol{U}$ 是正交阵，而

$$\boldsymbol{U}^{\mathrm{T}}\boldsymbol{A}\boldsymbol{U}=\mathrm{diag}\{\lambda_1,\ \cdots,\ \lambda_p,\ 0,\ \cdots,\ 0\}.$$

如果 λ_i 均为正数，实对称矩阵 $\boldsymbol{A}$ 自然是半正定矩阵.

例 3.69 求证：(1) 任意 n 阶实对称阵 $\boldsymbol{A}$ 可以写为

$$\boldsymbol{A}=\lambda_1\boldsymbol{\alpha}_1\boldsymbol{\alpha}_1^{\mathrm{T}}+\cdots+\lambda_n\boldsymbol{\alpha}_n\boldsymbol{\alpha}_n^{\mathrm{T}},$$

其中，λ_i 是 $\boldsymbol{A}$ 的全部(实)特征值，而 $\boldsymbol{\alpha}_1$，…，$\boldsymbol{\alpha}_n$ 是标准正交的实向量组，且满足 $\boldsymbol{A}\boldsymbol{\alpha}_i=\lambda_i\boldsymbol{\alpha}_i$. 因此全部 n 阶实对称(半正定、正定)矩阵为

$$\lambda_1\boldsymbol{\alpha}_1\boldsymbol{\alpha}_1^{\mathrm{T}}+\cdots+\lambda_n\boldsymbol{\alpha}_n\boldsymbol{\alpha}_n^{\mathrm{T}},$$

其中 $\lambda_i\in\mathbf{R}(\lambda_i\geqslant 0)$，而 $\boldsymbol{\alpha}_1$，…，$\boldsymbol{\alpha}_n$ 遍历 $\mathbf{R}^{n\times 1}$ 的标准正交基.

(2) 上述分解式事实上是实对称阵的一种很重要的分解. 作为应用之一，有如下有用的结果：对于任一实系数多项式 $g(x)\in\mathbf{R}[x]$，下式恒成立

$$g(\boldsymbol{A})=g(\lambda_1)\boldsymbol{\alpha}_1\boldsymbol{\alpha}_1^{\mathrm{T}}+\cdots+g(\lambda_n)\boldsymbol{\alpha}_n\boldsymbol{\alpha}_n^{\mathrm{T}}.$$

证明 (1) 因为实对称阵 $\boldsymbol{A}$ 正交相似于一个实对角阵,由此即可得到(1).事实上,假设

$$\boldsymbol{P}^{-1}\boldsymbol{A}\boldsymbol{P}=\operatorname{diag}\{\lambda_1, \cdots, \lambda_n\},$$

其中 $\boldsymbol{P}=(\boldsymbol{\alpha}_1, \cdots, \boldsymbol{\alpha}_n)$ 是一个正交矩阵,则 $\boldsymbol{\alpha}_1, \cdots, \boldsymbol{\alpha}_n$ 是 $\mathbf{R}^{n\times 1}$ 的一个标准正交基,且有

$$A=(\boldsymbol{\alpha}_1, \cdots, \boldsymbol{\alpha}_n)\begin{bmatrix}\lambda_1 & & \\ & \ddots & \\ & & \lambda_n\end{bmatrix}\begin{bmatrix}\boldsymbol{\alpha}_1^{\mathrm{T}} \\ \vdots \\ \boldsymbol{\alpha}_n^{\mathrm{T}}\end{bmatrix}=\sum_{i=1}^{n}\lambda_i\boldsymbol{\alpha}_i\boldsymbol{\alpha}_i^{\mathrm{T}}.$$

(2) 命 $\boldsymbol{A}_i=\boldsymbol{\alpha}_i\boldsymbol{\alpha}_i^{\mathrm{T}}$,则有

$$\boldsymbol{A}=\lambda_1\boldsymbol{A}_1+\lambda_2\boldsymbol{A}_2+\cdots+\lambda_n\boldsymbol{A}_n,$$

其中 $\boldsymbol{A}_i^2=\boldsymbol{A}_i$, $\boldsymbol{A}_i\boldsymbol{A}_j=\boldsymbol{0}$, $i\neq j$. 因此得到 $\boldsymbol{A}^2=\sum\lambda_i^2\boldsymbol{A}_i$. 用归纳法则得到 $\boldsymbol{A}^m=\sum_{i=1}^{n}\lambda_i^m\boldsymbol{A}_i$,于是得到

$$g(\boldsymbol{A})=\sum_{i=1}^{m}g(\lambda_i)\cdot\boldsymbol{\alpha}_i\boldsymbol{\alpha}_i^{\mathrm{T}},\ g(x)\in\mathbf{R}[x].$$

例 3.70 (惯性定理)假设 $\boldsymbol{A}$ 是 n 阶实对称矩阵, $\boldsymbol{C}$ 是 n 阶可逆实矩阵.求证:矩阵 $\boldsymbol{A}$ 与 $\boldsymbol{C}^{\mathrm{T}}\boldsymbol{A}\boldsymbol{C}$ 的正特征值个数相同(重根的个数为重数),负特征值个数相同,零特征值个数也相同.

证明 由于 $\mathrm{r}(\boldsymbol{A})=\mathrm{r}(\boldsymbol{C}^{\mathrm{T}}\boldsymbol{A}\boldsymbol{C})$,且二者都相似于对角阵,故而只需证明 $\boldsymbol{C}^{\mathrm{T}}\boldsymbol{A}\boldsymbol{C}$ 与 $\boldsymbol{A}$ 的正特征值个数相同(重根的个数为重数).进一步假设 $\boldsymbol{A}$ 有 p 个正特征值,而 $\boldsymbol{C}^{\mathrm{T}}\boldsymbol{A}\boldsymbol{C}$ 有 q 个负特征值,只需说明 $p+q=\mathrm{r}(\boldsymbol{A})$.

(1) 假设 $\boldsymbol{x}_1, \boldsymbol{x}_2, \cdots, \boldsymbol{x}_p$ 是 $\boldsymbol{A}$ 的属于正特征值的标准正交向量组,而

$$\boldsymbol{y}_1, \boldsymbol{y}_2, \cdots, \boldsymbol{y}_q$$

是 $\boldsymbol{C}^{\mathrm{T}}\boldsymbol{A}\boldsymbol{C}$ 的属于负特征值的标准正交向量组,而且

$$\boldsymbol{A}\boldsymbol{x}_i=\lambda_i\boldsymbol{x}_i,\ (\boldsymbol{C}^{\mathrm{T}}\boldsymbol{A}\boldsymbol{C})\boldsymbol{y}_j=\mu_j\boldsymbol{y}_j.$$

下面证明 $\boldsymbol{x}_1, \boldsymbol{x}_2, \cdots, \boldsymbol{x}_p, \boldsymbol{C}\boldsymbol{y}_1, \boldsymbol{C}\boldsymbol{y}_2, \cdots, \boldsymbol{C}\boldsymbol{y}_q$ 线性无关.如果 $a_1\boldsymbol{x}_1+a_2\boldsymbol{x}_2+\cdots+a_p\boldsymbol{x}_p=b_1\boldsymbol{C}\boldsymbol{y}_1+b_2\boldsymbol{C}\boldsymbol{y}_2+\cdots+b_q\boldsymbol{C}\boldsymbol{y}_q$,将等式左端记为 z,右端记为 $\boldsymbol{C}\boldsymbol{w}$,则有

$$0\leqslant\lambda_1a_1^2+\cdots+\lambda_pa_p^2=\boldsymbol{z}^{\mathrm{T}}(\boldsymbol{A}\boldsymbol{z})=\boldsymbol{w}^{\mathrm{T}}[(\boldsymbol{C}^{\mathrm{T}}\boldsymbol{A}\boldsymbol{C})\boldsymbol{w}]=\mu_1b_1^2+\cdots+\mu_qb_q^2\leqslant 0.$$

因此 $a_i = b_j = 0$，从而 $\boldsymbol{x}_1, \boldsymbol{x}_2, \cdots, \boldsymbol{x}_p, \boldsymbol{C}\boldsymbol{y}_1, \boldsymbol{C}\boldsymbol{y}_2, \cdots, \boldsymbol{C}\boldsymbol{y}_q$ 是含有 $p+q$ 个向量的线性无关组. 下面说明 $p+q \leqslant \mathrm{r}(\boldsymbol{A})$.

(2) 将上述线性无关组扩充为 $\mathbf{R}^{n\times 1}$ 的基，得到可逆矩阵 $\boldsymbol{P}$，其前 $p+q$ 列为 $\boldsymbol{x}_1, \boldsymbol{x}_2, \cdots, \boldsymbol{x}_p, \boldsymbol{C}\boldsymbol{y}_1, \boldsymbol{C}\boldsymbol{y}_2, \cdots, \boldsymbol{C}\boldsymbol{y}_q$，则秩 $\mathrm{r}(\boldsymbol{P}^{\mathrm{T}}\boldsymbol{A}\boldsymbol{P}) = \mathrm{r}(\boldsymbol{A})$. 另一方面，记

$$\boldsymbol{\alpha} = (\boldsymbol{x}_1, \ \cdots, \ \boldsymbol{x}_p), \ \boldsymbol{\beta} = (\boldsymbol{C}\boldsymbol{y}_1, \cdots, \boldsymbol{C}\boldsymbol{y}_q)$$
$$\boldsymbol{\alpha}_1 = (\lambda_1\boldsymbol{x}_1, \ \cdots, \ \lambda_p\boldsymbol{x}_p), \ \boldsymbol{\beta}_1 = (\boldsymbol{A}\boldsymbol{C}\boldsymbol{y}_1, \cdots, \boldsymbol{A}\boldsymbol{C}\boldsymbol{y}_q),$$

则有 $\boldsymbol{P}$ 的分块表示 $\boldsymbol{P} = (\boldsymbol{\alpha}, \boldsymbol{\beta}, \boldsymbol{\gamma})$，从而 $\boldsymbol{P}^{\mathrm{T}}(\boldsymbol{A}\boldsymbol{P}) = \begin{bmatrix} \boldsymbol{\alpha}^{\mathrm{T}} \\ \boldsymbol{\beta}^{\mathrm{T}} \\ \boldsymbol{\gamma}^{\mathrm{T}} \end{bmatrix}(\boldsymbol{\alpha}_1, \boldsymbol{\beta}_1, \boldsymbol{A}\boldsymbol{\gamma})$，其左上角 $p+q$ 阶子矩阵 $\boldsymbol{X}$ 为 $\begin{bmatrix} \boldsymbol{\Lambda}_1 & \boldsymbol{D} \\ \boldsymbol{D}^{\mathrm{T}} & \boldsymbol{\Lambda}_2 \end{bmatrix}$，其中

$$\boldsymbol{\Lambda}_1 = \mathrm{diag}\{\lambda_1, \cdots, \lambda_p\}, \ \boldsymbol{\Lambda}_2 = \mathrm{diag}\{\mu_1, \cdots, \mu_q\},$$
$$\boldsymbol{D}^{\mathrm{T}} = \boldsymbol{\beta}^{\mathrm{T}}\boldsymbol{\alpha}_1 = \begin{bmatrix} \lambda_1\boldsymbol{y}_1^{\mathrm{T}}\boldsymbol{C}^{\mathrm{T}}\boldsymbol{x}_1, & \cdots, & \lambda_p\boldsymbol{y}_1^{\mathrm{T}}\boldsymbol{C}^{\mathrm{T}}\boldsymbol{x}_p \\ \vdots & \ddots & \vdots \\ \lambda_1\boldsymbol{y}_q^{\mathrm{T}}\boldsymbol{C}^{\mathrm{T}}\boldsymbol{x}_1, & \cdots, & \lambda_p\boldsymbol{y}_q^{\mathrm{T}}\boldsymbol{C}^{\mathrm{T}}\boldsymbol{x}_p \end{bmatrix}.$$

注意到 $\boldsymbol{X} = \begin{bmatrix} \boldsymbol{\Lambda}_1 & \boldsymbol{\alpha}_1^{\mathrm{T}}\boldsymbol{\beta} \\ \boldsymbol{\beta}^{\mathrm{T}}\boldsymbol{\alpha}_1 & \boldsymbol{\Lambda}_2 \end{bmatrix}$，先对于 $\boldsymbol{X}$ 的前 p 列进行初等列变换，然后对之进行块的初等行变换得到

$$\boldsymbol{X} \to \begin{bmatrix} \boldsymbol{E}_p & \boldsymbol{\alpha}_1^{\mathrm{T}}\boldsymbol{\beta} \\ \boldsymbol{\beta}^{\mathrm{T}}\boldsymbol{\alpha} & \boldsymbol{\Lambda}_2 \end{bmatrix} \to \begin{bmatrix} \boldsymbol{E}_p & \boldsymbol{\alpha}_1^{\mathrm{T}}\boldsymbol{\beta} \\ \mathbf{0} & \boldsymbol{\Lambda}_2 - \boldsymbol{\beta}^{\mathrm{T}}(\boldsymbol{\alpha}\boldsymbol{\alpha}_1^{\mathrm{T}})\boldsymbol{\beta} \end{bmatrix}.$$

注意 $\boldsymbol{\alpha}\boldsymbol{\alpha}_1^{\mathrm{T}}$ 是半正定矩阵，所以 $-\boldsymbol{\beta}^{\mathrm{T}}(\boldsymbol{\alpha}\boldsymbol{\alpha}_1^{\mathrm{T}})\boldsymbol{\beta}$ 是半负定矩阵，从而 $\boldsymbol{\Lambda}_2 - \boldsymbol{\beta}^{\mathrm{T}}(\boldsymbol{\alpha}\boldsymbol{\alpha}_1^{\mathrm{T}})\boldsymbol{\beta}$ 是负定矩阵. 特别的，它是 q 阶非奇异阵. 因此 $\mathrm{r}(\boldsymbol{A}) = \mathrm{r}(\boldsymbol{P}^{\mathrm{T}}\boldsymbol{A}\boldsymbol{P}) \geqslant \mathrm{r}(\boldsymbol{X}) = p+q$.

(3) 取 $\boldsymbol{A}$ 的属于负特征值的标准正交向量组，并取 $\boldsymbol{C}^{\mathrm{T}}\boldsymbol{A}\boldsymbol{C}$ 的属于正特征值的标准正交向量组. 由前面讨论知道 $(r-p)+(r-q) \leqslant r$，其中 $r = \mathrm{r}(\boldsymbol{A})$. 最后得到 $\mathrm{r}(\boldsymbol{A}) = p+q$.

注记 由前述惯性定理立即得到如下的等价命题：

惯性定理(the law of inertia)：对于两个同阶对角矩阵

$$\boldsymbol{A} = \mathrm{diag}\{\boldsymbol{E}_r, -\boldsymbol{E}_s, \mathbf{0}\}, \ \boldsymbol{B} = \mathrm{diag}\{\boldsymbol{E}_u, -\boldsymbol{E}_v, \mathbf{0}\},$$

$\boldsymbol{A}$ 与 $\boldsymbol{B}$ 合同(congruent)当且仅当 $r = u$, $s = v$.

例 3.71 $\left(\text{关于 Raigh 商}\dfrac{\boldsymbol{X}^{\mathrm{T}}\boldsymbol{AX}}{\boldsymbol{X}^{\mathrm{T}}\boldsymbol{X}}\right)$假设$\boldsymbol{A}$为$n$阶实对称矩阵.

(1) 假设λ为$\boldsymbol{A}$的最大特征值,而μ为$\boldsymbol{A}$的最小特征值. 求证:

$$\max_{0\neq \boldsymbol{X}\in \mathbf{R}^n}\frac{\boldsymbol{X}^{\mathrm{T}}\boldsymbol{AX}}{\boldsymbol{X}^{\mathrm{T}}\boldsymbol{X}}=\lambda,\ \min_{0\neq X\in \mathbf{R}^n}\frac{\boldsymbol{X}^{\mathrm{T}}\boldsymbol{AX}}{\boldsymbol{X}^{\mathrm{T}}\boldsymbol{X}}=\mu.$$

(2) 极大极小原理(maxmin principle)假设λ_2是$\boldsymbol{A}$的第二小的特征值. 对于任意的非零向量$\boldsymbol{Z}$,则有

$$\lambda_2\geqslant \min\{\boldsymbol{X}^{\mathrm{T}}\boldsymbol{AX}\mid \boldsymbol{0}\neq \boldsymbol{X},\ ||\boldsymbol{X}|=1,\ |\boldsymbol{X}^{\mathrm{T}}\boldsymbol{Z}=\boldsymbol{0}\},$$

$$\lambda_2=\max_{\boldsymbol{0}\neq \boldsymbol{Z}}\{\min\{\boldsymbol{X}^{\mathrm{T}}\boldsymbol{AX}\mid \boldsymbol{0}\neq \boldsymbol{X},\ ||\boldsymbol{X}|=1,\ \boldsymbol{X}^{\mathrm{T}}\boldsymbol{Z}=\boldsymbol{0}\}\}.$$

证明 (1) 问题归结为证明$\max\limits_{1=|X|,\ X\in \mathbf{R}^n}\boldsymbol{X}^{\mathrm{T}}\boldsymbol{AX}=\lambda$. 不妨假设正交矩阵$\boldsymbol{P}$使得$\boldsymbol{PAP}^{\mathrm{T}}=\mathrm{diag}\{\lambda_1,\ \cdots,\ \lambda_n\}$. 对于单位实向量$\boldsymbol{X}$,显然$\boldsymbol{Y}=\boldsymbol{PX}$也是单位实向量,且有

$$\boldsymbol{X}^{\mathrm{T}}\boldsymbol{AX}=\boldsymbol{Y}^{\mathrm{T}}\,\mathrm{diag}\{\lambda,\ \cdots,\ \lambda_n\}\boldsymbol{Y}=\lambda_1y_1^2+\cdots+\mu y_n^2\leqslant \lambda.$$

因此,对于任意单位实向量$\boldsymbol{\alpha}$,恒有$\lambda\leqslant \boldsymbol{\alpha}^{\mathrm{T}}\boldsymbol{A\alpha}\leqslant \mu$.

(2) 由于$\lambda_1\neq\lambda_2$,所以$\boldsymbol{A}$有属于特征值λ_2的单位特征向量$\boldsymbol{Z}$,它们使得$\lambda_2=\boldsymbol{Z}^{\mathrm{T}}\boldsymbol{AZ}$,其中$\boldsymbol{Z}$与属于$\lambda_1$的特征向量$\boldsymbol{X}_0$正交. 由此即得极大极小原理.

例 3.72 (Perron-Frobenius Theorem) 对于n阶实方阵$\boldsymbol{A}=(a_{ij})$,$\boldsymbol{B}=(b_{ij})$,如果$a_{ij}\geqslant b_{ij}$(任意$i,\ j$),则记$\boldsymbol{A}\geqslant \boldsymbol{B}$. 如果$\boldsymbol{A}>\boldsymbol{0}$,则称$\boldsymbol{A}$为一个正方阵(positive matrix). 对于正方阵$\boldsymbol{A}$,求证:$\boldsymbol{A}$的模长最大的特征值为正数,而相应的特征向量为正向量.

证明 考虑集合$S=\{t\mid t>0,\ t\in \mathbf{R}$,且存在非负的单位实向量$\boldsymbol{\alpha}$使得$\boldsymbol{A\alpha}\geqslant t\boldsymbol{\alpha}\}$,

则$S\neq\varnothing$,例如,可取$t=\min\{\sum_{j=1}^{n}a_{ij}\mid 1\leqslant i\leqslant n\}$,取$\boldsymbol{\alpha}=\dfrac{1}{\sqrt{n}}(1,\ 1,\ \cdots,\ 1)^{\mathrm{T}}$. 先证明$S$有上界:命$\boldsymbol{B}=\dfrac{1}{2}(\boldsymbol{A}+\boldsymbol{A}^{\mathrm{T}})$,则$\boldsymbol{B}$为实对称阵. 如果$\boldsymbol{A\alpha}\geqslant t\boldsymbol{\alpha}$,则有

$$\boldsymbol{\alpha}^{\mathrm{T}}\boldsymbol{B\alpha}=\boldsymbol{\alpha}^{\mathrm{T}}\boldsymbol{A\alpha}\geqslant t\boldsymbol{\alpha}^{\mathrm{T}}\boldsymbol{\alpha}=t.$$

于是存在正交阵$\boldsymbol{U}$使得$\boldsymbol{U}^{\mathrm{T}}\boldsymbol{BU}$为对角阵. 注意到$\boldsymbol{\beta}=\boldsymbol{U}^{\mathrm{T}}\boldsymbol{\alpha}$仍为单位向量,所以得

到 $t \leqslant \boldsymbol{\beta}^{\mathrm{T}}(\boldsymbol{U}^{\mathrm{T}}\boldsymbol{B}\boldsymbol{U})\boldsymbol{\beta} \leqslant \lambda$，其中 λ 为 $\boldsymbol{B}$ 的最大特征值. 于是集合 S 有上界，从而有上确界. 上确界即为集合 S 的最大值.

假设 $t_{\max}$ 为 S 的最大值，而 $\boldsymbol{\alpha}$ 是相应的非负单位特征向量. 如果有成式 $\boldsymbol{A\alpha} = t_{\max}\boldsymbol{\alpha}$，则由于 $\boldsymbol{A\alpha}$ 是正向量，所以 $\boldsymbol{\alpha}$ 也是正向量. 如果 $\boldsymbol{A\alpha} \neq t_{\max}\boldsymbol{\alpha}$，则有 $\boldsymbol{A\alpha} > t_{\max}\boldsymbol{\alpha}$，从而有 $\boldsymbol{A}\cdot(\boldsymbol{A\alpha}) > t_{\max}(\boldsymbol{A\alpha})$. 此时，可以增加 $t_{\max}$ 的值，矛盾. 因此必有 $\boldsymbol{A\alpha} = t_{\max}\boldsymbol{\alpha}$.

最后，对于任意特征值 λ，设 $\boldsymbol{Az} = \lambda\boldsymbol{z}$，其中 $\boldsymbol{z}$ 是非零向量，则根据三角不等式得到

$$|\lambda|\cdot|\boldsymbol{z}| = |\boldsymbol{Az}| \leqslant \boldsymbol{A}\cdot|\boldsymbol{z}|,$$

这里的 $|\boldsymbol{z}|$ 表示向量 $\boldsymbol{z}$ 对于分量分别取模长后得到的非负实向量. 根据假设即得 $t_{\max} \geqslant |\lambda|$.

例 3.73 （差分方程、Fibonacci 数列与矩阵的相似对角化）

考虑 Fibonacci 数列 0，1，2，3，5，8，…. 用 F_k 表示其第 k 个通项，则有递推公式

$$F_0 = 0,\ F_1 = 1,\ F_{k+2} = F_{k+1} + F_k (k \geqslant 0).$$

为了给出其一般的通项公式，考虑方程组

$$\begin{cases} F_{k+2} = F_{k+1} + F_k \\ F_{k+1} = F_{k+1} \end{cases},$$

若记 $\boldsymbol{u}_k = \begin{bmatrix} F_{k+1} \\ F_k \end{bmatrix}$，则有 $\boldsymbol{u}_{k+1} = \boldsymbol{A}\cdot\boldsymbol{u}_k (k \geqslant 0)$，其中矩阵 $\boldsymbol{A} = \begin{bmatrix} 1 & 1 \\ 1 & 0 \end{bmatrix}$. 于是有 $\boldsymbol{u}_k = \boldsymbol{A}^k \cdot \boldsymbol{u}_0$，其中 $\boldsymbol{u}_0 = \begin{bmatrix} 1 \\ 0 \end{bmatrix}$. 问题归结为求 $\boldsymbol{A}$ 的特征值与特征向量. 注意

$$|\lambda\boldsymbol{E} - \boldsymbol{A}| = \lambda^2 - \lambda - 1,$$

所以两个特征值分别为 $\lambda_1 = \dfrac{1+\sqrt{5}}{2}$，$\lambda_2 = \dfrac{1-\sqrt{5}}{2}$. 而由 $\lambda\boldsymbol{E} - \boldsymbol{A} = \begin{bmatrix} \lambda-1 & -1 \\ -1 & \lambda \end{bmatrix}$ 的第二行看出特征向量为 $\boldsymbol{\alpha}_i = \begin{bmatrix} \lambda_i \\ 1 \end{bmatrix}$. 命 $\boldsymbol{S} = (\boldsymbol{\alpha}_1, \boldsymbol{\alpha}_2)$，则有

$$\boldsymbol{u}_k = \boldsymbol{S}\begin{bmatrix} \lambda_1^k & 0 \\ 0 & \lambda_2^k \end{bmatrix}^k \cdot \boldsymbol{S}^{-1}\boldsymbol{u}_0 = [\boldsymbol{\alpha}_1, \boldsymbol{\alpha}_2]\cdot\begin{bmatrix} \lambda_1^k & 0 \\ 0 & \lambda_2^k \end{bmatrix}\cdot\frac{1}{\lambda_1 - \lambda_2}\begin{bmatrix} 1 \\ -1 \end{bmatrix}.$$

因此

$$F_k=\frac{1}{\sqrt{5}}\left[\left(\frac{1+\sqrt{5}}{2}\right)^k-\left(\frac{1-\sqrt{5}}{2}\right)^k\right].$$

注记 注意到 $\frac{1+\sqrt{5}}{2}\approx 1.618$. 希腊人称之为黄金比例.

例 3.74 已给实矩阵 $\boldsymbol{A}=\begin{bmatrix}2&2\\2&a\end{bmatrix}$, $\boldsymbol{B}=\begin{bmatrix}4&b\\3&1\end{bmatrix}$. 求证：

(1) 矩阵方程 $\boldsymbol{AX}=\boldsymbol{B}$ 有解而 $\boldsymbol{BX}=\boldsymbol{A}$ 无解，当且仅当 $a\neq 2$, $b=\frac{3}{4}$；

(2) $\boldsymbol{A}$ 相似于 $\boldsymbol{B}$ 当且仅当 $a=3$, $b=\frac{2}{3}$；

(3) $\boldsymbol{A}$ 合同于 $\boldsymbol{B}$ 当且仅当 $a<2$, $b=3$.

(第四届全国大学生数学竞赛上海赛区预赛试题(数学类第 7 题 25 分))

证明 (1) 如果 $a\neq 2$，则矩阵 $\boldsymbol{A}$ 可逆，从而矩阵方程 $\boldsymbol{AX}=\boldsymbol{B}$ 有解；反过来如果 $a=2$，则对于初等矩阵 $\boldsymbol{P}=\begin{bmatrix}1&0\\-1&1\end{bmatrix}$，矩阵方程

$$\begin{bmatrix}*&*\\0&0\end{bmatrix}=\begin{bmatrix}2&2\\0&0\end{bmatrix}\boldsymbol{X}=\boldsymbol{PAX}=\boldsymbol{PB}=\begin{bmatrix}4&b\\-1&1-b\end{bmatrix}$$

无解. 这就证明了：矩阵方程 $\boldsymbol{AX}=\boldsymbol{B}$ 有解当且仅当 $a\neq 2$. 同理可证，$\boldsymbol{BX}=\boldsymbol{A}$ 无解，当且仅当 $b=\frac{3}{4}$.

(2) *充分性* 直接验证可得(二者均有特征多项式 $\lambda^2-5\lambda+2$).

必要性 假设 $\boldsymbol{A}$ 与 $\boldsymbol{B}$ 相似，则二者均相似于同一对角阵，从而有相同的特征多项式：

$$\lambda^2-(2+a)\lambda+(2a-4)=\lambda^2-5\lambda+(4-3b),$$

由此解出 $a=3$, $b=\frac{2}{3}$.

(3) $\boldsymbol{A}$ 合同于 $\boldsymbol{B}$ 当且仅当 $b=3$，且二者秩与正惯性指数均相同. 容易通过计算特征值 $\frac{5\pm\sqrt{45}}{2}$ 知道 $\boldsymbol{B}$ 的秩为 2，而正惯性指数为 1. 而由于 $\boldsymbol{A}$ 的特征多项式为 $\lambda^2-(2+a)\lambda+(2a-4)$，其根为 $\lambda=\frac{(2+a)\pm\sqrt{(a-2)^2+16}}{2}$. 又已知

$r(\boldsymbol{A})=2$ 当且仅当 $a\neq 2$. 所以 $\boldsymbol{A}$ 的正惯性指数为 1，当且仅当 $a<2$. 这就完成了本部分的验证.

例 3.75 设 $\boldsymbol{A}_{3\times 2}$，$\boldsymbol{B}_{2\times 3}$ 都是实矩阵. 若

$$\boldsymbol{AB}=\begin{bmatrix}8 & 0 & -4\\ -\dfrac{3}{2} & 9 & -6\\ -2 & 0 & 1\end{bmatrix},$$

求 $\boldsymbol{BA}$.（第三届全国大学生数学竞赛决赛试题(数学类第 3 题 15 分)）

解 解法一 因为

$$\boldsymbol{AB}=\begin{bmatrix}8 & 0 & -4\\ -\dfrac{3}{2} & 9 & -6\\ -2 & 0 & 1\end{bmatrix}=\begin{bmatrix}8 & 0\\ -\dfrac{3}{2} & 9\\ -2 & 0\end{bmatrix}\cdot\begin{bmatrix}1 & 0 & -\dfrac{1}{2}\\ 0 & 1 & -\dfrac{3}{4}\end{bmatrix},$$

所以有

$$\boldsymbol{BA}=\begin{bmatrix}1 & 0 & -\dfrac{1}{2}\\ 0 & 1 & -\dfrac{3}{4}\end{bmatrix}\begin{bmatrix}8 & 0\\ -\dfrac{3}{2} & 9\\ -2 & 0\end{bmatrix}=9\boldsymbol{E}_2.$$

解法二 首先对于 $\boldsymbol{A}_{m\times n}$，$\boldsymbol{B}_{n\times m}$，有 $|x\boldsymbol{E}-\boldsymbol{AB}|=x^{m-n}|x\boldsymbol{E}-\boldsymbol{BA}|$. 特别的，对于本题的 $\boldsymbol{A}$，$\boldsymbol{B}$ 有 $|x\boldsymbol{E}-\boldsymbol{AB}|=x\cdot|x\boldsymbol{E}-\boldsymbol{BA}|$.

容易算出 $|x\boldsymbol{E}-\boldsymbol{AB}|=x(x-9)^2$，因此 $|x\boldsymbol{E}-\boldsymbol{BA}|=(x-9)^2$. 又根据 Cayley-Hamilton 定理，$x(x-9)^2$ 零化 $\boldsymbol{AB}$. 所以 $\boldsymbol{AB}$ 的最小多项式只能是 $x(x-9)$ 或者 $x(x-9)^2$. 经计算可知 $x(x-9)$ 零化 $\boldsymbol{AB}$. 所以 $\boldsymbol{AB}$ 的最小多项式为 $x(x-9)$，说明 $\boldsymbol{AB}$ 相似于对角阵 $\mathrm{diag}\{9,9,0\}$. 特别的，由于每个特征值的几何重数不超过其代数重数，所以 $\boldsymbol{AB}$ 有两个属于特征值 9 的线性无关的特征向量 $\boldsymbol{\alpha}_1$，$\boldsymbol{\alpha}_2$.

根据 $\boldsymbol{A}(\boldsymbol{B\alpha}_i)=9\boldsymbol{\alpha}_i$，易见 $\boldsymbol{B\alpha}_1$，$\boldsymbol{B\alpha}_2$ 线性无关. 此外，还有

$$(\boldsymbol{BA})(\boldsymbol{B\alpha}_i)=9(\boldsymbol{B\alpha}_i).$$

于是，$\boldsymbol{BA}$ 相似于对角阵 $9\boldsymbol{E}_2$. 因此，存在可逆矩阵 $\boldsymbol{P}$ 使得

$$\boldsymbol{BA}=\boldsymbol{P}(9\boldsymbol{E}_2)\boldsymbol{P}^{-1}=9\boldsymbol{E}_2.$$

例 3.76(A) （可逆矩阵的 QR 分解）求证：任意可逆矩阵 $\boldsymbol{A}$ 有如下的分解式：$\boldsymbol{A}=\boldsymbol{QR}$，其中 $\boldsymbol{Q}$ 是酉阵，而 $\boldsymbol{R}$ 是主对角元为正实数的上三角形矩阵.

证明 （1）可分解性　假设 $\boldsymbol{A}=(\boldsymbol{\alpha}_1,\cdots,\boldsymbol{\alpha}_n)$，则 $\boldsymbol{A}$ 的可逆性等价于 $\boldsymbol{\alpha}_1,\cdots,\boldsymbol{\alpha}_n$ 线性无关. 对于此向量组做 Schmidt 正交化，得到的正交向量组设为 $(\boldsymbol{\beta}_1,\cdots,\boldsymbol{\beta}_n)$，则有 $(\boldsymbol{\beta}_1,\cdots,\boldsymbol{\beta}_n)=(\boldsymbol{\alpha}_1,\cdots,\boldsymbol{\alpha}_n)\boldsymbol{S}$，其中

$$\boldsymbol{S}=\begin{bmatrix}1 & s_{12} & s_{13} & \cdots & s_{1n-1} & s_{1n}\\ 0 & 1 & s_{23} & \cdots & s_{2n-1} & s_{2n}\\ \vdots & \ddots & \ddots & \ddots & \vdots & \vdots\\ 0 & 0 & 0 & \cdots & s_{n-2n-1} & s_{n-2n}\\ 0 & 0 & 0 & \cdots & 1 & s_{n-1n}\\ 0 & 0 & 0 & \cdots & 0 & 1\end{bmatrix}.$$

然后对于 $\boldsymbol{\beta}_1,\cdots,\boldsymbol{\beta}_n$ 进行单位化，得到标准正交向量组 $\boldsymbol{\gamma}_1,\cdots,\boldsymbol{\gamma}_n$，其中 $r_i=\dfrac{1}{|\boldsymbol{\beta}_i|}\boldsymbol{\beta}_i$. 命 $\boldsymbol{U}=(\boldsymbol{\gamma}_1,\cdots,\boldsymbol{\gamma}_n)$，则 $\boldsymbol{U}$ 是一个酉矩阵，且有

$$\boldsymbol{U}=(\boldsymbol{\gamma}_1,\cdots,\boldsymbol{\gamma}_n)=(\boldsymbol{\alpha}_1,\cdots,\boldsymbol{\alpha}_n)\cdot\mathrm{diag}\left\{\frac{1}{|\boldsymbol{\beta}_1|},\cdots,\frac{1}{|\boldsymbol{\beta}_n|}\right\}\cdot\boldsymbol{S},$$

从而 $\boldsymbol{A}=(\boldsymbol{\alpha}_1,\cdots,\boldsymbol{\alpha}_n)=\boldsymbol{U}(\boldsymbol{S}^{-1}\cdot\mathrm{diag}\{|\boldsymbol{\beta}_1|,\cdots,|\boldsymbol{\beta}_n|\})$. 注意到 $\boldsymbol{S}^{-1}$ 仍为上三角阵且其主对角元也都是 1，若命 $\boldsymbol{R}=\boldsymbol{S}^{-1}\cdot\mathrm{diag}\{|\boldsymbol{\beta}_1|,\cdots,|\boldsymbol{\beta}_n|\}$，则 $\boldsymbol{R}$ 是上三角阵且其对角元均为大于零的实数. 这就完成了可分解性的验证.

（2）唯一性　若有 $\boldsymbol{A}=\boldsymbol{U}_1\boldsymbol{R}_1=\boldsymbol{U}_2\boldsymbol{R}_2$，其中 $\boldsymbol{U}_i$ 是酉阵，而 $\boldsymbol{R}_i$ 是上三角阵且其对角元均为大于零的实数，则 $\boldsymbol{R}_2\boldsymbol{R}_1^{-1}$ 也与 $\boldsymbol{R}_1$ 具有同样的特性，而 $\boldsymbol{U}_2^{-1}\boldsymbol{U}_1$ 还是酉阵. 但是满足这三个条件的矩阵只有一个，即 $\boldsymbol{E}$. 因此有 $\boldsymbol{U}_1=\boldsymbol{U}_2$，$\boldsymbol{R}_1=\boldsymbol{R}_2$. 这就完成了唯一性的论证.

例 3.76(B) 对于任意 $m\times n$ 矩阵 $\boldsymbol{A}$，假设 $\mathrm{r}(\boldsymbol{A})=r$. 求证：存在置换矩阵 $\boldsymbol{P}$ 使得 $\boldsymbol{AP}$ 具有广义的 QR-分解：$\boldsymbol{AP}=\boldsymbol{QR}$，其中 $\boldsymbol{Q}_{m\times r}$ 的列向量为标准正交向量组（亦即 $\overline{\boldsymbol{Q}}^{\mathrm{T}}\boldsymbol{Q}=E_r$），而 $\boldsymbol{R}$ 是行满秩的上三角形矩阵.

证明 （提示：所谓置换矩阵就是一个可逆的 0，1 矩阵，其中每行、每列恰含一个 1，其余为 0. 置换矩阵是对于单位矩阵 E_n 经过有限次交换两行的初等变换后得到.）

首先，存在置换矩阵 $\boldsymbol{P}$，使得在矩阵 $\boldsymbol{AP}$ 的列向量中，前 r 个向量 $\boldsymbol{\alpha}_1,\cdots,\boldsymbol{\alpha}_r$ 是其列向量组的一个极大无关组. 于是有

$$AP=(\boldsymbol{\alpha}_1,\ \cdots,\ \boldsymbol{\alpha}_r)(\boldsymbol{E}_r,\ \boldsymbol{B}).$$

对于向量组 $\boldsymbol{\alpha}_1,\ \cdots,\ \boldsymbol{\alpha}_r$ 施行 Schmidt 单位化、正交化过程，得到正交的单位列向量组 $\boldsymbol{\beta}_1,\cdots,\ \boldsymbol{\beta}_r$ 以及可逆上三角阵 $\boldsymbol{C}_r$ 使得

$$(\boldsymbol{\alpha}_1,\ \cdots,\ \boldsymbol{\alpha}_r)=(\boldsymbol{\beta}_1,\ \cdots,\ \boldsymbol{\beta}_r)\boldsymbol{C}.$$

记

$$\boldsymbol{Q}=(\boldsymbol{\beta}_1,\ \cdots,\ \boldsymbol{\beta}_r),\ \boldsymbol{R}=\boldsymbol{C}(\boldsymbol{E}_r,\ \boldsymbol{B})=(\boldsymbol{C},\ \boldsymbol{CB}).$$

则 $\boldsymbol{Q}$ 是列正交矩阵，而 $\boldsymbol{R}$ 是行满秩的上三角矩形阵，且 $\boldsymbol{AP}=\boldsymbol{QR}$.

注记 有类似于例 3.76(A)的唯一性吗?

例 3.77 证明：$\mathbf{Z}$ 上的矩阵环 $\boldsymbol{M}_n(\mathbf{Z})$ 中的满秩矩阵 $\boldsymbol{A}$ 有如下的唯一分解式：$\boldsymbol{A}=\boldsymbol{PR}$，其中矩阵 $\boldsymbol{P}$ 是 $\boldsymbol{M}_n(\mathbf{Z})$ 内的可逆矩阵，而 $\boldsymbol{R}$ 是 $\boldsymbol{M}_n(\mathbf{Z})$ 中的上三角非负矩阵(亦即 $r_{ij}\geqslant 0$ 恒成立)且满足：每一列中主对角以外的元素小于该对角元.

证明 (1) *存在性* 首先，利用等式 $\boldsymbol{AA}^*=|\boldsymbol{A}|\boldsymbol{E}$，不难看出：$\boldsymbol{M}_n(\mathbf{Z})$ 中一个矩阵可逆当且仅当其行列式为 ± 1. 然后，利用整数的带余除法和第三种初等行变换(将某一行的若干倍加到另外一行)，可知存在 $\boldsymbol{M}_n(\mathbf{Z})$ 中的可逆矩阵 $\boldsymbol{Q}_1$，使得在 $\boldsymbol{Q}_1\boldsymbol{A}$ 的第一列中出现一个正数 a_1，它整除第一列中其他数，其中 $\boldsymbol{Q}_1=\boldsymbol{Q}_{1s_1}\cdots\boldsymbol{Q}_{11}$，而 $\boldsymbol{Q}_{1i}$ 为 $\boldsymbol{M}_n(\mathbf{Z})$ 中的第三种初等矩阵. 此后将此数 a_1 所在行与第一行交换(相当于左乘相应初等矩阵)，然后经过一系列的第三种初等行变换将第一列 (1, 1) 位置外的其他元素变为零. 这说明，存在 $\boldsymbol{M}_n(\mathbf{Z})$ 中的可逆矩阵 $\boldsymbol{P}_1$ 使得 $\boldsymbol{P}_1\boldsymbol{A}=\begin{bmatrix}a_1 & *\\ \mathbf{0} & \boldsymbol{A}_1\end{bmatrix}$，其中 $a_1>0$. 根据归纳假设，存在 $\boldsymbol{M}_{n-1}(\mathbf{Z})$ 中的可逆矩阵 $\boldsymbol{Q}_2$，使得 $\boldsymbol{Q}_2\boldsymbol{A}_1$ 为上三角矩阵，其中主对角线元素全部大于零. 命 $\boldsymbol{P}=\begin{bmatrix}1 & \mathbf{0}\\ \mathbf{0} & \boldsymbol{Q}_2\end{bmatrix}\boldsymbol{P}_1$，则 $\boldsymbol{P}$ 是 $\boldsymbol{M}_n(\mathbf{Z})$ 中的可逆矩阵，而 $\boldsymbol{PA}$ 是主对角线元素全部大于零的上三角整数矩阵. 最后根据带余除法，将最后一行的若干倍，依次加到前面各行，使最后一列的对角元外的其他元为非负整数且小于该列对角元 a_n；将第 $n-1$ 的若干整数倍数加到前面各行，使得第二列对角元外的其他元为非负整数且小于该列对角元 a_{n-1}. 继续这一过程，最后完成了分解存在性的证明.

(2) *唯一性* 只需要证明，如果 $\boldsymbol{PR}_1=\boldsymbol{R}_2$ (其中 $\boldsymbol{P}$ 是 $\boldsymbol{M}_{n-1}(\mathbf{Z})$ 中的可逆矩阵，而 $\boldsymbol{R}_i$ 是整数上三角非负矩阵，其每列中对角元外的元素均小于相应对角元)，则有 $\boldsymbol{P}=\boldsymbol{E}$，$\boldsymbol{R}_1=\boldsymbol{R}_2$.

事实上，假设 $\boldsymbol{R}_1=(a_{ij})$，$\boldsymbol{R}_2=(b_{ij})$，则在 $\boldsymbol{M}_n(\mathbf{Q})$ 中，$\boldsymbol{R}_1^{-1}$ 也是上三角矩阵，且其 (i, i) 位置元为 $\dfrac{1}{a_{ii}}$. 由于 $\boldsymbol{R}_2\boldsymbol{R}_1^{-1}=\boldsymbol{P}\in\boldsymbol{M}_n(\mathbf{Z})$ 也是上三角矩阵，而 $\boldsymbol{R}_2\boldsymbol{R}_1^{-1}$ 的 (i, i) 位置元为 $\dfrac{b_{ii}}{a_{ii}}$，所以 $\dfrac{b_{ii}}{a_{ii}}\in\mathbf{Z}$，进而根据

$$0<\prod_{i=1}^{n}\frac{b_{ii}}{a_{ii}}=|\boldsymbol{R}_2\boldsymbol{R}_1^{-1}|=|\boldsymbol{P}|=\pm 1,$$

可知 $a_{ii}=b_{ii}$，任意 i，从而 $\boldsymbol{P}$ 是主对角元全为 1 的上三角矩阵.

根据 $\boldsymbol{P}\boldsymbol{R}_1=\boldsymbol{R}_2$，可知 $0\leqslant b_{(n-1)n}=p_{(n-1)n}b_{nn}+a_{(n-1)n}<b_{nn}$. 由此可知 $p_{(n-1)n}=0$. 类似可得 $\boldsymbol{P}$ 的其他非对角线元素全为零.

例 3.78 （$\boldsymbol{LU}$-分解式）(1) 对于矩阵 $\boldsymbol{A}_{m\times n}$，求证：存在置换矩阵 $\boldsymbol{P}_m$ 使得 $\boldsymbol{PA}=\boldsymbol{LU}$，其中 $\boldsymbol{U}_{m\times n}$ 为上三角形矩阵，而 $\boldsymbol{L}_m$ 是主对角线元素均为 1 的下三角形方阵.

(2) 对于可逆矩阵 $\boldsymbol{A}$，求证：若 $\boldsymbol{A}$ 有上述的 $\boldsymbol{LU}$-分解，$\boldsymbol{A}$ 的上述 $\boldsymbol{LU}$-分解是唯一的.

证明 (1) **证法一** 此证法是一个算法(algorithm). 不妨假设 $a_{i1}\neq 0$. 第一步是交换第一行与第 i 行位置(相当于左乘置换矩阵 $\boldsymbol{P}_1$)，然后将使用第三种初等行变换将第一列的 $(i, 1)$ 位置 $(i\geqslant 2)$ 全变为零：

$$\boldsymbol{Q}_1\boldsymbol{P}_1\boldsymbol{A}=\boldsymbol{Q}_1\boldsymbol{P}_1\begin{bmatrix}\boldsymbol{\alpha}_1\\ \boldsymbol{\alpha}_2\\ \vdots\\ \boldsymbol{\alpha}_m\end{bmatrix}=\begin{bmatrix}\boldsymbol{a}_{i1} & \boldsymbol{\beta}_1\\ \boldsymbol{0} & \boldsymbol{A}_1\end{bmatrix}.$$

然后对于 $\boldsymbol{A}_1$，重复刚才的讨论. 这里的重点是记住在第一步交换了 $\boldsymbol{A}_1$ 的哪两行，不妨假设所涉及的 $n-1$ 阶置换矩阵为 $\boldsymbol{P}_{21}$. 继续这一过程，直到将矩阵变为阶梯形(一种特殊的上三角形). 最后得到置换矩阵序列

$$\boldsymbol{P}_1,\ \boldsymbol{P}_2=\begin{bmatrix}1 & \boldsymbol{0}\\ \boldsymbol{0} & \boldsymbol{P}_{21}\end{bmatrix},\ \boldsymbol{P}_3=\begin{bmatrix}1 & \boldsymbol{0} & \boldsymbol{0}\\ \boldsymbol{0} & 1 & \boldsymbol{0}\\ \boldsymbol{0} & \boldsymbol{0} & \boldsymbol{P}_{31}\end{bmatrix},\ \cdots$$

使得 $\boldsymbol{PA}$ 的主元顺序出现在 $(1, 1)$，$(2, 2)$，…，(r, r) 位置，其中 $\boldsymbol{P}=\cdots\boldsymbol{P}_3\boldsymbol{P}_2\boldsymbol{P}_1$ 是一个置换矩阵. 对于 $\boldsymbol{PA}$ 进行一系列的第三种初等行变换，可将 $\boldsymbol{PA}$ 化为上三角形矩阵. 于是有 $\boldsymbol{LPA}=\boldsymbol{U}$，其中 $\boldsymbol{L}$ 是主对角线元素均为 1 的下三

角形方阵. 当然 $\boldsymbol{L}^{-1}$ 也具有同样的性质,而 $\boldsymbol{PA}=\boldsymbol{L}^{-1}\boldsymbol{U}$.

证法二 对于 $\boldsymbol{A}$ 的阶数 n 用归纳法. $n=1$ 时,结论显然成立(取 $\boldsymbol{P}=\boldsymbol{L}=\boldsymbol{E}_1$).

以下假设 $a_{i1}\neq 0$, 用 $\boldsymbol{P}_1$ 表示交换 $\boldsymbol{E}_m$ 的第 1、i 两行所得到的置换矩阵. 则有 $\boldsymbol{Q}_1=\begin{bmatrix}1 & \boldsymbol{0}\\ \boldsymbol{\beta}_1 & \boldsymbol{E}_{m-1}\end{bmatrix}$ 使得 $\boldsymbol{Q}_1\boldsymbol{P}_1\boldsymbol{A}=\begin{bmatrix}\boldsymbol{a}_{i1} & \boldsymbol{\alpha}_1\\ \boldsymbol{0} & \boldsymbol{A}_1\end{bmatrix}$. 对于 $\boldsymbol{A}_1$ 用归纳假设,可知存在 $m-1$ 阶置换矩阵 $\boldsymbol{P}_{21}$ 使得 $\boldsymbol{P}_{21}\boldsymbol{A}_1=\boldsymbol{L}_2\boldsymbol{U}_2$, 其中 $\boldsymbol{L}_2$ 是主对角线元素均为 1 的下三角形方阵, 而 $\boldsymbol{U}_2$ 是上三角形矩阵. 命 $\boldsymbol{P}_2=\begin{bmatrix}1 & \boldsymbol{0}\\ \boldsymbol{0} & \boldsymbol{P}_{21}\end{bmatrix}$, 则有

$$\begin{bmatrix}1 & \boldsymbol{0}\\ \boldsymbol{0} & \boldsymbol{L}_2\end{bmatrix}\begin{bmatrix}\boldsymbol{a}_{i1} & \boldsymbol{\alpha}_1\\ \boldsymbol{0} & \boldsymbol{U}_2\end{bmatrix}=\begin{bmatrix}\boldsymbol{a}_{i1} & \boldsymbol{\alpha}_1\\ \boldsymbol{0} & \boldsymbol{L}_2\boldsymbol{U}_2\end{bmatrix}=\begin{bmatrix}1 & \boldsymbol{0}\\ \boldsymbol{0} & \boldsymbol{P}_{21}\end{bmatrix}\begin{bmatrix}\boldsymbol{a}_{i1} & \boldsymbol{\alpha}_1\\ \boldsymbol{0} & \boldsymbol{A}_1\end{bmatrix}=\boldsymbol{P}_2(\boldsymbol{Q}_1\boldsymbol{P}_1\boldsymbol{A})$$

$$=(\boldsymbol{P}_2\boldsymbol{Q}_1)(\boldsymbol{P}_1\boldsymbol{A})=\begin{bmatrix}1 & \boldsymbol{0}\\ \boldsymbol{P}_{21}\boldsymbol{\beta}_1 & \boldsymbol{P}_{21}\end{bmatrix}(\boldsymbol{P}_1\boldsymbol{A})=\begin{bmatrix}1 & \boldsymbol{0}\\ \boldsymbol{P}_{21}\boldsymbol{\beta}_1 & \boldsymbol{E}_{m-1}\end{bmatrix}\begin{bmatrix}1 & \boldsymbol{0}\\ \boldsymbol{0} & \boldsymbol{P}_{21}\end{bmatrix}(\boldsymbol{P}_1\boldsymbol{A}).$$

最后命

$$\boldsymbol{P}=\begin{bmatrix}1 & \boldsymbol{0}\\ \boldsymbol{0} & \boldsymbol{P}_{21}\end{bmatrix}\boldsymbol{P}_1,\ \boldsymbol{L}=\begin{bmatrix}1 & \boldsymbol{0}\\ -\boldsymbol{P}_{21}\boldsymbol{\beta}_1 & \boldsymbol{E}_{m-1}\end{bmatrix}\begin{bmatrix}1 & \boldsymbol{0}\\ \boldsymbol{0} & \boldsymbol{L}_2\end{bmatrix},\ \boldsymbol{U}=\begin{bmatrix}\boldsymbol{a}_{i1} & \boldsymbol{\alpha}_1\\ \boldsymbol{0} & \boldsymbol{U}_2\end{bmatrix}.$$

则 $\boldsymbol{P}$ 是 m 阶的置换矩阵, $\boldsymbol{L}$ 是主对角线元素均为 1 的 m 阶下三角形方阵, $\boldsymbol{U}$ 是上三角形 $m\times n$ 矩阵,且有 $\boldsymbol{PA}=\boldsymbol{L}\cdot\boldsymbol{U}$.

(2) 唯一性 假设 $\boldsymbol{A}_n$ 可逆,且有 $\boldsymbol{L}_1\boldsymbol{U}_1=\boldsymbol{A}=\boldsymbol{L}_2\boldsymbol{U}_2$, 其中 $\boldsymbol{U}_i$ 是可逆上三角矩阵; $\boldsymbol{L}_i$ 是下三角矩阵,且对角线元素为 1,则由于 $\boldsymbol{L}_2^{-1}\boldsymbol{L}_1$ 与 $\boldsymbol{L}_1$ 有相同形状,而且 $\boldsymbol{U}_2\boldsymbol{U}_1^{-1}$ 也是上三角形矩阵,所以由 $\boldsymbol{L}_2^{-1}\boldsymbol{L}_1=\boldsymbol{U}_2\boldsymbol{U}_1^{-1}$ 可知二者均为单位矩阵,从而有 $\boldsymbol{L}_1=\boldsymbol{L}_2$, $\boldsymbol{U}_1=\boldsymbol{U}_2$. 这就证明了分解的唯一性.

例 3.79 假设 $\boldsymbol{A}$, $\boldsymbol{B}$ 都是实数域上的 n 阶方阵,并假设二者在复数域上相似. 求证: 二者在实数域上也相似.

证明 假设 $\boldsymbol{A}=(a_{ij})$, $\boldsymbol{B}=(b_{ij})\in\boldsymbol{M}_n(\mathbf{R})$, 并假设复数域 $\mathbf{C}$ 上的可逆矩阵

$$\boldsymbol{P}=(\boldsymbol{\alpha}_1,\cdots,\boldsymbol{\alpha}_n)\in GL_n(\mathbf{C})$$

使得 $\boldsymbol{AP}=\boldsymbol{PB}$, 则有

$$(\boldsymbol{A\alpha}_1,\cdots,\boldsymbol{A\alpha}_n)=\boldsymbol{AP}=(\boldsymbol{\alpha}_1,\cdots,\boldsymbol{\alpha}_n)(b_{ij})_{n\times n}=\left(\sum_{r=1}^n b_{r1}\boldsymbol{\alpha}_r,\cdots,\sum_{r=1}^n b_{rn}\boldsymbol{\alpha}_r\right).$$

由此得到

$$\boldsymbol{A}\boldsymbol{\alpha}_i=\sum_{r=1}^{n}b_{ri}\boldsymbol{\alpha}_r,\quad i=1,\cdots,n. \tag{3-7}$$

如果记 $\boldsymbol{\alpha}=(\boldsymbol{\alpha}_1^{\mathrm{T}},\cdots,\boldsymbol{\alpha}_n^{\mathrm{T}})^{\mathrm{T}}$，则说明列向量 $\boldsymbol{\alpha}$ 是系数在 $\mathbf{R}$ 中且含有 n^2 个未知元、由 n^2 个方程组成的线性方程组式(3－7)的一个解. 以下将 $\boldsymbol{\alpha}$ 等同 $\boldsymbol{P}$ 看待(必要时拉长为向量即可)，注意 $\boldsymbol{P}$ 在 $\mathbf{C}$ 上可逆. 将线性方程组式(3－7)简记为 $\boldsymbol{CX}=\mathbf{0}$，其中

$$\boldsymbol{X}=\begin{bmatrix}\boldsymbol{X}_1\\ \boldsymbol{X}_2\\ \vdots\\ \boldsymbol{X}_n\end{bmatrix},\ \boldsymbol{C}=\begin{bmatrix}b_{11}\boldsymbol{E}-\boldsymbol{A} & b_{21}\boldsymbol{E} & \cdots & b_{n1}\boldsymbol{E}\\ b_{12}\boldsymbol{E} & b_{22}\boldsymbol{E}-\boldsymbol{A} & \cdots & b_{n2}\boldsymbol{E}\\ \vdots & \vdots & \ddots & \vdots\\ b_{1n}\boldsymbol{E} & b_{2n}\boldsymbol{E} & \cdots & b_{nn}\boldsymbol{E}-\boldsymbol{A}\end{bmatrix}\in\mathbf{R}^{n^2\times n^2}.$$

注意到用高斯消元法求解齐次线性方程组基础解系的过程，可知 $\boldsymbol{CX}=\mathbf{0}$ 的基础解系可以取在 $\mathbf{R}^{n^2\times 1}$ 中. 设一基础解系为 $\boldsymbol{T}_1,\cdots,\boldsymbol{T}_s\in\mathbf{R}^{n\times n}$ (注意写成 $n\times n$ 矩阵形式).

根据假设，存在复数 a_k 使得可逆阵 $\boldsymbol{P}=\sum_{i=1}^{k}a_k\boldsymbol{T}_k$，这等价于说，对 $\mathbf{R}$ 上多项式

$$f(y_1,\cdots,y_k)=|\,y_1\boldsymbol{T}_1+\cdots+y_k\boldsymbol{T}_k\,|,$$

在 $\mathbf{C}^{1\times k}$ 中，应有 $(a_1,\cdots,a_k)$ 使得 $f(a_1,\cdots,a_k)\neq 0$ 成立，因此，$\mathbf{R}$ 上多元多项式 $f(y_1,\cdots,y_k)$ 是非零多项式，从而在 $\mathbf{R}^{1\times k}$ 中有 $(b_1,\cdots,b_k)$ 使得 $f(b_1,\cdots,b_k)\neq 0$. 最后，根据前面的讨论可知，可逆矩阵 $\boldsymbol{Q}=b_1\boldsymbol{T}_1+\cdots+b_k\boldsymbol{T}_k\in M_n(\mathbf{R})$ (拉长后)是 $\boldsymbol{CX}=\mathbf{0}$ 的解，亦即满足 $\boldsymbol{AQ}=\boldsymbol{QB}$ 成立. 这就证明了 $\boldsymbol{A}$ 与 $\boldsymbol{B}$ 在 $\mathbf{R}$ 上也相似.

例 3.80 假设 $\{\boldsymbol{A}_i\mid i\in I\}$ 与 $\{\boldsymbol{B}_i\mid i\in I\}$ 都是数域 $\mathbf{F}$ 上 n 阶方阵的集合. 如果存在 $\mathbf{F}$ 上的可逆矩阵 $\boldsymbol{P}$ 使得

$$\boldsymbol{P}^{-1}\boldsymbol{A}_i\boldsymbol{P}=\boldsymbol{B}_i,\ i\in I,$$

则称集合 $\{\boldsymbol{A}_i\mid i\in I\}$ 与 $\{\boldsymbol{B}_i\mid i\in I\}$ 相似. 求证：有理数域上两个矩阵的集合，若它们在 $\mathbf{R}$ 上相似，则必在 $\mathbf{Q}$ 上相似. (第三届全国大学生数学竞赛决赛试题(数学类第 6 题 20 分))

证明 证明完全类似于前例. 区别在于得到的 $\boldsymbol{C}$ 是 $|\boldsymbol{I}|\times n^2$ 行、n^2 列的矩阵 $(\boldsymbol{C}_i)_{i\in I}$. 下面给出另一种表达法：

命

$$\boldsymbol{V}=\boldsymbol{M}_n(\mathbf{R}),\ \boldsymbol{W}_i=\{\boldsymbol{C}\in\boldsymbol{V}\mid\boldsymbol{A}_i\boldsymbol{C}=\boldsymbol{CB}_i\}.$$

则易见 $\boldsymbol{W}_i$ 是 $\mathbf{R}$ 上 n^2 维线性空间 $\boldsymbol{V}$ 的子空间，从而 $\bigcap_{i\in I}\boldsymbol{W}_i$ 也是 ${}_{\mathbf{R}}\boldsymbol{V}$ 的有限维子空间，记之为 $\boldsymbol{W}$，则

$$\boldsymbol{W}=\{\boldsymbol{T}\in\boldsymbol{M}_n(\mathbf{R})\mid \boldsymbol{A}_i\boldsymbol{T}=\boldsymbol{T}\boldsymbol{B}_i,\ i\in I\}.$$

注意到假设的条件保证了 $\boldsymbol{A}_i$，$\boldsymbol{B}_j\in\boldsymbol{M}_n(\mathbf{Q})$，根据 Gauss 消元法求解基础解系的过程，它意味着 $\mathbf{Q}$ 上的含有 n^2 元、由 $|I|\cdot n^2$ 个方程组成的线性方程组

$$\boldsymbol{A}_i\boldsymbol{X}=\boldsymbol{X}\boldsymbol{B}_i,\ i\in I$$

的基础解系可取在 $\boldsymbol{M}_n(Q)$ 中，故可假设

$$\{\boldsymbol{T}_1,\ \cdots,\ \boldsymbol{T}_k\}\subseteq\boldsymbol{M}_n(\mathbf{Q})$$

是 $\mathbf{R}$ 上子空间 $\boldsymbol{W}$ 的一个基. 注意到 $\{\boldsymbol{T}_1,\ \cdots,\ \boldsymbol{T}_k\}\subseteq\boldsymbol{M}_n(\mathbf{Q})$ 也是 $\mathbf{Q}$ 上如下线性空间的一个基

$$\boldsymbol{M}=\{\boldsymbol{C}\in\boldsymbol{M}_n(\mathbf{Q})\mid \boldsymbol{A}_i\boldsymbol{C}=\boldsymbol{C}\boldsymbol{B}_i,\ i\in I\}\subseteq\boldsymbol{M}_n(\mathbf{Q}).$$

另一方面，所给条件"集合 $\{\boldsymbol{A}_i\mid i\in I\}$ 与 $\{\boldsymbol{B}_i\mid i\in I\}$ 在 $\mathbf{R}$ 上相似"，这等价于说：存在 $\mathbf{R}$ 上可逆矩阵 $\boldsymbol{P}$ 使得 $\boldsymbol{P}\in\boldsymbol{W}$. 注意到 $\boldsymbol{P}=\sum_{i=1}^{k}a_k\boldsymbol{T}_k(a_i\in\mathbf{R})$，这等价于说，对 $\mathbf{Q}$ 上多项式

$$f(y_1,\ \cdots,\ y_k)=|\,y_1\boldsymbol{T}_1+\cdots+y_k\boldsymbol{T}_k\,|,$$

在 $\mathbf{R}^{1\times k}$ 中，存在 $(a_1,\ \cdots,\ a_k)$ 使得 $f(a_1,\ \cdots,\ a_k)\neq 0$ 成立. 因此 $\mathbf{Q}$ 上多项式 $f(y_1,\ \cdots,\ y_k)$ 是非零多项式，从而在 $\mathbf{Q}^{1\times k}$ 中有 $(b_1,\ \cdots,\ b_k)$ 使得 $f(b_1,\ \cdots,\ b_k)\neq 0$. 最后，根据前面的讨论可知，存在可逆矩阵

$$\boldsymbol{Q}=b_1\boldsymbol{T}_1+\cdots+b_k\boldsymbol{T}_k\in\boldsymbol{M}\subseteq\boldsymbol{M}_n(\mathbf{Q}),$$

换言之，存在 $\mathbf{Q}$ 上可逆矩阵 $\boldsymbol{Q}$ 使得 $\boldsymbol{A}_i\boldsymbol{Q}=\boldsymbol{Q}\boldsymbol{B}_i$，$i\in I$ 成立.

例 3.81 对于三阶方阵 $\boldsymbol{A}$，求证：

(1) $\boldsymbol{A}^2=\mathbf{0}$ 当且仅当 $\boldsymbol{A}=\boldsymbol{\alpha}_1\boldsymbol{\alpha}_2^{\mathrm{T}}$，其中 $\boldsymbol{\alpha}_i$ 是三维列向量，而且 $\boldsymbol{\alpha}_2^{\mathrm{T}}\boldsymbol{\alpha}_1=\mathbf{0}$；

(2) 如果存在正整数 n 使得 $\boldsymbol{A}^n=\mathbf{0}$，则必有 $\boldsymbol{A}^3=\mathbf{0}$；

(3) $\boldsymbol{A}^3=\mathbf{0}$ 且 $\boldsymbol{A}^2\neq\mathbf{0}$ 成立，当且仅当 $\boldsymbol{A}$ 的特征值全为零且 $\mathrm{r}(\boldsymbol{A})=2$.

证明 如果存在正整数 n 使得 $\boldsymbol{A}^n=\mathbf{0}$，则秩 $\mathrm{r}(\boldsymbol{A})<3$.

(1) 充分性　在所给条件下，有 $\boldsymbol{A}^2=\boldsymbol{\alpha}_1(\boldsymbol{\alpha}_2^{\mathrm{T}}\boldsymbol{\alpha}_1)\boldsymbol{\alpha}_2^{\mathrm{T}}=\mathbf{0}$.

必要性　假设 $\boldsymbol{A}^2=\mathbf{0}$. 如果 $\mathrm{r}(\boldsymbol{A})=0$，则取 $\boldsymbol{\alpha}_1=\boldsymbol{\alpha}_2=\mathbf{0}$ 即可. 如果 $\mathrm{r}(\boldsymbol{A})=1$，则有两个非零的列向量 $\boldsymbol{\alpha}_i$ 使得 $\boldsymbol{A}=\boldsymbol{\alpha}_1\boldsymbol{\alpha}_2^{\mathrm{T}}$. 易见 $\boldsymbol{A}^n=\lambda^{n-1}\boldsymbol{A}$，其中 $\lambda=$

$\boldsymbol{\alpha}_2^{\mathrm{T}}\boldsymbol{\alpha}_1$. 因此 $\boldsymbol{A}^2=\boldsymbol{0}$ 蕴含了 $\lambda=0$.

如果 $\mathrm{r}(\boldsymbol{A})=2$，则 $\boldsymbol{A}^2=\boldsymbol{0}$ 就蕴含了 $4\geqslant \mathrm{r}(\boldsymbol{A})+\mathrm{r}(\boldsymbol{A})\leqslant 3$，矛盾. 这说明秩为 2 的三阶阵不可能满足 $\boldsymbol{A}^2=\boldsymbol{0}$.

(2) 由 $\boldsymbol{A}^n=\boldsymbol{0}$ 易知 $\boldsymbol{A}$ 的特征值全部为 0. 而根据(1)的结果，只需要考虑 $\mathrm{r}(\boldsymbol{A})=2$ 情形. 此时 $\boldsymbol{A}$ 的 Jordan 标准形为

$$\boldsymbol{D}=\begin{bmatrix}0&1&0\\0&0&1\\0&0&0\end{bmatrix}.$$

注意到 $\boldsymbol{D}^3=\boldsymbol{0}$，因此必有 $\boldsymbol{A}=\boldsymbol{P}\boldsymbol{D}^3\boldsymbol{P}^{-1}=\boldsymbol{0}$.

(3) 由(1)和(2)的结果得到.

例 3.82 （幂零矩阵）对于方阵 $\boldsymbol{A}$，如果存在正整数 n，使得 $\boldsymbol{A}^n=\boldsymbol{0}$，则称 $\boldsymbol{A}$ 是**幂零矩阵**，而称使得 $\boldsymbol{A}^n=\boldsymbol{0}$ 成立的最小正整数 n 为 $\boldsymbol{A}$ 的**幂零指数**(nilpotency index).

(1) 求证：特征值为零的 m 阶 Jordan 块矩阵的幂零指数为 m；

(2) 如果 $\boldsymbol{A}$ 的特征值均为零且 $\boldsymbol{A}$ 的若当标准形为准对角矩阵

$$\boldsymbol{D}=\mathrm{diag}\{\boldsymbol{J}_1,\ \boldsymbol{J}_2,\ \cdots,\ \boldsymbol{J}_r\},$$

其中 $\boldsymbol{J}_i$ 是 k_i 阶 Jordan 块形矩阵. 求证：$\boldsymbol{A}$ 的幂零指数为 $k_1,\ \cdots,\ k_r$ 的最大者

$$\max\{k_1,\ k_2,\ \cdots,\ k_r\}.$$

(3) 求证：$\boldsymbol{A}^2=\boldsymbol{0}$ 当且仅当 $\boldsymbol{A}$ 的特征值全为零且 $\boldsymbol{A}$ 的若当标准形中若当块都是 1 阶或 2 阶的.

(4) $\boldsymbol{A}$ 是幂零，当且仅当 $\boldsymbol{A}$ 在复数域上的特征值全为零，即

$$\mathrm{tr}(\boldsymbol{A}^k)=0,\ k\geqslant 1.$$

(5) 如果 $\boldsymbol{A}_n$ 是幂零的，求证：$|\boldsymbol{E}+\boldsymbol{A}+\cdots+\boldsymbol{A}^r|=1$.

(6) 如果非零矩阵 A 是幂零的，求证：$\boldsymbol{A}$ 不相似于对角阵.

(7) 如果矩阵 $\boldsymbol{A}$ 幂零，求证：对于满足等式 $\boldsymbol{AB}=\boldsymbol{BA}$ 的任意矩阵 $\boldsymbol{B}$，恒有

$$|\boldsymbol{A}+\boldsymbol{B}|=|\boldsymbol{B}|.$$

证明 (1) 经过直接结算可知 $\boldsymbol{A}^m=\boldsymbol{0}$，而

$$\boldsymbol{A}^{m-1}=\begin{bmatrix}0&\cdots&0&1\\0&\cdots&0&0\\\vdots&\ddots&\vdots&\vdots\\0&\cdots&0&0\end{bmatrix}.$$

(2) 记 $k=\max\{k_1, k_2, \cdots, k_r\}$.

一方面有 $\boldsymbol{A}^k=\boldsymbol{P}\cdot\mathrm{diag}\{\boldsymbol{J}_1^k, \boldsymbol{J}_2^k, \cdots, \boldsymbol{J}_r^k\}\cdot\boldsymbol{P}^{-1}=0$. 另一方面,如果 $\boldsymbol{A}^l=\boldsymbol{0}$, 则有 $\boldsymbol{J}_i{}^l=\boldsymbol{0}$. 因此有 $k\mid l$. 这就说明 k 是使得 $\boldsymbol{A}^k=\boldsymbol{0}$ 成立的最小正整数. 因此 A 的幂零指数为 k.

(3) 由(2)立刻得到.

(4) 必要性均显然. 充分性由复数域上关于 Jordan 标准形的基本定理并使用范德蒙行列式得到.

事实上,假设 $\boldsymbol{A}_n$ 有非零的特征值,并假设 $\lambda_1, \cdots, \lambda_r$ 是 $\boldsymbol{A}$ 的全部两两互异非零特征值. 假设 $\sum_{i=1}^r m_r\lambda_r=\mathrm{tr}(\boldsymbol{A})$. 如果进一步假设

$$\mathrm{tr}(\boldsymbol{A}^k)=0,\ 1\leqslant k\leqslant n.$$

则有 $\boldsymbol{A\alpha}=\boldsymbol{0}$, 其中

$$\boldsymbol{A}=\begin{bmatrix}\lambda_1 & \lambda_2 & \cdots & \lambda_r\\ \lambda_1^2 & \lambda_2^2 & \cdots & \lambda_r^2\\ \vdots & \vdots & \ddots & \vdots\\ \lambda_1^r & \lambda_2^r & \cdots & \lambda_r^r\end{bmatrix},\ \boldsymbol{\alpha}=(m_1, m_2, \cdots, m_r)^{\mathrm{T}}.$$

由于 $|\boldsymbol{A}|\neq 0$, 得到 $\boldsymbol{\alpha}=\boldsymbol{0}$, 矛盾.

(5) 对于 $f(x)=1+x+\cdots+x^r$, 有 $f(\boldsymbol{A})=\boldsymbol{E}+\boldsymbol{A}+\cdots+\boldsymbol{A}^r$, 从而有

$$|f(\boldsymbol{A})|=f(\lambda_1)f(\lambda_2)\cdots f(\lambda_n),$$

其中 $\lambda_1, \cdots, \lambda_n$ 是 $\boldsymbol{A}$ 的全部特征根. 因此根据(4)即知 $|f(\boldsymbol{A})|=1$.

(6) 由(4)马上得到.

(7) 设 $\boldsymbol{AB}=\boldsymbol{BA}$, 其中 $\boldsymbol{A}^m=\boldsymbol{0}$. 若 $\boldsymbol{B}$ 是一个可逆矩阵,则 $(\boldsymbol{B}^{-1}\boldsymbol{A})^m=0$, 从而有 $|\boldsymbol{E}+\boldsymbol{B}^{-1}\boldsymbol{A}|=1$, 由此即得到 $|\boldsymbol{A}+\boldsymbol{B}|=|\boldsymbol{B}|$. 如果 $\boldsymbol{B}$ 不可逆,则 0 为 $\boldsymbol{B}$ 的一个特征值. 不妨进一步假设非零向量 $\boldsymbol{\alpha}$ 使得 $\boldsymbol{B\alpha}=\boldsymbol{0}$. 此时,用二项式定理,易于计算出 $(\boldsymbol{A}+\boldsymbol{B})^m\boldsymbol{\alpha}=\boldsymbol{0}$, 从而必有等式 $|(\boldsymbol{A}+\boldsymbol{B})^m|=0$, 因此,也有 $|\boldsymbol{A}+\boldsymbol{B}|=0$. 这就证明了 $|\boldsymbol{A}+\boldsymbol{B}|=|\boldsymbol{B}|$.

例 3.83 设 $\boldsymbol{B}=\begin{bmatrix}0 & 10 & 30\\ 0 & 0 & 2\,010\\ 0 & 0 & 0\end{bmatrix}$. 求证: $\boldsymbol{X}^2=\boldsymbol{B}$ 无解.

(第二届全国大学生数学竞赛预赛试题(数学类第 2 题 15 分))

证明 采用反证法: 如果有解 $\boldsymbol{A}$, 则 $\boldsymbol{A}$ 的秩必为 2. 此时, $\boldsymbol{A}$ 的 Jordan 标准

形为

$$D=\begin{bmatrix}0&1&0\\0&0&1\\0&0&0\end{bmatrix},$$

亦即存在可逆矩阵 $\boldsymbol{P}$ 使得 $\boldsymbol{A}=\boldsymbol{PDP}^{-1}$，从而有 $\boldsymbol{B}=\boldsymbol{A}^2=\boldsymbol{PD}^2\boldsymbol{P}^{-1}$.

注意到 $\mathrm{r}(\boldsymbol{D}^2)=1$，这与 $\mathrm{r}(\boldsymbol{B})=2$ 相矛盾.

例 3.84 假设二阶实矩阵 $\boldsymbol{A}$ 的特征多项式 $f(x)=|x\boldsymbol{E}-\boldsymbol{A}|$ 的判别式小于零. 求证：$\boldsymbol{A}$ 在 $\mathbf{R}$ 上相似于一个形为

$$\begin{bmatrix}a&b\\-b&a\end{bmatrix}$$

的实矩阵，其中 $b\neq 0$.

证明 可以假设 $\boldsymbol{A\alpha}=\lambda\cdot\boldsymbol{\alpha}$. 根据假设可知 $\lambda\notin\mathbf{R}$，因此 $\lambda\neq\bar{\lambda}$，$\boldsymbol{A}\bar{\boldsymbol{\alpha}}=\bar{\lambda}\bar{\boldsymbol{\alpha}}$.

命 $\boldsymbol{\beta}_1=\boldsymbol{\alpha}+\bar{\boldsymbol{\alpha}}$，$\boldsymbol{\beta}_2=\mathrm{i}(\boldsymbol{\alpha}-\bar{\boldsymbol{\alpha}})$. 不难验证 $\boldsymbol{\beta}_1,\boldsymbol{\beta}_2\in\mathbf{R}^{2\times 1}$，且二者在 $\mathbf{R}$ 上线性无关. 命 $\boldsymbol{P}=(\boldsymbol{\beta}_1,\boldsymbol{\beta}_2)$，则 $\boldsymbol{P}$ 是 $\mathbf{R}$ 上的可逆矩阵，且有：

$$\begin{aligned}\boldsymbol{AP}&=(\lambda\boldsymbol{\alpha}+\bar{\lambda}\bar{\boldsymbol{\alpha}},\ \mathrm{i}(\lambda\boldsymbol{\alpha}+\bar{\lambda}\bar{\boldsymbol{\alpha}}))\\&=\frac{1}{2}(\boldsymbol{\alpha}+\bar{\boldsymbol{\alpha}},\ \mathrm{i}(\boldsymbol{\alpha}-\bar{\boldsymbol{\alpha}}))\begin{bmatrix}\lambda+\bar{\lambda}&(\lambda-\bar{\lambda})\mathrm{i}\\-(\lambda-\bar{\lambda})\mathrm{i}&\lambda+\bar{\lambda}\end{bmatrix}.\end{aligned}$$

因此有

$$\boldsymbol{P}^{-1}\boldsymbol{AP}=\begin{bmatrix}\dfrac{\lambda+\bar{\lambda}}{2}&\dfrac{(\lambda-\bar{\lambda})\mathrm{i}}{2}\\-\dfrac{(\lambda-\bar{\lambda})\mathrm{i}}{2}&\dfrac{\lambda+\bar{\lambda}}{2}\end{bmatrix}\in\mathbf{R}^{2\times 2},$$

其中 $\dfrac{(\lambda-\bar{\lambda})\mathrm{i}}{2}\neq 0$.

例 3.85 用 $\boldsymbol{E}_{ij}$ 表示 (i,j) 位置为 1 而其余位置为零的 n 阶方阵. 用 $\boldsymbol{\Gamma}_r$ 表示秩是 r 的 n 阶实方阵全体 $(0\leqslant r\leqslant n)$. 记 $\mathbf{V}=\mathbf{R}^{n\times n}$，并假设映射 φ: $\mathbf{V}\rightarrow\mathbf{V}$ 满足

$$\varphi(\boldsymbol{AB})=\varphi(\boldsymbol{A})\cdot\varphi(\boldsymbol{B}),\ \boldsymbol{A},\ \boldsymbol{B}\in\mathbf{V}\tag{3-8}$$

试证明：

(1) 任意 $\boldsymbol{A},\boldsymbol{B}\in\boldsymbol{\Gamma}_r$，恒有 $\mathrm{r}(\varphi(\boldsymbol{A}))=\mathrm{r}(\varphi(\boldsymbol{B}))$；

(2) 如果 φ 还满足：$\varphi(0)=0$，且有 1 秩矩阵 $\boldsymbol{W}$ 使得 $\varphi(\boldsymbol{W})\neq 0$，则必存在可逆实矩阵 $\boldsymbol{R}$ 使得

$$\varphi(\boldsymbol{E}_{ij})=\boldsymbol{R}\boldsymbol{E}_{ij}\boldsymbol{R}^{-1},\ 1\leqslant i,\ j\leqslant n.$$

(第五届全国大学生数学竞赛决赛试题(数学类第六题,25 分))

分析 对于任意满足 $\boldsymbol{A}^2=A$ 的矩阵 $\boldsymbol{A}$，单点映射

$$\phi_A:\ \boldsymbol{B}\rightarrow\boldsymbol{A},\ \boldsymbol{B}\in\boldsymbol{V}$$

满足所给的条件(＊)；此外，对于每个可逆矩阵 $\boldsymbol{P}$，由 $\boldsymbol{P}$ 所确定的共轭变换

$$\varphi_P:\ \boldsymbol{B}\rightarrow\boldsymbol{P}^{-1}\boldsymbol{B}\boldsymbol{P},\ \boldsymbol{B}\in\boldsymbol{V}$$

也满足条件(＊). 所以，满足条件(＊)的 φ 是很多的. 将此观察结果与要证的结论(2)相对照，即可以看出“$\varphi(0)=0$”是一个很强的条件.

第二问要证的是：存在线性无关的 n 维实列向量组 $\boldsymbol{\beta}_1,\cdots,\boldsymbol{\beta}_n$，使得

$$\varphi(\boldsymbol{E}_{ij})(\boldsymbol{\beta}_1,\cdots,\boldsymbol{\beta}_n)=(\boldsymbol{\beta}_1,\cdots,\boldsymbol{\beta}_n)\boldsymbol{E}_{ij},\ 1\leqslant i,\ j\leqslant n,$$

亦即

$$\varphi(\boldsymbol{E}_{ij})\boldsymbol{\beta}_k=\begin{cases}\boldsymbol{\beta}_i,\ k=j,\\ \boldsymbol{0},\ k\neq j.\end{cases}$$

证明 (1) 任意 $\boldsymbol{A},\boldsymbol{B}\in\boldsymbol{\Gamma}_r$，恒有可逆实矩阵 $\boldsymbol{P},\boldsymbol{Q}$ 使得 $\boldsymbol{PAQ}=\boldsymbol{B}$. 因此有 $\mathrm{r}(\varphi(\boldsymbol{B}))=\mathrm{r}(\varphi(\boldsymbol{P})\cdot\varphi(\boldsymbol{A})\cdot\varphi(\boldsymbol{Q}))\leqslant\mathrm{r}(\varphi(\boldsymbol{A}))$. 同理可得反不等式，从而有 $\mathrm{r}(\varphi(\boldsymbol{A}))=\mathrm{r}(\varphi(\boldsymbol{B}))$.

(2) 根据(1)可知 $\mathrm{r}(\varphi(\boldsymbol{E}_{ij}))=\mathrm{r}(\varphi(\boldsymbol{W}))>0$，特别的，$\varphi(\boldsymbol{E}_{ij})\neq\boldsymbol{0}$. 记 $\boldsymbol{F}_{ij}=\varphi(\boldsymbol{E}_{ij})$，则根据 $\varphi(\boldsymbol{0})=\boldsymbol{0}$ 可得

$$\boldsymbol{F}_{ij}\boldsymbol{F}_{kl}=\varphi(\boldsymbol{E}_{ij}\boldsymbol{E}_{kl})=\begin{cases}\boldsymbol{F}_{il},\ k=j,\\ \boldsymbol{0},\ k\neq j.\end{cases}$$

根据 $\boldsymbol{0}\neq\boldsymbol{F}_{n1}=\boldsymbol{F}_{n1}\boldsymbol{F}_{11}$，可取 $\boldsymbol{\alpha}_1\in\mathbf{R}^{n\times 1}$，使得 $\boldsymbol{F}_{n1}\boldsymbol{\alpha}_1\neq\boldsymbol{0}$. 由于 $\boldsymbol{F}_{n1}=\boldsymbol{F}_{nn-1}\boldsymbol{F}_{n-11}$，故有 $\boldsymbol{F}_{n-11}\boldsymbol{\alpha}_1\neq\boldsymbol{0}$. 类似可得 $\mathbf{F}_{i1}\boldsymbol{\alpha}_1\neq\boldsymbol{0}$，$1\leqslant i\leqslant n$. 记 $\boldsymbol{\beta}_i=\boldsymbol{F}_{i1}\boldsymbol{\alpha}_1(1\leqslant i\leqslant n)$. 注意 $\boldsymbol{\beta}_i\neq\boldsymbol{0}$，则有：

(i) $\boldsymbol{\beta}_1,\cdots,\boldsymbol{\beta}_n$ 线性无关：事实上，如果 $\sum_{i=1}^n k_i\boldsymbol{\beta}_i=\boldsymbol{0}\ (k_i\in\mathbf{R})$，两侧左乘以 $\boldsymbol{F}_{jj}$，可得 $\boldsymbol{0}=k_j\boldsymbol{\beta}_j$，从而得到 $k_j=0$.

(ii) 任意 $k\neq l$，恒有 $\boldsymbol{F}_{jk}\boldsymbol{\beta}_l=\boldsymbol{F}_{jk}\boldsymbol{F}_{l1}\alpha_1=\boldsymbol{0}$. 此外还有

$$\boldsymbol{F}_{jk}\boldsymbol{\beta}_k = \boldsymbol{F}_{jk}\boldsymbol{F}_{k1}\boldsymbol{\alpha}_1 = \boldsymbol{F}_{j1}\boldsymbol{\alpha}_1 = \boldsymbol{\beta}_j,$$

故而 $\boldsymbol{F}_{jk}$ 在 $\mathbf{R}^{n\times 1}$ 的基 $\boldsymbol{\beta}_1, \cdots, \boldsymbol{\beta}_n$ 下的矩阵为 $\boldsymbol{E}_{jk}$. 故若命 $\boldsymbol{R}=(\boldsymbol{\beta}_1, \cdots, \boldsymbol{\beta}_n)$，则有

$$R \in GL_n(\mathbf{R}),\ \varphi(\boldsymbol{E}_{ij})R = \boldsymbol{F}_{ij}(\boldsymbol{\beta}_1, \cdots, \boldsymbol{\beta}_n) = (\boldsymbol{\beta}_1, \cdots, \boldsymbol{\beta}_n)\boldsymbol{E}_{ij} = R\boldsymbol{E}_{ij}.$$

例 3.86 记 $\boldsymbol{\Gamma} = \left\{\begin{bmatrix} z_1 & z_2 \\ -z_2 & z_1 \end{bmatrix} \middle| z_i \in \mathbf{C}\right\}$. 求证：$\boldsymbol{\Gamma}$ 中任一矩阵 $\boldsymbol{A}$ 的 Jordan 标准形 $\boldsymbol{J}_A$ 仍在 $\boldsymbol{\Gamma}$ 中，且存在可逆矩阵 $\boldsymbol{P} \in \boldsymbol{\Gamma}$ 使得 $\boldsymbol{P}^{-1}\boldsymbol{A}\boldsymbol{P} = \boldsymbol{J}_A$.

（第六届全国大学生数学竞赛决赛试题(2015 年 3 月. 数学类第 3 题,15 分)）

证明 此题留作习题.

例 3.87 求证：对于任意自然数 n, l, m，存在矩阵 $\boldsymbol{A}_m$ 使得

$$\boldsymbol{A}^n + \boldsymbol{A}^l = \boldsymbol{E}_m + \begin{bmatrix} 1 & 0 & 0 & \cdots & 0 & 0 & 0 \\ 2 & 1 & 0 & \cdots & 0 & 0 & 0 \\ 3 & 2 & 1 & \cdots & 0 & 0 & 0 \\ 4 & 3 & 2 & \cdots & 0 & 0 & 0 \\ \vdots & \vdots & \vdots & \ddots & \vdots & \vdots & \vdots \\ m-1 & m-2 & m-3 & \cdots & 2 & 1 & 0 \\ m & m-1 & m-2 & \cdots & 3 & 2 & 1 \end{bmatrix}$$

（第六届全国大学生数学竞赛预赛试题(数学类第 6 题,25 分)）

提示：记 $\boldsymbol{H}_m = \begin{bmatrix} 0 & 0 & 0 & \cdots & 0 & 0 & 0 \\ 1 & 0 & 0 & \cdots & 0 & 0 & 0 \\ 0 & 1 & 0 & \cdots & 0 & 0 & 0 \\ 0 & 0 & 1 & \cdots & 0 & 0 & 0 \\ \vdots & \vdots & \vdots & \ddots & \vdots & \vdots & \vdots \\ 0 & 0 & 0 & \cdots & 1 & 0 & 0 \\ 0 & 0 & 0 & \cdots & 0 & 1 & 0 \end{bmatrix}$，则有

$$\boldsymbol{E}_n + \begin{bmatrix} 1 & 0 & 0 & \cdots & 0 & 0 & 0 \\ 2 & 1 & 0 & \cdots & 0 & 0 & 0 \\ 3 & 2 & 1 & \cdots & 0 & 0 & 0 \\ 4 & 3 & 2 & \cdots & 0 & 0 & 0 \\ \vdots & \vdots & \vdots & \ddots & \vdots & \vdots & \vdots \\ m-1 & m-2 & m-3 & \cdots & 2 & 1 & 0 \\ m & m-1 & m-2 & \cdots & 3 & 2 & 1 \end{bmatrix}$$

$$= 2\boldsymbol{E} + 2\boldsymbol{H} + 3\boldsymbol{H}^2 + \cdots + m\boldsymbol{H}^{m-1}.$$

注意 $\boldsymbol{E}, \boldsymbol{H}, \boldsymbol{H}^2, \cdots, \boldsymbol{H}^{m-1}$ 线性无关,而 $\boldsymbol{H}^m = \boldsymbol{0}$, 故可考虑

$$\boldsymbol{X} = \boldsymbol{E} + a_1\boldsymbol{H} + a_2\boldsymbol{H}^2 + \cdots + a_{m-1}\boldsymbol{H}^{m-1}.$$

使用二项式定理展开 X^n, 比较 H^i 的系数,题目变成下述方程组求解问题:

$$\begin{cases}(n+l)a_1 = 2 \\ f_2(a_1, a_2) + g_2(a_1, a_2) = 3 \\ f_2(a_1, a_2, a_3) + g_2(a_1, a_2, a_3) = 4 \\ \cdots\cdots\end{cases}$$

其中, $f_i(a_1, a_2, \cdots, a_{i+1})$ 与 $g_i(a_1, a_2, \cdots, a_{i+1})$ 均为 $a_1, \cdots, a_{i+1}$ 的多项式. 将 a_1 解出,代入第二式,得到关于 a_2 的多项式,其首项系数为 2. 所以有解 a_2. 将 a_1, a_2 代入第三式,得到关于 a_3 的一元多项式,其首项系数为 2,所以有解 a_3. 继续这一过程,最终可得到所有的 $a_1, \cdots, a_m$.

4　线性空间与线性变换

4.1　基本概念

(1) 域 $\mathbf{F}$ 上的线性空间 ${}_{\mathbf{F}}\mathbf{V}$：带有加法和数乘两种运算，且满足如下 8 个条件：

(i) 交换律：$\boldsymbol{\alpha}+\boldsymbol{\beta}=\boldsymbol{\beta}+\boldsymbol{\alpha}$, $\boldsymbol{\alpha}$, $\boldsymbol{\beta}\in\mathbf{V}$.

(ii) 结合律：$(\boldsymbol{\alpha}+\boldsymbol{\beta})+\boldsymbol{\gamma}=\boldsymbol{\alpha}+(\boldsymbol{\beta}+\boldsymbol{\gamma})$, $\boldsymbol{\alpha}$, $\boldsymbol{\beta}$, $\boldsymbol{\gamma}\in\mathbf{V}$.

(iii) 存在零元 $0_{\mathbf{V}}$：$0_{\mathbf{V}}+\boldsymbol{\beta}=\boldsymbol{\beta}=\boldsymbol{\beta}+\mathbf{0}_{\mathbf{V}}$, $\boldsymbol{\beta}\in\mathbf{V}$.

(iv) 任意 $\boldsymbol{\alpha}\in\mathbf{V}$, $\boldsymbol{\alpha}$ 在 $\mathbf{V}$ 中有负元 $-\boldsymbol{\alpha}$, 使得 $\boldsymbol{\alpha}+(-\boldsymbol{\alpha})=0_{\mathbf{V}}=(-\boldsymbol{\alpha})+\boldsymbol{\alpha}$.

(v) $1\boldsymbol{\alpha}=\boldsymbol{\alpha}$, $\boldsymbol{\alpha}\in\mathbf{V}$.

(vi) $(kl)\boldsymbol{\alpha}=k(l\boldsymbol{\alpha})$, k, $l\in\mathbf{F}$, $\boldsymbol{\alpha}\in\mathbf{V}$.

(vii) $(k+l)\boldsymbol{\alpha}=k\boldsymbol{\alpha}+l\boldsymbol{\alpha}$, k, $l\in\mathbf{F}$, $\boldsymbol{\alpha}\in\mathbf{V}$.

(viii) $k(\boldsymbol{\alpha}+\boldsymbol{\beta})=k\boldsymbol{\alpha}+k\boldsymbol{\beta}$, $k\in\mathbf{F}$, $\boldsymbol{\alpha}$, $\boldsymbol{\beta}\in\mathbf{V}$.

(2) 线性空间 ${}_{\mathbf{F}}\mathbf{V}$ 上的线性变换 $\boldsymbol{\sigma}:\mathbf{V}\rightarrow\mathbf{V}$：是满足

$$\boldsymbol{\sigma}(k_1\boldsymbol{\alpha}_1+k_2\boldsymbol{\alpha}_2)=k_1\boldsymbol{\sigma}(\boldsymbol{\alpha}_1)+k_2\boldsymbol{\sigma}(\boldsymbol{\alpha}_2),\ \boldsymbol{\alpha}_i\in\mathbf{V},\ k_i\in\mathbf{F}$$

的变换.

(3) ${}_{\mathbf{F}}\mathbf{V}$ 的 $\boldsymbol{\sigma}$-子空间 $\boldsymbol{W}$（又称为 $\boldsymbol{\sigma}$-不变子空间）：首先，$\boldsymbol{W}$ 是 $\mathbf{V}$ 的子空间，亦即它关于 $\mathbf{V}$ 的线性运算做成线性空间；此外，它还满足 $\boldsymbol{\sigma}(\boldsymbol{W})\subseteq\boldsymbol{W}$. 最典型的 $\boldsymbol{\sigma}$-子空间是像子空间 $\boldsymbol{\sigma}^i(\mathbf{V})$ 与核子空间 $ker(\boldsymbol{\sigma}^i)$.

4.2　重要定理

定理 4.1　在线性空间 $\mathbf{V}$ 中，如果有

$$\boldsymbol{\alpha}_1,\ \cdots,\ \boldsymbol{\alpha}_r\overset{l}{\Rightarrow}\boldsymbol{\beta}_1,\ \cdots,\ \boldsymbol{\beta}_s$$

成立，其中 $\boldsymbol{\beta}_1$, $\cdots$, $\boldsymbol{\beta}_s$ 线性无关，则必有 $r\geqslant s$.

定理 4.2　维数公式 1：对于 $\mathbf{F}$ 上的有限维空间 $\mathbf{V}$ 的子空间 $\boldsymbol{U}$ 和 $\boldsymbol{W}$，有

$$\dim_{\mathbf{F}}(\boldsymbol{U}+\boldsymbol{W})=\dim_{\mathbf{F}}\boldsymbol{U}+\dim_{\mathbf{F}}\boldsymbol{W}-\dim_{\mathbf{F}}\boldsymbol{U}\cap\boldsymbol{W}.$$

注意 上述公式可理解为

$$|\boldsymbol{A}\cup\boldsymbol{B}|=|\boldsymbol{A}|+|\boldsymbol{B}|-|\boldsymbol{A}\cap\boldsymbol{B}|$$

在 dim 情形的类比. 但是,在通常情况下,公式

$$|\boldsymbol{A}\cup\boldsymbol{B}\cup\boldsymbol{C}|=|\boldsymbol{A}|+|\boldsymbol{B}|+|\boldsymbol{C}|-|\boldsymbol{A}\cap\boldsymbol{B}|-|\boldsymbol{A}\cap\boldsymbol{C}|-|\boldsymbol{B}\cap\boldsymbol{C}|+|\boldsymbol{A}\cap\boldsymbol{B}\cap\boldsymbol{C}| \tag{4-1}$$

在 dim 情形的类比并不成立. 事实上,

$$\dim(\boldsymbol{W}_1+(\boldsymbol{W}_2+\boldsymbol{W}_3))=\dim(\boldsymbol{W}_1)+\dim(\boldsymbol{W}_2)+\dim(\boldsymbol{W}_3)-\dim(\boldsymbol{W}_2\cap\boldsymbol{W}_3)-\dim(\boldsymbol{W}_1\cap(\boldsymbol{W}_2+\boldsymbol{W}_3)).$$

考虑到

$$\dim(\boldsymbol{W}_1\cap\boldsymbol{W}_2+\boldsymbol{W}_1\cap\boldsymbol{W}_3)=\dim(\boldsymbol{W}_1\cap\boldsymbol{W}_2)+\dim(\boldsymbol{W}_1\cap\boldsymbol{W}_3)-\dim(\boldsymbol{W}_1\cap\boldsymbol{W}_2\cap\boldsymbol{W}_3),$$

所以式(4-1)在 dim 情形的类比成立,当且仅当下式成立

$$\dim(\boldsymbol{W}_1\cap\boldsymbol{W}_2+\boldsymbol{W}_1\cap\boldsymbol{W}_3)=\dim(\boldsymbol{W}_1\cap(\boldsymbol{W}_2+\boldsymbol{W}_3)).$$

但是,后一等式通常并不成立:如果令 $\boldsymbol{W}_2$ 为平面上的 x 轴,$\boldsymbol{W}_3$ 为 y 轴,$\boldsymbol{W}_1$ 为直线 $x=y$,则有 $\boldsymbol{W}_1+\boldsymbol{W}_2=\mathbf{R}^2$(平面),而 $\boldsymbol{W}_1\cap\boldsymbol{W}_2=\boldsymbol{W}_1\cap\boldsymbol{W}_3=0$.

定理 4.3 假设 $\boldsymbol{\sigma}$: ${}_{\mathbf{F}}\boldsymbol{V}\to{}_{\mathbf{F}}\boldsymbol{U}$ 是线性空间之间的线性映射,记

$$\mathrm{r}(\boldsymbol{\sigma})=\dim_{\mathbf{F}}\boldsymbol{\sigma}(\boldsymbol{V}),\ Ndeg(\boldsymbol{\sigma})=\dim_{\mathbf{F}}Ker(\boldsymbol{\sigma}).$$

称 $\mathrm{r}(\boldsymbol{\sigma})$ 为线性映射 $\boldsymbol{\sigma}$ 的**秩**,而称 $Ndeg(\boldsymbol{\sigma})$ 为线性映射 $\boldsymbol{\sigma}$ 的**零度**(null degree). 取定 ${}_{\mathbf{F}}V$ 与 ${}_{\mathbf{F}}U$ 的各一个基 $\eta_1,\cdots,\eta_n;\delta_1,\cdots,\delta_m$,并假设

$$\boldsymbol{\sigma}(\eta_1,\cdots,\eta_n)=(\delta_1,\cdots,\delta_m)\boldsymbol{A}_{m\times n},$$

则有

(1) $\mathrm{r}(\boldsymbol{\sigma})=\mathrm{r}(\boldsymbol{A})$, $Ndeg(\boldsymbol{\sigma})=n-\mathrm{r}(\boldsymbol{A})$.

(2) 维数公式 2:

$$\dim_{\mathbf{F}}\boldsymbol{V}=\mathrm{r}(\boldsymbol{\sigma})+Ndeg(\boldsymbol{\sigma})\overset{i.e.}{=}\dim(\dim(\boldsymbol{\sigma}))+\dim(ker(\boldsymbol{\sigma})).$$

注记 借助于定理 4.3(1),不难证明维数公式 2 等价于**基础解系基本定理**.

定理 4.4 假设 ${}_{\mathbf{F}}\boldsymbol{V}$ 是 n 维线性空间,并取定 ${}_{\mathbf{F}}\boldsymbol{V}$ 的一个基 $\boldsymbol{\eta}_1,\cdots,\boldsymbol{\eta}_n$. 用

$End_{\mathbf{F}}(\mathbf{V})$ 记 ${}_{\mathbf{F}}\mathbf{V}$ 上的所有线性变换的全体，用 $M_n(\mathbf{F})$ 记 $\mathbf{F}$ 上的所有 n 阶方阵，则有 $\mathbf{F}$ 上的线性空间同构

$$\varphi:\ End_{\mathbf{F}}(\mathbf{V}) \rightarrow M_n(\mathbf{F}),\ \boldsymbol{\sigma} \rightarrow \boldsymbol{A}$$

其中 $\boldsymbol{A}$ 由下式确定

$$\boldsymbol{\sigma}(\boldsymbol{\eta}_1,\ \cdots,\ \boldsymbol{\eta}_n) = (\boldsymbol{\eta}_1,\ \cdots,\ \boldsymbol{\eta}_n)\boldsymbol{A}.$$

此外，φ 还有如下性质：

(1) $\varphi(I_V) = \boldsymbol{E}_n$，亦即：$\varphi$ 将 $End_{\mathbf{F}}(V)$ 的乘法单位元映成 $M_n(\mathbf{F})$ 的单位元.

(2) φ 关于乘法是同态映射：$\varphi(\tau\boldsymbol{\sigma}) = \varphi(\tau)\varphi(\boldsymbol{\sigma})$.

以上结果简言之就是：φ 是 $\mathbf{F}$-代数同构.

定理 4.5　对于 n 维欧氏空间 $\mathbf{V}$ 上的线性变换 $\boldsymbol{\sigma}$，以下说法等价：

(1) $\boldsymbol{\sigma}$ 是正交变换，亦即 $\boldsymbol{\sigma}$ 保持内积：$[\boldsymbol{\sigma}(\alpha),\ \boldsymbol{\sigma}(\beta)] = [\alpha,\ \beta],\ \alpha,\ \beta \in \mathbf{V}$.

(2) $\boldsymbol{\sigma}$ 保持长度：$\|\boldsymbol{\sigma}(\alpha)\| = \|\alpha\|,\ \alpha \in \mathbf{V}$.

(3) $\boldsymbol{\sigma}$ 将 $\mathbf{V}$ 的标准正交基变成标准正交基；

(4) $\boldsymbol{\sigma}$ 在 $\mathbf{V}$ 的标准正交基下的矩阵为正交矩阵.

注意　(1) 记 $O_n(\mathbf{V}) = \{\mathbf{V}$ 上的正交变换$\}$，$O_n(\mathbf{R}) = \{n$ 阶正交矩阵$\}$. 二者关于乘法运算封闭，且关于取逆封闭(称为群). 根据定理 4.3，在取定 $\mathbf{V}$ 的一个标准正交基 $\boldsymbol{\eta}_1,\ \cdots,\ \boldsymbol{\eta}_n$ 后，就建立了一个保乘法的双射(称为群同构映射)：

$$O_n(\mathbf{V}) \rightarrow O_n(\mathbf{R}),\ \boldsymbol{\sigma} \rightarrow \boldsymbol{U},\text{其中 } \boldsymbol{\sigma}(\boldsymbol{\eta}_1,\ \cdots,\ \boldsymbol{\eta}_n) = (\boldsymbol{\eta}_1,\ \cdots,\ \boldsymbol{\eta}_n)\boldsymbol{U}.$$

(2) 对于对称变换，Hermite 变换和正规变换，都有类似于如下定理 4.6 的一个刻画(证明详见后面的例题). 定理 4.6 是这类结论的一个代表.

定理 4.6　(正交变换的基本定理)　(1) 对于 n 维欧氏空间 $\mathbf{V}$ 上的正交变换 $\boldsymbol{\sigma}$，存在 $\mathbf{V}$ 的一个标准正交基，使得 $\boldsymbol{\sigma}$ 在此基下的矩阵为如下的一个准对角阵：

$$\begin{bmatrix} \boldsymbol{E}_r & & & & \\ & -\boldsymbol{E}_s & & & \\ & & \boldsymbol{A}_1 & & \\ & & & \ddots & \\ & & & & \boldsymbol{A}_t \end{bmatrix}, \tag{4-2}$$

其中 $\boldsymbol{A}_i$ 是形为 $\begin{bmatrix} \cos\theta & -\sin\theta \\ \sin\theta & \cos\theta \end{bmatrix}$ 的二阶正交矩阵，其中 $\theta \neq k\pi$.

(2) (矩阵版本)正交矩阵一定正交相似于一个形为式[4-2]的准对角阵.

定理 4.7 (1) 对于 n 维欧氏空间 $\mathbf{V}$ 上的对称变换 $\boldsymbol{\sigma}$(即使得 $[\boldsymbol{\sigma}(\boldsymbol{\alpha}), \boldsymbol{\beta}]=[\boldsymbol{\alpha}, \boldsymbol{\sigma}(\boldsymbol{\beta})]$ 恒成立),存在 $\mathbf{V}$ 的一个标准正交基,使得 $\boldsymbol{\sigma}$ 在此基下的矩阵为对角阵.

(2) (矩阵版本)实对称矩阵一定正交相似于一个实对角阵.

定理 4.8 (1) 对于 n 维酉空间 $\mathbf{V}$ 上的线性变换 $\boldsymbol{\sigma}$, $\boldsymbol{\sigma}$ 是正规变换(亦即满足 $\boldsymbol{\sigma}\boldsymbol{\sigma}^{\star}=\boldsymbol{\sigma}^{\star}\boldsymbol{\sigma}$),当且仅当存在 $\mathbf{V}$ 的一个标准正交基,使得 $\boldsymbol{\sigma}$ 在此基下的矩阵为复对角阵.

(2) (矩阵版本)对于复矩阵 $\mathbf{A}_n$, $\mathbf{A}$ 是正规阵(亦即满足 $\mathbf{A}\overline{\mathbf{A}}^{\mathrm{T}}=\overline{\mathbf{A}}^{\mathrm{T}}\mathbf{A}$)当且仅当 $\mathbf{A}$ 酉相似于一个复对角阵.

注意 $\boldsymbol{\sigma}$ 的共轭变换 $\boldsymbol{\sigma}^{\star}$,由 $[\boldsymbol{\sigma}(\alpha), \beta]=[\alpha, \boldsymbol{\sigma}^{\star}(\beta)]$($\alpha, \beta\in\mathbf{V}$)所定义.酉空间和欧氏空间上的任意一个线性变换 σ 都有唯一的共轭变换 $\boldsymbol{\sigma}^{\star}$;而且如果 $\boldsymbol{\sigma}$ 在某个标准正交基下的矩阵为 $\mathbf{A}$,则 $\boldsymbol{\sigma}^{\star}$ 在此基下的矩阵为 $\overline{\mathbf{A}}^{\mathrm{T}}$,记为 $\mathbf{A}^{\star}$. 这里的 $\mathbf{A}^{\star}$ 原本应该记为 $\mathbf{A}^{*}$,但是这一符号已被用来表示 $\mathbf{A}$ 的伴随矩阵.

定理 4.9 (根子空间分解定理)对于数域 $\mathbf{F}$ 上的线性空间 $\mathbf{V}$,假设 $\mathbf{V}$ 上的线性变换 $\boldsymbol{\sigma}$ 的特征多项式 $f(x)$ 在 $\mathbf{F}[x]$ 中可分解为一次因式之积.进一步假设 $\lambda_1, \cdots, \lambda_r$ 是 $\boldsymbol{\sigma}$ 的全部两两互异的特征值.记

$$W_i=f_i(\boldsymbol{\sigma})\mathbf{V},\ R_i=\{\alpha\in\mathbf{V}\mid \exists m_\alpha,\ \text{s. t.}\ (\boldsymbol{\sigma}-\lambda_i I_V)^{m_\alpha}(\alpha)=0\},$$

其中多项式 $f_i(x)=\dfrac{f(x)}{(x-\lambda_i)^{\alpha_i}}$,而 $(x-\lambda_i)^{\alpha_i}$ 恰除尽 $f(x)$. 则

$$R_i=W_i=ker(\boldsymbol{\sigma}-\lambda_i I_V)^{\alpha_i},$$

而且它是 $\boldsymbol{\sigma}$-子空间,使得 $\mathbf{V}=R_1\oplus\cdots\oplus R_r$.

定理 4.10 (Jordan 定理)假设 $\mathbf{V}$ 是数域 $\mathbf{F}$ 上的线性空间,而 $\boldsymbol{\sigma}$ 是 $\mathbf{V}$ 上的线性变换.进一步假设 $\boldsymbol{\sigma}$ 的特征多项式在 $\mathbf{C}$ 中的根都在 $\mathbf{F}$ 中,则:

(1) 存在 $\mathbf{V}$ 的一个基,使得 $\boldsymbol{\sigma}$ 在此基下的矩阵为 Jordan 标准形

$$\operatorname{diag}\{\mathbf{J}_1, \cdots, \mathbf{J}_r\}.$$

(2) 如果 $\boldsymbol{\sigma}$ 在两个基下的矩阵均为 Jordan 标准形,则将其中一个准对角线上的块位置重排即得到另外一个.换言之,族 $\{\mathbf{J}_1, \cdots, \mathbf{J}_r\}$ 是唯一确定的,与相应基的取法无关.

定理 4.11 假设 $\mathbf{V}$ 是 n 维实空间,并取定 $\mathbf{V}$ 的一个基 $\boldsymbol{\alpha}_1, \cdots, \boldsymbol{\alpha}_n$. 用 $\sum$ 表示 $\mathbf{V}$ 上所有内积的集合,用 $\mathbf{P}_n(\mathbf{R})$ 表示所有 n 阶正定矩阵的集合,则有保持加法的集合双射

$$\varphi:\ \sum\ \rightarrow \mathbf{P}_n(\mathbf{R}),\ [-, -]\ \mapsto ([\alpha_i, \alpha_j])_n.$$

4.3 重要公式

(1) 假设 $\boldsymbol{\alpha}_1, \cdots, \boldsymbol{\alpha}_r$ 是酉空间 $\mathbf{V}$ 的向量,而

$$\boldsymbol{\alpha}=(\boldsymbol{\alpha}_1, \cdots, \boldsymbol{\alpha}_r)\boldsymbol{X},\ \boldsymbol{\beta}=(\boldsymbol{\alpha}_1, \cdots, \boldsymbol{\alpha}_r)\boldsymbol{Y},$$

其中 $\boldsymbol{X}, \boldsymbol{Y} \in \mathbf{R}^{r\times 1}$. 则有

$$[\boldsymbol{\alpha}, \boldsymbol{\beta}] \overset{i.e.}{=} \left[\sum_{i=1}^{r} x_i \boldsymbol{\alpha}_i,\ \sum_{j=1}^{r} y_j \boldsymbol{\alpha}_j\right] = \boldsymbol{X}^{\mathrm{T}} \cdot ([\boldsymbol{\alpha}_i, \boldsymbol{\alpha}_j])_{r\times r} \cdot \bar{\boldsymbol{Y}}.$$

在欧氏空间中.上述 $\bar{Y}$ 中的 bar 自然消失.

(2) 酉空间和欧式空间中的 Cauchy 不等式:不等式

$$|[\boldsymbol{\alpha}, \boldsymbol{\beta}]| \leqslant \|\boldsymbol{\alpha}\| \cdot \|\boldsymbol{\beta}\| \tag{4-3}$$

恒成立,而其中等式成立当且仅当 $\boldsymbol{\alpha}$ 与 $\boldsymbol{\beta}$ 线性相关.

注意 $\|\boldsymbol{\alpha}\| = \sqrt{[\boldsymbol{\alpha}, \boldsymbol{\alpha}]}$,它表示向量 $\boldsymbol{\alpha}$ 的长度. 而 $|[\boldsymbol{\alpha}, \boldsymbol{\beta}]|$ 表示复数 $[\boldsymbol{\alpha}, \boldsymbol{\beta}]$ 的模长.

证明 $\boldsymbol{\beta}=\mathbf{0}$ 时,等式自然成立. 故以下假设 $\boldsymbol{\beta}\neq\mathbf{0}$. 此时依照内积的定义,$[\boldsymbol{\beta}, \boldsymbol{\beta}]$ 是正实数.

对于任意数 t, 考虑 $[\boldsymbol{\alpha}-t\boldsymbol{\beta}, \boldsymbol{\alpha}-t\boldsymbol{\beta}]$, 根据内积的定义有

$$0 \leqslant [\boldsymbol{\alpha}-t\boldsymbol{\beta}, \boldsymbol{\alpha}-t\boldsymbol{\beta}] = [\boldsymbol{\alpha}, \boldsymbol{\alpha}] - t[\boldsymbol{\beta}, \boldsymbol{\alpha}] - \bar{t}[\boldsymbol{\alpha}, \boldsymbol{\beta}] - t\bar{t}[\boldsymbol{\beta}, \boldsymbol{\beta}].$$

取 $t=\dfrac{[\boldsymbol{\alpha}, \boldsymbol{\beta}]}{[\boldsymbol{\beta}, \boldsymbol{\beta}]} \in \mathbf{C}$, 则有 $\bar{t}=\dfrac{[\boldsymbol{\beta}, \boldsymbol{\alpha}]}{[\boldsymbol{\beta}, \boldsymbol{\beta}]}$

$$\begin{aligned} 0 &\leqslant [\boldsymbol{\alpha}, \boldsymbol{\alpha}] - \frac{[\boldsymbol{\alpha}, \boldsymbol{\beta}]}{[\boldsymbol{\beta}, \boldsymbol{\beta}]}[\boldsymbol{\beta}, \boldsymbol{\alpha}] - \frac{[\boldsymbol{\beta}, \boldsymbol{\alpha}]}{[\boldsymbol{\beta}, \boldsymbol{\beta}]}[\boldsymbol{\alpha}, \boldsymbol{\beta}] + \frac{[\boldsymbol{\alpha}, \boldsymbol{\beta}]}{[\boldsymbol{\beta}, \boldsymbol{\beta}]}\ \frac{[\boldsymbol{\beta}, \boldsymbol{\alpha}]}{[\boldsymbol{\beta}, \boldsymbol{\beta}]}[\boldsymbol{\beta}, \boldsymbol{\beta}] \\ &= [\boldsymbol{\alpha}, \boldsymbol{\alpha}] - \frac{[\boldsymbol{\alpha}, \boldsymbol{\beta}] \cdot [\boldsymbol{\beta}, \boldsymbol{\alpha}]}{[\boldsymbol{\beta}, \boldsymbol{\beta}]} = \|\boldsymbol{\alpha}\|^2 - \frac{|[\boldsymbol{\alpha}, \boldsymbol{\beta}]|^2}{\|\boldsymbol{\beta}\|^2}. \end{aligned}$$

由此即得到不等式(4-3).

如果 $\boldsymbol{\alpha}$ 与 $\boldsymbol{\beta}$ 线性相关,式(4-3)中等号自然成立. 反过来,如果 $\boldsymbol{\alpha}$ 与 $\boldsymbol{\beta}$ 线性无关,则对于任意数 t, $\boldsymbol{\alpha}-t\boldsymbol{\beta}\neq\mathbf{0}$ 恒成立. 所以恒有 $[\boldsymbol{\alpha}-t\boldsymbol{\beta}, \boldsymbol{\alpha}-t\boldsymbol{\beta}]>0$. 对于上述所取 t, 不等式自然成立,亦即有 $|[\boldsymbol{\alpha}, \boldsymbol{\beta}]| < \|\boldsymbol{\alpha}\| \cdot \|\boldsymbol{\beta}\|$, 式(4-3)成立. 这说明在式(4-3)中,等式成立当且仅当 $\boldsymbol{\alpha}$ 与 $\boldsymbol{\beta}$ 线性相关.

(3) 对于 $\mathbf{V}$ 上的线性变换 $\boldsymbol{\sigma}$, 有 3 类重要的 $\boldsymbol{\sigma}$-不变子空间: $im(\boldsymbol{\sigma}^r)$,

$ker(\boldsymbol{\sigma}^r)$，以及线性变换 $\boldsymbol{\sigma}$ 的特征子空间 $\mathbf{V}_\lambda$. 注意两个子空间链

$$im(\boldsymbol{\sigma}) \supseteq im(\boldsymbol{\sigma}^2) \supseteq im(\boldsymbol{\sigma}^3) \supseteq \cdots,\ ker(\boldsymbol{\sigma}) \subseteq ker(\boldsymbol{\sigma}^2) \subseteq ker(\boldsymbol{\sigma}^3) \subseteq \cdots$$

都在有限步后都成为恒等式.

(4) 对于线性空间 ${}_{\mathbf{F}}\mathbf{V}$ 上的线性变换 $\boldsymbol{\sigma}$，以及 $\mathbf{F}[x]$ 中的多项式 $g(x)$，$h(x)$，记

$$d(x) = (g(x),\ h(x)),\ m(x) = [g(x),\ h(x)],$$

则有

$$im\, g(\boldsymbol{\sigma}) + im\, h(\boldsymbol{\sigma}) = im\, d(\boldsymbol{\sigma}),$$

$$ker\, g(\boldsymbol{\sigma}) + ker\, h(\boldsymbol{\sigma}) = ker\, m(\boldsymbol{\sigma}).$$

(5) 对于酉空间 $\mathbf{V}$ 上的正规变换 $\boldsymbol{\sigma}$，若有 $\mathbf{0} \neq \boldsymbol{\alpha} \in \mathbf{V}$ 和复数 λ 使得 $\boldsymbol{\sigma}(\boldsymbol{\alpha}) = \lambda\boldsymbol{\alpha}$，则有 $\boldsymbol{\sigma}^{\star}(\boldsymbol{\alpha}) = \bar{\lambda}\boldsymbol{\alpha}$.

(6) 假设 $\mathbf{W}_i$ 是线性空间 $\mathbf{V}$ 的子空间，则以下条件等价：

(i) $\mathbf{V} = \mathbf{W}_1 \oplus \mathbf{W}_2$，亦即 $\mathbf{V}$ 中任意向量 $\boldsymbol{\alpha}$ 的如下分解式存在且唯一：

$$\boldsymbol{\alpha} = \boldsymbol{\alpha}_1 + \boldsymbol{\alpha}_2,\ \text{其中 } \boldsymbol{\alpha}_i \in \mathbf{W}_i.$$

(ii) $\mathbf{V} = \mathbf{W}_1 + \mathbf{W}_2$，且 $\mathbf{W}_1 \cap \mathbf{W}_2 = 0$.

(iii) $\mathbf{W}_1 \cap \mathbf{W}_2 = \mathbf{0}$ 且 $\dim(\mathbf{V}) = \dim(\mathbf{W}_1) + \dim(\mathbf{W}_2)$.

(iv) $\mathbf{W}_1 \cap \mathbf{W}_2 = \mathbf{0}$ 且 $\mathbf{V} = \mathbf{W}_1 + \mathbf{W}_2$.

(7) 假设 $\mathbf{W}_i$ 是线性空间 $\mathbf{V}$ 的子空间，则以下条件等价：

(i) $\mathbf{V} = \bigoplus_{i=1}^m \mathbf{W}_i$，亦即 $\mathbf{V}$ 中任意向量 $\boldsymbol{\alpha}$ 的如下分解式存在且唯一：

$$\boldsymbol{\alpha} = \boldsymbol{\alpha}_1 + \boldsymbol{\alpha}_2 + \cdots + \boldsymbol{\alpha}_m,\ \text{其中 } \boldsymbol{\alpha}_i \in \mathbf{W}_i;$$

(ii) $\mathbf{V} = \sum_{i=1}^m \mathbf{W}_i$，且 $\mathbf{W}_i \cap \left(\sum_{j=1}^{i-1} \mathbf{W}_j\right) = 0,\ i = 2,\ \cdots,\ m$;

(iii) $\dim(\mathbf{V}) = \sum_{i=1}^m \dim(\mathbf{W}_i)$ 且 $\mathbf{W}_i \cap \left(\sum_{j=1}^{i-1} \mathbf{W}_j\right) = 0,\ i = 2,\ \cdots,\ m$;

(iv) $\dim(\mathbf{V}) = \sum_{i=1}^m \dim(\mathbf{W}_i)$ 且 $\mathbf{W}_i \cap \left(\sum_{j \neq i} \mathbf{W}_j\right) = 0,\ i = 1,\ 2,\ \cdots,\ m$.

4.4　例题与解答

例 4.1　对于内积空间 $\mathbf{V}$ 的子空间 $\mathbf{W}_1$，$\mathbf{W}_2$，求证：

(1) $(\mathbf{W}_1 + \mathbf{W}_2)^{\perp} = \mathbf{W}_1^{\perp} \cap \mathbf{W}_2^{\perp}$;

(2) $(\mathbf{W}_1 \cap \mathbf{W}_2)^{\perp} = \mathbf{W}_1^{\perp} + \mathbf{W}_2^{\perp}$.

证明思路　用双包含直接根据定义证明(1). 注意到 $\boldsymbol{W}^{\perp\perp}=\boldsymbol{W}$, 所以利用(1)可以容易得到(2). 下面给出(2)的一个直接证明.

证明　(2) 先证明: (i) 如果 ${}_{\mathrm{K}}\boldsymbol{U}\leqslant_{\mathrm{K}}\boldsymbol{W}\leqslant_{\mathrm{K}}\mathbf{V}$ 且 $\mathbf{V}=\boldsymbol{U}\oplus\boldsymbol{T}$, 则有

$$\boldsymbol{W}=\boldsymbol{U}\oplus(\boldsymbol{T}\cap\boldsymbol{W}).$$

(ii) 由于 $\boldsymbol{W}_1\cap\boldsymbol{W}_2\subseteq\boldsymbol{W}_i(i=1,2)$, 所以 $\boldsymbol{W}_i^{\perp}\subseteq(\boldsymbol{W}_1\cap\boldsymbol{W}_2)^{\perp}$, 进而有

$$\boldsymbol{W}_1^{\perp}+\boldsymbol{W}_2^{\perp}\subseteq(\boldsymbol{W}_1\cap\boldsymbol{W}_2)^{\perp}.$$

例 4.2　假设 $\mathbf{V}$ 是数域 $\mathbf{F}$ 上的内积空间, 内积为 $[-,-]$. 假设向量 $\boldsymbol{\alpha}$ 在两组标准正交基 $\boldsymbol{\alpha}_1,\cdots,\boldsymbol{\alpha}_n$ 与 $\boldsymbol{\beta}_1,\cdots,\boldsymbol{\beta}_n$ 下的坐标分别为 $\boldsymbol{X},\boldsymbol{X}_1\in\mathbf{P}^{n\times1}$, 而向量 $\boldsymbol{\beta}$ 在两组标准正交基 $\boldsymbol{\alpha}_1,\cdots,\boldsymbol{\alpha}_n$ 与 $\boldsymbol{\beta}_1,\cdots,\boldsymbol{\beta}_n$ 下的坐标分别为 $\boldsymbol{Y},\boldsymbol{Y}_1$. 求证: $\overline{\boldsymbol{X}}^{\mathrm{T}}\boldsymbol{Y}=\overline{\boldsymbol{X}_1}^{\mathrm{T}}\boldsymbol{Y}_1$.

证明　由于 $\boldsymbol{\alpha}_1,\cdots,\boldsymbol{\alpha}_n$ 是标准正交基, 所以度量阵 $([\boldsymbol{\alpha}_i,\boldsymbol{\alpha}_j])_{n\times n}$ 是单位阵. 同理有 $([\boldsymbol{\beta}_i,\boldsymbol{\beta}_j])_{n\times n}=\boldsymbol{E}_n$. 因此,

$$\begin{aligned}\overline{\boldsymbol{X}}^{\mathrm{T}}\boldsymbol{Y}&=\overline{\boldsymbol{X}}^{\mathrm{T}}([\boldsymbol{\alpha}_i,\boldsymbol{\alpha}_j])_{n\times n}\boldsymbol{Y}=[(\boldsymbol{\alpha}_1,\cdots,\boldsymbol{\alpha}_n)\boldsymbol{X},(\boldsymbol{\alpha}_1,\cdots,\boldsymbol{\alpha}_n)\boldsymbol{Y}]\\&=[\boldsymbol{\alpha},\boldsymbol{\beta}]=\overline{\boldsymbol{X}_1}^{\mathrm{T}}\boldsymbol{Y}_1.\end{aligned}$$

例 4.3　n 维欧氏空间中不存在这样的 $n+2$ 个向量, 它们的内积均小于零.

证明　采用反证法. 假设存在向量 $\boldsymbol{\alpha}_1,\cdots,\boldsymbol{\alpha}_{n+2}$, 使得

$$[\boldsymbol{\alpha}_i,\boldsymbol{\alpha}_j]<0,\ i\neq j.$$

考虑 $\sum_{i=1}^{n+1}\boldsymbol{x}_i\boldsymbol{\alpha}_i=\mathbf{0}$. 一定存在不全为零的数 $x_1,x_2,\cdots,x_{n+1}$, 使得上式成立.

(1) 上式中不为零的 x_i 一定是同正负的, 否则的话, 不妨假设前 r 个大于零, 后面的不大于零, 且其中至少一个小于零, 则有

$$\begin{aligned}&x_1\boldsymbol{\alpha}_1+x_2\boldsymbol{\alpha}_2+\cdots+x_r\boldsymbol{\alpha}_r\\&=-[x_{r+1}\boldsymbol{\alpha}_{r+1}+x_{r+2}\boldsymbol{\alpha}_{r+2}+\cdots+x_{n+1}\boldsymbol{\alpha}_{n+1}].\end{aligned}$$

$$\begin{aligned}0&\leqslant[x_1\boldsymbol{\alpha}_1+x_2\boldsymbol{\alpha}_2+\cdots+x_r\boldsymbol{\alpha}_r,-x_{r+1}\boldsymbol{\alpha}_{r+1}-x_{r+2}\boldsymbol{\alpha}_{r+2}-\cdots-x_{n+1}\boldsymbol{\alpha}_{n+1}]\\&=x_i(-x_j)\sum_{i=1}^{r}\sum_{j=r+1}^{n+1}[\boldsymbol{\alpha}_i,\boldsymbol{\alpha}_j]<0,\ \text{矛盾}.\end{aligned}$$

(2) 不妨假设前式中不为零的 x_i 同为正数, 则有

$$0=[\boldsymbol{\alpha}_{n+2},\mathbf{0}]=\left[\boldsymbol{\alpha}_{n+2},\sum_{i=1}^{n+1}x_i\boldsymbol{\alpha}_i\right]=\sum x_i[\boldsymbol{\alpha}_{n+2},\boldsymbol{\alpha}_i]<0,$$

矛盾.

例 4.4 对于实数域 **R** 上的 n^2 维线性空间 $\boldsymbol{V}=\mathbf{R}^{n\times n}$（$n$ 阶方阵全体），如下定义 $\boldsymbol{V}$ 上的一个二元函数 $[-,-]$：$[\boldsymbol{P},\boldsymbol{Q}]=\mathrm{tr}(\boldsymbol{P}^{\mathrm{T}}\boldsymbol{Q})$，并记 $\|\boldsymbol{P}\|^2=[\boldsymbol{P},\boldsymbol{P}]$（其中 $\mathrm{tr}(\boldsymbol{C})$ 为矩阵 $\boldsymbol{C}$ 的对角线元素之和）.

（1）求证：$\boldsymbol{V}$ 关于 $[-,-]$ 成为一个欧氏空间；

（2）对于半正定矩阵 $\boldsymbol{P}$, $\boldsymbol{Q}$, 命 $\boldsymbol{P}+\boldsymbol{Q}=\boldsymbol{R}$. 求证：$\|\boldsymbol{PQ}\|\leqslant\dfrac{1}{\sqrt{2}}\|\boldsymbol{R}\|^2$.

（2005 年上海交通大学数学系硕士研究生入学考试第 7 题.）

注记 如果命 $\boldsymbol{P}=\boldsymbol{E}=-\boldsymbol{Q}$，则有 $\|\boldsymbol{PQ}\|^2=n$，而 $\|\boldsymbol{R}\|=0$. 所以结论 2 并非对于所有矩阵都成立.

证明 （1）可直接验证以下 3 个条件成立：

(i) $[\boldsymbol{P},\boldsymbol{Q}]=\mathrm{tr}(\boldsymbol{P}^{\mathrm{T}}\boldsymbol{Q})=\mathrm{tr}(\boldsymbol{Q}^{\mathrm{T}}\boldsymbol{P})=[\boldsymbol{Q},\boldsymbol{P}]$;

(ii) $[k\boldsymbol{P}+l\boldsymbol{Q},\boldsymbol{X}]=k[\boldsymbol{P},\boldsymbol{X}]+l[\boldsymbol{Q},\boldsymbol{X}]$;

(iii) $[\boldsymbol{P},\boldsymbol{P}]\geqslant 0$，而且 $[\boldsymbol{P},\boldsymbol{P}]=0$，当且仅当 $\boldsymbol{P}=\boldsymbol{0}$ 是零矩阵.

（2）首先，相似的矩阵具有相同的迹. 由于存在正交矩阵 $\boldsymbol{U}$ 使得 $\boldsymbol{U}^{\mathrm{T}}\boldsymbol{PU}$ 成为对角阵，而 $\boldsymbol{U}^{\mathrm{T}}\boldsymbol{RU}=\boldsymbol{U}^{\mathrm{T}}\boldsymbol{PU}+\boldsymbol{U}^{\mathrm{T}}\boldsymbol{QU}$，$\|(\boldsymbol{U}^{\mathrm{T}}\boldsymbol{PU})(\boldsymbol{U}^{\mathrm{T}}\boldsymbol{QU})\|=\|\boldsymbol{U}^{-1}(\boldsymbol{PQ})\boldsymbol{U}\|=\|\boldsymbol{PQ}\|$，$\|\boldsymbol{R}\|^2=\|\boldsymbol{U}^{\mathrm{T}}\boldsymbol{RU}\|^2$，故而可以假设 $\boldsymbol{P}$ 是对角半正定矩阵. 假设

$$\boldsymbol{P}=\mathrm{diag}(\lambda_1,\lambda_2,\cdots,\lambda_n),\ \boldsymbol{Q}=(b_{ij})_{n\times n},\ \lambda_i\geqslant 0,\ b_{ij}=b_{ji},$$

则有

$$(\boldsymbol{PQ})^{\mathrm{T}}=\boldsymbol{Q}^{\mathrm{T}}\boldsymbol{P}=\begin{pmatrix}\lambda_1b_{11} & \cdots & \lambda_nb_{1n}\\ \lambda_1b_{21} & \cdots & \lambda_nb_{2n}\\ \vdots & \ddots & \vdots\\ \lambda_1b_{n1} & \cdots & \lambda_nb_{nn}\end{pmatrix},\ \boldsymbol{PQ}=\begin{pmatrix}\lambda_1b_{11} & \cdots & \lambda_1b_{1n}\\ \lambda_2b_{21} & \cdots & \lambda_2b_{2n}\\ \vdots & \ddots & \vdots\\ \lambda_nb_{n1} & \cdots & \lambda_nb_{nn}\end{pmatrix}.$$

所以有

$$\begin{aligned}\|\boldsymbol{PQ}\|^2&=\mathrm{tr}((\boldsymbol{PQ})^{\mathrm{T}}(\boldsymbol{PQ}))\\&=\lambda_1^2b_{11}^2+\lambda_2^2b_{21}^2+\cdots+\lambda_n^2b_{n1}^2+\lambda_1^2b_{12}^2+\lambda_2^2b_{22}^2+\cdots+\\&\quad\lambda_n^2b_{n2}^2+\cdots+\lambda_1^2b_{1n}^2+\lambda_2^2b_{2n}^2+\cdots+\lambda_n^2b_{nn}^2.\end{aligned}$$

而

$$\boldsymbol{R}=\begin{bmatrix}\lambda_1+b_{11} & b_{12} & \cdots & b_{1n}\\ b_{21} & l_2+b_{22} & \cdots & b_{2n}\\ \vdots & \vdots & \ddots & \vdots\\ b_{n1} & b_{n2} & \cdots & l_n+b_{1n}\end{bmatrix},$$

所以有

$$\begin{aligned}\|\boldsymbol{R}\|^2 &= \mathrm{tr}(\boldsymbol{R}^{\mathrm{T}}\boldsymbol{R})\\ &= (\lambda_1^2+2\lambda_1 b_{11}+b_{11}^2)+b_{12}^2+\cdots+b_{1n}^2+b_{21}^2+\\ &\quad (\lambda_2^2+2\lambda_2 b_{22}+b_{22}^2)+\cdots+b_{2n}^2+\cdots+\\ &\quad b_{n1}^2+b_{n2}^2+\cdots+(\lambda_n^2+2\lambda_n b_{nn}+b_{nn}^2).\end{aligned}\tag{4-4}$$

由于 $\boldsymbol{P}$ 与 $\boldsymbol{Q}$ 都是半正定矩阵，所以 $\lambda_i\geqslant 0$，$b_{ii}\geqslant 0$，从而有 $2\lambda_i b_{ii}\geqslant 0$. 由式(4-4)得到

$$\begin{aligned}\|\boldsymbol{R}\|^4 &\geqslant (\lambda_1^2+b_{11}^2+b_{12}^2+\cdots+b_{1n}^2)^2+\\ &\quad (\lambda_2^2+b_{21}^2+b_{22}^2+\cdots+b_{2n}^2)^2+\cdots+\\ &\quad (\lambda_n^2+b_{n1}^2+b_{n2}^2+\cdots+b_{nn}^2)^2\\ &\geqslant 2\|\boldsymbol{PQ}\|^2.\ \text{最终得到}\ \|\boldsymbol{PQ}\|\leqslant\frac{1}{\sqrt{2}}\|\boldsymbol{R}\|^2.\end{aligned}$$

例 4.5(A) （最小二乘解的基本原理） 假设 $\boldsymbol{W}$ 是欧氏空间 $\boldsymbol{V}$ 的一个子空间，$\boldsymbol{\beta}\in\boldsymbol{V}$，$\boldsymbol{\alpha}\in\boldsymbol{W}$. 则$(\boldsymbol{\beta}-\boldsymbol{\alpha})\perp\boldsymbol{W}$ 成立当且仅当对于所有的向量 $\boldsymbol{\delta}\in\boldsymbol{W}$，恒有 $|\boldsymbol{\beta}-\boldsymbol{\alpha}|\leqslant|\boldsymbol{\beta}-\boldsymbol{\delta}|$.

证明 充分性 假设 $(\boldsymbol{\beta}-\boldsymbol{\alpha})\perp W$. 对于任意 $\boldsymbol{\delta}\in\boldsymbol{W}$，有 $\boldsymbol{\alpha}-\boldsymbol{\delta}\in\boldsymbol{W}$，从而有 $|\boldsymbol{\beta}-\boldsymbol{\delta}|^2=[\boldsymbol{\beta}-\boldsymbol{\delta},\boldsymbol{\beta}-\boldsymbol{\delta}]=[\boldsymbol{\beta}-\boldsymbol{\alpha},\boldsymbol{\beta}-\boldsymbol{\alpha}]+[\boldsymbol{\alpha}-\boldsymbol{\delta},\boldsymbol{\alpha}-d]\geqslant[\boldsymbol{\beta}-\boldsymbol{\alpha},\boldsymbol{\beta}-\boldsymbol{\alpha}]=|\boldsymbol{\beta}-\boldsymbol{\alpha}|^2$.

必要性 反过来，假设在分解式 $\boldsymbol{V}=\boldsymbol{W}\oplus\boldsymbol{W}^{\perp}$ 中有 $\boldsymbol{\beta}=\boldsymbol{\beta}_1+\boldsymbol{\beta}_2$，$\boldsymbol{\beta}_1\in\boldsymbol{W}$. 如果 $\boldsymbol{\beta}-\boldsymbol{\alpha}$ 不垂直于 $\boldsymbol{W}$，则有 $\boldsymbol{0}\neq\boldsymbol{\beta}_1-\boldsymbol{\alpha}\in\boldsymbol{W}$. 而

$$\begin{aligned}|\boldsymbol{\beta}-\boldsymbol{\alpha}|^2&=[\boldsymbol{\beta}-\boldsymbol{\alpha},\boldsymbol{\beta}-\boldsymbol{\alpha}]=[(\boldsymbol{\beta}_1-\boldsymbol{\alpha})+\boldsymbol{\beta}_2,(\boldsymbol{\beta}_1-\boldsymbol{\alpha})+\boldsymbol{\beta}_2]\\&=|\boldsymbol{\beta}_1-\boldsymbol{\alpha}|^2+|\boldsymbol{\beta}_2|^2,\end{aligned}$$

$$\boldsymbol{\beta}-\boldsymbol{\beta}_1=\boldsymbol{\beta}_2,\text{所以}\ |\boldsymbol{\beta}-\boldsymbol{\alpha}|>|\boldsymbol{\beta}-\boldsymbol{\beta}_1|,\ \boldsymbol{\beta}_1\in\boldsymbol{W}.$$

例 4.5(B) （最小二乘解）假设 $\boldsymbol{A}_{m\times n}$ 是实矩阵，而 $\boldsymbol{\beta}$ 是 m 维列向量.

(1) 求证：$\mathrm{r}(\boldsymbol{A}^{\mathrm{T}}\boldsymbol{A})=\mathrm{r}(\boldsymbol{A})$.

(2) 求证：方程组 $(\boldsymbol{A}^{\mathrm{T}}\boldsymbol{A})\boldsymbol{X}=\boldsymbol{A}^{\mathrm{T}}\boldsymbol{\beta}$ 恒有解，其解称为方程组 $\boldsymbol{AX}=\boldsymbol{\beta}$ 的最小二乘解.

(3) 试解释最小二乘解的几何意义.

证明 (1) 如果能够证明方程组 $\boldsymbol{AX}=0$ 与方程组 $(\boldsymbol{A}^{\mathrm{T}}\boldsymbol{A})\boldsymbol{X}=\boldsymbol{0}$ 在 $\mathbf{R}^{n\times 1}$ 中有相同的实解，根据齐次线性方程组的基本定理，则有

$$n-\mathrm{r}(\boldsymbol{A})=n-\mathrm{r}(\boldsymbol{A}^{\mathrm{T}}\boldsymbol{A}).$$

当然，$\boldsymbol{AX}=\mathbf{0}$ 的实解都是 $(\boldsymbol{A}^{\mathrm{T}}\boldsymbol{A})\boldsymbol{X}=\mathbf{0}$ 的解. 反过来，如果实向量 $\boldsymbol{\gamma}$ 满足 $\boldsymbol{A}^{\mathrm{T}}\boldsymbol{A}\boldsymbol{\gamma}=\mathbf{0}$，则有

$$|\boldsymbol{A}\boldsymbol{\gamma}|^2=(\boldsymbol{A}\boldsymbol{\gamma})^{\mathrm{T}}(\boldsymbol{A}\boldsymbol{\gamma})=\boldsymbol{\gamma}^{\mathrm{T}}(\boldsymbol{A}^{\mathrm{T}}\boldsymbol{A}\boldsymbol{\gamma})=\mathbf{0}.$$

由于 $\boldsymbol{A}\boldsymbol{\gamma}$ 是实向量，所以 $0=|\boldsymbol{A}\boldsymbol{\gamma}|^2$ 蕴含了 $\boldsymbol{A}\boldsymbol{\gamma}=\mathbf{0}$. 这就证明了 $\boldsymbol{AX}=\mathbf{0}$ 与 $\boldsymbol{A}^{\mathrm{T}}\boldsymbol{AX}=\mathbf{0}$ 有相同的解向量空间.

(2) 方程组 $(\boldsymbol{A}^{\mathrm{T}}\boldsymbol{A})\boldsymbol{X}=\boldsymbol{A}^{\mathrm{T}}\boldsymbol{\beta}$ 有解 $\Leftrightarrow$ 系数矩阵的秩等于增广矩阵的秩，亦即 $\mathrm{r}(\boldsymbol{A}^{\mathrm{T}}\boldsymbol{A},\ \boldsymbol{A}^{\mathrm{T}}\boldsymbol{\beta})=\mathrm{r}(\boldsymbol{A}^{\mathrm{T}}\boldsymbol{A})$. 从二矩阵的列秩易见 $\mathrm{r}(\boldsymbol{A}^{\mathrm{T}}\boldsymbol{A},\ \boldsymbol{A}^{\mathrm{T}}\boldsymbol{\beta})\geqslant\mathrm{r}(\boldsymbol{A}^{\mathrm{T}}\boldsymbol{A})$. 反过来，由于 $(\boldsymbol{A}^{\mathrm{T}}\boldsymbol{A},\ \boldsymbol{A}^{\mathrm{T}}\boldsymbol{\beta})=\boldsymbol{A}^{\mathrm{T}}(\boldsymbol{A},\ \boldsymbol{\beta})$，所以有

$$\mathrm{r}(\boldsymbol{A}^{\mathrm{T}}\boldsymbol{A},\ \boldsymbol{A}^{\mathrm{T}}\boldsymbol{\beta})\leqslant\mathrm{r}(\boldsymbol{A}^{\mathrm{T}})=\mathrm{r}(\boldsymbol{A})=\mathrm{r}(\boldsymbol{A}^{\mathrm{T}}\boldsymbol{A}).$$

由此得到 $\mathrm{r}(\boldsymbol{A}^{\mathrm{T}}\boldsymbol{A},\ \boldsymbol{A}^{\mathrm{T}}\boldsymbol{\beta})=\mathrm{r}(\boldsymbol{A}^{\mathrm{T}}\boldsymbol{A})$. 注意：方程组 $(\boldsymbol{A}^{\mathrm{T}}\boldsymbol{A})\boldsymbol{X}=\boldsymbol{A}^{\mathrm{T}}\boldsymbol{\beta}$ 有唯一的解，当且仅当 $\mathrm{r}(\boldsymbol{A}^{\mathrm{T}}\boldsymbol{A})=n$，亦即 $\mathrm{r}(\boldsymbol{A}_{m\times n})=n$.

(3) 假设 $\boldsymbol{A}=(\boldsymbol{\alpha}_1,\ \boldsymbol{\alpha}_2,\ \cdots,\ \boldsymbol{\alpha}_n)$，其中 $\boldsymbol{\alpha}_i\in\mathbf{R}^{m\times 1}$. 方程组 $\boldsymbol{Ax}=\boldsymbol{\beta}$ 有解即意味着存在 $l_1,\ \cdots,\ l_n\in\mathbf{R}$ 使得 $\boldsymbol{\beta}=\sum_{i=1}^{n}l_i\boldsymbol{\alpha}_i$.

一般的，方程组 $\boldsymbol{Ax}=\boldsymbol{\beta}$ 未必有解. 若用 $L(\boldsymbol{\alpha}_1,\ \cdots,\ \boldsymbol{\alpha}_n)$ 表示由 $\boldsymbol{\alpha}_1,\ \cdots,\ \boldsymbol{\alpha}_n$ 在 $\mathbf{R}^{m\times 1}$ 中生成的子空间，亦即

$$L(\boldsymbol{\alpha}_1,\ \cdots,\ \boldsymbol{\alpha}_n)=\left\{\sum_{i=1}^{n}l_i\boldsymbol{\alpha}_i\ \middle|\ l_i\in\mathbf{R}\right\},$$

则方程组 $\boldsymbol{Ax}=\boldsymbol{\beta}$ 无解等价于说向量 $\boldsymbol{\beta}$ 不在超平面 $\boldsymbol{L}(\boldsymbol{\alpha}_1,\ \cdots,\ \boldsymbol{\alpha}_n)$ 中. 如果假设 $\boldsymbol{X}_0=(k_1,\ \cdots,\ k_n)^{\mathrm{T}}$ 是 $\boldsymbol{A}^{\mathrm{T}}\boldsymbol{AX}=\boldsymbol{A}^{\mathrm{T}}\boldsymbol{\beta}$ 的一个实解，则有

$$\boldsymbol{A}^{\mathrm{T}}(\boldsymbol{\beta}-(k_1\boldsymbol{\alpha}_1+\cdots+k_n\boldsymbol{\alpha}_n))=\mathbf{0}.$$

记 $\boldsymbol{\gamma}=k_1\boldsymbol{\alpha}_1+\cdots+k_n\boldsymbol{\alpha}_n$，则有 $\gamma\in L(\boldsymbol{\alpha}_1,\ \cdots,\ \boldsymbol{\alpha}_n)$，且有

$$\begin{bmatrix}0\\0\\\vdots\\0\end{bmatrix}=\boldsymbol{A}^{\mathrm{T}}(\boldsymbol{\beta}-\boldsymbol{\gamma})=\begin{bmatrix}\boldsymbol{\alpha}_1^{\mathrm{T}}\\\boldsymbol{\alpha}_2^{\mathrm{T}}\\\vdots\\\boldsymbol{\alpha}_n^{\mathrm{T}}\end{bmatrix}(\boldsymbol{\beta}-\boldsymbol{\gamma})=\begin{bmatrix}\boldsymbol{\alpha}_1^{\mathrm{T}}(\boldsymbol{\beta}-\boldsymbol{\gamma})\\\boldsymbol{\alpha}_2^{\mathrm{T}}(\boldsymbol{\beta}-\boldsymbol{\gamma})\\\vdots\\\boldsymbol{\alpha}_n^{\mathrm{T}}(\boldsymbol{\beta}-\boldsymbol{\gamma})\end{bmatrix}.$$

从而 $(\boldsymbol{\beta}-\boldsymbol{\gamma})$ 与每个 $\boldsymbol{\alpha}_i$ 垂直.

因此最小二乘解 $\boldsymbol{X}_0=(\boldsymbol{k}_1,\ \cdots,\ \boldsymbol{k}_n)^{\mathrm{T}}$ 使得向量 $\boldsymbol{\beta}$ 与该超平面上的向量

$$\boldsymbol{\gamma} = k_1\boldsymbol{\alpha}_1 + \cdots + k_n\boldsymbol{\alpha}_n$$

之差垂直于 $\boldsymbol{L}(\boldsymbol{\alpha}_1, \cdots, \boldsymbol{\alpha}_n)$ 中所有向量，如图 4-1 所示.

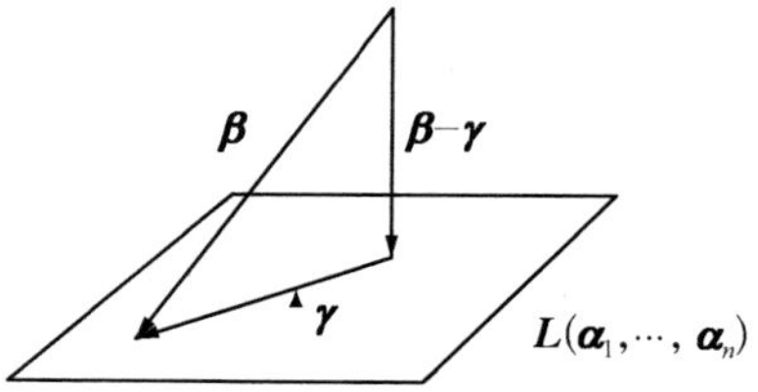

图 4-1 最小二乘解

例 4.5(C) 求下列方程组的最小二乘解：

$$\begin{cases} 0.39x - 1.89y = 1 \\ 0.61x - 1.80y = 1 \\ 0.93x - 1.68y = 1 \\ 1.35x - 1.50y = 1 \end{cases}. \qquad (4-5)$$

解 令 $\boldsymbol{A} = [\boldsymbol{\alpha}, \boldsymbol{\beta}] = \begin{bmatrix} 0.39 & -1.89 \\ 0.61 & -1.80 \\ 0.93 & -1.68 \\ 1.35 & -1.50 \end{bmatrix}$，$\boldsymbol{B} = \begin{bmatrix} 1 \\ 1 \\ 1 \\ 1 \end{bmatrix}$，$\boldsymbol{X} = \begin{bmatrix} x \\ y \end{bmatrix}$，$\boldsymbol{Y} = \boldsymbol{AX}$.

方程组 $\boldsymbol{AX} = \boldsymbol{B}$ 的最小二乘解的几何意义就是求出 $\boldsymbol{X} = \boldsymbol{X}_0$，使得 $\boldsymbol{Y}_0 = \boldsymbol{AX}_0$ 是 $\boldsymbol{B}$ 在子空间 $\boldsymbol{L}(\boldsymbol{\alpha}, \boldsymbol{\beta})$ 上的内射影. 此时 $(\boldsymbol{B} - \boldsymbol{Y}_0) \perp \boldsymbol{L}(\boldsymbol{\alpha}, \boldsymbol{\beta})$，$|\boldsymbol{B} - \boldsymbol{Y}_0|^2$ 是列向量 $\boldsymbol{B}$ 到 $\boldsymbol{L}(\boldsymbol{\alpha}, \boldsymbol{\beta})$ 的最短距离.

为了求 $\boldsymbol{X}_0$，令

$$\boldsymbol{0} = [\boldsymbol{\alpha}, \boldsymbol{B} - \boldsymbol{Y}] = \boldsymbol{\alpha}^{\mathrm{T}}(\boldsymbol{B} - \boldsymbol{Y}),\ \boldsymbol{0} = \boldsymbol{\beta}^{\mathrm{T}}(\boldsymbol{B} - \boldsymbol{Y}),$$

得到 $\boldsymbol{A}^{\mathrm{T}}\boldsymbol{AX} = \boldsymbol{A}^{\mathrm{T}}\boldsymbol{B}$，求解得到

$$\boldsymbol{X} = (\boldsymbol{A}^{\mathrm{T}}\boldsymbol{A})^{-1}(\boldsymbol{A}^{\mathrm{T}}\boldsymbol{B}) = \begin{bmatrix} 0.197 \\ -0.488 \end{bmatrix}.$$

例 4.6(A) 假设 $\boldsymbol{\sigma}$ 是 $\mathbf{F}$ 上 n-维线性空间 $\mathbf{V}$ 的一个线性变换. 求证：$\boldsymbol{\sigma}$ 在某个基下的矩阵是对角阵，当且仅当存在 $\mathbf{F}$ 中有限个互异的数 $\lambda_1, \cdots, \lambda_r$ 使得

$$(\lambda_1\boldsymbol{I}_V - \boldsymbol{\sigma})(\lambda_2\boldsymbol{I}_V - \boldsymbol{\sigma})\cdots(\lambda_r\boldsymbol{I}_V - \boldsymbol{\sigma}) = \boldsymbol{0}.$$

证明 *必要性* 如果 $\boldsymbol{\sigma}$ 在某个基 $\boldsymbol{\eta}_1, \cdots, \boldsymbol{\eta}_n$ 下的矩阵是对角阵，可以假设对角阵中出现的两两互异的数为 $\lambda_1, \cdots, \lambda_r$. 此时，$\lambda_i \in \mathbf{F}$ 当然成立；而乘积

$$\boldsymbol{\tau} \overset{i.e.}{=} (\lambda_1\boldsymbol{I}_V - \boldsymbol{\sigma})(\lambda_2\boldsymbol{I}_V - \boldsymbol{\sigma})\cdots(\lambda_r\boldsymbol{I}_V - \boldsymbol{\sigma})$$

中的 r 个线性变换彼此可以交换位置，因此有 $\boldsymbol{\tau}(\boldsymbol{\eta}_i) = \boldsymbol{0}_V$，从而有 $\boldsymbol{\tau}(\boldsymbol{\alpha}) = \boldsymbol{0}_V$，$\boldsymbol{\alpha} \in V$. 因此有 $\boldsymbol{\tau} = \boldsymbol{0}$.

充分性 使用不变子空间理论和关于线性变换的维数公式，并使用归

纳法.

这由例 4.11(2)马上得到. 下面给出一个更直接的验证.

假设存在 $\mathbf{F}$ 中有限个互异的数 $\lambda_1, \cdots, \lambda_r$ 使得

$$(\lambda_1 \boldsymbol{I}_V - \sigma)(\lambda_2 \boldsymbol{I}_V - \sigma)\cdots(\lambda_r \boldsymbol{I}_V - \sigma) = \mathbf{0}.$$

$r = 1$ 时,结论当然成立. 下设 $r > 1$.

记 $\boldsymbol{W} = im(\lambda_r \boldsymbol{I}_V - \boldsymbol{\sigma})$. 易见它是 $\boldsymbol{\sigma}$-子空间, 从而在 $\boldsymbol{W}$ 上有线性变换 $\boldsymbol{\sigma}|_W$. 由于在 $\boldsymbol{W}$ 上有

$$(\lambda_1 \boldsymbol{I}_V - \boldsymbol{\sigma}|_W)(\lambda_2 \boldsymbol{I}_V - \boldsymbol{\sigma}|_W)\cdots(\lambda_{r-1} \boldsymbol{I}_V - \boldsymbol{\sigma}|_W) = \mathbf{0}.$$

根据归纳假设,有 ${}_{\mathbf{F}}\boldsymbol{W}$ 的一个基 $\boldsymbol{\varepsilon}_1, \cdots, \boldsymbol{\varepsilon}_s$ 使得 $\boldsymbol{\sigma}|_W$ 在此基下的矩阵为对角阵. 此外由于 $\lambda_1, \cdots, \lambda_r$ 两两互异,所以有

$$(x - \lambda_r, (x - \lambda_1)\cdots(x - \lambda_{r-1})) = 1.$$

因此存在 $\mathbf{F}[x]$ 中的多项式 $u(x)$, $v(x)$, 使得

$$(x - \lambda_r)u(x) + (x - \lambda_1)\cdots(x - \lambda_{r-1})v(x) = 1,$$

从而得到

$$(\boldsymbol{\sigma} - \lambda_r \boldsymbol{I}_V)u(\boldsymbol{\sigma}) + (\boldsymbol{\sigma} - \lambda_1 \boldsymbol{I}_V)\cdots(\boldsymbol{\sigma} - \lambda_{r-1} \boldsymbol{I}_V)v(\boldsymbol{\sigma}) = \boldsymbol{I}_V,$$

由此易见

$$\mathbf{V} = im(\boldsymbol{\sigma} - \lambda_r \boldsymbol{I}_V) + im(\boldsymbol{\sigma} - \lambda_1 \boldsymbol{I}_V)\cdots(\boldsymbol{\sigma} - \lambda_{r-1} \boldsymbol{I}_V).$$

而根据开始时的假设有 $im(\boldsymbol{\sigma} - \lambda_1 \boldsymbol{I}_V)\cdots(\boldsymbol{\sigma} - \lambda_{r-1} \boldsymbol{I}_V) \subseteq ker(\boldsymbol{\sigma} - \lambda_r \boldsymbol{I}_V)$, 从而

$$\mathbf{V} = im(\boldsymbol{\sigma} - \lambda_r \boldsymbol{I}_V) + ker(\boldsymbol{\sigma} - \lambda_r \boldsymbol{I}_V).$$

此时使用关于线性变换的维数公式得到 $\mathbf{V} = im(\boldsymbol{\sigma} - \lambda_r \boldsymbol{I}_V) \oplus ker(\boldsymbol{\sigma} - \lambda_r \boldsymbol{I}_V)$. 然后取 $ker(\boldsymbol{\sigma} - \lambda_r \boldsymbol{I}_V)$ 的任意一个基 $\boldsymbol{\varepsilon}_{s+1}, \cdots, \boldsymbol{\varepsilon}_n$, 则 $\boldsymbol{\varepsilon}_1, \cdots, \boldsymbol{\varepsilon}_n$ 是 ${}_{\mathbf{F}}\mathbf{V}$ 的一个基,在此基下 $\boldsymbol{\sigma}$ 的矩阵为对角形.

例 4.6(B) (1) 假设 $\boldsymbol{\sigma}$ 是 $\mathbf{F}$ 上 n-维线性空间 $\mathbf{V}$ 的一个线性变换. 求证: $\boldsymbol{\sigma}$ 在某个基下的矩阵是对角阵,当且仅当 $\boldsymbol{\sigma}$ 的最小多项式 $m_{\boldsymbol{\sigma}}(x)$ 在 $\mathbf{F}[x]$ 中可分解为首一的互异一次多项式之积:

$$m_\sigma(x) = (x - \lambda_1)(x - \lambda_2)\cdots(x - \lambda_s),\ \lambda_i \neq \lambda_j,\ \lambda_i \in \mathbf{F}.$$

(2) $\mathbf{F}$ 上的 n 阶矩阵 $\mathbf{A}$ 在 $\mathbf{F}$ 上相似于一个对角阵,当且仅当其最小多项式

$m_{\mathbf{A}}(x)$ 满足

$$m_{\mathbf{A}}(x)=(x-\lambda_1)(x-\lambda_2)\cdots(x-\lambda_s),\ \lambda_i\neq\lambda_j,\ \lambda_i\in\mathbf{F}.$$

注记 关于矩阵的最小多项式,可参见例 3.8.

证明 由于(1)与(2)是等假命题,故只需验证(1).

充分性 如果 $\boldsymbol{P}^{-1}\boldsymbol{AP}=\mathrm{diag}\{\lambda_1,\cdots,\lambda_n\}$,则有

$$m_A(x)=lcm[x-\lambda_1,\ x-\lambda_2,\ \cdots,\ x-\lambda_n].$$

它是若干个首一的互异一次多项式之积.

必要性 由例 4.6(A)得到.

例 4.7 (1) 假设 $\boldsymbol{\sigma}$ 是 n 维线性空间 ${}_{\mathbf{F}}\boldsymbol{V}$ 上的线性变换,而 $\boldsymbol{W}$ 是 $\boldsymbol{V}$ 的 $\boldsymbol{\sigma}$ -子空间. 如果 $\boldsymbol{\sigma}$ 在 ${}_{\mathbf{F}}\boldsymbol{V}$ 的某个基下是对角阵,求证:

(i) $\boldsymbol{\sigma}|_{W}$ 在 $\boldsymbol{W}$ 的某个基下也是对角阵.

(ii) $\boldsymbol{W}$ 在 $\boldsymbol{V}$ 中有直和补 $\boldsymbol{M}$,其中 $\boldsymbol{M}$ 也是 $\boldsymbol{\sigma}$ -子空间.

(2) (矩阵版本)假设 ${}_{\mathbf{F}}\boldsymbol{V}$ 上的 n 阶方阵 $\begin{bmatrix}\boldsymbol{A}_m & \boldsymbol{B}\\ \mathbf{0} & \boldsymbol{C}_{n-m}\end{bmatrix}$ 在 ${}_{\mathbf{F}}\boldsymbol{V}$ 上相似于对角阵,求证:

(i) $\mathbf{A}$ 在 $\mathbf{F}$ 上也相似于对角阵.

(ii) $\begin{bmatrix}\boldsymbol{A}_m & \boldsymbol{B}\\ \mathbf{0} & \boldsymbol{C}_{n-m}\end{bmatrix}$ 在 $\mathbf{F}$ 上相似于一个准对角阵 $\begin{bmatrix}\boldsymbol{A}_m & \mathbf{0}\\ \mathbf{0} & \boldsymbol{D}_{n-m}\end{bmatrix}$.

证明 可以看出(2)是(1)的矩阵语言翻译. 因此,只需要证明(1).

(i) 假设 $\lambda_1,\cdots,\lambda_r$ 是 σ 在 $\mathbf{F}$ 中的所有两两互异的特征值. 根据关于 $\boldsymbol{\sigma}$ 的假设有

$$\boldsymbol{V}=\boldsymbol{V}_{\lambda_1}\oplus\cdots\oplus\boldsymbol{V}_{\lambda_r},$$

其中,$\boldsymbol{V}_{\lambda_1}$ 表示 $\boldsymbol{\sigma}$ 的属于特征值 λ_1 的特征子空间. 为了说明 $\boldsymbol{\sigma}|_W$ 在 $\boldsymbol{W}$ 的某个基下也是对角阵,只需要验证:

$$\boldsymbol{W}=(\boldsymbol{W}\cap\boldsymbol{V}_{\lambda_1})\oplus\cdots\oplus(\boldsymbol{W}\cap\boldsymbol{V}_{\lambda_r}).$$

(a) 显然有 $\sum_{i=1}^{r}\boldsymbol{W}\cap\boldsymbol{V}_{\lambda_i}\subseteq\boldsymbol{W}$;且由直和 $\boldsymbol{V}_{\lambda_1}\oplus\cdots\oplus\boldsymbol{V}_{\lambda_r}$ 以及 $\boldsymbol{W}\cap\boldsymbol{V}_{\lambda_i}\subseteq\boldsymbol{V}_{\lambda_i}$ 易见

$$\sum_{i=1}^{r}\boldsymbol{W}\cap\boldsymbol{V}_{\lambda_i}=\sum_{i=1}^{r}\oplus(\boldsymbol{W}\cap\boldsymbol{V}_{\lambda_i}).$$

(b) 再证明 $\boldsymbol{W}\subseteq\sum_{i=1}^{r}\boldsymbol{W}\cap\boldsymbol{V}_{\lambda_i}$. 事实上,任意 $\boldsymbol{\alpha}\in\boldsymbol{W}\subseteq\bigoplus_{i=1}^{r}\boldsymbol{V}_{\lambda_i}$,存在

$\boldsymbol{\alpha}_i \in \boldsymbol{V}_{\lambda_i}$ 及$k_i \in \mathbf{F}$，使得$\boldsymbol{\alpha} = k_1\boldsymbol{\alpha}_1 + k_2\boldsymbol{\alpha}_2 + \cdots + k_r\boldsymbol{\alpha}_r$. 对此式的两端分别用线性变换$\boldsymbol{\sigma}^t$作用（$t = 0, 1, \cdots, r-1$）即得：

$$\begin{bmatrix} \boldsymbol{\alpha} \\ \sigma(\boldsymbol{\alpha}) \\ \sigma^2(\boldsymbol{\alpha}) \\ \vdots \\ \sigma^{r-1}(\boldsymbol{\alpha}) \end{bmatrix} = \begin{bmatrix} 1 & 1 & \cdots & 1 \\ \lambda_1 & \lambda_2 & \cdots & \lambda_r \\ \lambda_1^2 & \lambda_2^2 & \cdots & \lambda_r^2 \\ \vdots & \vdots & \ddots & \vdots \\ \lambda_1^{r-1} & \lambda_2^{r-1} & \cdots & \lambda_r^{r-1} \end{bmatrix} \begin{bmatrix} k_1\boldsymbol{\alpha}_1 \\ k_2\boldsymbol{\alpha}_2 \\ \vdots \\ k_r\boldsymbol{\alpha}_r \end{bmatrix}.$$

根据范德蒙行列式的结果即知上述矩阵可逆. 因此由$\sigma^i(\boldsymbol{W}) \subseteq \boldsymbol{W}$得到关系式$k_i\boldsymbol{\alpha}_i \in \boldsymbol{W} \cap \boldsymbol{V}_{\lambda_i}$，证完(i).

(ii) 根据(i)，已知$\boldsymbol{W} = (\boldsymbol{W} \cap \boldsymbol{V}_{\lambda_1}) \oplus \cdots \oplus (\boldsymbol{W} \cap \boldsymbol{V}_{\lambda_r})$，且有$\boldsymbol{W} \cap \boldsymbol{V}_{\lambda_i} \leqslant \boldsymbol{V}_{\lambda_i}$. 任取$\boldsymbol{W} \cap \boldsymbol{V}_{\lambda_i}$的一个基，补成$\boldsymbol{V}_{\lambda_i}$的一个基. 补上的部分生成的子空间记为$\boldsymbol{M}_i$，则每个$\boldsymbol{M}_i$都是$\boldsymbol{V}$的$\boldsymbol{\sigma}$-子空间. 记$\boldsymbol{M} = \sum_{i=1}^{r}\boldsymbol{M}_i$，则$\boldsymbol{M}$是$\boldsymbol{V}$的$\boldsymbol{\sigma}$-子空间且有$\boldsymbol{M} = \bigoplus_{i=1}^{r}\boldsymbol{M}_i$，而由

$$\boldsymbol{V} = \boldsymbol{V}_{\lambda_1} \oplus \cdots \oplus \boldsymbol{V}_{\lambda_r},\ \boldsymbol{V}_{\lambda_i} = (\boldsymbol{W} \cap \boldsymbol{V}_{\lambda_i}) \oplus \boldsymbol{M}_i$$

以及$\boldsymbol{W} = (\boldsymbol{W} \cap \boldsymbol{V}_{\lambda_1}) \oplus \cdots \oplus (\boldsymbol{W} \cap \boldsymbol{V}_{\lambda_r})$，即知$\boldsymbol{V} = \boldsymbol{W} \oplus \boldsymbol{M}$.

例 4.8 假设$\boldsymbol{V}$是复数域上的n维空间，而$\boldsymbol{\sigma}$是$\boldsymbol{V}$上线性变换. 如果$\boldsymbol{V}$的任意$\boldsymbol{\sigma}$-子空间在$\boldsymbol{V}$中都有$\boldsymbol{\sigma}$-子空间直和补，求证：$\boldsymbol{\sigma}$在某个基下的矩阵为对角阵.（此为例 4.7(i)的(2)在复数域情形的反命题.）

证明 证法一（反证法） 不妨假设$\boldsymbol{\sigma}$的特征多项式为

$$(x-\lambda_1)^{\alpha_1}(x-\lambda_2)^{\alpha_2}\cdots(x-\lambda_r)^{\alpha_r},$$

其中$n = \alpha_1 + \cdots + \alpha_s$，而$\lambda_1, \cdots, \lambda_r$是$\boldsymbol{\sigma}$的特征多项式在$\mathbf{C}$中的所有互异特征根. 假设$\boldsymbol{V}$的任意$\boldsymbol{\sigma}$-子空间在$\boldsymbol{V}$中都有$\boldsymbol{\sigma}$-子空间直和补.

反设$\boldsymbol{\sigma}$在任意基下的矩阵均不为对角阵，则有$\boldsymbol{V} \neq \boldsymbol{V}_{\lambda_1} \oplus \cdots \oplus \boldsymbol{V}_{\lambda_r}$. 进一步还可以假设$m = \dim_{\mathbf{C}}\boldsymbol{V}_{\lambda_1} < \alpha_1$. 注意$\boldsymbol{V}_{\lambda_1}$是$\boldsymbol{V}$的$\boldsymbol{\sigma}$-子空间. 根据假设，可设$\boldsymbol{V} = \boldsymbol{V}_{\lambda_1} \oplus \boldsymbol{W}$，其中$\boldsymbol{W}$是$\boldsymbol{V}$的一个$\boldsymbol{\sigma}$-子空间. 取$\boldsymbol{V}_{\lambda_1}$与$\boldsymbol{W}$的各一个基，得到${}_{\mathbf{C}}\boldsymbol{V}$的一个基. 在此基下$\boldsymbol{\sigma}$的矩阵形为$\boldsymbol{C} = \begin{bmatrix} \lambda_1\boldsymbol{E}_m & \boldsymbol{0} \\ \boldsymbol{0} & \boldsymbol{B} \end{bmatrix}$，其中$\boldsymbol{B}$为$\boldsymbol{\sigma}|_{\boldsymbol{W}}$在$\boldsymbol{W}$的一个基下的矩阵. 由此易得

$$(x-\lambda_1)^{\alpha_1}\cdots(x-\lambda_r)^{\alpha_r} = |x\boldsymbol{E} - \boldsymbol{C}| = |x\boldsymbol{E}_m - \lambda_1\boldsymbol{E}_m| \cdot |x\boldsymbol{E} - \boldsymbol{B}|$$

$$= (x-\lambda_1)^m \mid xE - B \mid.$$

由于 $m<\alpha_1$，所以 $x-\lambda_1 \mid$ 是 $\mid xE-B\mid=0$ 的根. 换句话说，λ_1 是 $\sigma|_W$ 的特征值，因此 σ 有属于 λ_1 的特征向量属于 W，矛盾！此矛盾说明：条件"V 的任意 σ-子空间在 V 中都有 σ-子空间直和补"蕴含了"σ 在某个基下的矩阵为对角阵". 证毕.

证法二(归纳法) 对于相应线性空间的维数用归纳法.

假设 $n=\dim_{\mathbf{C}}V$. 当 $n=1$ 时，结论自然成立. 以下假设 $n>1$，由于 V 是复数域上的线性空间，所以 σ 有特征值 $\lambda_1\in\mathbf{C}$. 设 α_1 是相应的一个特征向量. 命 $W=L(\alpha_1)$，则 W 是 σ-子空间，从而根据假设 W 有 σ-子空间的直和补 N，使得 $V=W\oplus N$. 注意 $\dim_{\mathbf{C}}N=n-1$，如果能证明 N 的任意 $\sigma|_N$-子空间在 N 中都有 $\sigma|_N$-子空间直和补，则根据归纳假设可知 $\sigma|_W$ 在 W 某个基 $\alpha_2,\cdots,\alpha_n$ 下的矩阵为对角阵. 此时 σ 在 V 的基 $\alpha_1,\alpha_2,\cdots,\alpha_n$ 下的矩阵为对角阵.

现在补证：N 的任意 $\sigma|_N$-子空间 U 在 N 中都有 $\sigma|_N$-子空间直和补. 事实上，U 当然也是 V 的 σ-子空间. 根据假设，存在线性空间 V 的 σ-子空间 M，使得 $V=U\oplus M$. 如果命 $P=M\cap N$，则易见 P 是 N 的 $\sigma|_N$-子空间. 下面说明 $N=U\oplus P$，从而完成证明. 事实上，$U\cap M=0$ 蕴含了 $U\cap P=0$. 而由 $U\subseteq N$ 以及 $V=U\oplus M$ 易得

$$N=N\cap V=N\cap(U+M)=U+(N\cap M)=U+P.$$

这就证明了 $N=U\oplus P$. 证毕.

例 4.9 假设 σ 是 ${}_{\mathbf{R}}V$ 上的线性变换. 求证：σ 定有一维或者二维不变子空间.

证明 如果 σ 的特征多项式有实特征值，在相应特征子空间中任取一个非零向量，即生成 σ 的一个一维 σ-子空间.

以下假设 σ 的特征多项式没有实特征值. 取定 ${}_{\mathbf{R}}V$ 的一个基 $\eta_1,\cdots,\eta_n$，并设 σ 在此基下的矩阵为 A. 注意 A 是实矩阵. 以下用 $\bar{B}$ 表示 $(\overline{b_{ij}})_n$，称为复数域上矩阵 B 的共轭矩阵. 假设 $A\alpha=\lambda_0\alpha$，其中 $\lambda_0\in\mathbf{C}$，而 α 是非零复向量，则有

$$A\bar{\alpha}=\overline{A\alpha}=\overline{\lambda_0\alpha}=\overline{\lambda_0}\cdot\bar{\alpha}.$$

显然有 $\alpha+\bar{\alpha}\in\mathbf{R}^{n\times1}$，$\mathrm{i}(\alpha-\bar{\alpha})\in\mathbf{R}^{n\times1}$. 可以直接验证 $\alpha+\bar{\alpha}$ 与 $\mathrm{i}(\alpha-\bar{\alpha})$ 在 $\mathbf{R}$ 上线性无关(这是因为 $\lambda_0\neq\overline{\lambda_0}$ 蕴含了 α 与 $\bar{\alpha}$ 在 $\mathbf{C}$ 上线性无关). 命

$$\varepsilon_1=(\eta_1,\cdots,\eta_n)(\alpha+\bar{\alpha}),\ \varepsilon_2=(\eta_1,\cdots,\eta_n)(\alpha-\bar{\alpha})\mathrm{i},$$

则 ε_1 与 ε_2 线性无关，二者生成 ${}_{\mathbf{R}}V$ 的一个二维子空间，记成 ${}_{\mathbf{R}}W$. 余下问题归结

为验证它是 $\boldsymbol{\sigma}$-子空间.

设 $\lambda_0 = a + bi$, 其中 $a, b \in \mathbf{R}$. 因为

$$\boldsymbol{A}(\boldsymbol{\alpha}+\bar{\boldsymbol{\alpha}}) = \lambda_0\boldsymbol{\alpha} + \overline{\lambda_0}\bar{\boldsymbol{\alpha}} = a\cdot(\boldsymbol{\alpha}+\bar{\boldsymbol{\alpha}}) + b\cdot(\boldsymbol{\alpha}-\bar{\boldsymbol{\alpha}})\mathrm{i},$$

所以有

$$\sigma(\boldsymbol{\varepsilon}_1) = (\boldsymbol{\eta}_1, \cdots, \boldsymbol{\eta}_n)\boldsymbol{A}(\boldsymbol{\alpha}+\bar{\boldsymbol{\alpha}}) \in {}_{\mathbf{R}}\boldsymbol{W}.$$

同理可以得到 $\boldsymbol{\sigma}(\varepsilon_2) \in {}_{\mathbf{R}}\boldsymbol{W}$, 因此有 $\boldsymbol{\sigma}(\boldsymbol{W}) \subseteq \boldsymbol{W}$, 亦即 ${}_{\mathbf{R}}\boldsymbol{W}$ 是 ${}_{\mathbf{R}}\boldsymbol{V}$ 的 $\boldsymbol{\sigma}$-子空间.

例 4.10(A) 假设向量组 $\boldsymbol{\alpha}_1, \cdots, \boldsymbol{\alpha}_u$ 与向量组 $\boldsymbol{\beta}_1, \cdots, \boldsymbol{\beta}_v$ 有相同的秩,而且向量组 $\boldsymbol{\beta}_1, \cdots, \boldsymbol{\beta}_v$ 可由向量组 $\boldsymbol{\alpha}_1, \cdots, \boldsymbol{\alpha}_u$ 线性表示. 求证:两向量组等价.

证明 不妨假设 $\boldsymbol{\alpha}_1, \cdots, \boldsymbol{\alpha}_r$ 与 $\boldsymbol{\beta}_1, \cdots, \boldsymbol{\beta}_r$ 是所给两向量组的各一极大线性无关组,则有如下关系

$$\begin{array}{ccc} \boldsymbol{\alpha}_1, \cdots, \boldsymbol{\alpha}_u & \overset{l}{\Rightarrow} & \boldsymbol{\beta}_1, \cdots, \boldsymbol{\beta}_v \\ l \Uparrow & & \Downarrow l \\ \boldsymbol{\alpha}_1, \cdots, \boldsymbol{\alpha}_r & & \boldsymbol{\beta}_1, \cdots, \boldsymbol{\beta}_r \end{array}$$

根据线性表出 $\overset{l}{\Rightarrow}$ 的传递性,为了证明结论,只需要说明有

$$\boldsymbol{\alpha}_1, \cdots, \boldsymbol{\alpha}_r \overset{l}{\Leftarrow} \boldsymbol{\beta}_1, \cdots, \boldsymbol{\beta}_r. \tag{4-6}$$

事实上,根据上图已经有关系

$$\boldsymbol{\alpha}_1, \cdots, \boldsymbol{\alpha}_r \overset{l}{\Rightarrow} \boldsymbol{\beta}_1, \cdots, \boldsymbol{\beta}_r,$$

换句话说,存在 r 阶方阵 $\boldsymbol{P}$ 使得

$$(\boldsymbol{\beta}_1, \cdots, \boldsymbol{\beta}_r) = (\boldsymbol{\alpha}_1, \cdots, \boldsymbol{\alpha}_r)\boldsymbol{P}.$$

如果 $\boldsymbol{P}$ 可逆,则由 $(\boldsymbol{\beta}_1, \cdots, \boldsymbol{\beta}_r)\boldsymbol{P}^{-1} = (\boldsymbol{\alpha}_1, \cdots, \boldsymbol{\alpha}_r)$ 知式(4-6)成立.

我们断言 $\boldsymbol{P}$ 确实可逆,因为否则的话,方程组 $\boldsymbol{PX} = \boldsymbol{0}$ 将有非零解 $\boldsymbol{\gamma}$, 从而有

$$(\boldsymbol{\beta}_1, \cdots, \boldsymbol{\beta}_r)\boldsymbol{\gamma} = (\boldsymbol{\alpha}_1, \cdots, \boldsymbol{\alpha}_r)(\boldsymbol{P\gamma}) = 0,$$

说明 $\boldsymbol{\beta}_1, \cdots, \boldsymbol{\beta}_r$ 线性相关,矛盾.

注意 本题中,去掉一个条件后,结论不再成立.

例 4.10(B) 假设 $\boldsymbol{A}$ 是 $m\times n$ 矩阵,而 $\boldsymbol{B}$ 是 $m\times s$ 矩阵. 求证:矩阵方程 $\boldsymbol{AX} = \boldsymbol{B}$ 有解,当且仅当 $\boldsymbol{A}^{\mathrm{T}}\boldsymbol{Y} = \boldsymbol{0}$ 的任意解都是 $\boldsymbol{B}^{\mathrm{T}}\boldsymbol{Y} = \boldsymbol{0}$ 的解, 其中 $\boldsymbol{Y}$ 是 $m\times 1$ 矩阵.

证明 假设 $\boldsymbol{X}=(\boldsymbol{X}_1, \cdots, \boldsymbol{X}_s)$, $\boldsymbol{B}=(\boldsymbol{\beta}_1, \cdots, \boldsymbol{\beta}_s)$, 则对于 $m\times t$ 矩阵,恒有

$$\boldsymbol{AX}=(\boldsymbol{AX}_1, \boldsymbol{AX}_2, \cdots, \boldsymbol{AX}_n), \boldsymbol{B}^{\mathrm{T}}\boldsymbol{Y}=\begin{bmatrix}\boldsymbol{\beta}_1^{\mathrm{T}}\boldsymbol{Y}\\ \boldsymbol{\beta}_2^{\mathrm{T}}\boldsymbol{Y}\\ \vdots\\ \boldsymbol{\beta}_s^{\mathrm{T}}\boldsymbol{Y}\end{bmatrix}.$$

于是,矩阵方程 $\boldsymbol{AX}=\boldsymbol{B}$ 有解,等价于 $\boldsymbol{AX}_i=\boldsymbol{\beta}_i$ 都有解, $1\leqslant i\leqslant s$. 而对于每个 i, $\boldsymbol{AX}_i=\boldsymbol{\beta}_i$ 有解当且仅当 $\mathrm{r}(\boldsymbol{A})=\mathrm{r}(\boldsymbol{A}, \boldsymbol{\beta}_i)$, 当且仅当 $\mathrm{r}(\boldsymbol{A}^{\mathrm{T}})=\mathrm{r}\left(\begin{bmatrix}\boldsymbol{A}^{\mathrm{T}}\\ \boldsymbol{\beta}_i^{\mathrm{T}}\end{bmatrix}\right)$. 由于 $\boldsymbol{A}^{\mathrm{T}}\boldsymbol{Y}=\boldsymbol{0}$ 的解都是 $\begin{bmatrix}\boldsymbol{A}^{\mathrm{T}}\\ \boldsymbol{\beta}_i^{\mathrm{T}}\end{bmatrix}\boldsymbol{Y}=\boldsymbol{0}$ 的解,所以 $\boldsymbol{AX}=\boldsymbol{B}$ 有解当且仅当对于每个 i, $\boldsymbol{A}^{\mathrm{T}}\boldsymbol{Y}=\boldsymbol{0}$ 的解都是 $\boldsymbol{\beta}_i^{\mathrm{T}}\boldsymbol{Y}=\boldsymbol{0}$ 的解,当且仅当 $\boldsymbol{A}^{\mathrm{T}}\boldsymbol{Y}=\boldsymbol{0}$ 的解都是 $\boldsymbol{B}^{\mathrm{T}}\boldsymbol{Y}=\boldsymbol{0}$ 的解.

例 4.10(C) 求证:内积空间 $\boldsymbol{V}$ 中的 m 个向量 $\boldsymbol{\alpha}_1, \boldsymbol{\alpha}_2, \cdots, \boldsymbol{\alpha}_m$ 线性无关,当且仅当 $\boldsymbol{A}$ 的行列式 $|\boldsymbol{A}|\neq 0$, 其中 $\boldsymbol{A}=([\boldsymbol{\alpha}_i, \boldsymbol{\alpha}_j])_{m\times m}$.

证明 (i) 考虑方程组

$$x_1\boldsymbol{\alpha}_1+x_2\boldsymbol{\alpha}_2+\cdots+x_m\boldsymbol{\alpha}_m=\boldsymbol{0}. \tag{4-7}$$

由式(4-7)得到

$$\begin{aligned}0=[0, \boldsymbol{\alpha}_1]&=[x_1\boldsymbol{\alpha}_1+x_2\boldsymbol{\alpha}_2+\cdots+x_m\boldsymbol{\alpha}_m, \boldsymbol{\alpha}_1]\\ &=x_1[\boldsymbol{\alpha}_1, \boldsymbol{\alpha}_1]+x_2[\boldsymbol{\alpha}_2, \boldsymbol{\alpha}_1]+\cdots+x_m[\boldsymbol{\alpha}_m, \boldsymbol{\alpha}_1].\end{aligned}$$

于是方程组(4-7)的解均是下面方程组的解:

$$\begin{cases}x_1[\boldsymbol{\alpha}_1, \boldsymbol{\alpha}_1]+x_2[\boldsymbol{\alpha}_2, \boldsymbol{\alpha}_1]+\cdots+x_m[\boldsymbol{\alpha}_m, \boldsymbol{\alpha}_1]=0\\ x_1[\boldsymbol{\alpha}_1, \boldsymbol{\alpha}_2]+x_2[\boldsymbol{\alpha}_2, \boldsymbol{\alpha}_2]+\cdots+x_m[\boldsymbol{\alpha}_m, \boldsymbol{\alpha}_2]=0\\ \cdots\cdots\\ x_1[\boldsymbol{\alpha}_1, \boldsymbol{\alpha}_m]+x_2[\boldsymbol{\alpha}_2, \boldsymbol{\alpha}_m]+\cdots+x_m[\boldsymbol{\alpha}_m, \boldsymbol{\alpha}_m]=0\end{cases}. \tag{4-8}$$

反过来,对于方程组(4-8)的任意一组解 $(\boldsymbol{x}_1, \boldsymbol{x}_2, \cdots, \boldsymbol{x}_m)^{\mathrm{T}}$, 记

$$\boldsymbol{v}=x_1\boldsymbol{\alpha}_1+x_2\boldsymbol{\alpha}_2+\cdots+x_m\boldsymbol{\alpha}_m=\sum_{i=1}^{m}x_i\boldsymbol{\alpha}_i.$$

由(2)知道 $[\boldsymbol{v}, \boldsymbol{\alpha}_i]=0$, 所以有

$$0=[\boldsymbol{v}, \sum_{i=1}^{m}x_i\boldsymbol{\alpha}_i]=[\boldsymbol{v}, \boldsymbol{v}],$$

从而根据内积的正定性得到 $\mathbf{0}=\boldsymbol{v}=x_1\boldsymbol{\alpha}_1+x_2\boldsymbol{\alpha}_2+\cdots+x_m\boldsymbol{\alpha}_m$. 这说明方程组(4-8)与方程组(4-7)同解.

(ii) m 个向量 $\boldsymbol{\alpha}_1, \boldsymbol{\alpha}_2, \cdots, \boldsymbol{\alpha}_m$ 线性无关,当且仅当方程组(4-7)只有零解,当且仅当方程组(4-8)只有零解,当且仅当方程组(4-8)的系数矩阵行列式 $|\mathbf{A}|\neq 0$.

例 4.11 对于 $f(x), g(x)\in\mathbf{F}[x]$, 记

$$d(x)=(f(x), g(x)), m(x)=[f(x), g(x)].$$

假设 $\boldsymbol{\sigma}$ 是线性空间 $_{\mathbf{F}}\mathbf{V}$ 上的线性变换.

(1) 求证如下式恒成立:

$$im\ d(\boldsymbol{\sigma})=im\ f(\boldsymbol{\sigma})+im\ g(\boldsymbol{\sigma}),$$

$$ker\ f(\boldsymbol{\sigma})+ker\ g(\boldsymbol{\sigma})=ker\ m(\boldsymbol{\sigma}).$$

(2) 如果 $(f, g)=1$, 且多项式 $f(x)g(x)$ 零化线性变换 $\boldsymbol{\sigma}$, 则有

$$V=ker\ f(\boldsymbol{\sigma})\oplus ker\ g(\boldsymbol{\sigma}),$$

$$ker\ f(\boldsymbol{\sigma})=im\ g(\boldsymbol{\sigma}), ker\ g(\boldsymbol{\sigma})=im\ f(\boldsymbol{\sigma}).$$

证明 (1) 首先,存在 $u(x), v(x)\in\mathbf{F}[x]$ 使得

$$d(x)=f(x)u(x)+g(x)v(x)$$

成立. 由此即得第一式.

对于第二式,显然有 $ker\ f(\boldsymbol{\sigma})+ker\ g(\boldsymbol{\sigma})\subseteq ker\ m(\boldsymbol{\sigma})$, 这是因为

$$m(x)=\frac{f(x)}{d(x)}\cdot g(x)=\frac{g(x)}{d(x)}\cdot f(x).$$

反过来,命

$$f(x)=f_1(x)d(x), g(x)=d(x)g_1(x).$$

则有 $m(x)=f_1(x)g_1(x)d(x)$, 其中 $(f_1(x), g_1(x))=1$. 如前所述,存在多项式 $u_1(x), v_1(x)\in\mathbf{F}[x]$ 使得

$$1=f_1(x)u_1(x)+g_1(x)v_1(x)$$

成立.

若 $\boldsymbol{\alpha}\in ker\ m(\boldsymbol{\sigma})$, 则有

$$f_1(\boldsymbol{\sigma})(\boldsymbol{\alpha}) \in ker\ g(\boldsymbol{\sigma}),\ g_1(\boldsymbol{\sigma})(\boldsymbol{\alpha}) \in ker\ f(\boldsymbol{\sigma}).$$

从而有

$$\boldsymbol{\alpha} = u_1(\boldsymbol{\sigma})f_1(\boldsymbol{\sigma}) + v_1(\boldsymbol{\sigma})g_1(\boldsymbol{\sigma}) \in ker\ g(\boldsymbol{\sigma}) + ker\ f(\boldsymbol{\sigma}).$$

这就说明了 $ker\ f(\boldsymbol{\sigma}) + ker\ g(\boldsymbol{\sigma}) \supseteq ker\ m(\boldsymbol{\sigma})$.

(2) 根据条件可假设

$$u(\boldsymbol{\sigma})f(\boldsymbol{\sigma}) + v(\boldsymbol{\sigma})g(\boldsymbol{\sigma}) = \boldsymbol{I}_V,\ f(\boldsymbol{\sigma})g(\boldsymbol{\sigma}) = 0.$$

则也有 $g(\boldsymbol{\sigma}) \cdot f(\boldsymbol{\sigma}) = 0$. 根据(1)的结果,已有

$$im\ f(\boldsymbol{\sigma}) + im\ g(\boldsymbol{\sigma}) = \boldsymbol{I}_V(\mathbf{V}) = \mathbf{V},$$

$$ker\ g(\boldsymbol{\sigma}) + ker\ f(\boldsymbol{\sigma}) = ker\ f(\boldsymbol{\sigma})g(\boldsymbol{\sigma}) = \mathbf{V}.$$

对于任意 $\boldsymbol{\alpha} \in ker\ f(\boldsymbol{\sigma}) \cap ker\ g(\boldsymbol{\sigma})$, 有

$$\boldsymbol{\alpha} = \boldsymbol{I}_V(\boldsymbol{\alpha}) = u(\boldsymbol{\sigma})(f(\boldsymbol{\sigma})(\boldsymbol{\alpha})) + v(\boldsymbol{\sigma})(g(\boldsymbol{\sigma})(\boldsymbol{\alpha})) = \mathbf{0}.$$

因此有

$$\mathbf{V} = ker\ f(\boldsymbol{\sigma}) \oplus ker\ g(\boldsymbol{\sigma}).$$

又由

$$f(\boldsymbol{\sigma})g(\boldsymbol{\sigma}) = g(\boldsymbol{\sigma}) \cdot f(\boldsymbol{\sigma}) = 0$$

得 $im\ f(\boldsymbol{\sigma}) \subseteq ker\ g(\boldsymbol{\sigma})$, $im\ g(\boldsymbol{\sigma}) \subseteq ker\ f(\boldsymbol{\sigma})$. 因此有

$$\mathbf{V} = im\ f(\boldsymbol{\sigma}) \oplus im\ g(\boldsymbol{\sigma}).$$

最后根据维数公式,可得到

$$ker\ f(\boldsymbol{\sigma}) = im\ g(\boldsymbol{\sigma}),\ ker\ g(\boldsymbol{\sigma}) = im\ f(\boldsymbol{\sigma}).$$

注意 前例结果可推广到多个多项式情形.

也可以将前述结果应用于例 4.12(A)中(1),可推导出(2),(4),(5),(6),大大简化了证明.

例 4.12(A) 对于 n 维线性空间 $\mathbf{V}$ 上的线性变换 $\boldsymbol{\sigma}$, 求证以下 7 个条件等价:

(1) $\boldsymbol{\sigma}^2 = \boldsymbol{I}_V$;

(2) $\mathbf{V} = im(\boldsymbol{\sigma} - \boldsymbol{I}_V) \oplus im(\boldsymbol{\sigma} + \boldsymbol{I}_V)$;

(3) $r(\boldsymbol{\sigma} - \boldsymbol{I}_V) + r(\boldsymbol{\sigma} + \boldsymbol{I}_V) = n$.

(4) $V = ker(\boldsymbol{\sigma} + \boldsymbol{I}_V) \oplus ker(\boldsymbol{\sigma} - \boldsymbol{I}_V)$;

(5) $im(\boldsymbol{\sigma} - \boldsymbol{I}_V) = ker(\boldsymbol{\sigma} + \boldsymbol{I}_V)$;

(6) $im(\boldsymbol{\sigma} + \boldsymbol{I}_V) = ker(\boldsymbol{\sigma} - \boldsymbol{I}_V)$;

(7) 存在 $\mathbf{V}$ 的一个基使得 $\boldsymbol{\sigma}$ 在这组基下的矩阵为 $\begin{bmatrix} \boldsymbol{E}_r & \mathbf{0} \\ \mathbf{0} & -\boldsymbol{E}_s \end{bmatrix}$.

证明 首先注意到 $(\boldsymbol{\sigma} + \boldsymbol{I}_V) - (\boldsymbol{\sigma} - \boldsymbol{I}_V) = 2\boldsymbol{I}_V$，因此有

$$\mathbf{V} = im(\boldsymbol{\sigma} - \boldsymbol{I}_V) + im(\boldsymbol{\sigma} + \boldsymbol{I}_V).$$

由(1)推导(2)：假设 $\boldsymbol{\sigma}^2 - \boldsymbol{I}_V = \mathbf{0}$，则有 $2(\boldsymbol{\sigma} - \boldsymbol{I}_V) = -(\boldsymbol{\sigma} - \boldsymbol{I}_V)^2$. 要证明(2)成立，只需要验证 $im(\boldsymbol{\sigma} - \boldsymbol{I}_V) \cap im(\boldsymbol{\sigma} + \boldsymbol{I}_V) = \mathbf{0}$. 事实上，假设

$$(\boldsymbol{\sigma} - \boldsymbol{I}_V)(\boldsymbol{\alpha}) = \boldsymbol{v} = (\boldsymbol{\sigma} + \boldsymbol{I}_V)(\boldsymbol{\beta}).$$

则有

$$(\boldsymbol{\sigma} - \boldsymbol{I}_V)(\boldsymbol{v}) = (\boldsymbol{\sigma} - \boldsymbol{I}_V)^2(\boldsymbol{\alpha}) = (\boldsymbol{\sigma}^2 - \boldsymbol{I}_V)(\boldsymbol{\beta}) = \mathbf{0}(\boldsymbol{\beta}) = \mathbf{0}_V.$$

因此有 $2\boldsymbol{v} = -(\boldsymbol{\sigma} - \boldsymbol{I}_V)^2(\boldsymbol{\alpha}) = \mathbf{0}_V$，因此有 $\boldsymbol{v} = \mathbf{0}_V$.

由(2)推导(1)：注意到 $(\boldsymbol{\sigma} + \boldsymbol{I}_V)(\boldsymbol{\sigma} - \boldsymbol{I}_V) = \boldsymbol{\sigma}^2 - \boldsymbol{I}_V = (\boldsymbol{\sigma} - \boldsymbol{I}_V)(\boldsymbol{\sigma} + \boldsymbol{I}_V)$，因此如果假设 $im(\boldsymbol{\sigma} - \boldsymbol{I}_V) \cap im(\boldsymbol{\sigma} + \boldsymbol{I}_V) = \mathbf{0}$，则对于任意 $\boldsymbol{\alpha} \in \mathbf{V}$，恒有 $(\boldsymbol{\sigma}^2 - \boldsymbol{I}_V)(\boldsymbol{\alpha}) = \mathbf{0}$，从而有 $\boldsymbol{\sigma}^2 - \boldsymbol{I}_V = \mathbf{0}$.

(2)和(3)互推：利用维数公式 1 直接得到.

(1)和(4)互推：如果 $(\boldsymbol{\sigma} + \boldsymbol{I}_V)(\boldsymbol{\sigma} - \boldsymbol{I}_V) = \mathbf{0}$，则有

$$im(\boldsymbol{\sigma} - \boldsymbol{I}_V) \subseteq ker(\boldsymbol{\sigma} + \boldsymbol{I}_V),\ im(\boldsymbol{\sigma} + \boldsymbol{I}_V) \subseteq ker(\boldsymbol{\sigma} - \boldsymbol{I}_V),$$

从而由(2)得到有 $\mathbf{V} = ker(\boldsymbol{\sigma} + \boldsymbol{I}_V) + ker(\boldsymbol{\sigma} - \boldsymbol{I}_V)$. 另一方面，由

$$(\boldsymbol{\sigma} + \boldsymbol{I}_V) - (\boldsymbol{\sigma} - \boldsymbol{I}_V) = 2\boldsymbol{I}_V$$

易得

$$ker(\boldsymbol{\sigma} + \boldsymbol{I}_V) \cap ker(\boldsymbol{\sigma} - \boldsymbol{I}_V) = \mathbf{0}.$$

这就证明了(4).

(4)推导(7)：取定子空间 $ker(\boldsymbol{\sigma} + \boldsymbol{I}_V)$ 与子空间 $ker(\boldsymbol{\sigma} - \boldsymbol{I}_V)$ 的各一个基，合起来记得到 $_{\mathrm{F}}\mathbf{V}$ 的一个基. $\boldsymbol{\sigma}$ 在这个基下的矩阵即为 $\begin{bmatrix} \boldsymbol{E}_r & \mathbf{0} \\ \mathbf{0} & -\boldsymbol{E}_s \end{bmatrix}$.

(7)推导(1)：记 $\boldsymbol{A} = \begin{bmatrix} \boldsymbol{E}_r & \mathbf{0} \\ \mathbf{0} & -\boldsymbol{E}_s \end{bmatrix}$，则有 $\boldsymbol{A}^2 = \boldsymbol{E}$，所以有 $\boldsymbol{\sigma}^2 = \boldsymbol{I}_V$.

(1)推导(5)与(1)推导(6)：假设(1)成立. 已经得到

$$\mathbf{V} = im(\boldsymbol{\sigma} - \boldsymbol{I}_V) \oplus im(\boldsymbol{\sigma} + \boldsymbol{I}_V), \mathbf{V} = ker(\boldsymbol{\sigma} + \boldsymbol{I}_V) \oplus ker(\boldsymbol{\sigma} - \boldsymbol{I}_V)$$

以及

$$im(\boldsymbol{\sigma} - \boldsymbol{I}_V) \subseteq ker(\boldsymbol{\sigma} + \boldsymbol{I}_V), im(\boldsymbol{\sigma} + \boldsymbol{I}_V) \subseteq ker(\boldsymbol{\sigma} - \boldsymbol{I}_V).$$

由此易得

$$im(\boldsymbol{\sigma} - \boldsymbol{I}_V) = ker(\boldsymbol{\sigma} + \boldsymbol{I}_V), im(\boldsymbol{\sigma} + \boldsymbol{I}_V) = ker(\boldsymbol{\sigma} - \boldsymbol{I}_V).$$

(5)推导(2)：已知 $\mathbf{V} = im(\boldsymbol{\sigma} - \boldsymbol{I}_V) + im(\boldsymbol{\sigma} + \boldsymbol{I}_V)$. 如果还有 $im(\boldsymbol{\sigma} - \boldsymbol{I}_V) = ker(\boldsymbol{\sigma} + \boldsymbol{I}_V)$，则有 $\mathbf{V} = ker(\boldsymbol{\sigma} + \boldsymbol{I}_V) + im(\boldsymbol{\sigma} + \boldsymbol{I}_V)$. 根据维数公式

$$\dim_{\mathbf{F}}\mathbf{V} = Ndeg(\boldsymbol{\tau}) + r(\boldsymbol{\tau})$$

以及关于子空间交与和的维数公式即知 $\mathbf{V} = im(\boldsymbol{\sigma} - \boldsymbol{I}_V) \oplus im(\boldsymbol{\sigma} + \boldsymbol{I}_V)$ 成立.

(6)推导(2)：类似.

例 4.12(B) 假设 $\boldsymbol{A}$ 是 n 阶方阵. 求证以下条件等价：

(1) $\boldsymbol{A}^2 = \boldsymbol{E}$.

(2) $\mathrm{r}(\boldsymbol{A} - \boldsymbol{E}) + \mathrm{r}(\boldsymbol{A} + \boldsymbol{E}) = n$.

(3) $\boldsymbol{A}$ 相似于对角矩阵 $\begin{bmatrix} \boldsymbol{E}_r & \mathbf{0} \\ \mathbf{0} & -\boldsymbol{E}_s \end{bmatrix}$.

证明 此题由例 4.11 直接得到.

例 4.13 假设 f, g 是数域 $\mathbf{F}$ 上 n 维空间 $\mathbf{V}$ 的线性变换，且 $fg = \mathbf{0}$, $g^2 = g$. 求证：

(1) $\mathbf{V} = ker(f) + ker(g)$；

(2) $\mathbf{V} = ker(f) \oplus ker(g)$，当且仅当 $\mathrm{r}(f) + \mathrm{r}(g) = n$.

证明 (1) 由于 $\boldsymbol{\alpha} = g(\boldsymbol{\alpha}) + (\boldsymbol{\alpha} - g(\boldsymbol{\alpha}))$，其中

$$g(\boldsymbol{\alpha}) \in ker(f), \boldsymbol{\alpha} - g(\boldsymbol{\alpha}) \in ker(g),$$

所以有

$$\mathbf{V} = ker(f) + ker(g).$$

(2) 根据维数公式

$$n = \mathrm{r}(f) + \dim(ker(f)), n = \mathrm{r}(g) + \dim(ker(g)).$$

根据(1)立即得到：$\mathbf{V} = ker(f) \oplus ker(g)$，当且仅当 $r(f) + r(g) = n$. 注意，(1)只用在充分性证明中.

例 4.14 假设 $\boldsymbol{\sigma}$ 是内积空间 ${}_{\mathbf{F}}\mathbf{V}$ 的变换. 如果对于所有的 $\boldsymbol{\alpha}, \boldsymbol{\beta} \in \mathbf{V}$, 恒有

$$[\boldsymbol{\sigma}(\boldsymbol{\alpha}), \boldsymbol{\sigma}(\boldsymbol{\beta})] = [\boldsymbol{\alpha}, \boldsymbol{\beta}],$$

求证 $\boldsymbol{\sigma}$ 是 $\mathbf{V}$ 的酉变换.

证明 只需要验证 $\boldsymbol{\sigma}$ 是线性变换.

事实上,对于任意 $\boldsymbol{\alpha}, \boldsymbol{\beta} \in \mathbf{V}$, 由于

$$\begin{aligned}&[\boldsymbol{\sigma}(\boldsymbol{\alpha}+\boldsymbol{\beta}) - \boldsymbol{\sigma}(\boldsymbol{\alpha}) - \boldsymbol{\sigma}(\boldsymbol{\beta}), \boldsymbol{\sigma}(\boldsymbol{\alpha}+\boldsymbol{\beta}) - \boldsymbol{\sigma}(\boldsymbol{\alpha}) - \boldsymbol{\sigma}(\boldsymbol{\beta})]\\ &= [(\boldsymbol{\alpha}+\boldsymbol{\beta}) - \boldsymbol{\alpha} - \boldsymbol{\beta}, (\boldsymbol{\alpha}+\boldsymbol{\beta}) - \boldsymbol{\alpha} - \boldsymbol{\beta}] = 0,\end{aligned}$$

故而由内积的正定性,得到 $\boldsymbol{\sigma}(\boldsymbol{\alpha}+\boldsymbol{\beta}) = \sigma(\boldsymbol{\alpha}) + \sigma(\boldsymbol{\beta})$. 同样, 经过计算得到

$$[\boldsymbol{\sigma}(k\boldsymbol{\alpha}) - k\boldsymbol{\sigma}(\boldsymbol{\alpha}), \boldsymbol{\sigma}(k\boldsymbol{\alpha}) - k\boldsymbol{\sigma}(\boldsymbol{\alpha})] = 0,$$

从而有

$$\boldsymbol{\sigma}(k\boldsymbol{\alpha}) = k\boldsymbol{\sigma}(\boldsymbol{\alpha}), \ k \in \mathbf{F}, \ \boldsymbol{\alpha} \in \mathbf{V}.$$

这就证明了 $\boldsymbol{\sigma}$ 是线性变换,从而是酉空间 $\mathbf{V}$ 的酉变换.

例 4.15 求证: 数域 $\mathbf{F}$ 上的线性空间不能写成有限个真子空间的并.

证明 用反证法. 假设 $\mathbf{V} = \mathbf{W}_1 \cup \mathbf{W}_2 \cup \cdots \cup \mathbf{W}_r$, 其中 $\mathbf{W}_i$ 都是 $\mathbf{V}$ 的真子空间. 不妨进一步假设 $\mathbf{V}$ 不能写成其中任意 $(r-1)$ 个 $\mathbf{W}_i$ 的并. 在此假设下,当然有

$$\mathbf{W}_i \setminus \cup_{j \neq i} \mathbf{W}_j \neq \emptyset, \ i \text{ 为任意}$$

因此,对于每个 $i\ (1 \leqslant i \leqslant r)$, 都存在 $\boldsymbol{\alpha}_i \in \mathbf{W}_i$ 使得 $\boldsymbol{\alpha}_i \notin \mathbf{W}_j$, $j \neq i$. 考虑 $\mathbf{V}$ 的无限子集合 $\boldsymbol{S} = \{\boldsymbol{\alpha}_1 + k\boldsymbol{\alpha}_2 \mid 0 \neq k \in \mathbf{F}\}$. 显然有 $\boldsymbol{S} \cap \mathbf{W}_1 = \boldsymbol{\emptyset}$, $\boldsymbol{S} \cap \mathbf{W}_2 = \boldsymbol{\emptyset}$. 所以根据 $|\mathbf{F}| = \infty$, 不妨假设 $|\boldsymbol{S} \cap \mathbf{W}_3| \geqslant 2$. 由此得到 $\boldsymbol{\alpha}_2 \in \mathbf{W}_3$, 矛盾.

注记 对于有限域 $\mathbf{K}$, 假设 $|\mathbf{K}| = m$. $\mathbf{K}$ 上的任意线性空间 $\mathbf{V}$ 不能写成 k 个真子空间的并集, 这里 $k \leqslant m$. 另外一方面,如果取 $\mathbf{K} = \mathbf{Z}_2$, 则 $\mathbf{V} = \{(0, 0), (0, 1), (1, 0), (1, 1)\}$ 是 $\mathbf{K}$ 上的 2 维线性空间. $\mathbf{V}$ 可以写成其 3 个真子空间之并:

$$\mathbf{V} = \{(0, 0), (0, 1)\} \cup \{(0, 0), (1, 0)\} \cup \{(0, 0), (1, 1)\}.$$

例 4.16 假设 $\boldsymbol{\sigma}_1, \boldsymbol{\sigma}_2, \cdots, \boldsymbol{\sigma}_r$ 是线性空间 $\mathbf{V}$ 的两两互异的线性变换. 求证: $\mathbf{V}$ 中存在向量 $\boldsymbol{\alpha}$, 使得 $\boldsymbol{\sigma}_1(\boldsymbol{\alpha}), \boldsymbol{\sigma}_2(\boldsymbol{\alpha}), \cdots, \boldsymbol{\sigma}_r(\boldsymbol{\alpha})$ 也两两不同.

证明 对于任意的 $1 \leqslant i \neq j \leqslant s$, 记

$$\mathbf{V}_{ij} = \{\boldsymbol{\alpha} \in \mathbf{V} \mid \sigma_i(\boldsymbol{\alpha}) = \sigma_j(\boldsymbol{\alpha})\}.$$

根据假设易知 $\boldsymbol{V}_{ij}$ 都是 $\boldsymbol{V}$ 的真子空间. 所以,根据例 4.15,有 $\bigcup \boldsymbol{V}_{ij} \neq \boldsymbol{V}$. 这就证明了: $\boldsymbol{V}$ 中存在向量 $\boldsymbol{\alpha}$, 使得 $\boldsymbol{\sigma}_1(\boldsymbol{\alpha}), \cdots, \boldsymbol{\sigma}_s(\boldsymbol{\alpha})$ 也两两不同.

例 4.17 对于数域 $\mathbf{P}$ 上的矩阵 $\boldsymbol{A}_{m\times n}$, $\boldsymbol{B}_{n\times p}$, 记

$$\boldsymbol{V} = \{x \in \boldsymbol{P}^m \mid x\boldsymbol{AB} = 0\}, \boldsymbol{W} = \{y \in \boldsymbol{P}^n \mid y = x\boldsymbol{A}, \text{对于某个 } x \in \boldsymbol{P}^m\}.$$

易证 $\boldsymbol{V}$, $\boldsymbol{W}$ 分别是 $\boldsymbol{P}^m$, $\boldsymbol{P}^n$ 的线性子空间. 求 $\boldsymbol{W}$ 的维数 $\dim(\boldsymbol{W})$.

解 考虑满射线性变换 $\boldsymbol{f}$: $\boldsymbol{V} \to \boldsymbol{W}$, $\boldsymbol{x} \mapsto xA$. 可知 $\boldsymbol{f}$ 的核为

$$ker(\boldsymbol{f}) = \{x \in \boldsymbol{V} \mid x\boldsymbol{A} = \boldsymbol{0}\} = \{x \in \boldsymbol{P}^m \mid \boldsymbol{xA} = \boldsymbol{0}\}.$$

根据维数公式得到

$$\begin{aligned}\dim(\boldsymbol{W}) &= \dim(\boldsymbol{V}) - \dim(ker(f)) \\ &= (m - \mathrm{r}(\boldsymbol{AB})) - (m - \mathrm{r}(\boldsymbol{A})) \\ &= \mathrm{r}(\boldsymbol{A}) - \mathrm{r}(\boldsymbol{AB}).\end{aligned}$$

例 4.18(A) (1) 如果 $\boldsymbol{V}$ 上的线性变换 $\boldsymbol{\sigma}$ 与 $\boldsymbol{\tau}$ 可交换,即 $\boldsymbol{\sigma\tau} = \boldsymbol{\tau\sigma}$, 求证 $\boldsymbol{\sigma}$ 的特征子空间是 $\boldsymbol{\tau}$ 的不变子空间.

(2) 假设 $\boldsymbol{\sigma}$ 与 $\boldsymbol{\tau}$ 是 n 维酉空间 $\boldsymbol{V}$ 上的正规线性变换. 求证: 存在 $\boldsymbol{V}$ 的一个标准正交基,使得 $\boldsymbol{\sigma}$ 与 $\boldsymbol{\tau}$ 在此基下的矩阵均为对角阵,当且仅当 $\boldsymbol{\sigma\tau} = \boldsymbol{\tau\sigma}$.

(这等价于说: 对于 n 阶正规矩阵 $\boldsymbol{A}$, $\boldsymbol{B}$, $\boldsymbol{A}$ 与 $\boldsymbol{B}$ 可以同时酉相似对角化当且仅当 $\boldsymbol{AB} = \boldsymbol{BA}$.)

(3) 假设 $\boldsymbol{V}$ 是数域 $\mathbf{F}$ 上的 n 维线性空间,而 $\boldsymbol{\sigma}$ 与 $\boldsymbol{\tau}$ 均为 $\boldsymbol{V}$ 上线性变换,且在某两个基下矩阵分别为对角阵. 求证: $\boldsymbol{\sigma}$ 和 $\boldsymbol{\tau}$ 在某一个基下的矩阵同时为对角阵当且仅当 $\boldsymbol{\sigma\tau} = \boldsymbol{\tau\sigma}$.

(关于采用矩阵语言的叙述和证明,可参见例 3.36.)

证明 (1) 用 $\boldsymbol{V}_\lambda$ 表示 $\boldsymbol{\sigma}$ 的属于特征值 λ 的特征子空间. 假设 $\boldsymbol{\alpha} \in \boldsymbol{V}_\lambda$, 即有 $\boldsymbol{\sigma}(\boldsymbol{\alpha}) = \lambda\boldsymbol{\alpha}$, 则有 $\boldsymbol{\sigma}(\tau(\boldsymbol{\alpha})) = \boldsymbol{\tau\sigma}(\boldsymbol{\alpha}) = \lambda\tau(\boldsymbol{\alpha})$. 如果 $\tau(\boldsymbol{\alpha}) = \boldsymbol{0}$, 当然有 $\tau(\boldsymbol{\alpha}) \in \boldsymbol{V}_\lambda$; 而如果 $\tau(\boldsymbol{\alpha}) \neq \boldsymbol{0}$, 上式说明 $\tau(\boldsymbol{\alpha})$ 是 $\boldsymbol{\sigma}$ 的属于特征值 $\boldsymbol{\sigma}$ 的特征向量,所以也有 $\tau(\boldsymbol{\alpha}) \in \boldsymbol{V}_\lambda$, 从而证明了 $\tau(\boldsymbol{V}_\lambda) \subseteq \boldsymbol{V}_\lambda$.

(2) 只证明实对称变换情形. 正规变换情形只需要略作修改即可.

必要性 由于 $\boldsymbol{\sigma}$ 是 n 维欧氏空间 $\boldsymbol{V}$ 上的对称线性变换, 所以有分解式

$$\boldsymbol{V} = \boldsymbol{V}_{\lambda_1} \oplus \cdots \oplus \boldsymbol{V}_{\lambda_s},$$

其中, $\lambda_1, \cdots, \lambda_s$ 为 $\boldsymbol{\sigma}$ 的全部两两互异实特征值, 而 $\boldsymbol{V}_{\lambda_i}$ 是 $\boldsymbol{\sigma}$ 的属于特征值 λ_i 的特征子空间. 进一步假设 $\boldsymbol{\sigma\tau} = \boldsymbol{\tau\sigma}$, 则根据(1)的结果可知, $\boldsymbol{\tau}|_{\boldsymbol{V}_{\lambda_i}}$ 有意义,且易见

它也是欧氏空间 $\mathbf{V}_{\lambda_i}$ 上的对称变换. 这样对于每个 i, 可以取定 $\mathbf{V}_{\lambda_i}$ 的一个标准正交基,使得 $\boldsymbol{\tau}|_{\mathbf{V}_{\lambda_i}}$ 在此基下的矩阵为对角阵. 组装这 s 个向量组,得到 $\mathbf{V}$ 的一个标准正交基. 在此基下, $\boldsymbol{\sigma}$ 与 $\boldsymbol{\tau}$ 的矩阵均为对角阵(因为 在 $\mathbf{V}_{\lambda_i}$ 上, $\boldsymbol{\sigma}|_{\mathbf{V}_{\lambda_i}}=\lambda_i\boldsymbol{I}_{\mathbf{V}_{\lambda_i}}$).

充分性 见(3)的必要性证明部分.

(3) 充分性 如果 $\boldsymbol{\sigma}$, $\boldsymbol{\tau}$ 在基 $\boldsymbol{\eta}_1, \cdots, \boldsymbol{\eta}_n$ 下的矩阵分别为对角阵 $\boldsymbol{A}$, $\boldsymbol{B}$, 亦即有

$$\boldsymbol{\sigma}(\boldsymbol{\alpha})=(\boldsymbol{\eta}_1, \cdots, \boldsymbol{\eta}_n)\boldsymbol{AX},\ \tau(\boldsymbol{\alpha})=(\boldsymbol{\eta}_1, \cdots, \boldsymbol{\eta}_n)\boldsymbol{BX}.$$

则对于任意 $\boldsymbol{\alpha}\in\mathbf{V}$, 可假设 $\boldsymbol{\alpha}=(\boldsymbol{\eta}_1, \cdots, \boldsymbol{\eta}_n)\boldsymbol{X}$, 则有

$$(\boldsymbol{\sigma\tau})(\boldsymbol{\alpha})=(\boldsymbol{\eta}_1, \cdots, \boldsymbol{\eta}_n)\boldsymbol{ABX},\ (\boldsymbol{\sigma\tau})(\boldsymbol{\alpha})=(\boldsymbol{\eta}_1, \cdots, \boldsymbol{\eta}_n)\boldsymbol{BAX}.$$

由于 $\boldsymbol{AB}=\boldsymbol{BA}$, 所以有

$$(\boldsymbol{\sigma\tau})(\boldsymbol{\alpha})=(\boldsymbol{\sigma\tau})(\boldsymbol{\alpha}),\ \boldsymbol{\alpha}\in\mathbf{V},$$

从而 $\boldsymbol{\sigma\tau}=\boldsymbol{\tau\sigma}$.

必要性 假设 $\boldsymbol{\sigma\tau}=\boldsymbol{\tau\sigma}$. 并假设二者在某两个基下矩阵分别为对角阵. 此时,有 $\mathbf{V}=\bigoplus_{i=1}^{s}\mathbf{V}_{\lambda_i}$, 其中 λ_i 是 $\boldsymbol{\sigma}$ 的两两互异的特征值. 由 $\boldsymbol{\sigma\tau}=\boldsymbol{\tau\sigma}$ 易见 $\mathbf{V}_{\lambda_i}$ 是 $\boldsymbol{\tau}$ -子空间. 根据例 4.7 可知, $\boldsymbol{\tau}|_{\mathbf{V}_{\lambda_i}}$ 在 $\mathbf{V}_{\lambda_i}$ 的某个基下也为对角阵. 组装这些基,得到 $\mathbf{V}$ 的一基. 在此基下, $\boldsymbol{\sigma}$ 与 $\boldsymbol{\tau}$ 均为对角阵.

例 4.18(B) 试确定在 $\mathbf{C}$ 上相似于对角矩阵的如下形式矩阵:

$$\boldsymbol{A}=\begin{bmatrix} 0 & 0 & \cdots & 0 & a_1 \\ 0 & 0 & \cdots & a_2 & 0 \\ \vdots & \vdots & \ddots & \vdots & \vdots \\ 0 & a_{n-1} & \cdots & 0 & 0 \\ a_n & 0 & \cdots & 0 & 0 \end{bmatrix}.$$

证明 证法一 取定一个 n 维复空间 $\mathbf{V}$ 的一个基 $\boldsymbol{\alpha}_1, \cdots, \boldsymbol{\alpha}_n$, 并假设线性变换 $\boldsymbol{\sigma}$ 在此基下的矩阵为 $\boldsymbol{A}$. 易见 $\sigma(\boldsymbol{\alpha}_1)=a_n\boldsymbol{\alpha}_n$, $\sigma(\boldsymbol{\alpha}_n)=a_1\boldsymbol{\alpha}_1$. 由此得到 $\mathbf{V}$ 的 $\boldsymbol{\sigma}$ -子空间 $\boldsymbol{L}(\boldsymbol{\alpha}_1, \boldsymbol{\alpha}_n)$, 并进一步得到 $\mathbf{V}$ 的 $\boldsymbol{\sigma}$ -子空间的一个直和分解式

$$\mathbf{V}=L(\boldsymbol{\alpha}_1, \boldsymbol{\alpha}_n)\oplus L(\boldsymbol{\alpha}_2, \boldsymbol{\alpha}_{n-1})\oplus L(\boldsymbol{\alpha}_3, \boldsymbol{\alpha}_{n-2})\oplus\cdots.$$

$\boldsymbol{\sigma}$ 在基 $\boldsymbol{\alpha}_1, \boldsymbol{\alpha}_n, \boldsymbol{\alpha}_2, \boldsymbol{\alpha}_{n-1}, \boldsymbol{\alpha}_3, \boldsymbol{\alpha}_{n-2}, \cdots$ 之下的矩阵为

$$\boldsymbol{B}=\begin{bmatrix} \boldsymbol{A}_1 & 0 & 0 & \cdots & 0 \\ 0 & \boldsymbol{A}_2 & 0 & \cdots & 0 \\ \vdots & \vdots & \vdots & \ddots & \vdots \end{bmatrix},$$

其中 $\boldsymbol{A}_1=\begin{bmatrix}\boldsymbol{0} & \boldsymbol{a}_1\\ \boldsymbol{a}_n & \boldsymbol{0}\end{bmatrix}$, $\boldsymbol{A}_1=\begin{bmatrix}\boldsymbol{0} & a_2\\ \boldsymbol{a}_{n-1} & \boldsymbol{0}\end{bmatrix}$, $\cdots$ 换句话说, $\boldsymbol{A}$ 相似于前述准对角阵 $\boldsymbol{B}$.

于是 $\boldsymbol{A}$ 相似于对角阵，当且仅当 $\boldsymbol{B}$ 相似于对角阵，当且仅当每个 $\boldsymbol{A}_i$ 都相似于对角阵. 而一个如此形式的非零二阶阵相似于一个对角阵，当且仅当其行列式不为零. 于是得到如下结论：

$\boldsymbol{A}$ 相似于对角阵当且仅当 $\mathrm{r}(\boldsymbol{A}_i)\in\{0,\ 2\}$, $1\leqslant i\leqslant\left[\dfrac{n}{2}\right]$.

$\boldsymbol{A}$ 不相似于对角阵当且仅当存在满足 $1\leqslant i\leqslant\left[\dfrac{n}{2}\right]$ 的整数 i 使得 $\mathrm{r}(\boldsymbol{A}_i)=1$.

证法二 将 n 阶单位矩阵 $\boldsymbol{E}_n$ 的第 2 列与第 n 列互换位置，得到置换矩阵 $\boldsymbol{P}_1$；易见 $\boldsymbol{P}^{-1}=\boldsymbol{P}$, 而 $\boldsymbol{P}_1^{-1}\boldsymbol{A}\boldsymbol{P}_1$ 为准对角矩阵

$$\begin{bmatrix}\boldsymbol{A}_1 & \boldsymbol{0} & \boldsymbol{0}\\ \boldsymbol{0} & \boldsymbol{C} & \boldsymbol{0}\\ \boldsymbol{0} & \boldsymbol{0} & \boldsymbol{B}_2\end{bmatrix},$$

其中 $\boldsymbol{A}_1$ 即为证法一中的 $\boldsymbol{A}_1$, 而

$$\boldsymbol{C}=\begin{bmatrix}0 & 0 & \cdots & 0 & a_3\\ 0 & 0 & \cdots & a_4 & 0\\ \vdots & \vdots & \ddots & \vdots & \vdots\\ 0 & a_{n-3} & \cdots & 0 & 0\\ a_{n-2} & 0 & \cdots & 0 & 0\end{bmatrix},\ \boldsymbol{B}_2=\begin{bmatrix}0 & a_{n-1}\\ a_2 & 0\end{bmatrix}.$$

显然, $\boldsymbol{A}$ 相似于对角阵，当且仅当 $\boldsymbol{A}_1$, $\boldsymbol{C}$ 与 $\boldsymbol{B}_2$ 均相似于对角阵. 因此对于 $\boldsymbol{C}$ 用归纳法即完成本题的证明，结论同于证法 1.

例 4.19 设 $\boldsymbol{\sigma}$ 是数域 $\mathbf{P}$ 上的列向量空间 $\mathbf{P}^n$ 上的一个线性变换. 求证：存在一个 n 阶方阵 $\boldsymbol{A}$, 使得 $\sigma(\boldsymbol{\alpha})=\boldsymbol{A\alpha}$, $\boldsymbol{\alpha}\in\mathbf{P}^n$. 因此, $\mathbf{P}$ 上线性空间 $\mathbf{P}^n$ 的全体线性变换为

$$\{\boldsymbol{A}:\boldsymbol{\alpha}\ \mapsto\boldsymbol{A\alpha}\mid\boldsymbol{A}\in\mathbf{P}^{n\times n}\}.$$

证明 命 $\boldsymbol{e}_i=(0,\ \cdots,\ 0,\ 1,\ 0,\ \cdots,\ 0)^{\mathrm{T}}$, 其中的第 i 个分量为 1, 其余是零. 命

$$\boldsymbol{\sigma}(\boldsymbol{e}_1,\ \cdots,\ \boldsymbol{e}_n)=(\boldsymbol{e}_1,\ \cdots,\ \boldsymbol{e}_n)\boldsymbol{A}.$$

则由于 $\boldsymbol{\alpha}=(\boldsymbol{e}_1,\ \cdots,\ \boldsymbol{e}_n)\boldsymbol{\alpha}$, 所以对于任意 $\boldsymbol{\alpha}\in\mathbf{P}^n$, 有

$$\boldsymbol{\sigma}(\boldsymbol{\alpha}) = \boldsymbol{\sigma}(\boldsymbol{e}_1, \cdots, \boldsymbol{e}_n) \cdot \boldsymbol{\alpha} = (\boldsymbol{e}_1, \cdots, \boldsymbol{e}_n)(\boldsymbol{A}\boldsymbol{\alpha}) = \boldsymbol{E}_n\boldsymbol{A}\boldsymbol{\alpha} = \boldsymbol{A}\boldsymbol{\alpha}.$$

从上述答题过程可以看出，本题完全可以使用纯粹矩阵技巧解答.

例 4.20(A) 假设 $\boldsymbol{V} = \mathbf{R}^n$ 是欧氏空间，并假设 $\boldsymbol{W}$ 是其子空间. 对于 $\boldsymbol{V}$ 上的线性变换 $\boldsymbol{\sigma}$，如果 $\boldsymbol{\sigma}(w) = w(w \in \boldsymbol{W})$ 而 $\boldsymbol{\sigma}(v) = \mathbf{0}(v \in \boldsymbol{W}^{\perp})$，则称 $\boldsymbol{\sigma}$ 是到子空间 $\boldsymbol{W}$ 上的投影变换，简称投影. 对于 $\boldsymbol{V} = \mathbf{R}^n$，求证：

(1) $\boldsymbol{V}$ 的线性变换 $\boldsymbol{\sigma}$ 是到某个子空间上的投影当且仅当在前例中矩阵 $\boldsymbol{A}$ 满足：$\boldsymbol{A}^{\mathrm{T}} = \boldsymbol{A}$，$\boldsymbol{A}^2 = \boldsymbol{A}$（这样的实矩阵称为投影矩阵）.

(2) 全部 n 阶非零投影矩阵为

$$\boldsymbol{\alpha}_1\boldsymbol{\alpha}_1^{\mathrm{T}} + \cdots + \boldsymbol{\alpha}_r\boldsymbol{\alpha}_r^{\mathrm{T}}$$

其中 $\boldsymbol{\alpha}_1, \cdots, \boldsymbol{\alpha}_r$ 是 $\mathbf{R}^{n\times 1}$ 中的任意标准正交向量组.

证明 (1) *必要性* 假设 $\boldsymbol{\sigma}$ 是到子空间 W 的投影. 由上题可设 $\boldsymbol{A}$ 使得

$$\boldsymbol{\sigma}(\boldsymbol{\alpha}) = \boldsymbol{A}\boldsymbol{\alpha},\ \boldsymbol{\alpha} \in \boldsymbol{V}.$$

用 Gram-Schmidt 正交化、正规化过程，可得 $\boldsymbol{W}$，$\boldsymbol{W}^{\perp}$ 的各一组标准正交基

$$\boldsymbol{e}_1, \cdots, \boldsymbol{e}_r;\ \boldsymbol{e}_{r+1}, \cdots, \boldsymbol{e}_n.$$

记 $\boldsymbol{U} = (\boldsymbol{e}_1, \cdots, \boldsymbol{e}_n)$，则 $\boldsymbol{U}$ 是一个正交矩阵. 而

$$\boldsymbol{A}\boldsymbol{U} = (\sigma(\boldsymbol{e}_1), \cdots, \sigma(\boldsymbol{e}_n)) = (\boldsymbol{e}_1, \cdots, \boldsymbol{e}_n)\boldsymbol{B} = \boldsymbol{U}\boldsymbol{B},$$

其中 $\boldsymbol{B} = \begin{bmatrix} \boldsymbol{E}_r & \mathbf{0} \\ \mathbf{0} & \mathbf{0} \end{bmatrix}$. 因此，$\boldsymbol{A} = \boldsymbol{U}\boldsymbol{B}\boldsymbol{U}^{\mathrm{T}}$ 且显然满足 $\boldsymbol{A}^{\mathrm{T}} = \boldsymbol{A}$，$\boldsymbol{A}^2 = \boldsymbol{A}$.

充分性 反过来假设实矩阵 $\boldsymbol{A}$ 满足 $\boldsymbol{A}^{\mathrm{T}} = \boldsymbol{A}$，$\boldsymbol{A}^2 = \boldsymbol{A}$，则可验证，映射 $\boldsymbol{A}$：$\boldsymbol{\alpha} \mapsto \boldsymbol{A}\boldsymbol{\alpha}$ 是 $\boldsymbol{V}$ 到 $\boldsymbol{A}$ 的列空间 $\mathbf{R}(\boldsymbol{A})$ 的投影，其中 $\mathbf{R}(\boldsymbol{A})$ 是由 $\boldsymbol{A}$ 的列向量张成的子空间. 注意 $\mathbf{R}(\boldsymbol{A})^{\perp} = \{\boldsymbol{\alpha} \mid \boldsymbol{A}\boldsymbol{\alpha} = \mathbf{0}\}$，亦即 $\boldsymbol{A}$ 的列空间的正交补恰为 $\boldsymbol{A}$ 的零空间.

(2) 对于 $\mathbf{R}^{n\times 1}$ 中的任意标准正交向量组 $\boldsymbol{\alpha}_1, \cdots, \boldsymbol{\alpha}_r$，矩阵

$$\boldsymbol{A} = \boldsymbol{\alpha}_1\boldsymbol{\alpha}_1^{\mathrm{T}} + \cdots + \boldsymbol{\alpha}_r\boldsymbol{\alpha}_r^{\mathrm{T}}$$

显然满足 $\boldsymbol{A}^{\mathrm{T}} = \boldsymbol{A}$，$\boldsymbol{A}^2 = \boldsymbol{A}$，从而是投影矩阵. 反过来，投影矩阵 $\boldsymbol{B}$ 是实对称矩阵，且其特征值为 1,0. 因此

$$\boldsymbol{B} = 1 \cdot \boldsymbol{\alpha}_1\boldsymbol{\alpha}_1^{\mathrm{T}} + \cdots + 1 \cdot \boldsymbol{\alpha}_r\boldsymbol{\alpha}_r^{\mathrm{T}} + 0 \cdot \boldsymbol{\alpha}_{r+1}\boldsymbol{\alpha}_{r+1}^{\mathrm{T}} + \cdots + 0 \cdot \boldsymbol{\alpha}_n\boldsymbol{\alpha}_n^{\mathrm{T}},$$

其中 $\boldsymbol{\alpha}_1, \cdots, \boldsymbol{\alpha}_r;\ \boldsymbol{\alpha}_{r+1}, \cdots, \boldsymbol{\alpha}_n$ 是分属于特征值 1,$\mathbf{0}$ 的标准正交特征向量组.

例 4.20(B)可以看作为例 4.20(A)的加强版本.

例 4.20(B)　对于 n 维欧氏空间 $\boldsymbol{V}$ 以及 $\boldsymbol{V}$ 上的线性变换 $\boldsymbol{\sigma}$，以下条件等价：

(1) $\boldsymbol{\sigma}$ 是到某个子空间的投影变换；

(2) $\boldsymbol{V}$ 中存在一个标准正交基，使得 $\boldsymbol{\sigma}$ 在此基下的矩阵 $\boldsymbol{A}$ 满足

$$\boldsymbol{A}^{\mathrm{T}}=\boldsymbol{A},\ \boldsymbol{A}^2=\boldsymbol{A}.$$

(3) 对于 $\boldsymbol{V}$ 的任意一个标准正交基，$\boldsymbol{\sigma}$ 在此基下的矩阵 $\boldsymbol{B}$ 满足

$$\boldsymbol{B}^{\mathrm{T}}=\boldsymbol{B},\ \boldsymbol{B}^2=\boldsymbol{B}.$$

证明　(1)推出(2)：假设 $\boldsymbol{\sigma}$ 是到子空间 $\boldsymbol{W}$ 的投影. 取定 $\boldsymbol{W}$ 和 $\boldsymbol{W}^{\perp}$ 的各一个基，则得到 $\boldsymbol{V}$ 的一个标准正交基. $\boldsymbol{\sigma}$ 在此基下的矩阵为 $\boldsymbol{A}=\begin{bmatrix}\boldsymbol{E}_r & \boldsymbol{0}\\ \boldsymbol{0} & \boldsymbol{0}\end{bmatrix}$. 此 $\boldsymbol{A}$ 显然满足 $\boldsymbol{A}^{\mathrm{T}}=\boldsymbol{A}$，$\boldsymbol{A}^2=\boldsymbol{A}$.

(2)推出(3)：假设 $\boldsymbol{\sigma}$ 在标准正交基 $\boldsymbol{e}_1$，…，$\boldsymbol{e}_n$ 下的矩阵 $\boldsymbol{A}$ 满足

$$\boldsymbol{A}^{\mathrm{T}}=\boldsymbol{A},\ \boldsymbol{A}^2=\boldsymbol{A}.$$

对于任意一个标准正交基 $\boldsymbol{\eta}_1$，…，$\boldsymbol{\eta}_n$，假设从 $\boldsymbol{e}_1$，…，$\boldsymbol{e}_n$ 到 $\boldsymbol{\eta}_1$，…，$\boldsymbol{\eta}_n$ 的过渡矩阵为 $\boldsymbol{U}$，则 $\boldsymbol{U}$ 为正交矩阵，且 $\boldsymbol{\sigma}$ 在 $\boldsymbol{\eta}_1$，…，$\boldsymbol{\eta}_n$ 的矩阵为 $\boldsymbol{B}=\boldsymbol{U}^{-1}\boldsymbol{A}\boldsymbol{U}=\boldsymbol{U}^{\mathrm{T}}\boldsymbol{A}\boldsymbol{U}$. 易见 $\boldsymbol{B}^{\mathrm{T}}=\boldsymbol{B}$，$\boldsymbol{B}^2=\boldsymbol{B}$.

(3)推出(2)：显然成立.

(2)推出(1)：假设 $\boldsymbol{V}$ 中存在一个标准正交基 $\boldsymbol{e}_1$，…，$\boldsymbol{e}_n$，使得 $\boldsymbol{\sigma}$ 在此基下的矩阵 $\boldsymbol{A}$ 满足 $\boldsymbol{A}^{\mathrm{T}}=\boldsymbol{A}$，$\boldsymbol{A}^2=\boldsymbol{A}$，则存在正交矩阵 $\boldsymbol{U}$ 使得 $\boldsymbol{U}^{\mathrm{T}}\boldsymbol{A}\boldsymbol{U}=\begin{bmatrix}\boldsymbol{E}_r & \boldsymbol{0}\\ \boldsymbol{0} & \boldsymbol{0}\end{bmatrix}$.

命
$$(\boldsymbol{\eta}_1,\ \cdots,\ \boldsymbol{\eta}_n)=(\boldsymbol{e}_1,\ \cdots,\ \boldsymbol{e}_n)\boldsymbol{U},$$

则 $\boldsymbol{\eta}_1$，…，$\boldsymbol{\eta}_n$ 是 $\boldsymbol{V}$ 中的一个标准正交基. 命

$$\boldsymbol{W}=L(\boldsymbol{\eta}_1,\ \cdots,\ \boldsymbol{\eta}_r),$$

亦即 $\boldsymbol{W}$ 是由 $\boldsymbol{\eta}_1$，…，$\boldsymbol{\eta}_r$ 张成的子空间，则 $\boldsymbol{\sigma}$ 是到子空间 $\boldsymbol{W}$ 的投影映射(线性变换).

例 4.21(A)　求投影矩阵 $\boldsymbol{P}$，使得将 $\mathbf{R}^3$ 投影到平面 $x+y+z=0$ 与平面 $x-z=0$ 的相交直线上.

解　二平面相交直线方程为

$$\frac{x-0}{1}=\frac{y-0}{-2}=\frac{z-0}{1}.$$

记 $\boldsymbol{\alpha}=\dfrac{1}{\sqrt{6}}(1,-2,1)^{\mathrm{T}}$，$\boldsymbol{P}=\boldsymbol{\alpha}\boldsymbol{\alpha}^{\mathrm{T}}$，则 $\boldsymbol{P}$ 即为所求.

例 4.21(B) 设 $\mathbf{V}$ 是 $\mathbf{R}^4$ 的子空间，由向量

$$\boldsymbol{\alpha}=(1,1,0,1)^{\mathrm{T}},\ \boldsymbol{\beta}=(0,0,1,0)^{\mathrm{T}}\text{ 生成.}$$

求投影矩阵 $\boldsymbol{P}$ 使得将 $\mathbf{R}^4$ 投射到 $\mathbf{V}$.

解 易见 $\boldsymbol{\alpha}$，$\boldsymbol{\beta}$ 线性无关，因此 $\mathbf{V}$ 是 $\mathbf{R}^4$ 的 2 维子空间，从而 $\mathrm{r}(\boldsymbol{P})=2$. 取 $\mathbf{V}$ 的标准正交基 $\boldsymbol{\alpha}_1=\dfrac{1}{\sqrt{3}}\boldsymbol{\alpha}$，$\boldsymbol{\beta}_1=\boldsymbol{\beta}$，并构造 4×2 列满秩矩阵 $\boldsymbol{B}=(\boldsymbol{\alpha}_1,\boldsymbol{\beta}_1)$. 命 $\boldsymbol{P}=\boldsymbol{B}\boldsymbol{B}^{\mathrm{T}}$. 则直接可以验证 $\boldsymbol{P}\boldsymbol{\alpha}_i=\boldsymbol{\alpha}_i$，从而

$$\boldsymbol{P}\boldsymbol{\delta}=\boldsymbol{\delta},\ \boldsymbol{P}\boldsymbol{\gamma}=\mathbf{0},\ \boldsymbol{\delta}\in\mathbf{V},\ \boldsymbol{\gamma}\in\mathbf{V}^{\perp}.$$

于是 $\boldsymbol{P}$ 即为所求.

例 4.22 若 $\boldsymbol{\sigma}$ 与 $\boldsymbol{\tau}$ 均是线性空间 $\mathbf{V}$ 上的线性变换且满足 $\boldsymbol{\sigma}\boldsymbol{\tau}-\boldsymbol{\tau}\boldsymbol{\sigma}=\boldsymbol{I}_V$，求证对于任意正整数 k 有

$$\boldsymbol{\sigma}^k\boldsymbol{\tau}-\boldsymbol{\tau}\boldsymbol{\sigma}^k=k\boldsymbol{\sigma}^{k-1}.$$

证明 对于 k 用归纳法.

$k=1$ 时，为给定条件.

假设 $\boldsymbol{\sigma}^k\boldsymbol{\tau}-\boldsymbol{\tau}\boldsymbol{\sigma}^k=k\boldsymbol{\sigma}^{k-1}$，则有

$$\boldsymbol{\sigma}^{k+1}\boldsymbol{\tau}-\boldsymbol{\sigma}\boldsymbol{\tau}\boldsymbol{\sigma}^k=k\boldsymbol{\sigma}^k \tag{4-9}$$

在等式 $\boldsymbol{\sigma}\boldsymbol{\tau}-\boldsymbol{\tau}\boldsymbol{\sigma}=\boldsymbol{I}_V$ 两边右乘 $\boldsymbol{\sigma}^k$ 得到

$$\boldsymbol{\sigma}\boldsymbol{\tau}\boldsymbol{\sigma}^k-\boldsymbol{\tau}\boldsymbol{\sigma}^{k+1}=\boldsymbol{\sigma}^k \tag{4-10}$$

把式(4-9)和式(4-10)两端分别相加即得到：

$$\boldsymbol{\sigma}^{k+1}\boldsymbol{\tau}-\boldsymbol{\tau}\boldsymbol{\sigma}^{k+1}=(k+1)\boldsymbol{\sigma}^k.$$

例 4.23(A) 镜面反射假设 $\boldsymbol{\beta}$ 是 n 维欧几里德空间 $\mathbf{V}$ 的一个单位向量，求证：

(1) 如下定义的 $\boldsymbol{\sigma}=\boldsymbol{\sigma}_\beta$ 是 $\mathbf{V}$ 的正交变换，称为 $\mathbf{V}$ 的一个镜面反射：

$$\boldsymbol{\sigma}:\mathbf{V}\to\mathbf{V},\ \boldsymbol{\alpha}\ \mapsto\boldsymbol{\alpha}-2[\boldsymbol{\beta},\boldsymbol{\alpha}]\boldsymbol{\beta}.$$

(2) 在(1)中定义的镜面反射 $\boldsymbol{\sigma}$ 是第二类正交变换；而 $\boldsymbol{\sigma}^2=\boldsymbol{I}_V$.

(3) 对于 $\mathbf{V}$ 上任意一个第二类正交变换 $\boldsymbol{\tau}$，有分解式 $\boldsymbol{\tau}=\boldsymbol{\sigma}\cdot\boldsymbol{\delta}$，其中 $\boldsymbol{\delta}$ 是 $\mathbf{V}$ 上的一个第一类正交变换.

(4) 如果欧氏空间 $\boldsymbol{V}$ 的一个正交变换 $\boldsymbol{\tau}$ 以 1 作为其特征值，且其特征子空间 $\boldsymbol{V}_1$ 是 $n-1$ 维的，则它必为一个镜面反射.

(5) $\boldsymbol{V}$ 上一个线性变换 $\boldsymbol{\sigma}$ 为一个镜面反射，当且仅当 $\boldsymbol{\sigma}$ 在 $\boldsymbol{V}$ 的一组标准正交基下的矩阵为对角阵 $\mathrm{diag}\{-1, 1, \cdots, 1\}$.

证明 (1) 显然，$\boldsymbol{\sigma}$ 是线性变换，且直接可以验证 $[\sigma(\boldsymbol{\alpha}_1), \sigma(\boldsymbol{\alpha}_2)] = [\boldsymbol{\alpha}_1, \boldsymbol{\alpha}_2]$.

(2) 如下取 $\boldsymbol{V}$ 的一组标准正交基 $\boldsymbol{e}_1, \cdots, \boldsymbol{e}_n$ 使得 $\boldsymbol{e}_1 = \boldsymbol{\beta}$，则 $\boldsymbol{\sigma}$ 在这组基下的矩阵 $\boldsymbol{A}$ 为对角阵 $\mathrm{diag}\{-1, 1, \cdots, 1\}$. 因此 $|\boldsymbol{A}| = -1$，说明 $\boldsymbol{\sigma}$ 是第二类正交变换. 最后，由 $\boldsymbol{A}^2 = \boldsymbol{E}$ 立即可得 $\boldsymbol{\sigma}^2 = \boldsymbol{I}_V$.

注意 正交变换在任意一组标准正交基下的矩阵 $\boldsymbol{B}$ 为正交矩阵，因此 $|\boldsymbol{B}| = \pm 1$.

当然也可以直接验证 $\boldsymbol{\sigma}^2 = \boldsymbol{I}_V$.

(3) 对于 $\boldsymbol{V}$ 上任意一个第二类正交变换 $\boldsymbol{\tau}$ 和(1)中的 $\boldsymbol{\sigma}$，$\boldsymbol{\sigma\tau}$ 即为第一类正交变换. 命 $\boldsymbol{\delta} = \boldsymbol{\sigma\tau}$，则有 $\boldsymbol{\tau} = \boldsymbol{\sigma} \cdot \boldsymbol{\delta}$.

(4) 根据假设，$\boldsymbol{\tau}$ 还有一个特征值 -1. 此时，任意取定 $\boldsymbol{V}_1$ 的一个标准正交基

$$\boldsymbol{\alpha}_1, \cdots, \boldsymbol{\alpha}_{n-1}$$

取定 $\boldsymbol{\tau}$ 的属于特征值 -1 的单位特征向量 $\boldsymbol{\alpha}_n$，则 $\boldsymbol{\alpha}_1, \cdots, \boldsymbol{\alpha}_n$ 是 $\boldsymbol{V}$ 的标准正交基(因为 $\boldsymbol{\tau}$ 是正规变换，而正规变换的属于不同特征值的特征向量彼此正交).

命 $\boldsymbol{\beta} = \boldsymbol{\alpha}_n$，则对于任意的 $\boldsymbol{\alpha} = \sum_{i=1}^{n} x_i \boldsymbol{\alpha}_i$，有

$$\boldsymbol{\tau}(\boldsymbol{\alpha}) = \sum_{i=1}^{n} x_i \boldsymbol{\alpha}_i - 2x_n \boldsymbol{\alpha}_n = \boldsymbol{\alpha} - 2[\boldsymbol{\beta}, \boldsymbol{\alpha}]\boldsymbol{\beta},$$

所以 $\boldsymbol{\beta}$ 是一个镜面反射.

(5) *必要性* 由(2)的证明过程得到.

充分性 由(4)得到.

注记 1 在欧氏空间 $\boldsymbol{V} = \mathbf{R}^{n\times 1}$ 情形，由单位向量 $\boldsymbol{\beta}$ 所确定的镜面反射 $\boldsymbol{\sigma}$ 恰为由对称的正交矩阵 $\boldsymbol{E}_n - 2\boldsymbol{\beta\beta}^{\mathrm{T}}$ 确定的左乘对合变换(可参见例 3.23 与例 4.19)，这是因为

$$\sigma(\boldsymbol{\alpha}) = \boldsymbol{\alpha} - 2(\boldsymbol{\beta}^{\mathrm{T}}\boldsymbol{\alpha})\boldsymbol{\beta} = (\boldsymbol{E}_n - 2\boldsymbol{\beta\beta}^{\mathrm{T}})\boldsymbol{\alpha}.$$

此外，镜面反射的几何意义是非常明确的. 首先，$[\boldsymbol{\beta}, \boldsymbol{\alpha}]\boldsymbol{\beta}$ 是向量 $\boldsymbol{\alpha}$ 在单位矢量 $\boldsymbol{\beta}$ 上的投影矢量. 所以 $\boldsymbol{\alpha} - 2[\boldsymbol{\beta}, \boldsymbol{\alpha}]\boldsymbol{\beta}$ 是 $\boldsymbol{\alpha}$ 在由 $\boldsymbol{\alpha}, \boldsymbol{\beta}$ 确定的平面上关于与 $\boldsymbol{\beta}$ 垂直的

矢量的对称矢量(方向相反,所以才称为镜面反射.镜面指的是以 $\boldsymbol{\beta}$ 作为法向量的平面).详细见图 4-2(三维空间情形,其中 $\boldsymbol{AO}$ 方向为 $\boldsymbol{\alpha}$ 的方向,而 $\boldsymbol{OC}$ 的方向为 $\boldsymbol{\beta}$ 的方向,是水平平面的法向量.此外,$\boldsymbol{OC}=2\boldsymbol{OM}=-2[\boldsymbol{\beta},\boldsymbol{\alpha}]\boldsymbol{\beta}$.根据矢量加法的三角形法则易见 $\boldsymbol{OB}=\boldsymbol{\alpha}-2[\boldsymbol{\beta},\boldsymbol{\alpha}]\boldsymbol{\beta}$).

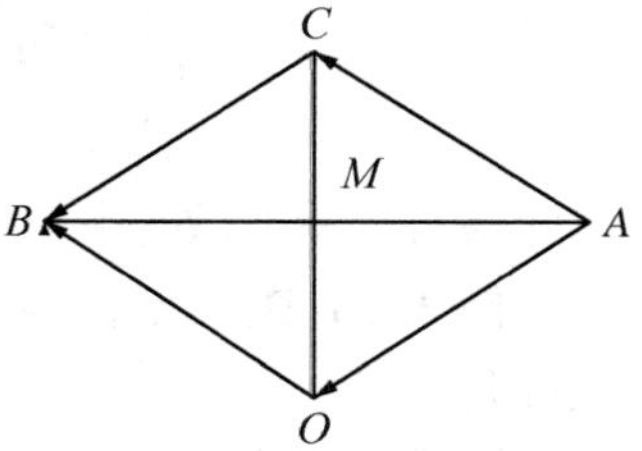

图 4-2　Householder 变换

注记 2　镜面反射在西文教材中一般称为 Householder Transformation,其中 Housholder 是人名.

注记 3　n 维欧式空间 $\mathbf{V}$ 上的一个线性变换是一个镜面反射,当且仅当它在某个标准正交基下的矩阵 $\mathbf{A}$ 满足:$\mathbf{A}^{\mathrm{T}}=\mathbf{A}$, $\mathbf{A}^2=\mathbf{E}$,且 $\mathbf{A}$ 的正惯性指数为 $n-1$.

例 4.23(B)　假设 $\boldsymbol{\alpha}$, $\boldsymbol{\beta}$ 是欧氏空间 $\mathbf{V}$ 中的不同单位向量.求证:存在一个镜面反射 $\boldsymbol{\sigma}$ 使得 $\boldsymbol{\sigma}(\boldsymbol{\alpha})=\boldsymbol{\beta}$.

证明　根据镜面反射的几何意义,如果例4.23(A)(1)中的镜面反射存在,则相应的法向量必为非零向量 $\pm(\boldsymbol{\alpha}-\boldsymbol{\beta})$ 的单位化(见图 4-2).记 $\boldsymbol{\eta}=\dfrac{1}{|\boldsymbol{\alpha}-\boldsymbol{\beta}|}(\boldsymbol{\alpha}-\boldsymbol{\beta})$,并考虑

$$\boldsymbol{\sigma}:\mathbf{V}\to\mathbf{V},\ \boldsymbol{\delta}\ \mapsto\boldsymbol{\delta}-[\boldsymbol{\delta},\boldsymbol{\eta}]\boldsymbol{\eta}.$$

注意到 $\boldsymbol{\alpha}$, $\boldsymbol{\beta}$ 均为单位向量,所以由图 4-2 可知 $[\boldsymbol{\alpha},\boldsymbol{\alpha}-\boldsymbol{\beta}]=-[\boldsymbol{\beta},\boldsymbol{\alpha}-\boldsymbol{\beta}]$.因此有

$$\begin{aligned}\sigma(\boldsymbol{\alpha})&=\boldsymbol{\alpha}-2[\boldsymbol{\alpha},\boldsymbol{\alpha}-\boldsymbol{\beta}]\frac{1}{[\boldsymbol{\alpha}-\boldsymbol{\beta},\boldsymbol{\alpha}-\boldsymbol{\beta}]}(\boldsymbol{\alpha}-\boldsymbol{\beta})\\&=\boldsymbol{\alpha}-[\boldsymbol{\alpha}-\boldsymbol{\beta},\boldsymbol{\alpha}-\boldsymbol{\beta}]\frac{1}{[\boldsymbol{\alpha}-\boldsymbol{\beta},\boldsymbol{\alpha}-\boldsymbol{\beta}]}(\boldsymbol{\alpha}-\boldsymbol{\beta})\\&=\boldsymbol{\beta}.\end{aligned}$$

注记　此题当然也可以用纯粹代数的方法(待定法)解出,不过过程较为繁琐.

例 4.23(C)　在欧氏空间 $\mathbf{V}=\mathbf{R}^3$ 上,试求镜面反射 $\boldsymbol{\sigma}=\boldsymbol{\sigma}_{\beta}$,使得 $\boldsymbol{\sigma}(\boldsymbol{\alpha}_1)=\boldsymbol{\alpha}_2$,其中 $\boldsymbol{\alpha}_1^{\mathrm{T}}=(1,2,3)$, $\boldsymbol{\alpha}_2^{\mathrm{T}}=(1,3,2)$.

解　**解法一**　根据镜面反射的定义,只要求出单位向量 $\boldsymbol{\beta}$ 即可.事实上,根据图 4-2,有

$$\boldsymbol{\beta}=\frac{1}{|\boldsymbol{\alpha}_2-\boldsymbol{\alpha}_1|}(\boldsymbol{\alpha}_2-\boldsymbol{\alpha}_1)=\frac{1}{\sqrt{2}}\begin{bmatrix}0\\1\\-1\end{bmatrix}.$$

解法二 根据前例(例 4.23(A))的注记,需要确定向量 $\boldsymbol{\beta}^{\mathrm{T}}=(a, b, c)$,使得 $(\boldsymbol{E}-\boldsymbol{\beta\beta}^{\mathrm{T}})\boldsymbol{\alpha}_1=\boldsymbol{\alpha}_2$,亦即

$$\begin{bmatrix}0\\-1\\1\end{bmatrix}=\boldsymbol{\alpha}_1-\boldsymbol{\alpha}_2=(\boldsymbol{\beta}^{\mathrm{T}}\boldsymbol{\alpha}_1)\boldsymbol{\beta}=(a+2b+3c)\begin{bmatrix}a\\b\\c\end{bmatrix}.$$

由此易得 $a=0$, $b=-c$. 最后得到 $\boldsymbol{\beta}^{\mathrm{T}}$,如同方法一所得.

例 4.23(D) 欧氏空间 $\boldsymbol{V}$ 中任一正交变换 $\boldsymbol{\sigma}$ 可以写成一系列镜面反射的乘积(即合成).

证明 如果 $\boldsymbol{\sigma}=\boldsymbol{I}_V$,则 $\boldsymbol{\sigma}$ 等于一个镜面反射的平方.

下设 $\boldsymbol{\sigma}\neq\boldsymbol{I}_V$. 此时存在单位向量 $\boldsymbol{\alpha}$ 使得 $\boldsymbol{\sigma}(\boldsymbol{\alpha})\neq\boldsymbol{\alpha}$. 根据例 4.23(C)的结果,存在镜面反射 $\boldsymbol{\tau}_1$ 使得 $\boldsymbol{\tau}(\boldsymbol{\alpha})=\boldsymbol{\sigma}(\boldsymbol{\alpha})$. 记 $\boldsymbol{\sigma}_1=\boldsymbol{\tau}_1\boldsymbol{\sigma}$. $\boldsymbol{\sigma}_1$ 也是 $\boldsymbol{V}$ 上的正交变换,且有 $\boldsymbol{\sigma}_1(\boldsymbol{\alpha})=\boldsymbol{\alpha}$. 由于 $\boldsymbol{\sigma}_1(L(\boldsymbol{\alpha})^{\perp})\subseteq L(\boldsymbol{\alpha})^{\perp}$,对于维数用归纳法即完成本题的证明.

注记 虽然任一正交变换可以分解为有限个镜面反射的乘积 $\boldsymbol{\sigma}=\boldsymbol{\tau}_r\cdots\boldsymbol{\tau}_1$,但是并没有统一的标准正交基使得所有 $\boldsymbol{\tau}_i$ 在此基下的矩阵较为简单规范. 所以它与"正交变换可分解为若干二维子空间上的旋转与若干镜面反射的合成"相比略显不足,在后者那里,标准正交基是同一个.

例 4.23(E) 如果 $\boldsymbol{\tau}$ 是 $\boldsymbol{V}$ 上的镜面反射,而 $\boldsymbol{\sigma}$ 是 $\boldsymbol{V}$ 上的正交变换,则 $\boldsymbol{\sigma}^{-1}\boldsymbol{\tau\sigma}$ 也是镜面反射.

证明 直接计算,找出相应的单位法向量即可.

例 4.24 (正交变换基本定理)求证:欧氏空间 $\boldsymbol{V}$ 上的任意正交变换 $\boldsymbol{\sigma}$ 可分解为若干个二维子空间上的旋转与若干镜面反射的合成. 此外:

(1) 求证:正交矩阵 $\boldsymbol{\sigma}$ 的特征值模长为 1;

(2) 假设 $\boldsymbol{W}$ 是 $\boldsymbol{V}$ 的 $\boldsymbol{\sigma}$ -子空间. 求证:$\boldsymbol{W}^{\perp}$ 也是 $\boldsymbol{V}$ 的 $\boldsymbol{\sigma}$ -子空间(注意 $\boldsymbol{V}=\boldsymbol{W}\oplus\boldsymbol{W}^{\perp}$ 恒成立);

(3) 如果正交变换 $\boldsymbol{\sigma}$ 在某个标准正交基 $\boldsymbol{\eta}_1, \cdots, \boldsymbol{\eta}_n$ 下的矩阵为 $\boldsymbol{U}$,而 $\boldsymbol{U}$ 有非实数的复特征值

$$\lambda=\cos(\theta)+i\sin(\theta)\quad(\theta\neq k\pi).$$

求证:存在 $\boldsymbol{V}$ 的一个二维 $\boldsymbol{\sigma}$-子空间 $\boldsymbol{W}$ 使得 $\boldsymbol{\sigma}$ 在 $\boldsymbol{W}$ 的某个标准正交基下矩阵形为

$$\begin{bmatrix}\cos(\theta) & -\sin(\theta)\\ \sin(\theta) & \cos(\theta)\end{bmatrix}\tag{4-11}$$

此时,$\boldsymbol{\sigma}|_W$ 是二维平面 $\boldsymbol{W}$ 上的一个角度为 θ 的逆时针方向的旋转.

(4) 求证：存在 $\boldsymbol{V}$ 的一个标准正交基 $\boldsymbol{\varepsilon}_1$，…，$\boldsymbol{\varepsilon}_n$，使得 $\boldsymbol{\sigma}$ 在此基下矩阵具有如下准对角形式

$$\begin{bmatrix} E_r & 0 & 0 & 0 & 0 \\ 0 & -E_s & 0 & 0 & 0 \\ 0 & 0 & A_1 & 0 & 0 \\ \vdots & \vdots & \vdots & \vdots & \vdots \\ 0 & 0 & 0 & 0 & A_t \end{bmatrix} \tag{4-12}$$

其中 $0 \leqslant r$，$0 \leqslant s$，$0 \leqslant t$，$r+s+t=n$，而 $\boldsymbol{A}_i$ 是形为式(4-11)的二阶正交矩阵.

(5) 求证：上述(4)等价于如下论断：任意正交矩阵正交相似于形为式(4-12)的一个准对角矩阵(另一种证明可参见例 3.61).

(6) 求证：上述(4)等价于如下论断：欧氏空间 $\boldsymbol{V}$ 上的任意正交变换 σ 可以分解为 $\boldsymbol{\sigma} = \boldsymbol{\sigma}_u \cdots \boldsymbol{\sigma}_1$，其中存在 $\boldsymbol{V}$ 的一个标准正交基，使得每个 $\boldsymbol{\sigma}_i$ 在此基下矩阵或形为

$$\begin{bmatrix} \boldsymbol{E}_r & \boldsymbol{0} & \boldsymbol{0} \\ \boldsymbol{0} & -1 & \boldsymbol{0} \\ \boldsymbol{0} & \boldsymbol{0} & \boldsymbol{E}_{n-r-1} \end{bmatrix}$$

(此时 $\boldsymbol{\sigma}_i$ 为镜面反射)，或形为

$$\begin{bmatrix} \boldsymbol{E}_r & \boldsymbol{0} & \boldsymbol{0} \\ \boldsymbol{0} & \boldsymbol{A}_i & \boldsymbol{0} \\ \boldsymbol{0} & \boldsymbol{0} & \boldsymbol{E}_s \end{bmatrix}$$

(其中 $\boldsymbol{A}_i$ 形为(4-11)，$r+s+2=n$. 此时 $\boldsymbol{\sigma}_i$ 是某二维平面上的旋转).

证明 (4) 可由(1)～(3)用归纳法得到(对于线性空间的维数用归纳法). 下面只证出关键的(3).

首先假设 $\boldsymbol{U\alpha} = \boldsymbol{\lambda\alpha}$，其中 $\boldsymbol{0} \neq \boldsymbol{\alpha} = \boldsymbol{X} + \mathrm{i}\boldsymbol{Y}$，$\boldsymbol{X}, \boldsymbol{Y} \in \mathbf{R}^{n\times 1}$. 由于 λ 不是实数，不难看出 $\boldsymbol{X} \neq \boldsymbol{0}$ 且 $\boldsymbol{Y} \neq \boldsymbol{0}$. 不妨假设 $|\boldsymbol{X}| = 1$. 注意到 $\boldsymbol{U}$ 是实矩阵，因此从

$$\boldsymbol{UX} + \mathrm{i}(\boldsymbol{UY}) = (\cos\theta + \mathrm{i}\sin\theta) \cdot (\boldsymbol{X} + \mathrm{i}\boldsymbol{Y})$$

得到

$$\boldsymbol{U}(\boldsymbol{Y}, \boldsymbol{X}) = (\boldsymbol{Y}, \boldsymbol{X})\begin{pmatrix} \cos\theta & -\sin\theta \\ \sin\theta & \cos\theta \end{pmatrix}.$$

另一方面从 $\boldsymbol{U\alpha}=\lambda\boldsymbol{\alpha}$ 得到 $\bar{\lambda}\boldsymbol{\alpha}=\bar{\lambda}\boldsymbol{U}^{\mathrm{T}}\boldsymbol{U\alpha}=\bar{\lambda}\lambda\boldsymbol{U}^{\mathrm{T}}\boldsymbol{\alpha}=\boldsymbol{U}^{\mathrm{T}}\boldsymbol{\alpha}$. 两侧分别左乘 $\boldsymbol{\alpha}^{\mathrm{T}}$ 得到

$$\bar{\lambda}(\boldsymbol{\alpha}^{\mathrm{T}}\boldsymbol{\alpha})=(\boldsymbol{\alpha}^{\mathrm{T}}\boldsymbol{U}^{\mathrm{T}})\boldsymbol{\alpha}=(\boldsymbol{U\alpha})^{t}\boldsymbol{\alpha}=\lambda(\boldsymbol{\alpha}^{\mathrm{T}}\boldsymbol{\alpha}).$$

因此有 $\boldsymbol{\alpha}^{\mathrm{T}}\boldsymbol{\alpha}=0$，亦即

$$0=(\boldsymbol{X}_i^{\mathrm{T}}\boldsymbol{Y}^{\mathrm{T}})(\boldsymbol{X}+\mathrm{i}\boldsymbol{Y})=(\boldsymbol{X}^{\mathrm{T}}\boldsymbol{X}-\boldsymbol{Y}^{\mathrm{T}}\boldsymbol{Y})+\mathrm{i}\cdot 2\boldsymbol{X}^{\mathrm{T}}\boldsymbol{Y}.$$

从而有

$$\boldsymbol{Y}^{\mathrm{T}}\boldsymbol{Y}=\boldsymbol{X}^{\mathrm{T}}\boldsymbol{X}=1,\ \boldsymbol{X}^{\mathrm{T}}\boldsymbol{Y}=0.$$

最后命

$$\boldsymbol{\delta}_1=(\boldsymbol{\eta}_1,\ \cdots,\ \boldsymbol{\eta}_n)\boldsymbol{Y},\ \boldsymbol{\delta}_2=(\boldsymbol{\eta}_1,\ \cdots,\ \boldsymbol{\eta}_n)\boldsymbol{X}.$$

再记 $\boldsymbol{W}=L(\boldsymbol{\delta}_1,\ \boldsymbol{\delta}_2)$. 则有

$$[\boldsymbol{\delta}_1,\ \boldsymbol{\delta}_2]=\boldsymbol{Y}^{\mathrm{T}}\cdot([\boldsymbol{\eta}_i,\ \boldsymbol{\eta}_j])_{n\times n}\cdot\boldsymbol{X}=\boldsymbol{Y}^{\mathrm{T}}\boldsymbol{EX}=\boldsymbol{0},\ [\boldsymbol{\delta}_2,\ \boldsymbol{\delta}_2]=\boldsymbol{Y}^{\mathrm{T}}\boldsymbol{EY}=1.$$

此外，由于

$$\sigma(\boldsymbol{\delta}_1)=(\boldsymbol{\eta}_1,\ \cdots,\ \boldsymbol{\eta}_n)\boldsymbol{UY},\ \sigma(\boldsymbol{\delta}_1)=(\boldsymbol{\eta}_1,\ \cdots,\ \boldsymbol{\eta}_n)\boldsymbol{UX},$$

所以有 $\sigma[\boldsymbol{\delta}_1,\ \boldsymbol{\delta}_2]=[\boldsymbol{\delta}_1,\ \boldsymbol{\delta}_2]\begin{bmatrix}\cos\theta & -\sin\theta\\ \sin\theta & \cos\theta\end{bmatrix}$. 这就完成了(3)的证明.

例 4.25 对于实数域 $\mathbf{R}$，记 $\boldsymbol{V}=\mathbf{R}^{n\times n}$. 在 $\boldsymbol{V}$ 上定义如下一个二元实值函数：

$$[\boldsymbol{A},\ \boldsymbol{B}]=\mathrm{tr}(\bar{\boldsymbol{A}}^{\mathrm{T}}\boldsymbol{B}),\quad \boldsymbol{A},\ \boldsymbol{B}\in\boldsymbol{V},$$

其中 $\mathrm{tr}(\boldsymbol{C})$ 表示矩阵 $\boldsymbol{C}$ 的迹.

(1) 求证：$(\boldsymbol{V},\ [-,\ -])$ 构成一个欧氏空间.

(2) 求 $\boldsymbol{V}$ 中元素 $\boldsymbol{E}_n$ 的长度，并求 $\boldsymbol{E}_n$ 与 $\boldsymbol{E}_{ij}$ 的夹角.

(3) 求证 $\boldsymbol{V}$ 的子空间 $\boldsymbol{W}_1$ 的正交补为 $\boldsymbol{W}_2$，其中 $\boldsymbol{W}_1$、$\boldsymbol{W}_2$ 分别表示由所有 n 阶对称实矩阵、反对称实矩阵组成的子空间.

证明 (1) 根据内积的定义，直接验证 $[-,\ -]$ 满足对称性、关于第二个分量的线性性以及正定性即可.

(2) $[\boldsymbol{E}_n,\ \boldsymbol{E}_n]=n$，因此 $\boldsymbol{E}_n$ 的长度为 $\sqrt{n}$. 当 $i\neq j$ 时，$[\boldsymbol{E}_n,\ \boldsymbol{E}_{ij}]=0$，因此 $\boldsymbol{E}_n\perp\boldsymbol{E}_{ij}$. 而当 $i=j$ 时，$[\boldsymbol{E}_n,\ \boldsymbol{E}_{ij}]=1$. 若记二者夹角为 θ，则有 $\cos\theta=\dfrac{1}{\sqrt{n}}$.

(3) 先说明 $W_2\subseteq W_1^{\perp}$. 事实上，对于任意对称实阵 $\boldsymbol{A}$ 与反对称实阵 $\boldsymbol{B}$，由于

$(\boldsymbol{A}^{\mathrm{T}}\boldsymbol{B})^{\mathrm{T}} = \boldsymbol{B}^{\mathrm{T}}(\boldsymbol{A}^{\mathrm{T}})^{\mathrm{T}} = -\boldsymbol{B}\boldsymbol{A}^{\mathrm{T}}$，所以 $\boldsymbol{A}^{\mathrm{T}}\boldsymbol{B}$ 是反对称的实矩阵，因此有 $[\boldsymbol{A}, \boldsymbol{B}] = \mathrm{tr}(\boldsymbol{A}^{\mathrm{T}}\boldsymbol{B}) = 0$. 这就说明了 $\boldsymbol{W}_2 \subseteq \boldsymbol{W}_1^{\perp}$.

反过来，如果 $\boldsymbol{B} \in \boldsymbol{W}_1^{\perp}$，则有 $\mathrm{tr}((\boldsymbol{E}_{ij} + \boldsymbol{E}_{ji})\boldsymbol{B}) = 0$，亦即有 $b_{ij} + b_{ji} = 0$，说明 $\boldsymbol{B}^{\mathrm{T}} = -\boldsymbol{B}$.

注记 之所以保留 $\overline{\mathrm{A}}$，是从可推广的角度考虑.

例 4.26(A) 假设 $\boldsymbol{\alpha}_1, \cdots, \boldsymbol{\alpha}_n$ 是内积空间 ${}_{\mathrm{F}}\boldsymbol{V}$ 的一个基，而 $\boldsymbol{\sigma}$ 是线性空间 $\boldsymbol{V}$ 上的线性变换. 记 $\boldsymbol{P} = ([\boldsymbol{\alpha}_i, \boldsymbol{\alpha}_j])_{n\times n}$. 假设

$$\sigma(\boldsymbol{\alpha}_1, \boldsymbol{\alpha}_2, \cdots, \boldsymbol{\alpha}_n) = (\boldsymbol{\alpha}_1, \boldsymbol{\alpha}_2, \cdots, \boldsymbol{\alpha}_n)\boldsymbol{A}.$$

试证明以下条件等价：

(1) $\boldsymbol{V} = \boldsymbol{\sigma}(\boldsymbol{V}) \perp ker(\boldsymbol{\sigma})$，亦即 $\boldsymbol{V} = \boldsymbol{\sigma}(\boldsymbol{V}) \oplus ker(\boldsymbol{\sigma})$ 且 $\boldsymbol{\sigma}(\boldsymbol{V})^{\perp} = ker(\boldsymbol{\sigma})$.

(2) 对于任意列向量 $\boldsymbol{\alpha} \in \mathbf{F}^{n\times 1}$，$\boldsymbol{A\alpha} = \mathbf{0}$ 蕴含了 $\bar{\boldsymbol{\alpha}}^{\mathrm{T}}\boldsymbol{PA} = \mathbf{0}$.

证明 根据维数公式 2（如 $n = \mathrm{r}(\boldsymbol{\sigma}) + Ndeg(\boldsymbol{\sigma})$）以及维数公式 1（如 $\dim(\boldsymbol{U} + \boldsymbol{W}) = \dim(\boldsymbol{U}) + \dim(\boldsymbol{V}) - \dim(\boldsymbol{U} \cap \boldsymbol{W})$）可知，

$$\boldsymbol{V} = \boldsymbol{\sigma}(\boldsymbol{V}) \oplus ker(\boldsymbol{\sigma})$$

当且仅当 $\boldsymbol{\sigma}(\boldsymbol{V}) \cap ker(\boldsymbol{\sigma}) = 0$. 根据内积的正定性质，易知条件 $\boldsymbol{\sigma}(\boldsymbol{V}) \perp ker(\boldsymbol{\sigma})$ 蕴含了 $\boldsymbol{\sigma}(\boldsymbol{V}) \cap ker(\boldsymbol{\sigma}) = 0$. 因此，$\boldsymbol{V} = \boldsymbol{\sigma}(\boldsymbol{V}) \perp ker(\boldsymbol{\sigma})$ 成立，当且仅当 $\sigma(\boldsymbol{V})^{\perp} = ker(\boldsymbol{\sigma})$，当且仅当 $ker(\boldsymbol{\sigma}) \perp \boldsymbol{\sigma}(\boldsymbol{V})$ 成立.

再注意以下几个事实：

(i) $ker(\boldsymbol{\sigma}) \perp \boldsymbol{\sigma}(\boldsymbol{V})$ 当且仅当 $ker(\boldsymbol{\sigma}) \perp \boldsymbol{\sigma}(\boldsymbol{\alpha}_i)$，$1 \leqslant i \leqslant n$.

(ii) $\boldsymbol{\sigma}(\boldsymbol{\alpha}_i) = (\boldsymbol{\alpha}_1, \boldsymbol{\alpha}_2, \cdots, \boldsymbol{\alpha}_n) \cdot \boldsymbol{A}(i)$.

(iii) 对于 $\boldsymbol{\alpha} \in \mathbf{F}^{n\times 1}$，$\boldsymbol{A\alpha} = \mathbf{0}$ 当且仅当 $(\boldsymbol{\alpha}_1, \boldsymbol{\alpha}_2, \cdots, \boldsymbol{\alpha}_n)\boldsymbol{\alpha} \in ker(\boldsymbol{\sigma})$.

(iv) $\bar{\boldsymbol{\alpha}}^{\mathrm{T}}\boldsymbol{PA} = \mathbf{0}$ 当且仅当 $\bar{\boldsymbol{\alpha}}^{\mathrm{T}}\boldsymbol{P} \cdot \boldsymbol{A}(i) = \mathbf{0}$，$1 \leqslant i \leqslant n$，其中 $\boldsymbol{A}(i)$ 表示 $\boldsymbol{A}$ 的第 i 个列向量.

所以根据公式：

$$\begin{aligned}&[(\boldsymbol{\alpha}_1, \boldsymbol{\alpha}_2, \cdots, \boldsymbol{\alpha}_n)\boldsymbol{\alpha}, (\boldsymbol{\alpha}_1, \boldsymbol{\alpha}_2, \cdots, \boldsymbol{\alpha}_n) \cdot \boldsymbol{A}(i)]\\ &= \bar{\boldsymbol{\alpha}}^{\mathrm{T}}([\boldsymbol{\alpha}_i, \boldsymbol{\alpha}_j])_n \cdot \boldsymbol{A}(i) = \bar{\boldsymbol{\alpha}}^{\mathrm{T}}\boldsymbol{P} \cdot \boldsymbol{A}(i),\end{aligned}$$

即得：$ker(\boldsymbol{\sigma}) \perp \boldsymbol{\sigma}(\boldsymbol{V})$ 当且仅当 $ker(\boldsymbol{\sigma}) \perp \boldsymbol{\sigma}(\boldsymbol{V})$，当且仅当条件(2)成立：

由(1)推导(2)：假设 $\boldsymbol{A\alpha} = \mathbf{0}$，并假设 $\boldsymbol{V} = \boldsymbol{\sigma}(\boldsymbol{V}) \perp ker(\boldsymbol{\sigma})$，则有

$$ker(\boldsymbol{\sigma}) \perp \boldsymbol{\sigma}(\boldsymbol{\alpha}_i), \ 1 \leqslant i \leqslant n.$$

此时，由(iii)和(ii)得知 $[(\boldsymbol{\alpha}_1, \boldsymbol{\alpha}_2, \cdots, \boldsymbol{\alpha}_n)\boldsymbol{\alpha}, (\boldsymbol{\alpha}_1, \boldsymbol{\alpha}_2, \cdots, \boldsymbol{\alpha}_n) \cdot \boldsymbol{A}(i)] = 0$，亦即

$\overline{\boldsymbol{\alpha}}^{\mathrm{T}}\boldsymbol{P}\cdot\boldsymbol{A}(i)=0$，故而 $\overline{\boldsymbol{\alpha}}^{\mathrm{T}}\boldsymbol{P}\cdot\boldsymbol{A}=0$. 这说明条件(2)在(1)的假设下成立.

由(2)推导(1)：类似可得. 略去详细说明.

例 4.26(B)　假设 $\boldsymbol{V}$ 是欧氏空间，$\boldsymbol{\sigma}$ 是线性空间 $\boldsymbol{V}$ 上的线性变换. 假设

$$\boldsymbol{\sigma}(\boldsymbol{\alpha}_1, \boldsymbol{\alpha}_2, \cdots, \boldsymbol{\alpha}_n)=(\boldsymbol{\alpha}_1, \boldsymbol{\alpha}_2, \cdots, \boldsymbol{\alpha}_n)\boldsymbol{A},$$

其中 $\boldsymbol{\alpha}_1, \cdots, \boldsymbol{\alpha}_n$ 是欧氏空间 $\boldsymbol{V}$ 的一个标准正交基，则以下条件等价：

(1) $\boldsymbol{V}=\boldsymbol{\sigma}(\boldsymbol{V})\perp ker(\boldsymbol{\sigma})$；

(2) 对于任意 n 维实列向量 $\boldsymbol{X}$，$\boldsymbol{AX}=\boldsymbol{0}$ 蕴含了 $\boldsymbol{X}^{\mathrm{T}}\boldsymbol{A}=\boldsymbol{0}$.

证明　留作习题.

例 4.27　假设三阶方阵 $\boldsymbol{A}$ 和三维列向量 $\boldsymbol{\alpha}$ 使得 $\boldsymbol{\alpha}, \boldsymbol{A\alpha}, \boldsymbol{A}^2\boldsymbol{\alpha}$ 线性无关且满足

$$\boldsymbol{A}^3\boldsymbol{\alpha}+2\boldsymbol{A}^2\boldsymbol{\alpha}-3\boldsymbol{A\alpha}=\boldsymbol{0}.$$

记 $\boldsymbol{P}=(\boldsymbol{\alpha}, \boldsymbol{A\alpha}, \boldsymbol{A}^2\boldsymbol{\alpha})$. 求证：存在唯一的三阶矩阵 $\boldsymbol{B}$ 使得 $\boldsymbol{A}=\boldsymbol{PBP}^{-1}$，并求 $\boldsymbol{B}$.

证明　(1) 由于 $\boldsymbol{\alpha}, \boldsymbol{A\alpha}, \boldsymbol{A}^2\boldsymbol{\alpha}$ 线性无关，所以 $\boldsymbol{P}=(\boldsymbol{\alpha}, \boldsymbol{A\alpha}, \boldsymbol{A}^2\boldsymbol{\alpha})$ 可逆. 因此使得 $\boldsymbol{A}=\boldsymbol{PBP}^{-1}$ 的 $\boldsymbol{B}=\boldsymbol{P}^{-1}\boldsymbol{AP}$，它是由 $\boldsymbol{A}$ 和 $\boldsymbol{P}$ 唯一确定的.

(2) 由于

$$\begin{aligned}\boldsymbol{AP}&=(\boldsymbol{A\alpha}, \boldsymbol{A}^2\boldsymbol{\alpha}, \boldsymbol{A}^3\boldsymbol{\alpha})=(\boldsymbol{A\alpha}, \boldsymbol{A}^2\boldsymbol{\alpha}, 3\boldsymbol{A\alpha}-2\boldsymbol{A}^2\boldsymbol{\alpha})\\&=(\boldsymbol{\alpha}, \boldsymbol{A\alpha}, \boldsymbol{A}^2\boldsymbol{\alpha})\begin{bmatrix}0&0&0\\1&0&3\\0&1&-2\end{bmatrix},\end{aligned}$$

所以有 $\boldsymbol{AP}=\boldsymbol{P}\begin{bmatrix}0&0&0\\1&0&3\\0&1&-2\end{bmatrix}$. 因此得到 $\boldsymbol{B}=\begin{bmatrix}0&0&0\\1&0&3\\0&1&-2\end{bmatrix}$.

例 4.28　假设 $\boldsymbol{V}$ 是数域 $\mathbf{P}$ 上的有限维内积空间，而 $\boldsymbol{W}_2$，$\boldsymbol{W}_1$ 均为 $\boldsymbol{V}$ 的子空间且满足

$$\dim_{\mathbf{P}}\boldsymbol{W}_1<\dim_{\mathbf{P}}\boldsymbol{W}_2.$$

求证：$\boldsymbol{W}_2$ 中存在非零向量，它与 $\boldsymbol{W}_1$ 中所有向量正交.

证明　证法一(反证法)　假设 $\boldsymbol{W}_2\cap\boldsymbol{W}_1^{\perp}=\boldsymbol{0}$，则有

$$\boldsymbol{W}_2\oplus\boldsymbol{W}_1^{\perp}=\boldsymbol{W}_2+\boldsymbol{W}_1^{\perp}\leqslant\boldsymbol{V}.$$

而假设蕴含了 $\dim_{\mathbf{P}}\boldsymbol{W}_2^{\perp}<\dim_{\mathbf{P}}\boldsymbol{W}_1^{\perp}$. 因此得到

$$\begin{aligned}\dim_{\mathbf{P}}\boldsymbol{V}&\geqslant\dim_{\mathbf{P}}(\boldsymbol{W}_2+\boldsymbol{W}_1^{\perp})=\dim_{\mathbf{P}}\boldsymbol{W}_2+\dim_{\mathbf{P}}\boldsymbol{W}_1^{\perp}\\&>\dim_{\mathbf{P}}\boldsymbol{W}_2+\dim_{\mathbf{P}}\boldsymbol{W}_2^{\perp}=\dim_{\mathbf{P}}\boldsymbol{V},\end{aligned}$$

矛盾. 这就证明了本题结论.

证法二 任取 $\boldsymbol{W}_1$, $\boldsymbol{W}_2$ 的各一个基, $\boldsymbol{\alpha}_i(1\leqslant i\leqslant s)$; $\boldsymbol{\beta}_j(1\leqslant j\leqslant r)$. 考虑由 s 个方程组成的 r 元线性方程组

$$([\boldsymbol{\alpha}_i,\ \boldsymbol{\beta}_j])_{s\times r}\boldsymbol{X}=\boldsymbol{0},$$

其中 $\boldsymbol{X}^{\mathrm{T}}=(x_1,\ x_2,\ \cdots,\ x_r)$. 根据假设有 $s<r$, 因此该方程组有非零解 $\boldsymbol{X}_0$. 命 $\boldsymbol{\beta}=(\boldsymbol{\beta}_1,\ \cdots,\ \boldsymbol{\beta}_r)\boldsymbol{X}_0$, 则 $\boldsymbol{0}\neq\boldsymbol{\beta}\in\boldsymbol{W}_2$ 且有 $\boldsymbol{\beta}\perp\boldsymbol{W}_1$. 这就证明了本题结论.

例 4.29(A) (矩阵语言)假设 $\boldsymbol{A}$ 是 $\mathbf{F}$ 上的 n 阶矩阵, 而 $\lambda\in\mathbf{F}$ 是 $\boldsymbol{A}$ 的一个特征值. 用 $\boldsymbol{V}_\lambda$ 表示 $\boldsymbol{A}$ 的属于特征值 λ 的特征子空间, 其中 $\boldsymbol{V}_\lambda\subseteq\mathbf{F}^{n\times1}$. 并假设 $s=\dim_{\mathbf{F}}V_\lambda$. 一般称 s 为 λ 在 $\boldsymbol{A}$ 中的几何重数. 用 r 表示 $x-\lambda$ 在 $\boldsymbol{A}$ 的特征多项式 $|x\boldsymbol{E}-\boldsymbol{A}|$ 的标准分解式中的重数. 一般称 r 为 λ 在 $\boldsymbol{A}$ 中的代数重数.

求证: $s\leqslant r$, 亦即"几何重数 $\leqslant$ 代数重数".

证明 取定 $\boldsymbol{V}_\lambda$ 的一个基 $\boldsymbol{\alpha}_1,\ \cdots,\ \boldsymbol{\alpha}_s$ 并扩充成 $\mathbf{F}^{n\times1}$ 的一个基

$$\boldsymbol{\alpha}_1,\ \cdots,\ \boldsymbol{\alpha}_s,\ \boldsymbol{\alpha}_{s+1},\ \cdots,\ \boldsymbol{\alpha}_n.$$

命 $\boldsymbol{P}=(\boldsymbol{\alpha}_1,\ \cdots,\ \boldsymbol{\alpha}_s,\ \boldsymbol{\alpha}_{s+1},\ \cdots,\ \boldsymbol{\alpha}_n)$, 则 $\boldsymbol{P}\in GL_n(\mathbf{F})$ 可逆且有

$$\boldsymbol{A}\boldsymbol{P}=(\boldsymbol{\alpha}_1,\ \cdots,\ \boldsymbol{\alpha}_s,\ \boldsymbol{\alpha}_{s+1},\ \cdots,\ \boldsymbol{\alpha}_n)\begin{bmatrix}\lambda\boldsymbol{E}_s & \boldsymbol{B}\\ \boldsymbol{0} & \boldsymbol{D}\end{bmatrix}=\boldsymbol{P}\begin{bmatrix}\lambda\boldsymbol{E}_s & \boldsymbol{B}\\ \boldsymbol{0} & \boldsymbol{D}\end{bmatrix}.$$

因此 $|x\boldsymbol{E}-\boldsymbol{A}|=\left|x\boldsymbol{E}-\begin{bmatrix}\lambda\boldsymbol{E}_s & \boldsymbol{B}\\ \boldsymbol{0} & \boldsymbol{D}\end{bmatrix}\right|=(x-\lambda)^s\cdot|x\boldsymbol{E}-\boldsymbol{D}|$, 从而,

$$(x-\lambda)^s\mid|x\boldsymbol{E}-\boldsymbol{A}|,$$

得到 $s\leqslant r$.

例 4.29(B) (线性变换语言)假设 $\boldsymbol{\sigma}$ 是数域 $\mathbf{F}$ 上 n 维线性空间 $\mathbf{V}$ 上的线性变换, 而 λ 是 $\boldsymbol{\sigma}$ 的特征值且 $\lambda\in\mathbf{F}$. 用 $\boldsymbol{V}_\lambda\subseteq\mathbf{V}$ 表示 $\boldsymbol{\sigma}$ 的属于特征值 λ 的特征子空间, 并假设 $s=\dim_{\mathbf{F}}\boldsymbol{V}_\lambda$. 用 r 表示 $x-\lambda$ 在 $\boldsymbol{\sigma}$ 的特征多项式的标准分解式中的重数. 求证: $s\leqslant r$, 亦即"λ 关于 $\boldsymbol{\sigma}$ 的几何重数 $\leqslant\lambda$ 的代数重数". 注意 $s=n-r(\lambda\boldsymbol{I}_V-\boldsymbol{\sigma})$.

证明 此题留作习题.

例 4.30 (1) 对于 Jordan 块矩阵 $\boldsymbol{A}_n$, 其特征值的几何重数为 1, 而代数重数为 n.

(2) 利用有关 Jordan 标准形的结论, 易于证明: 对于 $\boldsymbol{A}$ 的所有特征值 λ, λ 的几何重数等于其代数重数, 当且仅当 $\boldsymbol{A}$ 在复数域上相似于对角阵.

证明 此题留作习题.

例 4.31 如何求线性空间 $\mathbf{P}^{n\times 1}$ 的有限个子空间交的基?

解 (1) 首先证明 $(\boldsymbol{W}_1\cap\cdots\cap\boldsymbol{W}_r)^{\perp}=\boldsymbol{W}_1^{\perp}+\cdots+\boldsymbol{W}_r^{\perp}$.

由于 $\boldsymbol{W}_1\cap\cdots\cap\boldsymbol{W}_r\subseteq\boldsymbol{W}_1$，故有 $(\boldsymbol{W}_1\cap\cdots\cap\boldsymbol{W}_r)^{\perp}\supseteq\boldsymbol{W}_1^{\perp}$，从而

$$(\boldsymbol{W}_1\cap\cdots\cap\boldsymbol{W}_r)^{\perp}\supseteq\boldsymbol{W}_1^{\perp}+\cdots+\boldsymbol{W}_r^{\perp}.$$

为了证明反包含关系式，只需证明

$$\boldsymbol{W}_1\cap\cdots\cap\boldsymbol{W}_r\supseteq(\boldsymbol{W}_1^{\perp}+\cdots+\boldsymbol{W}_r^{\perp})^{\perp}.$$

而这个包含关系也是明显成立的. 这就证明了 $(\boldsymbol{W}_1\cap\cdots\cap\boldsymbol{W}_r)^{\perp}=\boldsymbol{W}_1^{\perp}+\cdots+\boldsymbol{W}_r^{\perp}$.

(2) 取 $\boldsymbol{W}_i$ 的一个基，并用它们作为列向量组成一个矩阵 $\boldsymbol{A}_i$，则 $\boldsymbol{A}_i^{\mathrm{T}}\boldsymbol{X}=\boldsymbol{0}$ 的解空间的基(即一个基础解系)即为 $\boldsymbol{W}_i^{\perp}$ 的一个基，用它们组成的一个矩阵记为 $\boldsymbol{A}_i^{\perp}$，则根据(1)的等式可知

$$\boldsymbol{W}_1\cap\cdots\cap\boldsymbol{W}_r=(\boldsymbol{W}_1^{\perp}+\cdots+\boldsymbol{W}_r^{\perp})^{\perp},$$

从而 $\boldsymbol{W}_1\cap\cdots\cap\boldsymbol{W}_r$ 的基为 $(\boldsymbol{A}_1^{\perp},\cdots,\boldsymbol{A}_r^{\perp})^{\perp}$ 的列向量组.

例 4.32 假设 V 是复数域 $\mathbf{C}$ 上的 n 维线性空间 $(n>0)$，f,g 是 $\mathbf{V}$ 上的线性变换. 如果 $fg-gf=f$，求证：f 的特征值都是 0，且 f,g 有公共特征向量(2009 年全国大学生数学竞赛赛区赛试卷第 3 题，15 分).

证明 (1) 首先假设 f 有一个特征值是 0. 用 $\mathbf{V}_0$ 表示 f 的属于特征值 0 的特征子空间. 任意 $\boldsymbol{\alpha}\in\mathbf{V}_0$，由于 $f(g(\boldsymbol{\alpha}))=gf(\boldsymbol{\alpha})+f(\boldsymbol{\alpha})=0$，故而 $g(\boldsymbol{\alpha})\in\mathbf{V}_0$，说明 $\mathbf{V}_0$ 是一个 g-不变子空间. 因此 g 可以看成 $\mathbf{V}_0$ 上的线性变换，从而它在 $\mathbf{V}_0$ 中有特征向量. 此特征向量即为 f,g 的公共特征向量.

(2) 然后证明 f 的特征值 λ 都是 0.

证法一(使用幂零矩阵的迹刻画)：

根据 Jordan 标准形定理可知，$\boldsymbol{\sigma}$ 是幂零变换，当且仅当 $\boldsymbol{\sigma}$ 的特征根全为零. 而使用范德蒙行列式不难看出(详见例 3.82(4))：$\boldsymbol{\sigma}$ 的特征根全为零，当且仅当 $\mathrm{tr}(\boldsymbol{\sigma}^k)=0,\ k\geqslant 1$. 因此，

$\boldsymbol{\sigma}$ 是幂零变换 $\Leftrightarrow \mathrm{tr}(\boldsymbol{\sigma}^k)=0,\ k\geqslant 1$.

根据假设 $f=fg-gf$，可得 $f^k=f(f^{k-1}g)-(f^{k-1}g)f$. 因此

$$\mathrm{tr}(f^k)=0,\ k\geqslant 1,$$

从而 f 是幂零线性变换，其特征根全为零.

证法二(构造微型 $\boldsymbol{\sigma}$-子空间)：

提示 假设 λ 是 $\mathbf{A}$ 的任一特征值. 注意到 $\mathrm{tr}(fg-gf)=0$. 如果能找到 f,g 的

一个公共不变子空间,使得 f 在其一个基下的矩阵的对角线元素全为 λ, 则有 $\lambda=0$.

用 $\mathbf{V}_\lambda$ 表示 λ 的特征子空间. 任取一个特征向量 $\boldsymbol{\alpha}\in\mathbf{V}_\lambda$, 考虑向量序列

$$\boldsymbol{\alpha},\ g(\boldsymbol{\alpha}),\ g^2(\boldsymbol{\alpha}),\ \cdots$$

则存在 m 使得 $\boldsymbol{\alpha}$, $g(\boldsymbol{\alpha})$, $\cdots$, $g^m(\boldsymbol{\alpha})$ 线性相关, 而 $\boldsymbol{\alpha}$, $g(\boldsymbol{\alpha})$, $\cdots$, $g^{m-1}(\boldsymbol{\alpha})$ 线性无关.

命

$$W_i=L(\boldsymbol{\alpha},\ g(\boldsymbol{\alpha}),\ \cdots,\ g^i(\boldsymbol{\alpha})),$$

则有 $g(W_i)\subseteq W_{i+1}$, 而 W_m 是 g-不变子空间. 注意到

$$f(\boldsymbol{\alpha})=\lambda\boldsymbol{\alpha},\ f(g(\boldsymbol{\alpha}))=gf(\boldsymbol{\alpha})+f(\boldsymbol{\alpha})=\lambda\cdot g(\boldsymbol{\alpha})+\lambda\boldsymbol{\alpha},$$

$$f(g^2(\boldsymbol{\alpha}))=(g+\boldsymbol{I}_V)(fg(\boldsymbol{\alpha}))=\lambda\cdot g^2(\boldsymbol{\alpha})+2\lambda\cdot g(\boldsymbol{\alpha})+\lambda\cdot\boldsymbol{\alpha},$$

$$\cdots\cdots$$

因此 W_m 也是 f-不变子空间,而且 f 在这组基下的矩阵为上三角阵,其对角元都是 λ, 将等式 $fg-gf=f$ 限制到 W_m 上得到

$$0=\mathrm{tr}(fg-gf)=\mathrm{tr}(f)=\lambda\cdot m,$$

从而 $\lambda=0$.

例 4.33 假设 $\mathbf{A}$ 是域 $\mathbf{F}$ 上的 $m\times n$ 矩阵,而 $\mathbf{V}=\mathbf{F}^{n\times1}$, $\boldsymbol{U}=\mathbf{F}^{m\times1}$.

(1) 求证: $\boldsymbol{\sigma}_A: {}_{\mathbf{F}}\boldsymbol{V}\to{}_{\mathbf{F}}\boldsymbol{U}$, $\boldsymbol{\alpha}\mapsto A\alpha$ 是一个线性映射;

(2) 求证: $\boldsymbol{\sigma}_A$ 的零度为 $n-\mathrm{r}(\mathbf{A})$, 而 $\boldsymbol{\sigma}_A$ 的秩为 $\mathrm{r}(\mathbf{A})$.

证明 留作习题.

例 4.34 假设 $\boldsymbol{\sigma}$ 是 n 维线性空间 ${}_{\mathbf{F}}\mathbf{V}$ 的线性变换. 用 $\mathrm{r}(\boldsymbol{\sigma})$ 表示子空间 $im(\boldsymbol{\sigma})$ 的维数,而称 $Ker(\boldsymbol{\sigma})$ 的维数为 $\boldsymbol{\sigma}$ 的零度. 取定 ${}_{\mathbf{F}}\mathbf{V}$ 的一个基,并记 $\boldsymbol{\sigma}$ 在此基下的矩阵为 $\mathbf{A}$.

(1) 求证: $Ker(\boldsymbol{\sigma})\cong\mathbf{V}_A$, 其中 $\mathbf{V}_A$ 为 $\mathbf{AX}=\mathbf{0}$ 的解空间. 因此有 σ 的零度为 $n-\mathrm{r}(\mathbf{A})$.

(2) 求证: $im(\boldsymbol{\sigma})\cong im(\mathbf{A})$, 其中 $im(\mathbf{A})=\{\mathbf{A}\boldsymbol{\alpha}\mid\boldsymbol{\alpha}\in\mathbf{F}^{n\times1}\}$. 从而还有: $\mathrm{r}(\boldsymbol{\sigma})=\mathrm{r}(\mathbf{A})$.

证明 此题留作习题.

例 4.35 假设 $\boldsymbol{a}_1$, $\boldsymbol{a}_2$, $\cdots$, $\boldsymbol{a}_n$ 是数域 $\mathbf{F}$ 的 n 个两两互异的数. 用 $\mathbf{F}[x]_n$ 表示系数在 $\mathbf{F}$ 中而次数不超过 $n-1$ 的多项式全体. 求证:

$$\sigma: \mathbf{F}[x]_n \to \mathbf{F}^{n\times 1},\ f \mapsto (f(\boldsymbol{a}_1),\ f(\boldsymbol{a}_2),\ \cdots,\ f(\boldsymbol{a}_n))^{\mathrm{T}}$$

是线性空间之间的同构映射.

证明 留作习题.

提示 可使用范德蒙行列式.

例 4.36 假设 $\mathbf{V}$ 是数域 $\mathbf{F}$ 上的 n 维线性空间,而 $\boldsymbol{\sigma}$ 是 $\mathbf{V}$ 上的线性变换.

(1) 求证:对于任意一个 $\mathbf{0}\neq\boldsymbol{\alpha}\in\mathbf{V}$,存在正整数 $k\geqslant 1$ 以及 $\boldsymbol{a}_i\in\mathbf{F}$ 使得 $\boldsymbol{\alpha}$, $\boldsymbol{\sigma}(\boldsymbol{\alpha})$, $\cdots$, $\boldsymbol{\sigma}^{k-1}(\boldsymbol{\alpha})$ 线性无关,而 $\sigma^k(\boldsymbol{\alpha})=\sum_{i=0}^{k-1}a_i\boldsymbol{\sigma}^i(\boldsymbol{\alpha})$.

(2) 命

$$\boldsymbol{W}=L(\boldsymbol{\alpha},\ \boldsymbol{\sigma}(\boldsymbol{\alpha}),\ \cdots,\ \sigma^{k-1}(\boldsymbol{\alpha})).$$

求证:$\boldsymbol{W}$ 是 $\mathbf{V}$ 的 k 维 $\boldsymbol{\sigma}$ -子空间,而 $\boldsymbol{\sigma}|_W$ 的特征多项式为

$$x^k-a_{k-1}x^{k-1}-\cdots-a_1x-a_0.$$

证明 (1) 首先,$\boldsymbol{\alpha}$ 线性无关,而由于 $n+1$ 个向量 $\boldsymbol{\alpha}$, $\boldsymbol{\sigma}(\boldsymbol{\alpha})$, $\cdots$, $\boldsymbol{\sigma}^n(\boldsymbol{\alpha})$ 线性相关,所以存在最小的正整数 k(k 满足 $n\geqslant k\geqslant 2$) 使得 $\boldsymbol{\alpha}$, $\boldsymbol{\sigma}(\boldsymbol{\alpha})$, $\cdots$, $\boldsymbol{\sigma}^k(\boldsymbol{\alpha})$ 线性相关. 此时,存在不全为零的数 $\boldsymbol{a}_i\in\mathbf{F}$ 使得

$$-a_0\boldsymbol{\alpha}-a_1\boldsymbol{\sigma}(\boldsymbol{\alpha})-\cdots-a_{k-1}\boldsymbol{\sigma}^{k-1}(\boldsymbol{\alpha})+a_k\boldsymbol{\sigma}^k(\boldsymbol{\alpha})=\mathbf{0}.$$

如果其中的 $a_k=0$, 将有 $\boldsymbol{\alpha}$, $\boldsymbol{\sigma}(\boldsymbol{\alpha})$, $\cdots$, $\boldsymbol{\sigma}^{k-1}(\boldsymbol{\alpha})$ 线性相关,与 k 的最小性矛盾. 因此不妨假设 $a_k=1$, 从而得到 $\boldsymbol{\sigma}^k(\boldsymbol{\alpha})=\sum_{i=0}^{k-1}a_i\sigma^i(\boldsymbol{\alpha})$.

(2) 由 $\sigma^k(\boldsymbol{\alpha})=\sum_{i=0}^{k-1}a_i\sigma^i(\boldsymbol{\alpha})\in\boldsymbol{W}$ 得到

$$\sigma^{k+1}(\boldsymbol{\alpha})=\sum_{i=1}^{k-1}a_i\boldsymbol{\sigma}^i(\boldsymbol{\alpha})+a_k\sum_{i=0}^{k-1}a_i\boldsymbol{\sigma}^i(\boldsymbol{\alpha})\in\boldsymbol{W}.$$

用归纳法易见 $\sigma^r(\boldsymbol{\alpha})\in\boldsymbol{W}$, $r\geqslant 0$. 因此 $\boldsymbol{W}$ 是 $\boldsymbol{\sigma}$ -子空间. 其一个基为

$$\boldsymbol{\alpha},\ \boldsymbol{\sigma}(\boldsymbol{\alpha}),\ \cdots,\ \boldsymbol{\sigma}^{k-1}(\boldsymbol{\alpha}).$$

用 $\boldsymbol{A}$ 记 $\boldsymbol{\sigma}$ 在此基下的矩阵,则有

$$|x\boldsymbol{E}-\boldsymbol{A}|=\begin{vmatrix} x & 0 & 0 & \cdots & 0 & -a_0 \\ -1 & x & 0 & \cdots & 0 & -a_1 \\ 0 & -1 & x & \cdots & 0 & -a_2 \\ \vdots & \vdots & \vdots & \ddots & \vdots & \vdots \\ 0 & 0 & 0 & \cdots & x & a_{k-2} \\ 0 & 0 & 0 & \cdots & -1 & x-a_{k-1} \end{vmatrix}$$

$$= x^{k-1}\begin{vmatrix} 1 & 0 & 0 & \cdots & 0 & -a_0 \\ \dfrac{-1}{x} & 1 & 0 & \cdots & 0 & -a_1 \\ 0 & \dfrac{-1}{x} & 1 & \cdots & 0 & -a_2 \\ \vdots & \vdots & \vdots & \ddots & \vdots & \vdots \\ 0 & 0 & 0 & \cdots & 1 & a_{k-2} \\ 0 & 0 & 0 & \cdots & \dfrac{-1}{x} & x-a_{k-1} \end{vmatrix}$$

$$= x^{k-1}\begin{vmatrix} 1 & 0 & 0 & \cdots & 0 & -a_0 \\ 0 & 1 & 0 & \cdots & 0 & -a_1-a_0\dfrac{1}{x} \\ 0 & \dfrac{-1}{x} & 1 & \cdots & 0 & -a_2 \\ \vdots & \vdots & \vdots & \ddots & \vdots & \vdots \\ 0 & 0 & 0 & \cdots & 1 & a_{k-2} \\ 0 & 0 & 0 & \cdots & \dfrac{-1}{x} & x-a_{k-1} \end{vmatrix}$$

$$= x^{k-1}\begin{vmatrix} 1 & 0 & 0 & \cdots & 0 & -a_0 \\ 0 & 1 & 0 & \cdots & 0 & -a_1-a_0\dfrac{1}{x} \\ 0 & 0 & 1 & \cdots & 0 & -a_2-a_1\dfrac{1}{x}-a_0\dfrac{1}{x^2} \\ \vdots & \vdots & \vdots & \ddots & \vdots & \vdots \\ 0 & 0 & 0 & \cdots & 0 & x-a_{k-1}-\cdots-a_0\dfrac{1}{x^{k-1}} \end{vmatrix}$$

$$= x^k - a_{k-1}x^{k-1} - \cdots - a_1 x - a_0.$$

例 4.37 假设 $\mathbf{V}$ 是数域 $\mathbf{P}$ 上的 n 维线性空间，而 $\boldsymbol{\sigma}$ 是 $\mathbf{V}$ 上的线性变换. 假设 $\boldsymbol{\sigma}$ 在 $\mathbf{P}$ 中有 n 个两两互异的特征值. 求 $\mathbf{V}$ 的 $\boldsymbol{\sigma}$ -不变子空间的个数，并说明理由.

解 假设 λ_i 是 $\boldsymbol{\sigma}$ 的全部特征值，并假设 $\boldsymbol{\sigma}(\boldsymbol{\alpha}_i) = \lambda_i\boldsymbol{\alpha}_i$，其中

$$i = 1, 2, \cdots, n, \quad \mathbf{0} \neq \boldsymbol{\alpha}_i \in \mathbf{P}^n.$$

(1) 首先,$\boldsymbol{V}$ 显然有如下的两两互异的 $\boldsymbol{\sigma}$ -子空间,

0 维的:0(有 C_n^0 个);

1 维的:$L(\boldsymbol{\alpha}_1)$, $L(\boldsymbol{\alpha}_2)$, …, $\lambda(\boldsymbol{\alpha}_n)$(有 C_n^1 个);

2 维的:$L(\boldsymbol{\alpha}_i, \boldsymbol{\alpha}_j)$,其中 $1 \leqslant i < j \leqslant n$(有 C_2^n 个);

……

n 维的:$L(\boldsymbol{\alpha}_1, \cdots, \boldsymbol{\alpha}_n)$(有 C_n^n 个),共有 $2^n = C_n^0 + C_n^1 + \cdots + C_n^n$ 个.

(2) 下面证明任意 $\boldsymbol{\sigma}$ -子空间必为上述子空间之一.

假设 $\boldsymbol{W}$ 为 $\boldsymbol{V}$ 的非零 $\boldsymbol{\sigma}$ -子空间. 只需要证明:对于 $\sum_{i=1}^n k_1\boldsymbol{\alpha}_i \in \boldsymbol{W}$,如果 $\boldsymbol{\alpha}_i$ 的系数 $k_i \neq 0$,则有 $\boldsymbol{\alpha}_i \in \boldsymbol{W}$. 不妨假设 $k_1 \neq 0$. 则有

$$\sum_{i=1}^n \lambda_i k_i \boldsymbol{\alpha}_i = \boldsymbol{\sigma}\left(\sum_{i=1}^n k_i \boldsymbol{\alpha}_i\right) \in \boldsymbol{W},\ \lambda_n \sum_{i=1}^n k_i \boldsymbol{\alpha}_i \in \boldsymbol{W}.$$

两式相减得到

$$\sum_{i=1}^{n-1} (\lambda_i - \lambda_n) k_i \boldsymbol{\alpha}_i \in \boldsymbol{W}.$$

注意 $(\lambda_1 - \lambda_n)k_1 \neq 0$,对于非零项的个数用归纳法即得 $\boldsymbol{\alpha}_1 \in \boldsymbol{W}$.

例 4.38 假设 $\boldsymbol{V}$ 是 n 维欧氏空间,而 $\boldsymbol{\alpha}_1, \cdots, \boldsymbol{\alpha}_m$ 与 $\boldsymbol{\beta}_1, \cdots, \boldsymbol{\beta}_m$ 是 $\boldsymbol{V}$ 中的两个向量组. 求证:存在正交变换 $\boldsymbol{\sigma}$ 使得 $\boldsymbol{\sigma}(\boldsymbol{\alpha}_i) = \boldsymbol{\beta}_i$($i$ 为任意)当且仅当

$$[\boldsymbol{\alpha}_i, \boldsymbol{\alpha}_j] = [\boldsymbol{\beta}_i, \boldsymbol{\beta}_j],\quad 1 \leqslant i, j \leqslant m.$$

证明 *必要性* 根据正交变换的定义,必要性是显然成立的.

充分性 假设有

$$[\boldsymbol{\alpha}_i, \boldsymbol{\alpha}_j] = [\boldsymbol{\beta}_i, \boldsymbol{\beta}_j],\quad 1 \leqslant i, j \leqslant m. \tag{4-13}$$

不妨假设 $\boldsymbol{\alpha}_1, \cdots, \boldsymbol{\alpha}_r$ 是 $\boldsymbol{\alpha}_1, \cdots, \boldsymbol{\alpha}_m$ 的一个极大无关组. 根据条件式(4-13),不难证明向量组 $\boldsymbol{\beta}_1, \cdots, \boldsymbol{\beta}_r$ 也是 $\boldsymbol{\beta}_1, \cdots, m$ 的一个极大无关组.

对于 $\boldsymbol{\alpha}_1, \cdots, \boldsymbol{\alpha}_r$ 实施 Schmidt 正交化、单位化过程,得标准正交向量组

$$\boldsymbol{\varepsilon}_1, \cdots, \boldsymbol{\varepsilon}_r.$$

严格按照先后次序对于 $\boldsymbol{\beta}_1, \cdots, \boldsymbol{\beta}_r$ 实施 Schmidt 正交化、单位化过程,得标准正交向量组 $\boldsymbol{\eta}_1, \cdots, \boldsymbol{\eta}_r$. 分别将两个标准正交向量组扩充成 $\boldsymbol{V}$ 的各一标准正交基

$$\boldsymbol{\varepsilon}_1, \cdots, \boldsymbol{\varepsilon}_r, \cdots, \boldsymbol{\varepsilon}_n;\quad \boldsymbol{\eta}_1, \cdots, \boldsymbol{\eta}_r, \cdots, \boldsymbol{\eta}_n.$$

于是存在正交变换 $\boldsymbol{\sigma}$ 使得 $\boldsymbol{\sigma}(\boldsymbol{\varepsilon}_i) = \boldsymbol{\eta}_i$($1 \leqslant i \leqslant n$.) 由 Schmidt 正交化、单位

化过程可得 $\boldsymbol{\sigma}(\boldsymbol{\alpha}_i)=\boldsymbol{\beta}_i(1\leqslant i\leqslant r)$. 另一方面,如果 $\boldsymbol{\alpha}_{r+1}=\sum_{j=1}^{r}k_j\boldsymbol{\alpha}_j$, 则由式(4-13)(或者由 $\boldsymbol{\varepsilon}_1, \cdots, \boldsymbol{\varepsilon}_r$ 的正交关系)不难得到 $\boldsymbol{\beta}_{r+1}=\sum_{j=1}^{r}k_j\boldsymbol{\beta}_j$, 因此有 $\boldsymbol{\sigma}(\boldsymbol{\alpha}_{r+1})=\boldsymbol{\beta}_{r+1}$.

例 4.39(A) 欧氏空间 $\mathbf{V}$ 的一个线性变换 $\boldsymbol{\sigma}$ 被称为一个对称变换,是指 $\boldsymbol{\sigma}$ 满足以下条件

$$[\boldsymbol{\sigma}(x), y]=[x, \boldsymbol{\sigma}(y)], x, y\in\mathbf{V}.$$

(1) 对于 n 维欧氏空间 $\mathbf{V}$ 上的一个线性变换 $\boldsymbol{\sigma}$, 求证: $\boldsymbol{\sigma}$ 是对称变换当且仅当 $\boldsymbol{\sigma}$ 在 $\mathbf{V}$ 的任意一组标准正交基下的矩阵为实对称阵.

(2) 对于 n 维欧氏空间 $\mathbf{V}$ 上的一个变换 $\boldsymbol{\sigma}$, 如果 $\boldsymbol{\sigma}$ 满足条件

$$[\boldsymbol{\sigma}(x), y]=[x, \boldsymbol{\sigma}(y)], x, y\in\mathbf{V},$$

则 $\boldsymbol{\sigma}$ 是线性变换,从而是 $\mathbf{V}$ 的对称变换.

证明 (1) *必要性* 假设 $\boldsymbol{\alpha}_1, \boldsymbol{\alpha}_2, \cdots, \boldsymbol{\alpha}_n$ 是 $\mathbf{V}$ 的一组标准正交基,并设

$$(\boldsymbol{\sigma}(\boldsymbol{\alpha}_1), \boldsymbol{\sigma}(\boldsymbol{\alpha}_2), \cdots, \boldsymbol{\sigma}(\boldsymbol{\alpha}_n))=(\boldsymbol{\alpha}_1, \boldsymbol{\alpha}_2, \cdots, \boldsymbol{\alpha}_n)\mathbf{A}, \quad \mathbf{A}=(a_{ij})_n.$$

于是有

$$a_{ji}=\left[\sum_{r=1}^{n}a_{ri}\boldsymbol{\alpha}_r, \boldsymbol{\alpha}_j\right]=[\boldsymbol{\sigma}(\boldsymbol{\alpha}_i), \boldsymbol{\alpha}_j]=[a_i, \boldsymbol{\sigma}(\boldsymbol{\alpha}_j)]=a_{ij},$$

亦即 $\mathbf{A}$ 是实对称矩阵.

充分性 任意取 $\mathbf{V}$ 的一组标准正交基 $\boldsymbol{\alpha}_1, \boldsymbol{\alpha}_2, \cdots, \boldsymbol{\alpha}_n$, 并假设 $\boldsymbol{\sigma}$ 在 $\mathbf{V}$ 的任意一组标准正交基下的矩阵为实对称阵. 对于任意 $x=\sum_{i=1}^{n}a_i\boldsymbol{\alpha}_i$, $y=\sum_{j=1}^{n}a_j\boldsymbol{\alpha}_j$, 有

$$[\boldsymbol{\sigma}(x), y]=(a_1, a_2, \cdots, a_n)\mathbf{A}^{\mathrm{T}}(b_1, b_2, \cdots, b_n)^{\mathrm{T}},$$

$$[x, \boldsymbol{\sigma}(y)]=(a_1, a_2, \cdots, a_n)\mathbf{A}(b_1, b_2, \cdots, b_n)^{\mathrm{T}}=[\boldsymbol{\sigma}(x), y].$$

(2) 类似于例 4.13 的证明过程. 详略.

注意 $f(x, y)=[\boldsymbol{\sigma}(x), y]$ 是对称双线性函数.

例 4.39(B) 欧氏空间 $\mathbf{V}$ 的一个线性变换 $\boldsymbol{\sigma}$ 是对称变换,当且仅当 $\boldsymbol{\sigma}$ 有 n 个两两正交的特征向量.

证明 *必要性* 假设 $\boldsymbol{\sigma}$ 是对称变换,亦即有

$$[\boldsymbol{\sigma}(\boldsymbol{\alpha}),\ \boldsymbol{\beta}]=[\boldsymbol{\alpha},\ \boldsymbol{\sigma}(\boldsymbol{\beta})],\ \boldsymbol{\alpha},\ \boldsymbol{\beta}\in \mathbf{V}.$$

根据前例结论，对于$\mathbf{V}$的一组标准正交基$\boldsymbol{\alpha}_1,\ \boldsymbol{\alpha}_2,\ \cdots,\ \boldsymbol{\alpha}_n$，$\boldsymbol{\sigma}$在这组基下的矩阵$\boldsymbol{A}$是实对称阵. 已经知道存在正交矩阵$\boldsymbol{T}$，使得与$\boldsymbol{A}$相似的矩阵$\boldsymbol{T}^{-1}\boldsymbol{AT}$是对角阵$\mathrm{diag}\{\lambda_1,\ \cdots,\ \lambda_n\}$. 取

$$(\boldsymbol{\beta}_1,\ \boldsymbol{\beta}_2,\ \cdots,\ \boldsymbol{\beta}_n)=(\boldsymbol{\alpha}_1,\ \boldsymbol{\alpha}_2,\ \cdots,\ \boldsymbol{\alpha}_n)\boldsymbol{T},$$

则$\boldsymbol{\beta}_1,\ \boldsymbol{\beta}_2,\ \cdots,\ \boldsymbol{\beta}_n$是$\mathbf{V}$的另一组正交基，且$\boldsymbol{\sigma}$在这组基下的矩阵为对角阵

$$\mathrm{diag}\{\lambda_1,\ \cdots,\ \lambda_n\}.$$

此时$\boldsymbol{\beta}_1,\ \boldsymbol{\beta}_2,\ \cdots,\ \boldsymbol{\beta}_n$是$\boldsymbol{\sigma}$的两两正交的特征向量.

充分性　此时把$\boldsymbol{\sigma}$的n个两两正交的特征向量单位化，即得到$\mathbf{V}$的一组标准正交基，且$\boldsymbol{\sigma}$在此组标准正交基下的矩阵为对角阵，它当然是实对称阵. 根据前例结论知$\boldsymbol{\sigma}$是对称变换.

例 4.39(C)　酉空间$\mathbf{V}$的一个线性变换$\boldsymbol{\sigma}$被称为一个对称变换，是指$\boldsymbol{\sigma}$满足以下条件

$$[\boldsymbol{\sigma}(x),\ y]=[x,\ \boldsymbol{\sigma}(y)],\ x,\ y\in \mathbf{V}.$$

(1) 对于n维酉空间$\mathbf{V}$上的一个线性变换$\boldsymbol{\sigma}$，求证：$\boldsymbol{\sigma}$是对称变换当且仅当$\boldsymbol{\sigma}$在$\mathbf{V}$的任意一组标准正交基下的矩阵$\boldsymbol{A}$为 Hermite 阵，亦即满足$\overline{\boldsymbol{A}}^{\mathrm{T}}=\boldsymbol{A}$.

(2) 对于n维酉空间$\mathbf{V}$上的一个变换$\boldsymbol{\sigma}$，如果$\boldsymbol{\sigma}$满足条件

$$[\boldsymbol{\sigma}(x),\ y]=[x,\ \boldsymbol{\sigma}(y)],\ x,\ y\in \mathbf{V},$$

则$\boldsymbol{\sigma}$是线性变换，从而是$\mathbf{V}$的对称变换.

证明　类似于前例的证明. 这里略去其详细验证.

例 4.40　对于n维欧氏空间(酉空间)$\mathbf{V}$上的一个线性变换$\boldsymbol{\sigma}$，如果存在线性变换$\boldsymbol{\tau}$使得

$$[\boldsymbol{\sigma}(\boldsymbol{\alpha}),\ \boldsymbol{\beta}]=[\boldsymbol{\alpha},\ \tau(\boldsymbol{\beta})],\ \boldsymbol{\alpha},\ \boldsymbol{\beta}\in \mathbf{V},$$

则称$\boldsymbol{\tau}$为$\boldsymbol{\sigma}$的一个共轭变换，记为$\boldsymbol{\tau}=\boldsymbol{\sigma}^{\star}$.

(1) 求证：$\boldsymbol{\sigma}$的共轭变换若存在，则唯一；

(2) 求证：$\boldsymbol{\sigma}$的共轭变换存在，记为$\boldsymbol{\sigma}^{\star}$；

(3) 求证：$(\boldsymbol{\sigma}^{\star})^{\star}=\boldsymbol{\sigma}$；

(4) 求证：$ker(\boldsymbol{\sigma})=(\boldsymbol{\sigma}^{\star}\mathbf{V})^{\perp}$；

(5) 求证：如果$\boldsymbol{W}$是$\mathbf{V}$的$\boldsymbol{\sigma}$-子空间，则$\mathbf{V}^{\perp}$是$\mathbf{V}$的$\boldsymbol{\sigma}^{\star}$-子空间.

证明 只证明欧氏空间情形. 酉空间情形的论证类似.

(1) 假设 $\boldsymbol{\tau}$ 是 $\boldsymbol{\sigma}$ 的一个共轭变换. 为了证明唯一性,只需证明一个更强的结果: 对于 $\boldsymbol{V}$ 的任意一个标准正交基 $\boldsymbol{\varepsilon}_1, \cdots, \boldsymbol{\varepsilon}_n$, $\boldsymbol{\sigma}$ 与 $\boldsymbol{\tau}$ 在此基下的矩阵互为共轭转置矩阵. 事实上,设

$$\boldsymbol{\sigma}(\boldsymbol{\varepsilon}_1, \cdots, \boldsymbol{\varepsilon}_n) = (\boldsymbol{\varepsilon}_1, \cdots, \boldsymbol{\varepsilon}_n)\boldsymbol{A}, \quad \boldsymbol{\tau}(\boldsymbol{\varepsilon}_1, \cdots, \boldsymbol{\varepsilon}_n) = (\boldsymbol{\varepsilon}_1, \cdots, \boldsymbol{\varepsilon}_n)\boldsymbol{B}.$$

用 $\boldsymbol{A}(i)$ 表示矩阵 $\boldsymbol{A}$ 的第 i 列,则有

$$\boldsymbol{\sigma}(\boldsymbol{\varepsilon}_i) = (\boldsymbol{\varepsilon}_1, \cdots, \boldsymbol{\varepsilon}_n) \cdot \boldsymbol{A}(i),$$

从而有

$$[\boldsymbol{\sigma}(\boldsymbol{\varepsilon}_1), \boldsymbol{\varepsilon}_j] = a_{ji} = a_{ji}[\boldsymbol{\sigma}(\boldsymbol{\varepsilon}_1), \boldsymbol{\varepsilon}_j] = [\boldsymbol{\varepsilon}_1, \boldsymbol{\sigma}^\star(\boldsymbol{\varepsilon}_j)] = b_{ij}.$$

这就说明了 $\boldsymbol{A} = \boldsymbol{B}^{\mathrm{T}}$.

注记 在酉空间情形,为 $\boldsymbol{B} = \overline{\boldsymbol{A}}^{\mathrm{T}}$, 后者通常记为 $\boldsymbol{A}^\star$ (与 $\boldsymbol{\sigma}^\star$ 相对应).

(2) 取定 $\boldsymbol{V}$ 的一个标准正交基 $\boldsymbol{\varepsilon}_1, \cdots, \boldsymbol{\varepsilon}_n$, 并设 $\boldsymbol{\sigma}$ 在此基下的矩阵为 $\boldsymbol{A}$, 则在此基下的由矩阵 $\boldsymbol{A}^\star =: \overline{\boldsymbol{A}}^{\mathrm{T}}$ 确定的线性变换 $\boldsymbol{\tau}$ 即为 $\boldsymbol{\sigma}^\star$, 亦即 $\boldsymbol{\sigma}^\star$ 满足

$$[\boldsymbol{\sigma}(\boldsymbol{\alpha}), \boldsymbol{\beta}] = [\boldsymbol{\alpha}, \boldsymbol{\sigma}^\star(\boldsymbol{\beta})], \ \boldsymbol{\alpha}, \boldsymbol{\beta} \in \boldsymbol{V};$$

(3) 由 $(\boldsymbol{\sigma}^\star)^\star$ 的存在性以及(1)的证明过程(更强结果)得到;

(4) 对于任意向量 $\boldsymbol{v} \in \boldsymbol{V}$, 对于任意向量 $\boldsymbol{\beta} \in (\boldsymbol{\sigma}^\star \boldsymbol{V})^{\perp}$, 恒有

$$0 = [\boldsymbol{\sigma}^\star(v), \boldsymbol{\beta}] = [\boldsymbol{v}, \boldsymbol{\sigma}(\boldsymbol{\beta})].$$

特别地, 取 $\boldsymbol{v} = \boldsymbol{\sigma}(\boldsymbol{\beta})$, 即得 $\boldsymbol{\sigma}(\boldsymbol{\beta}) = \boldsymbol{0}$, 这说明 $(\boldsymbol{\sigma}^\star \boldsymbol{V})^{\perp} \subseteq ker(\boldsymbol{\sigma})$.

反过来,对于任意 $\boldsymbol{\beta} \in ker(\boldsymbol{\sigma})$, 当然有 $\boldsymbol{\sigma}(\boldsymbol{\beta}) = \boldsymbol{0}$, 所以有

$$[\boldsymbol{\sigma}^\star(\boldsymbol{v}), \boldsymbol{\beta}] = [\boldsymbol{v}, \boldsymbol{\sigma}(\boldsymbol{\beta})] = [\boldsymbol{v}, \boldsymbol{0}_V] = 0, \text{任意 } \boldsymbol{v} \in \boldsymbol{V}.$$

这说明 $ker(\boldsymbol{\sigma}) \subseteq (\boldsymbol{\sigma}^\star \boldsymbol{V})^{\perp}$.

(5) 这可由等式

$$\boldsymbol{0} = [\boldsymbol{\sigma}(\boldsymbol{\alpha}), \boldsymbol{\beta}] = [\boldsymbol{\alpha}, \boldsymbol{\sigma}^\star(\boldsymbol{\beta})], \quad \boldsymbol{\alpha} \in \boldsymbol{W}, \boldsymbol{\beta} \in \boldsymbol{W}^{\perp}$$

马上得到.

例 4.41 对于 n 维欧氏空间(或者酉空间) $\boldsymbol{V}$ 上的一个线性变换 $\boldsymbol{\sigma}$, 如果 $\boldsymbol{\sigma}\boldsymbol{\sigma}^\star = \boldsymbol{\sigma}^\star\boldsymbol{\sigma}$, 则称 $\boldsymbol{\sigma}$ 为 $\boldsymbol{V}$ 上的一个**正规变换**. 相应的,有正规实(复)矩阵的概念: 满足 $\boldsymbol{A}^{\mathrm{T}}\boldsymbol{A} = \boldsymbol{A}\boldsymbol{A}^{\mathrm{T}}$ 的实矩阵称为正规实阵,例如正交阵与实对称阵均为正规实矩阵;而满足 $\boldsymbol{A}^\star\boldsymbol{A} = \boldsymbol{A}\boldsymbol{A}^\star$ 的复矩阵称为正规阵,例如酉矩阵和 Hermite 矩阵

均为正规阵.

对于 n 维欧氏空间 $\boldsymbol{V}$ 上的正规变换 $\boldsymbol{\sigma}$，求证：

(1) $\boldsymbol{\sigma}^{\star}(\boldsymbol{V})$ 是 $\boldsymbol{V}$ 的 $\boldsymbol{\sigma}$ 子空间，而 $\boldsymbol{\sigma}$ 在 $\boldsymbol{\sigma}^{\star}(\boldsymbol{V})$ 上的限制是线性子空间 $\boldsymbol{\sigma}^{\star}(\boldsymbol{V})$ 上的自同构；

(2) 对于正规线性变换 $\boldsymbol{\sigma}$，若 $\boldsymbol{W}$ 是 $\boldsymbol{V}$ 的 $\boldsymbol{\sigma}$ -不变子空间，则 $\boldsymbol{W}^{\perp}$ 也是 $\boldsymbol{V}$ 的 $\boldsymbol{\sigma}$ -子空间；

(3) 对于正规实阵 $\boldsymbol{A}$，如果 $\boldsymbol{A\alpha}=\lambda\boldsymbol{\alpha}$ (其中 $\boldsymbol{0}\neq\boldsymbol{\alpha}\in \mathrm{C}^{n\times 1}$，而 $\lambda\in\mathbf{C}$)，则有 $\boldsymbol{A}^{\mathrm{T}}\boldsymbol{\alpha}=\bar{\lambda}\boldsymbol{\alpha}$；

(4) 正规矩阵的属于不同特征值的特征向量彼此正交；

(5)(正规变换基本定理(欧式空间情形))一个正规变换在某个标准正交基下的矩阵为如下形式的准对角阵：

$$\boldsymbol{A}=\begin{bmatrix}\lambda_1 & & & & & \\ & \ddots & & & & \\ & & \lambda_r & & & \\ & & & D_1 & & \\ & & & & \ddots & \\ & & & & & D_s\end{bmatrix},$$

其中 $2s+r=n$，λ_1，…，λ_r 为 $\boldsymbol{\sigma}$ 的所有(实)特征值，而 $\boldsymbol{D}_i$ 是形为 $\begin{bmatrix}a & -b\\ b & a\end{bmatrix}$ 的 2 阶实矩阵 $(b\neq 0)$.

证明 (1) 由于 $\boldsymbol{\sigma}$ 是 $\boldsymbol{V}$ 上的正规变换，所以有

$$\boldsymbol{\sigma}(\boldsymbol{\sigma}^{\star}\boldsymbol{V})=(\boldsymbol{\sigma}\boldsymbol{\sigma}^{\star})\boldsymbol{V}=(\boldsymbol{\sigma}^{\star}\boldsymbol{\sigma})\boldsymbol{V}=\boldsymbol{\sigma}^{\star}(\boldsymbol{\sigma}\boldsymbol{V})\subseteq\boldsymbol{\sigma}^{\star}\boldsymbol{V},$$

说明 $\boldsymbol{\sigma}^{\star}\boldsymbol{V}$ 是 $\boldsymbol{V}$ 的 $\boldsymbol{\sigma}$ -子空间.

进一步的，由

$$\boldsymbol{V}=\boldsymbol{\sigma}^{\star}\boldsymbol{V}\oplus(\boldsymbol{\sigma}^{\star}\boldsymbol{V})^{\perp},\quad ker(\boldsymbol{\sigma})=(\boldsymbol{\sigma}^{\star}\boldsymbol{V})^{\perp}$$

即知 $\boldsymbol{\sigma}$ 在子空间 $\boldsymbol{\sigma}^{\star}\boldsymbol{V}$ 上的限制 $\boldsymbol{\sigma}\mid_{\boldsymbol{\sigma}^{\star}\boldsymbol{V}}$ 是线性空间 $\boldsymbol{\sigma}^{\star}\boldsymbol{V}$ 上的自同构线性变换.

(2) 取定 $\boldsymbol{W}$ 与 $\boldsymbol{W}^{\perp}$ 的各一标准正交基 $\boldsymbol{\eta}_1$，…，$\boldsymbol{\eta}_r$ 与 $\boldsymbol{\eta}_{r+1}$，…，$\boldsymbol{\eta}_n$，则

$$\boldsymbol{\eta}_1,\cdots,\boldsymbol{\eta}_r,\boldsymbol{\eta}_{r+1},\cdots,\boldsymbol{\eta}_n$$

为 $\boldsymbol{V}$ 的一个标准正交基. 由于 $\boldsymbol{\sigma}(\boldsymbol{W})\subseteq\boldsymbol{W}$，于是 $\boldsymbol{\sigma}$ 在这个基下的矩阵为分块上三角形矩阵

$$\boldsymbol{A}=\begin{bmatrix}\boldsymbol{A}_r & \boldsymbol{C}\\ \boldsymbol{0} & \boldsymbol{B}_{n-r}\end{bmatrix}.$$

根据例 4.40(1)的证明,可知 $\boldsymbol{\sigma}^\star$ 在同一基下的矩阵为

$$\boldsymbol{A}^{\mathrm{T}}=\begin{bmatrix}\boldsymbol{A}_r^{\mathrm{T}} & \boldsymbol{0}\\ \boldsymbol{C}^{\mathrm{T}} & \boldsymbol{B}_{n-r}^{\mathrm{T}}\end{bmatrix}.$$

已经假设 $\boldsymbol{\sigma}\boldsymbol{\sigma}^\star=\boldsymbol{\sigma}^\star\boldsymbol{\sigma}$, 它等价于说 $\boldsymbol{A}\boldsymbol{A}^{\mathrm{T}}=\boldsymbol{A}^{\mathrm{T}}\boldsymbol{A}$. 由此不难算出 $\boldsymbol{C}=\boldsymbol{0}$, 因此 $\boldsymbol{\sigma}(\boldsymbol{W}^{\perp})\subseteq\boldsymbol{W}^{\perp}$, 亦即 $\boldsymbol{W}^{\perp}$ 是 $\boldsymbol{V}$ 的 $\boldsymbol{\sigma}$ -子空间.

(3) 只需要验证 $[(\boldsymbol{A}^{\mathrm{T}}-\bar{\lambda})\boldsymbol{\alpha},\ (\boldsymbol{A}^{\mathrm{T}}-\bar{\lambda})\boldsymbol{\alpha}]=0$. 事实上,首先有

$$\begin{aligned}\overline{(\boldsymbol{A}^{\mathrm{T}}-\bar{\lambda}\boldsymbol{E})^{\mathrm{T}}}(\boldsymbol{A}^{\mathrm{T}}-\bar{\lambda}\boldsymbol{E})&=(\boldsymbol{A}-\lambda\boldsymbol{E})(\boldsymbol{A}^{\mathrm{T}}-\bar{\lambda}\boldsymbol{E})=\boldsymbol{A}\cdot\boldsymbol{A}^{\mathrm{T}}-\bar{\lambda}\boldsymbol{A}-\lambda\boldsymbol{A}^{\mathrm{T}}+\bar{\lambda}\lambda\boldsymbol{E}\\&=\boldsymbol{A}^{\mathrm{T}}\boldsymbol{A}-\bar{\lambda}\boldsymbol{A}-\lambda\boldsymbol{A}^{\mathrm{T}}+\bar{\lambda}\lambda\boldsymbol{E}=(\boldsymbol{A}^{\mathrm{T}}-\bar{\lambda}\boldsymbol{E})(\boldsymbol{A}-\lambda\boldsymbol{E}).\end{aligned}$$

此外,注意内积中涉及复数,所以有

$$\begin{aligned}[(\boldsymbol{A}^{\mathrm{T}}-\bar{\lambda}\boldsymbol{E})\boldsymbol{\alpha},\ (\boldsymbol{A}^{\mathrm{T}}-\bar{\lambda}\boldsymbol{E})\boldsymbol{\alpha}]&=[\boldsymbol{\alpha},\ \overline{(\boldsymbol{A}^{\mathrm{T}}-\bar{\lambda}\boldsymbol{E})^{\mathrm{T}}}(\boldsymbol{A}^{\mathrm{T}}-\bar{\lambda}\boldsymbol{E})\boldsymbol{\alpha}]\\&=[\boldsymbol{\alpha},\ (\boldsymbol{A}^{\mathrm{T}}-\bar{\lambda}\boldsymbol{E})((\boldsymbol{A}-\lambda\boldsymbol{E})\boldsymbol{\alpha})]\\&=[\boldsymbol{\alpha},\ (\boldsymbol{A}^{\mathrm{T}}-\bar{\lambda}\boldsymbol{E})(\boldsymbol{0}_V)]=0.\end{aligned}$$

(4) 使用(3)的结果不难得到.

(5) 用归纳法以及(1)~(3)的结论得到. 类似于例 4.23(C)和(D)的证明过程,特别是例 4.23(C)的证明过程. 这里略去详细验证,在验证

$$[X,\ Y]=0,\quad [Y,\ Y]=[X,\ X]$$

的过程中要用到本题结论(3).

例 4.42 假设 $\boldsymbol{\sigma}$ 是 n 维酉空间 $\boldsymbol{V}$ 上的正规变换. 求证:

(1) 对于 $\boldsymbol{\sigma}$ 的任意一个特征值 λ, $\boldsymbol{\sigma}$ 的特征子空间 $\boldsymbol{V}_\lambda$ 也是 $\boldsymbol{\sigma}^\star$ -子空间.

(2) $\boldsymbol{\sigma}$ 的属于不同特征值的特征向量彼此正交.

(3) 如果 $\boldsymbol{\sigma}$ 还是 Hermite 变换,则其特征值都是实数.

证明 (1) 只需证明如下的一个更强结论: 对于正规变换 $\boldsymbol{\sigma}$, 如果 $\boldsymbol{\sigma}(\boldsymbol{\alpha})=\lambda\boldsymbol{\alpha}$ (其中 $\boldsymbol{0}\neq\boldsymbol{\alpha}\in\boldsymbol{V}$, 而 $\lambda\in\mathbf{C}$), 则有 $\boldsymbol{\sigma}^\star\boldsymbol{\alpha}=\bar{\lambda}\boldsymbol{\alpha}$. 详见例 4.41(3)的证明.

(2) 假设 $\boldsymbol{\sigma}(\boldsymbol{\alpha})=\lambda\boldsymbol{\alpha}$, $\boldsymbol{\sigma}(\boldsymbol{\beta})=\mu\boldsymbol{\beta}$, 其中 $\lambda\neq\mu$, $\boldsymbol{0}\neq\boldsymbol{\alpha}$, $\boldsymbol{0}\neq\boldsymbol{b}$, 则有

$$\bar{\lambda}[\boldsymbol{\alpha},\ \boldsymbol{\beta}]=[\lambda\boldsymbol{\alpha},\ \boldsymbol{\beta}]=[\boldsymbol{\sigma}(\boldsymbol{\alpha}),\ \boldsymbol{\beta}]=[\boldsymbol{\alpha},\ \boldsymbol{\sigma}^\star(\boldsymbol{\beta})]=[\boldsymbol{\alpha},\ \bar{\mu}\boldsymbol{\beta}]=\bar{\mu}[\boldsymbol{\alpha},\ \boldsymbol{\beta}].$$

由此得到 $[\boldsymbol{\alpha},\ \boldsymbol{\beta}]=0$, 亦即 $\boldsymbol{\alpha}$ 与 $\boldsymbol{\beta}$ 正交.

(3) 假设 $\boldsymbol{\sigma}(\boldsymbol{\alpha})=\lambda\boldsymbol{\alpha}$, 其中 $\lambda\in\mathbf{C}$. 由于

$$\overline{\lambda}[\boldsymbol{\alpha},\ \boldsymbol{\alpha}]=[\lambda\boldsymbol{\alpha},\ \boldsymbol{\alpha}]=[\sigma(\boldsymbol{\alpha}),\ \boldsymbol{\alpha}]=[\boldsymbol{\alpha},\ \boldsymbol{\sigma}^{\star}(\boldsymbol{\alpha})]=[\boldsymbol{\alpha},\ \lambda\boldsymbol{\alpha}]=\lambda[\boldsymbol{\alpha},\ \boldsymbol{\alpha}],$$

而 $[\boldsymbol{\alpha},\ \boldsymbol{\alpha}]>0$，所以有 $\lambda=\overline{\lambda}$，说明 λ 是实数.

例 4.43 正规变换基本定理(酉空间情形).

(1) 假设 $\boldsymbol{\sigma}$ 是 n 维酉空间 $\boldsymbol{V}$ 上的线性变换. 求证：$\boldsymbol{\sigma}$ 是正规变换当且仅当 $\boldsymbol{\sigma}$ 在 $\boldsymbol{V}$ 的某个标准正交基下的矩阵为对角阵；

(2) (矩阵版本) n 阶方阵 $\boldsymbol{A}$ 是正规阵当且仅当 $\boldsymbol{A}$ 在复数域 $\mathbf{C}$ 上酉相似于对角阵.

(3) 一个正交阵 $\boldsymbol{A}$ 正交相似于一个实矩阵，当且仅当其特征值全为实数. 此时，存在正交阵 $\boldsymbol{U}$ 使得 $\boldsymbol{U}^{\mathrm{T}}\boldsymbol{A}\boldsymbol{U}=\begin{bmatrix}\boldsymbol{E}_r & \mathbf{0}\\ \mathbf{0} & -\boldsymbol{E}_s\end{bmatrix}$.

证明 (1) *必要性* 对于 $\boldsymbol{V}$ 的维数 n 用归纳法.

$n=1$ 时自然成立. 下设 $n>1$.

任取 $\boldsymbol{\sigma}$ 的一个复特征值 λ，其相应特征子空间 $\boldsymbol{V}_\lambda$ 当然不是零子空间，从而由 $\boldsymbol{V}=\boldsymbol{V}_\lambda\oplus\boldsymbol{V}_\lambda{}^{\perp}$ 知子空间 $\boldsymbol{V}_\lambda{}^{\perp}$ 的维数小于 n. 根据 Schmidt 正交化、单位化过程可知，$\boldsymbol{V}_\lambda$ 有标准正交基 $\boldsymbol{\varepsilon}_1,\ \cdots,\ \boldsymbol{\varepsilon}_r$，$\boldsymbol{\sigma}$ 在此基下的矩阵为对角阵 $\lambda\boldsymbol{E}_r$.

由于 $\boldsymbol{V}_\lambda$ 是 $\boldsymbol{\sigma}$ 不变子空间，所以 $\boldsymbol{V}_\lambda{}^{\perp}$ 是 $\boldsymbol{\sigma}^{\star}$ -子空间. 而根据例 4.43(1)可知，$\boldsymbol{V}_\lambda$ 也是 $\boldsymbol{\sigma}^{\star}$ 不变子空间，从而 $\boldsymbol{V}_\lambda{}^{\perp}$ 是 $(\boldsymbol{\sigma}^{\star})^{\star}$ 不变子空间，亦即：$\boldsymbol{V}_\lambda^{\perp}$ 是 $\boldsymbol{\sigma}$ -子空间. 因此，$\boldsymbol{\sigma}|_{\boldsymbol{V}_\lambda^{\perp}}$ 是酉空间 $\boldsymbol{V}_\lambda^{\perp}$ 上的正规变换，其共轭变换为 $\boldsymbol{\sigma}^{\star}|_{\boldsymbol{V}_\lambda^{\perp}}$. 根据归纳假设，酉空间 $\boldsymbol{V}_\lambda{}^{\perp}$ 有标准正交基 $\boldsymbol{\varepsilon}_{r+1},\ \cdots,\ \boldsymbol{\varepsilon}_n$ 使得 $\boldsymbol{\sigma}$ 在此基下的矩阵为对角形. 最后，正规变换 $\boldsymbol{\sigma}$ 在 $\boldsymbol{V}$ 的标准正交基 $\boldsymbol{\varepsilon}_1,\ \cdots,\ \boldsymbol{\varepsilon}_n$ 下的矩阵确实为对角形

$$\mathrm{diag}\{\lambda_1\boldsymbol{E}_{r_1},\ \cdots,\ \lambda_s\boldsymbol{E}_{r_s}\},$$

其中，$\lambda_1,\ \cdots,\ \lambda_s$ 为 $\boldsymbol{\sigma}$ 的全部两两互异复特征值.

充分性 假设 $\boldsymbol{\sigma}$ 在标准正交基 $\boldsymbol{\varepsilon}_1,\ \cdots,\ \boldsymbol{\varepsilon}_n$ 下的矩阵为对角阵

$$\mathrm{diag}\{\lambda_1\boldsymbol{E}_{r_1},\ \cdots,\ \lambda_s\boldsymbol{E}_{r_s}\}.$$

则 $\boldsymbol{\sigma}$ 的共轭变换 $\boldsymbol{\sigma}^{\star}$ 在标准正交基 $\boldsymbol{\varepsilon}_1,\ \cdots,\ \boldsymbol{\varepsilon}_n$ 下的矩阵为对角阵

$$\mathrm{diag}\{\overline{\lambda_1}\boldsymbol{E}_{r_1},\ \cdots,\ \overline{\lambda_s}\boldsymbol{E}_{r_s}\}.$$

于是，$\boldsymbol{\sigma}\boldsymbol{\sigma}^{\star}$ 与 $\boldsymbol{\sigma}^{\star}\boldsymbol{\sigma}$ 在此基下的矩阵同为对角阵

$$\mathrm{diag}\{\lambda_1\overline{\lambda_1}\boldsymbol{E}_{r_1},\ \cdots,\ \lambda_s\overline{\lambda_s}\boldsymbol{E}_{r_s}\},$$

从而 $\boldsymbol{\sigma}\boldsymbol{\sigma}^{\star}=\boldsymbol{\sigma}^{\star}\boldsymbol{\sigma}$ 成立.

(2) 注意到从一个标准正交基到另一个标准正交基的过渡矩阵为一个酉阵,易见(2)是(1)的矩阵语言翻译.

(3) 注意到酉阵的实特征值为 ± 1, 因此(3)是(1)的直接推论.

例 4.44 假设 $\boldsymbol{\sigma}$ 是 n 维酉空间 $\boldsymbol{V}$ 上的正规变换,而 $\boldsymbol{W}$ 是 $\boldsymbol{V}$ 的 $\boldsymbol{\sigma}$-子空间. 求证 $\boldsymbol{W}^{\perp}$ 也是 $\boldsymbol{\sigma}$-子空间.

证明 证法一 取定 $\boldsymbol{W}$ 与 $\boldsymbol{W}^{\perp}$ 的各一标准正交基,合起来得到 $\boldsymbol{V}$ 的一个标准正交基,在此基下 $\boldsymbol{\sigma}$ 的矩阵形为 $\boldsymbol{X}=\begin{bmatrix}\boldsymbol{A}_r & \boldsymbol{C}\\ \boldsymbol{0} & \boldsymbol{B}_{n-r}\end{bmatrix}$, 则 $\boldsymbol{\sigma}$ 的共轭变换 $\boldsymbol{\sigma}^{\star}$ 在此基下的矩阵为 $\overline{\boldsymbol{X}}^{\mathrm{T}}=\begin{bmatrix}\overline{\boldsymbol{A}_r}^{\mathrm{T}} & \boldsymbol{0}\\ \overline{\boldsymbol{C}}^{\mathrm{T}} & \overline{\boldsymbol{B}_{n-r}}^{\mathrm{T}}\end{bmatrix}$; 而线性变换 $\boldsymbol{\sigma}$ 的正规性体现为 $\boldsymbol{X}\overline{\boldsymbol{X}}^{\mathrm{T}}=\overline{\boldsymbol{X}}^{\mathrm{T}}\boldsymbol{X}$, 由此得到

$$\boldsymbol{A}\overline{\boldsymbol{A}}^{\mathrm{T}}+\boldsymbol{C}\overline{\boldsymbol{C}}^{\mathrm{T}}=\overline{\boldsymbol{A}}^{\mathrm{T}}\boldsymbol{A}.$$

对之使用 trace 函数得到

$$\mathrm{tr}(\boldsymbol{A}\overline{\boldsymbol{A}}^{\mathrm{T}})+\mathrm{tr}(\boldsymbol{C}\overline{\boldsymbol{C}}^{\mathrm{T}})=\mathrm{tr}(\overline{\boldsymbol{A}}^{\mathrm{T}}\boldsymbol{A}).$$

不难验证

$$\mathrm{tr}(\boldsymbol{A}\overline{\boldsymbol{A}}^{\mathrm{T}})=\sum_{i=1}^{n}\sum_{j=1}^{n}a_{ij}\,\overline{a_{ij}}=\sum_{j=1}^{n}\sum_{i=1}^{n}a_{ij}\,\overline{a_{ij}}=\mathrm{tr}(\overline{\boldsymbol{A}}^{\mathrm{T}}\boldsymbol{A}).$$

因此有 $\mathrm{tr}(\boldsymbol{C}\overline{\boldsymbol{C}}^{\mathrm{T}})=0$, 因此进一步得到 $\boldsymbol{C}=\boldsymbol{0}$. 这就证明了 $\boldsymbol{\sigma}(\boldsymbol{W}^{\perp})\subseteq\boldsymbol{W}^{\perp}$.

证法二 根据正规变换的基本定理, $\boldsymbol{\sigma}$ 在某个标准正交基下的矩阵为对角阵. 假设 $\lambda_1, \cdots, \lambda_r$ 是 $\boldsymbol{\sigma}$ 的所有互异特征值,则有

$$\boldsymbol{V}=\boldsymbol{V}_{\lambda_1}\oplus\cdots\oplus\boldsymbol{V}_{\lambda_r}.$$

使用条件 $\boldsymbol{\sigma}(\boldsymbol{W})\subseteq\boldsymbol{W}$ 可以得到

$$\boldsymbol{W}=(\boldsymbol{W}\cap\boldsymbol{V}_{\lambda_1})\oplus\cdots\oplus(\boldsymbol{W}\cap\boldsymbol{V}_{\lambda_r}).$$

用 $\boldsymbol{N}_i$ 表示子空间 $\boldsymbol{W}\cap\boldsymbol{V}_{\lambda_i}$ 在线性空间 $\boldsymbol{V}_{\lambda_i}$ 中的正交补. 由于正规变换的属于不同特征值的特征向量彼此正交,所以根据正交补子空间的唯一性立即得到

$$\boldsymbol{W}^{\perp}=\boldsymbol{N}_1\oplus\cdots\oplus\boldsymbol{N}_r.$$

最后由 $N_i\leqslant V_{\lambda_i}$, 即刻得到 $\boldsymbol{\sigma}(\boldsymbol{W}^{\perp})\subseteq\boldsymbol{W}^{\perp}$.

例 4.45 对于数域 $\mathbf{F}$ 上的线性空间 $\boldsymbol{V}$ 的子空间 $\boldsymbol{W}$, 记 $\boldsymbol{V}/\boldsymbol{W}=\{\overline{\boldsymbol{\alpha}}\mid\boldsymbol{\alpha}\in\boldsymbol{V}\}$,

其中

$$\bar{\boldsymbol{\alpha}} = \boldsymbol{\alpha} + \boldsymbol{W} = \{\boldsymbol{\alpha} + \boldsymbol{\beta} \mid \boldsymbol{\beta} \in \boldsymbol{W}\} \subseteq \boldsymbol{V}.$$

在 $\boldsymbol{V}/\boldsymbol{W}$ 中定义加法和数乘如下：

$$\bar{\boldsymbol{\alpha}} + \bar{\boldsymbol{\beta}} = \overline{\boldsymbol{\alpha} + \boldsymbol{\beta}}, \quad k \cdot \bar{\boldsymbol{\alpha}} = \overline{k \cdot \boldsymbol{\alpha}},$$

则可验证 $\boldsymbol{V}/\boldsymbol{W}$ 成为 $\mathbf{F}$ 上的一个新线性空间，称作 $\boldsymbol{V}$ 关于子空间 $\boldsymbol{W}$ 的商空间.

(1) 求证：如果 $\boldsymbol{V} = \boldsymbol{W} \oplus \boldsymbol{U}$，则有线性空间同构 $\boldsymbol{V}/\boldsymbol{W} \cong \boldsymbol{U}$. 特别的，有

$$\dim(\boldsymbol{V}/\boldsymbol{W}) = \dim(\boldsymbol{V}) - \dim(\boldsymbol{W}).$$

(2) 对于 $\boldsymbol{V}$ 的子空间 $\boldsymbol{W}, \boldsymbol{V}_1, \boldsymbol{V}_2$，如果有 $\boldsymbol{W} \subseteq \boldsymbol{V}_1 \cap \boldsymbol{V}_2$ 而且有 $\boldsymbol{V}_1/\boldsymbol{W} = \boldsymbol{V}_2/\boldsymbol{W}$，则有 $\boldsymbol{V}_1 = \boldsymbol{V}_2$.

(3) 假设 $\boldsymbol{W}$ 是 $\boldsymbol{V}$ 的 $\boldsymbol{\sigma}$-子空间，求证：

$$\bar{\boldsymbol{\sigma}}: \boldsymbol{V}/\boldsymbol{W} \to \boldsymbol{V}/\boldsymbol{W}, \ \bar{\boldsymbol{\alpha}} \mapsto \overline{\boldsymbol{\sigma}(\boldsymbol{\alpha})}$$

给出 $\boldsymbol{V}/\boldsymbol{W}$ 上的一个线性变换，称作由 $\boldsymbol{\sigma}$ 诱导出的线性变换.

分析 对于 $\boldsymbol{V}/\boldsymbol{W}$，容易验证线性空间的 8 个条件得到满足. 注意 $\boldsymbol{V}/\boldsymbol{W}$ 的元素事实上是 $\boldsymbol{V}$ 的子集合，新定义的运算使用子集合中的代表元来定义子集合之间的运算，因此重点是验证：新定义的加法和数乘定义良好(与代表的选取无关). 事实上，不难得到

$$\begin{aligned}\overline{\boldsymbol{\alpha}_1} = \overline{\boldsymbol{\alpha}_2} &\Leftrightarrow \boldsymbol{\alpha}_1 + \boldsymbol{W} \subseteq \boldsymbol{\alpha}_2 + \boldsymbol{W},\ \boldsymbol{\alpha}_2 + \boldsymbol{W} \subseteq \boldsymbol{\alpha}_1 + \boldsymbol{W} \\ &\Leftrightarrow \boldsymbol{\alpha}_1 - \boldsymbol{\alpha}_2 \in \boldsymbol{W} \Leftrightarrow \boldsymbol{\alpha}_1 + \boldsymbol{W} \subseteq \boldsymbol{\alpha}_2 + \boldsymbol{W}.\end{aligned}$$

因此，如果 $\overline{\boldsymbol{\alpha}_1} = \overline{\boldsymbol{\alpha}_2}$，$\overline{\boldsymbol{\beta}_1} = \overline{\boldsymbol{\beta}_2}$，则有 $(\boldsymbol{\alpha}_1 + \boldsymbol{\beta}_1) - (\boldsymbol{\alpha}_2 + \boldsymbol{\beta}_2) \in \boldsymbol{W}$，从而有

$$\overline{\boldsymbol{\alpha}_1} + \overline{\boldsymbol{\beta}_1} = \overline{\boldsymbol{\alpha}_1 + \boldsymbol{\beta}_1} = \overline{\boldsymbol{\alpha}_2 + \boldsymbol{\beta}_2} = \overline{\boldsymbol{\alpha}_2} + \overline{\boldsymbol{\beta}_2}.$$

同理可得

$$k\bar{\boldsymbol{\alpha}}_1 = \overline{k\boldsymbol{\alpha}_1} = \overline{k\boldsymbol{\alpha}_2} = k\,\overline{\boldsymbol{\alpha}_2},$$

其余 3 条也均为直接验证得到：

(1) 只需验证 $\varphi: \boldsymbol{U} \to \boldsymbol{V}/\boldsymbol{W}, \ \boldsymbol{\alpha} \mapsto \bar{\boldsymbol{\alpha}}$ 为线性空间同构映射；

(2) 根据商空间定义验证双包含关系式均成立；

(3) 重点是验证，如此规定的规则 $\bar{\boldsymbol{\sigma}}$ 的确是映射，亦即验证

$$\text{“}\bar{\boldsymbol{\alpha}} = \bar{\boldsymbol{\beta}} \text{ 蕴含着 } \boldsymbol{\sigma}(\boldsymbol{\alpha}) = \boldsymbol{\sigma}(\boldsymbol{\beta})\text{”}.$$

例 4.46 （1）Jordan 定理——幂零情形.

假设 $\boldsymbol{V}$ 是复数域 $\mathbf{C}$ 上的 n 维线性空间，而 $\boldsymbol{\sigma}$ 是 $\boldsymbol{V}$ 上的幂零线性变换，并假设其幂零指数为 k. 求证：存在 $\boldsymbol{V}$ 的一个基使得 $\boldsymbol{\sigma}$ 在此基下矩阵形为如下的准对角阵：

$$\begin{bmatrix} \boldsymbol{J}_1 & & & \\ & \boldsymbol{J}_2 & & \\ & & \ddots & \\ & & & \boldsymbol{J}_r \end{bmatrix},$$

其中，$\boldsymbol{J}_i$ 是特征值为 0 的 Jordan 块矩阵（一线上三角矩阵）：

$$\boldsymbol{J}_i = \begin{bmatrix} 0 & 1 & 0 & \cdots & 0 \\ 0 & 0 & 1 & \cdots & 0 \\ \vdots & \vdots & \vdots & \ddots & \vdots \\ 0 & 0 & \cdots & 0 & 1 \\ 0 & 0 & \cdots & 0 & 0 \end{bmatrix}.$$

（2）（矩阵版本）复数域 $\mathbf{C}$ 上的 n 阶幂零矩阵一定相似于一个形为

$$\begin{bmatrix} \boldsymbol{J}_1 & & & \\ & \boldsymbol{J}_2 & & \\ & & \ddots & \\ & & & \boldsymbol{J}_r \end{bmatrix}$$

的准对角阵，其中 $\boldsymbol{J}_i$ 是特征值为 0 的 Jordan 块矩阵.

分析 如果假设 $\boldsymbol{\sigma}$ 的幂零指数为 k，则存在 $\boldsymbol{\alpha} \in \boldsymbol{V}$，使得 $\boldsymbol{\sigma}^k(\boldsymbol{\alpha}) = \mathbf{0}$ 而 $\boldsymbol{\sigma}^{k-1}(\boldsymbol{\alpha}) \neq 0_V$. 此时易见 $\boldsymbol{\alpha}, \boldsymbol{\sigma}(\boldsymbol{\alpha}), \cdots, \boldsymbol{\sigma}^{k-1}(\boldsymbol{\alpha})$ 在 $\boldsymbol{V}$ 中线性无关，从而生成一个 k-维的 $\boldsymbol{\sigma}$ 不变子空间，称为关于 $\boldsymbol{\sigma}$ 的循环子空间，记成

$$C_\sigma(\boldsymbol{\alpha}) = L(\boldsymbol{\alpha}, \boldsymbol{\sigma}(\boldsymbol{\alpha}), \cdots, \boldsymbol{\sigma}^{k-1}(\boldsymbol{\alpha})).$$

此外，易见 $\boldsymbol{\sigma}$ 只有特征根 0. 进一步记相应特征子空间为 $\boldsymbol{V}_0$，亦即 $\boldsymbol{V}_0 = ker(\boldsymbol{\sigma})$，则 $\boldsymbol{V}_0 \neq \mathbf{0}$ 且也是 $\boldsymbol{V}$ 的 $\boldsymbol{\sigma}$ 不变子空间，从而 $\boldsymbol{\sigma}$ 诱导出商空间 $\overline{\boldsymbol{V}} = \boldsymbol{V}/\boldsymbol{V}_0$ 上的一个线性变换：

$$\bar{\boldsymbol{\sigma}}: \overline{\boldsymbol{V}} \to \overline{\boldsymbol{V}}, \ \bar{\boldsymbol{\alpha}} \mapsto \sigma(\boldsymbol{\alpha}) (\bar{\boldsymbol{\alpha}} = \boldsymbol{\alpha} + \boldsymbol{V}_0)$$

（不难看出 $\bar{\boldsymbol{\sigma}}$ 的幂零指数为 $k-1$.）注意 $\dim(\overline{\boldsymbol{V}}) = n - s < n$，其中 $s = \dim(\boldsymbol{V}_0)$.

此外，$\boldsymbol{\sigma}|_{C_\sigma(\boldsymbol{\alpha})}$ 在基 $\boldsymbol{\sigma}^{k-1}(\boldsymbol{\alpha}), \cdots, \boldsymbol{\sigma}(\boldsymbol{\alpha}), \boldsymbol{\alpha}$ 下的矩阵即为 k 阶 Jordan 块矩阵(一线上三角矩阵)，具有如下样子

$$\boldsymbol{J}_i = \begin{bmatrix} 0 & 1 & 0 & \cdots & 0 \\ 0 & 0 & 1 & \cdots & 0 \\ \vdots & \vdots & \vdots & \ddots & \vdots \\ 0 & 0 & \cdots & 0 & 1 \\ 0 & 0 & \cdots & 0 & 0 \end{bmatrix}$$

亦即有

$$\boldsymbol{\sigma}(\boldsymbol{\sigma}^{k-1}(\boldsymbol{\alpha}), \cdots, \boldsymbol{\sigma}(\boldsymbol{\alpha}), \boldsymbol{\alpha}) = (\boldsymbol{\sigma}^{k-1}(\boldsymbol{\alpha}), \cdots, \boldsymbol{\sigma}(\boldsymbol{\alpha}), \boldsymbol{\alpha}) \cdot \boldsymbol{J}_i.$$

证明 只需证明(1).

下面使用商空间概念，并对于相应的线性空间维数 n 采用归纳法证明如下等价的论断：

对于 $\mathbf{V}$ 上幂零指数为 k 的幂零线性变换 $\boldsymbol{\sigma}$，存在 $\boldsymbol{\alpha}_i \in \mathbf{V}$ 使得 $\mathbf{V} = \bigoplus_{i=1}^r C_\sigma(\boldsymbol{\alpha}_i)$.

当 $n=1$ 时，易见 $\boldsymbol{\sigma}$ 为零变换，从而结论成立.

下设 $n>1$. 由于 $\bar{\boldsymbol{\sigma}}^k = \overline{\boldsymbol{\sigma}^k} = \bar{\mathbf{0}} = \mathbf{0}$，且 $\dim(\bar{\mathbf{V}}) = n-s<n$，所以可对 $\bar{\boldsymbol{\sigma}}$ 采用归纳假设. 于是有 $\boldsymbol{\alpha}_i \in \mathbf{V}$ 使得

$$\bar{\mathbf{V}} = \bigoplus_{i=1}^r C_{\bar{\sigma}}(\overline{\boldsymbol{\alpha}_i}) \tag{4-14}$$

可进一步假设 $\bar{\boldsymbol{\sigma}}^{k_i}(\overline{\boldsymbol{\alpha}_i}) = \bar{\mathbf{0}}$ (亦即 $\boldsymbol{\sigma}^{k_i}(\boldsymbol{\alpha}_i) \in \mathbf{V}_0$)，而 $\bar{\boldsymbol{\sigma}}^{k_i-1}(\overline{\boldsymbol{\alpha}_i}) \neq \bar{\mathbf{0}}$，其中 $k_i \geqslant 1$. 在此假设之下，显然有

$$\dim(\bar{\mathbf{V}}) = \sum_{i=1}^r k_i,\ \dim\mathbf{V} = \sum_{i=1}^r k_i + \dim \mathbf{V}_0,$$

此外，由式(4-14)以及例 4.45(2)可得

$$\mathbf{V} = \mathbf{V}_0 + \sum_{i=1}^r L(\boldsymbol{\alpha}_i, \boldsymbol{\sigma}(\boldsymbol{\alpha}_i), \cdots, \boldsymbol{\sigma}^{k_i-1}(\boldsymbol{\alpha}_i)) \tag{4-15}$$

$$\{\boldsymbol{\sigma}^{k_i}(\boldsymbol{\alpha}_i) \mid 1 \leqslant i \leqslant r\} \subseteq \mathbf{V}_0.$$

我们断言 $\boldsymbol{\sigma}^{k_i}(\boldsymbol{\alpha}_i)$ $(i=1, \cdots, r)$ 在 $\mathbf{V}_0$ 中线性无关. 事实上，$\sum_{i=1}^r x_i \boldsymbol{\sigma}^{k_i}(\boldsymbol{\alpha}_i) = \mathbf{0}$ $(x_i \in \mathbf{C})$ 蕴含了 $\sum x_i \boldsymbol{\sigma}^{k_i-1}(\boldsymbol{\alpha}_i) \in \mathbf{V}_0$，从而在 $\bar{\mathbf{V}}$ 中有 $\sum x_i \bar{\boldsymbol{\sigma}}^{k_i-1}(\overline{\boldsymbol{\alpha}_i}) = \bar{\mathbf{0}}$，因此

据假设可得 $x_i = 0$，i 为任意.

下一步是将 $\mathbf{V}_0$ 中的无关组 $\boldsymbol{\sigma}^{k_i}(\boldsymbol{\alpha}_i)$ $(i = 1, \cdots, r)$ 扩充成 $\mathbf{V}_0$ 的一个基

$$\boldsymbol{\sigma}^{k_1}(\boldsymbol{\alpha}_1), \cdots, \boldsymbol{\sigma}^{k_r}(\boldsymbol{\alpha}_r), \boldsymbol{\beta}_{r+1}, \cdots, \boldsymbol{\beta}_s.$$

注意到

$$k_1 + \cdots + k_r = \dim(\overline{\mathbf{V}}) = \dim(\mathbf{V}) - \dim(\mathbf{V}_0),$$

所以有

$$\dim(\mathbf{V}) = (k_1 + 1) + \cdots + (k_r + 1) + (s - r). \tag{4-16}$$

注意到 $\dim C_\sigma(\boldsymbol{\alpha}_i) = k_i + 1$，再由式(4-15)和式(4-16)用维数定理得到

$$\begin{aligned}\mathbf{V} &= C_\sigma(\boldsymbol{\alpha}_1) \oplus \cdots \oplus C_\sigma(\boldsymbol{\alpha}_r) \oplus L(\boldsymbol{\beta}_{r+1}, \cdots, \boldsymbol{\beta}_s) \\ &= C_\sigma(\boldsymbol{\alpha}_1) \oplus \cdots \oplus C_\sigma(\boldsymbol{\alpha}_r) \oplus C_\sigma(\boldsymbol{\beta}_{r+1}) \oplus \cdots \oplus C_\sigma(\boldsymbol{\beta}_s).\end{aligned}$$

其中 $C_\sigma(\boldsymbol{\beta}_i) = L(\boldsymbol{\beta}_i)$. 根据归纳法原理,这就证明了之前论断,从而完成本题的证明.

注记 从证明过程可以看出,采用商空间而不用直和补,是一种明智的做法. 这是因为 $\boldsymbol{\sigma}$ -子空间可能没有 $\boldsymbol{\sigma}$ -子空间直和补,参见例 4.56 的注记(iii),半单线性变换.

例 4.47 (线性空间关于某类线性变换 $\boldsymbol{\sigma}$ 的 $\boldsymbol{\sigma}$ -根子空间的直和分解式)

对于线性空间 ${}_{\mathbf{F}}\mathbf{V}$ 上的线性变换 $\boldsymbol{\sigma}$，假设 $\boldsymbol{\sigma}$ 的特征多项式 $f(x)$ 在 $\mathbf{F}[x]$ 中可以完全分解：

$$f(x) = (x - \lambda_1)^{r_1}(x - \lambda_2)^{r_2}\cdots(x - \lambda_s)^{r_s}, \quad \lambda_i \in \mathbf{F}, \lambda_i \neq \lambda_j. \tag{4-17}$$

记 $f_i(x) = \dfrac{f(x)}{(x - \lambda_i)^{r_i}}$，$\boldsymbol{W}_i = im\, f_i(\boldsymbol{\sigma}) \overset{i.e.}{=} f_i(\boldsymbol{\sigma})\mathbf{V}$. 记

$$R_i = \{\boldsymbol{\alpha} \in \mathbf{V} \mid \exists\ m_i \in \mathbf{N} \quad \text{s. t.} \quad (\sigma - \lambda_i \boldsymbol{I}_V)^{m_i}(\boldsymbol{\alpha}) = 0\}$$

(1) 求证：$\boldsymbol{R}_i$ 是 $\mathbf{V}$ 的 $\boldsymbol{\sigma}$ -子空间,从而也是 $\boldsymbol{\sigma} - \lambda_i \boldsymbol{I}_{\mathbf{V}}$ 不变子空间. 称 $\boldsymbol{R}_i$ 为 $\boldsymbol{\sigma}$ 的属于特征值 λ_i 的根子空间；

(2) 求证：$\mathbf{V} = \boldsymbol{R}_1 \oplus \boldsymbol{R}_2 \oplus \cdots \oplus \boldsymbol{R}_s$；

(3) 求证：$\boldsymbol{W}_i = \boldsymbol{R}_i = ker(\boldsymbol{\sigma} - \lambda_i \boldsymbol{I}_V)^{r_i}$.

特别的,任意有限维复空间 ${}_{\mathbf{C}}\mathbf{V}$ 关于其上的任意线性变换 $\boldsymbol{\sigma}$ 具有唯一的 $\boldsymbol{\sigma}$ -根子空间直和分解式.

证明 (1) 容易直接验证(1)的论断. 事实上,还有 $\boldsymbol{R}_1=\bigcup_{m\geqslant 1}\boldsymbol{V}_m$,其中

$$\boldsymbol{V}_m=ker\ (\boldsymbol{\sigma}-\lambda_1\boldsymbol{I}_V)^m),\ \boldsymbol{V}_1\subseteq\boldsymbol{V}_2\subseteq\boldsymbol{V}_3\subseteq\cdots,$$

而子空间升链之并仍为子空间. 所以 $\boldsymbol{R}_1$ 是 $\boldsymbol{V}$ 的 $\boldsymbol{\sigma}$ -子空间.

又根据代数基本定理,复数域上任意 n 次多项式在 $\mathbf{C}[x]$ 中可以完全分解. 故只需在假设下证出(2)与(3).

(2) 先证明: $\boldsymbol{V}=\boldsymbol{W}_1\oplus\boldsymbol{W}_2\oplus\cdots\oplus\boldsymbol{W}_s$. 从根的角度考虑,易见有

$$(f_1(x),\ f_2(x),\ \cdots,\ f_s(x))=1,$$

从而存在 $u_i(x)\in\mathbf{F}[x]$,使得 $\sum_{i=1}^{s}f_i(x)u_i(x)=1$,由此得到

$$\boldsymbol{I}_V=\sum_{i=1}^{s}f_i(\boldsymbol{\sigma})u_i(\boldsymbol{\sigma})=\sum_{i=1}^{s}u_i(\boldsymbol{\sigma})f_i(\boldsymbol{\sigma}).\tag{4-18}$$

由此即得到 $\boldsymbol{V}=\sum_{i=1}^{s}\boldsymbol{W}_i$. 为进一步说明 $\boldsymbol{V}=\oplus_{i=1}^{s}\boldsymbol{W}_i$ 成立,只需证明: 等式 $0=\sum_{i=1}^{s}\boldsymbol{\alpha}_i(\boldsymbol{\alpha}_i\in W_i)$ 蕴含了所有 $\boldsymbol{\alpha}_i$ 都为零向量. 为了叙述方便,下面只验证

$$\mathbf{0}=\sum_{i=1}^{s}\boldsymbol{\alpha}_i(\boldsymbol{\alpha}_i\in\boldsymbol{W}_i)\Rightarrow\boldsymbol{\alpha}_1=\mathbf{0}.$$

事实上,假设 $\mathbf{0}=\sum_{i=1}^{s}\boldsymbol{\alpha}_i(\boldsymbol{\alpha}_i\in\boldsymbol{W}_i)$. 将式(4-18)应用于 $-\boldsymbol{\alpha}_1=\sum_{j=2}^{s}\boldsymbol{\alpha}_j$,得到

$$-\boldsymbol{\alpha}_1=\boldsymbol{I}_V(-\boldsymbol{\alpha}_1)=u_1(\boldsymbol{\sigma})\Big(\sum_{j=2}^{s}f_1(\boldsymbol{\sigma})(\boldsymbol{\alpha}_j)\Big)+\sum_{r=2}^{s}u_r(\boldsymbol{\sigma})(f_r(\boldsymbol{\alpha}_1)))=\mathbf{0}_V.$$

这里用到了 Cayley-Hamilton 定理(亦即 $f(\boldsymbol{\sigma})=0$). 这就证明了

$$\boldsymbol{V}=\sum_{i=1}^{s}\oplus\boldsymbol{W}_i.$$

(3) 根据 Cayley-Hamilton 定理,易见 $\boldsymbol{W}_1\subseteq\boldsymbol{R}_1$. 反过来,对于任意 $\boldsymbol{\alpha}\in\boldsymbol{R}_1$,存在 m 使得 $(\boldsymbol{\sigma}-\lambda_1\boldsymbol{I}_V)^m(\boldsymbol{\alpha})=\mathbf{0}$. 由于 $((x-\lambda_1)^m,\ f_1(x))=1$,仿前即得到 $\boldsymbol{\alpha}=f_1(\boldsymbol{\sigma})(w(\boldsymbol{\sigma})(\boldsymbol{\alpha}))$. 这就证明了 $\boldsymbol{R}_1\subseteq\boldsymbol{W}_1$. 因此有

$$\boldsymbol{R}_i=\boldsymbol{W}_i,\ \boldsymbol{V}=\boldsymbol{R}_1\oplus\boldsymbol{R}_2\oplus\cdots\oplus\boldsymbol{R}_s.$$

最后,

$$\boldsymbol{R}_i=\boldsymbol{W}_i=im\,f_i(\boldsymbol{\sigma})\subseteq ker(\boldsymbol{\sigma}-\lambda_i\boldsymbol{I}_V)^{r_i}\subseteq\boldsymbol{R}_i,$$

最终可得 $\boldsymbol{R}_i = \boldsymbol{W}_i = ker(\boldsymbol{\sigma} - \lambda_i \boldsymbol{I}_V)^{r_i}$.

注记 (1) 相对而言,通常 $\boldsymbol{W}_i = f_i(\boldsymbol{\sigma})\mathbf{V}$ 比 $\boldsymbol{R}_i = ker(\boldsymbol{\sigma} - \lambda_i \boldsymbol{I}_V)^{r_i}$ 更易于计算. 另一方面,由于 $\boldsymbol{R}_i$ 是 $\boldsymbol{\sigma} - \lambda_i \boldsymbol{I}_V$ — 不变子空间,而将线性变换 $\boldsymbol{\sigma} - \lambda_i \boldsymbol{I}_V$ 限制在 $\boldsymbol{R}_i$ 上是幂零的,这就将问题归结为了幂零情形,所以等式 $\boldsymbol{R}_i = \boldsymbol{W}_i$ 具有不平凡的意义.

(2) 根子空间分解定理是 Jordan 标准形理论推导过程中的重要一步. 用矩阵的语言来叙述,它标志着:如果 $\mathbf{F}$ 上的矩阵 $\boldsymbol{A}$ 的特征多项式在 $\mathbf{F}[x]$ 中有形为式(4-17)的充分分解式,则存在 $\mathbf{F}$ 上的可逆矩阵 $\boldsymbol{Q}$ 使得

$$\boldsymbol{Q}^{-1}\boldsymbol{A}\boldsymbol{Q} = \begin{bmatrix} \boldsymbol{B}_1 & \mathbf{0} & \mathbf{0} & \cdots & \mathbf{0} & \mathbf{0} \\ \mathbf{0} & \boldsymbol{B}_2 & \mathbf{0} & \cdots & \mathbf{0} & \mathbf{0} \\ \mathbf{0} & \mathbf{0} & \boldsymbol{B}_3 & \cdots & \mathbf{0} & \mathbf{0} \\ \vdots & \ddots & \ddots & \ddots & \ddots & \vdots \\ \mathbf{0} & \mathbf{0} & \mathbf{0} & \cdots & \boldsymbol{B}_{s-1} & \mathbf{0} \\ \mathbf{0} & \mathbf{0} & \mathbf{0} & \cdots & \mathbf{0} & \boldsymbol{B}_s \end{bmatrix},$$

其中 $(\boldsymbol{B}_i - \lambda_i \boldsymbol{E})^{r_i} = \mathbf{0}$.

例 4.48 Jordan 标准形基本定理.

(1) 对于有限维复空间 $\mathbf{V}$ 上的线性变换 $\boldsymbol{\sigma}$, 存在 $\mathbf{V}$ 的一个基,使得 $\boldsymbol{\sigma}$ 在此基下的矩阵 $\boldsymbol{J} = \mathrm{diag}\{\boldsymbol{T}_1, \cdots, \boldsymbol{T}_s\}$, 其中 $\boldsymbol{T}_i = \mathrm{diag}\{\boldsymbol{J}_{i1}, \cdots, \boldsymbol{T}_{is_i}\}$, 这里的 $\boldsymbol{J}_{il}$ 为 Jordan 块矩阵

$$\boldsymbol{J}_i = \begin{bmatrix} \lambda_i & 1 & 0 & \cdots & 0 \\ 0 & \lambda_i & 1 & \cdots & 0 \\ \vdots & \ddots & \ddots & \ddots & \vdots \\ 0 & 0 & \cdots & \lambda_i & 1 \\ 0 & 0 & \cdots & 0 & \lambda_i \end{bmatrix}. \tag{4-19}$$

此外,如果不考虑这些 Jordan 块的位置,则 Jordan 标准形 $\boldsymbol{J}$ 是由 $\boldsymbol{\sigma}$ 唯一确定(与基的取法无关).

(2)(矩阵版本) 任意 n 阶方阵 $\boldsymbol{A}$ 在 $\mathbf{C}$ 上都相似于一个 Jordan 标准形:

$$\boldsymbol{J} = \mathrm{diag}\{\boldsymbol{J}_1, \cdots, \boldsymbol{J}_s\},$$

其中 $\boldsymbol{J}_i$ 为 Jordan 块矩阵式(4-19). 此外,如果不考虑这些 Jordan 块的位置,则 Jordan 标准形 $\boldsymbol{J}$ 是由 $\boldsymbol{A}$ 唯一确定(与求等式 $\boldsymbol{P}^{-1}\boldsymbol{A}\boldsymbol{P} = \boldsymbol{J}$ 过程中可逆阵 $\boldsymbol{P}$ 的取法

无关).

证明 只需要证明(1).

(i) 基的存在性 根据例 4.46(2), $\boldsymbol{V}=\bigoplus \boldsymbol{R}_i$ 是 $\boldsymbol{V}$ 的关于 $\boldsymbol{\sigma}$ -子空间的直和分解式. 注意到 $\boldsymbol{R}_i$ 是 $\boldsymbol{\sigma}-\lambda_i\boldsymbol{I}_V$ 不变子空间,且实际上线性变换 $(\boldsymbol{\sigma}-\lambda_i\boldsymbol{I}_V)|_{\boldsymbol{R}_i}$ 是幂零的(因为 $\boldsymbol{R}_i$ 是有限维空间). 因此,对于 $\boldsymbol{R}_i$ 上的幂零变换 $(\boldsymbol{\sigma}-\lambda_i\boldsymbol{I}_V)|_{\boldsymbol{R}_i}$ 使用例 4.45(1)的结论,即知 $(\boldsymbol{\sigma}-\lambda_i\boldsymbol{I}_V)|_{\boldsymbol{R}_i}$, 从而 $\boldsymbol{\sigma}|_{\boldsymbol{R}_i}$ 在 $\boldsymbol{R}_i$ 的某个基下的矩阵为 Jordan 标准形. 最后,经过组装各 $\boldsymbol{R}_i$ 的基,即得 $\boldsymbol{V}$ 的一个基,使得 $\boldsymbol{\sigma}$ 在此基下的矩阵具 Jordan 标准形 $\boldsymbol{J}=\mathrm{diag}\{\boldsymbol{J}_1, \cdots, \boldsymbol{J}_s\}$, 其中 $\boldsymbol{J}_i$ 为 Jordan 块矩阵.

(ii) 唯一性 假设 $\boldsymbol{\sigma}$ 在某个基下的矩阵为 Jordan 标准形 $\boldsymbol{J}$, 如式(4-19). 注意到每个 Jordan 块对应 $\boldsymbol{V}$ 的一个 $\boldsymbol{\sigma}$ -子空间. 对于每个特征值 λ_i, 将含有 λ_i 的 Jordan 块所对应的 $\boldsymbol{\sigma}$ -子空间之和记为 $\boldsymbol{M}_i$, 则不难验证 $\boldsymbol{M}_i$ 恰好是根子空间 $\boldsymbol{R}_i$. 注意到 $\boldsymbol{V}$ 的根空间分解式中, $\boldsymbol{R}_i$ 由 $\boldsymbol{\sigma}$ 唯一确定, 唯一性问题归结为证明如下的论断:

如果 $\boldsymbol{\sigma}$ 的特征多项式为 x^n, 则 $\boldsymbol{\sigma}$ 的 Jordan 标准形是唯一的.

为了证明这一论断,首先回顾两个事实:

(a) $\boldsymbol{\sigma}$ 的秩 $\mathrm{r}(\boldsymbol{\sigma})$ 被定义为像空间 $im(\boldsymbol{\sigma})$ 的维数. 容易证明: $\mathrm{r}(\boldsymbol{\sigma})$ 等于 $\boldsymbol{\sigma}$ 在 $\boldsymbol{V}$ 的任意一个基下矩阵 $\boldsymbol{A}$ 的秩,从而 $\mathrm{r}(\boldsymbol{A}^k)=\mathrm{r}(\boldsymbol{\sigma}^k)$;

(b) 对于对角线元素为零的 m 阶 Jordan 块矩阵 $\boldsymbol{B}$, 有

$$\mathrm{r}(\boldsymbol{B}^k)=\begin{cases}0, & k\geqslant m,\\ m-k, & k\leqslant m-1,\end{cases}$$

从而有

$$\mathrm{r}(\boldsymbol{B}^k)-\mathrm{r}(\boldsymbol{B}^{k+1})=\begin{cases}0, & k\geqslant m,\\ 1, & k\leqslant m-1,\end{cases} \tag{4-20}$$

以下假设 $\boldsymbol{\sigma}$ 的特征多项式为 x^n, 并设 $\boldsymbol{\sigma}$ 在 $\boldsymbol{V}$ 的某一个基下的矩阵具 Jordan 标准形 $\boldsymbol{J}=\mathrm{diag}\{\boldsymbol{J}_1, \cdots, \boldsymbol{J}_s\}$, 其中 $\boldsymbol{J}_i$ 是主对角线元素为 0 的 Jordan 块矩阵. 由于 $\boldsymbol{J}^k=\mathrm{diag}\{\boldsymbol{J}_1^k, \cdots, \boldsymbol{J}_s^{\,k}\}$, 所以根据式(4-20)可知

$$\mathrm{r}(\boldsymbol{J}^k)-\mathrm{r}(\boldsymbol{J}^{k+1})=\sum_{i=1}^{s}(\mathrm{r}(\boldsymbol{J}_i^k)-\mathrm{r}(\boldsymbol{J}_i^{k+1}))$$

是 $\boldsymbol{J}$ 中阶数 $\geqslant k+1$ 的 Jordan 块的个数(这里 $k\geqslant 1$). 因此,对于 $l\geqslant 1$, $\boldsymbol{J}$ 的 l 阶 Jordan 块的个数为

$$\begin{aligned} m_l &= [\mathrm{r}(\boldsymbol{J}^{l-1})-\mathrm{r}(\boldsymbol{J}^{l})]-[\mathrm{r}(\boldsymbol{J}^{l})-\mathrm{r}(\boldsymbol{J}^{l+1})] \\ &= \mathrm{r}(\boldsymbol{J}^{l-1})+\mathrm{r}(\boldsymbol{J}^{l+1})-2\mathrm{r}(\boldsymbol{J}^{l}) \\ &= \mathrm{r}(\boldsymbol{\sigma}^{l-1})+\mathrm{r}(\boldsymbol{\sigma}^{l+1})-2\mathrm{r}(\boldsymbol{\sigma}^{l}). \end{aligned}$$

这就证明了 $\boldsymbol{J}$ 的 Jordan 块所组成的族的唯一性.

注意 1 阶 Jordan 块的个数为 $n+\mathrm{r}(\boldsymbol{\sigma}^2)-2\mathrm{r}(\boldsymbol{\sigma})$.

例 4.49(A) 假设 λ 是 $_{\mathbf{F}}\boldsymbol{V}$ 上的线性变换 $\boldsymbol{\sigma}$ 的特征值，并记 $\boldsymbol{\tau}=\boldsymbol{\sigma}-\lambda\boldsymbol{I}_V$，则在 $\boldsymbol{\sigma}$ 的 Jordan 标准形矩阵中,属于特征值 λ 的 l 阶 Jordan 块的个数为

$$\mathrm{r}(\boldsymbol{\tau}^{l-1})+\mathrm{r}(\boldsymbol{\tau}^{l+1})-2\mathrm{r}(\boldsymbol{\tau}^{l}).$$

特别的,属于特征值 λ 的一阶 Jordan 块的个数为 $n+\mathrm{r}(\boldsymbol{\tau}^2)-2\mathrm{r}(\boldsymbol{\tau})$. 当然，这里的 $\boldsymbol{\tau}$ 可被 $\boldsymbol{\tau}$ 在 $\boldsymbol{V}$ 的任意一个基下的矩阵所代替,从而提供了求矩阵的 Jordan 标准形的一种算法.

提示 完全类似于前例唯一性部分的证明.

例 4.49(B) 如何求线性变换(或者矩阵)的 Jordan 标准形? 如何求相应的基(Jordan 基)或者使得 $\boldsymbol{P}^{-1}\boldsymbol{A}\boldsymbol{P}$ 为 Jordan 标准形的相应可逆矩阵 $\boldsymbol{P}$?

解 (1) 第一步: 取定 $\boldsymbol{V}$ 的一个合适的基,计算出 $\boldsymbol{\sigma}$ 在此基下的矩阵,假设为 $\boldsymbol{A}$.

第二步: 求出 $|x\boldsymbol{E}-\boldsymbol{A}|=0$ 在复数域内的所有根. 假设两两互异的根为 $\lambda_1, \cdots, \lambda_r$.

第三步: 对于每个 λ_i, 逐次计算 $\boldsymbol{B}=(\lambda_i\boldsymbol{E}-\boldsymbol{A})$ 的方幂,用公式

$$\mathrm{r}(\boldsymbol{B}^{l-1})+\mathrm{r}(\boldsymbol{B}^{l+1})-2\mathrm{r}(\boldsymbol{B}^{l})$$

计算出 $\boldsymbol{A}$ 的属于特征值 λ_i 的 l 阶 Jordan 块的个数 $(l\geqslant 1)$. 注意 $\boldsymbol{A}^0=\boldsymbol{E}_n$.

第四步: 组装得到 Jordan 标准形 $\boldsymbol{J}$.

这个过程提供了求 Jordan 基(或者过渡矩阵 $\boldsymbol{P}$) 的方法,具体见后面例 4.50.

(2) 具体例子: 试求如下矩阵的 Jordan 标准形:

$$\boldsymbol{A}=\begin{bmatrix} 5 & 0 & 0 & 1 \\ 1 & 4 & 0 & 1 \\ 0 & 1 & 3 & 0 \\ 0 & -1 & 1 & 4 \end{bmatrix}.$$

按上述步骤解答: $|x\boldsymbol{E}-\boldsymbol{A}|=(x-4)^4$. 命

$$B = 4E - A = \begin{bmatrix} -1 & 0 & 0 & -1 \\ -1 & 0 & 0 & -1 \\ 0 & -1 & 1 & 0 \\ 0 & 1 & -1 & 0 \end{bmatrix}.$$

则

$$B^2 = \begin{bmatrix} 1 & -1 & 1 & 1 \\ 1 & -1 & 1 & 1 \\ 1 & -1 & 1 & 1 \\ -1 & 1 & -1 & -1 \end{bmatrix}, \quad B^3 = 0.$$

易见

$$\mathrm{r}(B) = 2,\ \mathrm{r}(B^2) = 1,\ \mathrm{r}(B^i) = 0,\ i \geqslant 3.$$

所以 2 阶 Jordan 块的个数为

$$\mathrm{r}(B) + \mathrm{r}(B^3) - 2\mathrm{r}(B^2) = 0,$$

3 阶 Jordan 块的个数为

$$\mathrm{r}(B^2) + \mathrm{r}(B^4) - 2\mathrm{r}(B^3) = 1.$$

最后得知一阶 Jordan 块的阶数为 $4-3=1$. 因此 A 的 Jordan 标准形为

$$J = \left[\begin{array}{ccc|c} 4 & 1 & 0 & 0 \\ 0 & 4 & 1 & 0 \\ 0 & 0 & 4 & 0 \\ \hline 0 & 0 & 0 & 4 \end{array}\right].$$

例 4.49(C) 已知 J 为一个 n 阶 Jordan 块形的矩阵,其特征值为 0. 求 J^k 的 Jordan 标准形.

解 *方法一* 利用例 4.48 的结果进行计算

$$J = \begin{bmatrix} 0 & 1 & 0 & \cdots & 0 \\ 0 & 0 & 1 & 0 & \vdots \\ \vdots & \vdots & \ddots & \ddots & \ddots \\ 0 & 0 & \cdots & 0 & 1 \\ 0 & 0 & \cdots & 0 & 0 \end{bmatrix},$$

直接计算易知 $\mathrm{r}(\boldsymbol{J}^m)=\max\{n-m,\ 0\}$. 事实上，$\boldsymbol{J}^2$ 为一线行列式，它将 $\boldsymbol{J}$ 的不含零的那个斜线向右上方上提了一格，而 $\boldsymbol{J}^3$ 将 $\boldsymbol{J}^2$ 的不含零的那个斜线再向右上方上提一步；$\boldsymbol{J}^{n-1}$ 的 $(1,\ n)$ 位置元为 1，其余元均为零元；$\boldsymbol{J}^n=0$.

假设 $\boldsymbol{A}=\boldsymbol{J}^k$，则 $\boldsymbol{A}^s=\boldsymbol{J}^{sk}$，从而有 $\mathrm{r}(\boldsymbol{A}^s)=\max\{n-sk,\ 0\}$. 下面假设 $n=qk+r$，其中 $0\leqslant r<k$，$q\geqslant 0$，并依据 r 是否为零分两种情形进行讨论.

情形一　$r\neq 0$.

此时，对于满足 $1\leqslant u\leqslant q-1$ 的整数 u，恒有 $k(u+1)\leqslant kq<n$，因此 $\boldsymbol{A}$ 的 Jordan 标准形中阶数为 u 的 Jordan 块的个数是

$$\begin{aligned}&\mathrm{r}(\boldsymbol{A}^{u-1})+\mathrm{r}(\boldsymbol{A}^{u+1})-2\mathrm{r}(\boldsymbol{A}^u)\\=&(n-k(u-1))+(n-k(u+1))-2(n-ku)=0.\end{aligned}$$

而对于 q，$k(q+1)>n$，因此 $\mathrm{r}(\boldsymbol{A}^{q+1})=0$，从而在 $\boldsymbol{A}$ 的 Jordan 标准形中，阶数为 q 的 Jordan 块的个数是

$$\mathrm{r}(\boldsymbol{A}^{q-1})+\mathrm{r}(\boldsymbol{A}^{q+1})-\mathrm{r}(\boldsymbol{A}^q)=(n-k(q-1))-2(n-kq)=k-r.$$

类似可得：阶数为 $q+1$ 的 Jordan 块的个数是

$$\mathrm{r}(\boldsymbol{A}^q)=n-kq=r.$$

注意到 $r(q+1)+q(k-r)=n$，这就得到了 $\boldsymbol{J}^k$ 的 Jordan 标准形：

它由 r 个 $q+1$ 阶 Jordan 块、$k-r$ 个 q 阶 Jordan 块构成.

情形二　$r=0$. 此时，$n=kq$，从而 $\mathrm{r}(\boldsymbol{A}^q)=0$. 类似于情形 1 可得：$\boldsymbol{A}$ 的 Jordan 标准形由 k 个阶数为 q 的 Jordan 块构成.

方法二　利用 $\boldsymbol{J}$ 的特性直接寻找 Jordan 基

将矩阵 $\boldsymbol{J}$ 看成 n 维线性空间 $\mathbf{C}^{n\times 1}$ 上的(左乘)线性变换，并注意到

$$\boldsymbol{J\varepsilon}_1=0,\ \boldsymbol{J\varepsilon}_2=\boldsymbol{\varepsilon}_1,\ \cdots,\ \boldsymbol{J\varepsilon}_{n-1}=\boldsymbol{\varepsilon}_{n-2},\ \boldsymbol{J\varepsilon}_n=\boldsymbol{\varepsilon}_{n-1}.$$

因此对于 $\boldsymbol{A}=\boldsymbol{J}^k$，得到

$$\boldsymbol{A\varepsilon}_n=\boldsymbol{\varepsilon}_{n-k},\ \boldsymbol{A\varepsilon}_{n-1}=\boldsymbol{\varepsilon}_{n-k-1},\ \cdots,\ \boldsymbol{A\varepsilon}_{n-k}=\boldsymbol{\varepsilon}_{n-2k},\ \cdots.$$

假设 $n=qk+r$，其中 $q\geqslant 0$，$0\leqslant r<k$. 以下分两种情形进行讨论：

情形一　$r\neq 0$. 此时，

$$\boldsymbol{A\varepsilon}_n=\boldsymbol{\varepsilon}_{n-k},\ \boldsymbol{A\varepsilon}_{n-k}=\boldsymbol{\varepsilon}_{n-2k},\ \cdots,\ \boldsymbol{A\varepsilon}_{n-(q-1)k}=\boldsymbol{\varepsilon}_{n-qk}=\boldsymbol{\varepsilon}_r,\ \boldsymbol{A\varepsilon}_r=\mathbf{0},$$

从而得到第一个长度为 $q+1$ 的 $\boldsymbol{A}$-循环基

$$\boldsymbol{\varepsilon}_n,\ \boldsymbol{\varepsilon}_{n-k},\ \cdots,\ \boldsymbol{\varepsilon}_{n-qk}=\boldsymbol{\varepsilon}_r.$$

同理,从 $\boldsymbol{\varepsilon}_{n-1}$ 出发得到另一个长度为 $q+1$ 的 $\boldsymbol{A}$ -循环基

$$\boldsymbol{\varepsilon}_{n-1},\ \boldsymbol{\varepsilon}_{n-k-1},\ \cdots,\ \boldsymbol{\varepsilon}_{n-qk-1}=\boldsymbol{\varepsilon}_{r-1}.$$

如此继续下去,得到最后一个长度 $q+1$ 的 $\boldsymbol{A}$ -循环基

$$\boldsymbol{\varepsilon}_{n-(r-1)},\ \boldsymbol{\varepsilon}_{n-k-(r-1)},\ \cdots,\ \boldsymbol{\varepsilon}_{n-qk-(r-1)}=\boldsymbol{\varepsilon}_1.$$

前述长度 $q+1$ 的 $\boldsymbol{A}$ -循环基共有 r 个.

而从 $\boldsymbol{\varepsilon}_{n-r}$ 出发得到一个长度为 q 的 $\boldsymbol{A}$ -循环基

$$\boldsymbol{\varepsilon}_{n-r},\ \boldsymbol{\varepsilon}_{n-k-r},\ \boldsymbol{\varepsilon}_{n-2k-r},\ \cdots,\ \boldsymbol{\varepsilon}_{n-(q-1)k-r}=\boldsymbol{\varepsilon}_k\quad(\boldsymbol{A}\boldsymbol{\varepsilon}_k=\boldsymbol{0}).$$

同理,从 $\boldsymbol{\varepsilon}_{n-(r+i)}(1\leqslant i\leqslant k-r-1)$ 出发,分别得到一个长度为 q 的 $\boldsymbol{A}$ -循环基. 例如,从最后一个 $\boldsymbol{\varepsilon}_{n-(r+(k-r-1))}=\boldsymbol{\varepsilon}_{n-k+1}$ 出发,得到一个长度为 q 的 $\boldsymbol{A}$ -循环基

$$\boldsymbol{\varepsilon}_{n-k+1},\ \boldsymbol{\varepsilon}_{n-2k+1},\ \cdots,\ \boldsymbol{\varepsilon}_{n-qk+1}=\boldsymbol{\varepsilon}_{r+1}.$$

前述长度为 q 的 $\boldsymbol{A}$ -循环基已有 $k-r$ 个.

注意 $q(k-r)+r(q+1)=qk+r=n$, 这就得到了 $\boldsymbol{A}$ 的一个 Jordan 基:

$$\boldsymbol{\varepsilon}_n,\ \boldsymbol{\varepsilon}_{n-1},\ \cdots,\ \boldsymbol{\varepsilon}_{n-(r-1)},\ \boldsymbol{\varepsilon}_{n-r},\ \boldsymbol{\varepsilon}_{n-(r+1)},\ \cdots,\ \boldsymbol{\varepsilon}_{n-(r+(k-r-1))}.$$

此时, $\boldsymbol{A}$ 的 Jordan 标准形由 r 个 $q+1$ 阶相同的 Jordan 块、$k-r$ 个 q 阶相同 Jordan 块构成.

情形二　$r=0$. 此时,由情形 1 的讨论可知:

$$\boldsymbol{\varepsilon}_n,\ \boldsymbol{\varepsilon}_{n-1},\ \cdots,\ \boldsymbol{\varepsilon}_{n-(k-1)}$$

是 $\boldsymbol{A}$ 的一个 Jordan 基. 注意: 每个 $\boldsymbol{A}$ -循环基中含有 q 个向量. $\boldsymbol{A}$ 的 Jordan 标准形由 k 个阶数为 q 的相同 Jordan 块构成.

例 4.50　求可逆矩阵 $\boldsymbol{P}$ 使得 $\boldsymbol{P}^{-1}\boldsymbol{A}\boldsymbol{P}$ 成为 Jordan 标准形,其中

$$\boldsymbol{A}=\begin{bmatrix}1&-3&0&3\\-2&-6&0&13\\0&-3&1&3\\-1&-4&0&8\end{bmatrix}.$$

解　首先求出 $\boldsymbol{A}$ 的特征多项式的标准分解式

$$|xE-A|=\begin{vmatrix} x-1 & 3 & 0 & -3 \\ 2 & x-6 & 0 & -13 \\ 0 & 3 & x-1 & -3 \\ 1 & 4 & 0 & x-8 \end{vmatrix}=(x-1)^4.$$

所以 $\boldsymbol{A}$ 的特征值为 $\lambda_0=1$（四重根）. 记 $\boldsymbol{B}=\boldsymbol{A}-\lambda_0\boldsymbol{E}$.

（1）先求出特征子空间 $\boldsymbol{V}_1$：将 $\boldsymbol{B}$ 经过一系列的初等行变换化为

$$\begin{bmatrix} 1 & 0 & 0 & -3 \\ 0 & 1 & 0 & -1 \\ 0 & 0 & 0 & 0 \\ 0 & 0 & 0 & 0 \end{bmatrix}.$$

所以 $\boldsymbol{V}_{\lambda_0}$ 的一个基为

$$\boldsymbol{\alpha}_1=\begin{bmatrix} 0 \\ 0 \\ 1 \\ 0 \end{bmatrix},\ \boldsymbol{\alpha}_2=\begin{bmatrix} 3 \\ 1 \\ 0 \\ 1 \end{bmatrix}.$$

（2）计算 $\boldsymbol{B}^2$ 和 $\boldsymbol{B}^3$：

$$\boldsymbol{B}^2=\begin{bmatrix} 3 & 9 & 0 & -18 \\ 1 & 3 & 0 & -6 \\ 3 & 9 & 0 & -18 \\ 1 & 3 & 0 & -6 \end{bmatrix},\ \boldsymbol{B}^3=\boldsymbol{0}.$$

任取使得 $\boldsymbol{B}^2\boldsymbol{\alpha}_3\neq\boldsymbol{0}$ 成立的向量 $\boldsymbol{\alpha}_3$，例如 $\boldsymbol{\alpha}_3^{\mathrm{T}}=(1,1,1,1)$，则有 $\boldsymbol{B}^2\boldsymbol{\alpha}_3\in\boldsymbol{V}_1$. 经计算

$$(\boldsymbol{B}^2\boldsymbol{\alpha}_3)=(-6,-2,-6,-2)^{\mathrm{T}}=-2\boldsymbol{\alpha}_2-6\boldsymbol{\alpha}_1.$$

注意到 $\boldsymbol{B}^2\boldsymbol{\alpha}_3\in\boldsymbol{V}_{\lambda_0}$，但是它与 $\boldsymbol{\alpha}_1$ 线性无关. 于是，$\boldsymbol{B}^2\boldsymbol{\alpha}_3$，$\boldsymbol{B}\boldsymbol{\alpha}_3$，$\boldsymbol{\alpha}_3$，$\boldsymbol{\alpha}_1$ 线性无关. 命 $\boldsymbol{P}=(\boldsymbol{B}^2\boldsymbol{\alpha}_3,\boldsymbol{B}\boldsymbol{\alpha}_3,\boldsymbol{\alpha}_3,\boldsymbol{\alpha}_1)$，则有

$$\boldsymbol{P}^{-1}\boldsymbol{B}\boldsymbol{P}=\begin{bmatrix} 0 & 1 & 0 & 0 \\ 0 & 0 & 1 & 0 \\ 0 & 0 & 0 & 0 \\ 0 & 0 & 0 & 0 \end{bmatrix}=\boldsymbol{J}.$$

由于 $\boldsymbol{A}=\boldsymbol{B}+\lambda_0\boldsymbol{E}$, 故而

$$\boldsymbol{AP}=(\boldsymbol{B}+\lambda_0\boldsymbol{E})\boldsymbol{P}=\boldsymbol{P}(\boldsymbol{J}+\lambda_0\boldsymbol{E}),$$

因此有

$$\boldsymbol{P}^{-1}\boldsymbol{AP}=\begin{bmatrix}1&1&0&0\\0&1&1&0\\0&0&1&0\\0&0&0&1\end{bmatrix}.$$

例 4.51 假设 $\boldsymbol{A}$ 是数域 $\mathbf{F}$ 上的 n 阶矩阵,而 $\mathbf{V}=\boldsymbol{M}_n(\mathbf{F})$. 求证: $\mathbf{V}$ 上的线性变换

$$\boldsymbol{\sigma}: \mathbf{V}\rightarrow\mathbf{V},\ \boldsymbol{X}\rightarrow\boldsymbol{AX}$$

与矩阵 $\boldsymbol{A}$ 具有相同的最小多项式.

证明 取线性空间 $\mathbf{V}$ 的如下一个基

$$\boldsymbol{E}_{11},\ \boldsymbol{E}_{21},\ \cdots,\ \boldsymbol{E}_{n1},\ \boldsymbol{E}_{12},\ \boldsymbol{E}_{22},\ \cdots,\ \boldsymbol{E}_{n2},\ \cdots\cdots,\ \boldsymbol{E}_{1n},\ \boldsymbol{E}_{2n},\ \cdots,\ \boldsymbol{E}_{nn}.$$

不难算出 $\boldsymbol{\sigma}$ 在此基下的矩阵为 n^2 阶准对角阵

$$\boldsymbol{B}=\operatorname{diag}\{\boldsymbol{A},\ \boldsymbol{A},\ \cdots,\ \boldsymbol{A}\}.$$

根据定义, $\boldsymbol{\sigma}$ 的最小多项式即为 $\boldsymbol{B}$ 的最小多项式,是 $\mathbf{F}[x]$ 中零化 $\boldsymbol{B}$ 的首一多项式中次数最小者. 用 $m_A(x)$ 表示矩阵 $\boldsymbol{A}$ 的最小多项式,则有

$$m_A(\boldsymbol{B})=\operatorname{diag}\{m_A(\boldsymbol{A}),\ m_A(\boldsymbol{A}),\ \cdots,\ m_A(\boldsymbol{A})\}=0,$$

因此 $m_B(x)\mid m_A(x)$. 反过来, $m_B(x)$ 零化 $\boldsymbol{B}$, 亦即有

$$m_B(\boldsymbol{B})=\operatorname{diag}\{m_B(\boldsymbol{A}),\ m_B(\boldsymbol{A}),\ \cdots,\ m_B(\boldsymbol{A})\}=0,$$

从而得到 $m_B(\boldsymbol{A})=0$, 亦即多项式 $m_B(x)$ 零化 $\boldsymbol{A}$. 因此又有 $m_A(x)\mid m_B(x)$. 由这两个整除式以及最小多项式的首一性即得 $m_A(x)=m_B(x)$.

例 4.52 一般环 R 上的中国剩余定理.

假设 $I_1,\ I_2,\ \cdots,\ I_s$ 是有单位元的环 R 的两两互素的理想. 则对于 R 中任意一组元素 $b_1,\ \cdots,\ b_s$, 存在 $b\in R$ 使得对于所有 $1\leqslant i\leqslant s$ 都有 $b-b_i\in I_i$, 而且这样的 b 关于模 $I_1\cap I_2\cap\cdots\cap I_s$ (亦即 $I_1\cdots I_s$) 是唯一的.

证明 (1) 唯一性 如果 $b,\ c\in R$ 都满足 $x-b_i\in I_i,\ i=1,\ 2,\ \cdots,\ s$, 则有 $b-c=(b-b_i)-(c-b_i)\in I_i$. 于是 $b-c\in I_1\cap I_2\cap\cdots\cap I_s$.

(2) 存在性 根据 $R = I_1 + I_2 = I_1 + I_3$ 得到

$$R = R^2 = R(I_1 + I_3) = RI_1 + RI_3 = I_1 + (I_1 + I_2)I_3 = I_1 + I_2 I_3.$$

因此理想 I_1 与理想 $I_2 I_3$ 也互素. 根据

$$R = I_1 + I_2 I_3 = I_1 + I_4,$$

同样可得 $R = I_1 + I_2 I_3 I_4$. 用归纳法马上得到 $R = I_1 + I_2 I_3 \cdots I_s$. 同理可得,

$$R = I_i + I_1 \cdots I_{i-1} I_{i+1} \cdots I_s,\ i = 1, 2, \cdots, s.$$

对于任意一组给定的元素 $b_1, \cdots, b_s \in R$, 假设

$$b_i = a_i + c_i,\ a_i \in I_i,\ c_i \in I_1 \cdots I_{i-1} I_{i+1} \cdots I_s \subseteq \bigcap_{j \neq i} I_j.$$

命 $c = \sum_{i=1}^{s} c_i$, 则有

$$c - b_i = c_1 + \cdots + c_{i-1} + a_i + c_{i+1} + \cdots + c_s \in I_i.$$

例 4.53 整数环 $\mathbf{Z}$ 上的中国剩余定理(Chinese remainder theorem, CRT).

假设 $m_1, \cdots, m_r$ 是两两互素的正整数,则对于任意一组数 $b_1, \cdots, b_r \in \mathbf{Z}$, 存在整数 b 使得对于任意的 $1 \leqslant i \leqslant r$, 恒有

$$b \equiv b_i \pmod{m_i}.$$

此外,这样的 b 关于模 $m_1 \cdots m_r$ 是唯一的.

证明 命 $M = m_1 \cdots m_r$, $M_i = \dfrac{M}{m_i}$. 注意到 $(M_i, m_i) = 1$.

(1) 唯一性 如果整数 b 和 c 都是解,则有

$$b \equiv b_i \equiv a \pmod{m_1},\ i \text{ 为任意}.$$

于是有 $m_i \mid b - a$, i 为任意. 由于 $(m_i, m_j) = 1$, $(i \neq j)$, 故有 $M \mid b - a$, 亦即有

$$b \equiv a \pmod{M}.$$

这就证明了解关于模 M 的唯一性.

(2) 存在性 注意到如下存在性的证明过程事实上提供了求解一次同余式组的算法.

由于 $(M_i, m_i) = 1$, 使用辗转相除法可以得到 $u_i, v_i \in \mathbf{Z}$ 使得

$$M_i u_i + m_i v_i = 1.$$

于是有 $M_i u_i \equiv 1 \pmod{m_i}$，然后命

$$b = \sum_{i=1}^{r} M_i u_i b_i,$$

则容易看出同余式 $b \equiv b_i \pmod{m_i}$，i 为任意，成立.

(3) u_i 的求法　对于任意的 $i \neq j$，由 $(m_i, m_j) = 1$ 使用辗转相除法可得 k_i，l_j 使得

$$k_i m_i + l_j m_j = 1.$$

固定 i，而让 j 遍历 $1, \cdots, i-1, i+1, \cdots, r$，将得到的 $r-1$ 个式子相乘，经过整理得到

$$(m_1 \cdots m_{i-1} m_{i+1} \cdots m_r)(k_1 \cdots k_{i-1} k_{i+1} \cdots k_r) + m_i u_i = 1.$$

于是取

$$u_i = k_1 \cdots k_{i-1} k_{i+1} \cdots k_r,$$

即得 $M_i u_i + m_i v_i = 1$.

例 4.54　多项式环 $\mathbf{F}[x]$ 上的 CRT.

假设 $m_1(x), \cdots, m_r(x)$ 是域上一元多项式环 $\mathbf{F}[x]$ 中的两两互素多项式，则对于任意一组多项式 $b_1(x), \cdots, b_r(x) \in \mathbf{F}[x]$，存在多项式 $b(x) \in \mathbf{F}[x]$ 使得对于任意的 $1 \leqslant i \leqslant r$，恒有

$$b(x) \equiv b_i(x) \pmod{m_i(x)}.$$

此外，这样的 $b(x)$ 关于模 $m_1(x) \cdots m_r(x)$ 是唯一的.

证明　完全类似于前例的证明.

例 4.55　多项式环 $\mathbf{F}[x]$ 上的 CRT 之应用——Lagrange 插值多项式.

假设 $a_1, \cdots, a_r$ 是数域 $\mathbf{F}$ 中的两两互异之数，则对于 $\mathbf{F}$ 中的任意一组数 $b_1, \cdots, b_r$，利用线性方程组结果和范德蒙行列式可知：存在 $\mathbf{F}[x]$ 中唯一的一个次数不超过 $r-1$ 的多项式 $f(x)$，使得 $f(a_i) = b_i$，$1 \leqslant i \leqslant r$.

这个 $f(x)$ 也可以利用 CRT 及其证明过程(见例 4.56(2)证明的第三部分)如下得到：

首先注意到 $x - a_i$ 是两两互素的多项式，且有

$$\frac{x-a_i}{a_j-a_i} - \frac{x-a_j}{a_j-a_i} = 1,$$

于是可以取

$$f(x)=\sum_{i=1}^{r}b_i\prod_{j\neq i}\frac{x-a_j}{a_j-a_i} \tag{4-21}$$

$f(x)$ 满足 $f(x)\equiv b_i(\mathrm{mod}\ x-a_i)$，$i$ 为任意. $f(a_i)=b_i$.

式(4-21)称为 Lagrange 插值多项式.

例 4.56 多项式环 $\mathbf{F}[x]$ 上的 CRT 之应用——Jordan-Chevalley 分解定理.

假设 $\mathbf{V}$ 是数域 $\mathbf{F}$ 上的 n 维线性空间，而 $\boldsymbol{\sigma}$ 是 $\mathbf{V}$ 上的线性变换，且 $\boldsymbol{\sigma}$ 的特征多项式的根全部属于 $\mathbf{F}$，则

(1) $\boldsymbol{\sigma}$ 有唯一的如下分解式 $\boldsymbol{\sigma}=\boldsymbol{\tau}+\boldsymbol{\eta}$：其中 $\boldsymbol{\tau\eta}=\boldsymbol{\eta\tau}$，$\boldsymbol{\tau}$ 的最小多项式无重根而且根全在 $\mathbf{F}$ 中，而 $\boldsymbol{\eta}$ 幂零；

(2) 存在 $\mathbf{F}[x]$ 中常数项为零的多项式 $f(x)$，使得 $\boldsymbol{\tau}=f(\boldsymbol{\sigma})$.

注记 (1) 对于 $\mathbf{F}[x]$ 中的多项式 $f(x)$，$f(\mathbf{A})$ 的全部特征值为

$$f(\lambda_1),\ \cdots,\ f(\lambda_n),$$

其中 λ_1，…，λ_n 为 n 阶矩阵 $\mathbf{A}$ 在 $\mathbf{C}$ 中的全部特征值. 因此如果 $\boldsymbol{\sigma}$ 的特征值全在 $\mathbf{F}$ 中，则 $f(\boldsymbol{\sigma})$ 的特征值也全在 $\mathbf{F}$ 中.

(2) 对于 $_{\mathbf{F}}\mathbf{V}$ 上的线性变换 $\boldsymbol{\sigma}$，$\boldsymbol{\sigma}$ 的最小多项式无重根而且根全在 $\mathbf{F}$ 中 $\Leftrightarrow$ $\boldsymbol{\sigma}$ 在 $\mathbf{V}$ 的某个基下的矩阵为对角形.

(3) 具有如下性质的线性变换 $\boldsymbol{\sigma}$ 称为**半单线性变换**：对于 $\mathbf{V}$ 的任意 $\boldsymbol{\sigma}$-不变子空间 $\boldsymbol{W}$，$\boldsymbol{W}$ 有一个 $\boldsymbol{\sigma}$-子空间作为直和补.

可以证明：如果 $\boldsymbol{\sigma}$ 在某个基下的矩阵为对角阵，则 $\boldsymbol{\sigma}$ 是半单的线性变换，详见本部分例4.7及其证明. 因此(1)中的 $\boldsymbol{\tau}$ 是半单的线性变换. 此外，正规变换(包括正交变换，对称变换，反对称变换)均为半单的线性变换.

证明 (1) 可分解性

可假设：

$$f(x)=(x-\lambda_1)^{r_1}(x-\lambda_2)^{r_2}\cdots(x-\lambda_s)^{r_s},\quad \lambda_i\in\mathbf{F},\ \lambda_i\neq\lambda_j.$$

则根据例 4.51(根子空间分解定理)，有分解式

$$\mathbf{V}=\boldsymbol{R}_1\oplus\cdots\oplus\boldsymbol{R}_s,$$

其中

$$\boldsymbol{R}_i=\{\boldsymbol{\alpha}\in\mathbf{V}\mid\exists m\in\mathbf{N}\quad \text{s. t.}\quad(\boldsymbol{\sigma}-\lambda_i I_{\mathbf{V}})^m(\boldsymbol{\alpha})=0\}=ker(\boldsymbol{\sigma}-\lambda_i\boldsymbol{I}_V)^{r_i}.$$

注意 $\boldsymbol{R}_i$ 是 $\boldsymbol{\sigma}$ -子空间.

根据假设，s 个多项式 $(x-\lambda_i)^{r_i}(1\leqslant i\leqslant s)$ 两两互素. 如果 $\lambda_1\cdots\lambda_s\neq 0$，则 $s+1$ 个多项式

$$x,\quad (x-\lambda_i)^{r_i}(1\leqslant i\leqslant s)$$

两两互素. 根据 CRT，存在 $f(x)\in\mathbf{F}[x]$ 使得

$$f(x)\equiv\lambda_i(\mathrm{mod}\ (x-\lambda_i)^{r_i}),\ f(x)\equiv 0(\mathrm{mod}\ x).$$

(当 λ_i 中有一个为零时，在选取 $f(x)$ 时可去掉最后一式. 注意在两种情形下均有 $x\mid f(x)$).

现在取 $g(x)=x-f(x)$，易见 $x\mid g(x)$，从而 $f(x)$ 与 $g(x)$ 均为 $\mathbf{F}$ 上多项式且常数项均为零. 命

$$\boldsymbol{\tau}=f(\boldsymbol{\sigma}),\ \boldsymbol{\eta}=g(\boldsymbol{\sigma}),$$

则由 $g(x)=x-f(x)$ 得到 $\boldsymbol{\sigma}=\boldsymbol{\tau}+\boldsymbol{\eta}$. 而由 $f(x)g(x)=g(x)f(x)$ 立得 $\boldsymbol{\tau\eta}=\boldsymbol{\eta\tau}$. 此外，由于 $\boldsymbol{\sigma}$ 的根均在 $\mathbf{F}$ 中，所以 $\boldsymbol{\tau}=f(\boldsymbol{\sigma})$ 的根均在 $\mathbf{F}$ 中. 另外，易见 $\boldsymbol{R}_i$ 是 $\boldsymbol{\tau}$-子空间 (因为 $\boldsymbol{\tau}=f(\boldsymbol{\sigma})$).

进一步假设 $f(x)=\lambda_i+\boldsymbol{u}_i(x)(x-\lambda_i)^{r_i}$，则有

$$\boldsymbol{\tau}-\lambda_i\boldsymbol{I}_V=\boldsymbol{u}_i(\boldsymbol{\sigma})(\boldsymbol{\sigma}-\lambda_i\boldsymbol{I}_V)^{r_i},$$

从而将 $\boldsymbol{\tau}-\lambda_i\boldsymbol{I}_V$ 限制在 $\boldsymbol{R}_i$ 上就是零变换，亦即 $\boldsymbol{\tau}\mid_{\boldsymbol{R}_i}=\lambda_i\boldsymbol{I}_{\boldsymbol{R}_i}$. 这说明 $\boldsymbol{\tau}$ 在 $\boldsymbol{V}$ 的某个基(对于每个 i，任意取定 $\boldsymbol{R}_i$ 的一个基，组装得到 $\boldsymbol{V}$ 的一个基)下矩阵为对角阵，亦即 $\boldsymbol{\tau}$ 的最小多项式无重根.

在此假设之下，

$$\boldsymbol{\eta}=\boldsymbol{\sigma}-\boldsymbol{\tau}=\boldsymbol{\sigma}-\lambda_i\boldsymbol{I}_V-\boldsymbol{u}_i(\boldsymbol{\sigma})(\boldsymbol{\sigma}-\lambda_i\boldsymbol{I}_V)^{r_i}.$$

由此即得 $\boldsymbol{\eta}\mid_{R_i}=(\boldsymbol{\sigma}-\lambda_i\boldsymbol{I}_V)\mid_{\boldsymbol{R}_i}$，显然是幂零的线性变换：$\boldsymbol{\eta}\mid_{\boldsymbol{R}_i}^{r_i}=0$. 因此取

$$r=\max\{r_1,\cdots,r_s\},$$

则有 $\boldsymbol{\eta}^r=0$，说明 $\boldsymbol{\eta}$ 幂零. 这就完成了 $\boldsymbol{\sigma}$ 的可分解性证明部分.

(2) 唯一性

现在假设 $\boldsymbol{\sigma}=\boldsymbol{\tau}+\boldsymbol{\eta}$，其中 $\boldsymbol{\tau\eta}=\boldsymbol{\eta\tau}$，$\boldsymbol{\tau}$ 的最小多项式无重根而且根全在 $\mathbf{F}$ 中，而 $\boldsymbol{\eta}$ 幂零，则有 $\boldsymbol{\tau\sigma}=\boldsymbol{\tau}(\boldsymbol{\tau}+\boldsymbol{\eta})=\boldsymbol{\sigma\tau}$，从而有

$$\boldsymbol{\tau}\cdot(\boldsymbol{\sigma}-\lambda_i\boldsymbol{I}_V)^{r_i}=(\boldsymbol{\sigma}-\lambda_i\boldsymbol{I}_V)^{r_i}\cdot\boldsymbol{\tau}.$$

由此即知 $\boldsymbol{R}_i$ (亦即 $ker(\boldsymbol{\sigma}-\lambda_i\boldsymbol{I}_V)^{r_i}$) 是 $\boldsymbol{\tau}$-子空间,从而 $\boldsymbol{R}_i$ 也是 $\boldsymbol{\eta}$-子空间.

根据假设,$\boldsymbol{\tau}$ 在某个基下的矩阵为对角阵. 所以 $\boldsymbol{\tau}|_{\boldsymbol{R}_i}$ 在某个基下矩阵也为对角阵(见例 4.7). 命

$$\boldsymbol{\varepsilon}_i=\boldsymbol{\sigma}-\lambda_i\boldsymbol{I}_V.$$

则根据 $\boldsymbol{R}_i$ 定义知道 $\boldsymbol{\varepsilon}_i|_{\boldsymbol{R}_i}$ 是幂零的;进一步的,$\boldsymbol{\varepsilon}_i|_{\boldsymbol{R}_i}$ 与 $\boldsymbol{\eta}|_{\boldsymbol{R}_i}$ 的幂零性以及

$$\boldsymbol{\eta}\cdot\boldsymbol{\varepsilon}_i=\boldsymbol{\varepsilon}_i\cdot\boldsymbol{\eta},$$

保证了 $\boldsymbol{\varepsilon}_i|_{\boldsymbol{R}_i}-\boldsymbol{\eta}|_{\boldsymbol{R}_i}$ 是幂零变换. 最后,由 $\boldsymbol{\sigma}=\boldsymbol{\tau}+\boldsymbol{\eta}$ 得到

$$\boldsymbol{\tau}|_{\boldsymbol{R}_i}-\lambda_i\boldsymbol{I}_{\boldsymbol{R}_i}=\boldsymbol{\varepsilon}_i|_{\boldsymbol{R}_i}-\boldsymbol{\eta}|_{\boldsymbol{R}_i},$$

其左端在某个基下矩阵为对角阵,而右端幂零. 因此,存在 t 使得

$$(\boldsymbol{\tau}|_{\boldsymbol{R}_i}-\lambda_i\boldsymbol{I}_{\boldsymbol{R}_i})^t=0,$$

从而 $\boldsymbol{\tau}|_{\boldsymbol{R}_i}-\lambda_i\boldsymbol{I}_{\boldsymbol{R}_i}=0$. 这就表明 $\boldsymbol{\tau}$ 由 $\boldsymbol{\sigma}$ (的最小多项式)唯一确定,故而 $\boldsymbol{\eta}$ 也由 $\boldsymbol{\sigma}$ 唯一确定.

例 4.57 Jordan-Chevalley 分解定理——矩阵语言.

假设 $\mathbf{F}$ 上的 n 阶矩阵 $\boldsymbol{A}$ 的特征值全在 $\mathbf{F}$ 中,则

(1) $\boldsymbol{A}$ 有满足如下条件的唯一分解式 $\boldsymbol{A}=\boldsymbol{D}+\boldsymbol{N}$, 其中 $\boldsymbol{D}$ 相似于对角阵, $\boldsymbol{N}$ 幂零且有 $\boldsymbol{DN}=\boldsymbol{ND}$.

(2) 存在 $\mathbf{F}[x]$ 中常数项为零的多项式 $g(x)$ 使得 $\boldsymbol{D}=g(\boldsymbol{A})$.

例 4.58 设 $\boldsymbol{A}\in\boldsymbol{V}$, 其中 $\boldsymbol{V}=M_n(\mathbf{C})$ 是复数域 $\mathbf{C}$ 上 n 阶方阵组成的线性空间. 定义线性变换 $\boldsymbol{\sigma}_{\boldsymbol{A}}:\boldsymbol{V}\to\boldsymbol{V}$, $\boldsymbol{X}\to\boldsymbol{AX}-\boldsymbol{XA}$. 证明:当 $\boldsymbol{A}$ 可相似对角化时, $\boldsymbol{\sigma}_A$ 也可相似对角化.

(第二届全国大学生数学竞赛决赛试卷(数学类,2011 年 3 月)第 4 题,15 分)

证明 根据假设,存在可逆矩阵 $\boldsymbol{P}$ 使得 $\boldsymbol{P}^{-1}\boldsymbol{AP}$ 是对角阵. 注意到

$$\boldsymbol{Y}\mapsto\boldsymbol{P}^{-1}\boldsymbol{YP}$$

是 $\boldsymbol{V}$ 的自同构线性变换,所以不妨假设 $\boldsymbol{A}=\mathrm{diag}\{\lambda_1,\lambda_2,\cdots,\lambda_n\}$. 命 $\boldsymbol{E}_{ij}$ 表示 $\boldsymbol{V}$ 中 (i,j) 位置是 1 而其余位置是 0 的矩阵,则 $\boldsymbol{E}_{ij}(1\leqslant i,j\leqslant n)$ 是 $\boldsymbol{V}$ 的一个基,而 $\boldsymbol{\sigma}_{\boldsymbol{A}}(\boldsymbol{E}_{ij})=\boldsymbol{AE}_{ij}-\boldsymbol{E}_{ij}\boldsymbol{A}=(\lambda_i-\lambda_j)\boldsymbol{E}_{ij}$, 说明 $\boldsymbol{\sigma}_{\boldsymbol{A}}$ 有 n^2 个线性无关的特征向量 $\boldsymbol{E}_{ij}$. 因此 $\boldsymbol{\sigma}_{\boldsymbol{A}}$ 相似于一个对角矩阵.

例 4.59 考虑 $\mathbf{C}^{n\times n}$ 中的矩阵

$$
\boldsymbol{F}=\begin{bmatrix}0&0&0&\cdots&0&0&-f_1\\1&0&0&\cdots&0&0&-f_2\\0&1&0&\cdots&0&0&-f_3\\0&0&1&\cdots&0&0&-f_4\\\vdots&\vdots&\ddots&\ddots&\vdots&\vdots&\vdots\\0&0&0&\cdots&1&0&-f_n\\0&0&0&\cdots&0&1&-f_{n-1}\end{bmatrix}.
$$

(1) 假设 $\boldsymbol{A}=(a_{ij})_{n\times n}$ 满足 $\boldsymbol{AF}=\boldsymbol{FA}$. 求证

$$
\boldsymbol{A}=a_{n,1}\boldsymbol{F}^{n-1}+a_{n-1,1}\boldsymbol{F}^{n-2}+\cdots+a_{2,1}\boldsymbol{F}+a_{1,1}\boldsymbol{E}.
$$

(2) 求 $\mathbf{C}$ 上线性空间 $\mathbf{C}^{n\times n}$ 的如下子空间的维数：

$$
\boldsymbol{Z}(\boldsymbol{F})=\{\boldsymbol{A}\in\mathbf{C}^{n\times n}\mid\boldsymbol{AF}=\boldsymbol{FA}\}.
$$

(第一届全国大学生数学竞赛预赛试卷(数学类,2009 年)第 2 题,20 分)

分析 如果已知(1)成立,则由 (1) 可知 $\dim_{\mathbf{C}}\boldsymbol{Z}(\boldsymbol{F})$ 为向量组

$$
\boldsymbol{E},\ \boldsymbol{F},\ \boldsymbol{F}^2,\ \cdots,\ \boldsymbol{F}^{n-1}
$$

的秩,自然会猜测 $\boldsymbol{Z}(\boldsymbol{F})$ 中的向量组 $\boldsymbol{E},\ \boldsymbol{F},\ \boldsymbol{F}^2,\ \cdots,\ \boldsymbol{F}^{n-1}$ 可能会线性无关,从而所求维数为 n. 为了证明 $\boldsymbol{E},\ \boldsymbol{F},\ \boldsymbol{F}^2,\ \cdots,\ \boldsymbol{F}^{n-1}$ 的线性无关性,而且主要也是为了验证(1),必须计算出 $\boldsymbol{F}^n$ 的大致形状. 下面进行计算：

用 $\boldsymbol{J}_k$ 表示特征值为零的 k 阶下 Jordan 块,则有 $\boldsymbol{F}=\boldsymbol{J}_n+\boldsymbol{L}=\begin{bmatrix}\boldsymbol{J}_{n-1}\\\boldsymbol{e}_{n-1}^{\mathrm{T}}\end{bmatrix}+[\boldsymbol{0}\quad-\boldsymbol{f}]$, 其中 $\boldsymbol{L}$ 的前 $n-1$ 列为零,最后一列为 $-\boldsymbol{f}$. 因此直接计算可得

$$
\begin{aligned}
\boldsymbol{F}^2&=\boldsymbol{J}_n^2+\boldsymbol{L}^2+\boldsymbol{J}_nL+\boldsymbol{LJ}_n\\
&=\boldsymbol{J}_n+\left[\boldsymbol{L}^2+\begin{bmatrix}\boldsymbol{J}_{n-1}\\\boldsymbol{e}_{n-1}^{\mathrm{T}}\end{bmatrix}\cdot(0\quad-f)+(0\quad-f)\cdot\begin{bmatrix}\boldsymbol{J}_{n-1}\\\boldsymbol{e}_{n-1}^{\mathrm{T}}\end{bmatrix}\right],
\end{aligned}
$$

所以
$$
\boldsymbol{F}^2=\begin{bmatrix}0&0&\cdots&0&0&0\\0&0&\cdots&0&0&0\\1&0&\cdots&0&0&0\\0&1&\cdots&0&0&0\\\vdots&\vdots&\ddots&\vdots&\vdots&\vdots\\0&0&\cdots&1&0&0\end{bmatrix}+\begin{bmatrix}0&0&\cdots&0&*&*\\0&0&\cdots&0&*&*\\0&0&\cdots&0&*&*\\0&0&\cdots&0&*&*\\\vdots&\vdots&\ddots&\vdots&\vdots&\vdots\\0&0&\cdots&0&*&*\end{bmatrix},
$$

$$F^3 = F^2 \cdot F = \begin{bmatrix} 0 & 0 & 0 & \cdots & 0 & * & * & * \\ 0 & 0 & 0 & \cdots & 0 & * & * & * \\ 0 & 0 & 0 & \cdots & 0 & * & * & * \\ 1 & 0 & 0 & \cdots & 0 & * & * & * \\ 0 & 1 & 0 & \cdots & 0 & * & * & * \\ \vdots & \vdots & \vdots & \ddots & \vdots & \vdots & \vdots & \vdots \\ 0 & 0 & 0 & \cdots & 1 & * & * & * \end{bmatrix},$$

……

$$F^{n-1} = \begin{bmatrix} 0 & * & \cdots & * & * & * \\ \vdots & \vdots & \ddots & \vdots & \vdots & \vdots \\ 0 & * & \cdots & * & * & * \\ 1 & * & \cdots & * & * & * \end{bmatrix}.$$

解 首先计算(2),经过计算,从 E, F, F^2, $\cdots$, F^{n-1} 的第一列可以看出,这 n 个矩阵在 $\mathbf{C}$ 上线性无关. 因此,如果承认(1),则知子空间 $Z(F)$ 的维数

$$\dim_{\mathbf{C}} Z(F) = n.$$

下面补证(1):

(1) 注意到 $F = (e_1, e_2, \cdots, e_{n-1}, \beta)$, 而 $E = (e_1, e_2, \cdots, e_{n-1}, e_n)$. 记 $B = a_{n,1}F^{n-1} + a_{n-1,1}F^{n-2} + \cdots + a_{2,1}F + a_{1,1}E$. 要证明 $A = B$, 只需要验证 $Ae_i = Be_i$, $1 \leqslant i \leqslant n$.

由于 $Fe_1 = e_2$, $F^2e_1 = Fe_2 = e_3$, $\cdots$, $F^{n-1}e_1 = Fe_{n-1} = e_n$, 所以易见

$$Be_1 = a_{n,1}e_n + a_{n-1,1}e_{n-1} + \cdots + a_{2,1}e_2 + a_{1,1}e_1 = Ae_1.$$

$$Be_2 = BFe_1 = FBe_1 = (FA)e_1 = (AF)e_1 = Ae_2,$$

$$Be_3 = BFe_2 = FBe_2 = (FA)e_2 = (AF)e_2 = Ae_3,$$

……

$$Be_n = BFe_{n-1} = FBe_{n-1} = (FA)e_{n-1} = (AF)e_{n-1} = Ae_n.$$

例 4.60 假设

$$A = \begin{bmatrix} \lambda & 1 & 0 & \cdots & 0 & 0 \\ 0 & \lambda & 1 & \cdots & 0 & 0 \\ 0 & 0 & \lambda & 1 & \ddots & 0 \\ \vdots & \vdots & \vdots & \vdots & \ddots & \vdots \\ 0 & 0 & 0 & 0 & \lambda & 1 \\ 0 & 0 & 0 & \cdots & 0 & \lambda \end{bmatrix}$$

是一个 Jordan 块,并假设矩阵 $\boldsymbol{B}$ 满足 $\boldsymbol{AB}=\boldsymbol{BA}$. 求证: $\boldsymbol{B}$ 是 $\boldsymbol{A}$ 的多项式.

证明 假设 $\boldsymbol{A}=\lambda\boldsymbol{E}+\boldsymbol{C}^{\mathrm{T}}$, 则 $\boldsymbol{AB}=\boldsymbol{BA}\Leftrightarrow\boldsymbol{CB}^{\mathrm{T}}=\boldsymbol{B}^{\mathrm{T}}\boldsymbol{C}$. 根据例 4.59 的结论,有

$$\boldsymbol{B}^{\mathrm{T}}=b_{1,n}\boldsymbol{C}^{n-1}+\cdots+b_{1,2}\boldsymbol{C}+b_{1,1}\boldsymbol{E}.$$

因此, $\boldsymbol{B}=b_{1,n}(\mathbf{A}-\lambda\boldsymbol{E})^{n-1}+\cdots+b_{1,2}(\mathbf{A}-\lambda\boldsymbol{E})+b_{1,1}\boldsymbol{E}$, 从而 $\boldsymbol{B}$ 是 $\boldsymbol{A}$ 的一个次数不超过 $n-1$ 的多项式.

例 4.61 如果 $\mathbf{A}_n$ 相似于一个 Jordan 块,则与 $\mathbf{A}$ 可以交换的矩阵均为 $\mathbf{A}$ 的一个多项式. 因此,与 $\mathbf{A}$ 可交换的矩阵全体作成一个 n 维线性空间.

解 由例 4.60 题立即得到.

例 4.62 假设 $\mathbf{F}$ 是数域,并假设 $\mathbf{V}=\mathbf{F}^{n\times1}$. 如果 $\mathbf{V}$ 上的线性变换 $\boldsymbol{\sigma}:\mathbf{V}\to\mathbf{V}$ 满足如下条件,求证 $\boldsymbol{\sigma}$ 是一个数乘变换:

任意 $\mathbf{A}\in\mathbf{M}_n(\boldsymbol{F})$, 任意 $\boldsymbol{\alpha}\in\mathbf{V}$, 恒有 $\boldsymbol{\sigma}(\mathbf{A}\boldsymbol{\alpha})=\mathbf{A}\boldsymbol{\sigma}(\boldsymbol{\alpha})$.

(第三届全国大学生数学竞赛预赛试卷(数学类,2011 年)第 3 题,15 分)

证明 本题归结为验证: 若 $\mathbf{A}$ 满足

$$\boldsymbol{AB}=\boldsymbol{BA},\ \boldsymbol{B}\in\mathbf{M}_n(\boldsymbol{F})$$

则 $\boldsymbol{A}$ 是数量矩阵.

例 4.63 求证: 对于数域 $\mathbf{F}$ 上的任意方阵 $\mathbf{A}_n$, 存在 $\mathbf{F}$ 上的可逆矩阵 $\boldsymbol{B}$ 以及幂零矩阵 $\boldsymbol{C}$ 使得 $\mathbf{A}$ 在 $\mathbf{F}$ 上相似于准对角矩阵 $\begin{bmatrix}\boldsymbol{B} & \mathbf{0}\\ \mathbf{0} & \boldsymbol{C}\end{bmatrix}$.

(第三届全国大学生数学竞赛预赛试卷(数学类,2011 年)第 6 题,20 分)

提示 本题若采用特征值方法,则相当不易. 若用 Jordan 标准形方法,很难从数域 $\mathbf{C}$ 拉回到一般数域情形;因此只是对于 $\mathbf{F}=\mathbf{C}$ 的特殊情形有效(此时,证明过程变得极为简单). 考虑到矩阵对应线性变换,而准对角阵对应关于不变子空间的直和分解. 所以用线性变换法有可能奏效.

证明 命 $\mathbf{V}=\mathbf{F}^{n\times1}$, 则 $\boldsymbol{\sigma}:\mathbf{V}\to\mathbf{V},\ \boldsymbol{\alpha}\mapsto\boldsymbol{A\alpha}$ 是一个线性变换.

证法一 用 $f(x)$ 表示 $\boldsymbol{\sigma}$ 的特征多项式,并假设 $f(x)=x^r g(x)$, 其中 $g(x)$ 是 $\mathbf{F}[x]$ 中的多项式. 由于 $(x^r,\ g(x))=1$, 故存在 $u(x),\ v(x)\in\mathbf{F}[x]$ 使得

$$x^r\cdot u(x)+g(x)v(x)=1.$$

由此即得

$$u(\boldsymbol{\sigma})\cdot\boldsymbol{\sigma}^r+v(\boldsymbol{\sigma})\cdot g(\boldsymbol{\sigma})=\boldsymbol{I}_V.$$

由此可得 $ker(\boldsymbol{\sigma}^r) \cap ker\, g(\boldsymbol{\sigma}) = 0$，因而有

$$ker(\boldsymbol{\sigma}^r) \oplus ker\, g(\boldsymbol{\sigma}) = ker(\boldsymbol{\sigma}^r) + ker\, g(\boldsymbol{\sigma}) = ker\, f(\boldsymbol{\sigma}),$$

亦即

$$\mathbf{V} = ker(\boldsymbol{\sigma}^r) \oplus ker\, g(\boldsymbol{\sigma}).$$

这里用到了 Cayley-Hamilton 定理(亦即，$f(\boldsymbol{\sigma}) = 0$). 注意到子空间 $ker(\boldsymbol{\sigma}^r)$ 与子空间 $ker\, g(\boldsymbol{\sigma})$ 均为 $\mathbf{V}$ 的 $\boldsymbol{\sigma}$-不变子空间，且 $\boldsymbol{\sigma}$ 限制在 $ker(\boldsymbol{\sigma}^r)$ 上幂零，而限制在 $ker\, g(\boldsymbol{\sigma})$ 是单射因而可逆(这是因为若 $\boldsymbol{\alpha} \in ker\, g(\boldsymbol{\sigma})$ 使得 $\sigma(\boldsymbol{\alpha}) = \mathbf{0}$ 成立，则有 $\boldsymbol{\alpha} \in ker(\boldsymbol{\sigma}^r) \cap ker\, g(\boldsymbol{\sigma})$，从而 $\boldsymbol{\alpha} = \mathbf{0}$).

最后各取直和项 $ker\, g(\boldsymbol{\sigma})$ 与 $ker(\boldsymbol{\sigma}^r)$ 的各一个基，合起来即为 $\mathbf{V}$ 的一个基. 线性变换 $\boldsymbol{\sigma}$ 在此基下的矩阵即为所求准对角阵. 这即表明 $\boldsymbol{A}$ 在 $\mathbf{F}$ 上相似于所求准对角阵.

证法二　考虑 n 维空间 $_{\mathbf{F}}\boldsymbol{V}$ 的子空间升链：

$$ker(\boldsymbol{\sigma}) \subseteq ker(\boldsymbol{\sigma}^2) \subseteq ker(\boldsymbol{\sigma}^3)\cdots.$$

从维数考虑，易见只可能有有限项，亦即存在 m 使得

$$ker(\boldsymbol{\sigma}^m) = ker(\boldsymbol{\sigma}^{m+1}) = ker(\boldsymbol{\sigma}^{m+2}) = \cdots.$$

特别的，有 $ker(\boldsymbol{\sigma}^m) = ker(\boldsymbol{\sigma}^{2m})$.

下面验证 $\mathbf{V} = ker(\boldsymbol{\sigma}^m) \oplus im(\boldsymbol{\sigma}^m)$：根据 $ker(\boldsymbol{\sigma}^m) = ker(\boldsymbol{\sigma}^{2m})$，不难直接验证 $ker(\boldsymbol{\sigma}^m) \cap im(\boldsymbol{\sigma}^m) = 0$. 另一方面，对于线性变换 $\boldsymbol{\sigma}^m: \mathbf{V} \to \mathbf{V}$ 使用维数公式即得 $n = \dim(ker(\boldsymbol{\sigma}^m)) + \dim(im(\boldsymbol{\sigma}^m))$. 因此，$\mathbf{V} = ker(\boldsymbol{\sigma}^m) \oplus im(\boldsymbol{\sigma}^m)$.

不难看出，$\boldsymbol{\sigma}$ 限制在不变子空间 $ker(\boldsymbol{\sigma}^m)$ 上的限制是幂零的，而 $\boldsymbol{\sigma}$ 在不变子空间 $im(\boldsymbol{\sigma}^m) = im(\boldsymbol{\sigma}^{m+1})$ 上的限制则为满射(从而为同构). 然后，取直和项 $ker(\boldsymbol{\sigma}^m)$ 与 $im(\boldsymbol{\sigma}^m)$ 的各一个基，合起来即为 $\mathbf{V}$ 的一个基. $\boldsymbol{\sigma}$ 在此基下的矩阵即为所求准对角阵. 这即表明 $\boldsymbol{A}$ 在 $\mathbf{F}$ 上相似于所求准对角阵.

例 4.64　假设数域 $\mathbf{F}$ 上的矩阵 $\boldsymbol{A}_m$ 与 $\boldsymbol{B}_n$ 没有相同的特征值，而 $\boldsymbol{C} \neq \mathbf{0}$. 求证：矩阵 $\begin{bmatrix} \boldsymbol{A} & \boldsymbol{C} \\ \mathbf{0} & \boldsymbol{B} \end{bmatrix}$ 与矩阵 $\begin{bmatrix} \boldsymbol{A} & \mathbf{0} \\ \mathbf{0} & \boldsymbol{B} \end{bmatrix}$ 相似.

证明　命 $f(x) = |\, x\boldsymbol{E} - \boldsymbol{A} \,|$，$g(x) = |\, x\boldsymbol{E} - \boldsymbol{B} \,|$，则矩阵 $\begin{bmatrix} \boldsymbol{A} & \boldsymbol{C} \\ \mathbf{0} & \boldsymbol{B} \end{bmatrix}$ 的特征多项式为 $f(x)g(x)$. 由于 $f(x)$ 与 $g(x)$ 不含公共根，所以存在 $u(x)$，$v(x)$ 使得

$$f(x) \cdot u(x) + g(x) \cdot v(x) = 1.$$

假设 $\mathbf{V}$ 是数域 $\mathbf{F}$ 上的 $m+n$ 维线性空间,进一步假设

$$\mathbf{V} = \boldsymbol{W}_1 \oplus \boldsymbol{W}_2,\ \boldsymbol{W}_1 = L(\boldsymbol{\alpha}_,\ \cdots,\ \boldsymbol{\alpha}_m),\ \boldsymbol{W}_2 = L(\boldsymbol{\beta}_1,\ \cdots,\ \boldsymbol{\beta}_n).$$

假设 $\mathbf{V}$ 上的一个线性变换 $\boldsymbol{\sigma}$ 由下式确定

$$\boldsymbol{\sigma}(\boldsymbol{\alpha}_1,\ \cdots,\ \boldsymbol{\alpha}_m,\ \boldsymbol{\beta}_1,\ \cdots,\ \boldsymbol{\beta}_n) = (\boldsymbol{\alpha}_1,\ \cdots,\ \boldsymbol{\alpha}_m,\ \boldsymbol{\beta}_1,\ \cdots,\ \boldsymbol{\beta}_n)\begin{bmatrix} \boldsymbol{A} & \boldsymbol{C} \\ \boldsymbol{0} & \boldsymbol{B} \end{bmatrix},$$

则 $\boldsymbol{W}_1$ 是 $\boldsymbol{\sigma}$-子空间,从而据 Cayley-Hamilton 定理可知有

$$f(\boldsymbol{\sigma}) \cdot g(\boldsymbol{\sigma}) = \boldsymbol{0},\ f(\boldsymbol{\sigma})\boldsymbol{\alpha}_i = \boldsymbol{0},\ 1 \leqslant i \leqslant m.$$

因此有

$$\boldsymbol{\sigma}(f(\boldsymbol{\sigma})\boldsymbol{\beta}_1) = f(\boldsymbol{\sigma})(\boldsymbol{\sigma}\boldsymbol{\beta}_1) = b_{11}f(\boldsymbol{\sigma})\boldsymbol{\beta}_1 + \cdots + b_{n1}f(\boldsymbol{\sigma})\boldsymbol{\beta}_n \qquad (4-22)$$

而由

$$f(\boldsymbol{\sigma})u(\boldsymbol{\sigma}) + g(\boldsymbol{\sigma})v(\boldsymbol{\sigma}) = \boldsymbol{I}_V,\ f(\boldsymbol{\sigma})g(\boldsymbol{\sigma}) = \boldsymbol{0},$$

不难得到

$$\mathbf{V} = ker\ f(\boldsymbol{\sigma}) \oplus im\ f(\boldsymbol{\sigma}) \qquad (4-23)$$

其中 $ker\ f(\boldsymbol{\sigma}) = \boldsymbol{W}_1$. 于是进一步由式(4-23)可知, $im\ f(\boldsymbol{\sigma})$ 有如下一个基

$$f(\boldsymbol{\sigma})\boldsymbol{\beta}_1,\ \cdots,\ f(\boldsymbol{\sigma})\boldsymbol{\beta}_n,$$

从而 $\mathbf{V}$ 有基

$$\boldsymbol{\alpha}_1,\ \cdots,\ \boldsymbol{\alpha}_m,\ f(\boldsymbol{\sigma})\boldsymbol{\beta}_1,\ \cdots,\ f(\boldsymbol{\sigma})\boldsymbol{\beta}_n.$$

再由式(4-22)可知 $\boldsymbol{\sigma}$ 在此基下的矩阵为 $\begin{bmatrix} \boldsymbol{A} & \boldsymbol{0} \\ \boldsymbol{0} & \boldsymbol{B} \end{bmatrix}$. 这就证明了 $\begin{bmatrix} \boldsymbol{A} & \boldsymbol{C} \\ \boldsymbol{0} & \boldsymbol{B} \end{bmatrix}$ 与矩阵 $\begin{bmatrix} \boldsymbol{A} & \boldsymbol{0} \\ \boldsymbol{0} & \boldsymbol{B} \end{bmatrix}$ 相似. 进一步地,如果 $\boldsymbol{P} = \begin{bmatrix} \boldsymbol{E} & \boldsymbol{X} \\ \boldsymbol{0} & \boldsymbol{Y} \end{bmatrix}$ 满足

$$(\boldsymbol{\alpha}_1,\ \cdots,\ \boldsymbol{\alpha}_m,\ f(\boldsymbol{\sigma})\boldsymbol{\beta}_1,\ \cdots,\ f(\boldsymbol{\sigma})\boldsymbol{\beta}_n) = (\boldsymbol{\alpha}_1,\ \cdots,\ \boldsymbol{\alpha}_m,\ \boldsymbol{\beta}_1,\ \cdots,\ \boldsymbol{\beta}_n)\boldsymbol{P},$$

则有

$$\boldsymbol{P}^{-1}\begin{bmatrix} \boldsymbol{A} & \boldsymbol{C} \\ \boldsymbol{0} & \boldsymbol{B} \end{bmatrix}\boldsymbol{P} = \begin{bmatrix} \boldsymbol{A} & \boldsymbol{0} \\ \boldsymbol{0} & \boldsymbol{B} \end{bmatrix}.$$

例 4.65(A) 考虑 m 阶 Jordan 块矩阵(上块)

$$\boldsymbol{J}=\begin{bmatrix}0&1&0&0&\cdots&0&0\\0&0&1&0&\cdots&0&0\\\vdots&\vdots&\vdots&\vdots&\ddots&\vdots&\vdots\\0&0&0&0&\cdots&1&0\\0&0&0&0&\cdots&0&1\\0&0&0&0&\cdots&0&0\end{bmatrix}.$$

验证:

$$\boldsymbol{J}^2=\begin{bmatrix}0&0&1&0&\cdots&0&0\\0&0&0&1&\cdots&0&0\\\vdots&\vdots&\vdots&\vdots&\ddots&\vdots&\vdots\\0&0&0&0&\cdots&1&0\\0&0&0&0&\cdots&0&1\\0&0&0&0&\cdots&0&0\\0&0&0&0&\cdots&0&0\end{bmatrix},\cdots,\boldsymbol{J}^{m-2}=\begin{bmatrix}0&0&0&0&\cdots&1&0\\0&0&0&0&\cdots&0&1\\0&0&0&0&\cdots&0&0\\\vdots&\vdots&\vdots&\vdots&\ddots&\vdots&\vdots\\0&0&0&0&\cdots&0&0\end{bmatrix},$$

$$\boldsymbol{J}^{m-1}=\begin{bmatrix}0&0&0&0&\cdots&0&1\\0&0&0&0&\cdots&0&0\\\vdots&\vdots&\vdots&\vdots&\ddots&\vdots&\vdots\\0&0&0&0&\cdots&0&0\end{bmatrix},\ \boldsymbol{J}^m=0.$$

例 4.65(B) 考虑 m 阶 Jordan 块矩阵 $\boldsymbol{I}=\lambda\boldsymbol{E}+\boldsymbol{J}$,其中 $\boldsymbol{J}$ 如前题. 试验证:对于多项式 $g(x)=\sum_{i=0}^{n}a_i x^i$,有

$$g(\boldsymbol{I})=g(\lambda)\boldsymbol{E}+\frac{1}{1!}g^{(1)}(\lambda)\boldsymbol{J}^1+\frac{1}{2!}g^{(2)}(\lambda)\boldsymbol{J}^2+\cdots+\frac{1}{(m-1)!}g^{(m-1)}(\lambda)\boldsymbol{J}^{m-1}.$$

证明 命 $x=\lambda+y$,其中 $y=x-\lambda$. 由于 $0\leqslant i<j$ 时,$\dfrac{\mathrm{d}^j(x^i)}{\mathrm{d}x^j}=0$,于是

$$\begin{aligned}g(x)&=\sum_{i=0}^{n}a_i(\lambda+y)^i=\sum_{i=0}^{n}\sum_{j=0}^{i}a_i\binom{i}{j}\lambda^{i-j}y^j\\&=\sum_{j=0}^{n}\sum_{i=j}^{n}a_i\binom{i}{j}\lambda^{i-j}y^j\\&=\sum_{j=0}^{n}\sum_{i=j}^{n}a_i\frac{1}{j!}\left.\frac{\mathrm{d}^j(x^i)}{\mathrm{d}x^j}\right|_{x=\lambda}\cdot\lambda^{i-j}y^j\end{aligned}$$

$$= \sum_{j=0}^{n}\sum_{i=0}^{n} a_i \frac{1}{j!}\frac{\mathrm{d}^j(x^i)}{\mathrm{d}x^j}\bigg|_{x=\lambda} \cdot \lambda^{i-j} y^j$$
$$= \sum_{j=0}^{m-1} \frac{1}{j!} g^{(j)}(\lambda) y^j.$$

若命 $\boldsymbol{x}=\boldsymbol{I}$, 则 $\boldsymbol{y}=\boldsymbol{J}$. 因此有

$$g(\boldsymbol{I}) = \sum_{j=0}^{m-1} \frac{1}{j!} g^{(j)}(\lambda) \boldsymbol{J}^j$$

$$= \begin{bmatrix} g(\lambda) & \frac{1}{1!}g^{(1)}(\lambda) & \frac{1}{2!}g^{(2)}(\lambda) & \cdots & \frac{1}{(m-2)!}g^{(m-2)}(\lambda) & \frac{1}{(m-1)!}g^{(m-1)}(\lambda) \\ 0 & g(\lambda) & \frac{1}{1!}g^{(1)}(\lambda) & \cdots & \frac{1}{(m-3)!}g^{(m-3)}(\lambda) & \frac{1}{(m-2)!}g^{(m-2)}(\lambda) \\ 0 & 0 & g(\lambda) & \frac{1}{1!}g^{(1)}(\lambda) & \cdots & \frac{1}{(m-3)!}g^{(m-3)}(\lambda) \\ \vdots & \vdots & \vdots & \vdots & \ddots & \vdots \\ 0 & 0 & \cdots & g(\lambda) & \frac{1}{1!}g^{(1)}(\lambda) & \frac{1}{2!}g^{(2)}(\lambda) \\ 0 & 0 & 0 & \cdots & g(\lambda) & \frac{1}{1!}g^{(1)}(\lambda) \\ 0 & 0 & 0 & \cdots & 0 & g(\lambda) \end{bmatrix}.$$

例 4.65(C) 假设 $g(x)$ 是多项式. 对于 $\mathbf{A}=\mathrm{diag}\{\mathbf{A}_1, \mathbf{A}_2, \cdots, \mathbf{A}_s\}$, 恒有

$$g(\mathbf{A}) = \mathrm{diag}\{g(\mathbf{A}_1), g(\mathbf{A}_2), \cdots, g(\mathbf{A}_s)\}.$$

特别的,对于 Jordan 形矩阵 $\boldsymbol{J}=\mathrm{diag}\{\boldsymbol{J}_1, \boldsymbol{J}_2, \cdots, \boldsymbol{J}_s\}$, 恒有

$$g(\mathbf{A}) = \mathrm{diag}\{g(\boldsymbol{J}_1), g(\boldsymbol{J}_2), \cdots, g(\boldsymbol{J}_s)\},$$

其中 $g(\boldsymbol{J}_i)$ 形如例 4.65(B)的证明过程所示.

例 4.66(A) 假设幂级数 $\sum_{i=0}^{\infty} a_i x^i$ 在圆周 $|x|<R$ 内收敛于函数

$$f(x) = \lim_{n\to\infty}\sum_{i=0}^{n} a_i x^i.$$

则对于 Jordan 形矩阵 $\boldsymbol{J}$, 如果相应 λ_i 均满足 $|\lambda_i|<R$, 由例 4.65 可知, $\sum_{i=0}^{\infty} a_i \boldsymbol{J}^i$ 收敛,记之为 $f(\boldsymbol{J})$.

解 此题留作习题.

例 4.66(B) 假设矩阵 $\boldsymbol{T}_n$ 可逆,而 $\boldsymbol{A}_n$ 是任一矩阵,则对于幂级数 $\sum_{i=0}^{\infty} a_i x^i$,矩阵序列 $\sum_{i=0}^{n} a_i \boldsymbol{A}^i$ 收敛于 $f(\boldsymbol{A})$,当且仅当 $\boldsymbol{T}^{-1}(\sum_{i=0}^{n} a_i \boldsymbol{A}^i)\boldsymbol{T}$ 收敛于 $f(\boldsymbol{T}^{-1}\boldsymbol{A}\boldsymbol{T})$.

解 此题留作习题.

例 4.66(C) (矩阵函数 $\mathrm{e}^{\boldsymbol{A}}$)

如果可逆矩阵 $\boldsymbol{P}$ 使得

$$\boldsymbol{P}^{-1}\boldsymbol{A}\boldsymbol{P} = \boldsymbol{J} = \mathrm{diag}\{\boldsymbol{J}_1, \cdots, \boldsymbol{J}_s\}$$

成为 Jordan 标准形,则可定义

$$\mathrm{e}^{\boldsymbol{A}} = \boldsymbol{P} \cdot \mathrm{diag}\{\mathrm{e}^{\boldsymbol{J}_1}, \cdots, \mathrm{e}^{\boldsymbol{J}_s}\} \cdot \boldsymbol{P}^{-1} \tag{4-24}$$

其中根据例 4.65(B),有

$$\mathrm{e}^{\boldsymbol{J}_1} = \lim_{k\to\infty}\sum_{r=0}^{k} \frac{1}{r!}\boldsymbol{J}_1^r = \mathrm{e}^{\lambda_1}\left(\boldsymbol{E} + \frac{1}{1!}\boldsymbol{J}_1^1 + \frac{1}{2!}\boldsymbol{J}_1^2 + \cdots + \frac{1}{(m-1)!}\boldsymbol{J}_1^{m-1}\right).$$

求证:$\mathrm{e}^{\boldsymbol{A}}$ 与 $\boldsymbol{P}$ 的选取无关;并验证:

(1) $(\mathrm{e}^{\boldsymbol{A}})^{\mathrm{T}} = \mathrm{e}^{\boldsymbol{A}^{\mathrm{T}}}$.

(2) 如果 $\boldsymbol{A}$ 与 $\boldsymbol{B}$ 均可相似对角化且有 $\boldsymbol{AB} = \boldsymbol{BA}$,则有 $\mathrm{e}^{\boldsymbol{A}} \cdot \mathrm{e}^{\boldsymbol{B}} = \mathrm{e}^{\boldsymbol{A}+\boldsymbol{B}}$.

(3) $|\mathrm{e}^{\boldsymbol{A}}| = \mathrm{e}^{\mathrm{tr}(\boldsymbol{A})}$.

(4) $\boldsymbol{P}^{-1}\mathrm{e}^{\boldsymbol{A}}\boldsymbol{P} = \mathrm{e}^{\boldsymbol{P}^{-1}\boldsymbol{A}\boldsymbol{P}}$.

证明 由于级数 $\sum_{i=0}^{\infty} \frac{1}{k!}x^k$ 收敛于 e^x,其收敛半径为∞,故而借助于 $\boldsymbol{P}$ 用式(4-24)定义的 $\mathrm{e}^{\boldsymbol{A}}$ 对于所有方阵 $\boldsymbol{A}$ 均有意义. 另一方面,易见

$$\mathrm{e}^{\boldsymbol{A}} = \boldsymbol{P}\left(\lim_{k\to\infty}\sum_{r=0}^{k} \frac{1}{r!}\boldsymbol{J}^r\right)\boldsymbol{P}^{-1} = \lim_{k\to\infty}\sum_{r=0}^{k} \frac{1}{r!}\boldsymbol{A}^r = \sum_{r=0}^{\infty} \frac{1}{r!}\boldsymbol{A}^r. \tag{4-25}$$

这就表明 $\mathrm{e}^{\boldsymbol{A}}$ 与 $\boldsymbol{P}$ 的选取无关,而由 $\boldsymbol{A}$ 所唯一确定.

(1) 与(4)可由式(4-25)得到,而(3)由式(4-24)得到.

(2) 所给条件蕴含了 $\boldsymbol{A}$, $\boldsymbol{B}$ 可以同时相似对角化(参见例 3.35). 于是使用式(4-24)可得结果.

注记 1 如下强于(2)的结果成立:如果 $\boldsymbol{AB} = \boldsymbol{BA}$,则有 $\mathrm{e}^{\boldsymbol{A}} \cdot \mathrm{e}^{\boldsymbol{B}} = \mathrm{e}^{\boldsymbol{A}+\boldsymbol{B}}$.

注记 2 对于具体的矩阵 $\boldsymbol{A}$,一般用(4-24)式计算 $\mathrm{e}^{\boldsymbol{A}}$;另一方面,(4-25)也有其独特的作用,如前面证明所示.

例 4.66(D) 试计算 $\mathrm{e}^{\boldsymbol{A}}$,其中

$$\boldsymbol{A}=\begin{bmatrix}9 & -9 & 4\\7 & -7 & 4\\3 & -4 & 4\end{bmatrix}.$$

解 经计算，$|x\boldsymbol{E}-\boldsymbol{A}|=(x-2)^3$. 而属于特征值 2 的特征向量极大无关组为 $\boldsymbol{\alpha}$, 其中 $\boldsymbol{\alpha}^{\mathrm{T}}=(2,2,1)$. 记 $\boldsymbol{B}=\boldsymbol{A}-2\boldsymbol{E}$. 经计算，得到

$$\boldsymbol{B}=\begin{bmatrix}7 & -9 & 4\\7 & -9 & 4\\3 & -4 & 2\end{bmatrix},\ \boldsymbol{B}^2=\begin{bmatrix}-2 & 2 & 0\\-2 & 2 & 0\\-1 & 1 & 0\end{bmatrix},\ \boldsymbol{B}^3=\boldsymbol{0}.$$

于是可取 $\boldsymbol{\beta}^{\mathrm{T}}=(1,0,0)$, 则有 $\boldsymbol{B}^2\boldsymbol{\beta}=-\boldsymbol{\alpha}$. 命

$$\boldsymbol{P}=(\boldsymbol{B}^2\boldsymbol{\beta},\ \boldsymbol{B}\boldsymbol{\beta},\ \boldsymbol{\beta})=\begin{bmatrix}-2 & 7 & 1\\-2 & 7 & 0\\-1 & 3 & 0\end{bmatrix},$$

则有

$$\boldsymbol{P}^{-1}=\begin{bmatrix}0 & 3 & -7\\0 & 1 & -2\\1 & -1 & 0\end{bmatrix},\ \boldsymbol{P}^{-1}\boldsymbol{A}\boldsymbol{P}=\begin{bmatrix}2 & 1 & 0\\0 & 2 & 1\\0 & 0 & 2\end{bmatrix}=\boldsymbol{J}.$$

而

$$\mathbf{e}^{\boldsymbol{J}}=\mathbf{e}^2\begin{bmatrix}1 & 1 & \frac{1}{2}\\0 & 1 & 1\\0 & 0 & 1\end{bmatrix}.$$

最后得到，

$$\mathbf{e}^{\boldsymbol{A}}=\boldsymbol{P}\cdot\mathbf{e}^{\boldsymbol{J}}\cdot\boldsymbol{P}^{-1}=\frac{\mathbf{e}^2}{2}\begin{bmatrix}14 & -16 & 8\\12 & -14 & 8\\5 & -7 & 6\end{bmatrix}.$$

例 4.67 求证：$\boldsymbol{A}$ 是正交矩阵且 $|\boldsymbol{A}|=1$, 当且仅当存在反对称实矩阵 $\boldsymbol{S}$, 使得 $\boldsymbol{A}=\mathbf{e}^{\boldsymbol{S}}$.

证明 *充分性* 如果 $\boldsymbol{A}=\mathbf{e}^{\boldsymbol{S}}$, 则有 $\boldsymbol{A}^{\mathrm{T}}=\mathbf{e}^{-\boldsymbol{S}}$. 由于反对称实阵是正规矩阵，所以它可以相似对角化. 根据例 4.66 可知，$\mathbf{e}^{\boldsymbol{S}}\cdot\mathbf{e}^{-\boldsymbol{S}}=\mathbf{e}^{\boldsymbol{S}-\boldsymbol{S}}=\boldsymbol{E}$. 另外一方面，$|\mathbf{e}^{\boldsymbol{S}}|=\mathbf{e}^{\mathrm{tr}(\boldsymbol{S})}=1$.

必要性 假设 $\boldsymbol{A}$ 是正交矩阵且 $|\boldsymbol{A}|=1$, 则有正交矩阵 $\boldsymbol{U}$ 使得

$$U^{-1}AU=\mathrm{diag}\{E_r, S_\pi, \cdots, S_\pi, S_{\theta_1}, \cdots, S_{\theta_t}\}\triangleq B,$$

其中

$$S_\pi=\begin{bmatrix}-1 & 0\\ 0 & -1\end{bmatrix}, S_{\theta_k}=\begin{bmatrix}\cos\theta_k & -\sin\theta_k\\ \sin\theta_k & \cos\theta_k\end{bmatrix} (\theta_k\neq l\pi).$$

如果对于 B，可以找到反对称实阵 C，使得 $B=\mathrm{e}^C$，则有 $A=U\mathrm{e}^C U^{-1}=\mathrm{e}^{UCU^{\mathrm{T}}}$，其中 UCU^{T} 也是反对称实阵.

进一步，如果对于此分块矩阵 B 中的每个块 S_θ，可以找到反对称实阵 D_θ，使得 $S_\theta=\mathrm{e}^{D_\theta}$，则可命

$$S=\mathrm{diag}\{0_r, D_\pi, \cdots, D_\pi, D_{\theta_1}, \cdots, D_{\theta_t}\}.$$

此 S 显然是一个反对称实阵，且使得

$$\mathrm{e}^S=\mathrm{diag}\{\mathrm{e}^{0_r}, \mathrm{e}^{D_\pi}, \cdots, \mathrm{e}^{D_\pi}, \mathrm{e}^{D_{\theta_1}}, \cdots, \mathrm{e}^{D_{\theta_t}}\}=B.$$

这就完成了论证.

最后，对于前述 S_θ，寻找合适的反对称实阵 D_θ，使得 $S_\theta=\mathrm{e}^{D_\theta}$. 为此目的，考虑二阶反对称实阵 $D_\theta=\begin{bmatrix}0 & -\theta\\ \theta & 0\end{bmatrix}$，其特征值为 $\mathrm{i}\theta$ 和 $-\mathrm{i}\theta$，相应特征向量为 $\boldsymbol{\alpha}_1$，$\boldsymbol{\alpha}_2$，其中

$$\boldsymbol{\alpha}_1^{\mathrm{T}}=(\mathrm{i}, 1), \boldsymbol{\alpha}_2^{\mathrm{T}}=(-\mathrm{i}, 1).$$

命 $V=\frac{1}{\sqrt{2}}(\boldsymbol{\alpha}_1, \boldsymbol{\alpha}_2)$，易见 V 是一个酉阵，且有

$$V^{-1}DV=\begin{bmatrix}\mathrm{i}\theta & 0\\ 0 & -\mathrm{i}\theta\end{bmatrix}\triangleq J.$$

因此，

$$\mathrm{e}^{D_\theta}=V\mathrm{e}^J V^{-1}=V\begin{bmatrix}\mathrm{e}^{\mathrm{i}\theta} & 0\\ 0 & \mathrm{e}^{-\mathrm{i}\theta}\end{bmatrix}\overline{V}^{\mathrm{T}}=\begin{bmatrix}\cos\theta & -\sin\theta\\ \sin\theta & \cos\theta\end{bmatrix}=S_\theta,$$

其中用到了欧拉公式

$$\mathrm{e}^{\mathrm{i}\theta}=\cos\theta+\mathrm{i}\sin\theta, \theta\in\mathbf{R}.$$

5 双线性函数与二次型

5.1 概念与基本事实

对于数域 **F** 上的对称矩阵 **A**，形为

$$f(\boldsymbol{X}) = \boldsymbol{X}^{\mathrm{T}}\boldsymbol{A}\boldsymbol{X} = \sum_{i=1}^{n} x_i^2 + \sum_{1 \leqslant i < j \leqslant n} 2a_{ij} x_i x_j$$

的 n 元二次齐次多项式称为一个 n 元二次型，其中 $\boldsymbol{X}^{\mathrm{T}} = (x_1, x_2, \cdots, x_n)$. 二次型的基本来历是平面上的二次曲线和空间中的二次曲面化标准形问题（关键是去除交叉的二次单项）；另外，在研究实空间上的内积 $[-, -]$ 时，也已经遇到了二次型和双线性函数：

对于 $_{\mathbf{R}}\boldsymbol{V}$ 上的任意一个基 $\boldsymbol{\alpha}_1, \cdots, \boldsymbol{\alpha}_n$，如果假设 $\boldsymbol{V}$ 中两任意向量 $\boldsymbol{\alpha}, \boldsymbol{\beta}$ 在此基下的坐标分别为 $\boldsymbol{X}, \boldsymbol{Y}$，则已有

$$[\boldsymbol{\alpha}, \boldsymbol{\beta}] = \boldsymbol{X}^{\mathrm{T}}\boldsymbol{A}\boldsymbol{Y}, \text{其中 } \boldsymbol{A} = ([\boldsymbol{\alpha}_i, \boldsymbol{\alpha}_j])_{n\times n}.$$

这里的 $f(\boldsymbol{\alpha}, \boldsymbol{\beta}) = \boldsymbol{X}^{\mathrm{T}}\boldsymbol{A}\boldsymbol{Y}$ 就是一个典型的（$\boldsymbol{V}$ 上的）对称双线性函数，而二元实函数 $f(\boldsymbol{\alpha}, \boldsymbol{\alpha}) = \boldsymbol{X}^{\mathrm{T}}\boldsymbol{A}\boldsymbol{X}$ 则是一个正定二次型.

注意，实二次型本质上与实对称矩阵是一回事. 另外，如果实矩阵 **A** 不对称，则还有 $\boldsymbol{X}^{\mathrm{T}}\boldsymbol{A}\boldsymbol{X} = \boldsymbol{X}^{\mathrm{T}}\,\dfrac{1}{2}(\boldsymbol{A}+\boldsymbol{A}^{\mathrm{T}})X$，其中 $\dfrac{1}{2}(\boldsymbol{A}+\boldsymbol{A}^{\mathrm{T}})$ 是实对称阵.

假设 $\boldsymbol{V}$ 是数域 **K** 上的 n 维线性空间. 假设映射 $f: \boldsymbol{V}\times\boldsymbol{V} \to \mathbf{K}$ 对于第一分量和第二分量都具有线性性质，则称 f 是 $\boldsymbol{V}$ 上的一个双线性函数. 如果取定 $_{\mathbf{K}}\boldsymbol{V}$ 的一个基

$$\boldsymbol{\alpha}_1, \boldsymbol{\alpha}_2, \cdots, \boldsymbol{\alpha}_n,$$

则对于 $\boldsymbol{\alpha}, \boldsymbol{\beta} \in \boldsymbol{V}$，存在 $\boldsymbol{X}, \boldsymbol{Y} \in \mathbf{K}^{n\times 1}$，使得

$$\boldsymbol{\alpha} = (\boldsymbol{\alpha}_1, \boldsymbol{\alpha}_2, \cdots, \boldsymbol{\alpha}_n)\boldsymbol{X}, \boldsymbol{\beta} = (\boldsymbol{\alpha}_1, \boldsymbol{\alpha}_2, \cdots, \boldsymbol{\alpha}_n)\boldsymbol{Y}.$$

如果记 $\boldsymbol{A} = (f(\boldsymbol{\alpha}_i, \boldsymbol{\alpha}_j))_{n\times n}$，（称为 f 在有序基 $\boldsymbol{\alpha}_1, \boldsymbol{\alpha}_2, \cdots, \boldsymbol{\alpha}_n$ 下的矩阵）则有

$$f((\boldsymbol{\alpha}_1, \boldsymbol{\alpha}_2, \cdots, \boldsymbol{\alpha}_n)\boldsymbol{X}, (\boldsymbol{\alpha}_1, \boldsymbol{\alpha}_2, \cdots, \boldsymbol{\alpha}_n)\boldsymbol{Y}) = \boldsymbol{X}^{\mathrm{T}}\boldsymbol{A}\boldsymbol{Y}.$$

如果用 $\boldsymbol{B}_{\mathbf{K}}(\boldsymbol{V})$ 表示 $\boldsymbol{V}$ 上的双线性函数全体，则得到一个 $\mathbf{K}$-代数同构映射：

$$\varphi: \boldsymbol{B}({}_{\mathbf{K}}\boldsymbol{V}) \to M_n(\mathbf{K}),\ f \mapsto \boldsymbol{A},$$

其中 $\boldsymbol{A} = (f(\boldsymbol{\alpha}_i, \boldsymbol{\alpha}_j))_{n\times n}$，是 f 在有序基 $\boldsymbol{\alpha}_1, \boldsymbol{\alpha}_2, \cdots, \boldsymbol{\alpha}_n$ 下的矩阵. 注意，$\boldsymbol{B}_{\mathbf{K}}(\boldsymbol{V})$ 中的运算（加法、数乘和乘法）可以经由双射 φ 把 $M_n(\mathbf{K})$ 中的相应运算传递过来.

如果 $f(\boldsymbol{\alpha}, \boldsymbol{\beta}) = f(\boldsymbol{\beta}, \boldsymbol{\alpha})$，$\boldsymbol{\alpha}$ 为任意，$\boldsymbol{\alpha} \in \boldsymbol{V}$，则称 f 是对称的. 如果

$$f(\boldsymbol{\alpha}, \boldsymbol{\beta}) = -f(\boldsymbol{\beta}, \boldsymbol{\alpha}),\ \boldsymbol{\alpha}, \boldsymbol{\beta} \in \boldsymbol{V},$$

则称 f 是反对称的（或者称为交错的）. 不难看出，对称双线性函数在 φ 下对应着 $\mathbf{K}$ 上的 n 阶对称阵；而交错双线性函数在 φ 下对应着 $\mathbf{K}$ 上的 n 阶反对称阵（亦即交错阵）. 如果用 $\boldsymbol{B}_{\mathbf{K}}^{+}(\boldsymbol{V})$ 表示 $\boldsymbol{V}$ 上的对称双线性函数全体，而用 $\boldsymbol{B}_{\mathbf{K}}^{-}(\boldsymbol{V})$ 表示 $\boldsymbol{V}$ 上的交错双线性函数全体，则有 $\mathbf{K}$-空间的直和分解

$$\boldsymbol{B}_{\mathbf{K}}(\boldsymbol{V}) = \boldsymbol{B}_{\mathbf{K}}^{+}(\boldsymbol{V}) \oplus \boldsymbol{B}_{\mathbf{K}}^{-}(\boldsymbol{V}).$$

所以，二次型也可以由对称双线性函数引入（或者定义）. 对于对称双线性函数 f，注意到下式恒成立：

$$2f(\boldsymbol{\alpha}, \boldsymbol{\beta}) = f(\boldsymbol{\alpha}+\boldsymbol{\beta}, \boldsymbol{\alpha}+\boldsymbol{\beta}) - f(\boldsymbol{\alpha}, \boldsymbol{\alpha}) - f(\boldsymbol{\beta}, \boldsymbol{\beta}).$$

5.2 主要定理

定理 5.1 (1) 假设 ${}_{\mathbf{F}}\boldsymbol{V}$ 是 n 维线性空间，而 $f(x, y)$ 是 ${}_{\mathbf{F}}\boldsymbol{V}$ 上的对称双线性函数，则存在 ${}_{\mathbf{F}}\boldsymbol{V}$ 的一个基，使得 $f(x, y)$ 在此基下的矩阵为对角形.

(2)（矩阵语言）假设 $\boldsymbol{A}$ 是数域 $\mathbf{F}$ 上的 n 阶对称矩阵，则存在 $\mathbf{F}$ 上的可逆矩阵 $\boldsymbol{P}$ 使得 $\boldsymbol{P}^{\mathrm{T}}\boldsymbol{A}\boldsymbol{P}$ 为对角阵，简称 $\boldsymbol{A}$ 在 $\mathbf{F}$ 上合同于对角矩阵.

定理 5.2 在复数域 $\mathbf{C}$ 上，矩阵 $\boldsymbol{A}_n$ 酉相似于一个对角阵，当且仅当 $\boldsymbol{A}$ 是正规矩阵：$\overline{\boldsymbol{A}}^{\mathrm{T}}\boldsymbol{A} = \boldsymbol{A}\overline{\boldsymbol{A}}^{\mathrm{T}}$. 特别的，任意一个实对称阵一定正交相似于某个实对角阵.

定理 5.3 取定一个 n 维实线性空间 $\boldsymbol{V}$，并取定其一个基 $\boldsymbol{\alpha}_1, \cdots, \boldsymbol{\alpha}_n$，则存在集合之间的双射：

$$\{[-,-] \mid [-,-] \text{ 是 } \boldsymbol{V} \text{ 上的一个内积}\} \to \{\boldsymbol{A}_n \mid \boldsymbol{A} \text{ 是正定矩阵}\}$$

$$[-,-] \mapsto ([\boldsymbol{\alpha}_i, \boldsymbol{\alpha}_j])_{n\times n}.$$

定理 5.4 对于 n 阶实对称方阵 $\mathbf{A}$，以下条件等价：

(1) $\mathbf{A}$ 是正定矩阵：$\boldsymbol{\alpha}^{\mathrm{T}}\mathbf{A}\boldsymbol{\alpha} > 0$，$\mathbf{0} \neq \boldsymbol{\alpha} \in \mathbf{R}^{n\times 1}$；

(2) $\mathbf{A}$ 的特征值全大于零；

(3) $\mathbf{A}$ 的主子式全大于零；

(4) $\mathbf{A}$ 的 n 个顺序主子式均大于零；

(5) $\mathbf{A} = \boldsymbol{P}^{\mathrm{T}}\boldsymbol{P}$，其中 $\boldsymbol{P}$ 是一个可逆实矩阵；

(6) 存在可逆实对称阵 $\boldsymbol{Q}$ 使得 $\mathbf{A} = \boldsymbol{Q}^2$.

定理 5.5 (1) 任意实对称矩阵 $\mathbf{A}$ 合同于一个形为 $\begin{bmatrix} \boldsymbol{E}_r & \mathbf{0} & \mathbf{0} \\ \mathbf{0} & -\boldsymbol{E}_s & \mathbf{0} \\ \mathbf{0} & \mathbf{0} & \mathbf{0} \end{bmatrix}$ 的矩阵（称为合同标准形）；

(2)（惯性定理）合同标准形是由 $\mathbf{A}$ 唯一确定的，与合同过程无关.

5.3 典型例子

例 5.1 对于数域 $\mathbf{F}$，记 $\mathbf{V} = M_n(\mathbf{F})$. 求证：$\mathrm{tr}: \mathbf{V} \to \mathbf{F}$，$\mathbf{A} \mapsto \mathrm{tr}(\mathbf{A})$ 是线性空间 $\mathbf{V}$ 上的线性函数.

证明 留作习题.

例 5.2 对于数域 $\mathbf{F}$，记 $\mathbf{V} = M_n(\mathbf{F})$. 求证：

$$f: \mathbf{V} \times \mathbf{V} \to \mathbf{F}, (\mathbf{A}, \boldsymbol{B}) \mapsto \mathrm{tr}(\boldsymbol{AB})$$

是线性空间 $\mathbf{V}$ 上的对称双线性函数，并求 f 在基 $\boldsymbol{E}_{ij}(1 \leqslant i, j \leqslant n)$ 下的矩阵.

证明 留作习题.

例 5.3 假设 $\mathbf{V}$ 是数域 $\mathbf{F}$ 上的有限维线性空间，而 f 是 $\mathbf{V}$ 上的双线性函数. 求证以下 3 个条件等价：

(1) f 是满秩的(亦即 f 在任一个基下的矩阵满秩)；

(2) $f(\boldsymbol{\alpha}, \boldsymbol{\beta}) = 0(\boldsymbol{\alpha} \in \mathbf{V})$ 蕴含了 $\boldsymbol{\beta} = \mathbf{0}$；

(3) $f(\boldsymbol{\beta}, \boldsymbol{\alpha}) = 0(\boldsymbol{\alpha} \in \mathbf{V})$ 蕴含了 $\boldsymbol{\beta} = \mathbf{0}$.

解 只需要证明(1)与(2)的等价性.

取定 ${}_{\mathbf{F}}\mathbf{V}$ 的一个基 $\boldsymbol{\eta}_1, \cdots, \boldsymbol{\eta}_n$，用 $\mathbf{A}$ 表示 f 在此基下的矩阵，亦即

$$\mathbf{A} = (f(\boldsymbol{\eta}_i, \boldsymbol{\eta}_j))_n.$$

对于 $\boldsymbol{\alpha}, \boldsymbol{\beta} \in \mathbf{V}$, 假设它们在基 $\boldsymbol{\eta}_1, \cdots, \boldsymbol{\eta}_n$ 下的坐标分别为 X, Y, 则有 $f(\boldsymbol{\alpha}, \boldsymbol{\beta}) = \boldsymbol{X}^{\mathrm{T}}\boldsymbol{AY}$.

必要性 假设 f 是满秩的,亦即 $\boldsymbol{A}$ 可逆. 此时假设 $f(\boldsymbol{\alpha}, \boldsymbol{\beta}) = \mathbf{0}(\boldsymbol{\alpha} \in \mathbf{V})$, 亦即 $\boldsymbol{X}^{\mathrm{T}}\boldsymbol{AY} = \mathbf{0}(\boldsymbol{X} \in \mathbf{F}^{n\times 1})$. 特别的,分别取 $\boldsymbol{X} = \boldsymbol{\varepsilon}_i(1 \leqslant i \leqslant n)$, 则有

$$\boldsymbol{AY} = \boldsymbol{EAY} = (\boldsymbol{\varepsilon}_1, \cdots, \boldsymbol{\varepsilon}_n)\boldsymbol{AY} = (0, \cdots, 0).$$

所以 $\boldsymbol{Y} = \boldsymbol{A}^{-1}(\boldsymbol{AY}) = \mathbf{0}$, 从而 $\boldsymbol{\beta} = \mathbf{0}$.

充分性 假设条件"$f(\boldsymbol{\alpha}, \boldsymbol{\beta}) = \mathbf{0}(\boldsymbol{\alpha} \in \mathbf{V})$ 蕴含了 $\boldsymbol{\beta} = \mathbf{0}$"成立. 反设 $\boldsymbol{A}$ 非满秩,则 $\boldsymbol{AY} = \mathbf{0}$ 有非零解 $\boldsymbol{Y}_0 \in \mathbf{F}^{n\times 1}$, 于是 $\boldsymbol{X}^{\mathrm{T}}\boldsymbol{AY}_0 = \mathbf{0}$ 对于所有的 $\boldsymbol{Y} \in \mathbf{F}^{n\times 1}$ 恒成立. 换句话说,存在 $\mathbf{V}$ 中非零向量 $\boldsymbol{\beta}_0$, 其在基 $\boldsymbol{\eta}_1, \cdots, \boldsymbol{\eta}_n$ 下的坐标为 $\boldsymbol{Y}_0$, 使得对于任意 $\boldsymbol{\alpha} \in \mathbf{V}$ 恒有 $f(\boldsymbol{\alpha}, \boldsymbol{\beta}_0) = \boldsymbol{X}^{\mathrm{T}}\boldsymbol{AY}_0 = \mathbf{0}$, 与假设相矛盾.

例 5.4(A) 假设 $\mathbf{V}$ 是数域 $\mathbf{F}$ 上的有限维线性空间,而 f 是 $\mathbf{V}$ 上的双线性函数. 对于 $\mathbf{V}$ 的子空间 $\boldsymbol{M}$, 定义

$$\boldsymbol{L}(\boldsymbol{M}) = \{\boldsymbol{\alpha} \in \mathbf{V} \mid f(\boldsymbol{\alpha}, \boldsymbol{\beta}) = \mathbf{0}, \boldsymbol{\beta} \in \boldsymbol{M}\},$$

称为 $\boldsymbol{M}$ 关于 f 的左正交补. 类似可以定义 $\boldsymbol{M}$ 关于 f 的右正交补 $\boldsymbol{R}(\boldsymbol{M})$.

求证: $\boldsymbol{L}(\boldsymbol{M})$ 与 $\boldsymbol{R}(\boldsymbol{M})$ 都是 $\mathbf{V}$ 的子空间;进一步,如果 f 满秩,则有

$$\dim_{\mathbf{F}}\boldsymbol{L}(\boldsymbol{M}) = \dim_{\mathbf{F}}\boldsymbol{R}(\boldsymbol{M}) = n - \dim_{\mathbf{F}}\boldsymbol{M}.$$

并说明 $\boldsymbol{L}(\boldsymbol{M}) \cong \boldsymbol{R}(\boldsymbol{M})$, 以及 $\boldsymbol{L}(\boldsymbol{R}(\boldsymbol{M})) = \boldsymbol{M} = \boldsymbol{R}(\boldsymbol{L}(\boldsymbol{M}))$.

证明 直接可以验证二者都是 $\mathbf{V}$ 的子空间.

以下假设 f 满秩. 取定 ${}_{\mathbf{F}}\boldsymbol{M}$ 的一个基 $\boldsymbol{\eta}_1, \cdots, \boldsymbol{\eta}_r$, 并将之扩充成 $\mathbf{V}$ 的一个基

$$\boldsymbol{\eta}_1, \cdots, \boldsymbol{\eta}_r, \boldsymbol{\eta}_{r+1}, \cdots, \boldsymbol{\eta}_n.$$

根据满秩假设,已知 $r\times n$ 矩阵 $(f(\boldsymbol{\eta}_i, \boldsymbol{\eta}_j))_{r\times n}$ 是 r 秩矩阵. 现在考虑 $\boldsymbol{L}(\boldsymbol{M})$. 易见

$$\boldsymbol{L}(\boldsymbol{M}) = \{\boldsymbol{\alpha} \in \mathbf{V} \mid f(\boldsymbol{\alpha}, \boldsymbol{\eta}_i) = 0, 1 \leqslant i \leqslant r\boldsymbol{M}\}.$$

对于任意 $\boldsymbol{\alpha} \in \mathbf{V}$, 记 $\boldsymbol{\alpha} = k_1\boldsymbol{\eta}_1 + \cdots + k_n\boldsymbol{\eta}_n$, 则有

$$\boldsymbol{\alpha} \in \boldsymbol{L}(\boldsymbol{M}) \Leftrightarrow 0 = \sum_{i=1}^{n} k_i f(\boldsymbol{\eta}_i, \boldsymbol{\eta}_j), 1 \leqslant j \leqslant r.$$

如将 $k_1, \cdots, k_n$ 看成未知数,则上式右端的方程组的基础解系中恰有 $n-r$ 个解. 易见其解空间同构于 $\boldsymbol{L}(\boldsymbol{M})$, 因此

$$\dim_{\mathbf{F}}\boldsymbol{L}(\boldsymbol{M}) = n - r = n - \dim_{\mathbf{F}}\boldsymbol{M}.$$

同理可证出 $\dim_{\mathbf{F}}\boldsymbol{R}(\boldsymbol{M}) = n - \dim_{\mathbf{F}}\boldsymbol{M}$.

由于 $\boldsymbol{L}(\boldsymbol{M})$ 与 $\boldsymbol{R}(\boldsymbol{M})$ 具有相同的维数,所以二者同构. 当然,在一般情况下,二者并不相等. 当 f 为对称双线性函数时, 有 $\boldsymbol{L}(\boldsymbol{M})=\boldsymbol{R}(\boldsymbol{M})$.

易见 $\boldsymbol{M}\subseteq\boldsymbol{L}(\boldsymbol{R}(\boldsymbol{M}))$. 又根据刚得证的公式得到

$$\dim_{\mathbf{F}}\boldsymbol{L}(\boldsymbol{R}(\boldsymbol{M}))=n-\dim_{\mathbf{F}}\boldsymbol{R}(\boldsymbol{M})=n-(n-\dim_{\mathbf{F}}\boldsymbol{M})=\dim_{\mathbf{F}}\boldsymbol{M}.$$

所以有 $\boldsymbol{M}=\boldsymbol{L}(\boldsymbol{R}(\boldsymbol{M}))$. 同理得到 $\boldsymbol{M}=\boldsymbol{R}(\boldsymbol{L}(\boldsymbol{M}))$.

例 5.4(B) 条件如同前例. 求证: 如果 f 是对称的或者是交错的,则对于 $\boldsymbol{L}(\mathbf{V})$ 在 $\mathbf{V}$ 内的任意直和补 $\boldsymbol{W}$, $f|_W$ 是满秩的双线性函数.

证明 留作习题.

例 5.5 假设 $f=l_1^2+\cdots+l_p^2-l_{p+1}^2-\cdots-l_{p+q}^2$ 是 n 元实二次型,其中每个 l_i 都是关于 $x_1, \cdots, x_n$ 的实系数线性函数. 求证: f 的正惯性指数不超过 p, 而负惯性指数不超过 q.

证明 假设 $\begin{bmatrix} l_1 \\ \vdots \\ l_{p+q} \end{bmatrix}=\boldsymbol{AX}$. 不妨假设 $\boldsymbol{A}$ 的前 r 行 $(r\leqslant p)$、后 q 行中的前 s 行一起构成 $\boldsymbol{A}$ 的一个极大无关组,将它扩充成 $\mathbf{R}^{n\times 1}$ 的一个基,从而得到一个可逆实矩阵 $\boldsymbol{P}$. 命 $\boldsymbol{X}=\boldsymbol{PY}$, 得到

$$f=y_1^2+\cdots+y_r^2+\overline{l_{r+1}}^2+\cdots+\overline{l_p}^2-y_{p+1}^2-\cdots-y_{p+s}^2-\overline{l_{p+s+1}}^2-\cdots-\overline{l_{p+q}}^2,$$

其中 $\overline{l_k}$ 都是关于 $x_1, \cdots, x_n$ 的实系数线性函数.

下面采用反证法完成证明: 假设 f 的正惯性指数 $p_1>p$, 并设 f 经过非退化线性替换 $\boldsymbol{X}=\boldsymbol{QZ}$ 化为规范性

$$f=z_1^2+\cdots+z_{p_1}^2-z_{p_1+1}^2-\cdots-z_{p_1+q_1}^2.$$

注意到有 $\boldsymbol{Y}=\boldsymbol{P}^{-1}\boldsymbol{Q}^{-1}\boldsymbol{Z}$, 故若命 $\boldsymbol{U}=\boldsymbol{P}^{-1}\boldsymbol{Q}^{-1}$, 则有 $\boldsymbol{Y}=\boldsymbol{UZ}$. 考虑方程组

$$\begin{cases} 0=y_1=u_{11}z_1+\cdots+u_{1p_1}z_{p_1} \\ \qquad\cdots\cdots \\ 0=y_r=u_{r1}z_1+\cdots+u_{rp_1}z_{p_1} \\ 0=\overline{l_{r+1}}=l_{r+11}z_1+\cdots+\lambda_{r+1p_1}z_{p_1} \\ \qquad\cdots\cdots \\ 0=\overline{l_p}=l_{p1}z_1+\cdots+\lambda_{pp_1}z_{p_1} \\ 0=z_{p_1+1} \\ \qquad\cdots\cdots \\ 0=z_n \end{cases}$$

由于 $p < p_1$，故而 $p_1 \geqslant 1$，且上述方程组有非零解 $\boldsymbol{Z}_0$. 记 $\boldsymbol{UZ}_0 = \boldsymbol{Y}_0$，$\boldsymbol{QZ}_0 = \boldsymbol{X}_0$，则得到

$$f(\boldsymbol{X}_0) = -y_{p+1}^2 - \cdots - y_{p+s}^2 - \overline{l_{p+s+1}}^2 - \cdots - \overline{l_{p+q}}^2 \leqslant 0.$$

另一方面有 $f(\boldsymbol{X}_0) = z_1^2 + \cdots + z_{p_1}^2 > 0$，产生矛盾.

例 5.6 假设 $\boldsymbol{V}$ 是实数域上的 n 维线性空间，而 f 是 $\boldsymbol{V}$ 上的对称实值双线性函数，且假设 $f(\alpha, \alpha)$ 的负惯性指数为零. 用 $\boldsymbol{M}$ 表示 $\boldsymbol{V}$ 中满足 $f(\alpha, \alpha) = 0$ 的向量全体. 求证：$\boldsymbol{M}$ 是 $\boldsymbol{V}$ 的线性子空间，并求其在 $\mathbf{R}$ 上的维数.

证明 根据假设，可取到 ${}_{\mathbf{R}}\boldsymbol{V}$ 的一个基 $\boldsymbol{\eta}_1, \cdots, \boldsymbol{\eta}_n$，并设 f 在此基下的矩阵为 $\boldsymbol{A} = \begin{bmatrix} \boldsymbol{E}_r & \boldsymbol{0} \\ \boldsymbol{0} & \boldsymbol{0} \end{bmatrix}$. 此时，对于 $\boldsymbol{\alpha} \in \boldsymbol{V}$，如果 $\boldsymbol{\alpha}$ 在基 $\boldsymbol{\eta}_1, \cdots, \boldsymbol{\eta}_n$ 下的坐标为 $\boldsymbol{X}$，则有 $f(\boldsymbol{\alpha}, \boldsymbol{\alpha}) = \boldsymbol{X}^{\mathrm{T}}\boldsymbol{AX}$. 如果 $0 = f(\boldsymbol{\alpha}, \boldsymbol{\alpha})$，则相应 $\boldsymbol{X}$ 的前 r 个分量均为零. 由此即知：$\boldsymbol{M}$ 关于加法封闭. 易见 $\boldsymbol{M}$ 非空，且关于数乘封闭，因此 $\boldsymbol{M}$ 确实是 $\boldsymbol{V}$ 的子空间，其维数为 $n - r$，其中 $r = \mathrm{r}(\boldsymbol{A})$.

例 5.7 假设 $\boldsymbol{A}$ 是 n 阶实对称矩阵，且 $|\boldsymbol{A}| < 0$. 求证：存在实向量 $\boldsymbol{\alpha}$，使得 $\boldsymbol{\alpha}^{\mathrm{T}}\boldsymbol{A\alpha} < 0$.

证明 存在可逆实矩阵 $\boldsymbol{P}$ 使得 $\boldsymbol{P}^{\mathrm{T}}\boldsymbol{AP}$ 为对角阵 $\boldsymbol{D}$. 由于 $|\boldsymbol{A}| < 0$，不妨假设矩阵 $\boldsymbol{D}$ 的 (1, 1) 位置数 λ_1 小于零. 此时，取 $\boldsymbol{\alpha} = \boldsymbol{P\varepsilon}_1$，则有 $\boldsymbol{\alpha}^{\mathrm{T}}\boldsymbol{A\alpha\varepsilon}_1^{\mathrm{T}}\boldsymbol{D\varepsilon}_1 = \lambda_1 < 0$.

例 5.8 假设 $f = \boldsymbol{X}^{\mathrm{T}}\boldsymbol{AX}$ 是正定二次型，其中 $\boldsymbol{A}^{\mathrm{T}} = \boldsymbol{A}$ 是 n 阶实矩阵.

(1) 求证：$g(y_1, \cdots, y_n) = \begin{vmatrix} a_{11} & a_{12} & \cdots & a_{1n} & y_1 \\ a_{21} & a_{22} & \cdots & a_{2n} & y_2 \\ \vdots & \vdots & \ddots & \vdots & \vdots \\ a_{n1} & a_{n2} & \cdots & a_{nn} & y_n \\ y_1 & y_2 & \cdots & y_n & 0 \end{vmatrix}$ 是负定 n 元二次型；

(2) 求证：$|\boldsymbol{A}| \leqslant a_{nn} \cdot \boldsymbol{P}_{n-1}$，其中 $\boldsymbol{P}_{n-1}$ 是 $\boldsymbol{A}$ 的第 $n-1$ 个顺序主子式，从而有

$$|\boldsymbol{A}| \leqslant a_{11}a_{22}\cdots a_{nn}.$$

(3) 求证：如果 $\boldsymbol{U}$ 是 n 阶实可逆矩阵，则有 $|\boldsymbol{U}|^2 \leqslant \prod_{i=1}^{n}(t_{1i}^2 + t_{2i}^2 + \cdots + t_{ni}^2)$.

证明 (1) $g(y_1, \cdots, y_n) = \begin{vmatrix} \boldsymbol{A} & \boldsymbol{Y} \\ \boldsymbol{Y}^{\mathrm{T}} & \boldsymbol{0} \end{vmatrix} = \begin{vmatrix} \boldsymbol{A} & \boldsymbol{Y} \\ \boldsymbol{0} & -\boldsymbol{Y}^{\mathrm{T}}\boldsymbol{A}^{-1}\boldsymbol{Y} \end{vmatrix} = -|\boldsymbol{A}| \cdot \boldsymbol{Y}^{\mathrm{T}}\boldsymbol{A}^{-1}\boldsymbol{Y}$.

由于 $\boldsymbol{A}$ 正定,所以 $\boldsymbol{A}^{-1}$ 正定,从而由 $|\boldsymbol{A}|>0$ 即知 $g(y_1, \cdots, y_n)$ 是 n 元负定二次型.

(2) 根据行列式性质(将最后一列的每个数写成两个数的和)得到:

$$|\boldsymbol{A}_n| = \begin{vmatrix} \boldsymbol{A}_{n-1} & \boldsymbol{0} \\ \boldsymbol{\alpha}^{\mathrm{T}} & \boldsymbol{a}_{nn} \end{vmatrix} + \begin{vmatrix} \boldsymbol{A}_{n-1} & \boldsymbol{\alpha} \\ \boldsymbol{a}^{\mathrm{T}} & \boldsymbol{0} \end{vmatrix},$$

其中 $\boldsymbol{\alpha}=(a_{n1}, a_{n2}, \cdots, a_{nn-1})$. 根据(1)的结果知 $|\boldsymbol{A}_n| \leqslant \begin{vmatrix} \boldsymbol{A}_{n-1} & \boldsymbol{0} \\ \boldsymbol{\alpha}^{\mathrm{T}} & a_{nn} \end{vmatrix}$. 最后用归纳法完成证明,得到 $|\boldsymbol{A}| \leqslant a_{11}a_{22}\cdots a_{nn}$.

(3) $\boldsymbol{B}=\boldsymbol{U}^{\mathrm{T}}\boldsymbol{U}$ 显然是正定矩阵. 对此使用(2)即得结果.

例 5.9 假设 f 是 n 维实空间 $\mathbf{V}$ 上的实对称双线性函数. 对于 $\mathbf{V}$ 中的非零向量 $\boldsymbol{\alpha}$, 如果 $f(\boldsymbol{\alpha}, \boldsymbol{\alpha})=0$, 则称 $\boldsymbol{\alpha}$ 为 f 的迷向向量. 如果存在 $\mathbf{V}$ 中向量 $\boldsymbol{\alpha}_0$, $\boldsymbol{\beta}_0$, 使得 $f(\boldsymbol{\alpha}_0, \boldsymbol{\alpha}_0)<0$, 而 $f(\boldsymbol{\beta}_0, \boldsymbol{\beta}_0)>0$, 求证: $\mathbf{V}$ 有一个由(关于 f 的)迷向向量组成的基.

证明 根据假设,存在 $\mathbf{V}$ 的一个基 $\boldsymbol{\eta}_1, \cdots, \boldsymbol{\eta}_p, \boldsymbol{\varepsilon}_1, \cdots, \boldsymbol{\varepsilon}_q, \boldsymbol{\gamma}_1, \cdots, \boldsymbol{\gamma}_r$, 并设 f 在此基下的矩阵为 $\boldsymbol{A}=\begin{bmatrix} \boldsymbol{E}_p & \boldsymbol{0} & \boldsymbol{0} \\ \boldsymbol{0} & -\boldsymbol{E}_q & \boldsymbol{0} \\ \boldsymbol{0} & \boldsymbol{0} & \boldsymbol{0}_r \end{bmatrix}$, 其中 $pq\neq 0$. 此时有向量组之间的等价

$$\boldsymbol{\eta}_1, \cdots, \boldsymbol{\eta}_p, \boldsymbol{\varepsilon}_1, \cdots, \boldsymbol{\varepsilon}_q, \boldsymbol{\gamma}_1, \cdots, \boldsymbol{\gamma}_r \overset{l}{\Leftrightarrow} \boldsymbol{\eta}_i+\boldsymbol{\varepsilon}_j, \boldsymbol{\eta}_i-\boldsymbol{\varepsilon}_j, \boldsymbol{\gamma}_k,$$

$$(1\leqslant i\leqslant p,\ 1\leqslant j\leqslant q,\ 1\leqslant k\leqslant r,\ p+q+r=n)$$

注意到第二组的向量均为迷向向量,取其一个极大无关组即得到 $\mathbf{V}$ 的一个由迷向向量组成的基.

例 5.10 对于 $_{\mathbf{F}}\mathbf{V}$ 上的线性函数 g, h, 如果 $gh=0$, 则必有: 或者 $g=0$ 或者 $h=0$.

解 事实上,假设 $g\neq 0$. 命 $\boldsymbol{W}=\{\boldsymbol{\alpha}\in\mathbf{V} \mid g(\boldsymbol{\alpha})=\boldsymbol{0}\}$, 并假设有 $\mathbf{V}=\boldsymbol{W}\oplus\boldsymbol{M}$, 其中 $\boldsymbol{M}\neq\boldsymbol{0}$. 对于 $\boldsymbol{\beta}\in\boldsymbol{M}$, 有 $g(\boldsymbol{\beta})\neq\boldsymbol{0}$, 因此必有 $h(\boldsymbol{\beta})=\boldsymbol{0}$. 如果 $h\neq 0$, 则有 $\boldsymbol{\alpha}\in\boldsymbol{W}$ 使得 $h(\boldsymbol{\alpha})\neq\boldsymbol{0}$. 此时将有 $g(\boldsymbol{\alpha}+\boldsymbol{\beta})h(\boldsymbol{\alpha}+\boldsymbol{\beta})=g(\boldsymbol{\beta})h(\boldsymbol{\alpha})\neq\boldsymbol{0}$, 矛盾.

例 5.11 假设 f 是有限维线性空间 $_{\mathbf{F}}\mathbf{V}$ 上的对称双线性函数. 如果存在 $\mathbf{V}$ 上的两个线性函数 g, h 使得 $f(\boldsymbol{\alpha}, \boldsymbol{\beta})=g(\boldsymbol{\alpha})h(\boldsymbol{\beta})$, $\boldsymbol{\alpha}, \boldsymbol{\beta}\in\mathbf{V}$, 求证: 存在 $\mathbf{V}$ 上的线性函数 l 以及 $\mathbf{F}$ 中的一个常数 k, 使得 $f(\boldsymbol{\alpha}, \boldsymbol{\beta})=k\,l(\boldsymbol{\alpha})l(\boldsymbol{\beta})$.

证明 如果 $f\equiv 0$，结论自然成立. 以下假设 $f\neq 0$. 根据假设，存在 $\mathbf{V}$ 的一个基 $\boldsymbol{\eta}_1$，…，$\boldsymbol{\eta}_n$，使得 f 在此基下的矩阵为对角阵 $\boldsymbol{D}=\mathrm{diag}\{d_1,\cdots,d_n\}$. 对于 $\mathbf{V}$ 中任意向量 $\boldsymbol{\alpha}$，$\boldsymbol{\beta}$，假设他们在此基下的坐标分别为 $\boldsymbol{X}$，$\boldsymbol{Y}$，则有

$$\boldsymbol{X}^{\mathrm{T}}\boldsymbol{D}\boldsymbol{Y}=f(\boldsymbol{\alpha},\boldsymbol{\beta})=\boldsymbol{X}^{\mathrm{T}}\begin{bmatrix}g(\boldsymbol{\eta}_1)\\ \vdots\\ g(\boldsymbol{\eta}_n)\end{bmatrix}(h(\boldsymbol{\eta}_1),\cdots,h(\boldsymbol{\eta}_n))\boldsymbol{Y}.$$

由此易得到

$$d_i=g(\boldsymbol{\eta}_i)h(\boldsymbol{\eta}_i),\ 0=g(\boldsymbol{\eta}_i)h(\boldsymbol{\eta}_j),\ i\neq j.$$

不妨假设 $d_1\neq 0$，亦即有 $g(\boldsymbol{\eta}_1)h(\boldsymbol{\eta}_1)\neq 0$. 此时易得 $h(\boldsymbol{\eta}_2)=0,\cdots,h(\boldsymbol{\eta}_n)=0$，因此有 $d_2=\cdots=d_n=0$. 此时取 $k=g(\boldsymbol{\eta}_1)h(\boldsymbol{\eta}_1)$，命线性函数 l 满足

$$l(\boldsymbol{\eta}_1)=1,\ l(\boldsymbol{\eta}_i)=0,$$

即可得到

$$f(\boldsymbol{\alpha},\boldsymbol{\beta})=k\cdot l(\boldsymbol{\alpha})l(\boldsymbol{\beta}),\ \boldsymbol{\alpha},\boldsymbol{\beta}\in\mathbf{V}.$$

例 5.12 设 φ: $\boldsymbol{M}_n(\mathbf{R})\to\mathbf{R}$ 是非零线性映射，满足

$$\varphi(\boldsymbol{XY})=\varphi(\boldsymbol{YX}),\ \boldsymbol{X},\boldsymbol{Y}\in\boldsymbol{M}_n(\mathbf{R}),\tag{5-1}$$

这里 $\boldsymbol{M}_n(\mathbf{R})$ 是实数域上 n 阶方阵组成的线性空间. 在 $\boldsymbol{M}_n(\mathbf{R})$ 上定义双线性型 $(-,-)$ 如下：$(\boldsymbol{X},\boldsymbol{Y})=\varphi(\boldsymbol{XY})$.

(1) 证明双线性型 $(-,-)$ 是非退化的，即若对于任意 $\boldsymbol{Y}\in\boldsymbol{M}_n(\mathbf{R})$，恒有 $(\boldsymbol{X},\boldsymbol{Y})=0$，则 $\boldsymbol{X}=\boldsymbol{0}$.

(2) 设 $\boldsymbol{A}_1,\cdots,\boldsymbol{A}_{n^2}$ 是 $\boldsymbol{M}_n(\mathbf{R})$ 的一个基，而 $\boldsymbol{B}_1,\cdots,\boldsymbol{B}_{n^2}$ 是相应的对偶基，亦即有 $(\boldsymbol{A}_i,\boldsymbol{B}_j)=\delta_{ij}$. 证明 $\sum_{i=1}^{n^2}\boldsymbol{A}_i\boldsymbol{B}_i$ 是数量矩阵.

(第二届全国大学生数学竞赛决赛试卷(数学类,2011 年 3 月),第 6 题,20 分)

分析 所给条件“φ 非零”是很弱的条件,而条件(5-1)却是很强的条件. 此外,由条件 $\varphi(\boldsymbol{XY}-\boldsymbol{YX})=0$，会马上联想到迹函数 tr 以及 $\mathbf{R}\cdot tr$. 自然会猜测：φ 可能就是这样的一个 $k\cdot tr$.

证明 首先注意到迹函数 tr：$\boldsymbol{M}_n(\mathbf{R})\to\mathbf{R}$，$\boldsymbol{A}\mapsto\mathrm{tr}(\boldsymbol{A})$ 满足该条件. 另外,注意到实线性空间 $\boldsymbol{M}_n(\mathbf{R})$ 有一组最为自然的基 $\boldsymbol{E}_{ij}$. 用 $\boldsymbol{M}_n(\mathbf{R})^*$ 表示 $\boldsymbol{M}_n(\mathbf{R})$ 的对偶空间.

命 $\boldsymbol{W}=\{\varphi\in\boldsymbol{M}_n(\mathbf{R})^*\mid\varphi(\boldsymbol{XY})=\varphi(\boldsymbol{YX}),\ \boldsymbol{X},\boldsymbol{Y}\in\boldsymbol{M}_n(\mathbf{R})\}$.

易见$\boldsymbol{W}$是$\boldsymbol{M}_n(\mathbf{R})^*$的子空间且有$\mathbf{R}\cdot tr \leqslant \boldsymbol{W} \leqslant \boldsymbol{M}_n(\mathbf{R})^*$. 下面首先证明$\boldsymbol{W}=\mathbf{R}\cdot tr$，亦即$\boldsymbol{W}$是$M_n(\mathbf{R})^*$的一维子空间，$tr$是其基. 为此只需验证$\boldsymbol{W}\subseteq \mathbf{R}\cdot tr$.

任意$\boldsymbol{A}=(a_{ij})\in \boldsymbol{M}_n(\mathbf{R})$，有$\boldsymbol{A}=\sum_{i,j} a_{ij}\boldsymbol{E}_{ij}$. 因此，

$$\boldsymbol{\varphi}(\boldsymbol{A})=\sum_{i=1}^{n}\sum_{j=1}^{n} a_{ij}\cdot \boldsymbol{\varphi}(\boldsymbol{E}_{ij}),\ \boldsymbol{\varphi}\in \boldsymbol{W}.$$

如果命$\boldsymbol{D}=(d_{ij})_{n\times n}$，其中$d_{ij}=\boldsymbol{\varphi}(\boldsymbol{E}_{ji})$，则有$\boldsymbol{\varphi}(\boldsymbol{A})=\mathrm{tr}(\boldsymbol{AD})$. 关于$\boldsymbol{\varphi}$的所给限定条件变为

$$\mathrm{tr}(\boldsymbol{XY}\cdot \boldsymbol{D})=\mathrm{tr}(\boldsymbol{YX}\cdot \boldsymbol{D}),\ \boldsymbol{X},\boldsymbol{Y}\in \boldsymbol{M}_n(\mathbf{R}).$$

根据$\mathrm{tr}(\boldsymbol{UV})=\mathrm{tr}(\boldsymbol{VU})$进一步得到

$$\mathrm{tr}(\boldsymbol{Y}\cdot \boldsymbol{DX})=\mathrm{tr}(\boldsymbol{Y}\cdot \boldsymbol{XD}),\ \boldsymbol{Y}\in \boldsymbol{M}_n(\mathbf{R}).$$

由此不难(详见下面(1))得到

$$\boldsymbol{DX}=\boldsymbol{XD},\ \boldsymbol{X}\in \boldsymbol{M}_n(\mathbf{R}),$$

因此$\boldsymbol{D}$是一个数量矩阵. 以下假设$\boldsymbol{D}=u\boldsymbol{E}$，其中$u\in\mathbf{R}$且由$\varphi$唯一确定.

$$\text{所以 } \varphi(\boldsymbol{A})=\mathrm{tr}(\boldsymbol{AD})=u\cdot \mathrm{tr}(\boldsymbol{A}).$$

这就证明了$\boldsymbol{W}=\mathbf{R}\cdot tr$.

(1) 对于给定的非零φ，相应的$u\neq 0$. 如果$(\boldsymbol{X},\boldsymbol{Y})=0$，$\boldsymbol{Y}\in \boldsymbol{M}_n(\mathbf{R})$，则有

$$\mathrm{tr}(0\cdot \boldsymbol{Y})=0=\mathrm{tr}(\boldsymbol{XY}),\ \boldsymbol{Y}\in \boldsymbol{M}_n(\mathbf{R}).$$

取$\boldsymbol{Y}=\boldsymbol{E}_{ij}$($i$，$j$为任意)，即得$x_{ji}=0$. 因此$\boldsymbol{X}=\boldsymbol{0}$.

(2) 假设$\boldsymbol{A}_i=(a_{pq}^{i})$，$\boldsymbol{B}_i=(b_{st}^{i})$. 假设$\boldsymbol{E}_{pq}=\sum_{i=1}^{n^2} x_i^{pq}\boldsymbol{B}_i$，于是有

$$u\cdot a_{qp}^{i}=u\cdot \mathrm{tr}(\boldsymbol{A}_i\cdot \boldsymbol{E}_{pq})=(\boldsymbol{A}_i,\boldsymbol{E}_{pq})=\left(\boldsymbol{A}_i,\ \sum_{j=1}^{n^2} x_j^{pq}\boldsymbol{B}_j\right)=x_i^{pq}.$$

回代得到$\boldsymbol{E}_{pq}=\sum_{i=1}^{n^2} u\cdot a_{qp}^{i}\boldsymbol{B}_i$，从而有

$$\begin{aligned}\sum_{i=1}^{n^2} u\cdot a_{qp}^{i}b_{st}^{i} &= \begin{cases}1, & \text{如 } s=p \text{ 和 } t=q,\\ 0, & \text{其他情形},\end{cases}\\ &=\delta_{ps}\cdot\delta_{qt}.\end{aligned}$$

最后得到

$$\sum_{i=1}^{n^2} \boldsymbol{A}_i \boldsymbol{B}_i = \sum_{i=1}^{n^2} \sum_{1 \leqslant s, t, j \leqslant n} a_{sj}^i b_{jt}^i \boldsymbol{E}_{st} = \sum_{1 \leqslant s, t, j \leqslant n} \left(\sum_{i=1}^{n^2} a_{sj}^i b_{jt}^i \right) \boldsymbol{E}_{st}$$

$$= \sum_{1 \leqslant s, j \leqslant n} \frac{1}{u} \boldsymbol{E}_{ss} = \frac{n}{u} \boldsymbol{E}.$$

例 5.13 假设 $\boldsymbol{A}$ 与 $\boldsymbol{B}$ 均为 n 阶半正定实对称矩阵，其中 $n-1 \leqslant rank(\boldsymbol{A}) \leqslant n$. 求证：存在可逆实矩阵 $\boldsymbol{P}$ 使得 $\boldsymbol{P}^{\mathrm{T}}\boldsymbol{AP}$ 与 $\boldsymbol{P}^{\mathrm{T}}\boldsymbol{BP}$ 同时为对角矩阵.

（第一届全国大学生数学竞赛决赛试卷(数学类,2010 年),第 7 题）

证明 (1) 如果 $rank(\boldsymbol{A}) = n$，则有可逆实矩阵 $\boldsymbol{P}_1$ 使得 $\boldsymbol{P}_1^{\mathrm{T}}\boldsymbol{AP}_1 = \boldsymbol{E}_n$. 此时，$\boldsymbol{P}_1^{\mathrm{T}}\boldsymbol{BP}$ 仍为半正定实对称矩阵，从而存在正交矩阵 $\boldsymbol{U}$ 使得 $\boldsymbol{U}^{\mathrm{T}}(\boldsymbol{P}_1^{\mathrm{T}}\boldsymbol{BP}_1)\boldsymbol{U}$ 为对角阵. 于是实可逆矩阵 $\boldsymbol{P} = \boldsymbol{P}_1\boldsymbol{U}$ 使得 $\boldsymbol{P}^{\mathrm{T}}\boldsymbol{AP}$ 与 $\boldsymbol{P}^{\mathrm{T}}\boldsymbol{BP}$ 同时为对角矩阵.

(2) 如果 $rank(A) = n-1$，则有可逆实矩阵 $\boldsymbol{P}_1$ 使得 $\boldsymbol{P}_1^{\mathrm{T}}\boldsymbol{AP}_1 = \begin{bmatrix} \boldsymbol{E}_{n-1} & \boldsymbol{0} \\ \boldsymbol{0} & \boldsymbol{0} \end{bmatrix}$. 此时，记 $\boldsymbol{B}_1 = \boldsymbol{P}_1^{\mathrm{T}}\boldsymbol{BP}$，则 $\boldsymbol{B}_1$ 仍为半正定实对称矩阵. 根据 $\boldsymbol{P}_1^{\mathrm{T}}\boldsymbol{AP}_1$ 分块特征，对于 $\boldsymbol{B}_1$ 也进行相同分块，亦即命 $\boldsymbol{B}_1 = \begin{bmatrix} C_{n-1} & \boldsymbol{\alpha}^{\mathrm{T}} \\ \boldsymbol{\alpha} & d \end{bmatrix}$. 存在 $n-1$ 阶正交矩阵 $\boldsymbol{U}_1$ 使得 $\boldsymbol{U}_1^{\mathrm{T}}C_{n-1}\boldsymbol{U}_1 = \boldsymbol{\Lambda}$，其中 $\boldsymbol{\Lambda} = \operatorname{diag}\{\lambda_1, \lambda_2, \cdots, \lambda_{n-1}\}$. 命 $\boldsymbol{U} = \begin{bmatrix} \boldsymbol{U}_1 & \boldsymbol{0} \\ \boldsymbol{0} & 1 \end{bmatrix}$，则有

$$(\boldsymbol{P}_1\boldsymbol{U})^{\mathrm{T}}\boldsymbol{A}(\boldsymbol{P}_1\boldsymbol{U}) = \begin{bmatrix} \boldsymbol{E}_{n-1} & \boldsymbol{0} \\ \boldsymbol{0} & \boldsymbol{0} \end{bmatrix}, \quad (\boldsymbol{P}_1\boldsymbol{U})^{\mathrm{T}}\boldsymbol{B}(\boldsymbol{P}_1\boldsymbol{U}) = \begin{bmatrix} \boldsymbol{\Lambda}_{n-1} & \boldsymbol{\mu}^{\mathrm{T}} \\ \boldsymbol{\mu} & d \end{bmatrix}.$$

以下不妨假设 $\boldsymbol{A} = \begin{bmatrix} \boldsymbol{E}_{n-1} & \boldsymbol{0} \\ \boldsymbol{0} & \boldsymbol{0} \end{bmatrix}$，$\boldsymbol{B} = \begin{bmatrix} \boldsymbol{\Lambda}_{n-1} & \boldsymbol{\mu}^{\mathrm{T}} \\ \boldsymbol{\mu} & d \end{bmatrix}$，其中

$$\boldsymbol{\Lambda}_{n-1} = \operatorname{diag}\{\lambda_1, \cdots, \lambda_{n-1}\},$$

而 $\boldsymbol{\mu} = (b_1, \cdots, b_{n-1})$.

如果 $d = 0$，由于 $\boldsymbol{B}$ 的二阶主子式全为零，所以必有 $\boldsymbol{\mu} = \boldsymbol{0}$. 此时，结论成立.

如果 $d \neq 0$，注意到 $\boldsymbol{A}$ 与 $\boldsymbol{B}$ 可同时合同对角化，当且仅当对于任意数 k，$\boldsymbol{A}$ 与 $k\boldsymbol{A} + \boldsymbol{B}$ 可同时合同对角化. 而 $k\boldsymbol{A} + \boldsymbol{B}$ 是三线矩阵，其行列式

$$| k\boldsymbol{A} + \boldsymbol{B} | = (k + \lambda_1)\cdots(k + \lambda_{n-1})\left(d - \frac{b_1^2}{k + \lambda_1} - \cdots - \frac{b_{n-1}^2}{k + \lambda_{n-1}}\right),$$

当 k 足够大时不为零. 因此存在足够大的 k，使得 $k\boldsymbol{A} + \boldsymbol{B}$ 为正定矩阵. 根据(1)的结果即完成定理的证明.

例 5.14 欧氏空间 $\mathbf{V}$ 的一个线性变换 $\boldsymbol{\sigma}$ 称为一个对称变换,是指 $\boldsymbol{\sigma}$ 满足以下条件

$$[\boldsymbol{\sigma}(\boldsymbol{x}),\ \boldsymbol{y}] = [\boldsymbol{x},\ \boldsymbol{\sigma}(\boldsymbol{y})],\ \boldsymbol{x},\ \boldsymbol{y} \in \mathbf{V}.$$

对于 n 维欧氏空间 $\mathbf{V}$ 的一个线性变换 $\boldsymbol{\sigma}$,求证:$\boldsymbol{\sigma}$ 是对称变换,当且仅当 $\boldsymbol{\sigma}$ 在 $\mathbf{V}$ 的任意一组标准正交基下的矩阵为实对称阵.

证明 必要性 假设 $\boldsymbol{\alpha}_1,\ \boldsymbol{\alpha}_2,\ \cdots,\ \boldsymbol{\alpha}_n$ 是 $\mathbf{V}$ 的一组标准正交基,并设

$$(\boldsymbol{\sigma}(\boldsymbol{\alpha}_1),\ \boldsymbol{\sigma}(\boldsymbol{\alpha}_2),\ \cdots,\ \boldsymbol{\sigma}(\boldsymbol{\alpha}_n)) = (\boldsymbol{\alpha}_1,\ \boldsymbol{\alpha}_2,\ \cdots,\ \boldsymbol{\alpha}_n)\boldsymbol{A},\quad \boldsymbol{A} = (a_{ij})_n.$$

于是有

$$\boldsymbol{a}_{ji} = \left[\sum_{r=1}^{n} a_{ri}\boldsymbol{\alpha}_r,\ \boldsymbol{\alpha}_j\right] = \left[\boldsymbol{\sigma}(\boldsymbol{\alpha}_i),\ \boldsymbol{\alpha}_j\right] = [\boldsymbol{\alpha}_i,\ \sigma(\boldsymbol{\alpha}_j)] = a_{ij},$$

亦即 $\boldsymbol{A}$ 是实对称矩阵.

充分性 任意取 $\mathbf{V}$ 的一组标准正交基 $\boldsymbol{\alpha}_1,\ \boldsymbol{\alpha}_2,\ \cdots,\ \boldsymbol{\alpha}_n$,并假设 $\boldsymbol{\sigma}$ 在 $\mathbf{V}$ 的任意一组标准正交基下的矩阵为实对称阵. 对于任意 $x = \sum_{i=1}^{n} a_i\boldsymbol{\alpha}_i$, $y = \sum_{j=1}^{n} b_j\boldsymbol{\alpha}_j$,有

$$[\boldsymbol{\sigma}(\boldsymbol{x}),\ \boldsymbol{y}] = (\boldsymbol{\alpha}_1,\ \boldsymbol{\alpha}_2,\ \cdots,\ \boldsymbol{\alpha}_n)\boldsymbol{A}^{\mathrm{T}}(b_1,\ b_2,\ \cdots,\ b_n)^{\mathrm{T}},$$

$$[\boldsymbol{x},\ \boldsymbol{\sigma}(\boldsymbol{y})] = (a_1,\ a_2,\ \cdots,\ a_n)\boldsymbol{A}(b_1,\ b_2,\ \cdots,\ b_n)^{\mathrm{T}} = [\sigma(x),\ y].$$

注意 $f(x,\ y) = [\boldsymbol{\sigma}(\boldsymbol{x}),\ \boldsymbol{y}]$ 是对称双线性函数.

例 5.15 求变量的正交线性替换 $\boldsymbol{X} = \boldsymbol{U}\boldsymbol{Y}$,将四元二次型

$$f(\boldsymbol{X}) = 2x_1x_2 + 2x_1x_3 - 2x_1x_x - 2x_2x_3 + 2x_2x_4 + 2x_3x_4$$

化为标准形.(变量的正交线性替换对应的是直角坐标变换,而不是线性空间的线性变换.)

解 (1) 写出 $|x\boldsymbol{E} - \boldsymbol{A}|$,并用行列式的性质计算出其所有根. 考虑到后续解方程组的需要,尽量使用行变换. 第一步是将第 2, 3, 4 行加到第 1 行,然后提出第 1 行的公共因子 $x-1$:

$$|x\boldsymbol{E} - \boldsymbol{A}| = \begin{vmatrix} x & -1 & -1 & 1 \\ -1 & x & 1 & -1 \\ -1 & 1 & x & -1 \\ 1 & -1 & -1 & x \end{vmatrix} = (x-1)\begin{vmatrix} 1 & 1 & 1 & 1 \\ -1 & x & 1 & -1 \\ -1 & 1 & x & -1 \\ 1 & -1 & -1 & x \end{vmatrix}$$

$$= (x-1)\begin{vmatrix} 1 & 1 & 1 & 1 \\ 0 & x+1 & 2 & 0 \\ 0 & 2 & x+1 & 0 \\ 0 & -2 & --2 & x-1 \end{vmatrix} \tag{5-2}$$

$$= (x-1)^2\begin{vmatrix} x+1 & 2 \\ 2 & x+1 \end{vmatrix} = (x-1)^3(x+3).$$

所以 $\boldsymbol{A}$ 的特征值为 $\lambda_1 = 1$（三重根），$\lambda_2 = -3$.

（2）对于每个 λ_i，求出齐次线性方程组 $(\lambda_i\boldsymbol{E}-\boldsymbol{A})\boldsymbol{X}=\boldsymbol{0}$ 的一个基础解系，然后对之使用 Schmidt 正交化、单位化过程，最后组装得到正交矩阵 $\boldsymbol{U}$.

对于 $\lambda_1 = 1$，$(\lambda_1\boldsymbol{E}-\boldsymbol{A})\boldsymbol{X}=\boldsymbol{0}$，考虑矩阵 $(1, -1, -1, 1)$. 其基础解系为正交向量组

$$(1, 1, 1, 1)^{\mathrm{T}},\ (0, 1, -1, 0)^{\mathrm{T}},\ (1, 0, 0, -1)^{\mathrm{T}}.$$

对之分别进行单位化.

对于 $\lambda_2 = -3$，注意到对称实矩阵的属于不同特征值的特征向量正交，所以属于 λ_2 的特征向量为 $(1, -1, -1, 1)$. 对之进行单位化.（或者使用行列式(5-2)中的矩阵求解）

（3）命

$$\boldsymbol{U} = \begin{bmatrix} \frac{1}{2} & 0 & \frac{1}{\sqrt{2}} & \frac{1}{2} \\ \frac{1}{2} & \frac{1}{\sqrt{2}} & 0 & -\frac{1}{2} \\ \frac{1}{2} & -\frac{1}{\sqrt{2}} & 0 & -\frac{1}{2} \\ \frac{1}{2} & 0 & -\frac{1}{\sqrt{2}} & \frac{1}{2} \end{bmatrix},$$

则 $\boldsymbol{U}$ 是正交矩阵. 再作变量的正交线性替换 $\boldsymbol{X}=\boldsymbol{U}\boldsymbol{Y}$，则有标准形

$$f(\boldsymbol{X}) \overset{\boldsymbol{X}=\boldsymbol{U}\boldsymbol{Y}}{=} y_1^2 + y_2^2 + y_3^2 - 3y_4^2.$$

例 5.16 假设 $\boldsymbol{A}$ 是三阶实对称矩阵，$\boldsymbol{A}^*$ 是 $\boldsymbol{A}$ 的伴随矩阵. 记

$$\boldsymbol{X} = (x_1, x_2, x_3, x_4),\ \boldsymbol{X}_1 = (x_2, x_3, x_4),\ f(\boldsymbol{X}) = \begin{vmatrix} x_1^2 & \boldsymbol{X}_1 \\ -\boldsymbol{X}_1^{\mathrm{T}} & \boldsymbol{A} \end{vmatrix}.$$

如果 $|\boldsymbol{A}|=-12$，$\boldsymbol{A}$ 的特征值之和为 1 且 $\boldsymbol{\alpha}_1=(1,\ 0,\ -2)^{\mathrm{T}}$ 是 $(\boldsymbol{A}^*-4\boldsymbol{E})\boldsymbol{X}=\boldsymbol{0}$ 的解，试给出一正交变换 $\boldsymbol{X}=\boldsymbol{QY}$ 使得 $f(\boldsymbol{X})$ 化为标准形.

（第四届全国大学生数学竞赛决赛试题，数学类第 5 题，20 分）

解 根据 $(\boldsymbol{A}^*-4\boldsymbol{E})\boldsymbol{\alpha}_1=\boldsymbol{0}$，得到

$$\boldsymbol{0}=\boldsymbol{A}(\boldsymbol{A}^*-4\boldsymbol{E})\boldsymbol{\alpha}_1=(-12\boldsymbol{E}-4\boldsymbol{A})\boldsymbol{\alpha}_1,$$

因此 $\boldsymbol{A\alpha}_1=-3\boldsymbol{\alpha}_1$. 此外，根据假设有

$$\begin{cases}-3+\lambda_2+\lambda_3=1\\ -3\lambda_1\lambda_2=-12\end{cases}.$$

由此解出 $\boldsymbol{A}$ 的另外两个特征值 $\lambda_2=\lambda_3=2$.

由于 $\boldsymbol{A}$ 实对称，所以 $\boldsymbol{A}$ 的属于特征值 2 的特征向量与 $\boldsymbol{\alpha}_1$ 正交. 因此，可取 $\boldsymbol{A}$ 的属于特征值 2 的特征向量为

$$\boldsymbol{\alpha}_2=(0,\ 1,\ 0)^{\mathrm{T}},\ \boldsymbol{\alpha}_3=(2,\ 0,\ 1)^{\mathrm{T}}.$$

将每个 $\boldsymbol{\alpha}_i$ 单位化，并记

$$\boldsymbol{\beta}_i=\frac{1}{\|\boldsymbol{\alpha}_i\|}\boldsymbol{\alpha}_i,\quad \boldsymbol{P}=(\boldsymbol{\beta}_1,\ \boldsymbol{\beta}_2,\ \boldsymbol{\beta}_3)=\begin{bmatrix}\frac{1}{\sqrt{5}} & 0 & \frac{2}{\sqrt{5}}\\ 0 & 1 & 0\\ -\frac{2}{\sqrt{5}} & 0 & \frac{1}{\sqrt{5}}\end{bmatrix}.$$

则 $\boldsymbol{P}$ 是正交矩阵，且有

$$\boldsymbol{A}=\boldsymbol{P}\cdot\mathrm{diag}\{-3,\ 2,\ 2\}\cdot\boldsymbol{P}^{\mathrm{T}}=\begin{bmatrix}1 & 0 & 2\\ 0 & 2 & 0\\ 2 & 0 & -2\end{bmatrix}. \tag{5-3}$$

以下可以采用两种办法之任意一种完成本题：

(i) 将 $\boldsymbol{A}$ 代入到 $f(\boldsymbol{X})=\begin{vmatrix}x_1^2 & \boldsymbol{X}_1\\ -\boldsymbol{X}_1^{\mathrm{T}} & \boldsymbol{A}\end{vmatrix}$，计算出

$$f(\boldsymbol{X})=-12x_1^2-4x_2^2-6x_3^2+2x_4^2-8x_2x_4.$$

最后注意到 $f(\boldsymbol{X})$ 只有一个交叉项 $-8x_2x_4$，所以可以命 $y_1=x_1$，$y_3=x_3$. 此外，容易得到 2 阶正交阵消掉关于 x_2x_4 的交叉项，从而完成解答.

(ii) 注意到

$$\begin{bmatrix} x_1^2 & \boldsymbol{X}_1 \\ -\boldsymbol{X}_1^{\mathrm{T}} & \boldsymbol{A} \end{bmatrix}\begin{bmatrix} |\boldsymbol{A}| & \boldsymbol{0} \\ \boldsymbol{A}^*\boldsymbol{X}_1^{\mathrm{T}} & \boldsymbol{A}^* \end{bmatrix}=\begin{bmatrix} x_1^2|\boldsymbol{A}|+\boldsymbol{X}_1\boldsymbol{A}^*\boldsymbol{X}_1^{\mathrm{T}} & \boldsymbol{X}_1\boldsymbol{A}^* \\ \boldsymbol{0} & \boldsymbol{A}\boldsymbol{A}^* \end{bmatrix},$$

由此计算出

$$f(\boldsymbol{X})=|\boldsymbol{A}|x_1^2+\boldsymbol{X}_1\boldsymbol{A}^*\boldsymbol{X}_1^{\mathrm{T}}=|\boldsymbol{A}|(x_1^2+\boldsymbol{X}_1\boldsymbol{A}^{-1}\boldsymbol{X}_1^{\mathrm{T}}).$$

而由式(5-3)得到

$$\boldsymbol{P}\boldsymbol{A}^{-1}\boldsymbol{P}=\mathrm{diag}\left\{-\frac{1}{3},\frac{1}{2},\frac{1}{2}\right\}.$$

最后命

$$\boldsymbol{Q}=\begin{bmatrix} 1 & \boldsymbol{0} \\ \boldsymbol{0} & \boldsymbol{P}^{\mathrm{T}} \end{bmatrix},\boldsymbol{Y}=(y_1,y_2,y_3).$$

则经过正交变换 $\boldsymbol{X}^{\mathrm{T}}=\boldsymbol{Q}\boldsymbol{Y}^{\mathrm{T}}$（亦即 $\boldsymbol{X}=\boldsymbol{Y}\boldsymbol{Q}^{\mathrm{T}}$）将给定的二次型

$$f(\boldsymbol{X})=|\boldsymbol{A}|(x_1^2+\boldsymbol{X}_1\boldsymbol{A}^{-1}\boldsymbol{X}_1^{\mathrm{T}})$$

化为如下标准形：

$$f(\boldsymbol{X})=|\boldsymbol{A}|(y_1^2+\boldsymbol{Y}_1(\boldsymbol{P}\boldsymbol{A}^{-1}\boldsymbol{P}^{\mathrm{T}})\boldsymbol{Y}_1^{\mathrm{T}})=-12y_1^2+4y_2^2-6y_3^2-6y_4^2.$$

例 5.17 假设 $\boldsymbol{\alpha}_1$ 是一个 n 维单位实列向量，而 $\boldsymbol{A}=\boldsymbol{E}-k\boldsymbol{\alpha}_1\boldsymbol{\alpha}_1^{\mathrm{T}}$. 试讨论：实数 k 取何值时，$\boldsymbol{A}$ 分别为正交矩阵、可逆矩阵、正定矩阵.

解 首先注意到 $\boldsymbol{A}$ 是实对称矩阵. 因此有

(1) $\boldsymbol{A}$ 是正交矩阵，当且仅当 $\boldsymbol{A}^2=\boldsymbol{E}$，当且仅当 $k=0$ 或者 $k=2$. 注意 $k=2$ 时，恰为镜面反射所对应的矩阵.

(2) 由于 $\boldsymbol{A}$ 是实对称矩阵，所以它正交相似于一个对角阵. 因此，$\boldsymbol{A}$ 的可逆性与正定性均由其特征值的性质确定. 将 $\boldsymbol{\alpha}_1$ 扩充成为 $\mathbf{R}^{n\times 1}$ 的一个标准正交基 $\boldsymbol{\alpha}_1,\boldsymbol{\alpha}_2,\cdots,\boldsymbol{\alpha}_n$. 则有

$$\boldsymbol{A}\boldsymbol{\alpha}_1=(1-k)\boldsymbol{\alpha}_1,\boldsymbol{A}\boldsymbol{\alpha}_2=\boldsymbol{\alpha}_2,\cdots,\boldsymbol{A}\boldsymbol{\alpha}_n=\boldsymbol{\alpha}_n.$$

因此 $\boldsymbol{A}$ 的全部特征值为 $1-k$，$1(n-1$ 重特征根). 于是，$\boldsymbol{A}$ 可逆当且仅当 $k\neq 1$；$\boldsymbol{A}$ 半正定当且仅当 $k\leqslant 1$；$\boldsymbol{A}$ 正定当且仅当 $k<1$.

例 5.18 假设 $f(\boldsymbol{X})$ 是 n 元实二次型，且有实向量 $\boldsymbol{\alpha}$，$\boldsymbol{\beta}$ 使得

$$f(\boldsymbol{\alpha})>0,\ f(\boldsymbol{\beta})<0.$$

求证：存在实向量 $\boldsymbol{\gamma}$，使得 $f(\boldsymbol{\gamma})=0$.

证明 不妨假设 $f(\boldsymbol{X})=\boldsymbol{X}^{\mathrm{T}}\boldsymbol{A}\boldsymbol{X}$，其中 $\boldsymbol{A}$ 是一个 n 阶实对称矩阵，则存在可逆矩阵 $\boldsymbol{P}$ 使得

$$\boldsymbol{P}^{\mathrm{T}}\boldsymbol{A}\boldsymbol{P}=\begin{bmatrix}\boldsymbol{E}_r & \boldsymbol{0} & \boldsymbol{0}\\ \boldsymbol{0} & -\boldsymbol{E}_s & \boldsymbol{0}\\ \boldsymbol{0} & \boldsymbol{0} & \boldsymbol{0}\end{bmatrix}\overset{\text{denote}}{=}\boldsymbol{B}.$$

命 $\boldsymbol{\alpha}_1=\boldsymbol{P}^{-1}\boldsymbol{\alpha}$，$\boldsymbol{\beta}_1=\boldsymbol{P}^{-1}\boldsymbol{\beta}$. 由于

$$0>f(\boldsymbol{\beta})=\boldsymbol{\beta}_1^{\mathrm{T}}\boldsymbol{B}\boldsymbol{\beta}_1,\ 0<f(\boldsymbol{\alpha})=\boldsymbol{\alpha}_1^{\mathrm{T}}\boldsymbol{B}\boldsymbol{\alpha}_1,$$

因此必有 $rs\neq 0$. 命

$$\boldsymbol{\gamma}=\boldsymbol{P}\boldsymbol{\gamma}_1,\ 其中\ \boldsymbol{\gamma}_1=(1,0,\cdots,0,1,0,\cdots,0)^{\mathrm{T}}$$

其中 $\boldsymbol{\gamma}_1$ 中的第二个 1 出现在第 $r+1$ 个分量，则有

$$f(\boldsymbol{\gamma})=\boldsymbol{\gamma}_1^{\mathrm{T}}\boldsymbol{P}^{\mathrm{T}}\boldsymbol{A}\boldsymbol{P}\boldsymbol{\gamma}_1=\boldsymbol{\gamma}_1^{\mathrm{T}}\boldsymbol{B}\boldsymbol{\gamma}_1=0.$$

例 5.19 求证或说明：${}_{\mathbf{K}}\mathbf{V}$ 上的二次型可以如下定义：一个二次型是一个映射 $F:\mathbf{V}\to\mathbf{K}$，它满足以下两个条件：

(1) $\mathbf{F}(-\alpha)=F(\alpha)$，任意 $\alpha\in\mathbf{V}$.

(2) 由 $2f(\alpha,\beta)=F(\alpha+b)-F(\alpha)-F(\beta)$ 定义的 f 是 $-\mathbf{K}V$ 上的一个对称双线性函数.

证明 此题留作习题.

5.4 关于 F 上线性空间 $\boldsymbol{M}_n(\mathbf{F})$ 及其对偶空间 $\boldsymbol{M}_n(\mathbf{F})^*$

在第二届全国大学生数学竞赛决赛试卷(数学类，2011 年 3 月)第 6 题(参见例 5.12)和第五届预赛第六题(参见例 3.86)中，不约而同地选择了关于 $\boldsymbol{M}_n(\mathbf{F})$ 的题目. 这是自然的，因为 $\boldsymbol{M}_n(\mathbf{F})$ 是整个线性代数的核心内容和题材. 下面总结一下相关的知识点.

(1) $\boldsymbol{M}_n(\mathbf{F})$ 是数域 $\mathbf{F}$ 上的 n^2 维线性空间，它有一个典范基 $\boldsymbol{E}_{ij}\,(1\leqslant i,j\leqslant n)$. 此外，$\boldsymbol{M}_n(\mathbf{F})$ 还是数域 $\mathbf{F}$ 上的代数，其乘法主要由下面的关系式给出：

$$\boldsymbol{E}_{ij}\boldsymbol{E}_{kl}=\begin{cases}E_{il}, & k=j,\\ 0, & k\neq j.\end{cases}$$

(2) tr: $\boldsymbol{M}_n(\mathbf{F}) \to \mathbf{F}$ 是一个线性映射. 此外,它还具有性质 $\mathrm{tr}(\boldsymbol{AB}) = \mathrm{tr}(\boldsymbol{BA})$. 此外有

$$\mathrm{tr}(\boldsymbol{AB}) = \sum_{1 \leqslant i,\, j \leqslant n} a_{ij} b_{ji}.$$

特别的,有

$$\mathrm{tr}(\boldsymbol{AE}_{ij}) = a_{ji},\ \mathrm{tr}(\boldsymbol{E}_{ij}\boldsymbol{B}) = b_{ji}.$$

(3) 对于矩阵 $\boldsymbol{A}, \boldsymbol{B} \in \boldsymbol{M}_n(\mathbf{F})$, 如果 $\mathrm{tr}(\boldsymbol{AC}) = \mathrm{tr}(\boldsymbol{BC})$,任意 $\boldsymbol{C} \in \boldsymbol{M}_n(\mathbf{F})$ 成立,则必有 $\boldsymbol{A} = \boldsymbol{B}$.

(4) 对于矩阵 $\boldsymbol{A} \in \boldsymbol{M}_n(\mathbf{F})$, 如果 $\boldsymbol{AB} = \boldsymbol{BA}$,任意 $\boldsymbol{B} \in \boldsymbol{M}_n(\mathbf{F})$, 则 $\boldsymbol{A}$ 必为某个数量矩阵 $k\boldsymbol{E}$.

(5) 对于 $\mathbf{F}$ 上的一般 n 维线性空间 $\mathbf{V}$, 其对偶空间

$$\mathbf{V}^* = \{\varphi \mid \varphi\colon V \to \mathbf{F},\ \varphi \text{ 为线性映射}\}$$

也是 $\mathbf{F}$ 上的 n 维线性空间. 如果取定 $\mathbf{V}$ 的一个基 $\boldsymbol{\alpha}_i (1 \leqslant i \leqslant n)$, 则 $\boldsymbol{\varphi}_i$ 是 $\mathbf{V}^*$ 的一个基 $(1 \leqslant i \leqslant n)$, 其中

$$\boldsymbol{\varphi}_j(\boldsymbol{\alpha}_k) = \begin{cases} 1 & k = j, \\ 0, & k \neq j. \end{cases}$$

(6) 对于 $\mathbf{F}$ 上线性空间 $\boldsymbol{M}_n(\mathbf{F})$, 其对偶空间 $\boldsymbol{M}_n(\mathbf{F})^*$ 有如下的一个一维子空间

$$\boldsymbol{W} = \{\varphi \in \boldsymbol{M}_n(\mathbf{F}) \mid \varphi(\boldsymbol{XY}) = \varphi(\boldsymbol{YX}), \text{任意 } \boldsymbol{X}, \boldsymbol{Y} \in \boldsymbol{M}_n(\mathbf{F})\}.$$

事实上,有 $\boldsymbol{W} = \mathbf{F} \cdot tr$, 其中 tr 表示方阵的迹函数(trace).

6　域上多元多项式环 $\mathbf{F}[x_1, x_2, \cdots, x_n]$

6.1　概念和主要定理

1. 偏序(集)与全序(集)

如果集合 S 上的一个关系 R 是 $S \times S$ 的一个子集合. 若 R 满足以下 3 个条件,则称 R 是 S 上的一个偏序关系,而称带有偏序关系的集合为偏序集与全序集:

(1) $(x, x) \in R$,任意 $x \in S$;(反身性)

(2) 如果 $(x, y) \in R$ 且 $(y, x) \in R$, 则 $x = y$;(反对称性)

(3) 如果 $(x, y) \in R$ 且 $(y, z) \in R$, 则 $(x, z) \in R$.(传递性)

偏序关系 R 通常记为 $\leqslant$. 而 $(x, y) \in \leqslant$ 按照通常记法写为 $x \leqslant y$.

对于带有偏序 $\leqslant$ 的集合 S, 如果对于任意一对元素 $x, y \in S$, $x \leqslant y$ 和 $y \leqslant x$ 中必有一个成立,则称 $\leqslant$ 为 S 的一个全序,而称 S 关于序做成全序集.

注记　偏序关系是集合内部元素之间的一种“次序”关系,引进偏序关系,在社会是为了“长幼有序”、在幼儿园可以“排排坐分果果”. 其中的第二个条件反映的是关于对角线集合

$$\{(x, x) \in S \times S \mid x \in S\}$$

的相当不对称性.

如果将其中的第二条件替换成如下的“对称性”条件:

如果 $(x, y) \in R$, 则 $(y, x) \in R$, 则相应的关系 R 称为 S 上的一个等价关系.

等价关系的一个有趣应用是对于集合进行等价分类. 如果 $\equiv$ 是 S 上的一个等价关系,则对于任意 $a \in S$, a 所在的等价类 $\bar{a}$ 定义为

$$\bar{a} =: \{b \in S \mid b \equiv a\}.$$

不难验证: 对于 $a, b \in S$, 或者 $\bar{a} = \bar{b}$, 或者 $\bar{a} \cap \bar{b} = \emptyset$.

对于 $m \leqslant n$, 在集合 $\mathbf{F}^{m\times n}$ 中,矩阵的等价就是一个等价关系. 等价类共有如

下的 $m+1$ 类

$$\begin{bmatrix} \boldsymbol{E}_r & \mathbf{0} \\ \mathbf{0} & \mathbf{0} \end{bmatrix} =: \{\boldsymbol{A} \in \mathbf{F}^{m\times n} \mid \mathrm{r}(\boldsymbol{A}) = r\},\ r = 0, 1, 2, \cdots, m.$$

而对于集合 $\boldsymbol{M}_n(\mathbf{F})$，相似与合同均为其上的等价关系. 而在子集合

$$S = \{\boldsymbol{A} \in \boldsymbol{M}_n(\mathbf{R}) \mid \boldsymbol{A}^{\mathrm{T}} = \boldsymbol{A}\}$$

上，合同也是其中的等价关系；根据惯性定理，全部的等价类为

$$\overline{\begin{bmatrix} \boldsymbol{E}_r & \mathbf{0} & \mathbf{0} \\ \mathbf{0} & -\boldsymbol{E}_s & \mathbf{0} \\ \mathbf{0} & \mathbf{0} & \mathbf{0} \end{bmatrix}},\ 0 \leqslant r+s \leqslant n.$$

2. 单项式之间的序关系

对于域上多元多项式环 $\boldsymbol{S} = \mathbf{F}[x_1, \cdots, x_n]$，用 T 表示 $\boldsymbol{S}$ 中所有次数大于等于 0 的首一单项式的集合，亦即

$$\boldsymbol{T} = \{x_1^{\alpha_1} x_2^{\alpha_2} \cdots x_n^{\alpha_n} \mid \boldsymbol{\alpha}_i \geqslant 0, (\boldsymbol{\alpha}_1, \cdots, \boldsymbol{\alpha}_n) \in \mathbf{Z}^{1\times n}\}.$$

则不难验证以下两个事实：

(1) $\boldsymbol{T}$ 是 $\mathbf{F}$ 上的无限维线性空间 $\boldsymbol{S}$ 的一个基.

(2) 如下定义的一个二元关系是 $\boldsymbol{T}$ 的元素间的一个全序，称为字典序 (lexicographic order)，记成 $\leqslant_{lex}$：对于单项式

$$u = x_1^{\alpha_1} \cdots x_n^{\alpha_n},\quad v = x_1^{\beta_1} \cdots x_n^{\beta_n},$$

规定 $u >_{lex} v$ 当且仅当

(i) $deg(u) = \boldsymbol{\alpha}_1 + \cdots + \boldsymbol{\alpha}_n > deg(v)$ 或者；

(ii) $deg(u) = deg(v)$，但是整数向量 $(\boldsymbol{\alpha}_1 - \boldsymbol{\beta}_1, \cdots, \boldsymbol{\alpha}_n - \boldsymbol{\beta}_n)$ 中，从左到右第一个非零分量大于零.

如无特别说明，本书第 5 章所用的序均为字典序. 注意到

$$x_1 >_{lex} x_2 >_{lex} \cdots >_{lex} x_n. \tag{6-1}$$

注记 1 去掉上述第一个关于次数的条件，得到 T 上的另外一个全序——纯字典序，记为

$$\leqslant_{purelex}.$$

纯字典序恰是我们平时查字典时所用的次序，注意字典序往往比纯字典序更

有效.

注记 2 保留第一个条件,而将第二个条件改为:

$deg(u)=deg(v)$,但是整数向量$(\boldsymbol{\alpha}_1-\boldsymbol{\beta}_1, \cdots, \boldsymbol{\alpha}_n-\boldsymbol{\beta}_n)$中,从右到左第一个非零分量小于零,得到 $\boldsymbol{T}$ 上另一个新的全序,称为逆字典序(reverse-lexicographic order),记为

$$\leqslant_{revlex}.$$

逆字典序也是一个很有用的全序.

对于纯字典序和逆字典序,式(6-1)都是成立的. 此外,3 种字典序关于乘法协调,亦即:

性质 1 $u_1 \geqslant v_1$ 且 $u_2 \geqslant v_2$ 蕴含了 $u_1u_2 \geqslant v_1v_2$.

这是一个很重要的基本性质. 利用它可以轻易证明如下两条常用性质:

性质 2 $f \cdot g$ 的首项$=f$ 的首项 $\cdot\, g$ 的首项;$f \cdot g$ 的末项$=f$ 的末项 $\cdot\, g$ 的末项.

性质 3 如果定义 f 次数 $deg(f)$ 为其首项单项式的次数,则有

$$deg(f \cdot g)=deg(f)+deg(g).$$

选择 T 中的一个序,目的是为了在复杂的多元多项式 $f(x_1, \cdots, x_n)$ 的单项之间建立一个秩序. 所以为了解决不同的问题,可以选择更有效的序.

此外,将用 $in_{\leqslant}(f)$ 表示 f 的首项(initial term).

3. 对称多项式的定义以及简单性质

集合 $\{1, 2, \cdots, n\}$ 上的一个双射映射称为一个 n 元置换. 一个 n 元置换 $\boldsymbol{\tau}$ 可以用如下的紧凑型式予以表达

$$\boldsymbol{\tau}=\begin{pmatrix} 1 & 2 & \cdots & n \\ \boldsymbol{\tau}(1) & \boldsymbol{\tau}(2) & \cdots & \boldsymbol{\tau}(n) \end{pmatrix}.$$

集合 $\{1, 2, \cdots, n\}$ 上的所有置换的集合记为 $\mathbf{S}_n$. 不难看出 $\mathbf{S}_n$ 中共有 $n!$ 个元素.

对于单项式 $u=x_1^{a_1}x_2^{a_2}\cdots x_n^{a_n}$ 以及置换 $\boldsymbol{\tau} \in \mathbf{S}_n$,定义

$$\boldsymbol{\tau}(u)=x_{\tau(1)}^{a_1}x_{\tau(2)}^{a_2}\cdots x_{\tau(n)}^{a_n}.$$

而对于 n 元多项式 $f(x_1, \cdots, x_n)=\sum_{u\in T}a_u u$,其中 $a_u \in \mathbf{F}$,则定义

$$\tau(f)=\sum_{u\in T}a_u\tau(u).$$

则易见有如下性质：

(1) $\tau(a \cdot f(x_1, \cdots, x_n) + b \cdot g(x_1, \cdots, x_n)) = a \cdot \tau(f) + b \cdot \tau(g)$ (τ 关于线性运算协调)；

(2) $\tau(f \cdot g) = \tau(f) \cdot \tau(g)$，任意 $a, b \in \mathbf{F}$，任意 $f, g \in \mathbf{F}[x_1, \cdots, x_n]$ (τ 关于乘法协调).

对于 $\mathbf{F}[x_1, \cdots, x_n]$ 中的一个给定多项式 $f(x_1, \cdots, x_n)$，如果它满足以下条件，则称 $f(x_1, \cdots, x_n)$ 是一个对称多项式：

$$\tau(f) = f, \text{任意 } \tau \in S_n.$$

上述性质(1)和(2)表明，$\mathbf{F}[x_1, \cdots, x_n]$ 中所有对称多项式的全体 $\boldsymbol{\Gamma}$ 组成 $\mathbf{F}$-代数 $\mathbf{F}[x_1, \cdots, x_n]$ 的一个子代数. 特别的，它是 $\mathbf{F}[x_1, \cdots, x_n]$ 的线性子空间. 注意 $\boldsymbol{\Gamma}$ 是 $\mathbf{F}$ 上的无限维线性空间：

对于任意正整数 m，$(x_1 x_2 \cdots x_n)^m$ 均为对称多项式.

为了找到对称代数 $\boldsymbol{\Gamma}$ 的一组生成元，也为了找到 $\mathbf{F}$ 上的线性空间 $\boldsymbol{\Gamma}$ 的一个基，下面考虑初等对称多项式.

4. 初等对称多项式与维达定理

称以下 n 个多项式为 n 元初等对称多项式：

$$\sigma_1 = \sigma_1(x_1, \cdots, x_n) = x_1 + x_2 + \cdots + x_n = \sum_{i=1}^{n} x_i$$

$$\sigma_2 = x_1 x_2 + \cdots + x_1 x_n + x_2 x_3 + \cdots + x_2 x_n + \cdots + x_{n-1} x_n = \sum_{1 \leqslant i < j \leqslant n} x_i x_j$$

$$\cdots\cdots$$

$$\sigma_r = \sum_{1 \leqslant i_1 < i_2 < \cdots < i_r \leqslant n} x_{i_1} x_{i_2} \cdots x_{i_r}$$

$$\cdots\cdots$$

$$\sigma_n = x_1 x_2 \cdots x_n.$$

对于任意一元多项式 $f(y) \in \mathbf{F}[y]$，假设 $f(y) = a_0 y^n + a_1 y^{n-1} + \cdots + a_n$，其中 $a_0 \neq 0$，如果

$$f(y) = a_0(y - \alpha_1)(y - \alpha_2)\cdots(y - \alpha_n),$$

则有如下的 n 个等式(统称维达定理，解释根与系数之间的关系)：

$$\sigma_r(\alpha_1, \cdots, \alpha_n) = (-1)^r \frac{a_r}{a_0} \in \mathbf{F}, \text{任意 } 1 \leqslant r \leqslant n.$$

注意 α_i 未必在 $\mathbf{F}$ 中，而是可能在一个更大的域里.

5. 对称多项式基本定理

对称多项式基本定理：对于多项式环 $\mathbf{F}[x_1, \cdots, x_n]$ 中的一个对称多项式 $f(x_1, \cdots, x_n)$，存在唯一的一个多项式

$$g(y_1, \cdots, y_n) \in \mathbf{F}[y_1, \cdots, y_n],$$

使得 $f(x_1, \cdots, x_n) = g(\sigma_1, \cdots, \sigma_n)$，其中 σ_i 是关于未知元 $x_1, \cdots, x_n$ 的初等对称多项式.

虽然所有 n 元对称多项式组成的 Γ 是 $\mathbf{F}$ 上的无限维线性子空间，基本定理告诉我们作为代数 Γ 确实由 n 个初等对称多项式生成. 再加上唯一性，表明了 $\sigma_1, \cdots, \sigma_n$ 是代数 Γ 的一个"代数基"：$\sigma_1, \cdots, \sigma_n$ 之于代数 Γ，恰相当于 $x_1, \cdots, x_n$ 之于代数 $\mathbf{F}[x_1, \cdots, x_n]$.

为了证明基本定理，先看以下两个简单事实：

事实一　将 $\sigma_1^{\alpha_1}\sigma_2^{\alpha_2}\cdots\sigma_n^{\alpha_n}$ 展开成 $x_1, \cdots, x_n$ 的多项式后，其首项为

$$x_1^{\alpha_1+\cdots+\alpha_n}x_2^{\alpha_2+\cdots+\alpha_n}\cdots x_n^{\alpha_n}.$$

此外，如果

$$(\alpha_1, \cdots, \alpha_n) \neq \beta_1, \cdots, \beta_n,$$

则分别将 $\sigma_1^{\alpha_1}\sigma_2^{\alpha_2}\cdots\sigma_n^{\alpha_n}$ 和 $\sigma_1^{\beta_1}\sigma_2^{\beta_2}\cdots\sigma_n^{\beta_n}$ 展开后，关于 $x_1, \cdots, x_n$ 的首项也不相同.

证明　第一句话由第二部分的如下性质 1 得到：

$$in_{\leqslant}(f \cdot g) = in_{\leqslant}(f) \cdot in_{\leqslant}(g).$$

第二句话由第一句话得到.

事实二　对于任意单项式 u，满足 $v \leqslant_{lex} u$ 的首一单项式 v 的集合 W 是有限集.

证明　用 $\leqslant$ 表示 $\leqslant_{lex}$，记 $m = deg(u)$，并用 T 表示关于 $x_1, \cdots, x_n$ 的首一单项式的集合. 首先有 $W = \{v \in T \mid v \leqslant u\} = W_1 \cup W_2$，其中

$$W_1 = \{v \in T \mid deg(v) < m\} = \bigcup_{r=1}^{m-1}\{v \in T \mid deg(v) = r\},$$

$$W_2 = \{v \in T \mid deg(v) = m,\ v \leqslant u\} \subseteq \{v \in T \mid deg(v) = m\}.$$

易见形如 $\{v \in T \mid deg(v) = r\}$ 的集合是有限集(事实上含有 C_{n+r-1}^{r} 个元素；详细论证见后面例部分)，因此 W 是有限集，且有 $|W| \leqslant \sum_{r=1}^{m} C_{n+r-1}^{r}$.

对称多项式基本定理的证明：

(i) 可表达性:

假设对称多项式 f 的首项为 $ax_1^{\alpha_1}x_2^{\alpha_2}\cdots x_n^{\alpha_n}$. 考虑关于 $x_1, \cdots, x_n$ 的齐次对称多项式

$$a\sigma_1^{\beta_1}\sigma_2^{\beta_2}\cdots\sigma_n^{\beta_n},$$

我们希望 f 与后者有相同的首项. 根据事实 1,即要解出方程组

$$\begin{cases}\alpha_1 = \beta_1 + \beta_2 + \cdots + \beta_n \\ \alpha_2 = \beta_2 + \beta_3 + \cdots + \beta_n \\ \cdots\cdots \\ \alpha_{n-1} = \beta_{n-1} + \beta_n \\ \alpha_n = \beta_n\end{cases}$$

其解为

$$\beta_n = \alpha_n,\ \beta_{n-1} = \alpha_{n-1} - \alpha_n,\ \cdots,\ \beta_1 = \alpha_1 - \alpha_2.$$

对于这样选定的 β_i, 记

$$f_1 = f - a\sigma_1^{\beta_1}\sigma_2^{\beta_2}\cdots\sigma_n^{\beta_n}.$$

如果 $f_1 \neq 0$, 设其首项为 $bx_1^{\beta_1}x_2^{\beta_2}\cdots x_n^{\beta_n}.$, 显然其首项 $in_{\leqslant}(f_1)$ 满足

$$in_{\leqslant}(f_1) <_{lex} in_{\leqslant}(f).$$

现在对于 f_1, 重复对于 f 的讨论. 由于 $(\alpha_1, \cdots, \alpha_n)$ 已经给定,根据事实 2,这一过程不能无限步地重复下去. 换句话说,有限步后即得到

$$f - \sum_{(\gamma_1, \cdots, \gamma_n)} a_{(\gamma_1, \cdots, \gamma_n)}\sigma_1^{\gamma_1}\cdots\sigma_n^{\gamma_n} = 0.$$

注意上述证明过程同时也提供了将 $f(x_1, \cdots, x_n)$ 表达为 $\sigma_1, \cdots, \sigma_n$ 的多项式的算法.

(ii) 表达式的唯一性:

如果有两种表达式

$$g(\sigma_1, \cdots, \sigma_n) = f = h(\sigma_1, \cdots, \sigma_n),$$

命
$$l(y_1, \cdots, y_n) = g(y_1, \cdots, y_n) - h(y_1, \cdots, y_n).$$

则有 $l(\sigma_1, \cdots, \sigma_n) = 0$. 问题归结为证明: 若 $l(\sigma_1, \cdots, \sigma_n) = 0$, 亦即展开后关于 x_i 的多项式为零,则必有多项式 $l(y_1, \cdots, y_n) = 0$.

（采用反证法）事实上，如果多项式 $l(y_1, \cdots, y_n) \neq 0$，可设 $l(\sigma_1, \cdots, \sigma_n)$ 展开后的多项式为 $u(x_1, \cdots, x_n)$. 根据事实 1 的第二句话，在将 $l(\sigma_1, \cdots, \sigma_n)$ 的关于 $\sigma_1, \cdots, \sigma_n$ 的各单项展开后，各项关于 $x_1, \cdots, x_n$ 首项（首一化后）各不相同，因此这些首项中的首项是 $u(\sigma_1, \cdots, \sigma_n)$ 展开后的首项，从而

$$l(\sigma_1, \cdots, \sigma_n) \neq 0.$$

注记 (1) 如果对称多项式 $f(x_1, \cdots, x_n) = g(\sigma_1, \cdots, \sigma_n)$，其中 f 的首项为

$$a \cdot x_1^{\alpha_1} x_2^{\alpha_2} \cdots x_n^{\alpha_n}$$

则 $g(y_1, \cdots, y_n)$ 的相应项为

$$a \cdot y_1^{\alpha_1 - \alpha_2} y_2^{\alpha_2 - \alpha_3} \cdots y_{n-1}^{\alpha_{n-1} - \alpha_n} y_n^{\alpha_n}.$$

虽然它未必是 n 元多项式 $g(y_1, \cdots, y_n)$ 的关于 $y_1, \cdots, y_n$ 的字典序的首项，但是 $g(y_1, \cdots, y_n)$ 的次数为 α_1，这是因为

$$in_{\leqslant}(f(x_1, x_2, \cdots, x_n)) = in_{\leqslant}(a \cdot \sigma_1^{\alpha_1 - \alpha_2} \sigma_2^{\alpha_2 - \alpha_3} \cdots \sigma_{n-1}^{\alpha_{n-1} - \alpha_n} \sigma_n^{\alpha_n}).$$

(2) 如果 n 元对称多项式

$$f(x_1, \cdots, x_n) = \sum_{r=0}^{u} f_r(x_1, \cdots, x_n),$$

其中 $f_r(x_1, \cdots, x_n)$ 是 f 的所有次数为 r 的单项式的和（称为 f 的 r 次齐次分支），则易见 f 是对称多项式当且仅当每个 f_i 都是对称多项式. 此外，由证明过程可知将 f 化为初等对称多项式的多项式，本质上归结为将齐次对称多项式化为 $\sigma_1, \cdots, \sigma_n$ 的问题. 而对于齐次对称多项式，注意到其首项 $a x_1^{\alpha_1} x_2^{\alpha_2} \cdots x_n^{\alpha_n}$ 具有性质

$$\alpha_1 \geqslant \alpha_2 \geqslant \cdots \geqslant \alpha_n,$$

所以也可以使用此性质用待定系数法具体求解实现，详见例 6.10.

6. 对称多项式与范德蒙行列式的一个联合应用

对于变量 $x_1, x_2, \cdots, x_n$，有一个相应的范德蒙行列式

$$\Delta(x_1, x_2, \cdots, x_n) = \begin{vmatrix} 1 & 1 & \cdots & 1 \\ x_1 & x_2 & \cdots & x_n \\ x_1^2 & x_2^2 & \cdots & x_2^n \\ \vdots & \vdots & \ddots & \vdots \\ x_1^{n-1} & x_2^{n-1} & \cdots & x_n^{n-1} \end{vmatrix} = \prod_{1 \leqslant i < j \leqslant n} (x_j - x_i).$$

根据行列式的性质(交换两列位置,行列式仅改变符号),易知

$$\tau(\Delta^2(x_1, x_2, \cdots, x_n)) = \Delta^2(x_1, x_2, \cdots, x_n),\text{任意 } \tau \in S_n,$$

亦即

$$\Delta^2(x_1, x_2, \cdots, x_n)$$

是一个对称多项式. 根据基本定理,可将 $\Delta^2(x_1, x_2, \cdots, x_n)$ 表达成 $\sigma_1, \cdots, \sigma_n$ 的一个多项式:

$$\Delta^2(x_1, x_2, \cdots, x_n) = \varphi(\sigma_1, \cdots, \sigma_n).$$

注意到 $\Delta^2(x_1, x_2, \cdots, x_n)$ 是一个 $n(n-1)$ 次的齐次多项式,其在 $\leqslant_{lex}$ 下的首项为

$$x_1^{2(n-1)} x_2^{2(n-2)} \cdots x_{n-2}^4 x_{n-1}^2,$$

因此根据 $\leqslant_{lex}$ 的定义以及此前的注记,可知 $\varphi(y_1, \cdots, y_n)$ 的相应项为

$$y_1^2 y_2^2 \cdots y_{n-2}^2 y_{n-1}^2,$$

而且 $\varphi(y_1, \cdots, y_n)$ 的次数为 $2(n-1)$.

对于域 $\mathbf{F}$ 上的任意一个 n 次多项式

$$f(x) = a_0 x^n + a_1 x^{n-1} + \cdots + a_n,$$

假设 $f(x)$ 在一个更大的域 $\mathbf{E}$ 上可以充分分解(如 $\mathbf{R}[x]$ 中的多项式在 $\mathbf{C}[x]$ 中可以充分分解):

$$f(x) = a_0(x-\alpha_1)(x-\alpha_2)\cdots(x-\alpha_n), \quad (\alpha_i \in \mathbf{E}).$$

由根与系数之间的关系,已有

$$\sigma_r(\alpha_1, \cdots, \alpha_n) = (-1)^r \frac{a_r}{a_0} \in \mathbf{F}.$$

因此有

$$\varphi\left(-\frac{a_1}{a_0}, \frac{a_2}{a_0}, \cdots, (-1)^n \frac{a_n}{a_0}\right) = \Delta^2(\alpha_1, \cdots, \alpha_n).$$

记

$$D(f) = a_0^{2n-2} \cdot \varphi\left(-\frac{a_1}{a_0}, \frac{a_2}{a_0}, \cdots, (-1)^n \frac{a_n}{a_0}\right),$$

并称之为 $f(x)$ 的**判别式**.

易见：$f(x)$ 在 **E** 中无重根 $\Leftrightarrow \Delta(\alpha_1, \cdots, \alpha_n) \neq 0 \Leftrightarrow D(f) \neq 0$. $D(f)$ 的可爱之处在于它由多项式 $\varphi(y_1, \cdots, y_n)$ 和 $f(x)$ 的系数完全确定，而不用求出 **E** 和全部根. 注意到多项式 $\varphi(y_1, \cdots, y_n)$ 与 $f(x)$ 基本上没有关系——它只与其次数 n 有关.

例如，对于一般的一元二次多项式 $f(x) = ax + bx + c$，考虑二阶范德蒙行列式的平方，得到

$$\Delta^2(x_1, x_2) = (x_2 - x_1)^2 = (x_1 + x_2)^2 - 4x_1x_2 = \sigma_1^2 - 4\sigma_2.$$

所以有 $\varphi(y_1, y_2) = y_1^2 - 4y_2$. 因此，

$$D(f) = a^2 \cdot \left[\left(-\frac{b}{a}\right)^2 - 4\frac{c}{a}\right] = b^2 - 4ac,$$

恰为熟知的一元二次方程的判别式.

7. 结式及其应用

对于两个非零的一元多项式

$$f(x) = a_0x^n + \cdots + a_n,$$

与

$$g(x) = b_0x^m + \cdots + b_m \quad (a_0b_0 \neq 0),$$

如果 $(f(x), g(x)) = d(x) \neq 1$，则可以假设

$$f(x) = d(x)q_1(x), \quad g(x) = d(x)q_2(x),$$

其中

$$deg(q_1(x)) \leqslant n-1, \quad deg(q_2(x)) \leqslant m-1.$$

则有 $q_2(x)f(x) = q_1(x)g(x)$. 为了能够使用行列式，不妨假设

$$q_1(x) = y_1x^{n-1} + \cdots + y_{n-1}x + y_n,$$
$$q_2(x) = x_1x^{m-1} + \cdots + x_{m-1}x + x_m,$$

代入 $q_2(x)f(x) = q_1(x)g(x)$ 并比较

$$\left(\sum_{j=1}^{m} x_j x^{m-j}\right)\left(\sum_{i=0}^{n} a_i x^{n-i}\right) = \left(\sum_{r=1}^{n} y_r x^{n-r}\right)\left(\sum_{s=0}^{m} b_s x^{m-s}\right),$$

两侧各项中 x^u 的系数得到一个关于 x_i，$-y_j$ 的 $n+m$ 元线性方程组

$$(\boldsymbol{X}, -\boldsymbol{Y})\boldsymbol{A} = \boldsymbol{0},$$

其中

$$\boldsymbol{X} = (x_1, \cdots, x_m), \quad \boldsymbol{Y} = (y_1, \cdots, y_n),$$

而 $\boldsymbol{A}$ 是一个 $n+m$ 阶矩阵：

$$\boldsymbol{A} = \begin{bmatrix} a_0 & a_1 & a_2 & \cdots & a_n & 0 & 0 & 0 & \cdots & 0 \\ 0 & a_0 & a_1 & \cdots & a_{n-1} & a_n & 0 & 0 & \cdots & 0 \\ 0 & 0 & a_0 & \cdots & a_{n-2} & a_{n-1} & a_n & 0 & \cdots & 0 \\ \vdots & \vdots & \ddots & \ddots & \ddots & \ddots & \ddots & \ddots & \ddots & \vdots \\ 0 & 0 & 0 & \cdots & a_0 & a_1 & a_2 & \cdots & a_n & 0 \\ 0 & 0 & 0 & \cdots & 0 & a_0 & a_1 & a_2 & \cdots & a_n \\ b_0 & b_1 & b_2 & \cdots & b_m & 0 & 0 & 0 & \cdots & 0 \\ 0 & b_0 & b_1 & \cdots & b_{m-1} & b_m & 0 & 0 & \cdots & 0 \\ 0 & 0 & b_0 & \cdots & b_{m-2} & b_{m-1} & b_m & 0 & \cdots & 0 \\ \vdots & \vdots & \ddots & \ddots & \ddots & \ddots & \ddots & \ddots & \ddots & \vdots \\ 0 & 0 & 0 & \cdots & b_0 & b_1 & b_2 & \cdots & b_m & 0 \\ 0 & 0 & 0 & \cdots & 0 & b_0 & b_1 & b_2 & \cdots & b_m \end{bmatrix}$$

其中前 m 行是 a_0，a_1，$\cdots$，a_n 向右的一个漂移；而后 n 行是 b_0，$\cdots$，b_m 向右的逐步漂移. 如前所述，$(f(x), g(x)) \neq 1$ 意味着线性方程组 $\mathbf{A}^{\mathrm{T}}(\boldsymbol{X}, \boldsymbol{Y})^{\mathrm{T}} = 0$ 有非零解，从而 $|\boldsymbol{A}| = 0$. 记

$$R(f, g) = |\boldsymbol{A}|,$$

并称之为一元多项式 $f(x)$ 与 $g(x)$ 的结式(或者称为消元式).

注记 为了更广泛的应用，在结式定义中并不要求 $a_0 b_0 \neq 0$.

命题一 对于 $\mathbf{F}[x]$ 中的两个非零多项式 $f(x)$ 与 $g(x)$，其结式 $R(f, g)$ 不为零当且仅当 f 与 g 互素.

证明 *必要性* (反证法)如果 f 与 g 不互素，则可以推导出 $R(f, g) = 0$. 详见前面推导.

充分性 (反证法)假设 $(f, g) = 1$，并假设 $R(f, g) = 0$，则在之前的讨论中方程组 $(\boldsymbol{X}, -\boldsymbol{Y})\boldsymbol{A} = \boldsymbol{0}$ 有非零解，从而存在不全为零(从而全不为零)的

$q_i(x)$ 使得 $q_1(x)g(x)=q_2(x)f(x)$，其中 $deg(q_1(x))<deg(f)$. 但是由

$$f \mid q_1(x)g(x),\ (f,\ g)=1$$

得到 $f \mid q_1$，矛盾.

命题二 结式的应用之一：对于对称多项式 $f(x_1,\ \cdots,\ x_n)$，利用 $f(x)$ 与 $f'(x)$ 的结式，求多项式 $f(x_1,\ \cdots,\ x_n)$ 的判别式：

$$R(f,\ f')=(-1)^{\frac{n(n-1)}{2}}a_0D(f),$$

其中 a_0 是 $f(x)$ 的最高项的系数.

命题三 结式的应用之二：结式还可以用来求二元高次多项式 $f(x,\ y)$ 与 $g(x,\ y)$ 的公共根.（这也是称为消元式的原因）

6.2 例题

例 6.1 用 S_d 表示域 $\mathbf{F}$ 上的多元多项式环 $S=\mathbf{F}[x_1,\ \cdots,\ x_n]$ 中零多项式和 d 次齐次多项式组成的线性空间，试求 $\mathbf{F}$-空间 S_d 的维数.

解 S_d 中的单项式全体构成 $\mathbf{F}$ 上线性空间 S_d 的一个基，而这样的单项式全体为 $x_1^{\alpha_1}x_2^{\alpha_2}\cdots x_n^{\alpha_n}$，其中向量 $(\boldsymbol{\alpha}_1,\ \cdots,\ \boldsymbol{\alpha}_n)$ 满足

$$\boldsymbol{\alpha}_1+\boldsymbol{\alpha}_2+\cdots+\boldsymbol{\alpha}_n=d,\ \boldsymbol{\alpha}_i\geqslant 0,\ \boldsymbol{\alpha}_i\in\mathbf{Z}.$$

为了解决这个可重复的组合问题，考虑如下由空盒子 x_i 和球◦的图案，根据条件共有 n 个空盒子和 d 个球：

$$x_1\ \circ\circ\cdots\circ\ x_2\ \circ\circ\cdots\circ\ x_3\ \circ\cdots\cdots x_n\ \circ\circ\cdots\circ,$$

其中 x_i 可理解为空盒子，而每个◦表示一个球（代表数字 1），x_i 与 x_{i+1} 之间的◦表示落入盒子 x_i 的球（亦即其个数表示 x_i 的方幂指数）. 注意到 x_1 位置是固定的，白球从其余 $n+i-1$ 个位置中可以任取 i 个位置，其余为 $x_2,\ \cdots,\ x_n$ 按照下标从小到大从左向右依次站位. 每一个图案恰好对应一个单项式

$$x_1^{\alpha_1}x_2^{\alpha_2}\cdots x_n^{\alpha_n},$$

而这样的图案共有 C_{n+d-1}^{d} 个. 这就是 $\mathbf{F}$-空间 S_d 的维数. 例如，

$$\dim_{\mathbf{F}}S_2=\mathrm{C}_{n+1}^{2}=\frac{n(n+1)}{2},\quad \dim_{\mathbf{F}}S_3=\mathrm{C}_{n+2}^{3}=\frac{n(n+1)(n+2)}{6}.$$

例 6.2 求证：$\mathbf{F}[x_1, \cdots, x_n]$ 中的齐次多项式的因子仍为齐次多项式.

证明 （反证法）假设 $\mathbf{F}[x_1, \cdots, x_n]$ 中的齐次多项式 $f(x)$ 有因式 $g(x)$ 和 $g(x)$ 不是齐次的，则有多项式 $h(x) \in \mathbf{F}[x_1, \cdots, x_n]$ 使得 $f(x) = g(x) \cdot h(x)$. 假设

$$g(x) = u_1 + \cdots + u_s,\ h(x) = v_1 + \cdots + v_t,$$

其中 u_i, v_j 均为单项式，且有

$$u_1 >_{lex} u_2 >_{lex} \cdots >_{lex} u_s,\ v_1 >_{lex} v_2 >_{lex} \cdots >_{lex} v_t.$$

根据假设，有

$$deg(u_1) > deg(u_s), deg(v_1) \geqslant deg(v_t),$$

于是有 $deg(u_1 v_1) > deg(u_s v_t)$. 而由

$$v_t < v_i,\text{任意 } i \neq 1,\ u_s < u_j,\text{任意 } j \neq 1$$

可得 $u_s v_t < u_i v_j$，任意$(i, j) \neq (1, 1)$. 因此首项 $u_1 v_1$ 和 $u_s v_t$ 无法消去，从而是 $f(x)$ 的单项式项，这与假设矛盾.

例 6.3 假设 n^2 元多项式 $f(\boldsymbol{X}) = |(x_{ij})_{n\times n}|$. 求证：$f(\boldsymbol{X})$ 是不可约多项式.

证明 首先，根据行列式的定义，$f(\boldsymbol{X})$ 是系数为 ± 1 的 n 次齐次 n^2 元多项式，且其每个单项式中每行、每列的元素恰好出现一次.

其次，对于单项式之间使用字典序，亦即先看次数大小；而齐次单项式之间，可以使用纯字典序. 由于有

$$gh \text{ 的首项(末项, resp.)} = g \text{ 的首项(末项)} \cdot h \text{ 的首项(末项, resp.)},$$

所以可证齐次多项式的因式也必为齐次多项式，参见例 6.2 的证明.

现在假设 $f(\boldsymbol{X}) = g(\boldsymbol{X}) \cdot h(\boldsymbol{X})$，并假设 $g(\boldsymbol{X})$ 不是常数，则 $g(\boldsymbol{X})$ 与 $h(\boldsymbol{X})$ 均为齐次多项式. 对于齐次单项式，可以考虑纯字典序，并不妨假设

$$x_{11} > x_{22} > \cdots > x_{nn}$$

是其单个未知元排序时的前 n 个. 由于对单项式 u, v, w 有性质：

$$u > v \Rightarrow uw > vw,$$

所以 $x_{11} \cdots x_{nn}$ 是 f 的首项与 g 的首项之积. 如果项 $x_{11} \cdots x_{nn}$ 出现在 g 中，则 $h = 1$. 以下不妨假设 g 的首项为 $x_{11} x_{22} \cdots x_{ii}$，其中 $1 \leqslant i \leqslant n-1$，则 h 的首项为 $x_{i+1 i+1} \cdots x_{nn}$，从而 h 的任意单项式不被 x_{jj} 整除，对于任意 $1 \leqslant j \leqslant i$. 此外，根据

性质"$u>v\Rightarrow uw>vw$"，不难看出 $(x_{11}x_{22}\cdots x_{ii})h(\boldsymbol{X})$ 中每两项互不相同且无法在 $g(\boldsymbol{X})h(\boldsymbol{X})$ 合并时消去，意味着 $h(\boldsymbol{X})$ 中不可能出现矩阵 $(x_{ij})_{n\times n}$ 中第 $1,\cdots,i$ 行，以及 $1,\cdots,i$ 列中的元素，否则与行列式定义相矛盾，说明 $h(\boldsymbol{X})$ 是行列式 $|D|$ 中的一部分，其中

$$D=\begin{vmatrix} x_{i+1i+1} & \cdots & x_{i+1n} \\ \vdots & \ddots & \vdots \\ x_{ni+1} & \cdots & x_{nn} \end{vmatrix}.$$

根据同样的道理，$g(\boldsymbol{X})$ 中不可能出现矩阵 $(x_{ij})_{n\times n}$ 中第 $i+1,\cdots,n$ 行，以及第 $i+1,\cdots,n$ 列中的元素，意味着 $g(\boldsymbol{X})$ 是行列式

$$|A|=\begin{vmatrix} x_{11} & \cdots & x_{1i} \\ \vdots & \ddots & \vdots \\ x_{i1} & \cdots & x_{ii} \end{vmatrix}$$

的一部分. 而这与

$$gh=|(x_{ij})_{n\times n}|=\begin{vmatrix} A & B \\ C & D \end{vmatrix}$$

明显矛盾！

例 6.4 利用带余除法证明：对于任意域 $\mathbf{F}$，$\mathbf{F}[x]$ 中的 n 次多项式 $f(x)$ 在 $\mathbf{F}$ 中至多有 n 个(互异的)根.

证明 对于次数 n 用对归纳法.

$n=1$ 时，$f(x)=ax+b$，其中 $0\neq a\in\mathbf{F}$. 所以 $f(x)$ 只有一个根 $-a^{-1}b$，以下假设 $n>1$. 如果 $\alpha_1\in\mathbf{F}$ 是 $f(x)$ 的一个根，根据多项式的带余除法，存在 $\mathbf{F}[x]$ 中的 $g(x)$，使得 $f(x)=(x-\alpha_1)g(x)$. 假设 α_2 是 $f(x)$ 在 $\mathbf{F}$ 中的另外一个根. 由于 $0=(\alpha_2-\alpha_1)\cdot g(\alpha_2)$，而 $\alpha_2-\alpha_1\neq 0$，所以 $g(\alpha_2)=0$. 因此 $f(x)$ 的异于 α_1 的根都是 $g(x)$ 的根. 易知 $g(x)$ 的次数为 $n-1$. 根据归纳假设，$g(x)$ 在 $\mathbf{F}$ 中至多有 $n-1$ 个根. 因此，$f(x)$ 在 $\mathbf{F}$ 中至多有 n 个根.

注意 显然，上述结论对于 $\mathbf{Z}[x]$ 中的多项式也是成立的. 但是，$\mathbf{Z}_8[x]$ 上的二次多项式 x^2-1 在 $\mathbf{Z}_8$ 中有 4 个根：$\pm\overline{1}$，$\pm\overline{3}$. 其原因在于 $\mathbf{Z}_8$ 中存在非零的零因子.

例 6.5 假设 $\mathbf{F}$ 是无限域. 求证：对于多项式环 $\mathbf{F}[x_1,\cdots,x_n]$ 中的非零多项式 $f(x_1,\cdots,x_n)$，存在 $\alpha_1,\cdots,\alpha_n\in\mathbf{F}$ 使得 $f(\alpha_1,\cdots,\alpha_n)\neq 0$.

证明　对于未知元个数 n 用对归纳法.

$n=1$ 时,由假设 $|\mathbf{F}|=\infty$ 以及例 6.4 得到结论.

以下假设 $n>1$. 假设 $0\neq f(x_1, \cdots, x_n)\in\mathbf{F}[x_1, \cdots, x_n]$. 不妨假设 x_1 出现在 f 的某个单项中,则可将 f 写成

$$f=x_1^r g_r(x_2, \cdots, x_n)+x_1^{r-1}g_{r-1}(x_2, \cdots, x_n)+\cdots+g_0(x_2, \cdots, x_n),$$

其中 $g_i\in\mathbf{F}[x_2, \cdots, x_n]$. 根据假设,至少有一个 $g_i(x_2, \cdots, x_n)\neq 0$. 根据归纳假设,存在 $\alpha_2, \cdots, \alpha_n\in\mathbf{F}$ 使得 $g_i(\alpha_2, \cdots, \alpha_n)\neq 0$. 此时考虑 $\mathbf{F}[x]$ 中的非零一元多项式

$$h(x_1)=x_1^r g_r(\alpha_2, \cdots, \alpha_n)+x_1^{r-1}g_{r-1}(\alpha_2, \cdots, \alpha_n)+\cdots+g_0(\alpha_2, \cdots, \alpha_n).$$

由于 $\mathbf{F}$ 是无限域,所以存在 $\alpha_1\in\mathbf{F}$ 使得 $h(\alpha_1)\neq 0$, 从而有 $f(\alpha_1, \cdots, \alpha_n)=h(\alpha_1)\neq 0$.

例 6.6　假设 $\mathbf{F}$ 是一个无限域,而

$$f(\mathbf{X})=f(x_{11}, \cdots, x_{1n}, x_{21}, \cdots, x_{2n}, \cdots, x_{n1}, \cdots, x_{nn})$$

是 $\mathbf{F}$ 上的一个 n^2 元多项式. 如果对于任意 n 阶可逆矩阵 $\mathbf{A}$, 恒有 $f(\mathbf{A})=0$, 求证: f 是一个 n^2 元零多项式.

证明　*反证法*　假设 f 不是零多项式(系数不全为零). 由于 $\mathbf{F}$ 是无限域,所以有矩阵 $\mathbf{A}$ 使得 $f(\mathbf{A})\neq 0$. 考虑多项式 $g(t)=f(t\boldsymbol{E}+\mathbf{A})\in\mathbf{F}[t]$. 由于 $g(0)=f(\mathbf{A})\neq 0$, 所以 $g(t)$ 是 $\mathbf{F}$ 上的一元非零多项式. 根据带余除法,可知它在 $\mathbf{F}$ 中的根的个数不超过其次数. 另一方面,由于 $|t\boldsymbol{E}+\mathbf{A}|=t^n+\cdots+|\mathbf{A}|$ 是关于 t 的 n 次首一多项式,它在 $\mathbf{F}$ 中至多有 n 个根. 换句话说,存在无限多个 t 使得 $t\boldsymbol{E}+\mathbf{A}$ 是可逆阵. 根据假设,对于这无限多个数, $g(t)=f(t\boldsymbol{E}+\mathbf{A})=0$, 矛盾. 这就完成了证明.

注记　*另一种证法(此证法需要更多知识)*　由于 $GL_n(\mathbf{F})=\{\mathbf{A}\mid det(\mathbf{A})\neq 0\}$, 所以 $GL_n(\mathbf{F})$ 是 $\mathbf{F}^{n^2\times 1}$ 中的稠密开子集(Zariski 拓扑和一般拓扑). 由于多元多项式函数是连续的,由此即知,在稠密开子集上为零的连续函数必定恒为零.

类似的结果还有: $\mathbf{A}_n$ 与所有方阵可交换, 当且仅当 $\mathbf{A}$ 与所有可逆矩阵可以交换. 当然这一结果归结为 $\mathbf{A}$ 与有限个 $\boldsymbol{E}_{ij}$ 可交换的验证问题.

例 6.7　求证: 对于无限域 $\mathbf{F}$ 上的 n 阶方阵 $\mathbf{A}$, $\boldsymbol{B}$, 恒有 $(\mathbf{A}\boldsymbol{B})^*=\boldsymbol{B}^*\mathbf{A}^*$, 其中 $\mathbf{A}^*=(\mathbf{A}_{ij})$ 表示 $\mathbf{A}$ 的伴随矩阵.

证明　*证法一*　对于由未知元组成的矩阵 $\boldsymbol{X}$, $\boldsymbol{Y}$, $|\boldsymbol{X}||\boldsymbol{Y}|\neq 0$. 因此借助

于 $\boldsymbol{X}^* = |\boldsymbol{X}|\boldsymbol{X}^{-1}$，立即得到等式 $(\boldsymbol{XY})^* = \boldsymbol{Y}^*\boldsymbol{X}^*$. 赋值 $\boldsymbol{X}=\boldsymbol{A}, \boldsymbol{Y}=\boldsymbol{B}$ 后，即得等式 $(\boldsymbol{AB})^* = \boldsymbol{B}^*\boldsymbol{A}^*$.

证法二 (1) 对于可逆矩阵 $\boldsymbol{A}$ 和 $\boldsymbol{B}$，由 $\boldsymbol{AA}^* = |\boldsymbol{A}|\boldsymbol{E}$ 以及逆矩阵的性质易知 $(\boldsymbol{AB})^* = \boldsymbol{B}^*\boldsymbol{A}^*$ 成立.

(2) 假设 $\boldsymbol{B}$ 不可逆，而 $\boldsymbol{A}$ 可逆. 由(1)已知 n^2 元多项式 $(\boldsymbol{AX})^* - \boldsymbol{X}^*\boldsymbol{A}^* = 0$ 在 $GL_n(\mathbf{F})$ 上恒成立. 根据前例结果知 $(\boldsymbol{AX})^* = \boldsymbol{X}^*\boldsymbol{A}^*$ 在 $M_n(\mathbf{F})$ 上恒成立.

(3) 现在假设 $\boldsymbol{A}, \boldsymbol{B}$ 均不可逆. 由(2)已知 n^2 元多项式 $(\boldsymbol{AX})^* = \boldsymbol{X}^*\boldsymbol{A}^* = 0$ 在 $GL_n(\mathbf{F})$ 上恒成立. 根据前例结果知 $(\boldsymbol{AX})^* - \boldsymbol{X}^*\boldsymbol{A}^*$ 在 $M_n(\mathbf{F})$ 上恒成立.

例 6.8 假设 $\boldsymbol{A}, \boldsymbol{B}$ 均为 n 阶方阵. 求证：$|\lambda\boldsymbol{E} - \boldsymbol{AB}| = |\lambda\boldsymbol{E} - \boldsymbol{BA}|$.

证明 如果 $\boldsymbol{A}$ 与 $\boldsymbol{B}$ 均可逆，则由 $\boldsymbol{AB} = \boldsymbol{B}^{-1}(\boldsymbol{BA})\boldsymbol{B}$，可知结论成立.

对于由未知元 $x_{ij}(y_{ij})$ 组成的矩阵 $\boldsymbol{X}(\boldsymbol{Y})$，当然 $\boldsymbol{X}, \boldsymbol{Y}$ 可逆. 于是有

$$|\lambda\boldsymbol{E} - \boldsymbol{XY}| = |\lambda\boldsymbol{E} - \boldsymbol{YX}|.$$

经过赋值

$$x_{ij} = a_{ij},\ y_{ij} = b_{ij}\ 任意\ i, j$$

后，即得恒等式 $|\lambda\boldsymbol{E} - \boldsymbol{AB}| = |\lambda\boldsymbol{E} - \boldsymbol{BA}|$.

例 6.9 一个对称多项式 f 的首项 $a x_1^{\alpha_1} x_2^{\alpha_2} \cdots x_n^{\alpha_n}$ 必定满足

$$\alpha_1 \geqslant \alpha_2 \geqslant \cdots \geqslant \alpha_n.$$

证明 *反证法* 如果有 $\alpha_1 < \alpha_2$，则对换置换 $\tau = (1, 2)$ 将首项

$$a x_1^{\alpha_1} x_2^{\alpha_2} x_3^{\alpha_3} \cdots x_n^{\alpha_n}$$

变为一个更靠前的单项式

$$a x_1^{\alpha_2} x_2^{\alpha_1} x_3^{\alpha_3} \cdots x_n^{\alpha_n}.$$

根据假设有 $\tau(f) = f$. 注意到在 f 的单项表达式中，

$$x_1^{i_1} x_2^{i_2} \cdots x_n^{i_n} \neq x_1^{j_1} x_2^{j_2} \cdots x_n^{j_n}$$

当且仅当

$$x_{\tau(1)}^{i_1} x_{\tau(2)}^{i_2} \cdots x_{\tau(n)}^{i_n} \neq x_{\tau(1)}^{j_1} x_{\tau(2)}^{j_2} \cdots x_{\tau(n)}^{j_n}.$$

这意味着 $a x_1^{\alpha_2} x_2^{\alpha_1} x_3^{\alpha_3} \cdots x_n^{\alpha_n}$ 是 f 的一项，矛盾.

例 6.10 (1) 试求 $\varphi(y_1, y_2, y_3)$ 使得 $f(x_1, x_2, x_3) = \varphi(\sigma_1, \sigma_2, \sigma_3)$，其中

$$f(x_1, x_2, x_3) = (x_1^2 + x_1x_2 + x_2^2)(x_1^2 + x_1x_3 + x_3^2)(x_2^2 + x_2x_3 + x_3^2).$$

(2) 假设 $\alpha_1, \alpha_2, \alpha_3$ 是 $g(x) = x^3 + 2x^2 + 3x + 4$ 的三个根.试计算

$$(\alpha_1^2 + \alpha_1\alpha_2 + \alpha_2^2)(\alpha_1^2 + \alpha_1\alpha_3 + \alpha_3^2)(\alpha_2^2 + \alpha_2\alpha_3 + \alpha_3^2).$$

解 (1) 注意到 f 是一个六次齐次多项式,所以根据例 6.9 的结果可以使用待定系数法求解:

Δ^2 的首项为 $x_1^4x_2^2$,其指数向量为 $(4, 2, 0)$.由此得到其可能的后续指数向量组(依次写在其下方),而右侧为相应(关于 $\sigma_1, \sigma_2, \sigma_3$)的 $(\boldsymbol{\alpha}_1 - \boldsymbol{\alpha}_2, \boldsymbol{\alpha}_2 - \boldsymbol{\alpha}_3, \boldsymbol{\alpha}_3)$ 向量组(参见基本定理的证明过程):

$$\begin{aligned}
(4, 2, 0) &\to (2, 2, 0)\\
(4, 1, 1) &\to (3, 0, 1)\\
(3, 3, 0) &\to (0, 3, 0)\\
(3, 2, 1) &\to (1, 1, 1)\\
(2, 2, 2) &\to (0, 0, 2)
\end{aligned}$$

以下假设

$$f(x_1, x_2, x_3) = \sigma_1^2\sigma_2^2 + A \cdot \sigma_1^3\sigma_3 + B \cdot \sigma_2^3 + C \cdot \sigma_1\sigma_2\sigma_3 + D\sigma_3^2.$$

取 $x_2 = x_3 = 1, x_1 = 0$,则有 $\sigma_3 = 0$,从而有 $B + 4 = 3$,所以 $B = -1$.

取 $x_1 = x_2 = 1, x_3 = -2$,则有 $\sigma_1 = 0$,从而有 $4D = 27$,所以 $D = \frac{27}{4}$.

取 $x_3 = x_2 = 2, x_1 = -1$,则有 $\sigma_2 = 0$,从而有 $-12A = 108 - 108$,所以 $A = 0$.

最后,取 $x_1 = x_2 = x_2 = 1$,得到 $C = -\frac{21}{4}$.所以答案为

$$f(x_1, x_2, x_3) = \sigma_1^2\sigma_2^2 - \sigma_2^3 - \frac{21}{4}\sigma_1\sigma_2\sigma_3 + \frac{27}{8}\sigma_3^2.$$

(2) 根据韦达定理有

$$\sigma_1(\alpha_1, \alpha_2, \alpha_3) = -2, \sigma_2(\alpha_1, \alpha_2, \alpha_3) = 3, \sigma_3(\alpha_1, \alpha_2, \alpha_3) = -4.$$

因此有

$$(\alpha_1^2 + \alpha_1\alpha_2 + \alpha_2^2)(\alpha_1^2 + \alpha_1\alpha_3 + \alpha_3^2)(\alpha_2^2 + \alpha_2\alpha_3 + \alpha_3^2) = \sigma_1^2\sigma_2^2 - \sigma_1^3\sigma_3 - \sigma_2^3 = 23.$$

例 6.11 试确定二次、三次一元多项式 $f(x)=\sum_{i=0}^{r}a_i x^{r-i}$ 的判别式.

解 (1) $r=2$ 时, $D(f)=a_1^2-4a_0a_2$, 即为一元二次方程的常见判别式.

(2) $r=3$ 时, $D(f)=(a_1a_2)^2-9a_0a_1a_2a_3a_4$.

例 6.12 求 k 次方幂和的递推公式——Newton Formula.

记 $s_k=s_k(x_1, \cdots, x_n)=x_1^k+x_2^k+\cdots+x_n^k$. 求证:

(1) 对于满足 $1\leqslant m\leqslant n$ 的正整数 m, 有

$$s_m-\sigma_1 s_{m-1}+\sigma_2 s_{m-2}+\cdots+(-1)^{m-1}\sigma_{m-1}s_1+(-1)^m m\cdot\sigma_m=0.$$

(2) 对于满足 $m>n$ 的正整数 m, 有

$$s_m-\sigma_1 s_{m-1}+\sigma_2 s_{m-2}+\cdots+(-1)^n\sigma_n s_{m-n}=0.$$

提示 使用对称多项式与一元函数的导函数.

证明 假设

$$f(x)=(x-x_1)(x-x_2)\cdots(x-x_n)\in \mathbf{F}[x_1, x_2, \cdots, x_n, x].$$

则有

$$f(x)=x^n-\sigma_1x^{n-1}+\cdots+(-1)^n\sigma_n=\sum_{i=0}^{n}(-1)^i\sigma_i x^{n-i},$$

其中 $\sigma_1, \cdots, \sigma_n$ 是关于 $x_1, x_2, \cdots, x_n$ 的初等对称多项式, 而 $\sigma_0=1$.

由 $f(x)=(x-x_1)(x-x_2)\cdots(x-x_n)$ 对 x 求一次导函数得到

$$f'(x)=f(x)\sum_{i=1}^{n}\frac{1}{x-x_i}.$$

因此有

$$f'(x)=f(x)\sum_{i=1}^{n}\frac{1}{x}\frac{1}{1-\dfrac{x_i}{x}}.$$

而对于整数 $k\geqslant 1$, 取 $y=\dfrac{x_i}{x}$, 将 $(1-y)(1+y+\cdots+y^k)=1-y^{k+1}$ 用于上式得到

$$\begin{aligned}f'(x)&=f(x)\sum_{i=1}^{n}\frac{1}{x}\left\{1+\frac{x_i}{x}+\cdots+\left(\frac{x_i}{x}\right)^k+\frac{(x_i/x)^{k+1}}{1-x_i/x}\right\}\\&=f(x)\frac{1}{x^{k+1}}\left\{x^k\sum_{i=1}^{n}1+x^{k-1}\sum_{i=1}^{n}x_i+\cdots+x\sum_{i=1}^{n}x_i^{k-1}+\sum_{i=1}^{n}x_i^k+\frac{x_i^{k+1}}{x-x_i}\right\}.\end{aligned}$$

因此有

$$\begin{aligned} x^{k+1}f'(x) &= f(x)(s_0x^k + s_1x^{k-1} + \cdots + s_{k-1}x + s_k) + x_i^{k+1}\frac{f(x)}{x-x_i} \\ &= \left[\sum_{i=0}^{n}(-1)^i\sigma_i x^{n-i}\right]\cdot\left(\sum_{j=0}^{k}s_jx^{k-j}\right) + g(x), \end{aligned} \quad (6-2)$$

其中，$g(x) = x_i^{k+1}\dfrac{f(x)}{x-x_i}$. 注意到 $x - x_i \mid f(x)$，因此有 $g(x) \in \mathbf{F}[x_1, \cdots, x_n, x]$，且其中 x 的指数 $\leqslant n-1$.

另一方面，由等式

$$f(x) = x^n - \sigma_1x^{n-1} + \cdots + (-1)^{n-1}\sigma_{n-1}x + (-1)^n\sigma_n$$

对于 x 求导函数得到

$$f'(x) = nx^{n-1} - (n-1)\sigma_1x^{n-2} + \cdots + (-1)^{n-1}\sigma_{n-1},$$

因此有

$$\begin{aligned} x^{k+1}f'(x) = nx^{n+k} - (n-1)\sigma_1x^{n+k-1} + \cdots + \\ (-1)^{n-2}\sigma_{n-2}x^{k+2} + (-1)^{n-1}\sigma_{n-1}x^{k+1}. \end{aligned} \quad (6-3)$$

现在任意取定非负整数 m. 对于满足 $m < k$ 的正整数 k，当然有 $n+k-m>n$，从而多项式 $g(x)$ 中不含形为 dx^{n+k-m} 的非零项. 此时，比较前式(6-3)与式(6-2)中 x^{n+k-m} 的系数，得到：

(i) 当 $k+1 \leqslant n+k-m \leqslant n+k$ 亦即 $0 \leqslant m \leqslant n-1$ 时，有

$$(-1)^m(n-m)\sigma_m = \sum_{i+j=m}(-1)^i\sigma_i s_j = \sigma_0s_m - \sigma_1s_{m-1} + \cdots + (-1)^m\sigma_ms_0.$$

注意到 $s_0 = n$，$\sigma_0 = 1$，所以当 $1 \leqslant m \leqslant n-1$ 时，有

$$s_m - \sigma_1s_{m-1} + \cdots + (-1)^{m-1}\sigma_{m-1}s_1 + (-1)^m m\sigma_m, (1 \leqslant m \leqslant n-1 = 0).$$

(ii) 当 $n+k-m \leqslant k$ 亦即 $m \geqslant n$ 时，则有

$$0 = \sum_{i+j=m}(-1)^i\sigma_i s_j = \sigma_m - \sigma_1 s_{m-1} + \sigma_2s_{m-2} + \cdots + (-1)^n\sigma_n s_{m-n}.$$

特别的，$m = n$ 时，

$$\begin{aligned} 0 = \sum_{i+j=m}(-1)^i\sigma_i s_j = \sigma_n - \sigma_1 s_{n-1} + \sigma_2s_{n-2} + \cdots + \\ (-1)^{n-1}\sigma_{n-1}\sigma_1 + (-1)^n n\sigma_n. \end{aligned}$$

将它与(i)合起来就证明了(1).

当 $m > n$ 时,恰为要证的(2).

注记 多元多项式提供了考虑或解决问题的一种方法和思想,而不仅仅是一种技巧.这样的例子还有很多,例如例 3.79 和例 3.80.

附录 《高等代数》期中与期末考试样卷

上海交通大学试卷

（说明：共 8 道大题，满分 100 分．所有题目均需写出过程，解题或者证明过程中的关键步骤或者关键思想有助于提高得分．$\boldsymbol{A}^{\mathrm{T}}$ 表示 $\boldsymbol{A}$ 的转置矩阵；$\mathrm{r}(\boldsymbol{A})$ 表示 $\boldsymbol{A}$ 的秩．）

一、（10 分）如果可逆矩阵 $\boldsymbol{Q}$ 有分解式 $\boldsymbol{Q}=\boldsymbol{LU}$（其中 $\boldsymbol{U}$ 是上三角阵，而 $\boldsymbol{L}$ 是下三角矩阵且其对角元全为 1），则称 $\boldsymbol{Q}$ 有 $\boldsymbol{LU}$ -分解．

（1）求证：如果可逆矩阵 $\boldsymbol{Q}$ 有 $\boldsymbol{LU}$ -分解，则这样的分解式是唯一的．（3 分）

（2）对于矩阵 $\boldsymbol{A}=\begin{bmatrix}0&1&3\\1&1&0\\1&2&1\end{bmatrix}$，求一个置换矩阵 $\boldsymbol{P}$ 使得 $\boldsymbol{PA}$ 有 $\boldsymbol{LU}$ -分解，并求出相应 $\boldsymbol{PA}$ 的 $\boldsymbol{LU}$ -分解．（7 分）

二、（10 分）假设

$$\boldsymbol{A}_n=\begin{bmatrix}0&0&\cdots&0&0&0\\1&0&\cdots&0&0&0\\0&1&\cdots&0&0&0\\\vdots&\vdots&\ddots&\vdots&\vdots&\vdots\\0&0&\cdots&1&0&0\\0&0&\cdots&0&1&0\end{bmatrix}$$

是一个（0，1）矩阵，其中有 $n-1$ 个位置是 1．试计算 $(\boldsymbol{E}+\boldsymbol{A})^k(1\leqslant k\leqslant n)$．

三、（15 分）讨论 a，b 分别为何值时，下面方程组无解、有唯一解、有无穷多个解：

$$\begin{cases}x+y=0\\x-y+2z=2a\\x+bz=1\end{cases}$$

有唯一解时，求解；有无穷多解时，写出解的结构(特解与基础解系).

四、(10 分) 假设 $\boldsymbol{\beta}_1, \cdots, \boldsymbol{\beta}_m$ 线性无关 ($m \geqslant 2$). 记

$$\boldsymbol{\alpha}_1 = \boldsymbol{\beta}_1 + \boldsymbol{\beta}_2, \cdots, \boldsymbol{\alpha}_{m-1} = \boldsymbol{\beta}_{m-1} + \boldsymbol{\beta}_m, \boldsymbol{\alpha}_m = \boldsymbol{\beta}_m + \boldsymbol{\beta}_1.$$

求证：

(1) 当 m 是偶数时，向量组 $\boldsymbol{\alpha}_1, \cdots, \boldsymbol{\alpha}_m$ 线性相关.(3 分)

(2) 当 m 是奇数时，向量组 $\boldsymbol{\alpha}_1, \cdots, \boldsymbol{\alpha}_m$ 线性无关. (7 分)

五、(15 分) 假设 $\boldsymbol{A} = \boldsymbol{\alpha}_1\boldsymbol{\alpha}_1^{\mathrm{T}} + \boldsymbol{\alpha}_2\boldsymbol{\alpha}_2^{\mathrm{T}} + \cdots + \boldsymbol{\alpha}_r\boldsymbol{\alpha}_r^{\mathrm{T}}$，其中 $\boldsymbol{\alpha}_i$ 均为 $n \times 1$ 实向量，且满足：

$$\boldsymbol{\alpha}_i^{\mathrm{T}}\boldsymbol{\alpha}_j = 0\ (\text{任意 } i \neq j),\ \boldsymbol{\alpha}_i^{\mathrm{T}}\boldsymbol{\alpha}_i = 1\ (i\ \text{为任意}).$$

(1) 验证：$\boldsymbol{A}$ 满足 $\boldsymbol{A}^{\mathrm{T}} = \boldsymbol{A}, \boldsymbol{A}^2 = \boldsymbol{A}$. (8 分)

(2) 求证：$\boldsymbol{A}$ 的秩 $\mathrm{r}(\boldsymbol{A}) = r$. (7 分)

六、(10 分) 求证：3 阶方阵 $\boldsymbol{A}$ 满足 $\boldsymbol{A}^2 - 7\boldsymbol{A} + 12\boldsymbol{E} + 0$，当且仅当 $\mathrm{r}(3\boldsymbol{E} - \boldsymbol{A}) + \mathrm{r}(4\boldsymbol{E} - \boldsymbol{A}) = 3$.

七、(15 分) 假设 $\boldsymbol{A}, \boldsymbol{B}, \boldsymbol{C}$ 都是 n 阶矩阵. 记 $\boldsymbol{D} = \begin{bmatrix} \boldsymbol{A} & \boldsymbol{B} \\ \boldsymbol{C} & \boldsymbol{0} \end{bmatrix}$.

(1) 试计算行列式 $|\boldsymbol{D}|$. (5 分)

(2) 给出 $\boldsymbol{D}$ 可逆的充分必要条件，并说明理由.(5 分)

(3) 当 $\boldsymbol{D}$ 可逆时，求出 $\boldsymbol{D}^{-1}$. (5 分)

八、(15 分)假设 $\boldsymbol{A}, \boldsymbol{B}$ 都是 n 阶矩阵，且满足 $\boldsymbol{A} \cdot \boldsymbol{B} = \boldsymbol{B} \cdot \boldsymbol{A}$，记 $\boldsymbol{C} = (\boldsymbol{A}, \boldsymbol{B})$. 求证：$\mathrm{r}(\boldsymbol{A}) + \mathrm{r}(\boldsymbol{B}) \geqslant \mathrm{r}(\boldsymbol{C}) + \mathrm{r}(\boldsymbol{A} \cdot \boldsymbol{B})$.

期中试卷参考答案

一、(1) 唯一性：若 $\boldsymbol{L}_1\boldsymbol{U}_1=\boldsymbol{Q}=\boldsymbol{L}_2\boldsymbol{U}_2$，则 $\boldsymbol{L}_i$ 与 $\boldsymbol{U}_j$ 均为可逆阵，且有 $\boldsymbol{L}_1^{-1}\boldsymbol{L}_2=\boldsymbol{U}_1\boldsymbol{U}_2^{-1}$，其中 $\boldsymbol{L}_1^{-1}$ 也是下三角形矩阵且其对角元素全为 1，而 $\boldsymbol{U}_1^{-1}$ 是上三角形矩阵. 于是 $\boldsymbol{L}_1^{-1}\boldsymbol{L}_2$ 是下三角形矩阵且主对角线元素为 1；而 $\boldsymbol{U}_1\boldsymbol{U}_2^{-1}$ 是上三角形矩阵. 由此即得到 $\boldsymbol{E}=\boldsymbol{L}_1^{-1}\boldsymbol{L}_2$，从而 $\boldsymbol{L}_1=\boldsymbol{L}_2$，$\boldsymbol{U}_1=\boldsymbol{U}_2$.

(1) 可取 $\boldsymbol{P}=\begin{bmatrix}0&1&0\\1&0&0\\0&0&1\end{bmatrix}$. 此时，$\boldsymbol{PA}=\begin{bmatrix}1&1&0\\0&1&3\\1&2&1\end{bmatrix}$，其唯一 $\boldsymbol{LU}$-分解式为

$$\boldsymbol{PA}=\begin{bmatrix}1&0&0\\0&1&0\\1&1&1\end{bmatrix}\begin{bmatrix}1&1&0\\0&1&3\\0&0&-2\end{bmatrix}.$$

二、经计算可知，$\boldsymbol{A}^i$ 都是 (0, 1) 一线矩阵，其中 $\boldsymbol{A}^2$ 中由 1 组成的线比 $\boldsymbol{A}$ 相应线向左下方斜降一线，$\boldsymbol{A}^3$ 再斜降一线，……且 $\boldsymbol{A}^n=0$. 因为 $\boldsymbol{EA}=\boldsymbol{AE}$，所以当 k 满足 $1\leqslant k\leqslant n-2$ 时，有

$$(\boldsymbol{E}+\boldsymbol{A})^k=\sum_{i=0}^{k}\mathrm{C}_k^i\boldsymbol{E}^{k-i}\boldsymbol{A}^i=\boldsymbol{E}+\mathrm{C}_k^1\boldsymbol{A}+\mathrm{C}_k^2\boldsymbol{A}^2+\cdots+\mathrm{C}_k^k\boldsymbol{A}^k$$

$$=\begin{bmatrix}1&0&0&0&0&\cdots&0&0\\ \mathrm{C}_k^1&1&0&0&0&\cdots&0&0\\ \mathrm{C}_k^2&\mathrm{C}_k^1&1&0&0&\cdots&0&0\\ \mathrm{C}_k^3&\mathrm{C}_k^2&\mathrm{C}_k^1&1&0&\cdots&0&0\\ \vdots&\vdots&\vdots&\vdots&\vdots&\ddots&\ddots&\ddots\\ \mathrm{C}_k^k&\mathrm{C}_k^{k-1}&\mathrm{C}_k^{k-2}&\mathrm{C}_k^{k-3}&\ddots&\ddots&\vdots&\ddots\\ \vdots&\vdots&\vdots&\vdots&\vdots&\ddots&\vdots&\vdots\\ 0&0&\mathrm{C}_k^k&\mathrm{C}_k^{k-1}&\mathrm{C}_k^{k-2}&\cdots&1&0\\ 0&0&0&\mathrm{C}_k^k&\mathrm{C}_k^{k-1}&\cdots&\mathrm{C}_k^1&1\end{bmatrix}_n$$

(此时，最后一行左下角处为零)

而当 $k\geqslant n-1$ 时，$(\boldsymbol{E}+\boldsymbol{A})^k$ 仍然具有上述形状，其最后一行为

$$(\mathrm{C}_k^{n-1},\ \mathrm{C}_k^{n-2},\ \cdots,\ \mathrm{C}_k^0).$$

三、将方程组的增广矩阵记为 $\boldsymbol{A}$. 通过四次初等行变换将 $\boldsymbol{A}$ 化为 $\boldsymbol{B}$：

$$\boldsymbol{A}=\begin{bmatrix}1&1&0&0\\1&-1&2&2a\\1&0&b&1\end{bmatrix}\rightarrow\begin{bmatrix}1&0&1&a\\0&1&-1&-a\\0&0&b-1&1-a\end{bmatrix}=\boldsymbol{B}.$$

(1) $b=1$, $a\neq 1$ 时,方程组无解.

(2) $b\neq 1$ 时,方程组有唯一解,解为 $(x,\ y,\ z)=\left(\dfrac{ab-1}{b-1},\ \dfrac{1-ab}{b-1},\ \dfrac{1-a}{b-1}\right)$.

(3) $b=1$, $a=1$ 时,方程组有无限多个解. 此时,

$$\boldsymbol{B}=\begin{bmatrix}1&0&1&1\\0&1&-1&-1\\0&0&0&0\end{bmatrix}.$$

故原方程组通解(解的结构写法)为

$$\boldsymbol{X}=\begin{bmatrix}0\\0\\1\end{bmatrix}+t\begin{bmatrix}-1\\1\\1\end{bmatrix},$$

其中 t 为自由未知量.

四、(1) $m=2k$ 时,有 $\boldsymbol{\alpha}_1-\boldsymbol{\alpha}_2\boldsymbol{\alpha}_3-\boldsymbol{\alpha}_4+\cdots+\boldsymbol{\alpha}_{2k-1}-\boldsymbol{\alpha}_{2k}=0$, 从而 $\boldsymbol{\alpha}_1, \cdots, \boldsymbol{\alpha}_m$ 线性相关.

(2) 现在假设 $m=2k+1$. 如果 $\sum_{i=1}^{m}x_i\boldsymbol{\alpha}_i=0$, 则有

$$(x_1+x_2)\boldsymbol{\beta}_1+(x_2+x_3)\boldsymbol{\beta}_1+(x_{m-1}+x_2)\boldsymbol{\beta}_m+\cdots+(x_m+x_1)\boldsymbol{\beta}_m=0$$

根据假设, $\boldsymbol{\beta}_1, \cdots, \boldsymbol{\beta}_m$ 线性无关,从而上式中的系数全为零. 由此即可解出 $x_1=\cdots=x_m=0$. 这就说明了 $\boldsymbol{\alpha}_1, \cdots, \boldsymbol{\alpha}_m$ 也线性无关.

五、(1) 直接计算立得: $\boldsymbol{A}^{\mathrm{T}}=\sum_{i=1}^{r}(\boldsymbol{\alpha}_i\boldsymbol{\alpha}_i^{\mathrm{T}})^{\mathrm{T}}=\boldsymbol{A}$. 而由

$$(\boldsymbol{\alpha}_1\boldsymbol{\alpha}_1^{\mathrm{T}})\boldsymbol{A}=(\boldsymbol{\alpha}_1\boldsymbol{\alpha}_1^{\mathrm{T}})\sum_{i=1}^{r}\boldsymbol{\alpha}_i\boldsymbol{\alpha}_i^{\mathrm{T}}=\boldsymbol{\alpha}_1\boldsymbol{\alpha}_1^{\mathrm{T}},$$

立得 $\boldsymbol{A}^2=\boldsymbol{A}$.

(2) 证法 1 根据条件"$\boldsymbol{\alpha}_i^{\mathrm{T}}\boldsymbol{\alpha}_j=0\ (i\neq j)$, $\boldsymbol{\alpha}_i^{\mathrm{T}}\boldsymbol{\alpha}_i=1\ (i$ 为任意)"可证向量组 $\boldsymbol{\alpha}_1, \cdots, \boldsymbol{\alpha}_r$ 线性无关(用线性无关的定义). 命 $\boldsymbol{B}=(\boldsymbol{\alpha}_1, \cdots, \boldsymbol{\alpha}_r)$, 则有 $\mathrm{r}(\boldsymbol{B})=r$ 且有 $\boldsymbol{A}=\boldsymbol{B}\boldsymbol{B}^{\mathrm{T}}$. 由于 $\boldsymbol{B}$ 是实矩阵,所以对于任意一个实向量 $\boldsymbol{X}_0$, $\boldsymbol{A}\boldsymbol{X}_0=\boldsymbol{0}$ 成立当且仅当 $(\boldsymbol{B}^{\mathrm{T}}\boldsymbol{X}_0)^{\mathrm{T}}(\boldsymbol{B}^{\mathrm{T}}\boldsymbol{X}_0)=\boldsymbol{0}$ 成立,当且仅当 $\boldsymbol{B}^{\mathrm{T}}\boldsymbol{X}_0=\boldsymbol{0}$ 成立. 这说明 $\boldsymbol{A}\boldsymbol{X}=\boldsymbol{0}$ 与 $\boldsymbol{B}^{\mathrm{T}}\boldsymbol{X}=\boldsymbol{0}$ 在实数域上有同解,因此 $n-\mathrm{r}(\boldsymbol{B}^{\mathrm{T}})=n-\mathrm{r}(\boldsymbol{A})$, 从而 $\mathrm{r}(\boldsymbol{A})=\mathrm{r}(\boldsymbol{B})=r$.

证法 2 首先注意 $\boldsymbol{A}=\boldsymbol{B}\boldsymbol{B}^{\mathrm{T}}$. 而所给条件

$$\boldsymbol{\alpha}_i^{\mathrm{T}}\boldsymbol{\alpha}_j=0\ (i\neq j),\ \boldsymbol{\alpha}_i^{\mathrm{T}}\boldsymbol{\alpha}_i=1\ (i\ \text{为任意})$$

即为 $\boldsymbol{B}^{\mathrm{T}}\boldsymbol{B}=\boldsymbol{E}_r$, 因此有 $\mathrm{r}(\boldsymbol{B})=r$. 从而由

$$\mathrm{r}(\boldsymbol{B})+\mathrm{r}(\boldsymbol{B}^{\mathrm{T}})-r\leqslant \mathrm{r}(\boldsymbol{B}\boldsymbol{B}^{\mathrm{T}})\leqslant \mathrm{r}(\boldsymbol{B})$$

即得 $\mathrm{r}(\boldsymbol{A})=\mathrm{r}(\boldsymbol{B}\boldsymbol{B}^{\mathrm{T}})=r$.

六、反复使用基础解系基本定理,以及 $\mathrm{r}(\boldsymbol{A}+\boldsymbol{B})\leqslant \mathrm{r}(\boldsymbol{A})+\mathrm{r}(\boldsymbol{B})$.

七、(1) $|\boldsymbol{D}|=(-1)^{n}|\boldsymbol{B}|\cdot|\boldsymbol{C}|$.

(2) $\boldsymbol{D}$ 可逆当且仅当 $\boldsymbol{B}$, $\boldsymbol{C}$ 同时可逆(当且仅当 $|\boldsymbol{BC}|\neq 0$).

(3) $\boldsymbol{D}^{-1}=\begin{bmatrix}\boldsymbol{0} & \boldsymbol{C}^{-1}\\ \boldsymbol{B}^{-1} & -\boldsymbol{B}^{-1}\boldsymbol{A}\boldsymbol{C}^{-1}\end{bmatrix}$

八、提示:$\mathrm{r}(\boldsymbol{C})=\mathrm{r}(\boldsymbol{C}^{\mathrm{T}})=\mathrm{r}\left(\begin{bmatrix}\boldsymbol{A}^{\mathrm{T}}\\ \boldsymbol{B}^{\mathrm{T}}\end{bmatrix}\right)$. 然后归结为例 3.9 或者用方程组 $\boldsymbol{XC}=\boldsymbol{0}$, $\boldsymbol{XA}=\boldsymbol{0}$, $\boldsymbol{XB}=\boldsymbol{0}$, $\boldsymbol{X}(\boldsymbol{AB})=\boldsymbol{0}$ 进行讨论. 注意:一般情况下 $\mathrm{r}\left(\begin{bmatrix}\boldsymbol{A}\\ \boldsymbol{B}\end{bmatrix}\right)=\mathrm{r}(\boldsymbol{A},\boldsymbol{B})$ 未必成立.

上海交通大学《高等代数》期末考试试卷(A 卷)

(共 10 道大题,满分 100 分)

一、(10 分) 如果 $x^2-x+1 \mid f_1(x^3)+xf_2(x^3)$,求证:$x^3+1 \mid (f_1(x^3), f_2(x^3))$.

二、(10 分) 求矩阵 $\boldsymbol{A}=\begin{bmatrix} 1 & 2 & 3 \\ -1 & -2 & -3 \\ 2 & 4 & 6 \end{bmatrix}$ 的特征值与特征向量,并求一个可逆矩阵 $\boldsymbol{P}$ 使得 $\boldsymbol{P}^{-1}\boldsymbol{AP}$ 为对角阵.

三、(15 分) 讨论 a 为何值时,下面方程组无解、有唯一解、有无穷多个解.有解时,并求解.

$$\begin{cases} x_1+x_2+ax_3=a^2 \\ x_1+ax_2+x_3=a \\ ax_1+x_2+x_3=1 \end{cases}.$$

四、假设数域 $\mathbf{F}$ 上的矩阵 n 阶方阵 $\boldsymbol{A}$ 满足 $\boldsymbol{A}^2-5\boldsymbol{A}-6\boldsymbol{E}=0$.

(1) 求证:$\boldsymbol{A}-4\boldsymbol{E}$ 可逆. 并求 $(\boldsymbol{A}-4\boldsymbol{E})^{-1}$.

(2) 求证:$\boldsymbol{A}-4\boldsymbol{E}$ 在 $\mathbf{F}$ 上相似于对角矩阵.

(3) 将 $\boldsymbol{A}^{50}$ 表示为 $\boldsymbol{A}$ 与 $\boldsymbol{E}$ 的线性组合.(共 10 分)

五、求齐次线性方程组

$$\begin{cases} x_1+x_2+x_3+x_4+x_5=0 \\ x_1+x_2+x_3+2x_4+2x_5=0 \end{cases}$$

的解空间(作为欧氏空间 $\mathbf{R}^5$ 的子空间)的一个标准正交基.(15 分)

六、对于给定的 $m\times n$ 实矩阵 A,求证:

(1) 方程组 $\boldsymbol{AX}=\mathbf{0}$ 与 $\boldsymbol{A}^{\mathrm{T}}\boldsymbol{AX}=\mathbf{0}$ 有同解;

(2) $\mathrm{r}(\boldsymbol{A}^{\mathrm{T}}\boldsymbol{A})=\mathrm{r}(\boldsymbol{A})$.(10 分. 每小题 5 分)

七、假设线性空间 $\mathbf{V}$ 上的线性变换 σ 满足 $\sigma^m=0$, $\sigma^{m-1}\neq 0$, 其中 m 为某个

大于 1 的正整数．求证如下两个（彼此独立的）结果：

（1）$\boldsymbol{\sigma}-\boldsymbol{I}_V$ 是 $\boldsymbol{V}$ 的可逆线性变换．

（2）存在 $\boldsymbol{\alpha}\in\boldsymbol{V}$ 使得 $\boldsymbol{\alpha}$，$\boldsymbol{\sigma}(\boldsymbol{\alpha})$，$\boldsymbol{\sigma}^2(\boldsymbol{\alpha})$，…，$\boldsymbol{\sigma}^{m-1}(\boldsymbol{\alpha})$ 线性无关．（共 10 分，每小题 5 分）

八、（共 5 分）（1）求证：正定的正交矩阵只有一个．

（2）如果 $\boldsymbol{A}$ 是 n 阶正定矩阵，而 $\boldsymbol{B}$ 是反对称实矩阵（即 $\boldsymbol{A}^{\mathrm{T}}=-\boldsymbol{A}$），求证

$$|\boldsymbol{A}+\boldsymbol{B}|>0.$$

九、（10 分）假设 4 维复线性空间 $\boldsymbol{V}$ 上的线性变换 $\boldsymbol{\sigma}$ 的特征多项式为 x^4+x^2+1．求证：$\boldsymbol{V}=\boldsymbol{W}_1\oplus\boldsymbol{W}_2$，其中

$$\boldsymbol{W}_1=ker(\boldsymbol{\sigma}^2+\boldsymbol{\sigma}+1),\ \boldsymbol{W}_2=ker(\boldsymbol{\sigma}^2-\boldsymbol{\sigma}+1).$$

十、（5 分）假设 $\boldsymbol{\alpha}$，$\boldsymbol{\beta}$ 都是 n 维实列向量并满足 $\boldsymbol{\alpha}^{\mathrm{T}}\boldsymbol{\beta}\neq 0$．如果 $\boldsymbol{V}=\mathbf{R}^{n\times 1}$ 的线性变换 $\boldsymbol{\sigma}$ 在某组基下的矩阵为 $\boldsymbol{\alpha}\boldsymbol{\beta}^{\mathrm{T}}$，求证存在 $\mathbf{R}^n$ 的一组基使得 $\boldsymbol{\sigma}$ 在该基下的矩阵为对角阵．

期末试卷参考答案

一、首先注意 $x^3+1=(x+1)(x^2-x+1)$. 用 ω 表示多项式 x^2-x+1 的一个复数根. 根据假设，有

$$f_1(-1)+\omega f_2(-1)=0,\ f_1(-1)+\bar{\omega} f_2(-1)=0.$$

二者相减得到 $(\omega-\bar{\omega})f_2(-1)=0$，因此 $x+1\mid f_2(x)$，从而 $x^3+1\mid f_1(x^3)$. 同理得到 $x^3+1\mid f_2(x^3)$，从而 $x^3+1\mid(f_1(x^3),\ f_2(x^3))$.

二、首先注意到 $\mathrm{r}(\boldsymbol{A})=1$. 事实上，有 $\boldsymbol{A}=\boldsymbol{\alpha}\boldsymbol{\beta}^{\mathrm{T}}$，其中

$$\boldsymbol{\alpha}^{\mathrm{T}}=(1,\ -1,\ 2),\ \boldsymbol{\beta}^{\mathrm{T}}=(1,\ 2,\ 3).$$

由于 $\boldsymbol{\beta}^{\mathrm{T}}\boldsymbol{\alpha}=5$，所以 $\boldsymbol{A}$ 的特征值为 5，0(二重根). 注意：$\boldsymbol{A\alpha}=\boldsymbol{\alpha}(\boldsymbol{\beta}^{\mathrm{T}}\boldsymbol{\alpha})=5\boldsymbol{\alpha}$，而 $\boldsymbol{\beta}^{\mathrm{T}}\boldsymbol{X}=\boldsymbol{0}$ 的解均为 $\boldsymbol{AX}=0$ 的解. 所以 $\boldsymbol{A}$ 有 3 个线性无关的特征向量 $\boldsymbol{\alpha}_i$：

$$\boldsymbol{\alpha}_1=\boldsymbol{\alpha},\ \boldsymbol{\alpha}_2^{\mathrm{T}}=(-2,\ 1,\ 0)^{\mathrm{T}},\ \boldsymbol{\alpha}_2^{\mathrm{T}}=(-3,\ 0,\ 1)^{\mathrm{T}}.$$

命 $\boldsymbol{P}=(\boldsymbol{\alpha}_1,\ \boldsymbol{\alpha}_2,\ \boldsymbol{\alpha}_3)$，则 $\boldsymbol{P}$ 可逆，而且有 $\boldsymbol{P}^{-1}\boldsymbol{AP}=\mathrm{diag}\{5,\ 0,\ 0\}$.

三、将方程组的增广矩阵记为 $\boldsymbol{A}$. 通过 4 次初等行变换将 $\boldsymbol{A}$ 化为 $\boldsymbol{B}$：

$$\boldsymbol{A}=\begin{bmatrix}1&1&a&a^2\\1&a&1&a\\a&1&1&1\end{bmatrix}\to\begin{bmatrix}1&1&a&a^2\\0&a-1&1-a&a-a^2\\0&0&(a+2)(a-1)&(a+1)^2(a-1)\end{bmatrix}=\boldsymbol{B}.$$

(1) 当 $a\neq-2$ 且 $a\neq1$ 时，方程组有唯一解. 解为

$$(x,\ y,\ z)=\left(-1+\frac{1}{a+2},\ \frac{1}{a+2},\ a+\frac{1}{a+2}\right).$$

(2) 当 $a=-2$ 时，无解.

(3) 当 $a=1$ 时，有无限多个解. 通解为 $x_1=1-x_2-x_3$，其中 x_2 与 x_3 均为自由未知量.

四、(1) 因为 $(\boldsymbol{A}-4\boldsymbol{E})(\boldsymbol{A}-\boldsymbol{E})=10\boldsymbol{E}$，所以 $\boldsymbol{A}-4\boldsymbol{E}$ 可逆且有 $(\boldsymbol{A}-4\boldsymbol{E})^{-1}=\dfrac{1}{10}(\boldsymbol{A}-\boldsymbol{E})$.

(2) 记 $f(x)=x^2-5x+6$，则 $f(x)\mathbf{F}[x]$. 根据假设，$f(x)$ 零化 $\boldsymbol{A}$，而 $f(x)$ 没有重根且其根属于任意数域，所以 $\boldsymbol{A}$ 的最小多项式没有重根，且其根也属于任意数域. 因此 $\boldsymbol{A}$ 在 $\mathbf{F}$ 上相似于对角阵.

(3) 根据多项式的带余除法，可假设 $x^{50}=q(x)(x^2-5x+6)+ax+b$. 则有

$$\begin{cases} 2a+b=2^{50} \\ 3a+b=3^{50}. \end{cases}$$

解出 $a=3^{50}-2^{50}$，$b=3\times2^{50}-2\times3^{50}$. 注意到 x^2-5x+6 零化 $\boldsymbol{A}$，因此有

$$\boldsymbol{A}^{50}=(3^{50}-2^{50})\boldsymbol{A}+(3\times2^{50}-2\times3^{50})\boldsymbol{E}.$$

五、经过两次初等行变换可将方程组的系数矩阵化为

$$\begin{bmatrix} 1 & 1 & 1 & 0 & 0 \\ 0 & 0 & 0 & 1 & 1 \end{bmatrix}.$$

因此其解空间是三维的，其一个标准正交基为

$$\frac{1}{\sqrt{2}}\begin{bmatrix} 0 \\ 0 \\ 0 \\ 1 \\ -1 \end{bmatrix},\ \frac{1}{\sqrt{2}}\begin{bmatrix} 1 \\ 0 \\ -1 \\ 0 \\ 0 \end{bmatrix},\ \frac{1}{\sqrt{6}}\begin{bmatrix} 1 \\ -2 \\ 1 \\ 0 \\ 0 \end{bmatrix}.$$

六、用 $\boldsymbol{V}_A$ 表示 $\boldsymbol{A}$ 的解空间，它是 $\mathbf{R}^{n\times1}$ 的子空间. 易见 $\boldsymbol{V}_{\boldsymbol{A}}\subseteq\boldsymbol{V}_{\boldsymbol{A}^{\mathrm{T}}\boldsymbol{A}}$ 成立. 反过来，对于 $\boldsymbol{\alpha}\in\boldsymbol{V}_{\boldsymbol{A}^{\mathrm{T}}\boldsymbol{A}}$，有 $\boldsymbol{A}^{\mathrm{T}}(\boldsymbol{A\alpha})=\boldsymbol{0}$，从而有 $(\boldsymbol{A\alpha})^{\mathrm{T}}(\boldsymbol{A\alpha})=\boldsymbol{0}$. 由于 $\boldsymbol{A\alpha}$ 是实向量，因此必有 $\boldsymbol{A\alpha}=\boldsymbol{0}$. 这说明 $\boldsymbol{V}_{\boldsymbol{A}^{\mathrm{T}}\boldsymbol{A}}\subseteq\boldsymbol{V}_{\boldsymbol{A}}$ 成立，因此 $\boldsymbol{V}_{\boldsymbol{A}}=\boldsymbol{V}_{\boldsymbol{A}^{\mathrm{T}}\boldsymbol{A}}$，亦即方程组 $\boldsymbol{AX}=\boldsymbol{0}$ 与 $\boldsymbol{A}^{\mathrm{T}}\boldsymbol{AX}=\boldsymbol{0}$ 有同解. 进一步根据基础解系基本定理，可得 $\mathrm{r}(\boldsymbol{A})=\mathrm{r}(\boldsymbol{A}^{\mathrm{T}}\boldsymbol{A})$.

七、(1) 因为 $(\boldsymbol{\sigma}-\boldsymbol{I}_V)(\boldsymbol{\sigma}^{m-1}+\boldsymbol{\sigma}^{m-2}+\cdots+\boldsymbol{I}_V)=-\boldsymbol{I}_V$，所以 $\boldsymbol{\sigma}-\boldsymbol{I}_V$ 是可逆线性变换.

(2) 因为 $\boldsymbol{\sigma}^{m-1}\neq0$，$\boldsymbol{\sigma}^m=0$，所以存在 $\boldsymbol{\alpha}\in\boldsymbol{V}$ 使得 $\boldsymbol{\sigma}^{m-1}(\boldsymbol{\alpha})\neq0$，$\sigma^m(\boldsymbol{\alpha})=0$. 假设

$$k_0\boldsymbol{\alpha}+k_1\boldsymbol{\sigma}(\boldsymbol{\alpha})+\cdots+k_{m-1}\boldsymbol{\sigma}^{m-1}(\boldsymbol{\alpha})=0.$$

用线性变换 σ^{m-1} 对之进行作用，得到 $k_0\sigma^{m-1}(\boldsymbol{\alpha})=0$，因此有 $k_0=0$；用 σ^{m-2} 对之进行作用，得到 $k_1\sigma^{m-1}(\boldsymbol{\alpha})=0$，从而有 $k_1=0$. 如此继续下去，最终得到所有的 $k_i=0$，因此向量组 $\boldsymbol{\alpha}$，$\sigma(\boldsymbol{\alpha})$，$\cdots$，$\sigma^{m-1}(\boldsymbol{\alpha})$ 线性无关.

八、(1) 正交矩阵的特征值模长为 1，而正定矩阵的特征值均为正实数. 因此正定的正交矩阵 $\boldsymbol{A}$ 的特征值全为 1. 于是存在正交矩阵 $\boldsymbol{P}$ 使得 $\boldsymbol{P}^{\mathrm{T}}\boldsymbol{AP}=\boldsymbol{E}$，从而有 $\boldsymbol{A}=\boldsymbol{E}$.

(2) 由于 $\boldsymbol{A}$ 正定，所以存在可逆矩阵 $\boldsymbol{P}$，使得 $\boldsymbol{P}^{\mathrm{T}}\boldsymbol{AP}=\boldsymbol{E}$. 此时，有

$$|\boldsymbol{P}^{\mathrm{T}}|\,|\boldsymbol{A}+\boldsymbol{B}|\,|\boldsymbol{P}|=|\boldsymbol{P}|^2\cdot|\boldsymbol{E}+\boldsymbol{P}^{\mathrm{T}}\boldsymbol{BP}|.$$

显然，$|\boldsymbol{A}+\boldsymbol{B}|>0$ 当且仅当 $|\boldsymbol{E}+\boldsymbol{P}^{\mathrm{T}}\boldsymbol{BP}|>0$，其中 $\boldsymbol{P}^{\mathrm{T}}\boldsymbol{BP}$ 仍为反对称实矩阵. 故而可在开始时假设 $\boldsymbol{A}=\boldsymbol{E}$.

$|\boldsymbol{E}+\boldsymbol{B}|=(1+\lambda_1)\cdots(1+\lambda_n)$，其中 λ_1，$\cdots$，λ_n 是 $\boldsymbol{B}$ 的全部复特征值. 因为 $\boldsymbol{A\alpha}=\lambda\boldsymbol{\alpha}\Leftrightarrow\boldsymbol{A}\bar{\boldsymbol{\alpha}}=\bar{\boldsymbol{\lambda}}\bar{\boldsymbol{\alpha}}$，在表达式 $|\boldsymbol{E}+\boldsymbol{B}|=(1+\lambda_1)\cdots(1+\lambda_n)$ 中，如果 λ_i 不是实数，则 $1+\lambda$ 与 $1+\bar{\lambda}$ 同时成对出现，因此有 $|\boldsymbol{E}+\boldsymbol{B}|>0$.

注记 由于 $\boldsymbol{B}$ 是实的反对称矩阵,易证其实特征值为零,而非实数特征值为纯虚数.事实上,如果 $\boldsymbol{A\alpha}=\lambda\boldsymbol{\alpha}$, $\boldsymbol{\alpha}\neq\boldsymbol{0}$, 则有 $\bar{\boldsymbol{\lambda}}\bar{\boldsymbol{\alpha}}^{\mathrm{T}}=\bar{\boldsymbol{\alpha}}^{\mathrm{T}}\boldsymbol{A}^{\mathrm{T}}=-\bar{\boldsymbol{\alpha}}^{\mathrm{T}}\boldsymbol{A}$. 所以 $\bar{\lambda}(\bar{\boldsymbol{\alpha}}^{\mathrm{T}}\boldsymbol{\alpha})=-\bar{\boldsymbol{\alpha}}^{\mathrm{T}}(\boldsymbol{A\alpha})=-\lambda(\bar{\boldsymbol{\alpha}}^{\mathrm{T}}\boldsymbol{\alpha})$, 从而有 $\bar{\lambda}=-\lambda$, 说明 λ 的实部为零.所以 λ 或者为零,或者为纯虚数.

九、命 $f(x)=x^4+x^2+1$, $g(x)=x^2+x+1$, $h(x)=x^2-x+1$. 则有

$$f(x)=g(x)h(x),\ (g(x),\ h(x))=1,\ [g(x),\ h(x)]=f(x).$$

由于可证(详见例 4.60)

$$ker\ f(\boldsymbol{\sigma})+ker\ g(\boldsymbol{\sigma})=ker\ m(\boldsymbol{\sigma})$$

所以有

$$\boldsymbol{W}_1+\boldsymbol{W}_2=ker\ f(\boldsymbol{\sigma})+ker\ g(\boldsymbol{\sigma})=ker\ f(\boldsymbol{\sigma})=\boldsymbol{V}.$$

又由 $(g(x),\ h(x))=1$ 不难证明 $ker\ f(\boldsymbol{\sigma})\cap ker\ g(\boldsymbol{\sigma})=0$, 从而有 $\boldsymbol{V}=\boldsymbol{W}_1\oplus\boldsymbol{W}_2$.

十、可参见例 3.57 的解答.下面给出一个直接的简单证明:

取定 $\boldsymbol{V}$ 的任一基 $\boldsymbol{\varepsilon}_1,\ \cdots,\ \boldsymbol{\varepsilon}_n$, 并命

$$\boldsymbol{A}=\boldsymbol{\alpha\beta}^{\mathrm{T}},\ \lambda_1=\boldsymbol{\beta}^{\mathrm{T}}\boldsymbol{\alpha},\ \boldsymbol{\eta}_1=(\boldsymbol{\varepsilon}_1,\ \cdots,\ \boldsymbol{\varepsilon}_n)\boldsymbol{\alpha},\ \boldsymbol{\eta}_i=(\boldsymbol{\varepsilon}_1,\ \cdots,\ \boldsymbol{\varepsilon}_n)\boldsymbol{\alpha}_i,$$

其中 $2\leqslant i\leqslant n$, $\boldsymbol{\alpha}_i$ 是 $\boldsymbol{\beta}^{\mathrm{T}}\boldsymbol{X}=\boldsymbol{0}$ 的基础解系,则有

$$\boldsymbol{\sigma}(\boldsymbol{\eta}_1)=(\boldsymbol{\varepsilon}_1,\ \cdots,\ \boldsymbol{\varepsilon}_n)\boldsymbol{A\alpha}=\lambda_1\boldsymbol{\eta}_1,\ \boldsymbol{\sigma}(\boldsymbol{\eta}_i)=(\boldsymbol{\varepsilon}_1,\ \cdots,\ \boldsymbol{\varepsilon}_n)\boldsymbol{A\alpha}_i=0,\ 2\leqslant i\leqslant n.$$

易见 $\sigma(\boldsymbol{\eta}_1,\ \cdots,\ \boldsymbol{\eta}_n)=(\boldsymbol{\eta}_1,\ \cdots,\ \boldsymbol{\eta}_n)\cdot\mathrm{diag}\{\lambda_1,\ 0,\ \cdots,\ 0\}$, 亦即 $\boldsymbol{\sigma}$ 在 $\boldsymbol{\alpha},\ \cdots,\ \boldsymbol{\alpha}_n$ 下的矩阵为对角阵.最后,使用 $\boldsymbol{\sigma}$ 易于验证向量组 $\boldsymbol{\eta}_1,\ \cdots,\ \boldsymbol{\eta}_n$ 线性无关,从而成为 $\boldsymbol{V}$ 的一个基.

参 考 文 献

1. 陆少华、沈灏. 大学代数[M]. 上海：上海交通大学出版社，2001 年 7 月第一版.
2. 蓝以中. 高等代数简明教程(上下册)[M]. 北京：北京大学出版社，2002 年 8 月第一版.
3. 石生明、王萼芳. 高等代数[M]. 北京：高等教育出版社，2011 年第三版.
4. 张贤科、徐甫华. 高等代数学[M]. 北京：清华大学出版社，2004 年第二版.
5. M. Artin. Algebra[M]. 北京：机械工业出版社，2004 年版(英).
6. G. Strang. Linear Algebra and Its Applications[M]. Hardcour Brace Javanovich, San Diego, 2004, 4'th ed.